应用型人才培养“十三五”规划教材

土木工程制图与CAD/BIM技术

吴慕辉　马朝霞　主　编

黄　浦　谢莎莎　聂　琼　副主编

化学工业出版社

·北京·

本书主要内容包括制图的基本知识、投影作图、专业制图、计算机绘图和BIM基础知识及应用等。

全书内容丰富，章节编排由浅入深，融制图知识与计算机绘图内容于一体。本书将计算机绘图作为一种绘图工具，建立以建筑制图知识与计算机绘图内容同步进行的教学体系。采用“理论+案例”教学，多方位循序渐进启迪学生的创新思维、空间想象力和识图能力。在BIM部分，介绍了建立在CAD平台基础之上的BIM建模软件操作，实现二维图纸向三维模型的转化。

通过本课程的学习，培养学生的看图能力、空间想象能力、空间构思能力和徒手绘图、尺规绘图、计算机绘图的能力，为学生今后持续、创造性学习奠定基础。

本书配套有重要知识点讲解的微课视频、动画、图片等资源，可通过扫描二维码获取。为强化教学，另编有《土木工程制图与CAD/BIM技术实训教程》，可配套使用。

本书可作为高等学校本科土建类各专业及相关专业工程图学课程教材，也可作为高职高专院校相关专业的教材，还可作为相关企业岗位培训教材和工程技术人员参考用书。

图书在版编目（CIP）数据

土木工程制图与CAD/BIM技术/吴慕辉，马朝霞主编. —北京：化学工业出版社，2017.8 （2024.6重印）
应用型人才培养“十三五”规划教材
ISBN 978-7-122-30023-2

Ⅰ.①土… Ⅱ.①吴…②马… Ⅲ.①土木工程-建筑制图-AutoCAD软件-高等学校-教材 Ⅳ.①TU204-39

中国版本图书馆CIP数据核字（2017）第149390号

责任编辑：李仙华　　文字编辑：汲永臻
责任校对：吴　静　　装帧设计：王晓宇

出版发行：化学工业出版社（北京市东城区青年湖南街13号　邮政编码100011）
印　　装：三河市延风印装有限公司
787mm×1092mm　1/16　印张23¼　字数623千字　2024年6月北京第1版第6次印刷

购书咨询：010-64518888　　售后服务：010-64518899
网　　址：http：//www.cip.com.cn
凡购买本书，如有缺损质量问题，本社销售中心负责调换。

定　　价：49.80元

前言

FOREWORD

本书是湖北省高等学校教学研究项目，是湖北第二师范学院优秀教师教学团队研究成果，是湖北第二师范学院精品课程。

本书基于高等学校培养既懂理论又能动手的应用型人才培养目标，对传统的教学体系进行了改革，对传统的教学内容进行了重组，把传统画法几何中理论性强、难度较大且在后续课程中作用不大的内容进行了删减。保留了传统教材中为制图服务的经典内容，嵌入了与科技发展密切相关的现代建筑工程实例及用计算机绘制建筑工程图的方法。把现代化绘图手段——CAD 绘图作为重点内容之一加以强化，拓展了用 CAD 绘制建筑施工图、结构施工图、设备施工图、装饰施工图等内容。将制图知识与 CAD 绘图有机结合，建立了以建筑制图知识与计算机绘图内容同步进行的教学体系。本书在最后一章介绍了有关 BIM 的基础知识和 BIM 建模软件的应用，学生在熟练掌握绘图软件 CAD 之后，再学习建立在 CAD 平台基础之上的 BIM 建模软件操作，实现二维图纸向三维模型的转化。

教材在举例中引入最新的工程实例，让学生能够在学习制图的同时，潜移默化地接触专业知识，强调对学生专业知识的传授和操作技能的培养，突出应用性，兼顾基础性、前沿性和创新性，彰显“教、学、做”一体化的教学特点。

本书采用最新颁布的国家制图标准和行业标准，采用最新的 Auto CAD 版本。

本书由湖北第二师范学院吴慕辉、马朝霞、黄浦、谢莎莎、聂琼、王涛、邓洋、蒋芳、程志远负责编写，具体分工如下：绪论、第一章由吴慕辉、王涛编写，第二章由吴慕辉、邓洋编写，第三章至第七章由谢莎莎编写，第八章、第九章由黄浦编写，第十章至第十二章由马朝霞编写，第十三章由吴慕辉、蒋芳编写，第十四章由聂琼、程志远编写，全书由吴慕辉统稿并审稿。

本书编写团队由教授、国家一级注册结构师、国家一级注册建造师、国家监理工程师等“双师型”教师组成，他们将多年的教学经验和多年的工程实践经验融入教材，力求提高教材的实践性和实用性。

为方便教学,本书增加了重要知识点讲解微课视频、动画、图片资源，可扫描书中二维码学习；同时还配套有《土木工程制图与 CAD/BIM 技术实训教程》。

本书提供有电子课件，可登录 www.cipedu.com.cn 免费获取。

本书在编写过程中参考了相关的文献资料，在此表示衷心感谢!

本书中不妥和疏漏之处，恳请大家批评指正。

编者

2017 年 3 月

目录

CONTENTS

二维码资源目录

绪 论

一、本课程的性质和任务

本课程是一门理论与实践结合密切的专业基础课，它是研究绘制和阅读工程图样的一门学科。工程图样是“工程界的共同语言”，是指导生产、施工管理和技术交流的重要文件。

本课程的主要目的是培养学生表达、阅读和绘制工程图样的能力。主要任务如下：

① 学习正投影法的基本理论及其应用。

② 学习制图相关标准的规定及房屋建筑制图统一标准的相关规定。

③ 培养学生徒手绘图、尺规绘图和计算机绘图的能力。

④ 培养学生的看图能力、空间想象能力、空间构思能力和分析问题、解决问题的能力。

⑤ 培养学生认真负责的工作态度和严谨求实、一丝不苟的工作作风。

⑥ 培养学生的工程意识、实践动手能力及创新能力。

二、本课程的内容和要求

本课程包括：制图的基本知识、投影作图、专业制图和计算机绘图等内容。制图的基本知识部分介绍了国家制图标准的相关规定及几何作图的方法。投影作图部分介绍了用正投影法图示空间形体和图解几何问题的基本理论和方法。专业制图和计算机绘图部分介绍了Auto CAD的基本使用方法，讲解了Auto CAD的行业应用，引入了与科技发展密切相关的现代建筑工程实例及用计算机绘制建筑工程图的方法。把现代化绘图手段——CAD绘图作为重点内容之一加以强化，拓展了用CAD绘制建筑施工图、结构施工图、装饰施工图等内容，建立了以土木专业制图知识与计算机绘图内容同步进行的教学体系。介绍了BIM技术的基础知识和有关建模软件的操作方法，利用BIM的三维可视化、参数智能化等优点，培养学生的空间思维能力，建立对建设过程的全生命周期信息共享的整体概念。让学生了解计算机辅助建筑设计领域的新技术，为学习专业课程打下基础。

通过对本门课程的学习应达到以下要求：

① 掌握正投影法的基本理论和作图方法。

② 掌握制图相关标准的规定及房屋建筑制图统一标准的相关规定。

③ 能正确运用绘图工具和仪器，绘制符合国家制图标准和行业标准的建筑工程图样。

④ 能正确阅读建筑工程图样且具备一定的图示、图解能力。

三、本课程的特点和学习方法

（1）本课程是一门实践性较强的专业基础课，在学习时，要认真听讲，及时复习，按时完成作业。注意看图与画图相结合，物体与图样相结合，要多看、多画，要善于从作业中总结出解题的方法，从做作业的过程中培养空间想象能力和分析问题、解决问题的能力，并要通过大量的练习来提高绘图速度和绘图质量。

（2）准备一套合乎要求的绘图工具和仪器，如：圆规、三角板、铅笔（H 或 2H、HB、B 或 2B）、曲线板、模板、擦图片、橡皮等，按照正确的方法和步骤绘图。

（3）学习计算机绘图时，要勤于动手，听、练结合。按照老师讲授的方法和技巧，利用快捷键命令，双手配合，提高计算机绘图的速度。通过用 CAD 绘制建筑施工图、结构施工图、装饰施工图的练习，培养综合应用知识的能力和使用绘图软件的能力。

（4）学习 BIM 技术需要结合建筑行业的前沿知识，课堂上认真听老师讲解，课下多阅读有关书籍及资料。在学习典型 BIM 建模软件时，要掌握该软件的基本操作，建立完整的参数模型，整合各种项目的相关信息，学会将二维的图纸转化成三维的模型并模拟工程建造环境。

第一章

Chapter 01

制图的基本知识

教学提示

本章主要介绍国家制图标准中关于图幅、比例、字体、线型的规定以及尺寸标注的有关规定，学习常用的几何作图方法。

教学要求

要求学生掌握图线的画法、图线的正确使用与交接，掌握尺寸标注的方法和有关规定，掌握常用的几何作图方法。

第一节　国家制图标准简介

图样是工程界的共同语言，是施工的依据。为了使工程图表达规范，图面清晰，便于交流，符合设计、施工、存档的要求，国家制图标准中对图幅大小、图样的画法（投影法、规定画法、简化画法）、图线的线型线宽、图样尺寸的标注、图例以及字体等都有统一的规定。

本书是在《房屋建筑制图统一标准》（GB/T 50001—2010）、《总图制图标准》（GB/T 50103—2010）、《建筑制图标准》（GB/T 50104—2010）、《建筑结构制图标准》（GB/T 50105—2010）、《建筑给水排水制图标准》（GB/T 50106—2010）、《暖通空调制图标准》（GB/T 50114—2010）、国家建筑标准设计图集《混凝土结构施工图平面整体表示方法制图规则和构造详图（现浇混凝土框架、剪力墙、梁、板）》（16G101-1）和《房屋建筑室内装饰装修制图标准》（JGJ/T 244—2011）等标准的基础上进行编写的。其中代号“GB”是汉字“国家标准”缩写语“国标”的汉语拼音字头；“T”是汉语“推荐”的缩写语的汉语拼音字头；“GB/T”是“国标/推”的汉语拼音字头。例如：GB/T 50001—2010，其中 50001 为标准编号，2010 为标准颁布年代。本书中制图国家标准称为“国标”，某些部门，根据本行业的特点和要求，制定了部颁的行业标准，称为“行标”。

一、图幅及格式

1. 图纸幅面尺寸

图纸幅面简称图幅，指图纸宽度与长度组成的图面。目的是便于装订和管理。图幅的大小，图幅与图框线之间的关系，应符合表 1-1 所示的规定及图 1-1、图 1-2 所示的格式要求。

表 1-1　图纸幅面及图框尺寸　　单位：mm

尺寸代号	幅面代号				
	A0	A1	A2	A3	A4
$b\times l$	841×1189	594×841	420×594	297×420	210×297
c	10			5	
a	25				

注：b 为幅面短边尺寸，l 为幅面长边尺寸，c 为图框线与幅面线间的宽度，a 为图框线与装订边间的宽度。

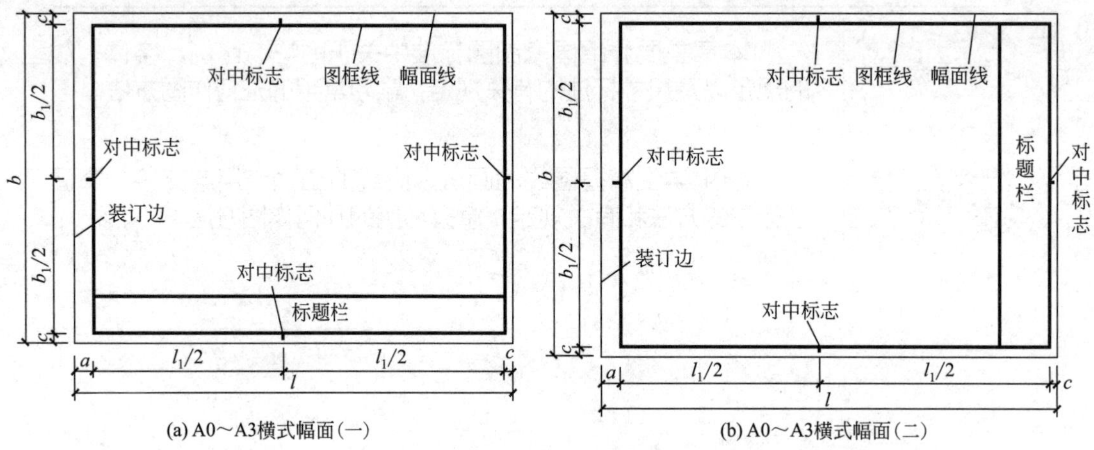

(a) A0～A3横式幅面(一)　　(b) A0～A3横式幅面(二)

图 1-1　幅面（横式幅面）

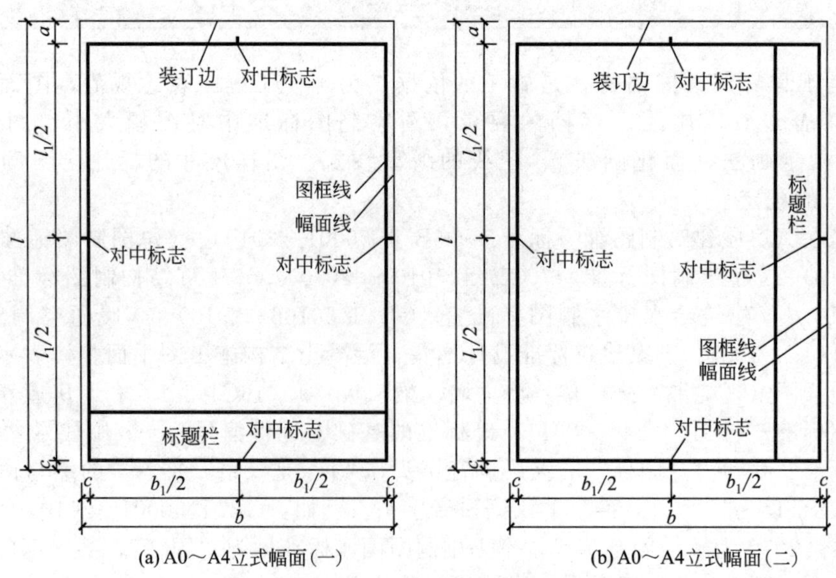

(a) A0～A4立式幅面(一)　　(b) A0～A4立式幅面(二)

图 1-2　幅面（立式幅面）

幅面的长边与短边的比例为 $l:b=\sqrt{2}$，A0 号图幅的面积为 $1m^2$，A1 号幅面是 A0 号幅面的 1/2，A2 号幅面是 A1 号幅面的 1/2，其他幅面依此类推。

同一项工程的图纸，一般不宜多于两种幅面（不含目录和表格所采用的 A4 幅面）。图纸以短边作为垂直边称为横式，以短边作为水平边称为立式。一般 A0～A3 图纸宜横式使用；必要时，也可立式使用。

绘图时，图纸的短边一般不应加长，长边可以加长，但应符合表 1-2 所示的规定。

表 1-2　图纸长边加长尺寸　　单位：mm

幅面尺寸	长边尺寸	长边加长后尺寸
A0	1189	1486　1635　1783　1932　2080　2230　2378
A1	841	1051　1261　1471　1682　1892　2102
A2	594	743　891　1041　1189　1338　1486　1635　1783　1932　2080
A3	420	630　81　1051　1261　1471　1682　1892

注：有特殊需要的图纸，可采用 $b\times l$ 为 841mm×891mm 与 1189mm×1261mm 的幅面。

2. 图纸标题栏及会签栏

图纸标题栏（简称图标），用来填写工程名称、图名、图号以及设计人、制图人、审批人的签名和日期，如图 1-3 所示。根据工程需要选择其尺寸、格式及分区。签字区应包含实名列和签名列。涉外工程的标题栏内，各项主要内容的中文下方应附有译文，设计单位的上方或左方，应附加“中华人民共和国”字样。在计算机制图文件中当使用电子签名与认证时，应符合国家有关电子签名法的规定。

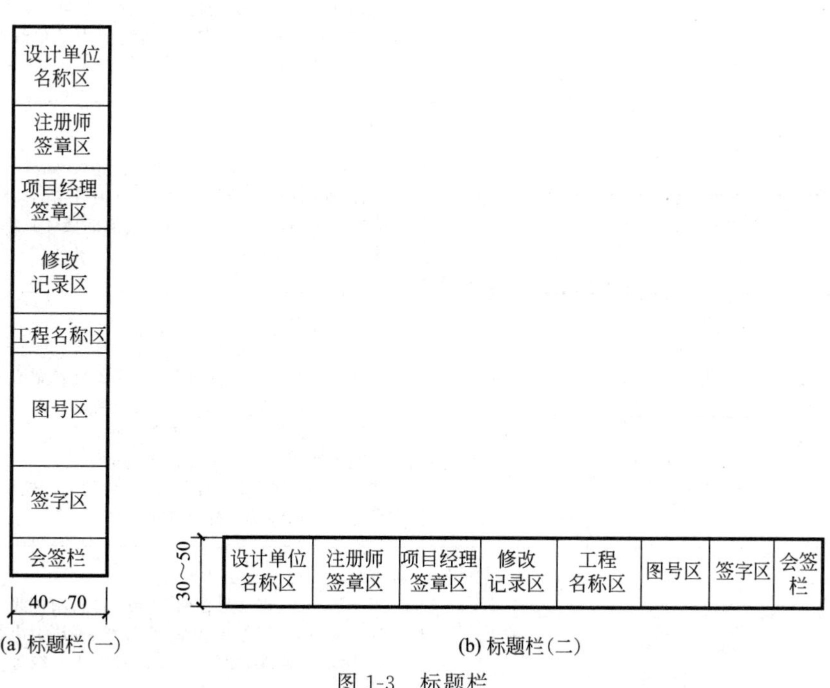

图 1-3　标题栏

学生制图作业建议采用如图 1-4 所示的标题栏。它位于图纸的右下方。

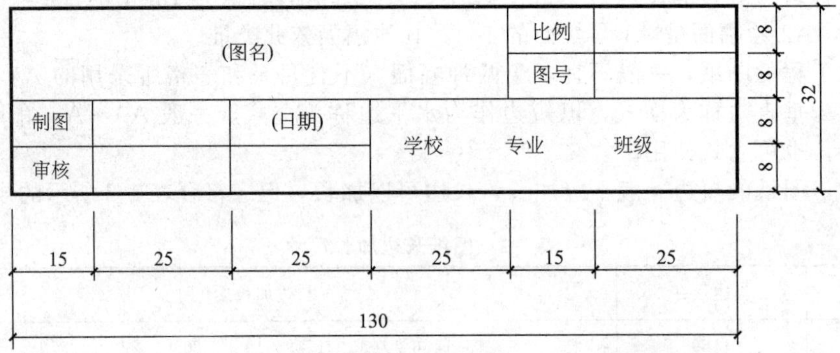

图 1-4 简化标题栏

二、图线

图线是指起点和终点间以任何方式连接的一种几何图形，形状可以是直线或曲线，连续线和不连续线。图线有粗、中粗、中、细之分，为了表示出图中不同的内容，国家制图标准列出了工程图样中常用的线型，如表 1-3 所示。

表 1-3 图线的线型、线宽及用途

名 称	线 型	线宽	用 途
粗实线	——————	b	主要可见轮廓线 建筑物或构筑物外形轮廓线 平、剖面图中被剖到的主要建筑构造轮廓线、图纸的图框线、标题栏外框线、剖切符号、图名下划线 详图符号中的圆、钢筋线、结构图中的单线结构构件线、新建管线等
中粗实线	——————	$0.7b$	可见轮廓线 建筑平、立、剖面图中建筑构配件的轮廓线 平、剖面图中被剖到的次要建筑构造轮廓线 结构平面图及详图中剖到或可见的墙体轮廓线 基础轮廓线、钢筋线等
中实线	——————	$0.5b$	可见轮廓线 尺寸线、尺寸界线、尺寸起止 45°短线、变更云线 家具线、索引符号、标高符号、详图材料做法引出线 粉刷线、保温层线，地面、墙面的高差分界线 剖面图中未被剖到但仍能看到的轮廓线 总图中新建的建筑物或构筑物的可见轮廓线 结构平面图及详图中剖到或可见的墙体轮廓线 可见的钢筋混凝土构件轮廓线
细实线	——————	$0.25b$	可见轮廓线 图例填充线、尺寸界线、尺寸线、材料图例线 等高线、标高符号线、索引符号线、标注引出线 家具线、纹样线、绿化、较小图形的中心线等
粗虚线	— — — — — —	b	不可见轮廓线线 新建建筑物、构筑物地下轮廓线 不可见的钢筋线、结构图中不可见的单线结构构件线 新建的各种给水排水管道线的不可见轮廓线等

续表

名　称	线　型	线宽	用　途
中粗虚线	— — — — — —	0.7b	不可见轮廓线 拟建、扩建的建筑工程轮廓线 建筑平面图中运输装置的外轮廓线、原有的排水等 结构平面图中不可见构件、墙身轮廓线及不可见的钢筋线
中虚线	— — — — — —	0.5b	不可见轮廓线 图例线、预想放置的房屋建筑或构件总图中新建的建筑物或构筑物的不可见轮廓线 原有排水管线的不可见轮廓线 拟扩建的建筑物、构筑物、建筑红线及预留用地各线平面图中上部分的投影轮廓线 建筑平面图中运输装置的外轮廓线等
细虚线	— — — — — —	0.25b	不可见轮廓线 图例填充线、家具线、基础平面图中的管沟轮廓线 原有建筑物、构筑物、管线的地下轮廓线等
粗单点长画线	——·——·——	b	平面图中起重运输装置的轨道线 结构图中梁或构架的位置线 其他特殊构件的位置指示线等
中单点长画线	——·——·——	0.5b	土方填挖区的零点线、运动轨迹线
细单点长画线	——·——·——	0.25b	中心线、对称线、定位轴线等
粗双点长画线	——··——··——	b	用地红线、预应力钢筋线
中双点长画线	——··——··——	0.5b	建筑红线
细双点长画线	——··——··——	0.25b	假想轮廓线、成型前原始结构轮廓线
折断线	——\/——	0.25b	部分省略时的断开界线
波浪线	～～～	0.25b	部分省略时的断开界线，构造层次的断开界线 新建人工水体轮廓线

在确定基本线宽 b 时，应根据形体的复杂程度和比例的大小进行选取。b 值宜从下列线宽系列中选取：1.4mm、1.0mm、0.7mm、0.5mm、0.35mm、0.25mm、0.18mm、0.13mm。绘制图样时，先选定基本线宽 b，再选用表 1-4 中所示的线宽组。

表 1-4　常用的线宽组　　单位：mm

线宽比	线宽组			
b	1.4	1.0	0.7	0.5
0.7b	1.0	0.7	0.5	0.35
0.5b	0.7	0.5	0.35	0.25
0.25b	0.35	0.25	0.18	0.13

画图线时，应注意下列几点：

① 同一张图纸内，相同比例的各图样，应选用相同的线宽组。

② 相互平行的图例线，其间隙不宜小于0.2mm。

③ 虚线、单点长画线或双点长画线的线段长度和间隔，宜各自相等。虚线线段长3～6mm，间隔为0.5～1mm。单点长画线或双点长画线的线段长度为15～20mm。

④ 单点长画线或双点长画线在较小图形中绘制有困难时，可用实线代替。

⑤ 单点长画线或双点长画线的两端，是线段，不应是点。点画线与点画线交接或点画线与其他图线交接时，应是线段交接。如图1-5(a) 所示。

⑥ 虚线与虚线交接或虚线与其他图线交接时，应是线段交接，如图1-5(b)、(c) 所示。虚线为实线的延长线时，不得与实线连接，如图1-5(d) 所示。

⑦ 图线不得与文字、数字或符号重叠、混淆，不可避免时，应首先保证文字的清晰。

⑧ 绘制圆或圆弧的中心线时，圆心应为线段的交点，且中心线两端应超出圆弧2～3mm。当圆较小、画点画线有困难时，可用细实线来代替。

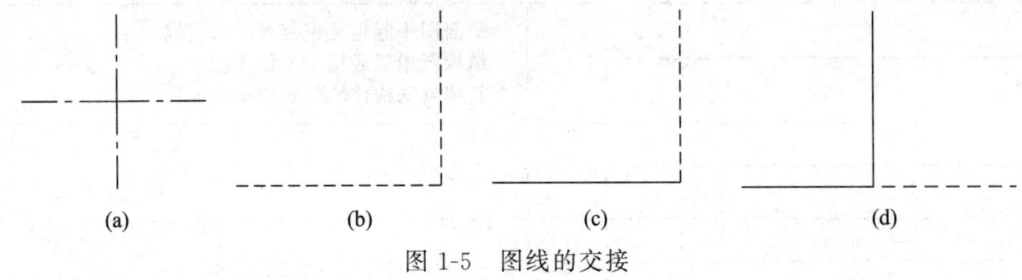

图1-5 图线的交接

⑨ 图纸的图框和标题栏线，可采用表1-5所示的线宽。

表1-5 图框线、标题栏线的宽度 单位：mm

幅面代号	图框线	标题栏外框线	标题栏分隔线
A0、A1	b	$0.5b$	$0.25b$
A2、A3、A4	B	$0.7b$	$0.35b$

三、字体

字体是指文字的风格式样。工程图样上书写的文字、数字、字母等，应做到笔画清晰、字体端正、排列整齐、标点符号清楚正确。

1. 汉字

汉字的简化字书写必须符合国务院公布的《汉字简化方案》和有关规定，工程图中的汉字应写成长仿宋体或黑体，长仿宋体字高与字宽的关系应符合表1-6所示中规定，黑体字宽度与高度应相同。

表1-6 长仿宋体字高与宽的关系

字高	20	14	10	7	5	3.5
字宽	14	10	7	5	3.5	2.5

2. 数字和字母

阿拉伯数字、拉丁字母及罗马数字分正体和斜体两种，书写规则应符合表1-7所示的规定。

表 1-7　拉丁字母、阿拉伯数字、罗马数字书写规则

		一般字体	窄字体
字母高	大写字母	H	h
	小写字母(上下均无延伸)	(7/10)h	(10/4)h
小写字母向上或向下延伸部分		(3/10)h	(4/14)h
笔画宽度		(1/10)h	(1/14)h
字母间距		(2/10)h	(2/14)h
上下行基准线的最小间距		(15/10)h	(21/14)h
词间距		(6/10)h	(6/14)h

如需写成斜体字时，其斜度应从字的底线逆时针向上倾斜 75°。斜体字的高度与宽度应与相应的正体字相等。

① 拉丁字母、阿拉伯数字与罗马数字的字高，应不小于 2.5mm。

② 数量的数值注写，应采用正体阿拉伯数字。

③ 分数、百分数和比例数的注写，应采用阿拉伯数字和数学符号。

四、比例

图样的比例是指图样中图形与其实物相应要素的线性尺寸之比。比例的符号应为“∶”，比例应以阿拉伯数字表示。图样比例分原值比例、放大比例、缩小比例三种。

(1) 原值比例　比值为 1 的比例，即 1∶1。

(2) 放大比例　比值大于 1 的比例，即 2∶1。

(3) 缩小比例　比值小于 1 的比例，即 1∶2。

绘图所用的比例，应根据图样的用途与被绘对象的复杂程度，从表 1-8 所示中选用，并优先选用表中常用比例。

表 1-8　比例

图　　名	常用比例	必要时可用比例
总平面图	1∶500,1∶1000 1∶2000,1∶5000	1∶2500,1∶10000
管线综合图、断面图等	1∶100,1∶200,1∶500 1∶1000,1∶2000	1∶300,1∶5000
平面图、立面图、剖面图、设备布置图等	1∶50,1∶100,1∶200	1∶150,1∶300,1∶400
内容比较简单的平面图	1∶200,1∶400	1∶500
详图	1∶1,1∶2,1∶5,1∶10 1∶20,1∶25,1∶50	1∶3,1∶15,1∶30 1∶40,1∶60

比例一般标注在标题栏的比例栏中，必要时，可写在图名的右侧，字的基准线应与图名的基准线底部平齐，字体比图名字体小一号或两号，如图 1-6 所示。

比例的大小，是指其比值的大小，例如 1∶50 大于 1∶100，一般情况下，一个图样应选用一种比例，根据专业制图需要，同一图样可以选用两种比例，特殊情况下可自选比例，这时除应注出绘图比例外，

平面图　1∶100

图 1-6　比例的注写

还应在适当位置绘制出相应的比例尺。

不同比例的平面图、剖面图，其抹灰层、楼地面、材料图例的省略画法也不同。绘图时应符合下列规定：

① 比例大于1∶50的平面图、剖面图应画出抹灰层、保温隔热层等与楼地面、屋面的面层线，并宜画出材料图例。

② 比例等于1∶50的平面图、剖面图，剖面图应画出楼地面的面层线，并绘出保温隔热层，抹灰层的面层线应根据需要确定。

③ 比例小于1∶50的平面图、剖面图可不画出抹灰层，但剖面图宜画出楼地面、屋面的面层线。

④ 比例为1∶100～1∶200的平面图、剖面图，可画简化的材料图例。但剖面图宜画出楼地面、屋面的面层线。

⑤ 比例小于1∶200的平面图、剖面图，可不画材料图例。剖面图的楼地面、屋面的面层线可不画出。

五、尺寸标注

工程图上的图形只能表达出构造物的形状，而构造物的大小必须通过标注尺寸来表示，因此，构造物的实际尺寸是施工的重要依据。在标注尺寸时，一定要按照国家标准的规定标注。

1. 基本规则

(1) 图样上的尺寸，应以尺寸数值为依据，不得从图上直接量取。

(2) 图样上的尺寸单位，除标高及总平面图以“米”为单位外，其他都以“毫米”为单位。

(3) 图样上的每一个尺寸，一般只标注一次，不能重复标注。

(4) 在土建制图中，尺寸链可以是封闭的，也可以是不封闭的。但在机械制图中尺寸链不能封闭。

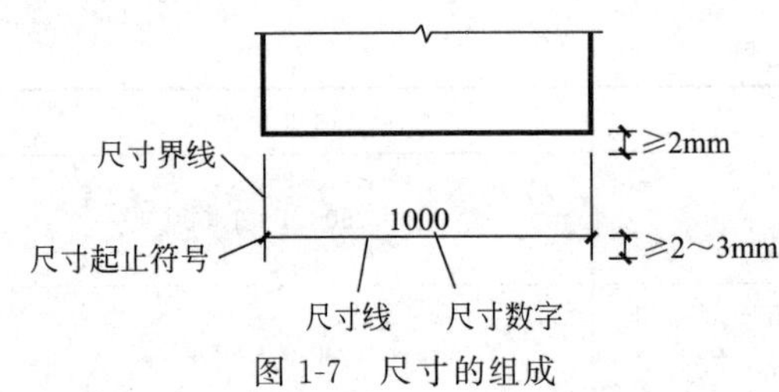

图1-7 尺寸的组成

2. 尺寸的组成

一个完整的尺寸由尺寸界线、尺寸线、尺寸起止符号和尺寸数字四部分组成，如图1-7所示。

(1) 尺寸界线

① 尺寸界线应用细实线绘制，应与被注长度垂直，其一端应离开图样轮廓线不小于2mm，另一端宜超出尺寸线2～3mm。图样轮廓线可用作尺寸界线。

② 总尺寸的尺寸界线应靠近所指部位，中间的分尺寸的尺寸界线可以稍短，但其长度应相等。

(2) 尺寸线

① 尺寸线应用细实线绘制，应与被注长度平行。图样本身的任何图线均不得用作尺寸线。

② 互相平行的尺寸线，应从被注写的图样轮廓线由近及远整齐排列，较小尺寸应离轮廓线较近，较大尺寸应离轮廓线较远。

③ 最靠近图形的一道尺寸线距图样最外轮廓之间的距离，不宜小于10mm，平行排列的尺寸线的间距，宜为7～10mm，并应保持一致。

(3) 尺寸起止符号

① 尺寸线与尺寸界线相接处为尺寸的起止点。

② 尺寸起止符号一般用中粗斜短线绘制，其倾斜方向应与尺寸界线成顺时针45°角，长度宜为2～3mm。半径、直径、角度与弧长的尺寸起止符号，宜用箭头表示，如图1-8所示。

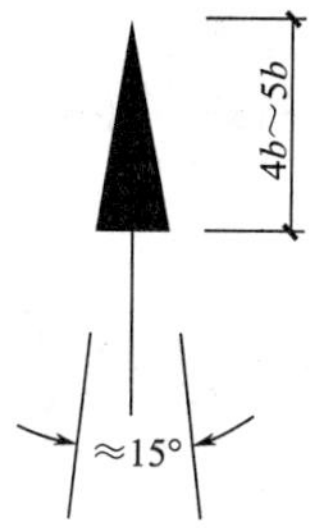

③ 在轴测图中标注尺寸时，其起止符号宜用箭头。

(4) 尺寸数字

① 尺寸数字常书写成75°斜体字，数字的高一般3.5mm，最小不得小于2.5mm，全图一致。

② 尺寸数字的注写方向，应按图1-9(a)所示的规定。当尺寸线为垂直时，尺寸数字注写在尺寸线的左侧，字头向左，当尺寸线为其他任何方向时，尺寸数字都应保持向上，且注写在尺寸线的上方。若尺寸数字在30°斜线区内，也可以按图1-9(b)所示的形式来注写尺寸（如果在30°斜线区内注写时，容易引起误解，推荐采用两种水平注写方式）。

图1-8　箭头尺寸起止符号

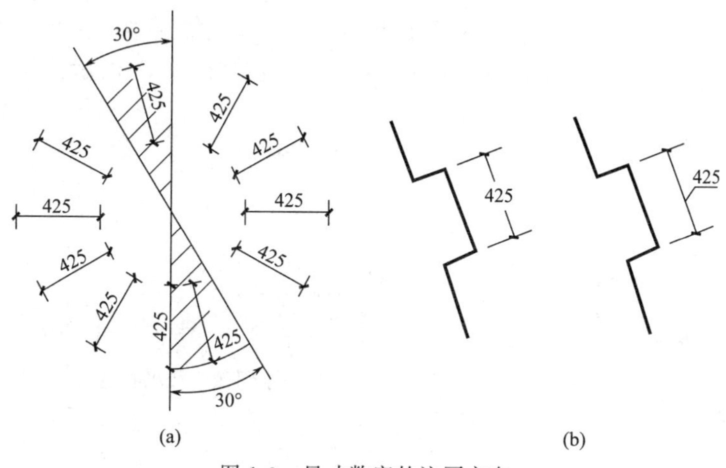

图1-9　尺寸数字的注写方向

③ 尺寸数字一般应依据其方向注写在靠近尺寸线的上方中部。如没有足够的注写位置，可注写在最外边的尺寸界线外侧，中间相邻的尺寸数字可上下错开注写，引出线端部的圆点表示标注尺寸的位置，如图1-10(a)所示。

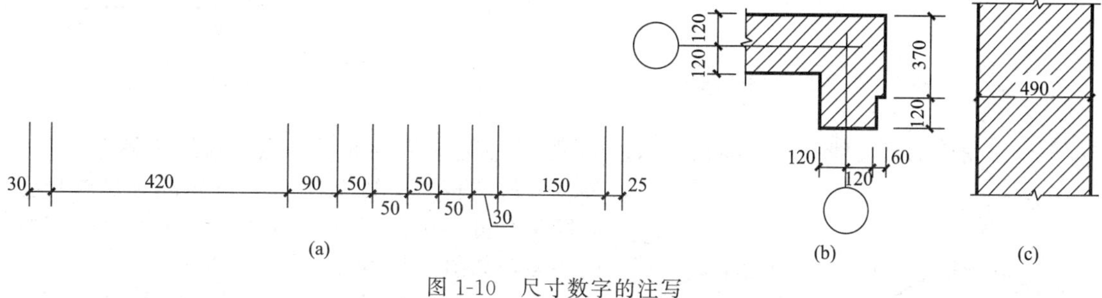

图1-10　尺寸数字的注写

④ 尺寸宜标注在图样轮廓线以外，如图1-10(b)所示，不宜与图线、文字及符号等相交，无法避免时，应将图线断开，如图1-10(c)所示。

3. 尺寸的标注

(1) 直径　标注圆的直径尺寸时，直径数字前应加直径符号“ϕ”。在圆内标注的尺寸线应通过圆心，方向倾斜，两端用箭头指至圆周。如图 1-11 所示。较小圆的直径尺寸，可标注在圆外，如图 1-12 所示。

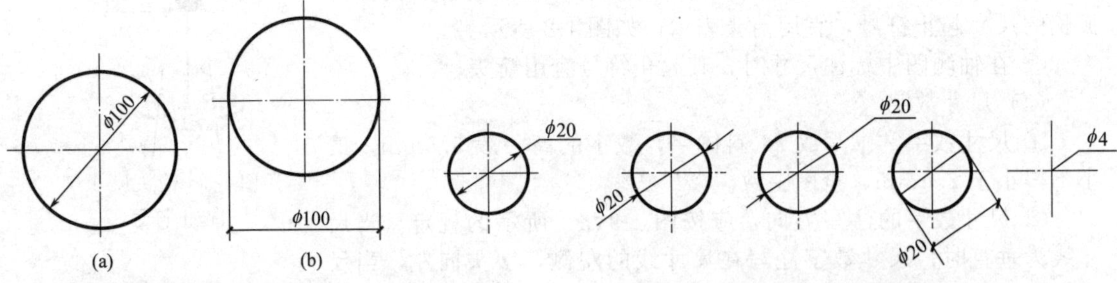

图 1-11　圆的直径的标注方法

图 1-12　小圆直径的标注方法

标注球的直径尺寸时，应在尺寸前加注符号“$S\phi$”，注写方法与圆直径尺寸标注方法相同。

（2）半径　半径的尺寸线应一端从圆心开始，另一端画箭头指向圆弧。半径数字前应加注半径符号“R”，如图 1-13 所示。较小圆弧的半径标注如图 1-14 所示，较大圆弧的半径标注如图 1-15 所示。

标注球的半径尺寸时，应在尺寸前加注符号“SR”，注写方法与圆半径尺寸标注方法相同。

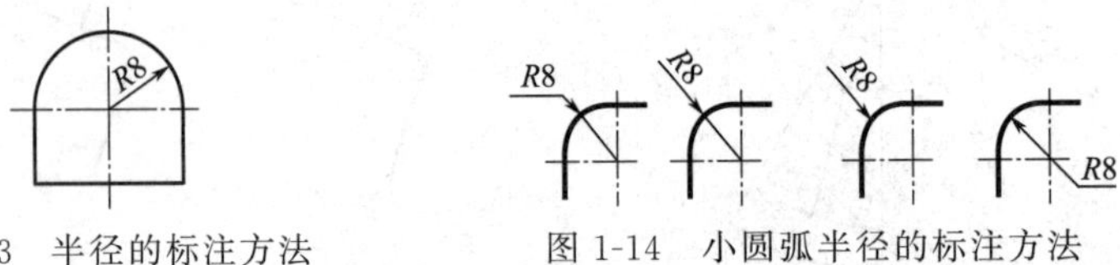

图 1-13　半径的标注方法

图 1-14　小圆弧半径的标注方法

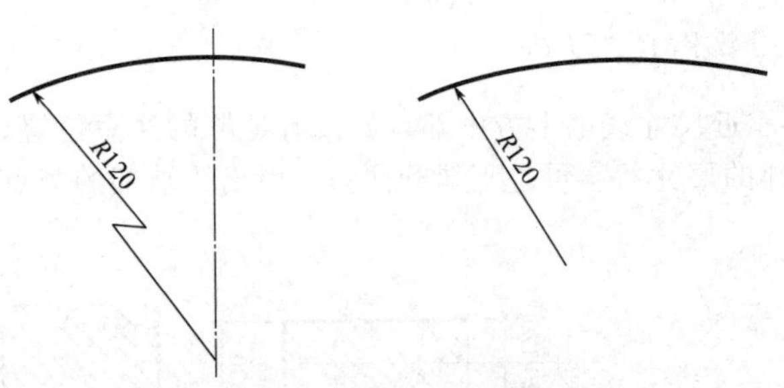

图 1-15　大圆弧半径注法

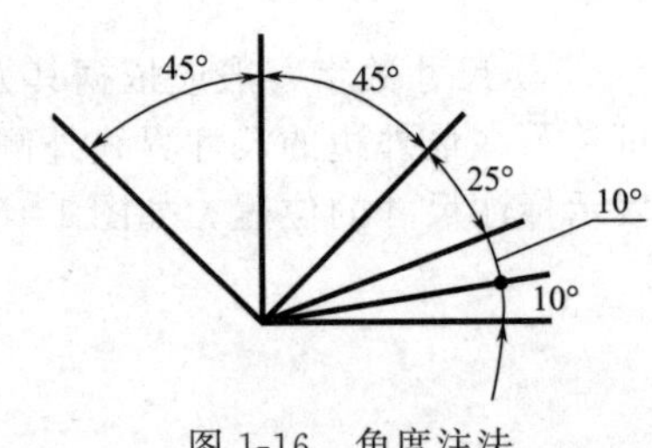

图 1-16　角度注法

（3）角度的尺寸线　应以圆弧表示。该圆弧的圆心应是该角的顶点，角的两条边为尺寸界线。起止符号应以箭头表示，如没有足够位置画箭头，可用圆点代替，角度数字应沿尺寸线方向注写，如图 1-16 所示。

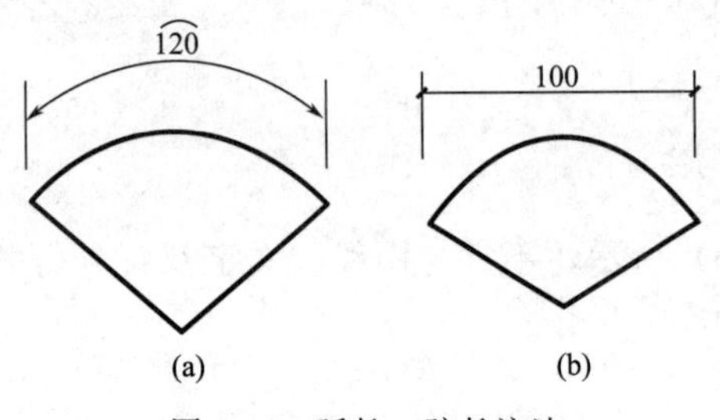

图 1-17　弧长、弦长注法

（4）圆弧的弧长　尺寸线应以与该圆弧同心的圆弧线表示，尺寸界线应指向圆心，起止符号用箭头表示，弧长数字上方应加注圆弧符号“⌒”，如图 1-17(a) 所示。

（5）圆弧的弦长　尺寸线应以平行于该弦

的直线表示，尺寸界线应垂直于该弦，起止符号用中粗斜短线表示，如图 1-17(b) 所示。

(6) 坡度　应加注坡度符号“←”，该符号为单面箭头，箭头指向下坡方向。坡度数字可写成比例形式，如图 1-18(a) 所示，也可写成百分比形式，如图 1-18(b) 所示。坡度还可用直角三角形的形式标注，如图 1-18(c) 所示。

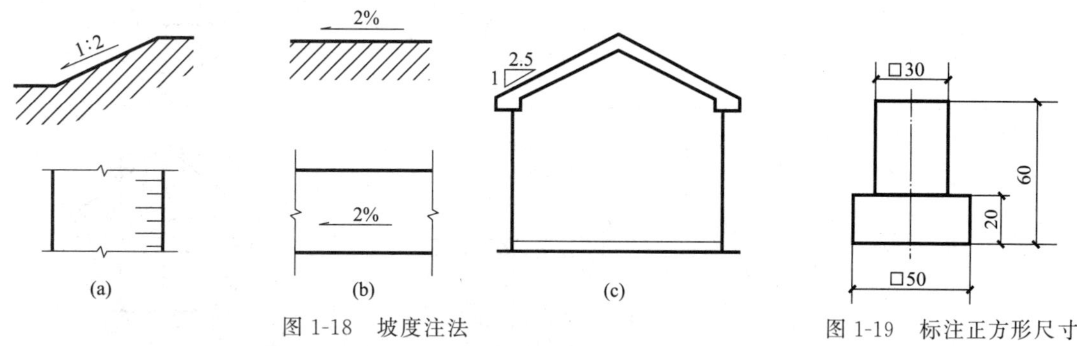

图 1-18　坡度注法

图 1-19　标注正方形尺寸

(7) 正方形的尺寸　可用“边长×边长”的形式，或在边长数字前加正方形符号“□”，如图 1-19 所示。

(8) 杆件或管线的长度　在单线图上，可将尺寸数字相应地沿着杆件或管线的一侧来注写，如图 1-20 所示。

(9) 连续排列的等长尺寸　可用“个数×等长尺寸＝总长”的形式注写，如图 1-21 所示。

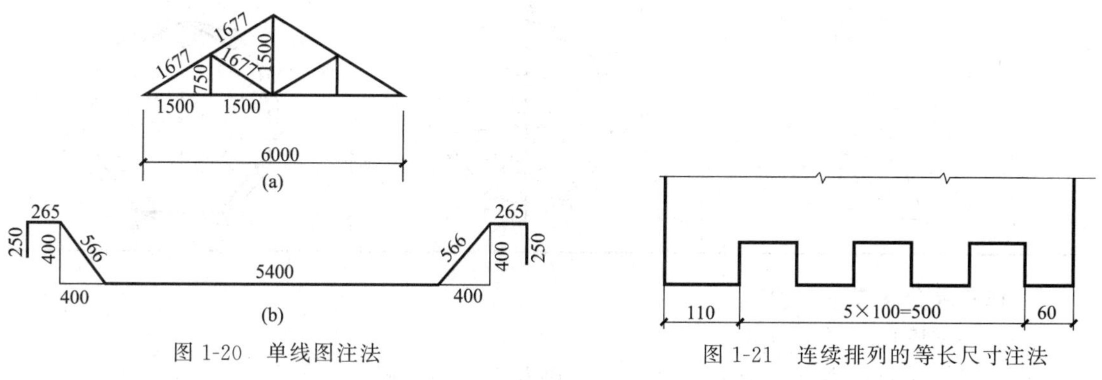

图 1-20　单线图注法

图 1-21　连续排列的等长尺寸注法

第二节　几何作图

建筑工程图是由直线、曲线和圆弧组合而成的几何图形，正确掌握几何图形的绘制方法是工程技术人员必须掌握的基本技能。下面介绍几种常用的几何作图方法。

一、等分圆周或作正多边形

已知圆的半径 R，作三等分圆、五等分圆、六等分圆、七等分圆，作图步骤如表 1-9 所示。

表 1-9 等分圆周或作正多边形作图步骤

图形名称	作图过程 1	作图过程 2	作图结果
三边形	R	A B C N R	A B C N
五边形	O G F	A I H O G F R_1	R_2 A B E H O G R_1 C D
六边形	R	A B E C D N R	A B E C D N R
七边形	A 1 2 3 4 5 6 N	A B G 1 2 3 M_1 C F M_2 4 5 6 D N E	A B G C F D E

1. 作三等分圆或正三边形

（1）根据圆的半径 R 画圆。

（2）以铅垂直径 N 点为圆心，R 为半径画圆弧，与圆周相交于 B、C 点。

（3）依次连接 A、B、C、A 点，即为所求正三边形。如表 1-9 所示。

2. 作五等分圆或正五边形

（1）根据圆的半径 R 画圆，作出半径 OF 的等分点 G。

（2）以 G 为圆心，GA 为半径画圆弧交直径于 H 点。

（3）以 A 为圆心，AH 的长为半径，在圆周上从 A 点起截取 B、C、D、E 等点。

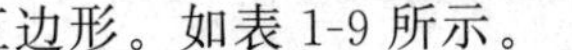
二维码 1-1

（4）依次连接 A、B、C、D、E、A 点，即为所求正五边形。如表 1-9 所示。

3. 作六等分圆或正六边形

（1）根据圆的半径 R 画圆。

（2）分别以铅垂直径 A、N 点为圆心，R 为半径画圆弧，与圆周相交于 B、E、C、

D 点。

（3）依次连接 A、B、C、N、D、E、A 点，即为所求正六边形。如表 1-9 所示。

4. 作七等分圆或正七边形

二维码 1-2

（1）根据圆的半径 R 画圆，将铅垂直径 AN 分成七等份。

（2）以 N 为圆心，AN 为半径画圆弧，交水平中心线于 M_1、M_2 点。

（3）将 M_1、M_2 分别与等分点 2、4、6 相连并延长与圆周相交于 B、C、D、E、F、G 点。

（4）依次连接 A、B、C、D、E、F、G、A 点，即为所求正七边形。如表 1-9 所示。

二、圆弧连接

已知连接圆弧半径为 R，作直线与直线间的圆弧连接，直线与圆弧间的圆弧连接，两圆弧间的圆弧连接，作图方法和步骤如表 1-10 所示。

表 1-10　圆弧连接的作图方法和步骤

连接方式	已知条件	作图过程	作图结果
连接相交两直线	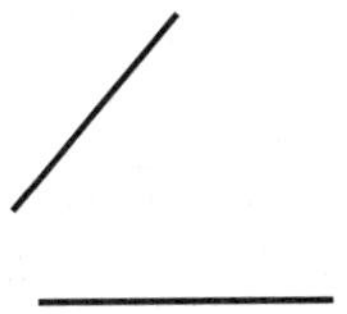	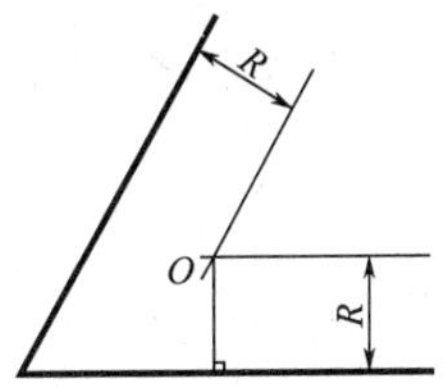	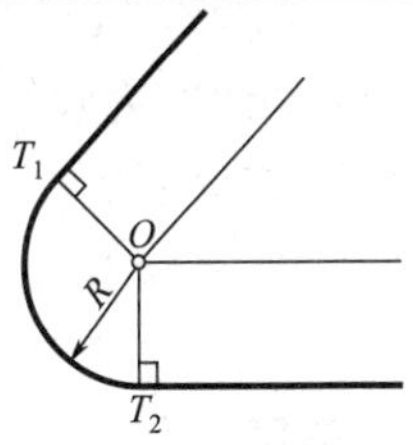
连接直线和圆弧	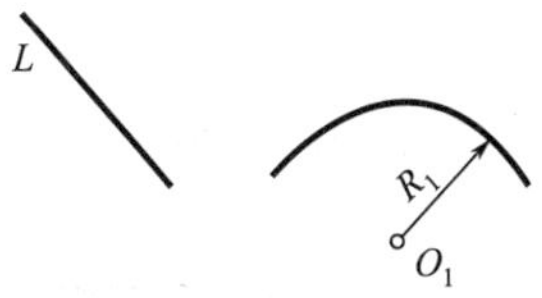	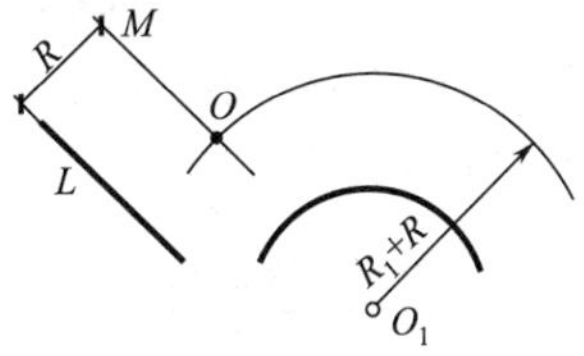	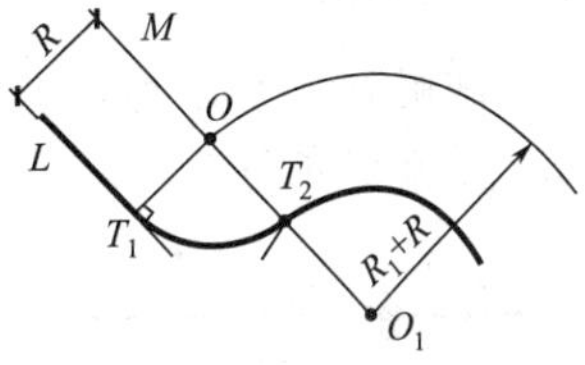
外接两圆弧	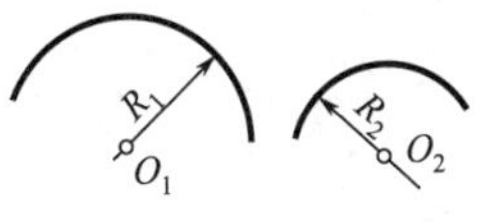	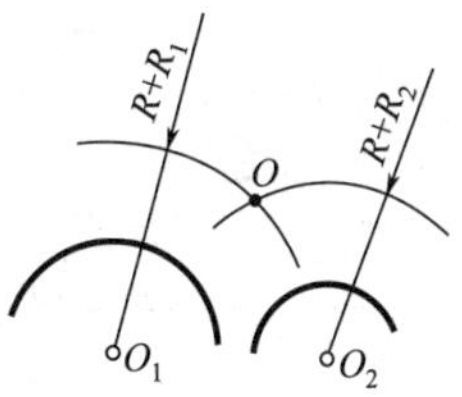	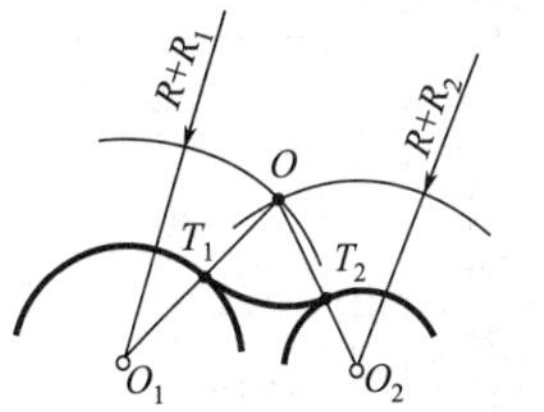
内接两圆弧	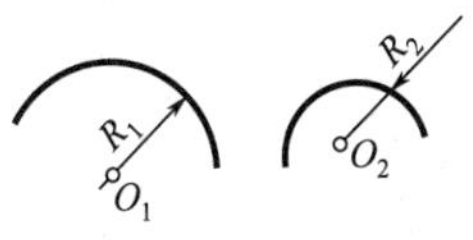	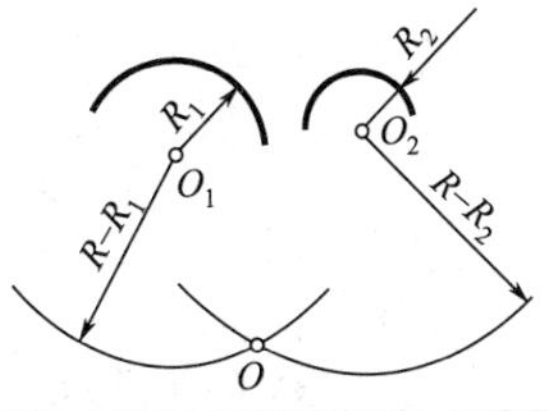	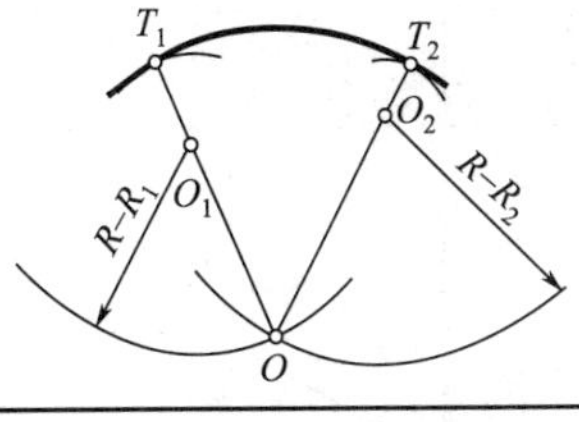

1. 作直线与直线间的圆弧连接

（1）已知连接圆弧半径 R 和相交两直线。

（2）分别作出与两直线平行且相距为 R 的直线，交点 O 即为连接圆弧的圆心。

（3）过点 O 分别作两直线的垂线，其垂足 T_1 和 T_2 即为连接圆弧的切点。

（4）以 O 为圆心，R 为半径，在切点 T_1、T_2 之间画圆弧即为所求。如表 1-10 所示。

2. 作直线与圆弧间的圆弧连接

（1）已知连接圆弧半径 R，直线 L 和半径为 R_1 的圆弧。

（2）作直线 L 且距离为 R 的平行线 M。

（3）以 O_1 为圆心，R_1+R 为半径画圆弧，交直线 M 于 O 点。

（4）连接 OO_1，交已知圆弧于切点 T_2，过 O 点作直线 L 的垂线得另一切点 T_1。

（5）以 O 为圆心，R 为半径，在切点 T_1、T_2 之间画圆弧，即为所求。如表 1-10 所示。

3. 作两圆弧间的圆弧连接（外切）

（1）已知连接圆弧半径 R 和半径为 R_1、R_2 的两圆弧。

（2）以 O_1 为圆心，$(R+R_1)$ 为半径画圆弧，以 O_2 为圆心，$(R+R_2)$ 为半径画圆弧，两弧相交于 O 点。

（3）连接 OO_1，交圆弧 O_1 于切点 T_1，连接 OO_2，交圆弧 O_2 于切点 T_2。

（4）以 O 为圆心，R 为半径，在切点 T_1、T_2 之间画圆弧即为所求。如表 1-10 所示。

4. 作两圆弧间的圆弧连接（内切）

（1）已知连接圆弧半径 R 和半径为 R_1、R_2 的两圆弧。

（2）以 O_1 为圆心，$(R-R_1)$ 为半径画圆弧，以 O_2 为圆心，$(R-R_2)$ 为半径画圆弧，两弧相交于 O 点。

（3）连接 OO_1 并延长交圆弧 O_1 于切点 T_1，连接 OO_2 并延长交圆弧 O_2 于切点 T_2。

（4）以 O 为圆心，R 为半径，在切点 T_1、T_2 之间画圆弧即为所求。如表 1-10 所示。

三、椭圆

椭圆画法有多种，这里仅介绍常用的同心圆法和四心法。

已知椭圆的长轴 AB 和短轴 CD，作椭圆的方法和步骤如表 1-11 所示。

表 1-11　椭圆的作图方法和步骤

椭圆画法	作图过程 1	作图过程 2	作图过程 3	作图结果
同心圆法	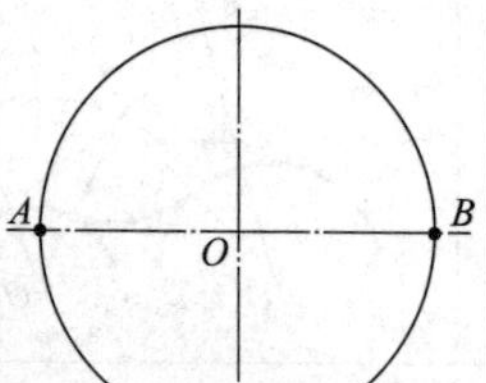	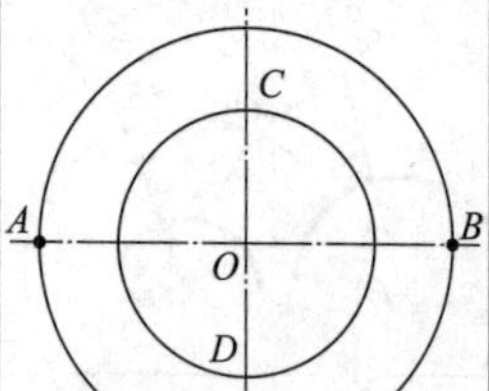	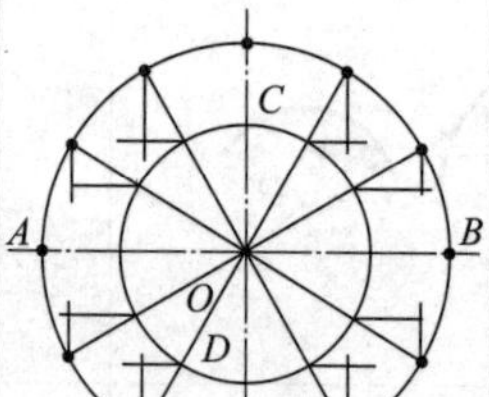	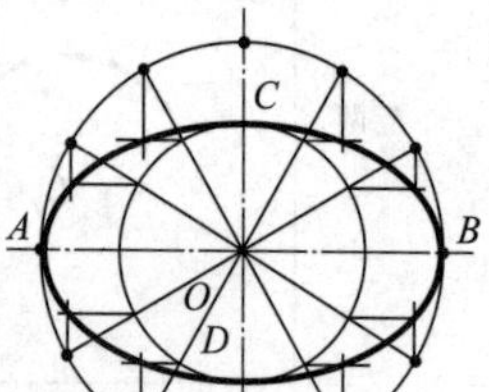
四心法	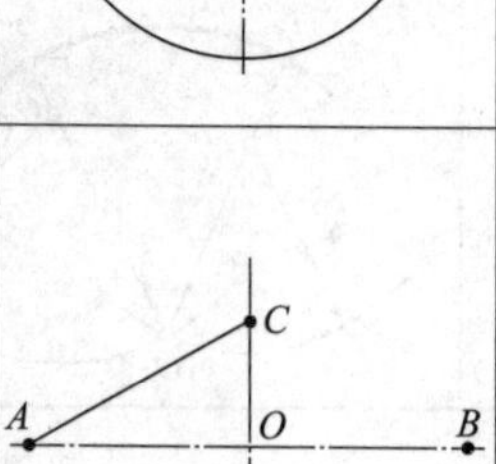	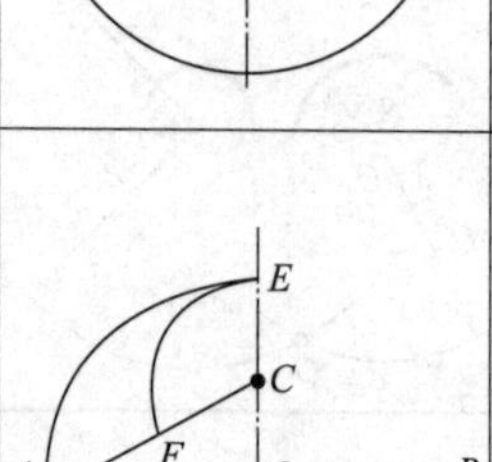	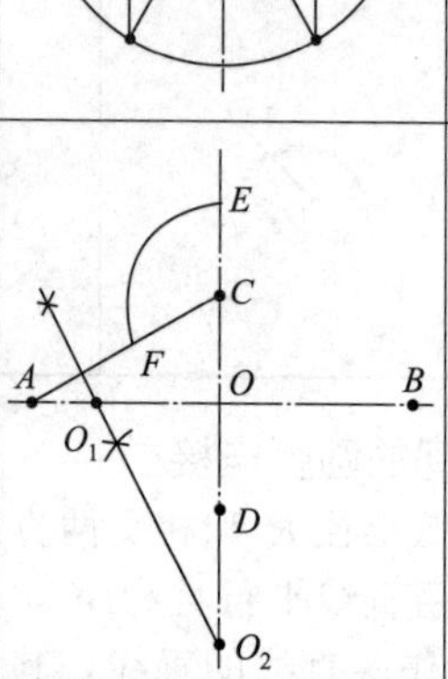	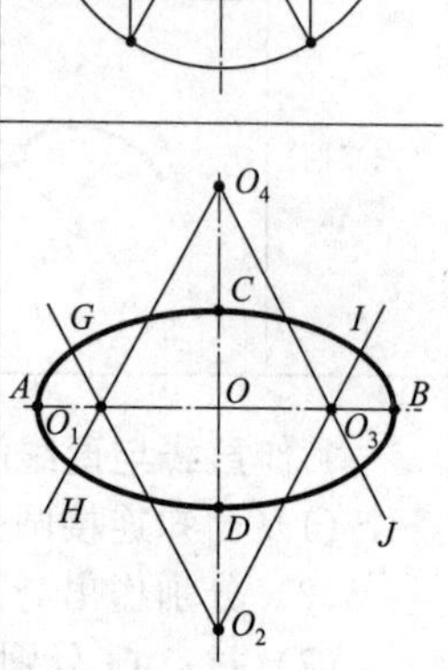

1. 同心圆法画椭圆

（1）以 O 为圆心，分别以长半轴 OA、短半轴 OC 为半径画同心圆。

（2）过圆心作若干直线与同心圆相交，过大圆交点作垂直线、过小圆交点作水平线。

（3）其垂直线与水平线的交点即为椭圆上的点。

（4）用曲线板将各点光滑连接成椭圆。如表 1-11 所示。

二维码 1-3

2. 四心法画椭圆

（1）作椭圆的长轴 AB、短轴 CD。

（2）连接 AC，以 C 为圆心，以 CE 为半径（$CE=OA-OC$）画圆弧交 AC 于点 F。

（3）作 AF 的垂直平分线，平分线与 AB 交于 O_1 点，与 CD 交于 O_2 点。

（4）作 O_1、O_2 的对称点 O_3、O_4，分别以 O_1、O_3 为圆心，O_1A、O_3B 为半径画小弧；以 O_2、O_4 为圆心，O_2C、O_4D 为半径画大弧，即得椭圆。如表 1-11 所示。

第三节　徒手绘图

徒手绘图是指不用绘图仪器和工具，而以目估的方法绘制出来的图样。徒手绘图一般称为草图，它是工程技术人员必须掌握的基本技能。徒手绘图一般用 H 或 2H 铅笔。虽然是草图，也应做到：图形正确、线型分明、字体工整、图面整洁。

一、画直线

（1）画水平线时，从起点画线，自左向右，眼睛看着直线的终点，掌握好方向，图线宜一次画成。对于较长的直线，可分段画出。如图 1-22(a) 所示。

（2）画铅直线时，与画水平线方法相同，自上而下画。如图 1-22(b) 所示。

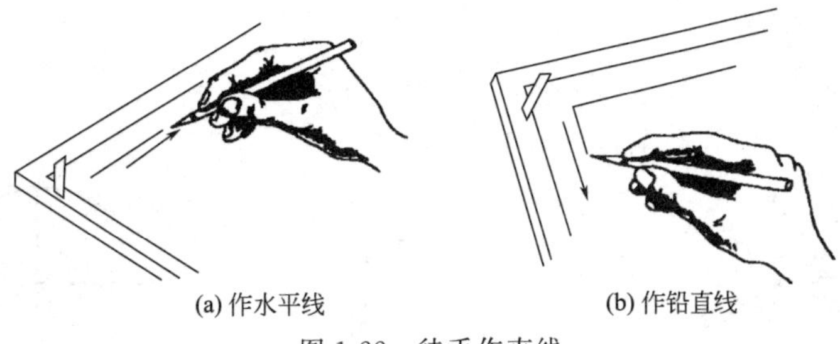

(a) 作水平线　　(b) 作铅直线

图 1-22　徒手作直线

（3）画与水平线成 30°、45°、60°等特殊角度的斜线时，可按照用两直角边的近似比例关系定出两端点，再按照徒手画直线的方法连接两端点即得到约等于 30°、45°、60°等特殊角度，如图 1-23 所示。

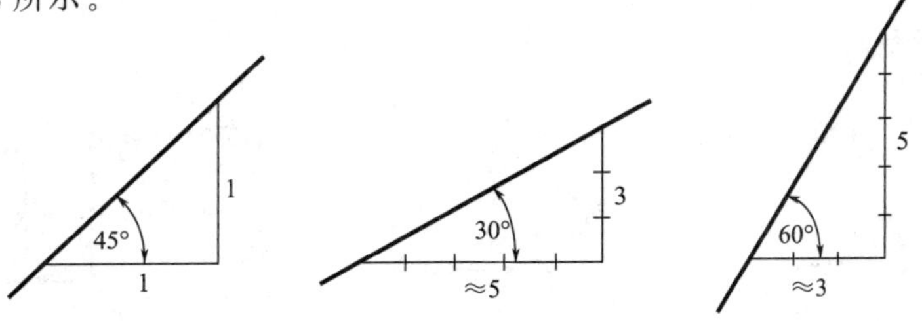

图 1-23　画与水平线成 45°、30°、60°等特殊角度的斜线

二、画圆

画圆时，先绘制中心线，再过圆心作均匀分布的直线，在每根线上目测半径，最后连接成圆。画较小的圆，可直接在中心线上按半径目测定出四点后连成圆，如图 1-24 所示。

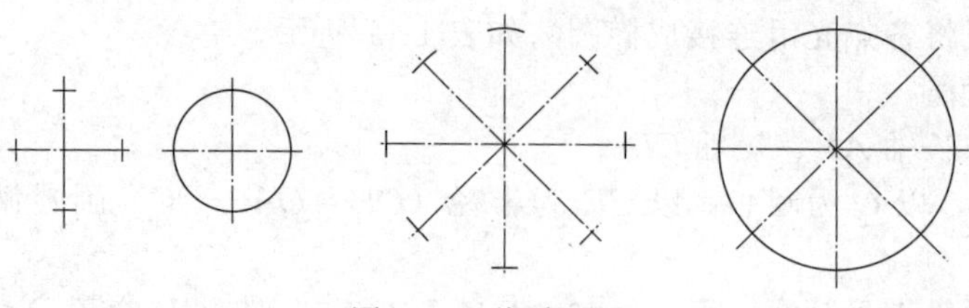

图 1-24 徒手画圆

三、画椭圆

已知长短轴画椭圆，作出椭圆的外切矩形，然后连对角线，在矩形各对角线的一半上目测十等分，并定出七等分的点，把这四个点与长短轴端点顺次连成椭圆，如图 1-25 所示。

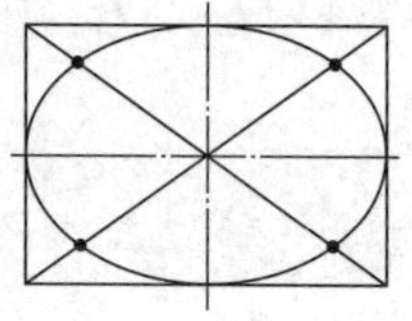

图 1-25 徒手画椭圆

四、等分线段

如图 1-26 所示。

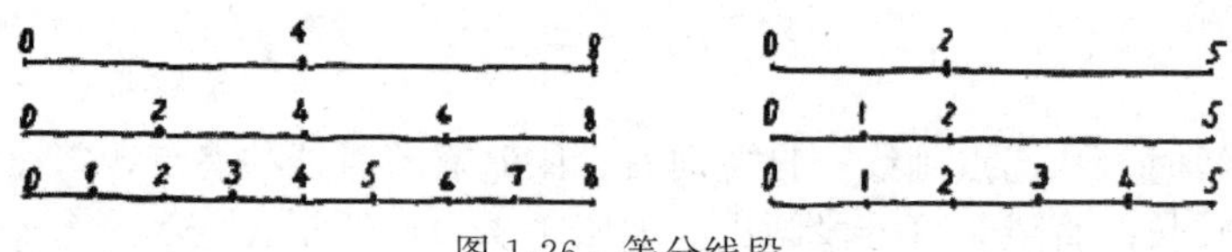

图 1-26 等分线段

五、常用角度画法

如图 1-27 所示。

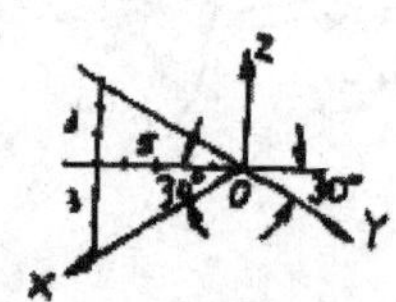

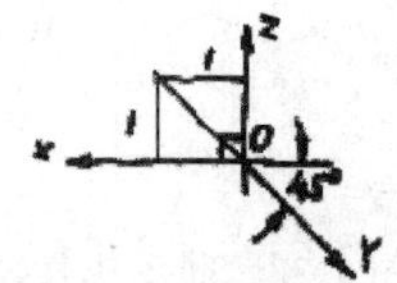

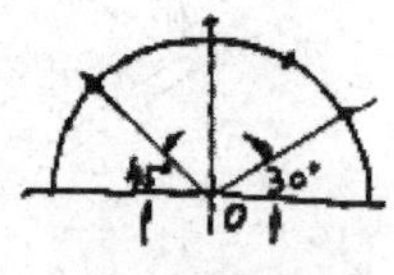

图 1-27 常用角度画法

六、画圆角和圆弧

如图 1-28 所示。

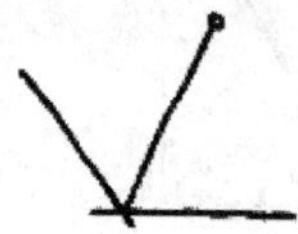

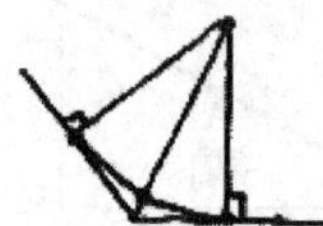

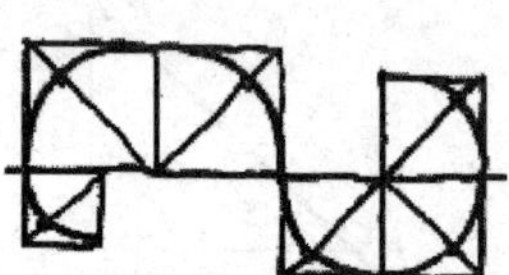

图 1-28 徒手画圆角和圆弧

第二章 正投影原理

教学提示

本章主要介绍了投影的基本知识和点、直线、平面的投影以及两直线相对位置、直线与平面、平面与平面相对位置的作图方法。

教学要求

要求学生掌握正投影的基本特性，掌握点、直线、平面的投影特性和相对位置及作图方法，初步掌握解一般综合性问题的方法和步骤。

第一节 投影的基本知识

一、投影的概念

在日常生活中，物体在阳光或灯光的光线照射下，就会在地面或墙壁上产生影子，这个影子在某些方面反映出物体的形状特征，这就是常见的投影现象，人们根据这种现象，用投影线代替光线，通过物体射向平面，在平面上得到物体的图像，这种将物体进行投影，在投影面上产生图像的方法称为投影法。此平面称为投影面，产生的图像称为物体在投影面上的投影，如图 2-1 所示。

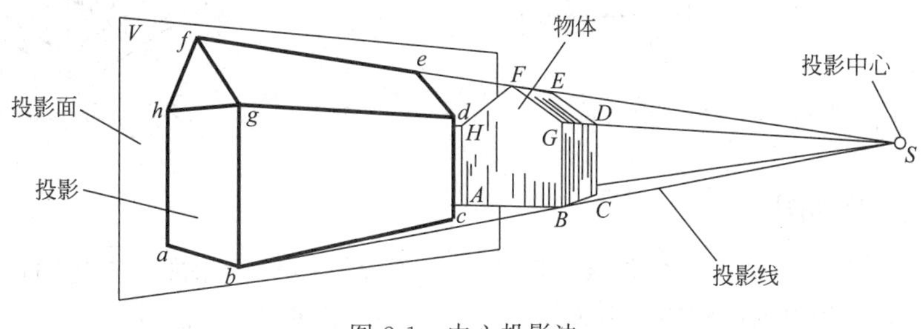

图 2-1 中心投影法

投影形成必须具备的三个条件：投影中心、投影面、被投影的物体。

二、投影的分类

根据投影中心与投影面之间距离远近的不同，投影法分为中心投影法和平行投影法。

1. 中心投影法

投影中心 S 距离投影面 V 有限远，所有的投影线都汇交于一点的投影法称为中心投影法，如图 2-1 所示。

2. 平行投影法

投影中心 S 位于无限远处，投影线互相平行的投影法称为平行投影法。如图 2-2 所示。在平行投影中，根据投影线是否垂直投影面，又分为斜投影和正投影两种。

（1）斜投影法　投影线与投影面倾斜的平行投影法，如图 2-2(a) 所示。

（2）正投影法　投影线与投影面垂直的平行投影法，如图 2-2(b) 所示。

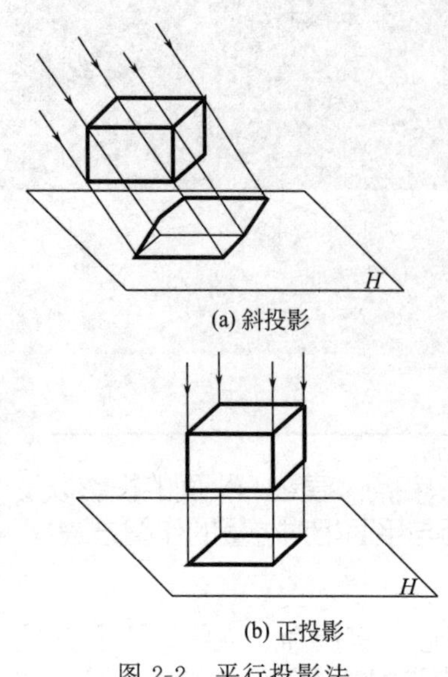

图 2-2　平行投影法

三、正投影图的形成及特性

用正投影法绘制的图形称为正投影图。

（一）单面正投影图

如图 2-3 所示，两个形状不同的物体，它们在某个投影方向上的投影图却完全相同。因此，单面正投影图不能确定物体的形状。

（二）两面正投影图

如图 2-4 所示，两个形状不同的物体，它们在相互垂直的两个投影面上的投影图也完全相同。因此，两面正投影图也不能确定物体的形状。

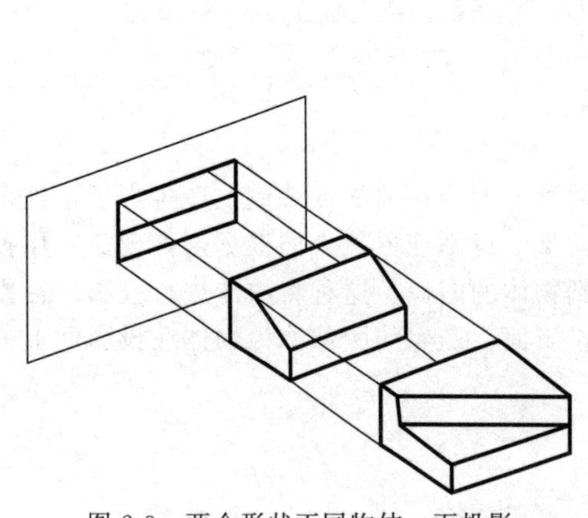

图 2-3　两个形状不同物体一面投影

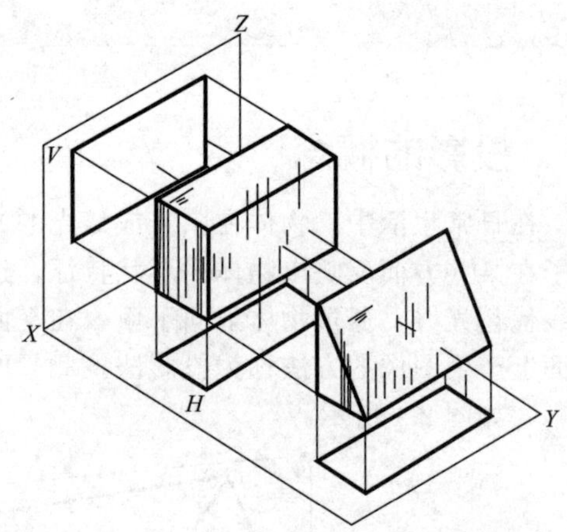

图 2-4　两个形状不同物体的两面投影

（三）三面正投影图

由图 2-3、图 2-4 可知，一个正投影图或两个正投影图都不能准确表达物体的形状。为了确定物体的形体必须画出物体的多面正投影图，即三面正投影图。

1. 三投影面体系与三面正投影图

如图 2-5 所示，三个互相垂直的投影面 V、H、W 构成三投影面体系，将空间分为八个分角。本书主要讨论物体在第一分角的投影。

① 正立放置的 V 面称为正立投影面，简称正立面或 V 面；

② 水平放置的 H 面称为水平投影面，简称水平面或 H 面；

③ 侧立放置的 W 面称为侧立投影面，简称侧立面或 W 面。

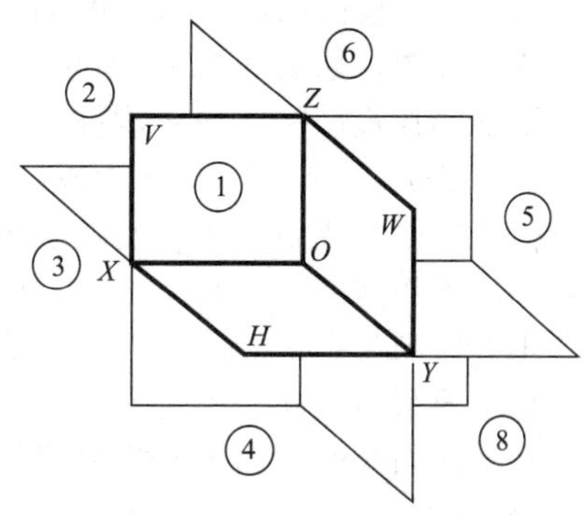

图 2-5　三投影面体系与其分角

投影面之间的交线称为投影轴，即 OX 轴、OY 轴、OZ 轴，它们相互垂直并且分别表示出长、宽、高三个方向，三轴的交点 O 称为原点。

将物体置于三投影面体系中（物体的表面与投影面平行得越多越好）。将物体分别向三个投影面进行正投影。从上向下在水平投影面上得到的正投影图叫水平投影图（也叫平面图或俯视图），从前向后在正立投影面上得到的正投影图叫正立面投影图（也叫正面图或主视图），从左向右在侧立投影面上得到的正投影图叫左侧立面投影图（也叫左侧立面图或左视图），如图 2-6(a) 所示。

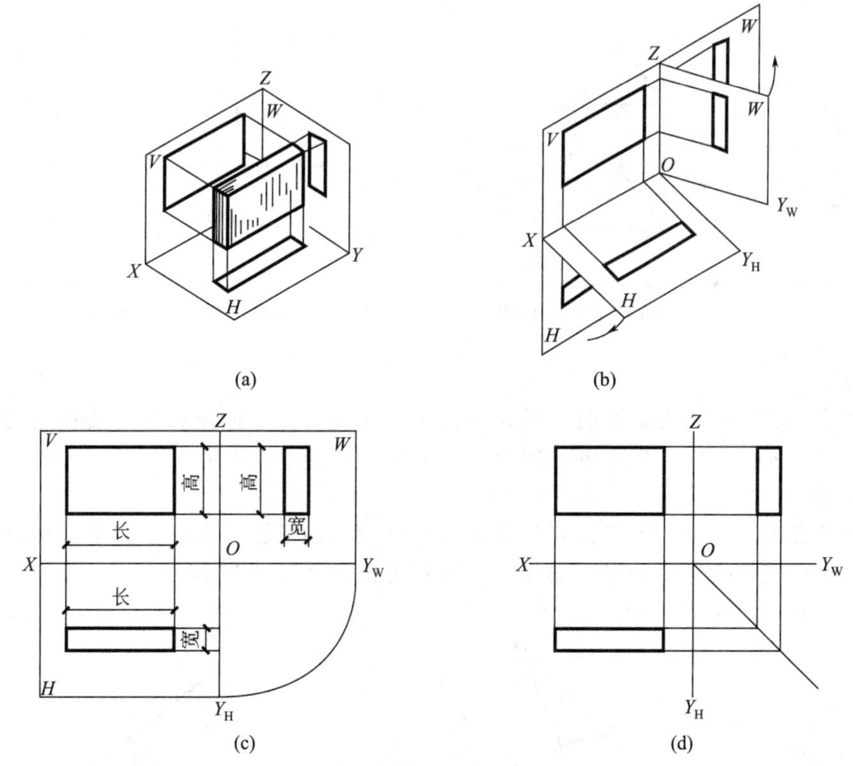

图 2-6　三面投影体系的展开与三面投影图

2. 三面正投影图的展开

三个投影图分别位于三个投影面上，为了画图方便，国家标准规定 V 面保持不动，将 H 面向下旋转 90°，将 W 面向右旋转 90°。使 H、W、V 面处在同一个平面，这时 OY 轴分为两条，一条为 OY_H 轴，另一条为 OY_W 轴，如图 2-6(b)、图 2-6(c) 所示。

去掉三个投影面的边框，由 H 面、V 面、W 面投影组成的投影图，称为物体的三面投影图或三视图，如图 2-6(d) 所示。

3. 三面正投影图的投影规律

如图 2-6(c) 所示，正立面投影图（正面图或主视图）反映了物体的长度和高度，水平投影图（平面图或俯视图）反映了物体的长度和宽度，左侧立面投影图（左侧立面图或左视图）反映了物体的宽度和高度。三面正投影图的投影规律如下：

正立面图与水平面图长对正（等长）		主视图、俯视图长对正
正立面图与侧立面图高平齐（等高）	或	主视图、左视图高平齐
水平面图与侧立面图宽相等（等宽）		俯视图、左视图宽相等

“长对正、高平齐、宽相等”的“三等”关系是绘制和阅读正投影图必须遵循的投影规律。

（四）正投影的基本特性

1. 实形性（或度量性）

当直线或平面平行于投影面时，其投影反映直线的实长或平面的实形，这种性质称该直线或平面的投影具有实形性（或度量性），如图 2-7 所示。

2. 积聚性

当直线或平面垂直于投影面时，其投影积聚成一点或一直线，这种性质称为该直线或平面的投影具有积聚性，如图 2-8 所示。

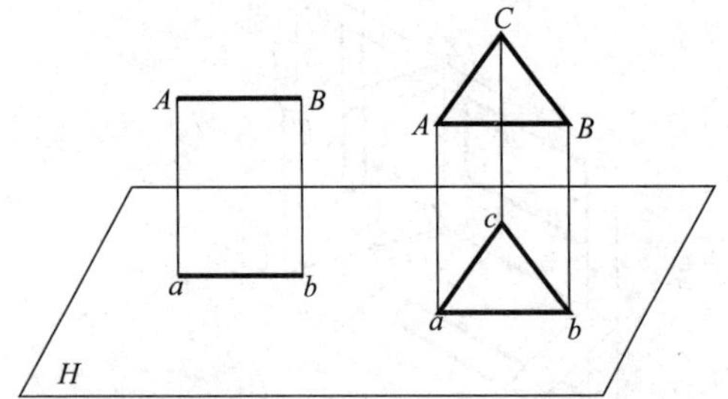

图 2-7　平行于投影面的直线和平面正投影

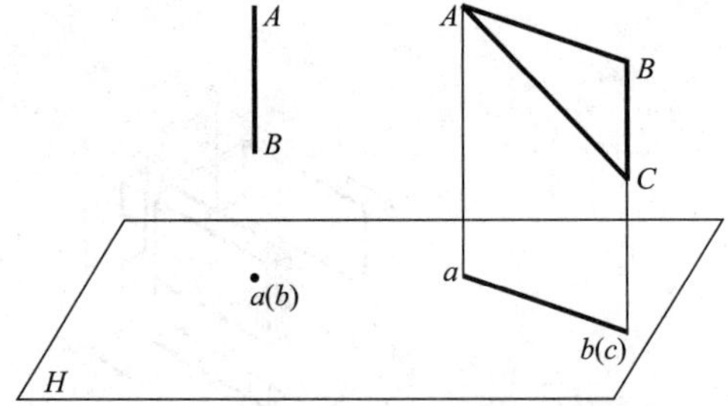

图 2-8　垂直于投影面的直线和平面正投影

3. 类似性

当直线或平面倾斜于投影面时，其投影仍是直线或平面，但比直线的实长短或与平面类似，这种性质称为该直线或平面的投影具有类似性，如图 2-9 所示。

4. 定比性

点分线段所成的比例，等于该点的投影所分该线段的投影的比例；直线分平面所成的面积之比，等于直线的投影所分平面的投影的面积之比。如图 2-10 所示。

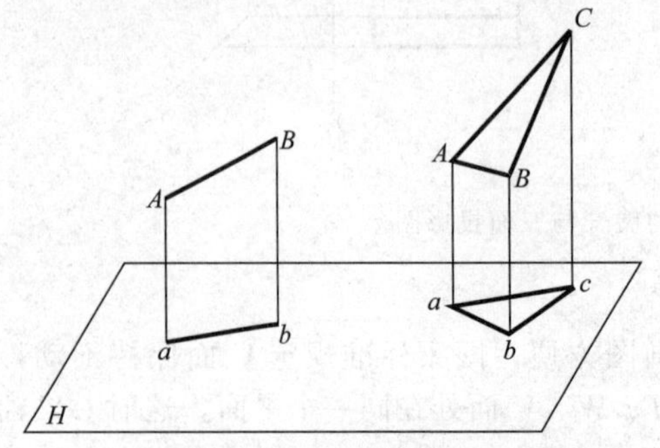

图 2-9　倾斜于投影面的直线和平面正投影

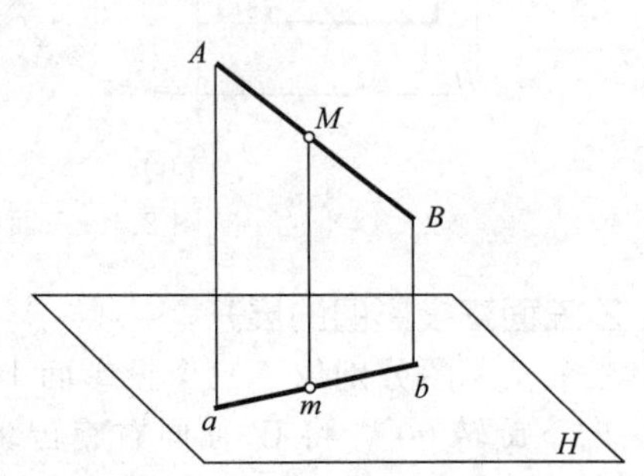

图 2-10　点在直线上的投影

5. 从属性

点在直线（或平面）上，则该点的投影一定在直线（或平面）的同面投影上。如图 2-10 所示。

6. 平行性

空间平行的两直线，其在同一投影面上的投影亦平行，如图 2-11 所示。

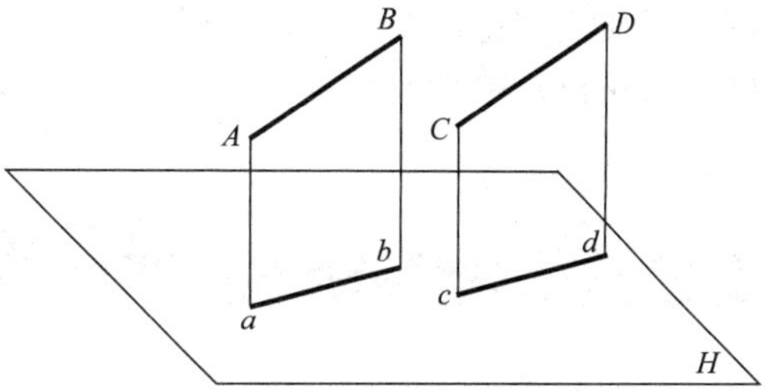

图 2-11　平行两直线的投影

四、工程中常用的投影图

1. 正投影图

正投影图是土木工程中用得最多的图样，通常采用三面正投影图来表达物体的形状和大小，如图 2-12 所示。

由于正投影图度量性好、作图方便，符合生产对工程图样的要求，因此广泛用于各行业中，缺点是直观性差。

2. 轴测投影图

轴测图也称为立体图，能在一个投影面上同时反映出物体三个面的形状，富有立体感，直观性强，但不能表达物体的真实形状和大小，缺点是度量性差，所以，轴测图只能作为辅助图样。如图 2-13 所示。

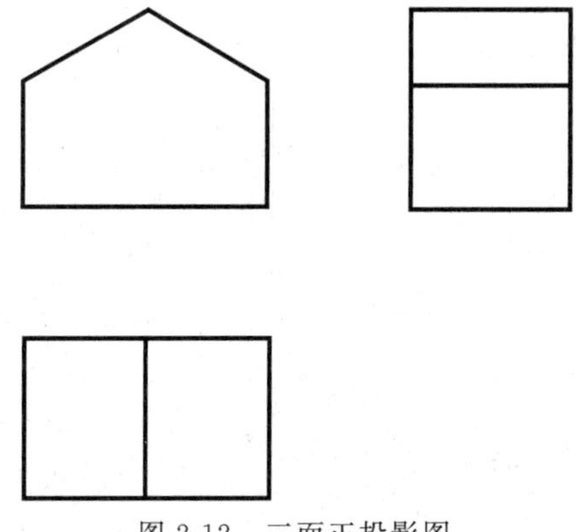

图 2-12　三面正投影图

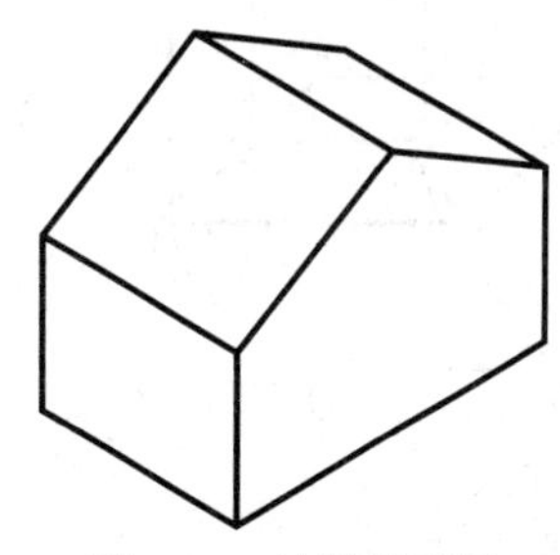

图 2-13　轴测投影图

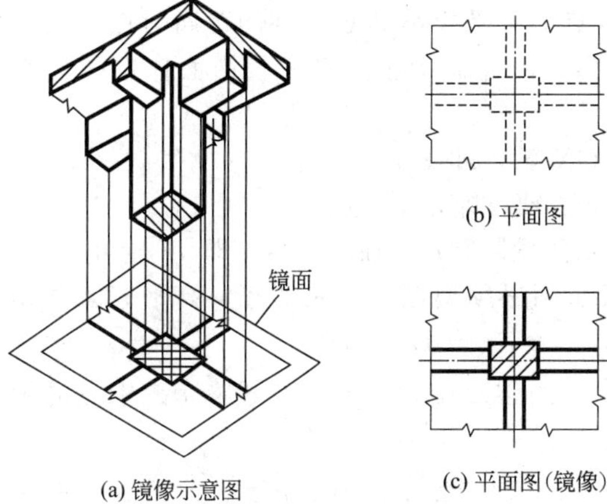

(a) 镜像示意图

(b) 平面图

(c) 平面图(镜像)

图 2-14　镜像投影形成及表示方法

3. 镜像投影图

在建筑工程中，有些工程构造，如梁、板、柱等构造节点，用正投影图的方法从上向下画出水平投影图（平面图或俯视图），如图 2-14(a) 所示，因为板在上面，梁、柱在下面，梁、柱为不可见，平面图中要用虚线绘制，如图 2-14(b) 所示，这样给读图和尺寸标注带来不便。如果把 H 面当作一个镜面，在镜面中就能看到梁、柱的反射图像，这种投影称为镜像投影。

镜像投影图属于正投影图，是物体在镜面中的反射图形的正投影，该镜面应平行于相应的投影面。用镜像投影法绘图时，应在图名后加注“镜像”二字，如图 2-14(c) 所示。镜像投影图在建筑室内设计中常用来表现顶棚（天花板）的平面布置。

第二节　点的投影

任何形体都是由点、线、面等几何元素构成的，点是构成形体的最基本元素，点的投影仍然是点。

一、点的三面投影

如图 2-15(a) 所示，空间点 A 位于 V 面、H 面和 W 面构成的三投影面体系中。由点 A 分别向 V、H、W 面作垂线，得垂足 a'、a、a''，即为点 A 的正面投影、水平投影、侧面投影。规定：

① 空间点用大写字母表示，如：A、B、C…；

② H 面上的投影用相应的小写字母表示，如：a、b、c…；

③ V 面上的投影用相应的小写字母加一撇表示，如：a'、b'、c'…；

④ W 面上的投影用相应的小写字母加两撇表示，如：a''、b''、c''…。

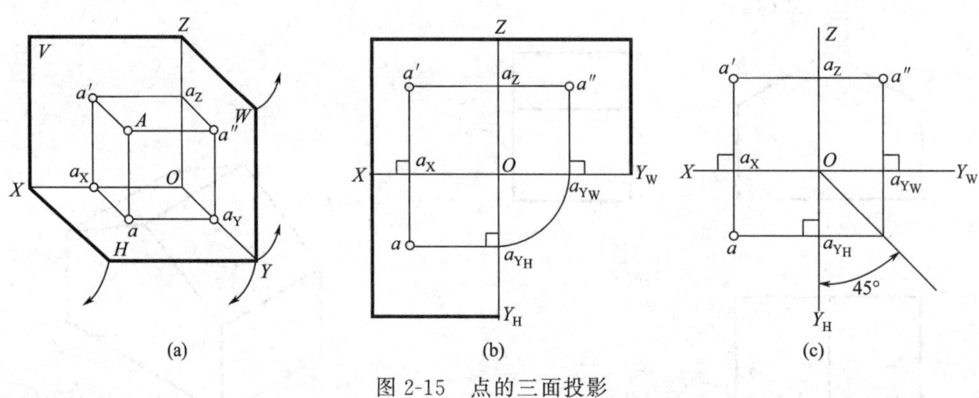

图 2-15　点的三面投影

二、点的投影规律

如图 2-15(b) 所示，$a'a \perp OX$，$a'a'' \perp OZ$；点的水平投影到 OX 轴的距离与点的侧面投影到 OZ 轴的距离均反映空间点到 V 面的距离。由此概括出点在三投影面体系的投影规律：

(1) 点的水平投影与正面投影的连线垂直于 OX 轴，即 $a'a \perp OX$；

(2) 点的正面投影和侧面投影的连线垂直于 OZ 轴，即 $a'a'' \perp OZ$；

(3) 点的水平投影到 OX 轴的距离等于点的侧面投影到 OZ 轴的距离，即 $aa_X = a''a_Z$。

由此可见，点的投影规律也体现了三面正投影图必须遵循的“长对正、高平齐、宽相等”的投影规律，如图 2-15(c) 所示。

【例 2-1】 如图 2-16(a) 所示，已知点 A 的正面投影 a' 和水平投影 a，求点的侧面投影 a''。

解　分析：根据投影规律作 $a'a_Z \perp OZ$，$a''a_Z \perp OZ$；$aa_{Y_H} \perp OY$，$a''a_{Y_W} \perp OY$；作图过程如图 2-16(b) 所示。

作图步骤：

(1) 自 a' 向右作 OZ 轴的垂线。

(2) 自 a 向右作 OY_H 轴的垂线与45°辅助直线交于一点，过该交点作 $OY_W OY_H$ 轴的垂线与过 a' 的水平线交于 a''，a''即为 A 点的侧面投影。

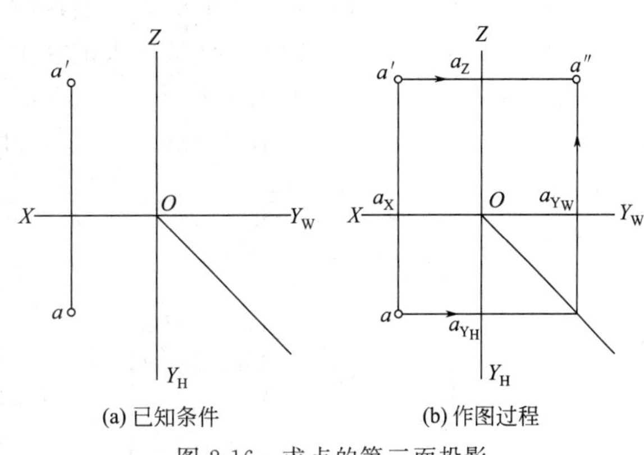

(a) 已知条件 (b) 作图过程

图 2-16 求点的第三面投影

三、点的直角坐标表示法

把三投影面体系看作是直角坐标系，三个投影面相当于三个坐标面，三个投影轴相当于三个坐标轴，投影原点相当于坐标原点。这时，空间点 A 可用坐标（X_A，Y_A，Z_A）表示。

点到投影面的距离与坐标之间的关系为：

点 A 到 W 面的距离等于点 A 的 X 坐标 X_A；

点 A 到 V 面的距离等于点 A 的 Y 坐标 Y_A；

点 A 到 H 面的距离等于点 A 的 Z 坐标 Z_A。

即：X 表示到 W 面的距离；Y 表示到 V 面的距离；Z 表示到 H 面的距离。

由此可知：点 A 的水平投影 a 由（X_A，Y_A）确定；正面投影 a'由（X_A，Z_A）确定；侧面投影 a''由（Y_A，Z_A）确定。

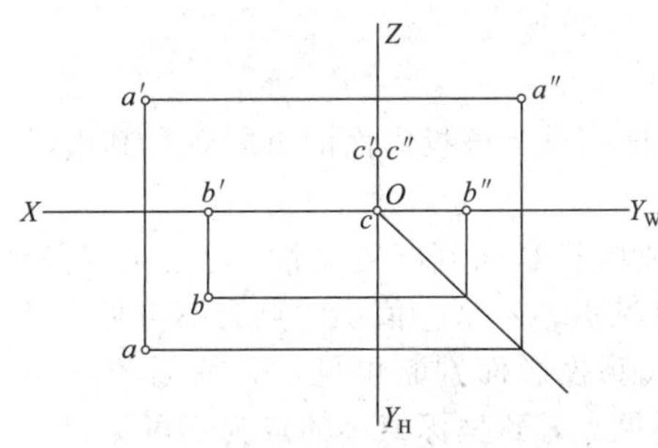

图 2-17 根据点的坐标作投影图

【例 2-2】 已知 A 点的坐标（21、12、10），B 点的坐标（15、8、0），C 点的坐标（0、0、5），作出各点的三面投影图。

解 分析：点的正面投影由 X、Z 确定，侧面投影由 Y、Z 确定，水平投影由 X、Y 确定，

根据点的坐标值可直接求得点 A、B、C 的三面投影图，作图过程如图 2-17 所示。

作图步骤：

(1) A 点的投影 从 O 点起，在 X、Y、Z 轴上分别量取 $X_A=21$，$Y_A=12$，$Z_A=10$，作所在轴的垂线，两个垂线相交求得 a，a'，a''。

(2) B 点的投影 从 O 点起，在 X、Y、Z 轴上分别量取 $X_B=15$，$Y_B=8$，$Z_B=0$，作所在轴的垂线，两个垂线相交求得 b 点。由于 $Z_B=0$，所以 b'在 X 轴上，b''在 Y_W 轴上。

(3) C 点的投影 从 O 点起，在 X、Y、Z 轴上分别量取 $X_C=0$，$Y_C=0$，$Z_C=5$，因为 $X_C=0$，$Y_C=0$，所以 c'、c''重合在 Z 轴上，c 与原点 O 重合。

四、两点的相对位置及可见性判断

（一）两点的相对位置

两点的相对位置是指空间两点前、后、上、下、左、右的位置关系。在投影图中可以比较它们同面投影的坐标大小或利用它们在投影图中同面投影的位置来判别。

1. 比较同面投影的坐标

(1) 两点的左右位置判断 X 坐标值大的在左，X 坐标值小的在右；

（2）两点的前后位置判断　Y 坐标值大的在前，Y 坐标值小的在后；

（3）两点的上下位置判断　Z 坐标值大的在上，Z 坐标值小的在下。

如图 2-18 所示的 A、B 两点，由于 $X_A > X_B$，$Y_A > Y_B$，$Z_A > Z_B$，说明 A 点在 B 点的左、前、上方，也可以说 B 点在 A 点的右、后、下方。

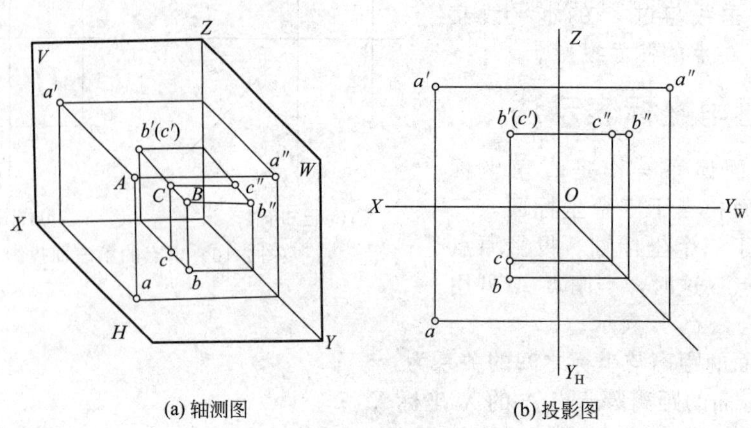

图 2-18　两点的相对位置

2. 利用同面投影的位置判别

（1）V 面投影反映两点的上下、左右关系；

（2）H 面投影反映两点的前后、左右关系；

（3）W 面投影反映两点的上下、前后关系。

（二）重影点及可见性判断

空间两点在某个投影面上的投影重合为一点，称这两点为该投影面的重影点。其重影点的可见性由两点的相对位置来判别。判别方法如下：

（1）重影点在水平投影面 H 上，根据正投影面或侧投影面判断可见性，上面的点为可见点，下面的点为不可见点。即 Z 坐标值大的点为可见点，Z 坐标值小的点为不可见点。

（2）重影点在正投影面 V 上，根据水平投影面或侧投影面判断可见性，前面的点为可见点，后面的点为不可见点。即 Y 坐标值大的点为可见点，Y 坐标值小的点为不可见点。

（3）重影点在侧投影面 W 上，根据正投影面或水平投影面判断可见性，左面的点为可见点，右面的点为不可见点。即 X 坐标值大的点为可见点，X 坐标值小的点为不可见点。

规定：可见点标注在前面，不可见点标注在后面，并加上小括号。

如图 2-18 所示，点 B、C 位于垂直于 V 面的同一条投影线上，b'、c'重合在一起，因此有 $X_B = X_C$，$Z_B = Z_C$。由于 $Y_B > Y_C$，则 B 点在 C 点的正前方，从前面投影时 B 把 C 挡住，所以点 B 可见，点 C 不可见，不可见点的投影加括号表示。

第三节　直线的投影

直线由线上的两点确定，所以直线的投影可以由直线上任意两点（通常取线段两个端点）的投影决定，然后将点的同面投影连接起来，即为直线的投影，如图 2-19 所示。

直线对投影面所夹的角即直线对投影面的倾角用 α、β、γ 表示，如图 2-19(a) 所示。α 表示直线对 H 面的倾角；β 表示直线对 V 面的倾角；γ 表示直线对 W 面的倾角。

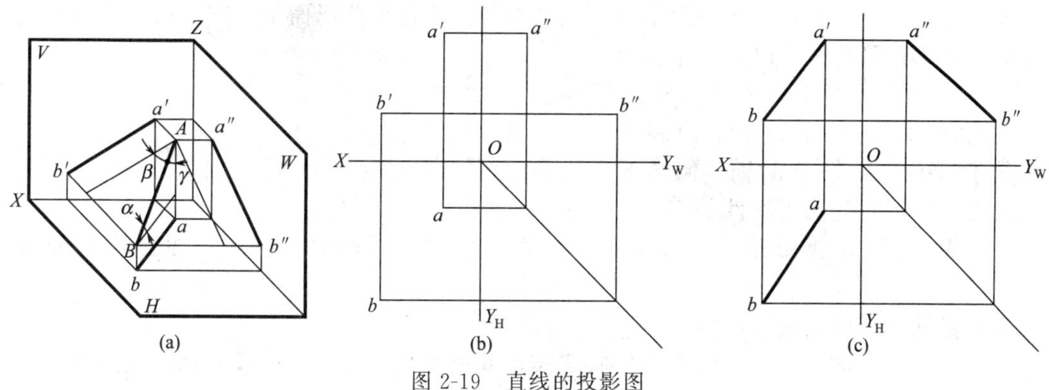

图 2-19 直线的投影图

一、各种位置的直线

直线在三投影面体系中，根据直线与投影面的相对位置不同，可以分为三种：投影面平行线、投影面垂直线和一般位置直线。其中投影面平行线和投影面垂直线统称为特殊位置直线。

（一）投影面平行线

表 2-1 投影面平行线的投影与特性

名称	轴 测 图	投 影 图	投影特性
正平线	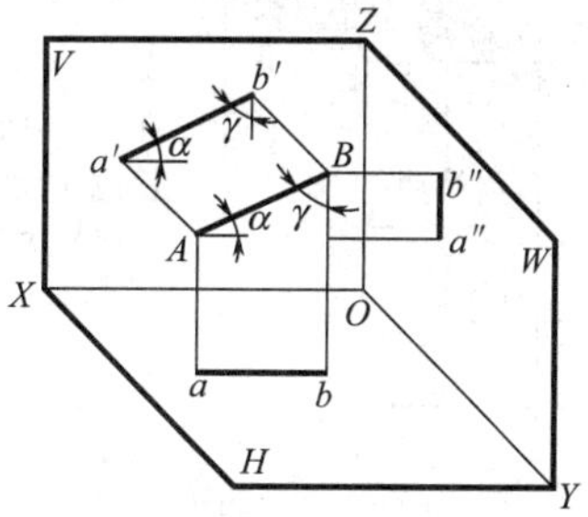	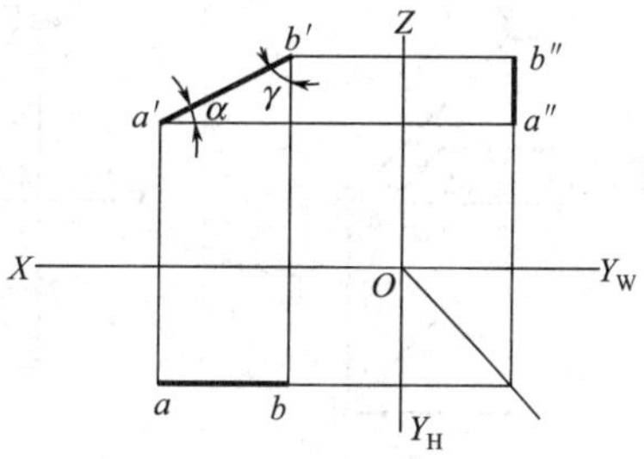	①$ab//OX$ $a''b''//OZ$ 投影长度缩短 ② $a'b'=AB=$实长 ③$a'b'$反映真实倾角α、γ角
水平线	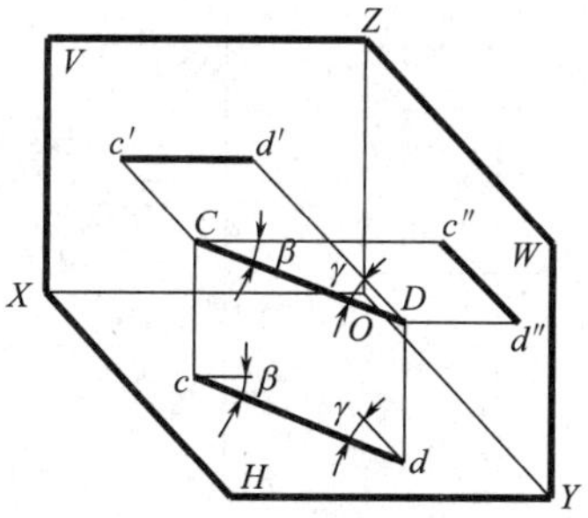	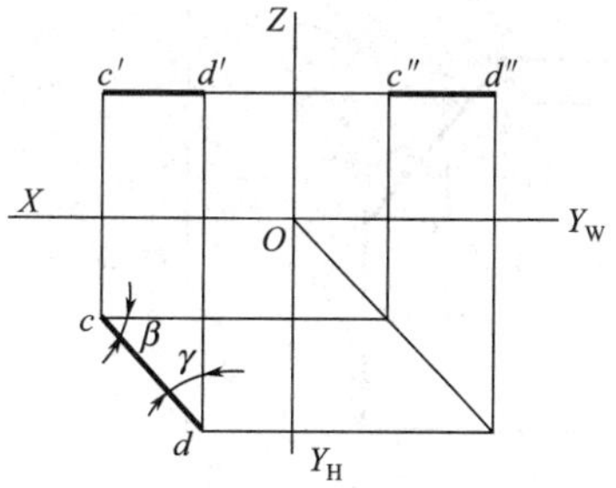	①$c'd'//OX$ $c''d''//OY_W$ 投影长度缩短。 ②$cd=CD=$实长 ③cd 反映真实倾角β、γ角
侧平线	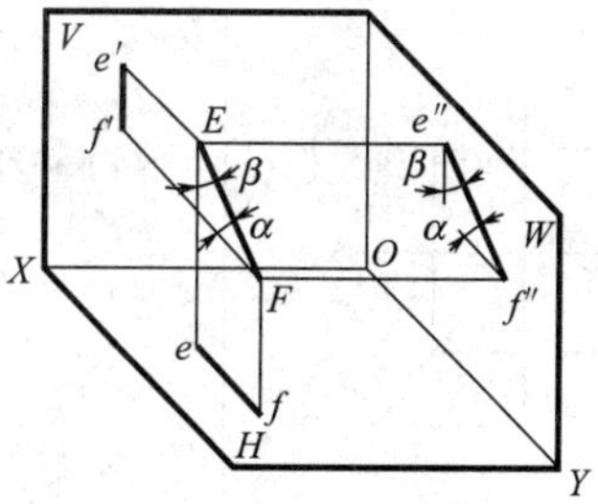	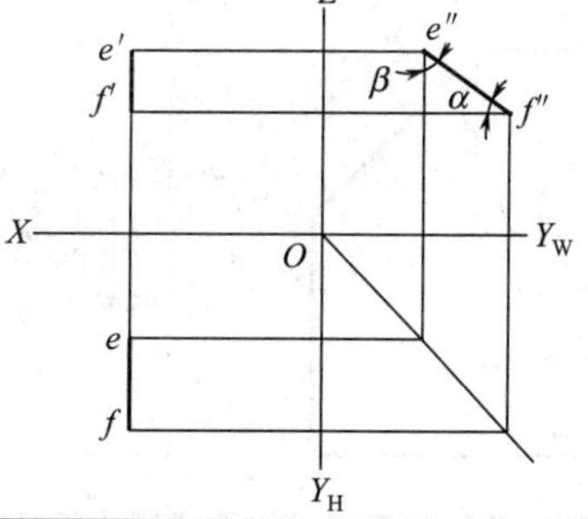	①$ef//OY_H$ $e'f'//OZ$ 投影长度缩短 ② $e''f''=EF=$实长 ③$e''f''$反映真实倾角α、β角

平行于一个投影面，与另外两个投影面倾斜的直线称为投影面平行线。根据平行的投影面不同，投影面平行线有以下三种位置：

① 正平线　平行于 V 面，倾斜于 H 面和 W 面；

② 水平线　平行于 H 面，倾斜于 V 面和 W 面；

③ 侧平线　平行于 W 面，倾斜于 V 面和 H 面。

投影面平行线的投影特性如表 2-1 所示。

根据表 2-1 所示投影面平行线的投影特性，总结出投影面平行线的投影规律和判别方法。

1. 投影面平行线的投影规律

(1) 在所平行的投影面上的投影反映实长，并反映平行线与另两投影面的真实倾角。

(2) 另外两投影都小于实长，并分别平行于相应投影轴线。

2. 判别方法

直线在某一个投影面上的投影是倾斜的线段，在另外两个投影面上的投影是与相应投影轴平行的线段，一定是投影面平行线，且平行于倾斜投影所在的平面。

（二）投影面垂直线

表 2-2　投影面垂直线的投影与特性

名称	轴　测　图	投　影　图	投影特性
正垂线	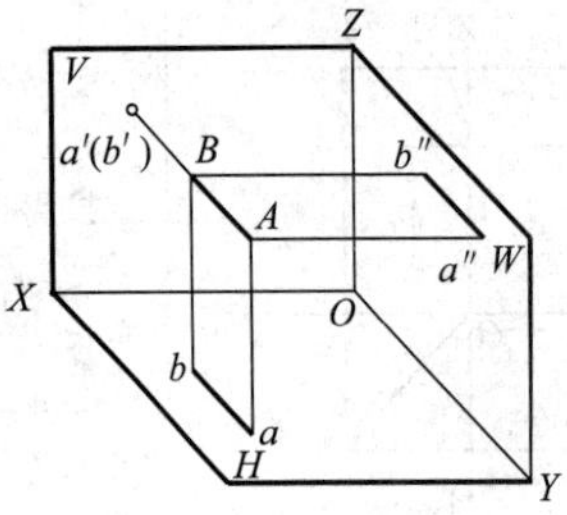	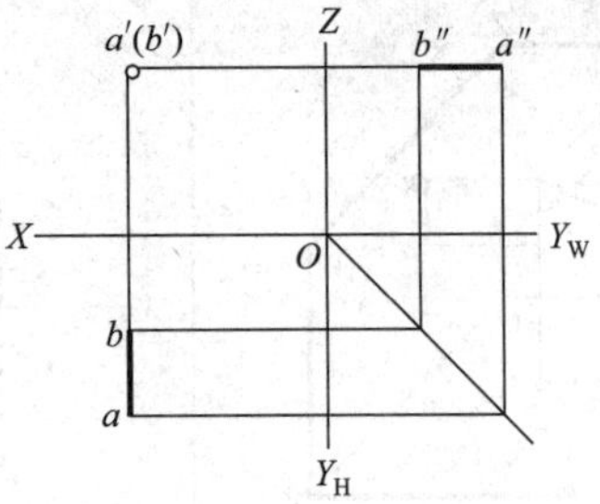	① $a'b'$ 积聚成一点 ② $ab \perp OX$ $a''b'' \perp OZ$ ③ $ab = a''b'' = AB =$ 实长
铅垂线	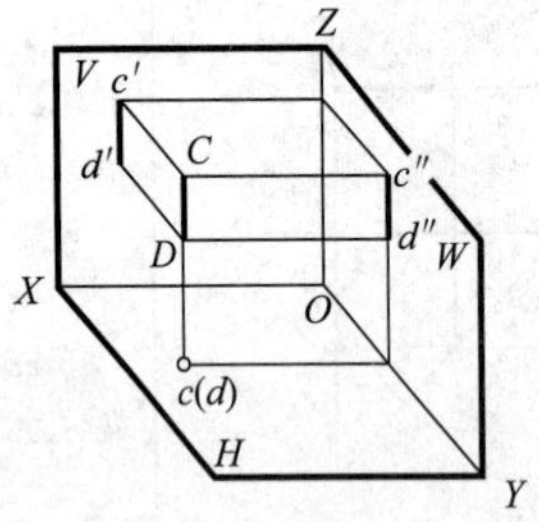	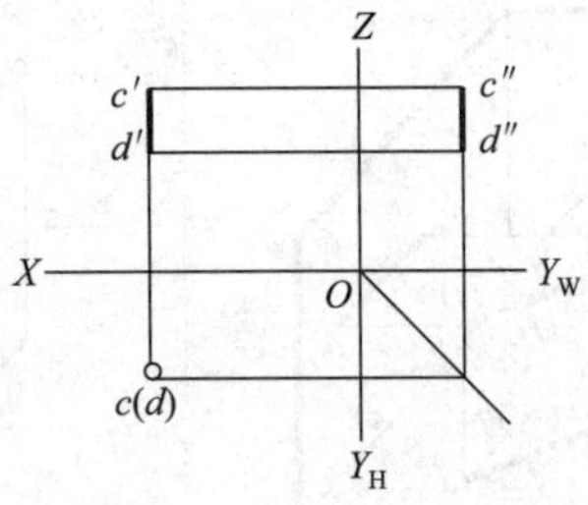	① cd 积聚成一点 ② $c'd' \perp OX$ $c''d'' \perp OY_W$ ③ $c'd' = c''d'' = CD$ ＝实长
侧垂线	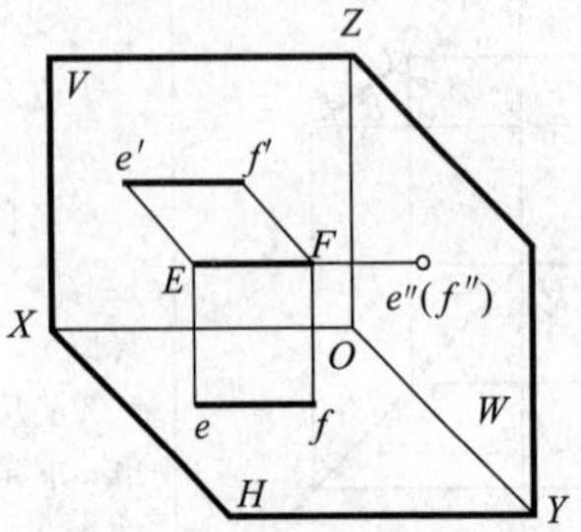	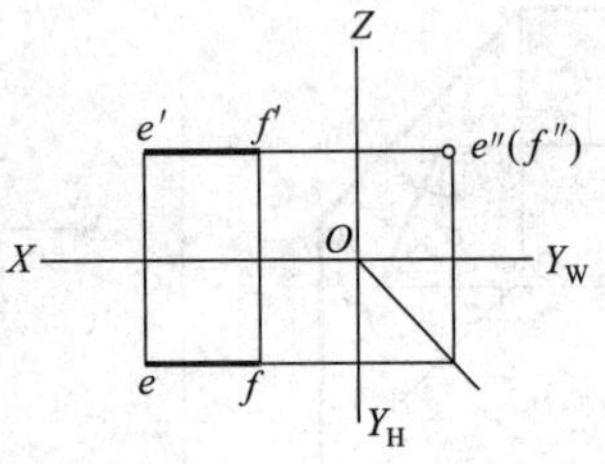	① $e''f''$ 积聚成一点 ② $ef \perp OY_H$ $e'f' \perp OZ$ ③ $ef = e'f' = EF =$ 实长

垂直于一个投影面，与另外两个投影面平行的直线，称为投影面垂直线。根据垂直的投影面不同，投影面垂直线有以下三种位置：

① 正垂线　垂直于 V 面，平行于 H 面和 W 面；

② 铅垂线　垂直于 H 面，平行于 V 面和 W 面；

③ 侧垂线　垂直于 W 面，平行于 V 面和 H 面。

投影面垂直线的投影特性如表 2-2 所示。

根据表 2-2 所示投影面垂直线的投影特性，总结出投影面垂直线的投影规律和判别方法。

1. 投影面垂直线的投影规律

（1）在所垂直的投影面上的投影积聚为一点。

（2）分别垂直于相应的投影轴，且反映实长。

2. 判别方法

直线在某一个投影面上的投影积聚为一点，在另外两个投影面上的投影是与相应投影轴平行的线段，一定是投影面垂直线，且垂直于积聚投影所在的投影面。

（三）一般位置直线

与三个投影面都倾斜的直线，称为一般位置直线。

如图 2-20(a) 所示，一般位置直线的投影特性为：在三个投影面的投影均为倾斜的直线。由此总结出一般位置直线的投影规律和判别方法。

1. 一般位置直线的投影规律

（1）在三个投影面上的投影都倾斜于投影轴。

（2）三个投影均不反映实长，也不反映直线与投影面的真实倾角。

2. 判别方法

直线在三个投影面上的投影都是倾斜于投影轴的线段。

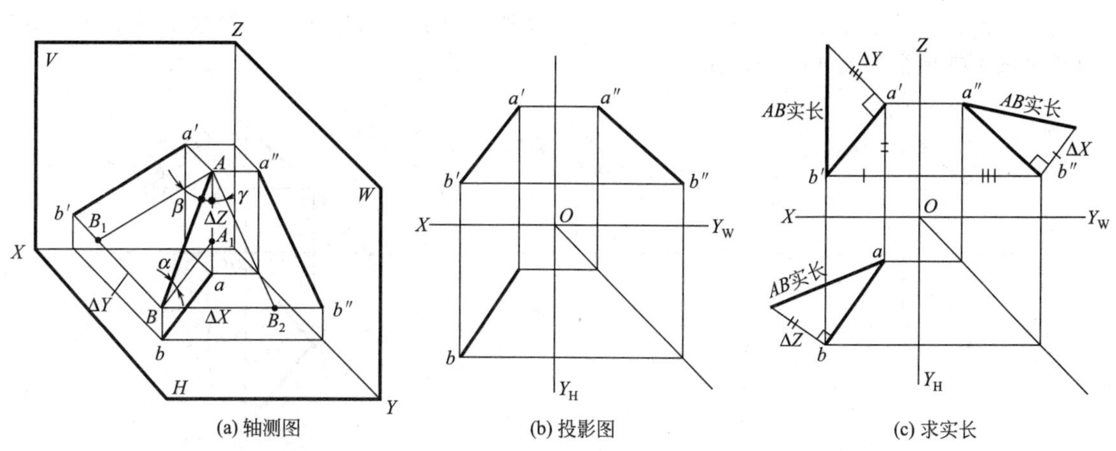

(a) 轴测图　(b) 投影图　(c) 求实长

图 2-20　用直角三角形法求直线的实长和倾角

3. 一般位置直线的实长和倾角的求法

求一般位置直线的实长和倾角，可用直角三角形法。如图 2-20(a) 所示，AB 为一般位置直线，过 B 点作 $BA_1//ab$ 得直角三角形 BA_1A，其中一直角边为 $BA_1=ab$，另一直角边

为 $AA_1=\Delta Z=Z_A-Z_B$，斜边 AB 就是线段的实长，AB 与 BA_1 的夹角即为线段 AB 对 H 面的倾角 α。

同理，过 A 点作 $AB_1//a'b'$ 得直角三角形 ABB_1，其中一直角边为 $AB_1=a'b'$，另一直角边为 $BB_1=\Delta Y=Y_B-Y_A$，斜边 AB 就是线段的实长，AB 与 AB_1 的夹角即为线段 AB 对 V 面的倾角 β。

同理，过 A 点作 $AB_2//a''b''$ 得直角三角形 ABB_2，其中一直角边为 $AB_2=a''b''$，另一直角边为 $BB_2=\Delta X=X_B-X_A$，斜边 AB 就是线段的实长，AB 与 AB_2 的夹角即为线段 AB 对 W 面的倾角 γ。

轴测图中有四个参数，即投影长、坐标差、实长和倾角。在这四个参数中，只要知道其中的两个参数，就可用直角三角形法求出另两个参数，且直角三角形画在图纸的任何地方都可以。

(1) 直角三角形各参数的意义

① 斜边　线段的实长。

② 两直角边　一直角边为线段的投影长；另一直角边为线段两端点的坐标差。

③ 斜边与投影长的夹角　直线与投影面的倾角。

(2) 直角三角形各参数之间的关系［如图 2-20(c) 所示］

① 求直线与水平投影面的倾角 α　在水平投影面上作直角三角形，量取 Z 坐标差 ΔZ。

② 求直线与正投影面的倾角 β　在正投影面上作直角三角形，量取 Y 坐标差 ΔY。

③ 求直线与侧投影面的倾角 γ　在侧投影面上作直角三角形，量取 X 坐标差 ΔX。

(3) 直角三角形法求实长和倾角的作图步骤

① 作垂线　过线段某一投影的端点作该投影的垂线；

② 量坐标差　在线段的另一投影上量取坐标差；

③ 求实长　作直角三角形的斜边即为线段的实长；

④ 求倾角　斜边与线段投影之间的夹角即为线段对投影面的倾角。

【例 2-3】 如图 2-21(a) 所示，已知直线 CD 对 H 面的倾角 $\alpha=30°$ 及 CD 的正面投影 $c'd'$ 和 C 点的水平投影 c，求直线 CD 的水平投影 cd。

解　分析：从已知条件知 $\alpha=30°$，从 V 面投影可知 $\Delta Z=Z_d-Z_c$，知道了四个参数中的两个便可根据直角三角形法求解。

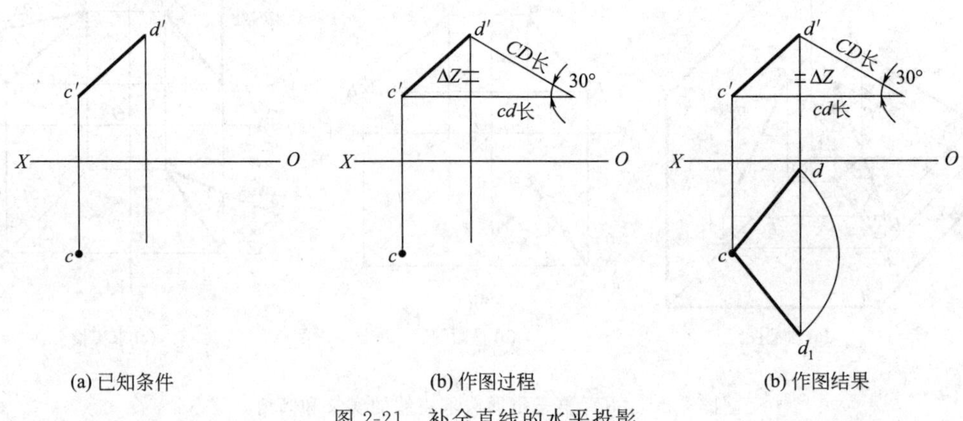

图 2-21　补全直线的水平投影

作图步骤：

(1) 根据 $\alpha=30°$ 和 ΔZ，在正投影面上作直角三角形，斜边为 CD 的实长，另一直角边为 CD 在 H 面的投影长 cd。

(2) 根据主、俯视图长对正，作 d' 的投影连线，再以 c 为圆心，直角三角形中的 cd 投影长为半径画弧交投影连线于 d 和 d_1 点，连接 cd 和 cd_1，即为 CD 的水平投影。本题有两个解。

二、直线上的点

若点在直线上，则点的各面投影必在直线的同面投影上，且符合点的投影规律，如图 2-22 所示。反之，若点的各面投影都在直线的同面投影上，且符合点的投影规律，则点一定在该直线上。

直线上的点分线段的长度比等于点的投影分线段的同面投影长度比。

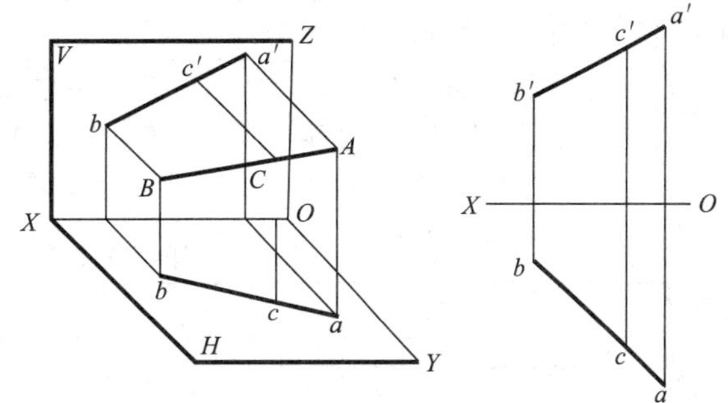

图 2-22　直线上的点

【例 2-4】　如图 2-23(a) 所示，已知直线 MN 的两面投影和直线上 K 点的正面投影，求 K 点的水平投影。

解　分析：直线 MN 是侧平线，求点在直线上的作图方法有定比法和第三面投影法两种，如图 2-23(b)、(c) 所示。

(1) 定比法求点的作图步骤

① 过点 m 任作一直线，在其上取 $mk_0 = m'k'$、$k_0n_0 = k'n'$。

② 将点 n 和点 n_0 连成直线 nn_0，过点 k_0 作直线 $kk_0 // nn_0$ 得到 K 点的水平投影 k 点。

(2) 第三面投影法求点的作图步骤

① 加 W 面，即过 O 作投影轴 OY_H、OY_W、OZ。

② 由 $m'n'$、mn 和 k'、作出 $m''n''$ 和 k'' 的投影。

③ 过点 k'' 作投影连线求得 K 点的水平投影 k 点。

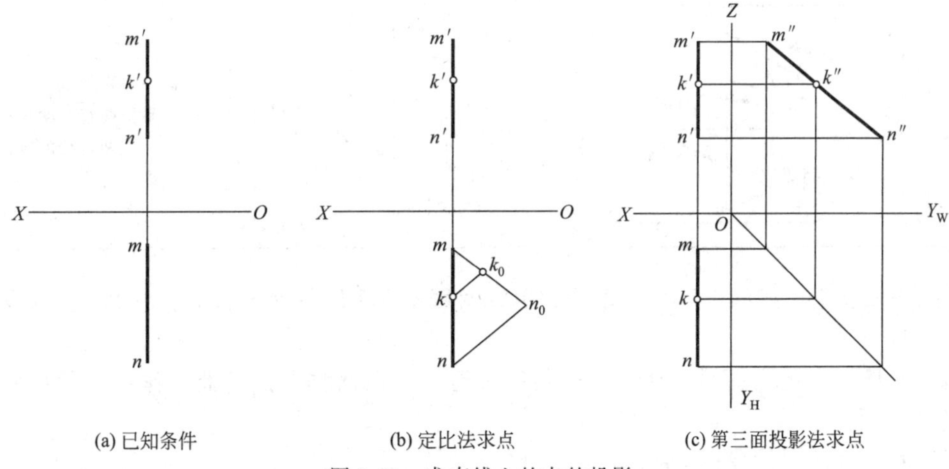

(a) 已知条件　(b) 定比法求点　(c) 第三面投影法求点

图 2-23　求直线上的点的投影

第四节　两直线的相对位置

空间两直线的相对位置有三种：平行、相交（含垂直相交）和交叉（含垂直交叉）。其中平行线和相交线为共面线，交叉线为异面直线。

一、平行两直线

若空间两直线平行，则它们的同面投影必相互平行（平行性）。反之，若空间两直线的同面投影平行，则该两直线必平行。

投影特性和投影图如表 2-3 所示。判别方法如下：

① 当两直线处于一般位置时，由两面投影可作出正确判断。

② 当两直线处于特殊位置时（侧平线），需要利用第三面投影或定比性等方法来判断。

表 2-3 不同相对位置两直线的投影特性

相对位置	轴测图	投影图	投影特性
平行	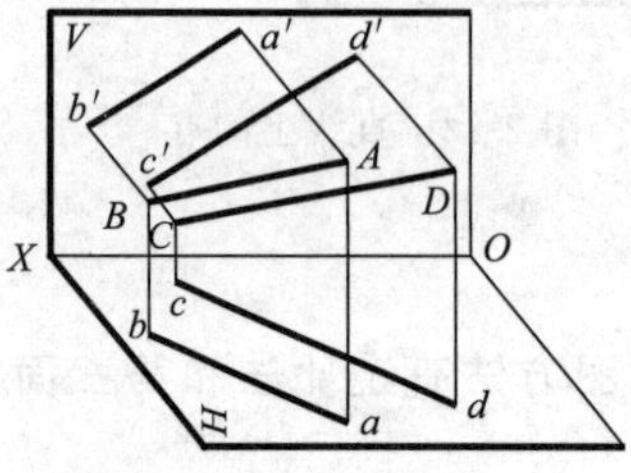	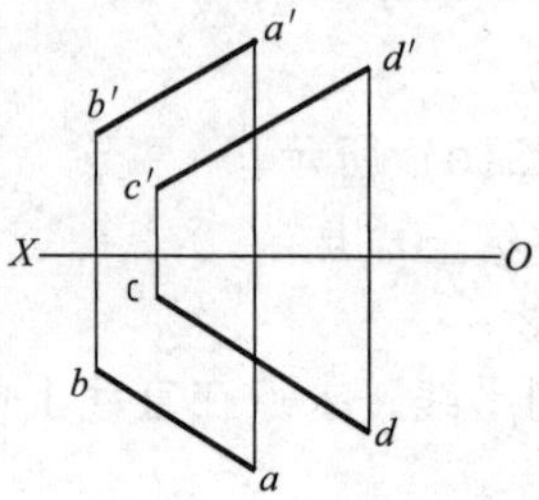	同面投影相互平行
相交	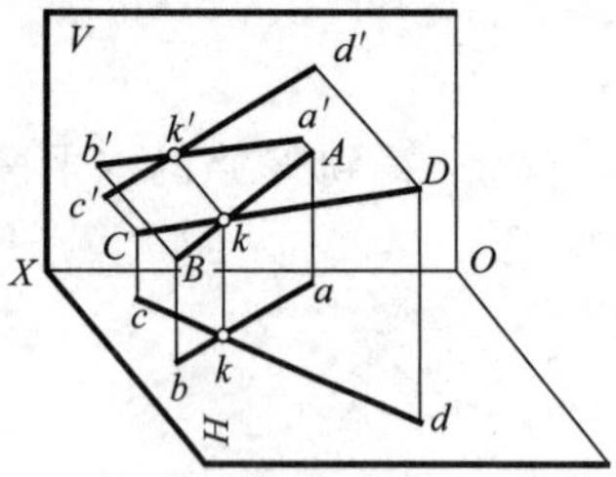	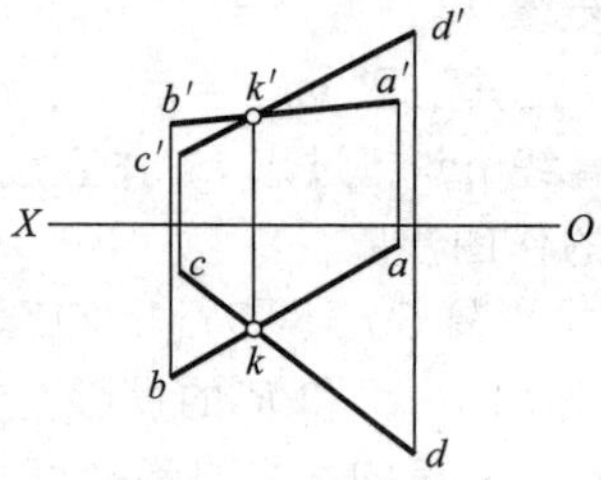	① 相交两直线同面投影相交 ② 交点是两直线的共有点 ③ 交点符合点的投影规律
交叉	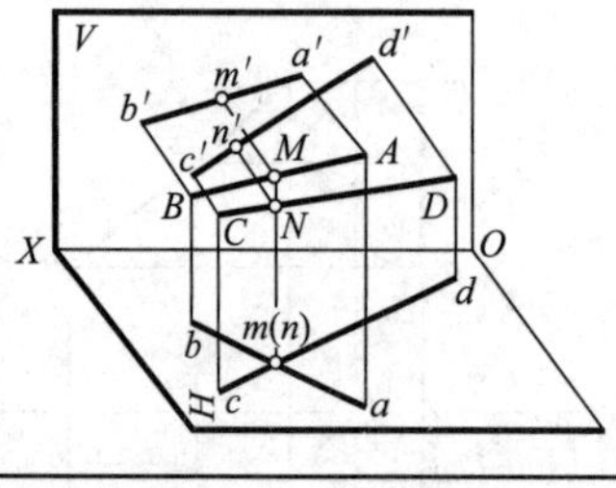	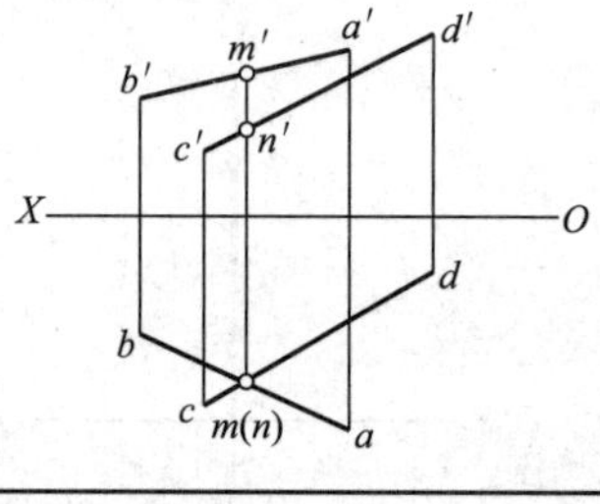	①交点是一对重影点 ②不符合平行两直线的投影特性 ③不符合相交两直线的投影特性

【例 2-5】 如图 2-24(a) 所示，已知直线 *AB*、*CD* 的两面投影，判断 *AB*、*CD* 两直线是否平行。

解 分析：两直线是侧平线，处于特殊位置，可用两种方法判断，作图过程如图 2-24(b)、(c) 所示。

(1) 方法一作图步骤：

① 加 *W* 面，即过 *O* 作投影轴 OY_H、OY_W、OZ。

② 由 $a'b'$、$c'd'$ 和 ab、cd 作出 $a''b''$ 和 $c''d''$ 的投影。

③ 由侧面投影可知：$a''b''//c''d''$，因此，直线 *AB* 与直线 *CD* 平行。

(2) 方法二作图步骤：

① 分别在两个投影面上将两线段的四个端点交叉连线。

② 判断两个投影面上的相交点是否符合点的投影规律，符合则平行，反之则不平行。

③ 本题相交点符合点的投影规律，因此，直线 *AB* 与直线 *CD* 平行。

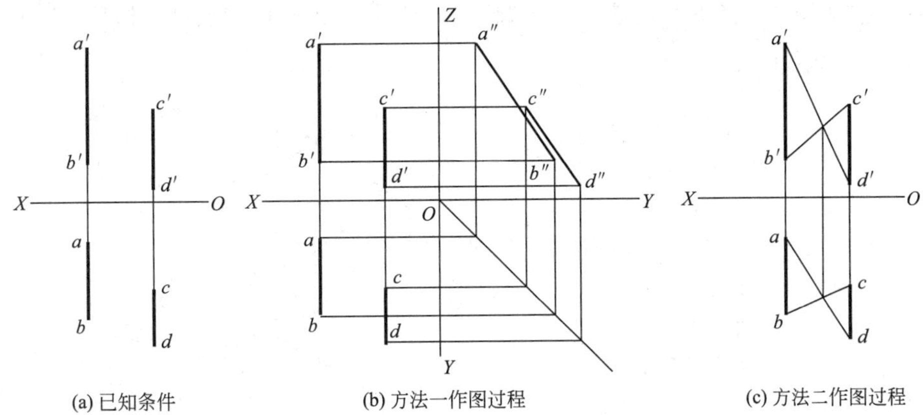

图 2-24　判断两直线是否平行

二、相交两直线

若空间两直线相交，则其同面投影一定相交，且交点的投影符合点的投影规律。

投影特性和投影图如表 2-3 所示。判别方法如下：

① 当两直线为一般位置直线时，只需检查任意两面投影是否相交，且交点的投影是否符合投影规律，便可作出正确的判断。

② 当两直线中有一直线平行于某投影面时，要判断它们是否相交，可采取补全第三面投影的方法或运用点在直线上的定比性来进行判断。

如图 2-25 所示，由于直线 AB 是侧平线，故不能只看 H、V 面投影，必须作出 AB 和 CD 直线在 W 面上的投影进行检查。

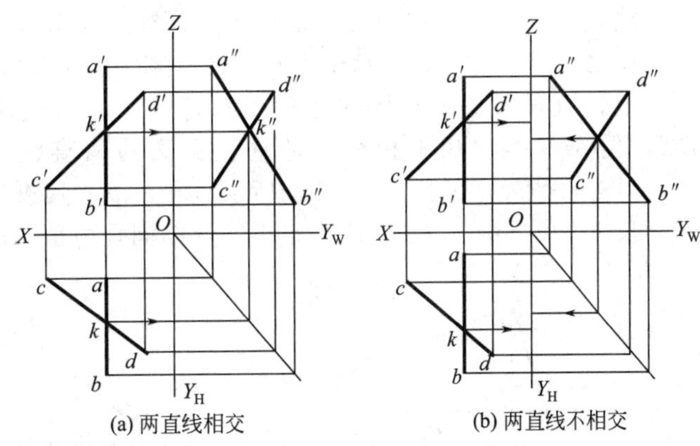

图 2-25　两直线的相对位置判断

如图 2-25(a) 所示，在 W 面投影上，直线 AB 与直线 CD 相交，其交点的投影符合点的投影规律，故 AB 与 CD 两直线相交。

如图 2-25(b) 所示，在 W 面投影上，直线 AB 与直线 CD 也相交，但其交点的投影不符合点的投影规律，故 AB 与 CD 两直线不相交。

如果运用点在直线上的定比性来进行判断，则可不作出 W 面投影。

三、交叉两直线

若空间两直线既不平行又不相交则称为交叉两直线。

投影特性和投影图如表 2-3 所示。判别方法如下：

① 两直线的同面投影不具有平行两直线的投影性质。

② 两直线的同面投影不具有相交两直线的投影性质。

如图 2-26 所示为交叉两直线的两种情况，其投影的交点是一对重影点，判断重影点投影可见性的方法按“左遮右、前遮后、上遮下”的规律，被遮挡的点打上括号。

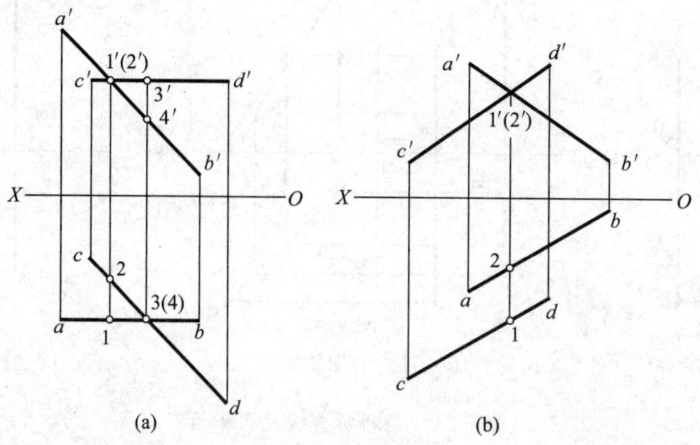

图 2-26　两直线交叉

四、垂直两直线

直角投影定理：互相垂直的两直线（垂直相交或垂直交叉），如果其中有一条直线是某一投影面的平行线，则两直线在该投影面上的投影互相垂直，且反映直角。

如图 2-27(a) 所示，相交两直线 AB 垂直 BC，其中 AB 为水平线，BC 为一般位置直线。

因 $AB \perp BC$，$AB \perp Bb$，则直线 $AB \perp$ 平面 $BbcC$（铅垂面）；

又因 $AB /\!/ H$ 面，所以 $AB /\!/ ab$，则 $ab \perp$ 平面 $BbcC$。

故 $ab \perp bc$，即 $\angle abc = 90°$ 其投影图如图 2-27(b) 所示。

反之，已知 $ab \perp bc$，AB 为水平线，则同理可证 $AB \perp BC$。

上述直角投影定理同样适用于垂直交叉的两直线，如图 2-27(a) 所示，直线 $MN /\!/ BC$，但 MN 与 AB 不相交，是垂直交叉的两直线，在水平投影中 $mn \perp ab$，因 $MN /\!/ BC$，则 $mn /\!/ bc$，又因 $bc \perp ab$，所以 $mn \perp ab$。其投影图如图 2-27(c) 所示。

反之，设 $mn \perp ab$，AB 为水平线，则同理可证 $AB \perp MN$。

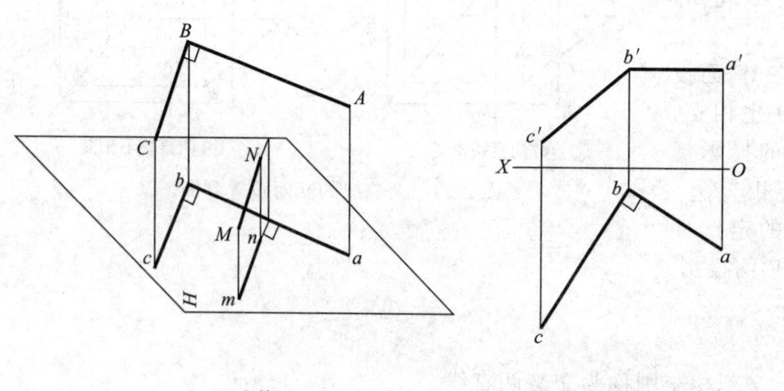

(a) 立体图　(b) 两直线垂直相交投影图　(c) 两直线垂直交叉投影图

图 2-27　直角投影

总结：直角投影定理用来解答与垂直、距离有关的问题。

【例 2-6】 如图 2-28(a) 所示，已知直线 AB 为正平线及直线外一点 C，求点 C 到直线 AB 的距离。

解　分析：求点 C 到直线 AB 的距离，即过 C 点作 AB 的垂线并求垂足，C 点到垂足的距离就是所求。由于 AB 为正平线，所以应在 V 面上反映直角，作图过程如图 2-28(b) 所示。

作图步骤：

(1) 过 c′作 a′b′的垂线，交 a′b′于 d′点，作投影连线，在水平投影上求得 d 点，连线 cd。

(2) 用直角三角形法求 CD 的实长，CD 的实长即为点 C 到直线 AB 的距离。

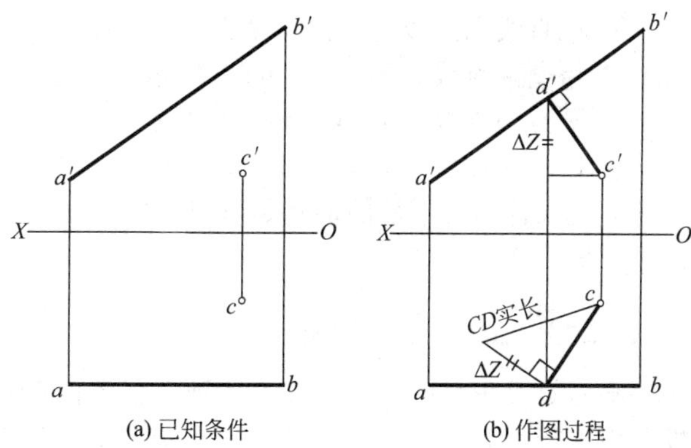

(a) 已知条件　(b) 作图过程

图 2-28　求点到正平线的距离

【例 2-7】 如图 2-29(a) 所示，已知矩形 ABCD 的不完全投影，其中 AB 为水平线，完成矩形的两面投影图。

解　分析：矩形对边平行且相等，四个角均为直角，已知 AB 为水平线，故可利用直角投影定律解题，如图 2-29(b) 所示。

作图步骤：

(1) 由 c′向水平投影作投影连线，过点 b 作 ab 的垂线与投影连线相交得 c 点。

(2) 由平行线性质在正投影面上作 c′d′//b′a′，a′d′//b′c′，在水平投影面上作 ad//bc，cd//ba，即为所求。

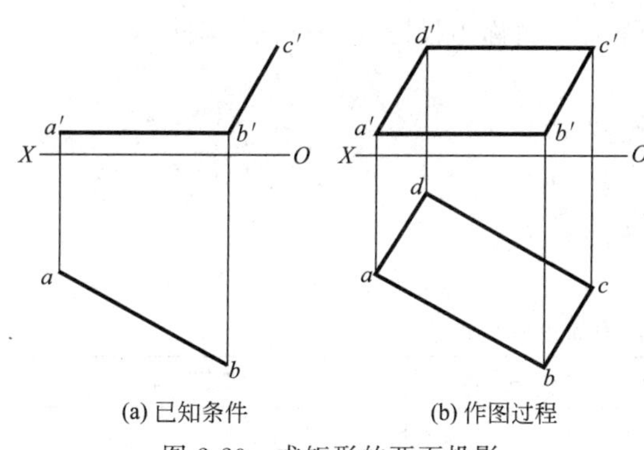

(a) 已知条件　(b) 作图过程

图 2-29　求矩形的两面投影

第五节　平面的投影

一、平面的表示方法

在土建工程制图中常用下列几何元素表示平面：

① 不在同一直线上的三点，如图 2-30(a) 所示；

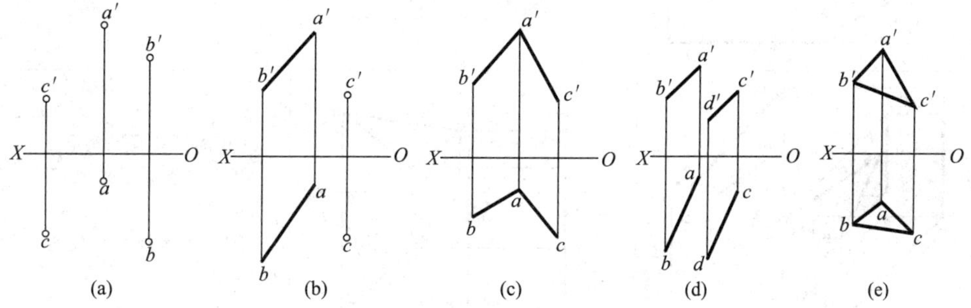

(a)　(b)　(c)　(d)　(e)

图 2-30　用几何元素表示平面

② 一直线和直线外一点，如图 2-30(b) 所示；

③ 相交两直线，如图 2-30(c) 所示；

④ 平行两直线，如图 2-30(d) 所示；

⑤ 任一平面图形，如图 2-30(e) 所示。

上面五种确定平面的形式是可以互相转化的。例如将直线和直线外一点连线，即可转换为用三角形来表示平面。

二、各种位置的平面

平面对投影面的相对位置有三种：投影面平行面、投影面垂直面和一般位置平面。其中投影面平行面和投影面垂直面统称为特殊位置平面。

平面与投影面 H、V、W 的倾角，分别用 α、β、γ 表示。

α 表示平面与 H 面的倾角；β 表示平面与 V 面的倾角；γ 表示平面与 W 面的倾角。

（一）投影面平行面

平行于一个投影面，垂直于另外两个投影面的平面称为投影面平行面。根据平行的投影面不同，投影面平行面有三种位置：

（1）正平面　平行于 V 面，垂直于 H 面和 W 面；

（2）水平面　平行于 H 面，垂直于 V 面和 W 面；

（3）侧平面　平行于 W 面，垂直于 V 面和 H 面。

投影面平行面的投影特性如表 2-4 所示。

表 2-4　投影面平行面的投影与特性

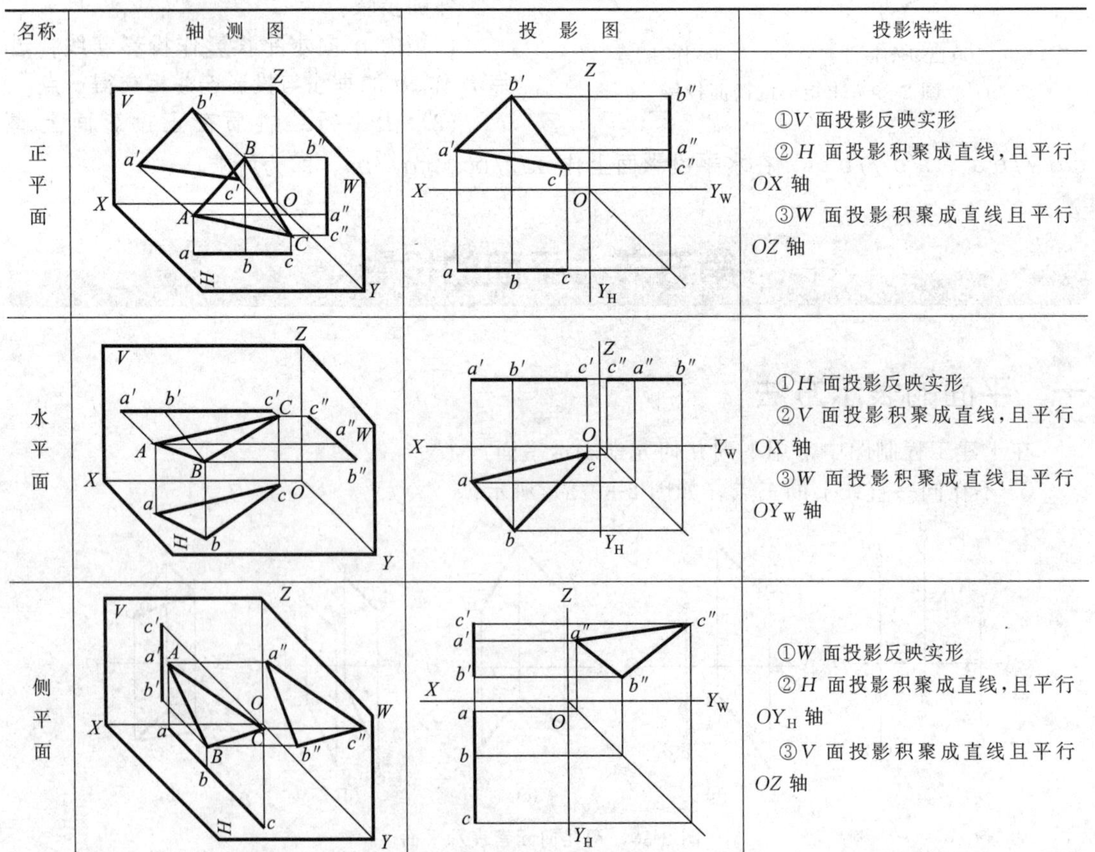

名称	轴测图	投影图	投影特性
正平面			①V 面投影反映实形 ②H 面投影积聚成直线，且平行 OX 轴 ③W 面投影积聚成直线且平行 OZ 轴
水平面			①H 面投影反映实形 ②V 面投影积聚成直线，且平行 OX 轴 ③W 面投影积聚成直线且平行 OY_W 轴
侧平面			①W 面投影反映实形 ②H 面投影积聚成直线，且平行 OY_H 轴 ③V 面投影积聚成直线且平行 OZ 轴

根据表 2-4 所示投影面平行面的投影特性，总结出投影面平行面的投影规律和判别方法。

1. 投影面平行面的投影规律

（1）在所平行的投影面上投影反映实形。

（2）另两面投影积聚为直线，且平行于相应的投影轴。

2. 判别方法

在一个投影面上的投影是平面图形，另外两个投影面上的投影积聚为直线，则该平面一定是投影面平行面，且平行于反映平面图形的投影面（两线一面）。

（二）投影面垂直面

垂直于一个投影面，倾斜于另外两个投影面的平面称为投影面垂直面。根据垂直的投影面不同，投影面垂直面有三种位置：

（1）正垂面　垂直于 V 面，倾斜于 H 面和 W 面；

（2）铅垂面　垂直于 H 面，倾斜于 V 面和 W 面；

（3）侧垂面　垂直于 W 面，倾斜于 V 面和 H 面。

投影面垂直面的投影特性如表 2-5 所示。

表 2-5　投影面垂直面的投影特性

名称	轴测图	投影图	投影特性
正垂面	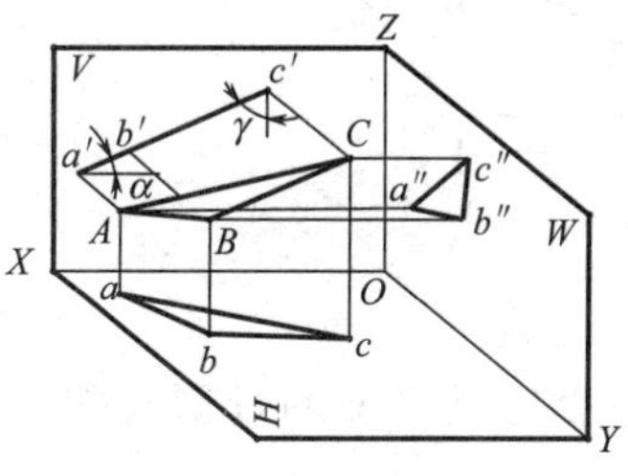	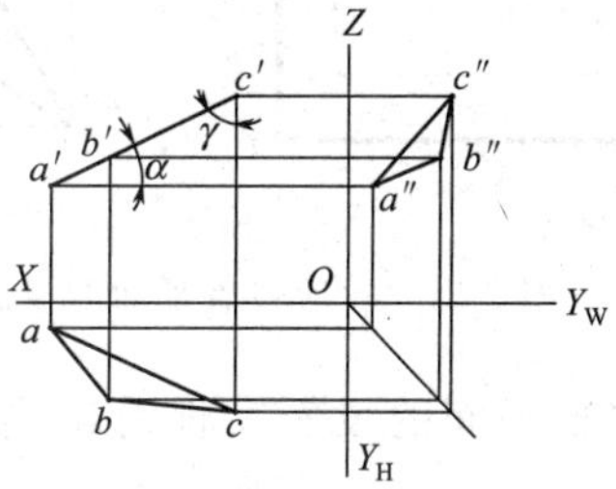	①V 面投影积聚成直线 ②V 面投影反映真实倾角 α、γ 角 ③H、W 面投影为类似形
铅垂面	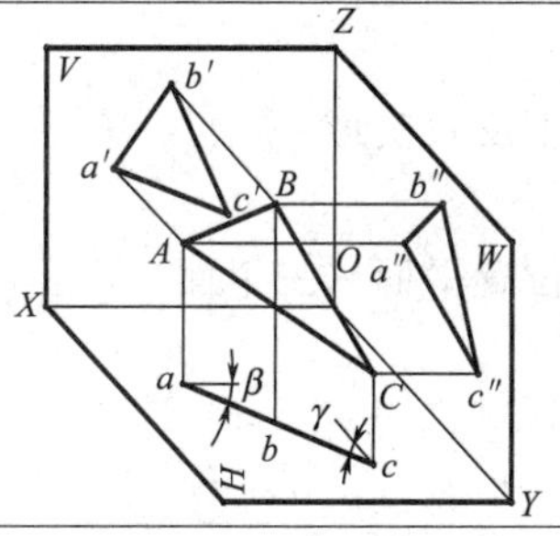	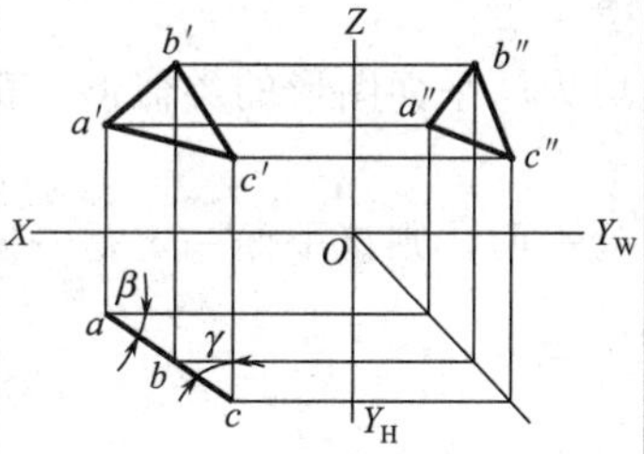	①H 面投影积聚成直线 ②H 面投影反映真实倾角 β、γ 角 ③V、W 面投影为类似形
侧垂面	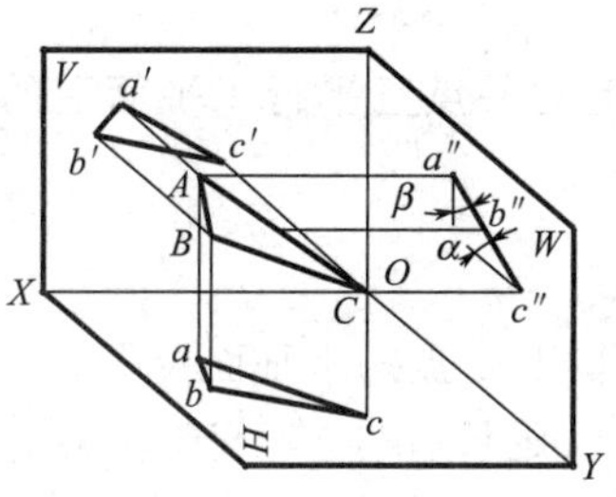	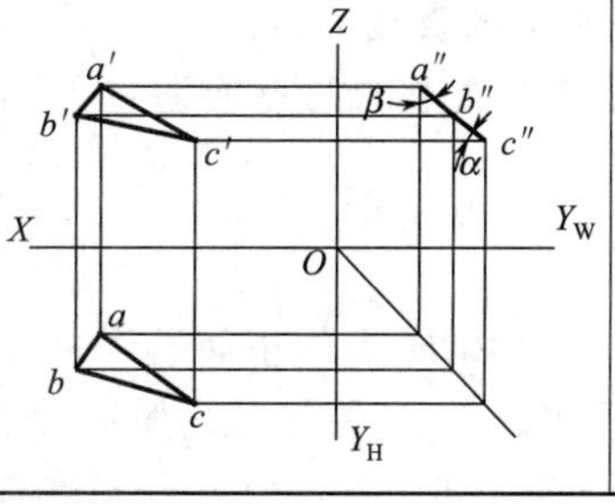	①W 面投影积聚成直线 ②W 面投影反映真实倾角 α、β 角 ③H、V 面投影为类似形

根据表 2-5 中所示投影面垂直面的投影特性，总结出投影面垂直面的投影规律和判别方法。

1. 投影面垂直面的投影规律

(1) 在所垂直的投影面上投影积聚为直线，该直线与投影轴的夹角，反映该平面与另外两个投影面的倾角。

(2) 在另外两个投影面的投影均为类似形。

2. 判别方法

在一个投影面上的投影聚集为直线，另外两个投影面上的投影是平面图形，则该平面一定是投影面垂直面，且垂直于聚集为直线的投影面（两面一线）。

(三) 一般位置平面

平面在三投影面体系中，对三个投影面都倾斜的平面称为一般位置平面。

一般位置平面的投影特性如图 2-31 所示。

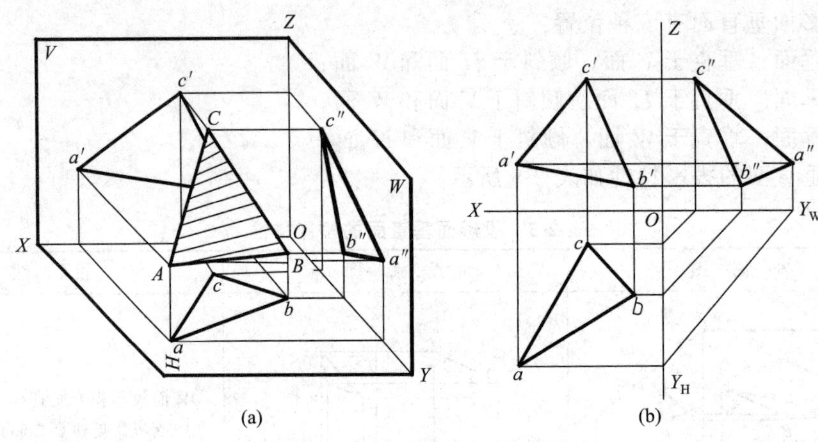

图 2-31　一般位置平面的投影

根据图 2-31 所示中一般位置平面的投影特性总结出一般位置平面的投影规律和判别方法。

1. 一般位置平面的投影规律

在三个投影面上的投影，均为原平面图形的类似形，都不反映实形。

2. 判别方法

在三个投影面上的投影均为平面，则该平面一定是一般位置平面（三个面）。

三、属于平面的点和直线

点和直线在平面上的几何条件：

(1) 点在平面上，必在该平面的直线上。

(2) 直线在平面上，必通过平面上的两点或通过平面上的一点且平行于平面上的另一直线。

(一) 平面上作点的投影

如图 2-32(a) 所示，已知平面内 K 点的正面投影 k'，作出 K 点的水平面投影 k。

方法一：过△ABC 任一顶点作 K 点的辅助线如 a'和 k'，延长后与 $b'c'$交于 $1'$点，由 $1'$引投影连线与 bc 相交得 1 点。连 a 和 1 点，由 k'作投影连线与 $a1$ 交得 k 点即为所求。

方法二：过 K 点作△ABC 某边的平行线如 $1'2'//a'c'$，由 $1'$、$2'$引投影连线分别与 ab、bc 相交得 1、2 点。连线 1 点和 2 点，由 k'作投影连线与 12 交得 k 点即为所求。

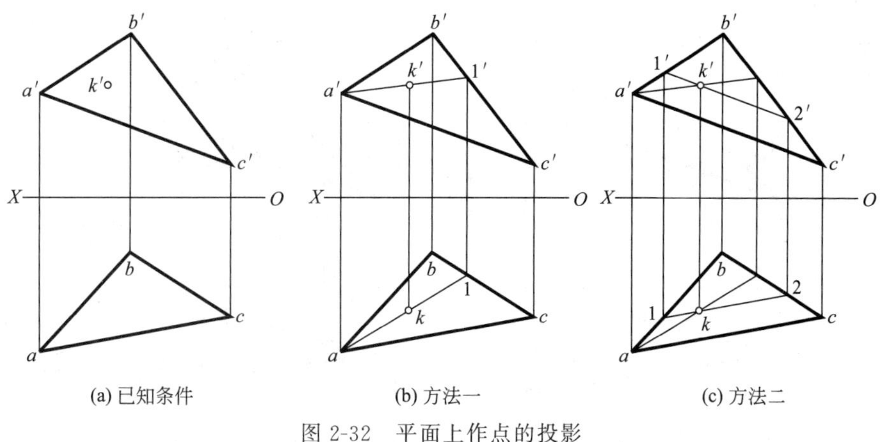

(a) 已知条件　(b) 方法一　(c) 方法二

图 2-32 平面上作点的投影

【例 2-8】 如图 2-33(a) 所示，已知五边形 *ABEDC* 的水平投影和 *AB*、*AC* 两边的正面投影，试完成五边形 *ABEDC* 的正面投影。

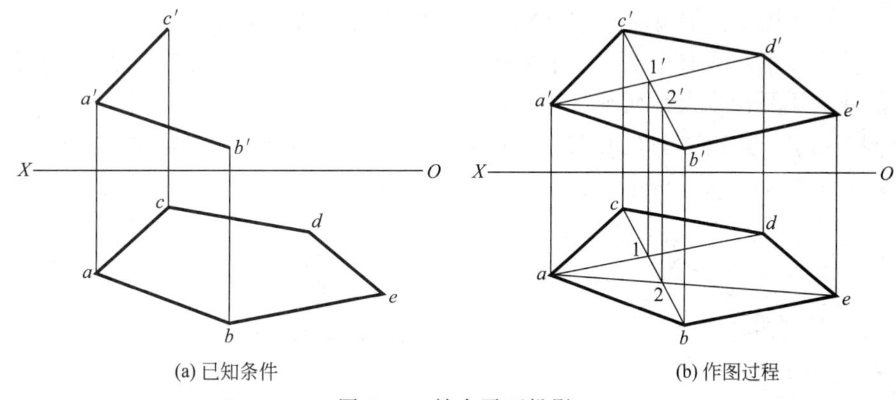

(a) 已知条件　(b) 作图过程

图 2-33 补全平面投影

解　分析：由于五边形 *ABEDC* 的两条相交边 *AB*、*AC* 两边的正面投影已知，即平面 *ABC* 已知，只要求出属于平面 *ABC* 上的点 1、2 的正面投影即可，作图过程如图 2-33(b) 所示。

作图步骤：

(1) 作 *ad*、*ae* 和 *bc* 的连线，*bc* 线分别与 *ad*、*ae* 相交于 1、2 点。

(2) 作 *b′c′* 的连线，再由 1、2 点引投影连线分别与 *b′c′* 相交得 1′、2′点。

(3) 作 *a′*1′、*a′*2′的连线并延长，由 *d*、*e* 作投影连线，分别与 *a′*1′、*a′*2′的延长线相交得 *d′*、*e′*点。

(4) 连线 *a′*、*b′*、*e′*、*d′*、*c′*、*a′*并描深。

(二) 平面上作直线的投影

如图 2-34(a) 所示，已知直线 *MN* 在平面 *ABC* 内的正面投影，作直线 *MN* 的 *H* 面投影。

根据直线在平面上的几何条件：直线在平面上，必通过平面上的两点或通过平面上的一点且平行于平面上的另一直线。首先作直线 *m′n′* 的延长线分别与 *a′b′*、*b′c′* 相交得 *e′*、*f′* 点，由 *e′*、*f′* 作投影连线与 *ab*、*bc* 交得 *e*、*f* 点，连线 *ef*，由 *m′*、*n′* 点作投影连线，分别

与 ef 线交得 m、n 点，连线 mn 并描深即为所求。

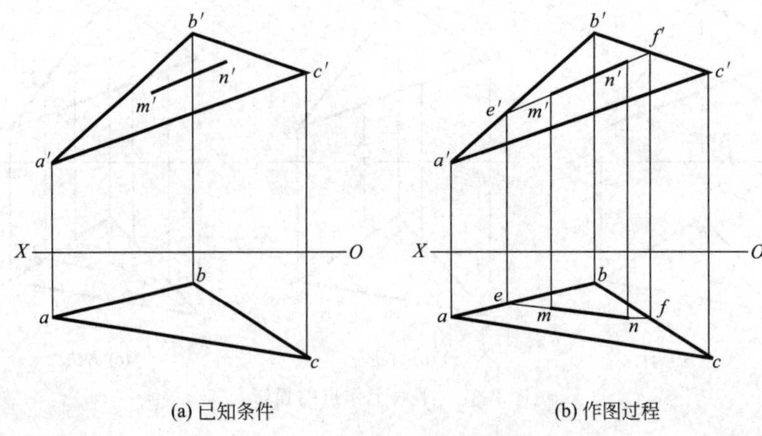

图 2-34　平面上作线的投影

（三）平面上的投影面平行线

既在给定的平面上同时又平行于投影面的直线称为投影面平行线。

平面上投影面平行线有正平线、水平线、侧平线，投影面平行线不仅要满足直线在平面上的几何条件，还要符合投影面平行线的投影特性。

【例 2-9】 如图 2-35(a) 所示，已知△ABC 的两面投影，在△ABC 上过 A 点作一条水平线和一条距 V 面为 12mm 的正平线。

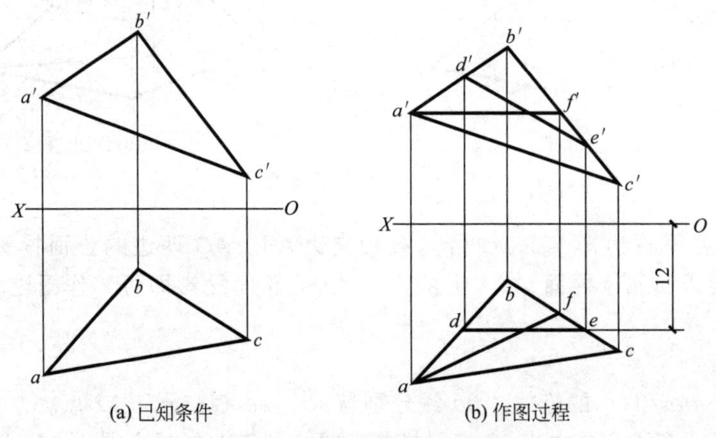

图 2-35　平面上作投影面平行线

解　分析：要在平面上作水平线和正平线，需先作水平线的 V 面投影和正平线的 H 面投影，作图过程如图 2-35(b) 所示。

作图步骤：

(1) 过 a' 作 OX 轴的平行线与 $b'c'$ 交得 f' 点，$a'f'$ 即为水平线 AF 的 V 面投影，由 f' 作投影连线与 bc 交得 f 点，af 即为水平线 AF 的 H 面投影。

(2) 在 OX 轴之前 12mm 处（H 面），作 OX 轴的平行线，与 ab、bc 分别交得 d、e 点，de 即为所求正平线 DE 的 H 面投影。

(3) 由 d、e 点作投影连线，分别与 $a'b'$、$b'c'$ 交得 d'、e' 点，连 $d'e'$ 即为所求正平线 DE 的 V 面投影。

（四）最大斜度线

平面内垂直于该平面上任意一条投影面平行线的直线，称为平面内对相应投影面的最大斜度线。

1. 最大斜度线的分类

（1）平面内对水平面（H）的最大斜度线：垂直于平面内水平线的直线，其与水平面的倾角为 α。如图 2-36 所示。

（2）平面内对正平面（V）的最大斜度线：垂直于平面内正平线的直线，其与正平面的倾角为 β。

（3）平面内对侧平面（W）的最大斜度线：垂直于平面内侧平线的直线，其与侧平面的倾角为 γ。

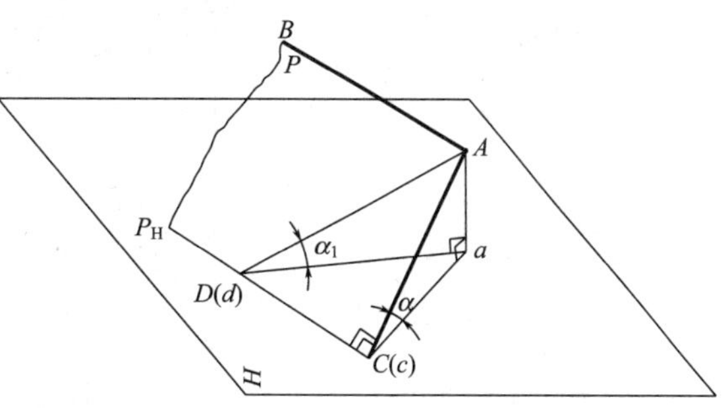

图 2-36　平面上对 H 面的最大斜度线及其几何意义

2. 最大斜度线的几何意义

平面对某一投影面的倾角就是平面内最大斜度线与投影面的倾角。

3. 最大斜度线的投影特性

如图 2-36 所示，平面对某一投影面的最大斜度线，必垂直于该平面内对该投影面的平行线，且直角投影在该投影面内反映 90°实形。

【例 2-10】　如图 2-37(a) 所示，已知△ABC 的两面投影，求作△ABC 与 H 面的倾角 α。

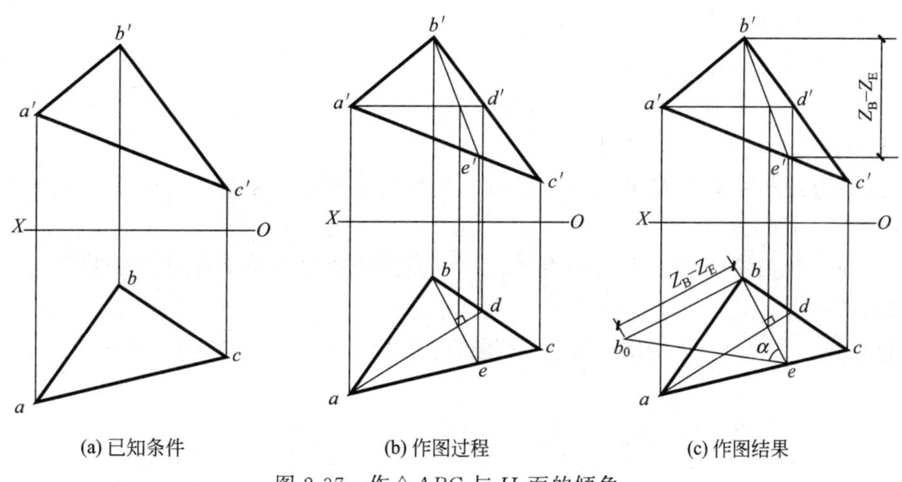

(a) 已知条件　(b) 作图过程　(c) 作图结果

图 2-37　作△ABC 与 H 面的倾角 α

解　分析：求 α 角，用对 H 面的最大斜度线。先在平面内任作一条水平线，由直角投影特性知：平面对 H 面最大斜度线与平面内水平线的垂直关系可在 H 面上反映实形。所以，可作一条对 H 面的最大斜度线，再用直角三角形法求 α 角即可，作图过程如图 2-37(b)、(c) 所示。

作图步骤：

(1) 作 $a'd'$ // OX 轴，再由 d' 作投影连线与 bc 相交得 d 点。

(2) 过 b 点作 $be \perp ad$ 线，与 ac 交得 e 点，再由 be 作投影连线得出 $b'e'$。

(3) 用直角三角形法作出 BE 对 H 面的倾角 α，即为△ABC 与 H 面的倾角。

如图 2-38 所示为△*ABC* 与 *V* 面倾角 β 的作图方法。

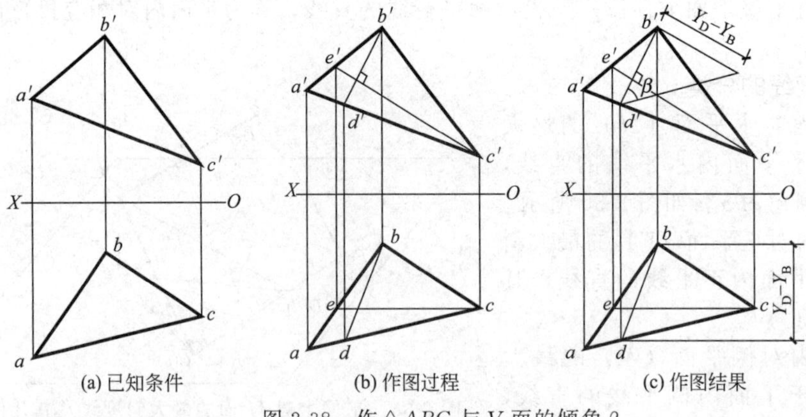

(a) 已知条件　　(b) 作图过程　　(c) 作图结果

图 2-38　作△*ABC* 与 *V* 面的倾角 β

第六节　直线与平面、平面与平面的相对位置

直线与平面、平面与平面的相对位置有三种：平行、相交和垂直。

一、直线与平面、平面与平面平行

（一）直线与平面平行

1. 直线与平面平行的几何条件

如果直线平行于平面，则直线的各面投影必与平面内一直线的同面投影平行。

2. 直线与平面平行的判别方法

（1）判断直线与一般位置平面是否平行，只要看能否在该平面内作出直线同面投影的平行线即可。

（2）判断直线与特殊位置平面是否平行，可直接观察平面具有积聚性的投影是否与直线的同面投影平行即可。

【例 2-11】　如图 2-39(a) 所示，判断直线 *MN*、*MF* 与△*ABC* 是否平行（*m′n′*//*c′b′*）。

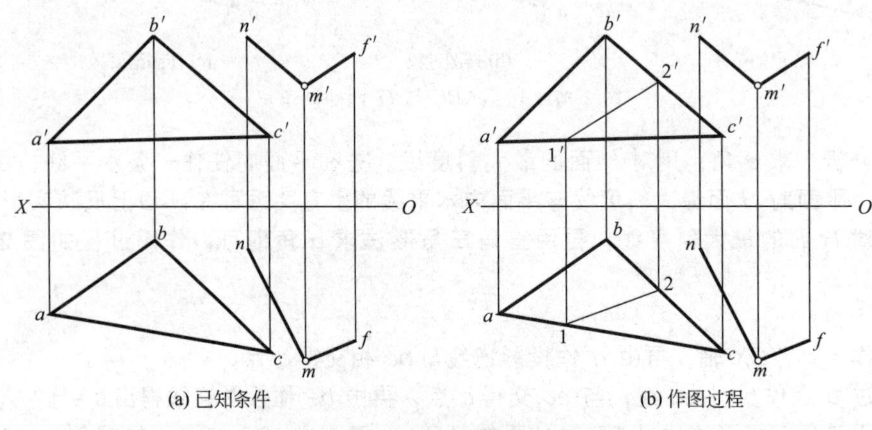

(a) 已知条件　　(b) 作图过程

图 2-39　判断直线与平面是否平行

解 分析：直线 MN 的 V 面投影 $m'n'$ 平行于三角形的一边 BC 的 V 面投影 $c'b'$，比较 mn 与 cb，如果 $mn /\!/ cb$，则 $MN /\!/ CB$，$MN /\!/ \triangle ABC$，如果 $mn \nparallel cb$，则 $MN \nparallel CB$，$MN \nparallel \triangle ABC$。而直线 MF 与三角形的各边没有明显的平行关系，需作图判断，作图过程如图 2-39(b) 所示。

作图步骤：

(1) 因为 $m'n' /\!/ c'b'$，$mn \nparallel cb$，所以直线 MN 与△ABC 不平行。

(2) 在 V 面（或 H 面）的△ABC 内，作直线 MF 的平行线，即 $1'2' /\!/ m'f'$，分别过点 $1'$，$2'$作投影连线得出 1、2 点，连线 1、2 点知：$12 /\!/ mf$，所以直线 $MF /\!/ \triangle ABC$。

（二）平面与平面平行

1. 平面与平面平行的几何条件

(1) 若一个平面内的两相交直线分别平行于另一平面内的两相交直线，则两平面相互平行，如图 2-40(a) 所示。

(2) 若两平面均垂直于同一投影面时，平面在该投影面上具有积聚性的投影相互平行，则两平面相互平行，如图 2-40(b) 所示。

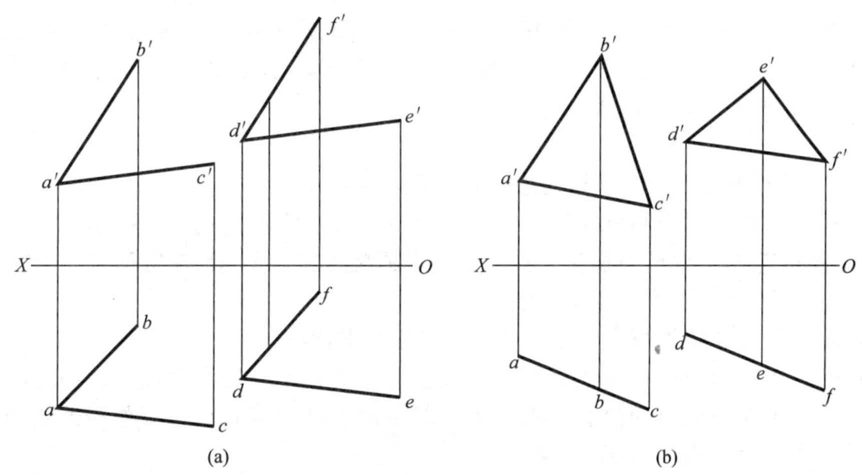

图 2-40 平面与平面平行的几何条件

2. 平面与平面平行的判别方法

(1) 判断两个一般位置平面是否平行，只要看在一平面内能否作出两相交直线与另一平面内两相交直线分别平行，若有这样的直线，则两平面平行，否则，两平面不平行。

(2) 判断特殊位置平面是否平行，可直接观察两个平面具有积聚性的投影是否为同面投影且是否平行，若平行，则两平面平行，否则，两平面不平行。

二、直线与平面、平面与平面相交

（一）直线与平面相交

直线与平面相交只有一个交点，其交点既在直线上，又在平面内，是直线与平面的共有点。

1. 一般位置直线与特殊位置平面（投影面垂直面）相交

当平面垂直于投影面时，利用其在该投影面上的投影具有积聚性和交点的共有性，直接求出交点的一个投影，再利用点的投影规律求出另一投影面上线、面交点的投影。

【例 2-12】 如图 2-41 所示，求一般位置直线 *EF* 与铅垂面△*ABC* 的交点，并判断可见性。

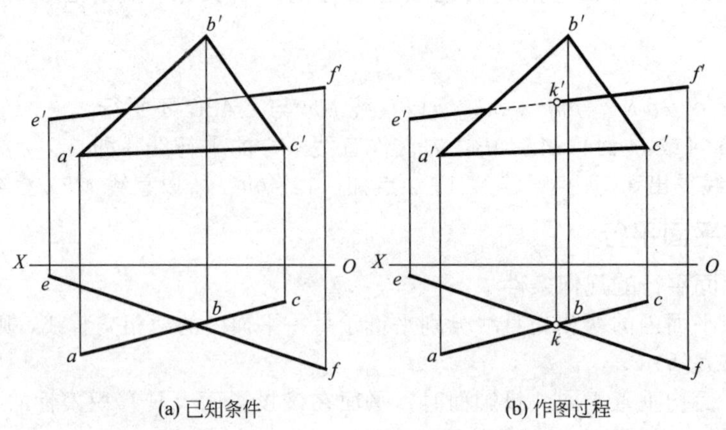

(a) 已知条件　　(b) 作图过程

图 2-41　一般位置直线与铅垂面交点及判断可见性

解　分析：由于交点是直线和平面的共有点，因此交点 *K* 的 *H* 面投影 *k* 必在△*ABC* 的 *H* 面投影 *abc* 上，又必在直线 *EF* 的 *H* 面投影 *ef* 上，所以，交点 *K* 的 *H* 面投影 *k* 就是 *abc* 与 *ef* 的交点，作图过程如图 2-41(b) 所示。

作图步骤：

(1) 在 *H* 面上作交点 *k* 的投影连线与 *f′e′* 相交得 *k′* 点。

(2) 判断可见性：对于特殊位置的平面，利用平面有积聚性的投影判别。水平投影可看出 *fk* 在铅垂面的前方，故正面投影 *f′k′* 可见，应画粗实线，而 *ke* 在铅垂面的后方，故 *k′e′* 被△*a′b′c′* 遮住部分为不可见，应画虚线。

2. 特殊位置直线（投影面垂直线）与一般位置平面相交

当直线垂直于投影面时，由于直线在该投影面上的投影具有积聚性，利用此特性可直接确定它们的共有点在该面上的投影，再利用点与平面的从属关系，通过作辅助线的方法求出其他投影面上线、面交点的投影。

【例 2-13】 如图 2-42(a) 所示，求铅垂线 *DE* 与△*ABC* 的交点 *K*，并判别可见性。

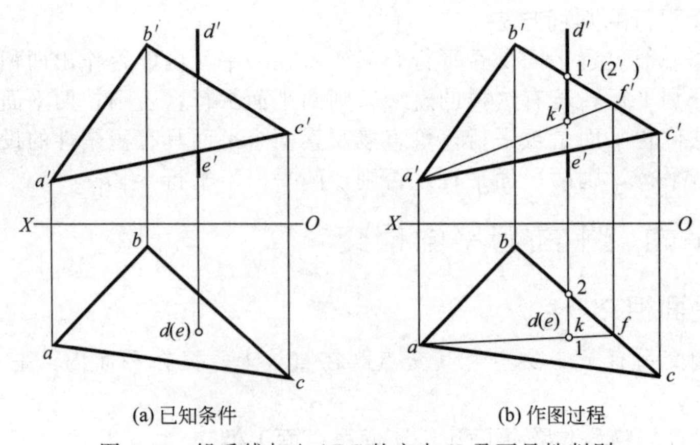

(a) 已知条件　　(b) 作图过程

图 2-42　铅垂线与△*ABC* 的交点 *K* 及可见性判别

解　分析：由于直线 *DE* 是铅垂线，其水平投影有积聚性，所以交点 *K* 的水平投影 *k* 与

$d(e)$ 积聚为一点，其正面投影可用平面内取点的方法求得，作图过程如图 2-42(b) 所示。

作图步骤：

(1) 在 H 面上过 k 点作辅助线 af，再作 f 点的投影连线得 f' 点。

(2) 在 V 面上，直线 $d'e'$ 与直线 $a'f'$ 相交求得直线与平面的交点 k' 点。

(3) 判别可见性：利用重影点进行。从同面投影的投影重叠部分中找一对交叉直线的重影点；再从另一投影上找出它们的相应投影，比较两者坐标的大小（大者可见，小者不可见）。

由 V 面的 $b'c'$ 与 $d'e'$ 的重影点 $1'(2')$ 得出 H 面的 1 点在直线 DE 上，2 点在直线 BC 上，1 点的 y 坐标大于 2 点的 y 坐标，所以 $d'k'$ 可见应画粗实线，$k'e'$ 被遮住部分不可见应画虚线。

3. 一般位置直线与一般位置平面相交

由于一般位置直线和一般位置平面的投影都没有积聚性，所以它们相交时不能从图中直接求得交点，只能通过作辅助平面的方法求出。

如图 2-43 所示，一般位置直线 EF 与一般位置平面△ABC 相交，交点 K 是直线 EF 与△ABC 的共有点，它在平面△ABC 上，也在过交点 K 的辅助平面 P 上，辅助平面法求交点作图步骤：

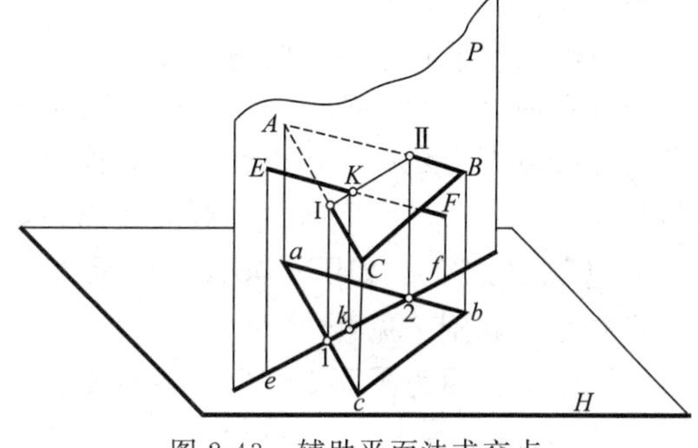

图 2-43　辅助平面法求交点

(1) 过已知直线作一辅助平面（投影面垂直面）——“过线作面”

(2) 求出辅助平面与已知平面的交线——“面、面交线”

(3) 求出交线与已知直线的交点——“线、线交点”

【例 2-14】 如图 2-44(a) 所示，直线 EF 与平面△ABC 相交，求其交点并判断可见性。

解 分析：包含已知直线作辅助平面 P（铅垂面），辅助平面 P 与已知平面△ABC 相交得交线ⅠⅡ，再求出交线与已知直线的交点。作图过程如图 2-44(b)、(c) 所示。

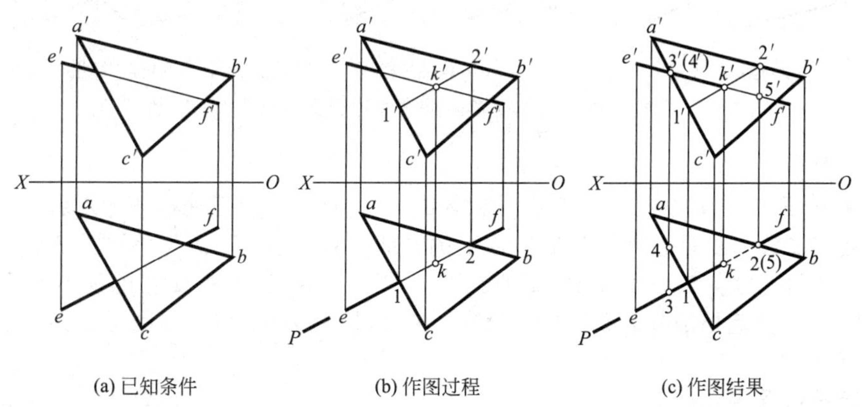

(a) 已知条件　(b) 作图过程　(c) 作图结果

图 2-44　一般位置直线与一般位置平面交点及判断可见性

作图步骤：

(1) 在 H 面上分别过 1、2 点作投影连线得 $1'2'$ 点。

(2) 在 V 面上，交线 $1'2'$ 与已知直线 $e'f'$ 相交求得直线与平面的交点 k' 点，过 k' 点作投影连线得 k 点。

(3) 判断可见性：判断 V 面投影的可见性，在 V 面上找重影点 3′、4′点，作 3′、4′点的投影连线得 3（在直线 EF 上）、4（在 AC 边上）点，从水平投影看出 3 点 Y 坐标大在前，4 点 Y 坐标小在后，故在正面投影中 k′e′可见画成粗实线，k′f′被遮住部分不可见应画虚线。同理，利用 H 面上重影点 2（在 AB 上）、5（在 EF 上）判断出，在水平投影中 ke 可见画成粗实线，kf 被遮住部分不可见应画虚线。

（二）平面与平面相交

平面与平面相交的交线是一条直线，其交线是两个平面的共有线。

求交线的方法：先求出交线上的两个共有点，再将两点相连，便得到两个平面的交线。

判别可见性时应注意：交线是可见与不可见的分界线，在同面投影中，只有两个平面的重叠部分才存在判别问题，凡不重叠部分都是可见的。

1. 一般位置平面与特殊位置平面相交

当两平面之一为特殊位置平面时，可利用投影的积聚性和交点的共有性直接求得两个共有点，连两点即为交线在该投影面上的投影。交线的另一面投影可由一般位置平面的两个边线与平面有积聚性投影的两个共有点的投影连线求得。

【例 2-15】 如图 2-45(a) 所示，一般位置平面△ABC 与投影面垂直面△DEFG 相交，求交线并判别可见性。

解 分析：因为平面 DEFG 是铅垂面，其水平投影有积聚性。可直接求出交线上的两个共有点 1、2 点，再由 1、2 点求出正投影面的交线，作图过程如图 2-45(b)、(c) 所示。

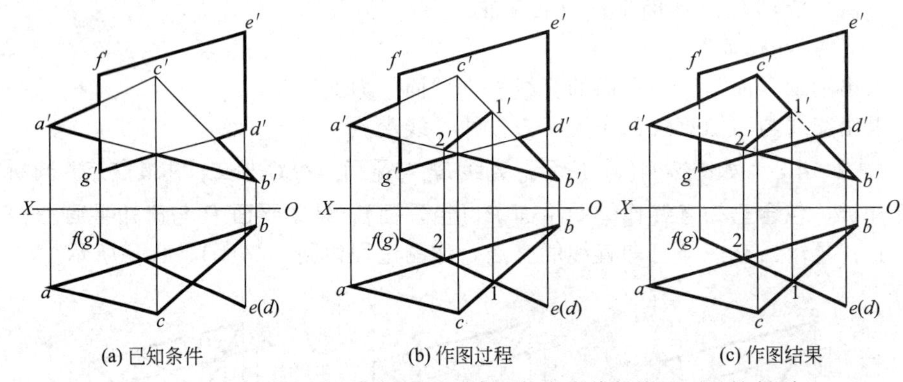

(a) 已知条件　　(b) 作图过程　　(c) 作图结果

图 2-45　一般位置平面与投影面垂直面相交交线投影及可见性判别

作图步骤：

(1) 在 H 面上可直接求出 1、2 点，分别由 1、2 点作投影连线得 1′、2′点。

(2) 连接交线 1′2′即为两平面在 V 面上的交线，且交线是可见与不可见的分界线。

(3) 判断可见性：在 H 面交线 12 的左边，平面 12ac 在平面 12fg 的前方，所以 1′2′a′c′可见，1′2′f′g′被遮挡部分为不可见。同理，交线 12 的右边，1′2′d′e′可见，1′2′b′被遮挡部分为不可见。

2. 两特殊位置平面相交

两垂直面积聚投影的交点，即为两平面交线的积聚投影。交线另一投影面上的投影在两平面图形的公共区域内。

当两个正垂面相交时，其交线为正垂线；

当两个铅垂面相交时，其交线为铅垂线；

当两个侧垂面相交时，其交线为侧垂线。

【例 2-16】 如图 2-46(a) 所示，求两正垂面△*ABC* 与△*DEF* 相交交线的投影，并判断可见性。

解　分析：两正垂面相交，其交线 12 在正投影面聚集为一点 1′(2′)，作图过程如图 2-46(b)、(c) 所示。

作图步骤：

(1) 作 1′(2′) 点的投影连线在 *H* 面上可直接求得 1、2 点。

(2) 连接交线 12 即为两平面在 *H* 面上的交线，且交线是可见与不可见的分界线。

(3) 判断可见性：在 *V* 面交线 1′2′的左边，平面 1′2′*f*′*d*′在平面 1′2′*a*′*b*′的上方，所以 12*fd* 可见，12*ab* 被遮挡部分为不可见。同理，交线 12 的右边，12*c* 可见，12*e* 被遮挡部分为不可见。

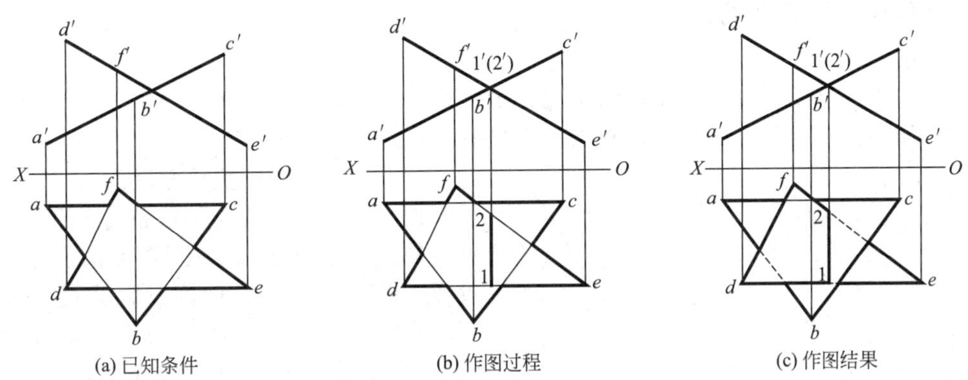

(a) 已知条件　(b) 作图过程　(c) 作图结果

图 2-46　两投影面垂直面相交交线投影及可见性判别

3. 两一般位置平面相交

重复利用两次求一般位置直线与一般位置平面相交求交点的步骤，求出两个交点，两交点所决定的直线为两一般位置平面的交线。即保留一个平面，然后在另一平面内取两条与保留平面相交的直线，分别求出两相交直线与保留平面的交点，两交点所决定的直线则是两一般位置平面的交线。

二维码 2-1

【例 2-17】 如图 2-47(a) 所示，试求相交两平面△*ABC* 和△*DEF* 的交线，并判断可见性。

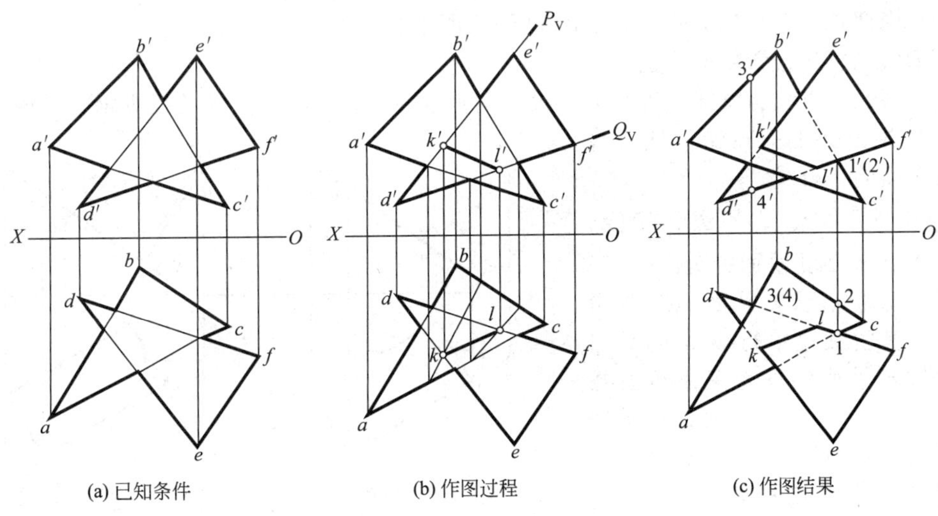

(a) 已知条件　(b) 作图过程　(c) 作图结果

图 2-47　求两一般位置平面的交线及可见性判别

解 分析：两一般位置平面相交，通常采用求两共有点的方法求作交线。选择△*DEF*的两边*DE*、*DF*作辅助平面，分别求出*DE*、*DF*与平面△*ABC*的交点*K*(*k*′、*k*)和*L*(*l*′、*l*)，*KL*即为两平面的交线，作图过程如图2-47(b)、(c)所示。

作图步骤：

(1) 分别包含*DE*、*DF*作正垂面$P(P_V)$及$Q(Q_V)$，求出*DE*、*DF*与△*ABC*平面的交点*K*(*k*′、*k*)和*L*(*l*′、*l*)，*KL*即为两平面的交线。

(2) 判断可见性：利用重影点Ⅰ、Ⅱ和Ⅲ、Ⅳ分别判断正面投影和水平投影的可见性。

三、直线与平面、平面与平面垂直

(一)直线与平面垂直

几何条件：

(1) 如果一直线垂直于平面内两相交直线，则该直线与平面垂直。

(2) 如果一直线与平面垂直，则该直线与平面内的所有直线垂直。

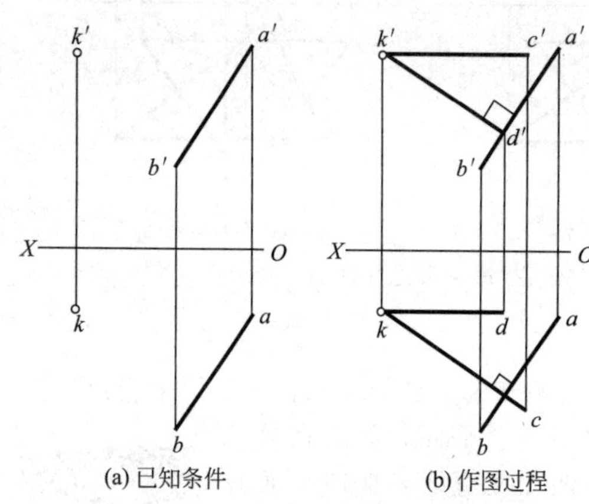

图2-48 过点*K*作平面垂直于直线*AB*

1. 直线与一般位置平面垂直

投影特性：直线与一般位置平面垂直时，直线的投影垂直于平面上同名平行线的同名投影。即：直线在*V*面的投影垂直于平面上正平线的*V*面投影，直线在*H*面的投影垂直于平面上水平线的*H*面投影。

【例2-18】 如图2-48(a)所示，过点*K*作平面垂直于直线*AB*。

解 分析：根据投影特性过*K*点作正平线和水平线，两相交直线构成的平面即为所求，作图过程如图2-48(b)所示。

作图步骤：

(1) 过点*k*′作水平线*k*′*c*′，并作投影连线在*H*面上使*kc*⊥*ab*。

(2) 再过点*k*作正水平线*kd*，并作投影连线在*V*面上使*k*′*d*′⊥*a*′*b*′。

(3) 由两相交直线构成的平面△*KCD*即为所求。

2. 直线与特殊位置平面垂直

投影特性：直线与特殊位置平面（投影面垂直面）垂直时，直线的投影垂直于该平面具有积聚性投影面上的投影，且直线是该投影面的平行线。

【例2-19】 如图2-49(a)所示，求点*K*到正垂面的距离。

解 分析：已知平面*ABCD*是正垂面，其垂线是平行*V*面的正平线，垂线与平面的垂直关系可直接在*V*面反映。作点*K*到平面的垂线并求垂足，点到垂足的距离（实长）即为所求，作图过程如图2-49(b)所示。

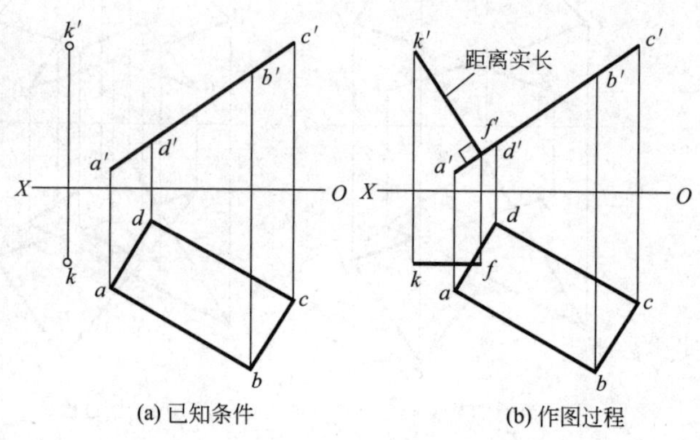

图2-49 求点*K*到正垂面的距离

作图步骤：

(1) 过点 k' 作 $a'd'b'c'$ 的垂线，使 $k'f' \perp a'd'b'c'$。

(2) 再过点 k 作正平线 kf 与 f' 的投影连线相交于 f 点。

(3) 因垂线是正平线，所以 $k'f'$ 即为距离的实长。

（二）平面与平面垂直

几何条件：如果一平面通过另一平面的一条垂线，则两平面垂直。

1. 平面与一般位置平面垂直

投影特性：当两个平面垂直时，其中一个平面上有一条直线的投影，垂直于另一个平面上两条相交的投影面平行线所平行的同面投影。

【例 2-20】 如图 2-50(a) 所示，过 E 点作平面垂直于平面△ABC。

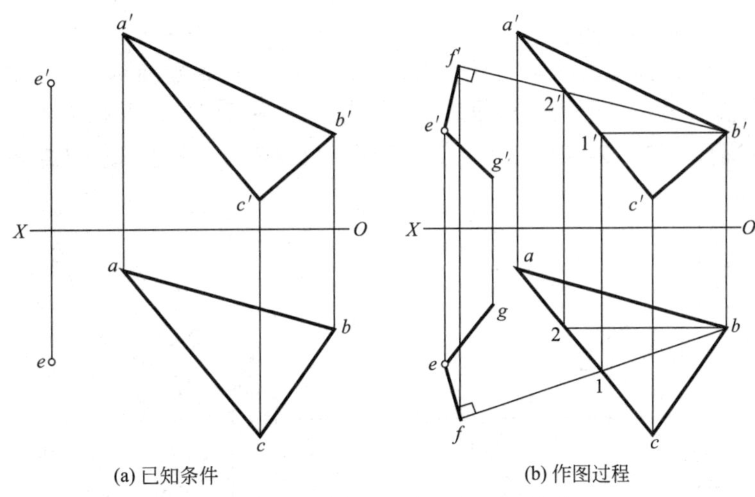

图 2-50　过点作平面与已知平面垂直

解　分析：如果一平面包含另一平面的垂线，则两平面垂直。过 E 点作已知平面的垂线，包含一条垂线可以作无数个平面与该平面垂直。作图过程如图 2-50(b) 所示。

作图步骤：

(1) 过点 b' 作水平线使 $b'1' /\!/ OX$，再作 $1'$ 的投影连线得 1 点，连线 $b1$ 并延长。

(2) 过点 b 作正平线使 $b2 /\!/ OX$，再作 2 的投影连线得 $2'$ 点，连线 $b'2'$ 并延长。

(3) 过点 e' 作 $b'2'$ 延长线的垂线得垂足 f' 点，过点 e 作 $b1$ 延长线的垂线得垂足 f 点。

(4) 过点 e' 作任意直线 $e'g'$，过点 e 作任意直线 eg，由相交直线 EG、EF 构成的平面即为所求。

【例 2-21】 如图 2-51(a) 所示，判断平面△ABC 与平面△DEF 是否垂直。

解　分析：判断两平面是否垂直，只需要作某一平面的垂线，再判断该垂线是否在另一平面内，若在，则两平面垂直，若不在，则两平面不垂直，作图过程如图 2-51(b) 所示。

作图步骤：

(1) 在平面△ABC 内作一水平线 $B1$ 和正平线 $B2$。

(2) 在平面△DEF 内过点 M 作平面△ABC 的垂线，即 $m'n' \perp 2'b'$，$mn \perp 1b$。

(3) 根据平面内的直线投影特点可以判断垂线 MN 不在平面△DEF 内，所以平面△ABC 与平面△DEF 不垂直。

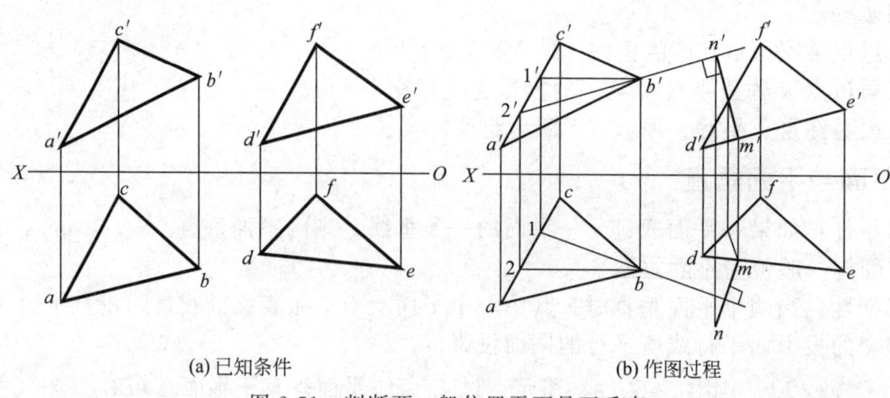

(a) 已知条件　　(b) 作图过程

图 2-51　判断两一般位置平面是否垂直

2. 平面与特殊位置平面垂直

投影特性：当一平面与一投影面垂直面相互垂直时，在垂直面具有积聚性的投影面上，垂直面的积聚投影与另一平面内在该投影面上的投影面平行线的同面投影相互垂直。

【例 2-22】 如图 2-52(a) 所示，判断平面△ABC 与正垂面△EFG 是否垂直。

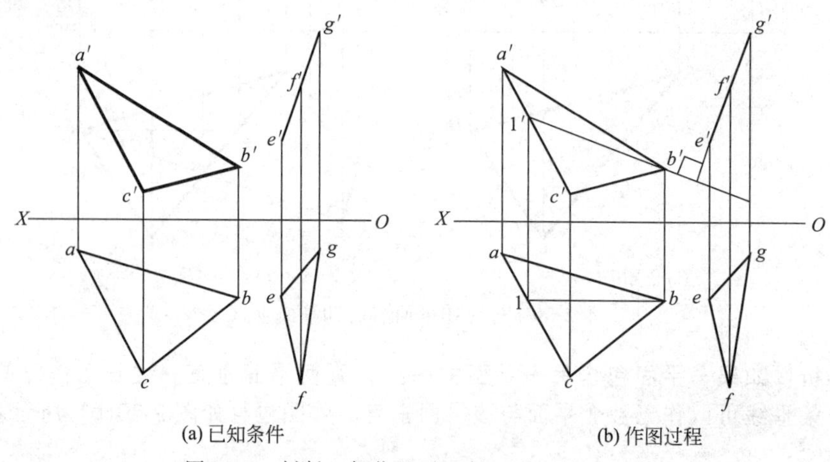

(a) 已知条件　　(b) 作图过程

图 2-52　判断一般位置平面与正垂面是否垂直

解　分析：因为与正垂面垂直的直线只能是正平线，所以，只需检验平面△ABC 内的正平线的正面投影与正垂面△EFG 的正面投影是否垂直即可，作图过程如图 2-52 (b) 所示。

作图步骤：

(1) 在平面△ABC 内作一正平线 B1。

(2) 由正面投影可知，1′b′⊥e′f′g′，所以平面△ABC 与平面△EFG 垂直。

3. 两特殊位置平面垂直

投影特性：当两个互相垂直的平面都垂直某一投影面时，两平面的积聚投影在该投影面上相互垂直，如图 2-53 所示。

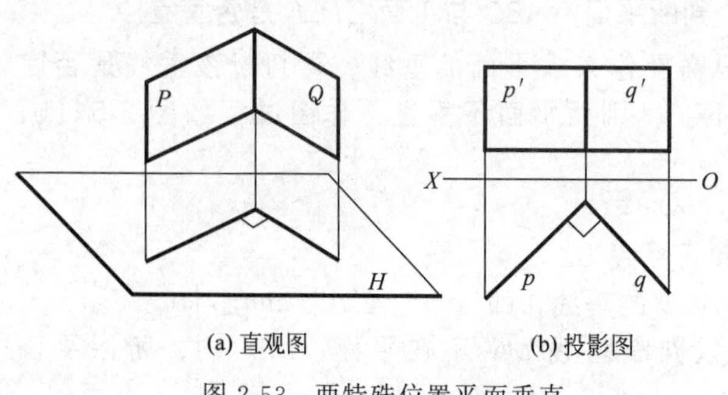

(a) 直观图　　(b) 投影图

图 2-53　两特殊位置平面垂直

第三章 立体的投影

教学提示　本章主要介绍了平面体、曲面体的形成、投影特性及平面体、曲面体表面上求点、线的绘图方法。

教学要求　要求学生掌握利用平面体、曲面体的投影特性作出各种立体的投影图以及立体表面上求点、求线的作图方法。

第一节 概　述

任何建筑形体都是由一些基本形体按一定的方式组合而成的。根据其表面的性质不同，可分为以下两大类：

(1) 平面立体——由若干平面围成的几何体，如棱柱、棱锥和棱台等，如图 3-1 所示。

(2) 曲面立体——由曲面或曲面与平面围成的几何体，如圆柱、圆锥、圆球、圆环和圆台等，如图 3-2 所示。

图 3-1　平面立体

图 3-2　曲面立体

将基本几何体在三投影面体系中进行投影时，为了识图及画图方便，应遵循“放平，摆正”的原则。

放平——将基本几何体的底面处于平行面的位置。

摆正——在基本几何体放平的基础上，让其形体的各面尽可能处于平行面或垂直面位置。

第二节　平面体的投影

平面立体是由若干平面围合而成的，因此，作平面立体投影图的实质是作其立体的各个平面的投影。由于各个平面均由直线段及其两端点确定，所以绘制平面立体的投影图，可归结为绘制立体各表面的交线（棱线）及各顶点（棱线的交点）的投影。

一、棱柱体

1. 棱柱的形成

棱柱由两个多边形底面和相应的棱面组成，最常见的棱柱有正四棱柱和正六棱柱。如图 3-3 所示的正六棱柱，上、下底面为正六边形，六个侧棱面都是矩形并垂直于上、下底面。将其放平摆正后，六棱柱体的上、下底面的水平投影反映实形，前后两个面为正平面，其正面投影反映实形，侧面投影积聚为线段，其余四个棱面均为铅垂面，在正面、侧面投影均为类似形，作图过程如图 3-4 所示。

2. 棱柱的投影特性

在与棱线垂直的投影面上的投影为多边形，它反映棱柱上、下底面的实形；另两个投影都是由粗实线或虚线组成的矩形线框，它反映棱面的实形或类似形。

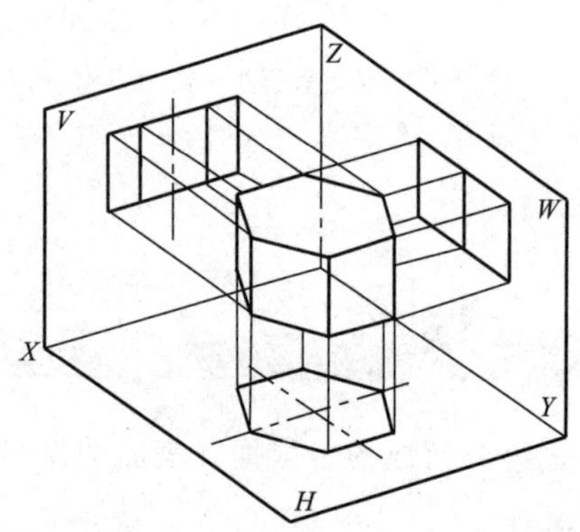

图 3-3　正六棱柱的投影

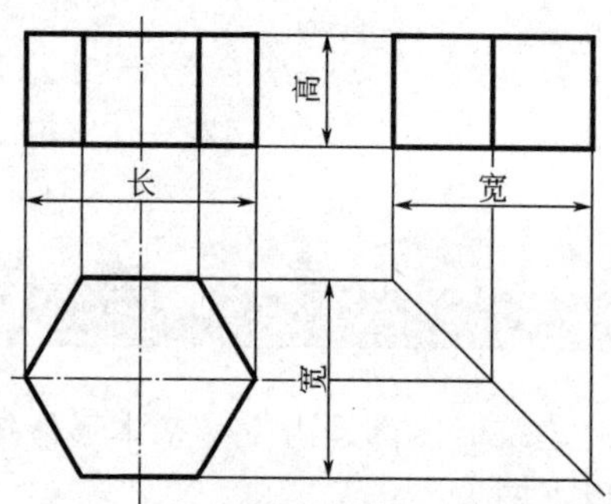

图 3-4　正六棱柱的画图方法和步骤

3. 棱柱表面求点

棱柱表面上取点的原理和方法与在平面内取点相同。可利用投影面垂直面具有积聚性的原理作图，并判别其可见性。

【例 3-1】　如图 3-5(a) 所示，已知正六棱柱的三面投影图及其表面上 M、N 点的投影 m'、n，求 M、N 点的其他两面投影。

解　分析：柱体表面求点，根据点所在平面具有积聚性求得。由已知条件可知，点 M 在正六棱柱的前面，所在平面的俯视图积聚为一条直线；点 N 在正六棱柱的底面靠后，其所在平面的主视图和左视图均积聚成一条直线。作图过程如图 3-5(b) 所示。

作图步骤：

(1) 由点 m' 引投影连线求出 m，再根据点的投影规律求出 m''。

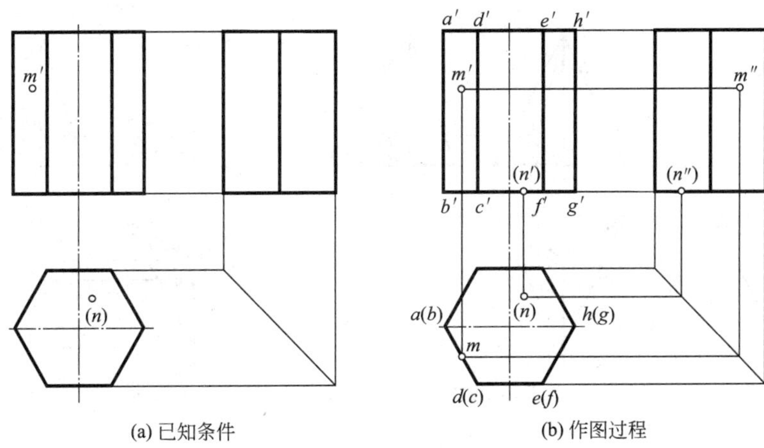

(a) 已知条件　　(b) 作图过程

图 3-5　正六棱柱表面上点的投影

(2) 根据点的投影规律，由点 n 求出 n'、n''。

二、棱锥体

1. 棱锥的形成

棱锥有一个多边形底面，所有的棱面都交于锥顶。用底面多边形的边数来区别不同的棱锥，如底面为三角形，称为三棱锥。若棱锥的底面为正多边形，且锥顶在底面上的投影与底面的形心重合，则称为正棱锥；若锥顶在底面上的投影与底面的形心不重合，则称为斜棱锥。如图 3-6(a) 所示为正三棱锥。本书主要学习正棱锥的画法及特性。

如图 3-6(b) 所示，先画出底面△ABC 的各面投影；再作出锥顶 S 的各面投影；最后连接各棱线，即得正三棱锥的三面投影。

2. 棱锥的投影特性

在与棱锥底面平行的投影面上的投影反映棱锥底面的实形；在该投影面上，棱锥棱面的投影均为三角形；其余两面投影为一个或几个三角形线框。在另外两个投影面上，棱锥底面的投影为一条直线。棱面的投影积聚为直线或投影为其类似形。

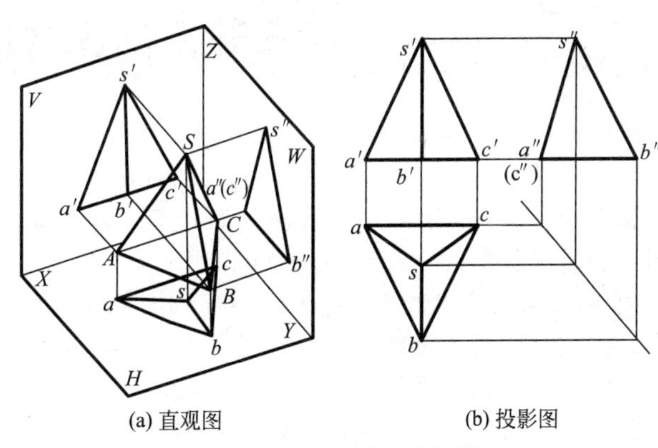

(a) 直观图　　(b) 投影图

图 3-6　正三棱锥的投影

3. 棱锥表面取点

棱锥表面可能是一般位置平面，也可能是特殊位置平面。一般位置平面上的点，可通过该点作辅助线或辅助平面的方法求得；而特殊位置平面上的点，其投影可利用平面投影的积聚性求得。

【例 3-2】 如图 3-7(a) 所示，已知点 M 的正面投影 m'，求它的另外两面投影。

解　分析：锥体表面求点用辅助线法或辅助平面法。辅助线法作图过程如图 3-7(b) 所示，辅助平面法作图过程如图 3-7(c) 所示。

(1) 辅助线法作图步骤

① 作锥顶 s' 和已知点 m' 的连线交底面于 f' 点，得直线 $s'f'$。

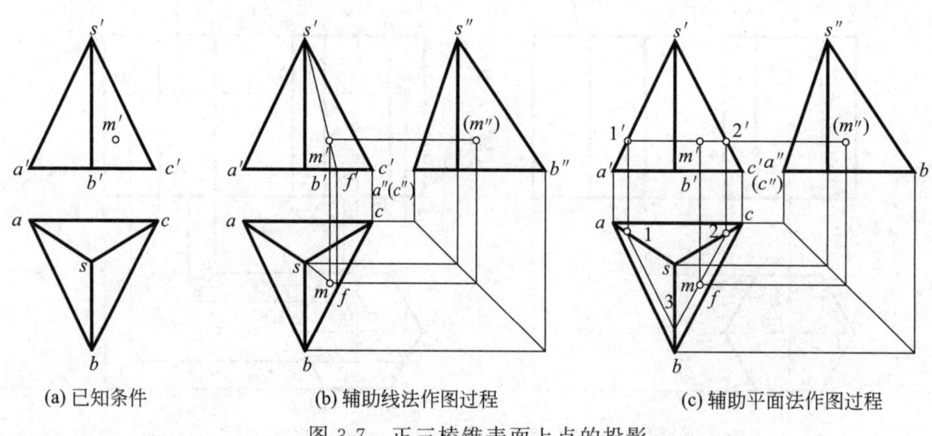

图 3-7 正三棱锥表面上点的投影

② 作 $s'f'$ 的水平投影 sf，则点 M 的水平投影在 sf 上，根据点的投影规律即可得 m 点。

③ 根据点的投影规律求出点 M 的侧面投影 m''，并判断其可见性。

(2) 辅助平面法作图步骤

① 过点 m' 做一水平辅助平面分别与 $s'a'$，$s'c'$ 相交得点 1′，2′。

② 作 1′，2′的水平投影 1，2，连接点 1，2。

③ 分别过点 1，2 作 ab，bc 的平行线 13，23，连接 1，2，3 三点为辅助平面的水平投影，点 M 的水平投影 m 在该辅助平面上。

④ 根据点的投影规律求点 M 的侧面投影 m''，并判断其可见性。

第三节 曲面体的投影

由曲面或曲面与平面所围成的形体，称为曲面体。工程建筑曲面体中最常见的为回转体，即由回转面或回转面和平面所围成的立体。如圆柱、圆锥、圆台、圆球等。

如图 3-8 所示，由图中可看出：回转面（圆柱体侧面）、素线（AA_1）、纬圆（圆柱上下底面）和转向轮廓线（AA、BB、CC、DD）。

回转面——由一动线（直线或曲线）绕一固定直线旋转而成的曲面。动线称为回转面的母线，固定直线称为轴线。

素线——母线在回转面上的任一位置。

纬圆——母线上任一点的运动轨迹皆为垂直于轴线的圆。

转向轮廓线——对于某投影面，回转面可见部分与不可见部分的分界线。转向轮廓线由特殊位置的素线组成（如最左、最右、最前、最后、最上、最下素线等）。在作回转面的投影时，不必将其所有素线绘出，只需绘出其转向轮廓线的投影即可。

一、圆柱体

1. 圆柱体的形成

如图 3-8(a) 所示，圆柱面是由两条相互平行的直线，其中一条直线（母线 AA_1）绕另一条直线（轴线 OO'）旋转一周而形成的。圆柱体由两个相互平行的底平面（圆）和圆柱面围成。任意位置的母线称为素线，圆柱面上的所有素线相互平行。

2. 圆柱体的画法

①画出轴线的投影，以及圆的对称中心线；②画出投影为圆的投影；③画其余两个投

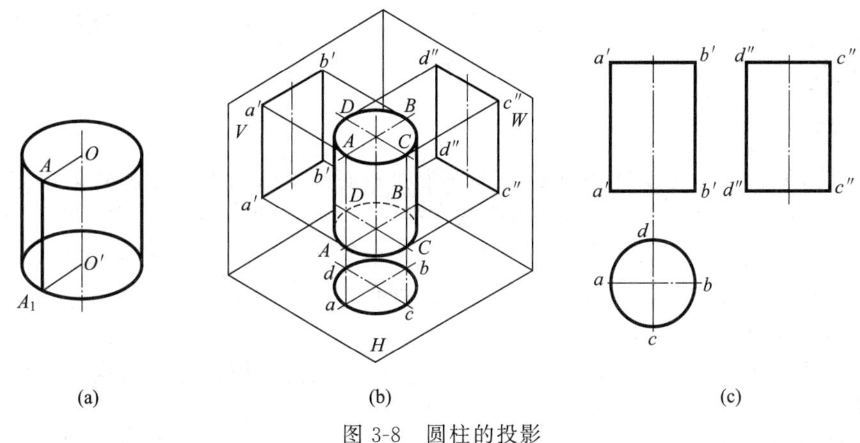

(a)　(b)　(c)

图 3-8　圆柱的投影

影，如图 3-8(c) 所示。

3. 圆柱体的投影特性

如图 3-8(b) 所示，圆柱体轴线 OO' 垂直于 H 面，则圆柱的水平投影为一圆，反映上下底面的实形，并且是圆柱回转面上所有点的积聚投影；圆柱的正面投影是一矩形线框，其上下边反映上、下底面的积聚投影，左、右边是圆柱面的最左、最右素线的投影；圆柱的侧面投影也是一矩形线框，其各边分别代表上、下底面的积聚投影与圆柱面的最前、最后素线的投影，其最前、最后、最左、最右四条素线是特殊素线，称为轮廓素线，是圆柱面可见部分与不可见部分的分界线。

4. 圆柱体表面上取点

求作圆柱体表面的点，根据已知点所在面具有积聚性，分析该点在圆柱体表面上所处的位置，利用圆柱体表面的投影特性，求得点的其余投影。判断点的可见性取决于该点所在圆柱体表面的可见性。

【例 3-3】 如图 3-9(a) 所示，已知圆柱体表面的线段 ABC，求其他两面的投影。

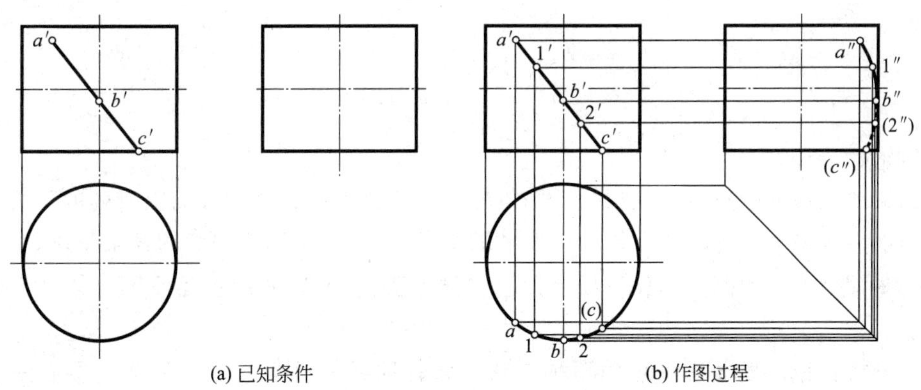

(a) 已知条件　(b) 作图过程

图 3-9　圆柱体表面上点的投影

解　分析：由于 ABC 在圆柱表面上，故 ABC 为曲线。因此需求出 ABC 上若干个一般点，并与特殊点连成光滑的曲线即可求出其他两面的投影。作图过程如图 3-9(b) 所示。

作图步骤：

(1) 作特殊点 A、B、C 的水平投影 a、b、c 和侧面投影 a''、b''、c''。

(2) 作一般点Ⅰ、Ⅱ的水平投影 1、2 和侧面投影 1″、2″。

(3) 将侧面投影连成光滑曲线 $a''b''c''$，并判断其可见性［$b''(2'')(c'')$为虚线］。

二、圆锥体

1. 圆锥体的形成

如图 3-10(a) 所示，圆锥体由圆锥面和一个底平面围成。圆锥面是由两条相交的直线组成，其中一条直线（母线 SA）绕另一条直线（轴线 SO）旋转一周而形成，交点称为锥顶。母线在旋转时，其上任意一点的运动轨迹都是圆，为锥面上的纬圆。纬圆垂直于旋转轴，圆心在轴上。圆锥面上任意位置的母线称为素线，所有素线交于锥顶。

2. 圆锥体的画法

①画出轴线和中心线的各投影；②画出圆锥反映为圆的投影；③根据投影关系画出圆锥的另两个投影，如图 3-10(c) 所示。

3. 圆锥体的投影特性

如图 3-10(b) 所示，圆锥底面为圆，且平行于 H 面，圆锥轴线垂直于 H 面。锥底的水平投影为圆，正面和侧面投影积聚为水平线。圆锥面的三个投影都没有积聚性，锥面的水平投影为圆，锥顶的水平投影 S 与底圆的圆心重合。圆锥的正面和侧面投影为三角形，两条斜边为锥面的转向轮廓线。

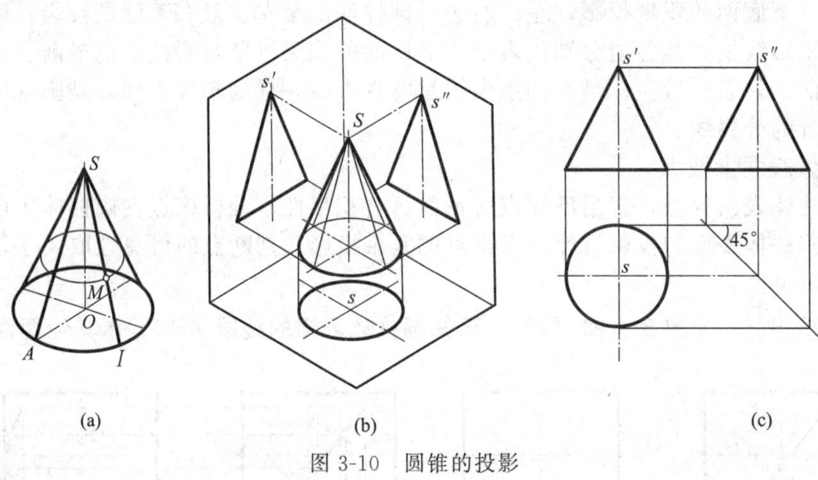

图 3-10　圆锥的投影

4. 圆锥体表面求点

求圆锥体表面上的点，必须根据已知投影，分析该点在圆锥体表面上所处的位置，再过该点在圆锥体表面上作辅助线（素线）或辅助平面（纬圆），以求得点的其余投影。

【例 3-4】　如图 3-11(a) 所示，已知圆锥面上一点 M 的正面投影，求其另外两面上的投影。

解　分析：锥体表面求点可用两种方法，即辅助线法（素线法）和辅助平面法（纬圆法）。辅助线法作图过程如图 3-11(b) 所示，辅助平面法作图过程如图 3-11(c) 所示。

(1) 辅助线法（素线法）作图步骤

① 过锥顶 s' 作 $s'm'$ 的延长线与圆锥底面相交于点 $1'$。

② 作出点 $1'$ 的水平投影，连接 $s1$，则点 M 的水平投影 m 在 $s1$ 上。

③ 根据点的投影规律求出点 M 的侧面投影并判断其可见性。

(2) 辅助平面法（纬圆法）作图步骤

① 在圆锥面上过点 m' 作垂直于轴线的纬圆，则点 M 的另外两面投影必在纬圆的同面

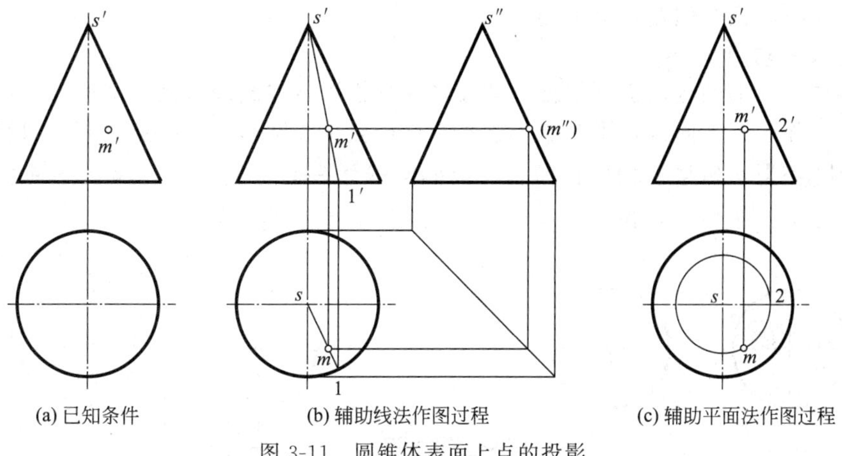

图 3-11　圆锥体表面上点的投影

投影上。

② 所求点的侧面投影根据点的投影规律求得并判断其可见性。

三、圆球

1. 圆球的形成

如图 3-12(a) 所示，圆球可以看成是由一母线圆绕其自身的直径旋转而成的。

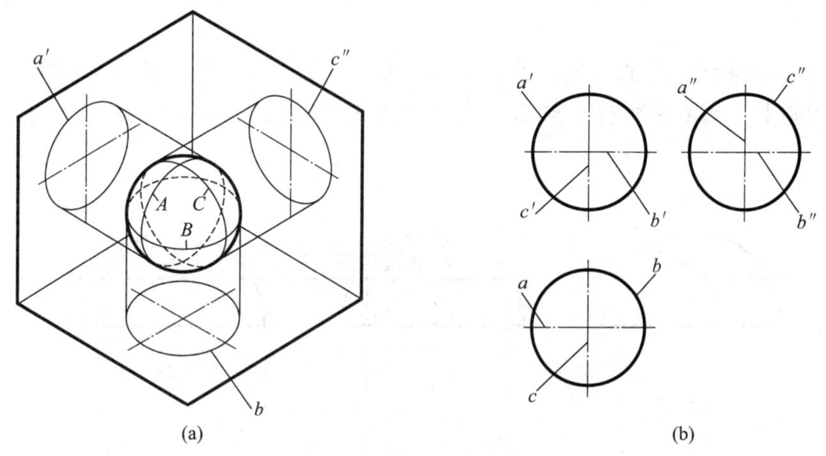

图 3-12　圆球的投影

2. 圆球的画法

①确定球心的位置，画出圆的中心线；②以球心为圆心画出球面对三个投影面的转向轮廓线的投影，如图 3-12(b) 所示。

3. 圆球的投影特性

圆球体正面上的投影圆是主视转向线 A 的正面投影 a'，它是圆球面在主视方向可见与不可见的分界线，同时，也界定了在主视方向圆球的最大边界，也称主视外形素线；水平面上的投影圆是俯视转向线 B 的水平投影 b，它是圆球面在俯视方向可见与不可见的分界线，同时，也界定了在俯视方向圆球的最大边界，也称俯视外形素线；侧面上的投影圆是侧视转向线 C 的侧面投影 c''，同理，它是圆球面在侧视方向可见与不可见的分界线，同时，也界定了在侧视方向圆球的最大边界，也称侧视外形素线。圆球主视转向线、俯视转向线、侧视转向线的其余投影只有位置，但不能画出。

4. 圆球表面求点

求圆球体表面上的点，必须根据已知投影，分析该点在圆球体表面上所处的位置，再过该点在球面上作辅助平面（正平纬圆、水平纬圆或侧平纬圆），以求得点的其余投影。

【例 3-5】 如图 3-13(a) 所示，已知圆球体表面上的点 *A*、*C* 的正面投影，点 *B* 的侧面投影及点 *D* 的水平投影，求 *A*、*B*、*C*、*D* 在其余面的投影。

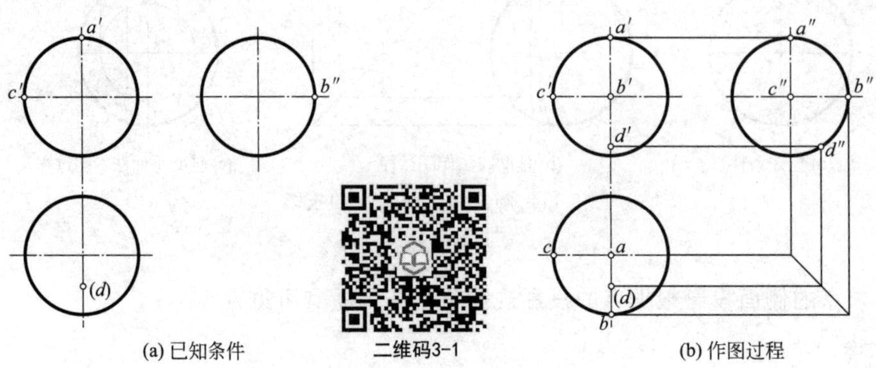

(a) 已知条件　　二维码3-1　　(b) 作图过程

图 3-13　圆球表面上点的投影

解　分析：点 *A* 为主视转向线与侧视转向线的交点，点 *B* 为侧视转向线与俯视转向线的交点，点 *C* 为主视转向线与俯视转向线的交点，点 *D* 为侧视转向线上的点。作图过程如图 3-13(b) 所示。

作图步骤：根据点、线的从属关系，即可求得 *A*、*B*、*C*、*D* 在其余面的投影。

【例 3-6】 如图 3-14(a) 所示，作半圆球及其表面上的线段 *ABDC* 的水平投影和侧面投影。

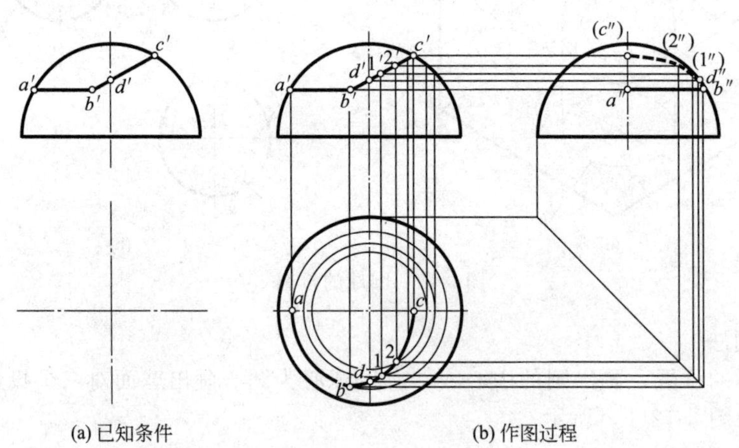

(a) 已知条件　　(b) 作图过程

图 3-14　半球表面上点的投影

解　分析：球体表面求点采用辅助平面法（纬圆法）。由于 *ABCD* 在半圆球表面上，故 *ABCD* 为曲线。因此需求出 *ABCD* 上若干个一般点，并与特殊点连成光滑的曲线即可求出其他两面的投影。作图过程如图 3-14(b) 所示。

作图步骤：

(1) 求特殊点　分别作出 *a*′、*c*′、*d*′的水平投影 *a*、*c*、*d* 和侧面投影 *a*″、*c*″、*d*″。

(2) 求一般点　过 b' 作水平线与 V 面半圆相交于 a' 点，根据 a' 求出纬圆在 H 面的投影。再过 b' 点作投影连线于 H 面上纬圆相交得 b 点。同理，求出 1、2 点。根据点的投影规律求得侧面投影 1″和 2″点。

(3) 依次连接各点，并判断其可见性　由正面投影可知，侧面投影中 $d''(1'')(2'')(c'')$ 线段为不可见，是虚线。

四、圆环

1. 圆环的形成

如图 3-15(a) 所示，圆环可以看作是以圆为母线，绕与其共面但不通过圆心的轴线回转而形成的。

2. 圆环的画法

①画投影的中心线和轴线；②画出其正面投影；③画出水平投影，如图 3-15(b) 所示。

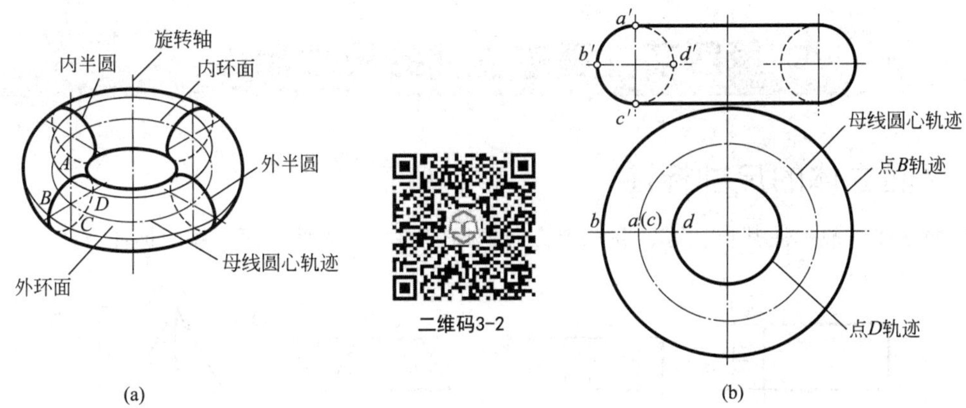

图 3-15　圆环的投影

3. 圆环的投影特性

水平投影中不同大小的粗实线圆是圆环面上最大圆和最小圆的水平投影，也是圆环面对 H 面的转向轮廓线。用点画线表示的圆是母线圆圆心轨迹的投影。

正面投影中左边的小圆反应母线圆 $ABCD$ 的实形。粗实线的半圆弧 $a'b'c'$ 是外环面（圆环面的一半表面，它是由离回转轴线较远的母线圆弧 ABC 绕回转轴线回转而成的）对 V 面的转向轮廓线。虚线的半圆弧 $c'd'a'$ 是内环面对 V 面的轮廓线，对 V 面投影时，内环面是看不见的，因此画成虚线。两个小圆的上、下两条公切线是内、外环面分界处的正面投影。

4. 圆环表面求点

求作圆环体表面上的点，必须根据已知投影，分析该点在圆环体表面上所处的位置，再过该点在圆环体表面上作辅助平面（垂直于轴线的圆），以求得点的投影。

【例 3-7】 如图 3-16(a) 所示，已知圆环表面上点 A 和点 B 的水平投影 a、b，求其余两面的投影。

解　分析：圆环表面求点采用辅助平面法。A、B 两点均在圆环体上半部的表面上。点 A 在外环面上，点 B 在分界圆上。由于 A、B 两点均处于主视转向线之前、侧视转向线之前的外环面上，故其正面投影和侧面投影均可见。作图过程如图 3-16(b) 所示。

作图步骤：

(1) 过 a 点作水平圆的水平投影，与水平中心线交于 1 点。

(2) 由 1 求得 1′，过 1′作该水平圆的正面投影，求得 a'；由 a'、a 求得 a''，并判断其可见性。

(3) 同理，求得 b'、b''，并判断其可见性。

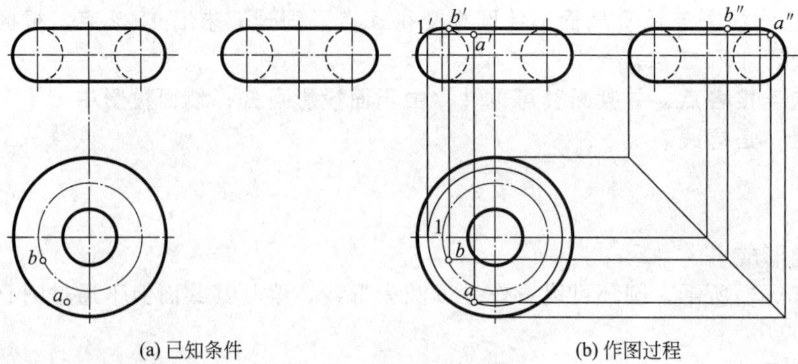

(a) 已知条件　　(b) 作图过程

图 3-16　圆环表面点的投影

第四节　基本立体的尺寸标注

一、平面立体的尺寸标注

平面立体一般标注其长、宽、高三个方向的尺寸即可，常见平面立体的标注方法如图 3-17 所示。

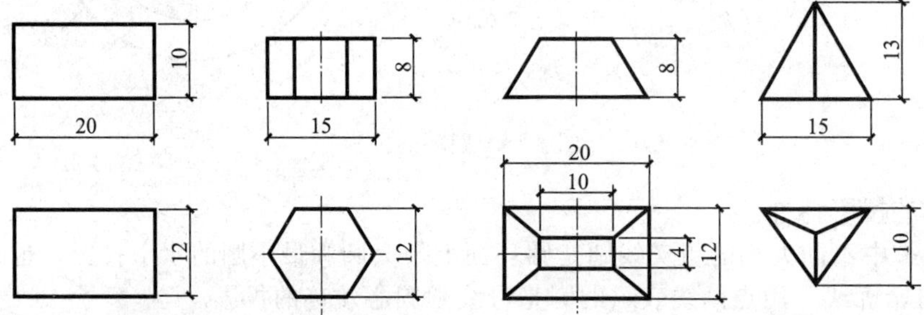

图 3-17　平面立体的尺寸标注

二、曲面立体的尺寸标注

曲面立体的直径标注应在尺寸数字前加注直径符号“ϕ”，球面直径加注“$S\phi$”。常见曲面立体的标注方法如图 3-18 所示。

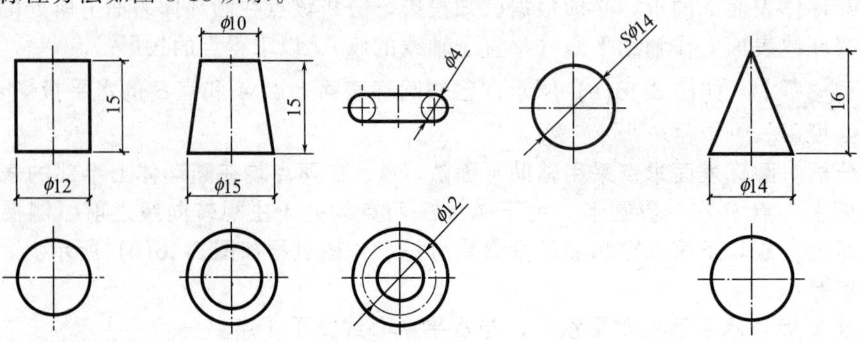

图 3-18　常见曲面立体的尺寸标注

第四章 立体的截切与相贯

教学提示

本章主要介绍基本立体（平面体、曲面体）截交线的形成原理及作图的基本方法。在此基础上进一步介绍平面体与平面体、平面体与曲面体、曲面体与曲面体相贯的类型、空间分析以及求相贯线的方法、步骤，介绍了建筑形体中同坡屋面的作图方法。

教学要求

要求学生掌握平面体和曲面体截交线的作图方法，掌握平面体与平面体相贯、平面体与曲面体相贯、曲面体与曲面体相贯的相贯线作图方法以及建筑形体中同坡屋面的作图方法。

第一节　平面体的截切

一、基本概念

平面立体的截交线，是平面立体被平面切割后所形成的。如图 4-1 所示，三棱椎体被平面 P 切割，平面 P 称为截平面，截平面与平面立体表面的交线称为截交线，截交线所围成的图形称为截面，被平面切割后的形体称为截断体。

平面立体的截交线是一个平面图形，它是由平面立体各棱面与截平面的交线所围成的。也可以说是由平面立体上各棱线与截平面的交点连接而成的。因此，求平面立体的截交线，应先求出立体上各棱线与截平面的交点，然后把这些交点加以编号，再将同一侧面上的两交点用直线段连接起来，便得到截交线。

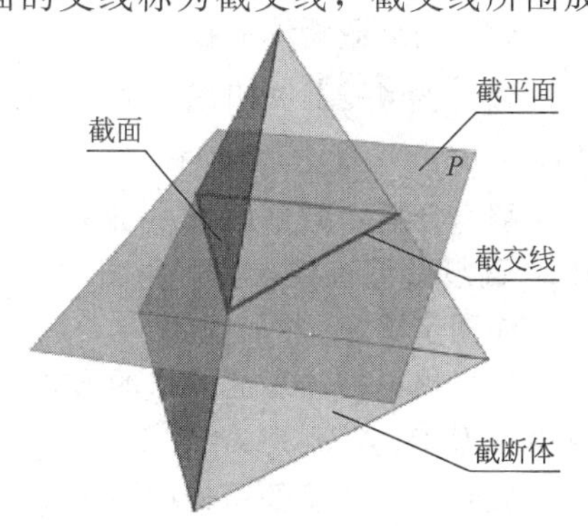

图 4-1　立体的截切

截交线的性质：

（1）共有性　截交线既属于截平面，又属于立体表面，是截平面与立体表面的共有线，截交线上的点是截平面与立体表面的共有点。

（2）封闭性　由单一平面截得的截交线是封闭的平面图形。

二、单一平面截切平面体

用单一平面截切平面体时，截交线在一个截平面内，所以截交线的投影在该截平面的同面投影上。

作图时应注意：立体被截断后，截去的部分如需要在投影图中绘出，应用细双点划线表示。立体的截交线在投影图中如可见则用粗实线表示，不可见则用中虚线表示，重点注意判别截交线的可见性。

【例 4-1】 如图 4-2(a) 所示，画出截头三棱锥的截交线。

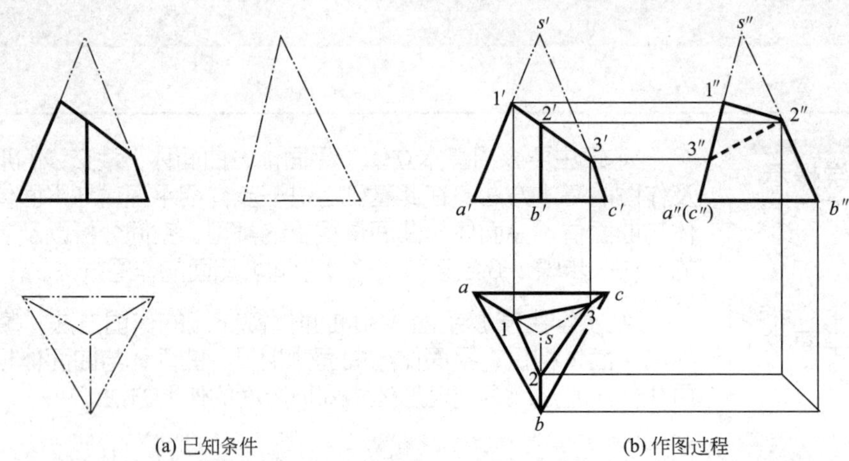

(a) 已知条件　　(b) 作图过程

图 4-2　作三棱锥的截交线

解　分析：三棱锥被一个正垂面所截，在 V 面投影中具有积聚性，所以各棱线与截面的交点在 V 面投影可直接求得。作图过程如图 4-2(b) 所示。

作图步骤：

(1) 根据锥体表面求点的方法，（点Ⅰ在三棱锥的 SA 棱线上，点Ⅲ在 SC 棱线上），分别对 1′，3′作投影连线，得到水平投影 1，3，作水平投影连线得到侧面投影 1″，3″。

(2) 由于点Ⅱ在 SB 棱线上，因此先画出左视图 2″，再根据点的投影规律求得点 2。

(3) 依次连接各点的同面投影，可求得截交线的 H 面、W 面投影，并判断可见性。

(4) 补全截断体的投影。

【例 4-2】 如图 4-3(a) 所示，已知五棱柱体被一正垂面 P 所切割，求作截交线的投影。

解　分析：截平面 P 为正垂面，在 V 面投影中具有积聚性，所以各棱线与截面的交点在 V 面投影可直接求得。作图过程如图 4-3(b) 所示。

作图步骤：

(1) 根据柱体表面求点的方法，得到水平投影 1、2、3、4、5 点，作水平投影连线得到侧面投影 1″、2″、3″、4″、5″点。

(2) 依次连接各点的同面投影，并判断可见性。

(3) 补全截断体的投影。

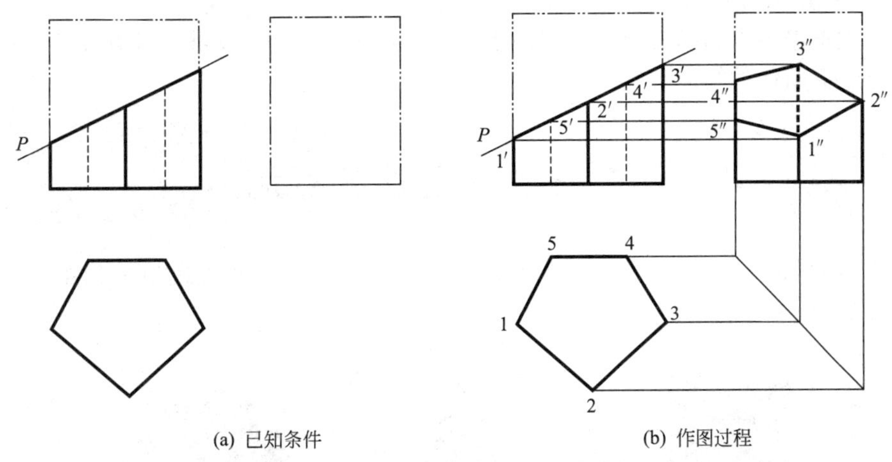

(a) 已知条件　　(b) 作图过程

图 4-3　五棱柱体被截断的投影图

三、多个平面截切平面体

用两个或两个以上的平面截切平面体时，不仅各截平面在平面体表面产生相应的截交线，而且两相交的截平面也在该平面体上产生交线，且交线的两个端点也在平面体的表面上。

【例 4-3】 如图 4-4(a) 所示，已知正四棱锥被两平面截切，求截交线的三面投影。

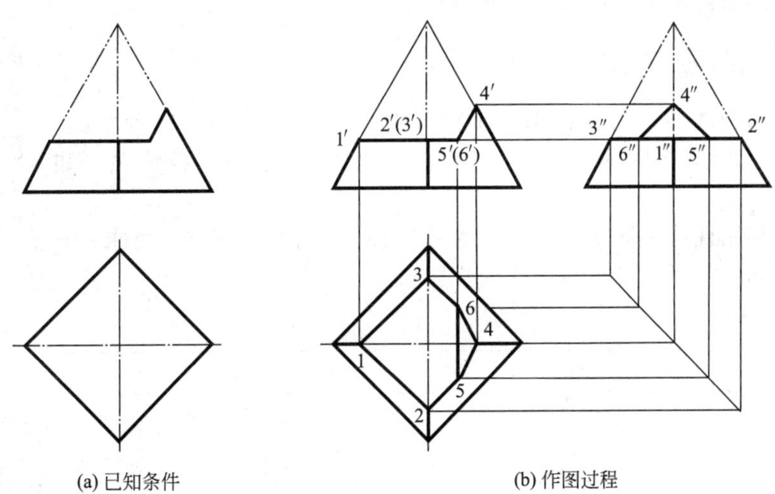

(a) 已知条件　　(b) 作图过程

图 4-4　截断四棱锥的截交线

解　分析：正四棱锥由正垂面和水平面截切而成。水平面与正四棱锥三条侧棱和前后表面均相交，其截交线为五边形；正垂面与正四棱锥一条侧棱和前后两表面相交，其截交线为三角形，且五边形和三角形共一条交线。由于正四棱锥四个侧棱面均为一般位置平面，须作图求解截交线。作图过程如图 4-4(b) 所示。

作图步骤：

(1) 在 V 面视图上确定两平面与正四棱锥的交点 1′、2′、(3′)、4′、5′、(6′)，其中 1′、2′、3′、4′为截平面与侧棱线的交点，可直接求出 1、2、3、4 点和 1″、2″、3″、4″点。

(2) 5′(6′) 为两截交线的交点，并且是截平面与前后两表面的交点，采用辅助平面法

在 H 面上求得 5、6 点，再根据点的投影规律得点 5″、6″。

(3) 依次连接各点的同面投影，即得水平面和侧平面上的截交线，并判断可见性。

(4) 补全截断体的投影。

第二节　曲面体的截切

曲面立体的截交线，通常是封闭的平面曲线，或者是曲线和直线组成的平面图形，如图 4-5 所示。

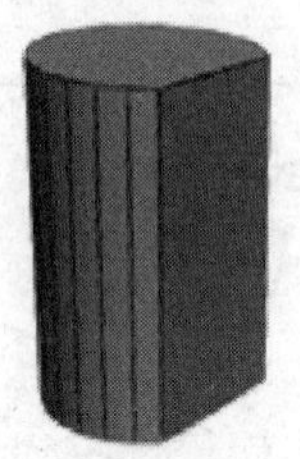
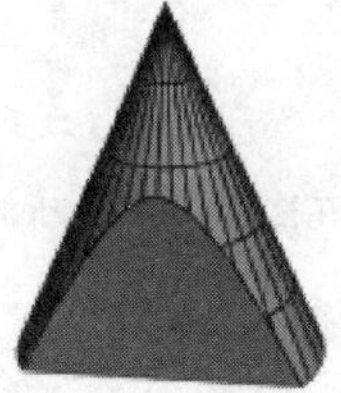
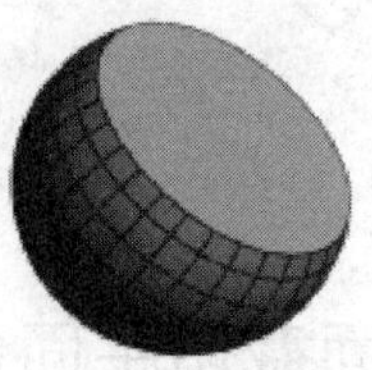

图 4-5　曲面立体截交线的形状

作图时注意，截交线上的点一定是截平面与曲面体的公共点，为了准确地作出曲面体截交线的投影，应先作出截交线上特殊点的投影，如最高点、最低点、最前点、最后点、最左点、最右点、可见与不可见的分界点及特征点等特殊点，然后求出一般点。只要先求得这些公共点，再将同面投影依次相连即得截交线。

一、圆柱体的截交线

二维码 4-1

当截平面切割圆柱体时，根据截平面与圆柱体轴线的相对位置不同，圆柱体的截交线为圆、椭圆（夹角呈 45°时，为圆）、矩形三种情况，如表 4-1 所示。

作图时，利用柱体表面求点的方法（积聚性），先求特殊点，再求一般点，最后依次光滑连接各点的同面投影，即得截交线的投影。

表 4-1　圆柱体截交线

截平面位置	垂直轴线	倾斜轴线	平行轴线
轴测图			
投影图			
截交线形状	圆	椭圆	矩形

二、圆锥体的截交线

当截平面切割圆锥体时，根据截平面与圆锥体轴线的相对位置不同，圆锥体的截交线为圆、椭圆、抛物线、双曲线、三角形五种情况，如表 4-2 所示。

作图时，利用圆锥体表面求点的方法（辅助线法和辅助平面法），先求出特殊点，再求一般点，最后依次光滑连接各点的同面投影即得截交线的投影。

表 4-2　圆锥体截交线

截平面位置	垂直圆锥轴线	与圆锥上所有素线相交	平行于一条素线	平行于两条素线	通过圆锥锥顶
截交线形状	圆	椭圆	抛物线	双曲线	三角形
轴测图	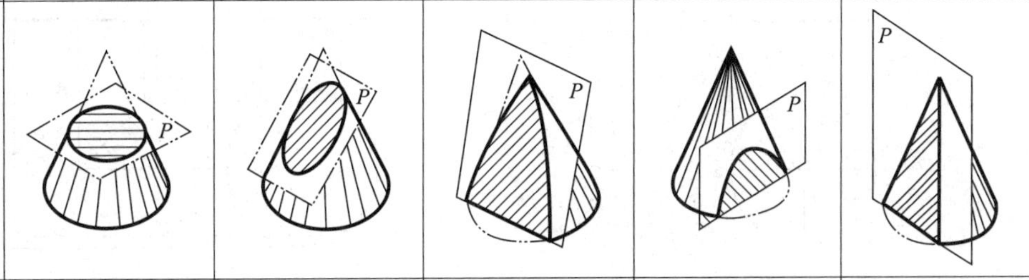				
投影图	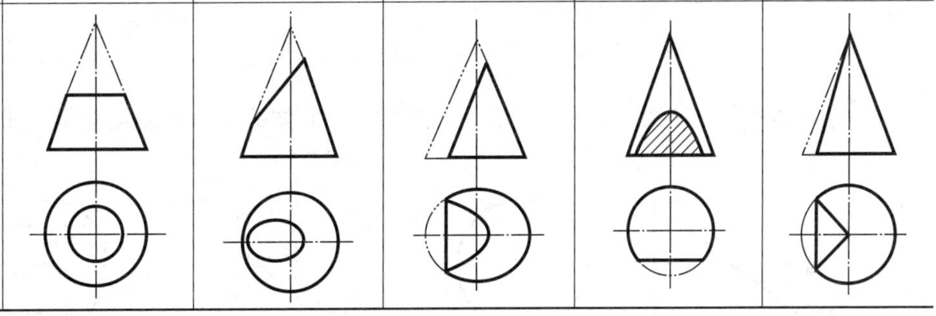				

三、圆球体的截交线

当截平面切割圆球时，无论截平面与球体的相对位置如何，截交线的空间形状都是圆。根据截平面对投影面的相对位置不同，球体截交线为圆和椭圆两种情况。

当截平面平行某一投影面时，截交线在投影面上的投影反映圆的实形；当截平面倾斜某一投影面时，截交线在投影面上的投影为椭圆。

作图时，利用球体表面求点的方法（辅助平面法），先求出特殊点，再求一般点，最后依次光滑连接各点的同面投影即得截交线的投影。

四、曲面体的截交线举例

【例 4-4】 如图 4-6(a) 所示，已知正圆柱体被正垂面 P 切割，求截交线的投影。

解　分析：由已知条件可知截平面与圆柱体轴线倾斜，因此，截交线的水平投影积聚在圆柱体的水平投影上，截交线的侧面投影为椭圆。根据圆柱体表面求点的方法，求得截交线。作图过程如图 4-6(b) 所示。

作图步骤：

(1) 求特殊点，即最高点、最低点、最前点和最后点。先求点 A、B、C、D 的水平投

影 a、b、c、d，再自 V 面投影 a'、b'、c'、d' 作投影连线，即可在侧面圆柱体的转向轮廓线上求得相应的点 a''、b''、c''、d''。

（2）求一般点。作点Ⅰ、Ⅱ、Ⅲ、Ⅳ的水平投影 1、2、3、4 和正面投影 1′、2′、3′、4′。根据点的投影规律，求得点的侧面投影 1″、2″、3″、4″。

（3）连线。依次光滑连接 a''、1″、c''、3″、b''、4″、d''、2″、a''，即求得截交线的侧面投影。

（4）补全截断体的投影。

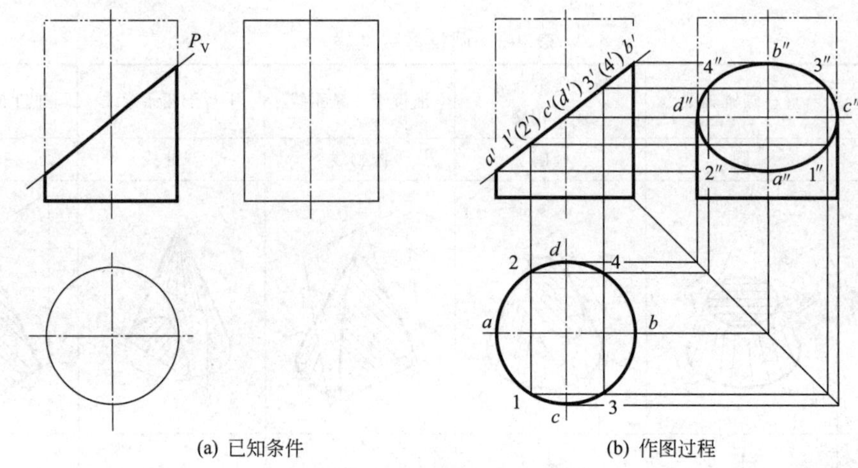

(a) 已知条件　　(b) 作图过程

图 4-6　正圆柱体被切割

【例 4-5】　如图 4-7(a) 所示，已知圆柱截断体的正面和侧面投影，求水平投影。

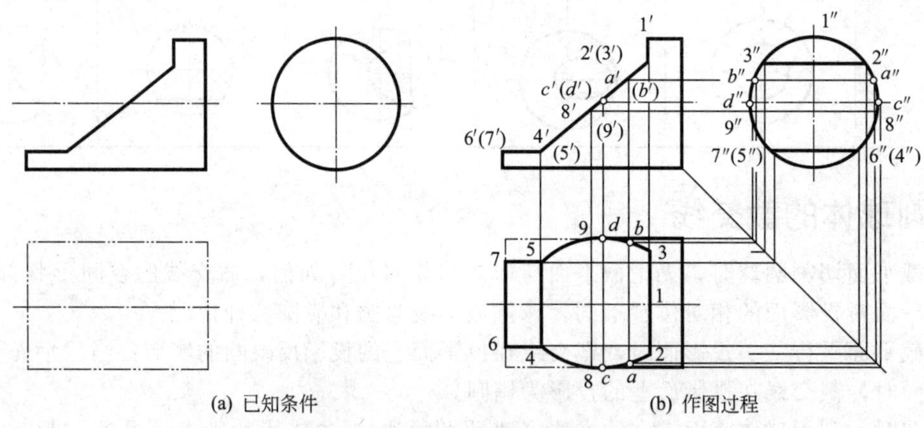

(a) 已知条件　　(b) 作图过程

图 4-7　两条截交线的圆柱

解　分析：由已知条件可知，圆柱被三个截平面截切，有三个截交线，一个是截平面平行于圆柱轴线产生的矩形截交线，一个是截平面垂直于圆柱轴线产生的圆弧形截交线，一个是截平面倾斜于圆柱轴线产生的椭圆截交线。作图过程如图 4-7(b) 所示。

作图步骤：

（1）求特殊点。利用截交线正面和侧面投影的积聚性，根据点的投影规律做出截交线的水平投影 1、2、3、4、5、6、7 及侧面投影 1″、2″、3″、4″、5″、6″、7″。

（2）求一般点。根据点的投影规律，作一般点的侧面投影 a''、b''、8″、9″和水平投影 a、b、8、9。

（3）连线。依次光滑连接各点及三个截平面之间的交点，即求得截交线的水平投影。

(4) 补全截断体的投影。

【例 4-6】 如图 4-8(a) 所示，圆锥体被一正垂面截切，求截交线的投影。

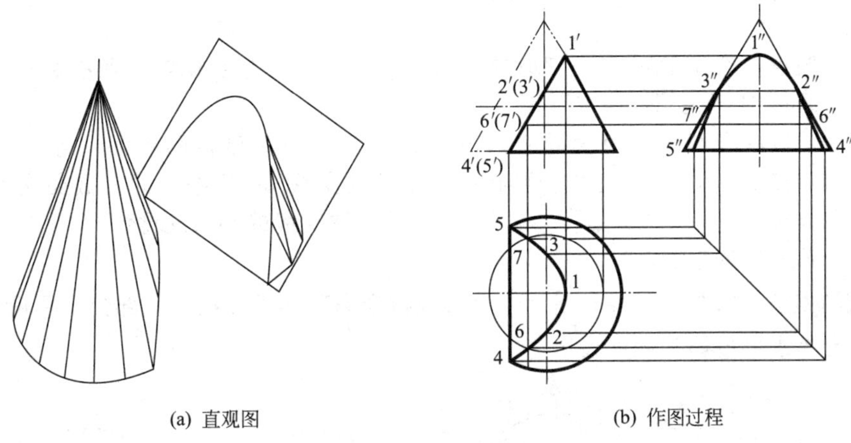

(a) 直观图　　(b) 作图过程

图 4-8　圆锥被截切

解　分析：如图 4-8(a) 所示的圆锥的轴线是铅垂线，截平面是正垂面且与素线平行，因此截交线为抛物线。其正面投影积聚为一直线，可求解水平面及侧面投影。作图过程如图 4-8(b) 所示。

作图步骤：

(1) 求特殊点。点Ⅰ为最高点，位于最右素线上，由点 1′可以作出点 1 和 1″。点Ⅱ、Ⅲ位于圆锥的最前、最后素线上，根据点的投影规律可得点 2、3、2″、3″。点Ⅳ、Ⅴ为最低点，位于底圆上，可作出点 4、5、4″、5″。

(2) 求一般点。利用纬圆法，在水平投影面上任意作一纬圆，作出纬圆的正面及侧面投影，即可求出点 6、7、6″、7″。

(3) 连线。依次光滑连接各点即得出截交线的投影。

(4) 补全截断体的投影。

【例 4-7】 如图 4-9(a) 所示，求曲面体被切后的投影图。

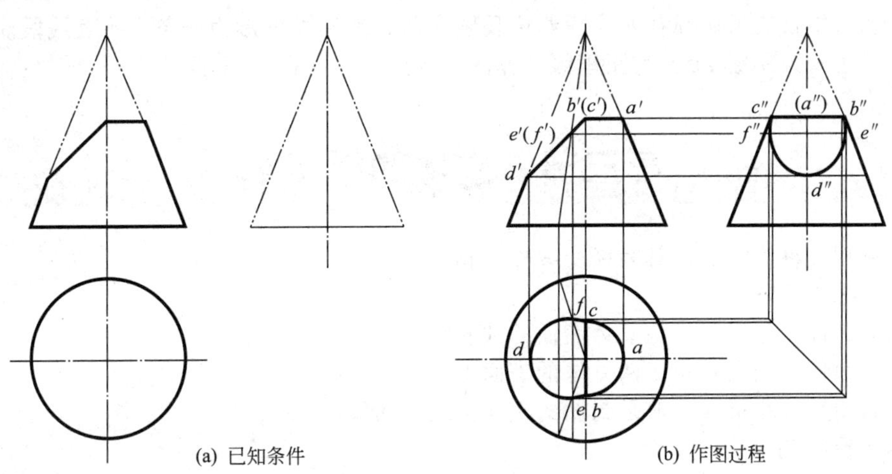

(a) 已知条件　　(b) 作图过程

图 4-9　正圆锥体被切割

解　分析：当截平面垂直于圆锥体的轴线切割时，截交线的 H 面投影为半圆，截交线的 W 面投影与截平面重合为一直线。当截平面倾斜于圆锥体的轴线切割时，截交线的 H 面

和 W 面投影均为椭圆弧。作图过程如图 4-9(b) 所示。

作图步骤：

(1) 求特殊点。可根据 V 面投影已知点 a'、b'、c'、d'，求其他两面的投影 a、b、c、d 和 a''、b''、c''、d''。

(2) 求一般点。在 V 面投影中任取中间点 e'、f'，用素线法求得 H 面投影 e、f，根据点的投影规律求得 W 面投影 e''、f''。

(3) 连线。以中心线的交点为圆心，该点到 a 点距离为半径画半圆，得截交线 bac，然后依次光滑连接 c、f、d、e、b，再将两截平面的交线 cb 连线，即得截交线的 H 面投影，依次光滑连接 b''、a''、c''、f''、d''、e''、b'' 即得截交线的 W 面投影。

(4) 补全截断体的投影。

【例 4-8】 如图 4-10(a) 所示，已知被截半圆球的正面投影及部分水平投影和侧面投影，试补全其水平投影和侧面投影。

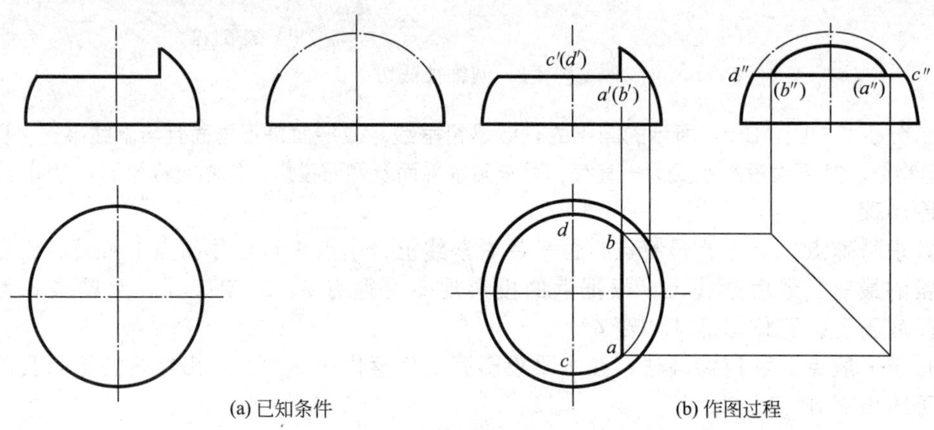

图 4-10 半圆球被截切

解 分析：如图 4-10(a) 所示，物体可看成是半球体被一个侧平面和一个水平面截切而成。侧平面截切所得截交线圆弧，在侧面投影中反映实形，其水平投影为一条竖直线段。水平面截切所得截交线圆弧在水平投影中反映实形，其侧面投影为一条水平直线段。同时两截平面还产生一条交线 ab，为正垂线。作图过程如图 4-10(b) 所示。

第三节 立体的相贯线

两立体相交称为相贯，其表面交线称为相贯线。

1. 相贯线的性质

(1) 共有性：相贯线是两立体表面的共有线。

(2) 表面性：相贯线位于两立体的表面上。

(3) 封闭性：相贯线一般是封闭的空间折线或曲线。

2. 求相贯线的方法

(1) 利用有积聚性的投影图，直接求出特殊相贯线。

(2) 运用直线与平面相交求交点（贯穿点）。即一立体的棱线与另一立体表面的交点。

(3) 运用平面与平面相交求交线（贯穿线）。即一立体的表面与另一立体表面的交线。

(4) 运用平面与平面立体相交求截交线（贯穿线）。

一、平面体与平面体相贯

两平面立体的相贯线一般是封闭的空间折线或平面多边形。如图 4-11(a) 所示，特殊情况为平面折线，如图 4-11(b) 所示。相贯线上的每一条直线，都是两个平面立体相交棱面的交线，相贯线的转折点，必为一立体的棱线与另一立体棱面或棱线的交点，即贯穿点。

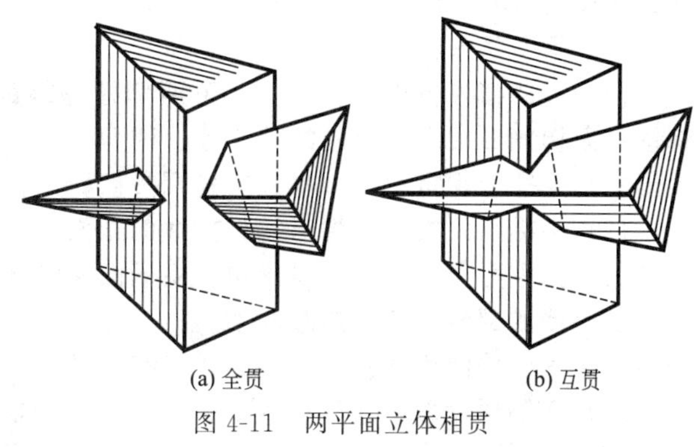

(a) 全贯　　(b) 互贯

图 4-11　两平面立体相贯

当一立体全部贯穿另一立体时，产生两组相贯线，称为全贯，如图 4-11(a) 所示。若两立体都有部分棱线（或素线）贯穿另一立体时，产生一组相贯线，称为互贯，如图 4-11(b) 所示。

连接共有点时要注意：只有既在甲立体的同一棱面上，同时又在乙立体的同一棱面上的两点才能相连，同一棱线上的两个贯穿点不能相连。

【例 4-9】 如图 4-12 所示，求作四棱柱体与四棱锥体的相贯线。

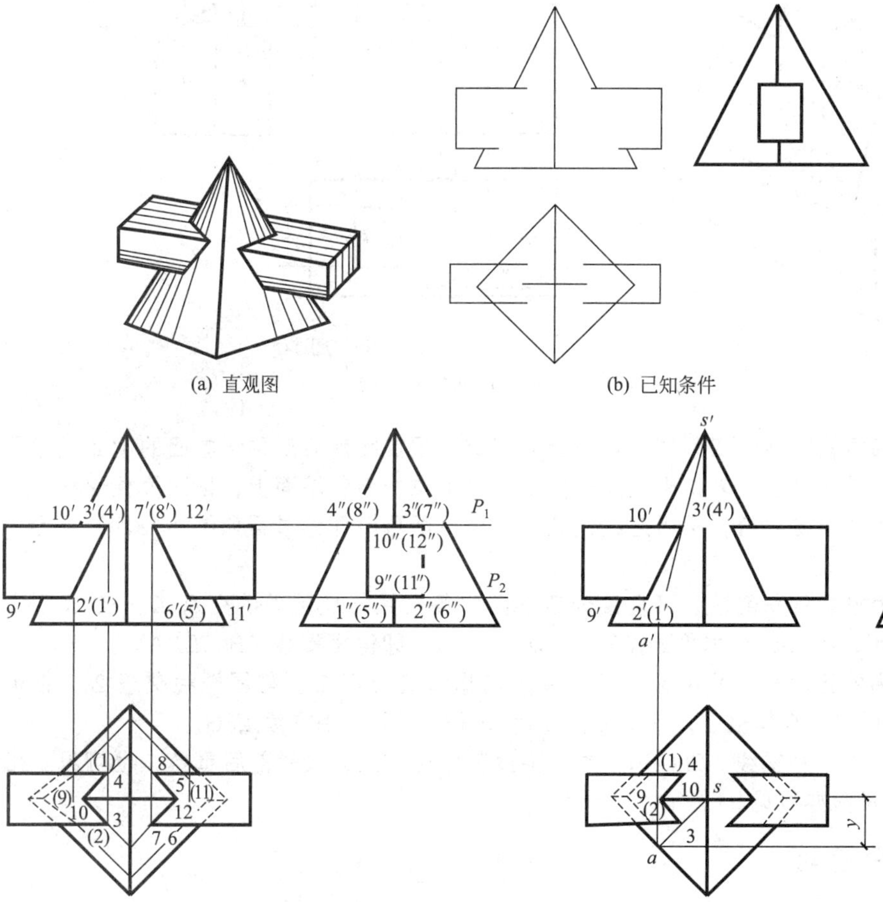

(a) 直观图　　(b) 已知条件

(c) 作图过程一　　(d) 作图过程二

图 4-12　四棱柱体与四棱锥体相贯线

解 分析：从侧面投影中可以看出，四棱柱的侧面投影具有积聚性。因此，相贯线的侧面投影与四棱柱的侧面投影重合，需要求的是相贯线的正面和水平投影。辅助平面法作图过程如图 4-12(c) 所示。辅助线法作图过程如图 4-12(d) 所示。

辅助平面法作图步骤：

(1) 过四棱柱侧面投影的上、下两侧棱作辅助平面 P_1 和 P_2，在水平面投影中求出两辅助平面切割四棱锥所对应的截交线，即两个大小不等的菱形，截交线与四棱柱各棱线水平投影的交点即为相贯点，依次连接各相贯点，即得相贯线的水平投影。

(2) 根据点的投影规律求得相贯线的正面投影。

(3) 判别可见性。水平投影中，由于四棱柱将四棱锥底面的轮廓线遮挡不可见，所以投影中被遮挡的部分应该用虚线表示。

辅助线法作图步骤：

(1) 在侧面投影中，连接 s''、$3''$并延长与四棱锥底相交得 a''，即为辅助线。

(2) 根据点的投影规律，求得辅助线的水平面及正面投影 sa、$s'a'$。

(3) 点Ⅲ为四棱柱一棱线与辅助线 SA 的交点，即可求得其水平面和正面投影点 3、$3'$。

(4) 用同样的方法可得到其他点，连线后即得到相贯线的各面投影，并判别可见性。

【例 4-10】 如图 4-13 所示，求烟囱、气窗与屋面的交线。

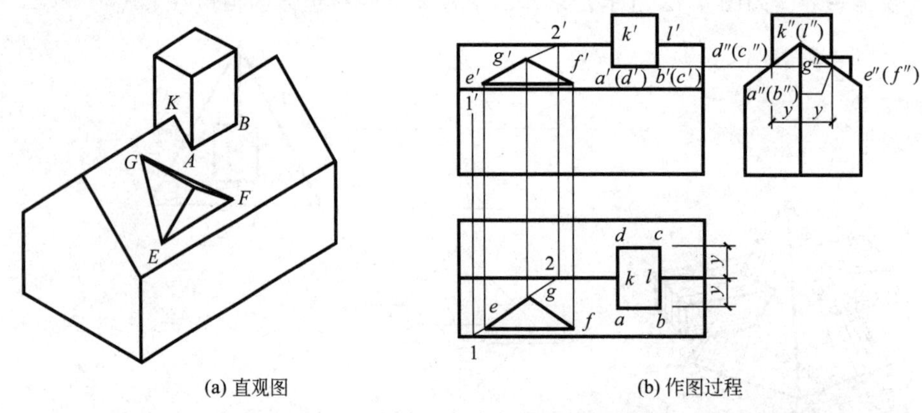

(a) 直观图　　(b) 作图过程

图 4-13　烟囱、气窗与屋面的相贯线

解 分析：四棱柱烟囱的四条棱线均与屋面相交，相贯线前后对称，屋面的侧面投影具有积聚性，可利用积聚性直接求得相贯线的投影；气窗位于前坡屋面上，呈三棱柱形状，可利用立体表面求点的方法求解，然后连线，判别可见性即可。作图过程如图 4-13(b) 所示。

作图步骤：

(1) 根据侧面投影的积聚性，可直接确定烟囱四条棱线与坡屋面的交点 A、B、C、D 的正面投影 a'、b'、c'、d' 和水平面投影 a、b、c、d，即得相贯线 $ABLCDKA$。

(2) 已知气窗的正面和侧面投影，延长 $e'g'$ 与檐口线交于 $1'$，与屋脊线交于 $2'$，根据投影关系，求得 1、2，将其相连，则得 eg，对称求得 f，即得相贯线 EFG。

(3) 判别可见性。相贯线 $ABLCDKA$ 的水平投影可见，正面投影前后重合，也可见。相贯线 EFG 的水平投影亦可见。

二、同坡屋面交线

1. 坡屋面

为了排水需要，屋面均有坡度，当坡度大于 10％时称坡屋面，坡屋面分单坡、两坡和四坡屋面。当坡屋面各坡面与地面（H 面）倾角 α 都相等时，称为同坡屋面。如图 4-14 所示，屋面一般由屋脊线、斜脊线、檐口线和天沟线等组成。

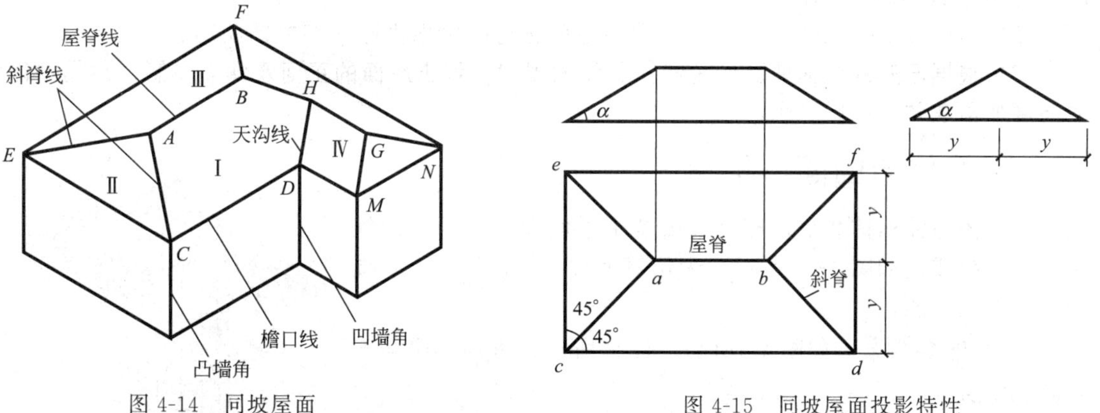

图 4-14　同坡屋面

图 4-15　同坡屋面投影特性

2. 同坡屋面交线特点

（1）当前后檐口线平行且在同一水平面内时，前后坡面必然相交成水平的屋脊线，屋脊线的水平投影与两檐口的水平投影平行且等距。

（2）檐口线相交的相邻两坡面，若为凸墙角，则其交线为一斜脊线。斜脊的水平投影均为两檐口线夹角的平分角线。建筑物的墙角多为 90°，因此，斜脊的水平投影均为 45°，如图 4-15 所示。

（3）屋面上如果有两斜脊、两天沟、或一斜脊一天沟相交于一点，则该点上必然有第三条线即屋脊线通过。这个点就是三个相邻屋面的公有点。如图 4-15 所示，A 点即为三个坡面Ⅰ、Ⅱ、Ⅲ的共有点。

3. 同坡屋面投影图的画法

根据上述同坡屋面的特点，可以做出同坡屋面的投影图。

【例 4-11】 如图 4-16(a) 所示，已知四坡屋面的倾角 $\alpha=30^\circ$ 及檐口线的水平投影，求屋面交线的水平投影和屋面的正面及侧面投影。

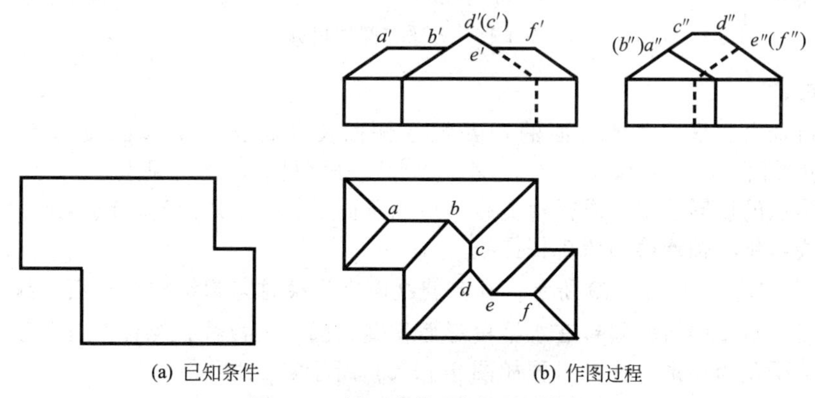

(a) 已知条件　(b) 作图过程

图 4-16　屋面交线及屋面投影图

解　分析：屋顶由两个不同大小的同坡屋面组成，每个屋面的檐口线均为矩形，两屋面重叠部分的矩形边线未画出，应先将其补画出来，以便后续作图。作图过程如图 4-16(b) 所示。

作图步骤：

(1) 作屋面交线的水平投影。在屋面的水平投影上经每一屋角作45°分角线，得到 *a*、*b*、*c*、*d*、*e*、*f* 各交点。

(2) 连接 *a*、*b*、*c*、*d*、*e*、*f*，得各屋面正脊的水平投影，擦去辅助图线。

(3) 根据已知的屋顶坡面倾角和投影作图规律，作出屋面的正面及侧面投影，根据墙体的高度加画墙体，完成作图。

三、平面体与曲面体相贯

平面体与曲面体相贯，相贯线由若干平面曲线或平面曲线和直线所组成。如图4-17所示，为建筑上常见构件柱、梁、楼板连接的立体图。

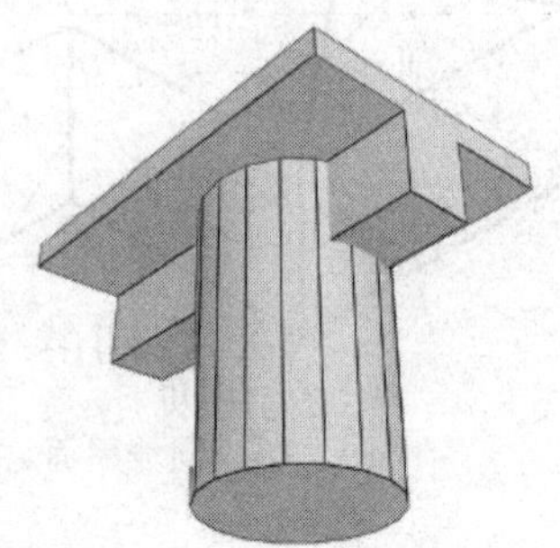

图4-17 方梁与圆柱相贯立体图

【例4-12】 如图4-18(a)、(b)所示，求矩形梁与圆柱的相贯线。

解 分析：求矩形梁与圆柱相贯，实质是求平面体与曲面体相贯，四棱柱矩形梁在侧投影面具有积聚性，而圆柱在水平投影面具有积聚性，所以相贯线的侧面投影和水平面投影已知，只求正面投影即可。作图过程如图4-18(c)所示。

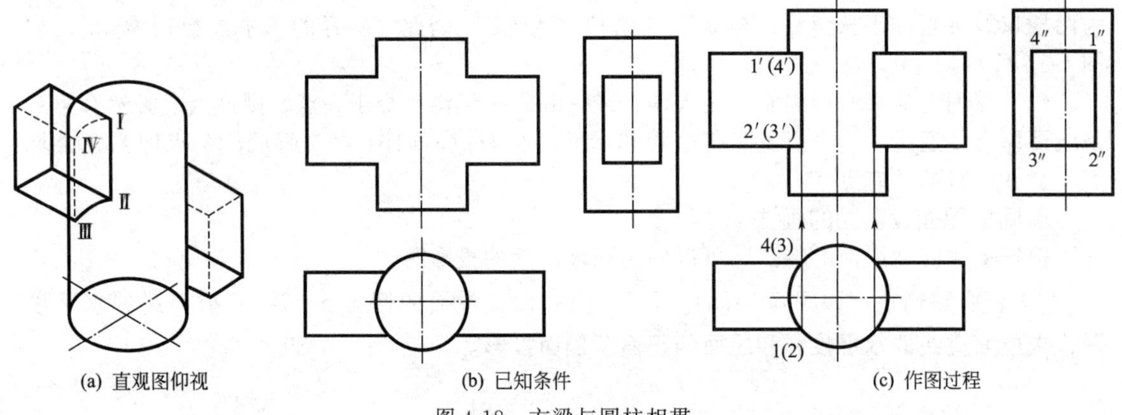

(a) 直观图仰视　(b) 已知条件　(c) 作图过程

图4-18 方梁与圆柱相贯

作图步骤：

(1) 求特殊点。根据立体表面的积聚性在侧面投影标出相贯线的投影点1″、2″、3″、4″，在水平投影面标出相应点1、2、3、4，注意区分可见点与不可见点。

(2) 根据点的投影规律，求得相贯线上点的正面投影1′、2′、3′、4′。

(3) 连线。依次相连得到所求相贯线。

【例4-13】 如图4-19所示，补齐俯视图上三棱柱与圆锥相交的相贯线。

解 分析：从图中可知圆锥在水平投影面积聚为圆，三棱柱各侧棱垂直于正投影面且在水平投影面上积聚为矩形。作图过程如图4-19(c)所示。

作图步骤：

(1) 求特殊点。在正投影面和水平投影面上求得三棱柱与圆锥的两个交点1′、2′和1、2。过点2作纬圆，求得点3、4。过5′、6′做水平线与圆锥的正面投影轮廓线相交，作纬圆求得其水平投影5、6点。

(2) 求一般点。在三棱柱正面轮廓线上取点7′，8′，用纬圆法（同上）求得其水平投影

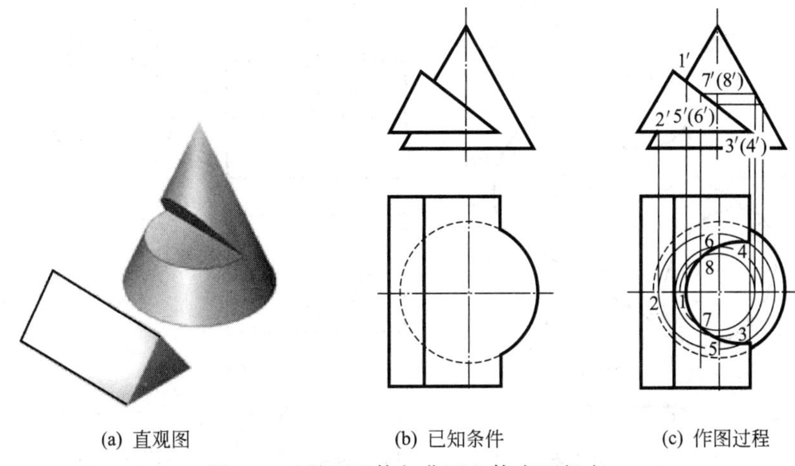

(a) 直观图　　(b) 已知条件　　(c) 作图过程

图 4-19　平面立体与曲面立体表面相交

7、8 点。

(3) 连线。依次光滑连接各共有点，并判别可见性，即可得到所求相贯线。

四、曲面体与曲面体相贯

两曲面体相贯，其相贯线一般是封闭的空间曲线，特殊情况下为封闭的平面曲线，如图 4-20 所示。

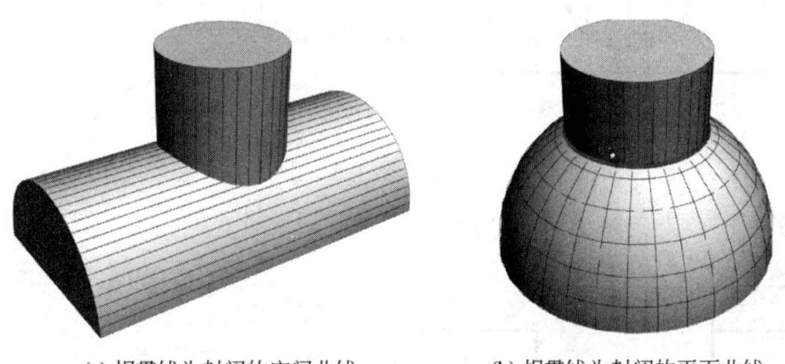

(a) 相贯线为封闭的空间曲线　　(b) 相贯线为封闭的平面曲线

图 4-20　两曲面立体表面的相贯线

（一）求曲面体与曲面体相贯线的作图步骤

(1) 求出特殊点（特殊点包括极限位置点、转向点、可见线分界点）；

(2) 求出一般点；

(3) 顺次连接各点的同面投影，并判别可见性。

【例 4-14】　如图 4-21(a)、(b) 所示，求正交两圆柱体的相贯线。

解　分析：两圆柱体的轴线正交，且分别垂直于水平投影面和侧投影面。相贯线在水平投影面上的投影积聚在小圆柱水平投影的圆周上，在侧投影面上的投影积聚在大圆柱侧面投影的圆周上，故只需求作相贯线的正面投影。作图过程如图 4-21(c) 所示。

作图步骤：

(1) 求特殊点。根据圆柱体的积聚性在水平投影面求得最左点 1，最右点 5，最前点 3，最后点 7，同理得到侧投影面上的特殊点 1″、5″、3″、7″的投影，根据点的投影规律，求得

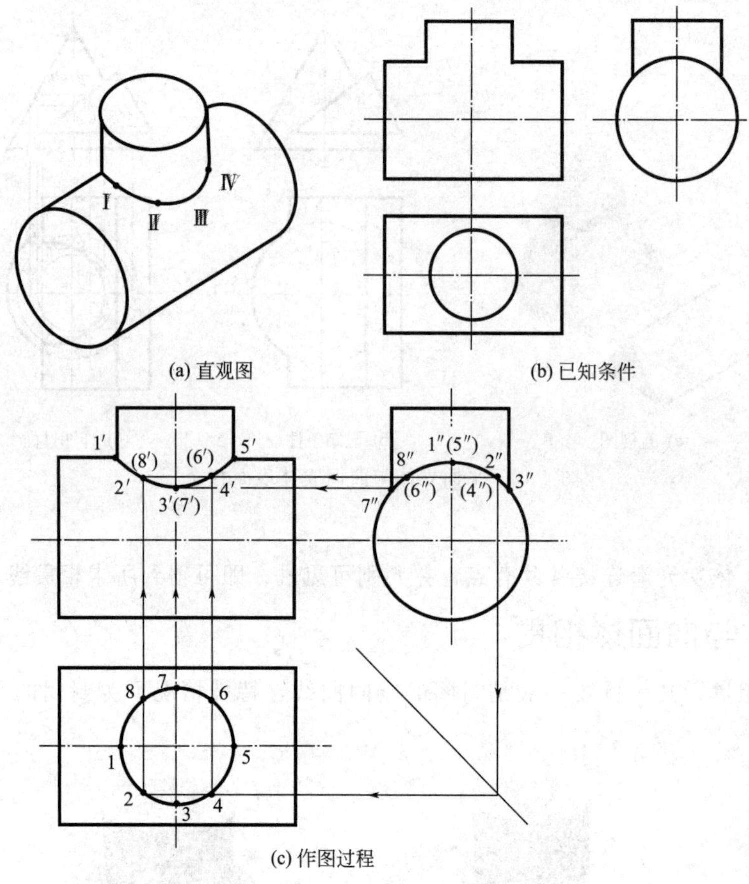

(a) 直观图　(b) 已知条件

(c) 作图过程

图 4-21　两圆柱体相贯

二维码 4-2

正面投影点 1′、5′、3′、7′，注意不可见点的标注。

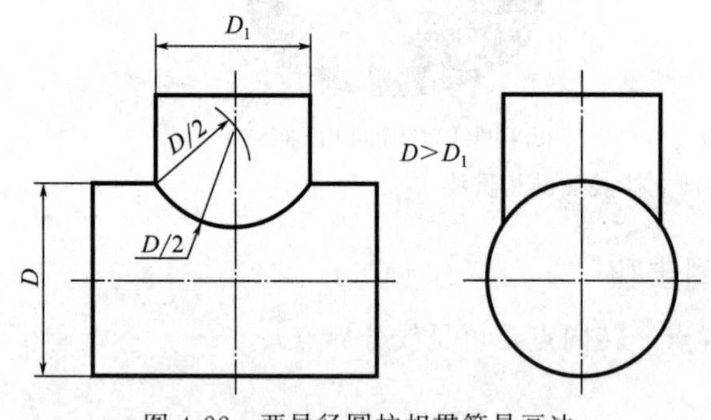

图 4-22　两异径圆柱相贯简易画法

(2) 求一般点。在水平面投影上任取一般点 2、4、6、8，根据点的投影规律，先在侧面投影求得相应点 2″、4″、6″、8″，再求得正面投影 2′、4′、6′、8′。

(3) 依次光滑连接相邻两点，即得两异径圆柱正交的相贯线，并判断可见性。

相贯线的作图步骤较多，如对相贯线的准确性无特殊要求，当两圆柱垂直正交且直径有相差时，可采用圆弧代替相贯线的近似画法。如图 4-22 所示，垂直正交两圆柱的相贯线可用大圆柱直径 D 的 $D/2$ 为半径作圆弧来代替。

【例 4-15】　如图 4-23(a) 所示，求曲面体与曲面体的相贯线，补全其投影图。

解　分析：从图中可知圆柱与圆柱孔相交，具有直立通孔的水平圆柱，其轴线垂直于侧面，故相贯线的水平投影和侧面投影有积聚性。根据已知投影，利用圆柱表面定点方法，求出相贯线的正面投影。作图过程如图 4-23(b) 所示。

作图步骤：

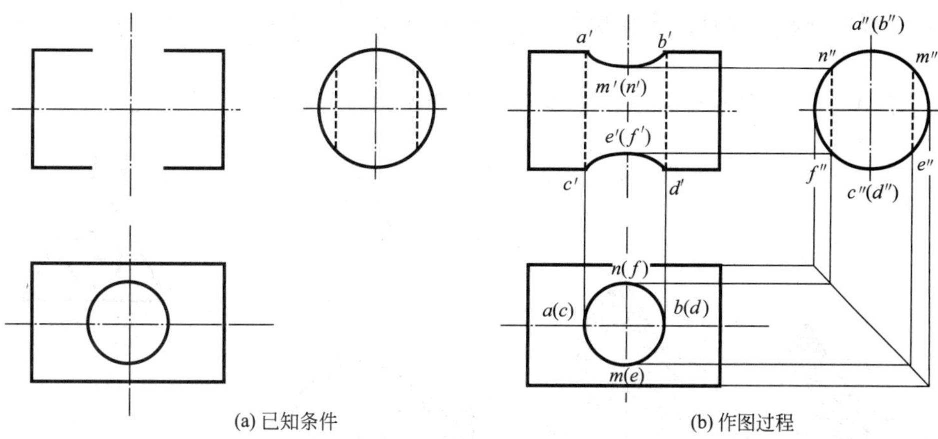

图 4-23　曲面体与曲面体相贯

(1) 求特殊点。根据圆柱体的积聚性在水平投影面求得最高点 *a* 和 *b*，最低点 *c* 和 *d*，最前点 *e* 和 *m*，最后点 *f* 和 *n*，同理可得到侧投影面上的特殊点 *a*″，*b*″，*c*″，*d*″，*e*″，*f*″，*m*″，*n*″的投影。根据点的投影规律，求得正面投影点 *a*′，*b*′，*c*′，*d*′，*e*′，*f*′，*m*′，*n*′，注意不可见点的标注。

(2) 连线并判断可见性。根据投影面上各点的位置依次光滑地连接各点即得到相贯线的投影。

【例 4-16】　如图 4-24(a) 所示，已知两圆拱屋面的投影，求它们的交线。

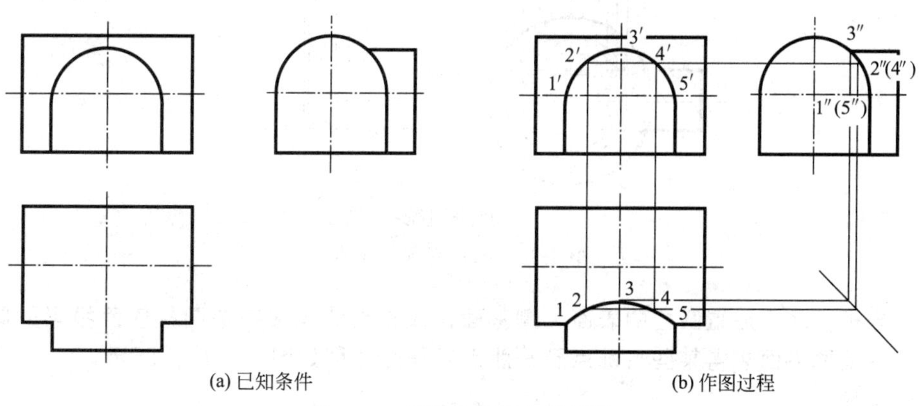

图 4-24　两圆拱屋面的相贯线

解　分析：两圆拱屋面为正交的大小半圆柱面，大圆柱面轴线垂直侧投影面，小圆柱面轴线垂直正投影面。其相贯线为空间曲线，其中墙身部分相贯线为直线，左右对称，正面及侧面投影分别重合在大、小圆柱的正面及侧面积聚投影上，只需求相贯线的水平投影即可。作图过程如图 4-24(b) 所示。

作图步骤：

(1) 求特殊点。根据圆柱体的积聚性，在水平投影面上求得最低点 1 和 5，它们同时也是小圆柱最左、最右素线与大圆柱最前素线的交点。在水平投影面上求得最高点 3，即小圆柱最高素线与大圆柱的表面交点。根据点的投影规律得到所求点的侧面投影 1″，3″，5″和正面投影 1′，3′，5′。

(2) 求一般点。在相贯线侧投影的半圆周上任取 2″和 (4″) 点，2′，4′必在小圆柱的正面积聚投影上，即可求得 2′，4′，再根据点的投影规律求得其水平投影 2，4 点。

(3) 连线并判断可见性。根据投影面上各点的位置依次光滑地连接各点即得到相贯线的投影。

【例 4-17】 如图 4-25 所示，求圆柱与圆锥相贯的相贯线。

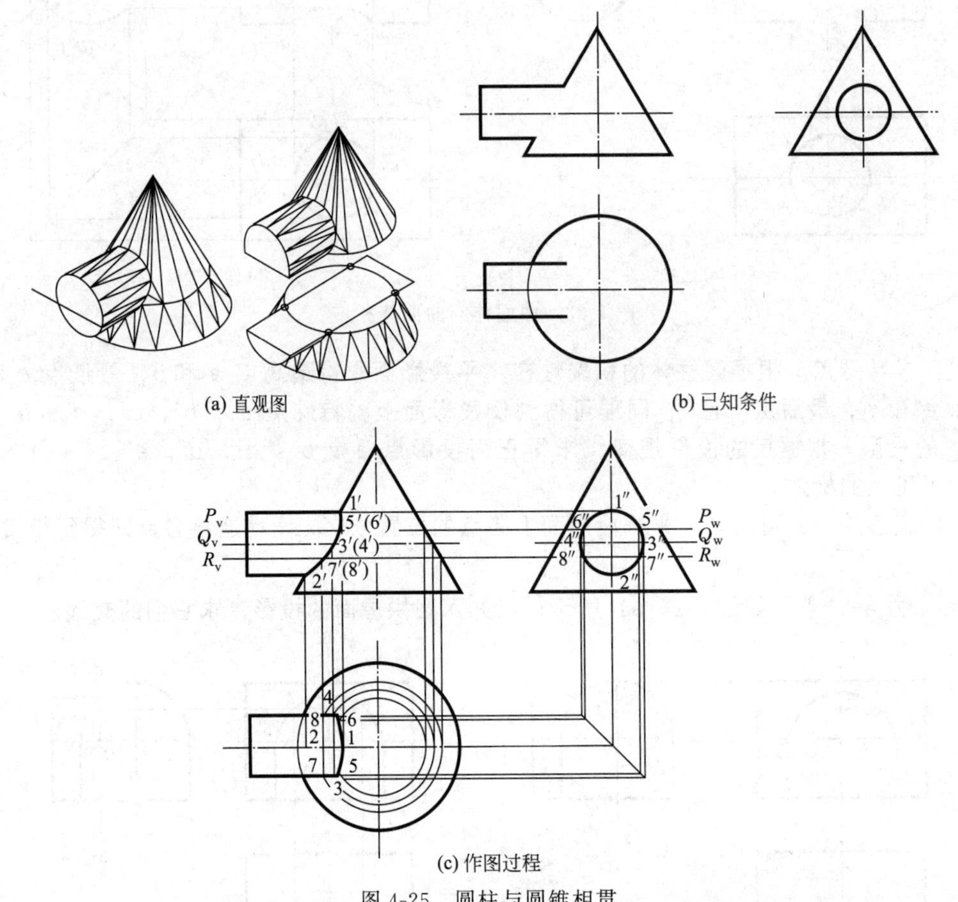

(a) 直观图

(b) 已知条件

(c) 作图过程

图 4-25 圆柱与圆锥相贯

解 分析：水平放置圆柱的表面为侧垂面，故相贯线积聚在该圆柱侧面投影的圆周上。可利用水平辅助平面求得某些特殊点及一般点。作图过程如图 4-25(c) 所示。

作图步骤：

(1) 求特殊点。作圆柱最高、最低素线与圆锥最左素线的交点的侧面投影 1″、2″及正面投影 1′、2′，再根据点的投影规律求其水平投影 1、2 点。过圆柱的轴线作水平辅助面 Q，Q 面截圆柱为最前、最后两条素线，截圆锥为水平圆，它们水平投影的交点 3、4 即为相贯线上最前、最后点的水平投影，由此可求得 3′、4′点。

(2) 求一般点。作辅助水平面 P，P 面截圆柱为矩形截交线，截圆锥为水平圆截交线，它们侧面投影的交点 5″、6″即为相贯线上一般点的侧面投影，根据点的投影规律求得其水平投影 5、6 和正面投影 5′、6′。同理，采用与 P 面对称的辅助平面 R，求得相贯线上点Ⅶ、Ⅷ的各面投影。

(3) 连线并判断可见性。依次光滑地连接各点即得到相贯线的投影。

(二) 两曲面体相贯的特殊情况

在一般情况下，两曲面体的交线为空间曲线，但在下列情况下，可能是平面曲线或直线。如表 4-3 所示。

（1）当两曲面体相贯具有公共的内切球时，其相贯线为椭圆。

（2）当两曲面体相贯轴线平行或相交时，其相贯线为直线。

（3）当两曲面体相贯且同轴时，相贯线为垂直于该轴的圆。

表 4-3　相贯线的特殊情况

情况	投影图	直观图
两等径圆柱相交，相贯线是平面曲线（椭圆垂直面）	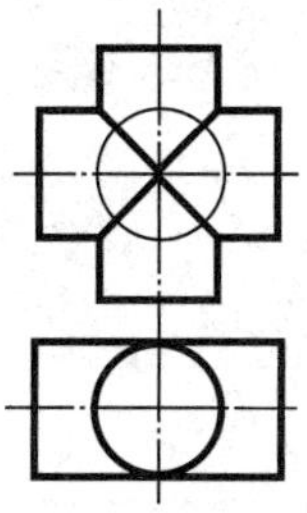	
轴线平行的两圆柱相交，相贯线为两平行素线	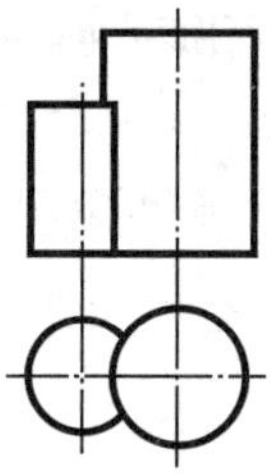	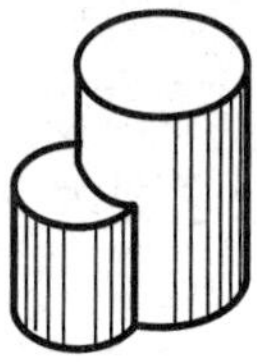
两圆锥共一顶点相交，相贯线为过锥顶的两素线	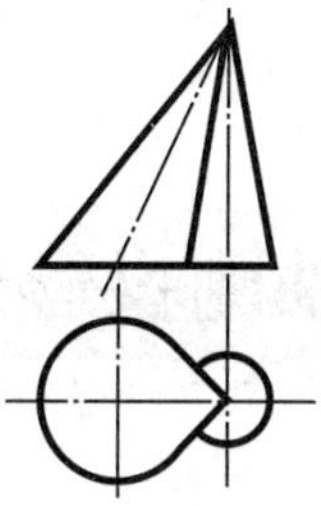	
圆柱与圆球同轴相贯，相贯线为圆	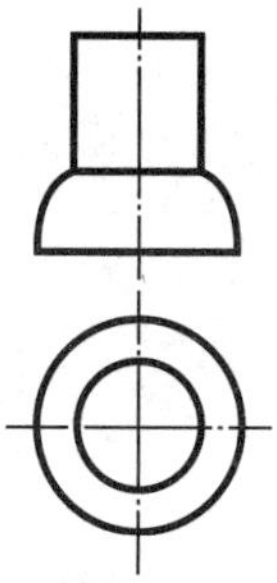	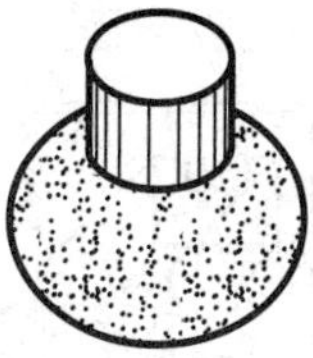

Chapter 05

第五章

轴测投影

教学提示

本章主要阐述了轴测投影的形成原理及其基本分类，介绍了正轴测图的画法和徒手画轴测图的方法。

教学要求

要求学生了解轴测图与正投影图的区别；了解轴测图的形成原理及其分类；掌握常用正轴测图的画法和徒手画轴测图的方法。

第一节　轴测投影的基本知识

一、基本概念

用平行投影法将物体连同确定该物体的直角坐标系一起沿不平行于任一坐标平面的方向投射到一个投影面上，所得到的图形，称作轴测图，如图 5-1 所示。

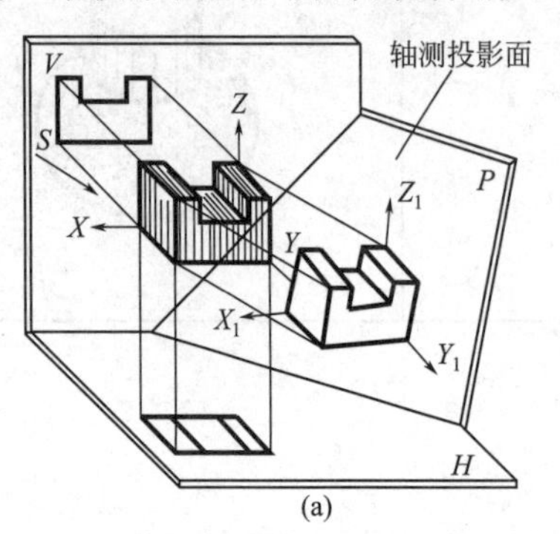

(a)

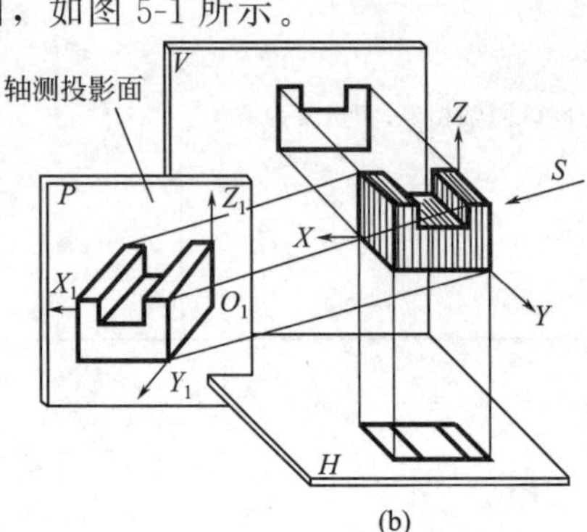

(b)

图 5-1　轴测图的形成

二、轴测图的分类

（一）轴间角和轴向伸缩系数

在视图中，用于确定物体长、宽、高三个维度的直角坐标轴 OX、OY、OZ 在轴测投影面上的投影分别用 O_1X_1、O_1Y_1、O_1Z_1 来表示，称为轴测轴。轴测轴之间的夹角 $\angle X_1O_1Y_1$、$\angle Y_1O_1Z_1$、$\angle Z_1O_1X_1$ 称为轴间角。平行于空间坐标轴方向的线段，其投影长度与其空间长度之比，称为轴向伸缩系数，分别用 p、q、r 表示。其中 $p=O_1X_1/OX$，$q=O_1Y_1/OY$，$r=O_1Z_1/OZ$。

（二）轴测投影的分类

根据投射方向的不同，可将轴测投影分为两大类：正轴测投影和斜轴测投影。

将物体的三个直角坐标轴与轴测投影面倾斜，投影线垂直于投影面，所得的轴测投影图称为正轴测投影图，简称正轴测图。如图 5-2(a) 所示。

当物体两个坐标轴与轴测投影面平行，投影线倾斜于投影面时，所得的轴测投影图称为斜轴测投影图，简称为斜轴测图。如图 5-2(b) 所示。

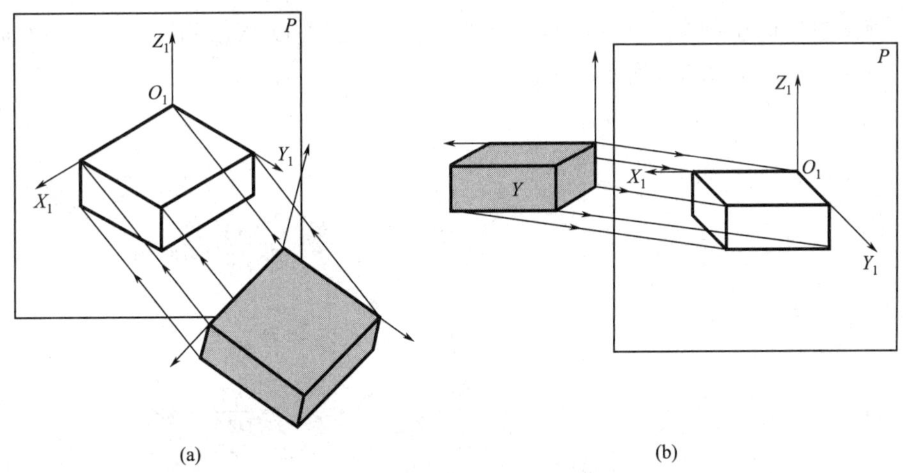

图 5-2　正轴测图与斜轴测图

（三）轴测投影的特点

在正轴测投影中，根据物体空间坐标系与轴测投影面的相对位置的不同，又可将正轴测投影分为正等轴测投影和正二轴测投影。所对应的图为正等轴测图和正二轴测图。用于量化两者区别的是轴向伸缩系数。

其中轴向伸缩系数的特点为：

正等轴测图 $p=q=r$；

正二轴测图 $p=r=2q$；

斜二轴测图 $p=r=2q$。

本书主要学习正等测轴测图。

三、轴测投影图的画法

轴测图的图线要求较简单，通常用粗实线画出物体的外轮廓线，物体的不可见轮廓不用画出，必要时使用中虚线绘制。只要知道轴间角和伸缩系数，即可画出轴测轴，然后根据正投影图绘制其轴测图。

画轴测图的原则：组成建筑形体的基本元素是点，绘制轴测图其实就是绘制形体上每一个点的位置，而空间任何点的位置都可以由空间直角坐标系来确定。因此，需要按照点→线→面→体的顺序，绘制任何建筑形体的轴测图。

绘图步骤如下：

(1) 在形体上确定直角坐标系，并确定 X、Y、Z 三个轴的方向和伸缩系数。

(2) 确定点的位置：先确定一个点为原点，再逐一确定物体上各个点。

(3) 根据形体的特点选择合适的方法作图，例如：坐标法、叠加法、切割法等。

第二节　正轴测图

正轴测投影是投射方向垂直于轴测投影面所得到的。其中正等轴测投影和正二轴测投影是由轴向伸缩系数是否相等决定的，下面介绍正等轴测图的特点和画法。

一、正等轴测图的特点

正等轴测投影的轴间角 $\angle X_1O_1Y_1=\angle Y_1O_1Z_1=\angle Z_1O_1X_1=120°$，三个轴向伸缩系数 $p=q=r=0.82$，如图 5-3 所示。

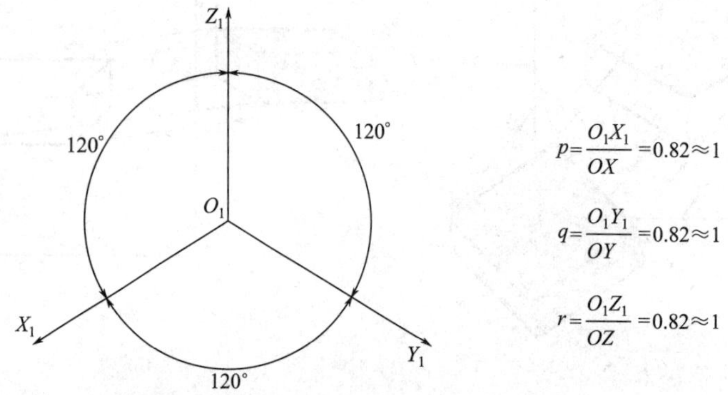

图 5-3　正等轴测图和轴间角和伸缩系数

画正等测图时，应先用丁字尺配合三角板作出轴测轴，如图 5-4(a) 所示。将轴向伸缩系数进行简化，即 $p=q=r=1$，作图时可按照物体的实际尺寸截取。但若按此比例绘制的投影图，应比实际的轴测投影放大了 1.22 倍，如图 5-4(b)、图 5-4(c) 所示。虽然用正等测绘制的投影图尺寸不够精确，但是绘制简单、不需再进行换算。

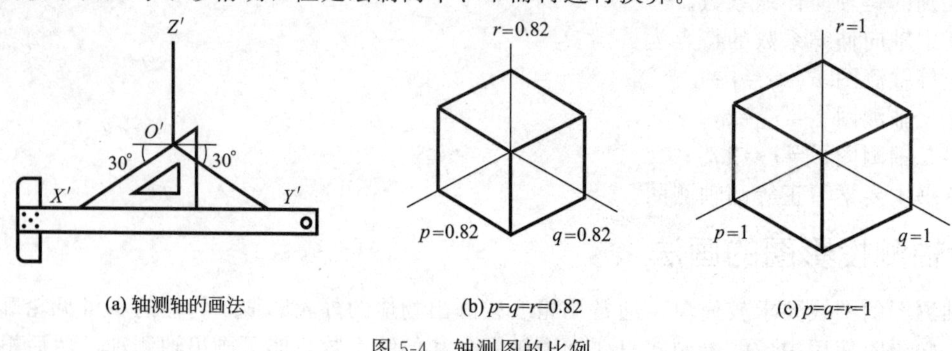

图 5-4　轴测图的比例

轴测图的特性：

（1）平行性 物体上互相平行的直线在轴测投影图上仍然平行。

（2）定比性 物体上两平行线段长度之比在投影图上保持不变。

（3）真实性 物体上平行于轴测投影面的平面，在轴测图中反映实形。

二、正等轴测图的画法

（一）平面体的正等轴测图

【例 5-1】 如图 5-5(a) 所示，已知长方体的三视图，画其正等轴测图。

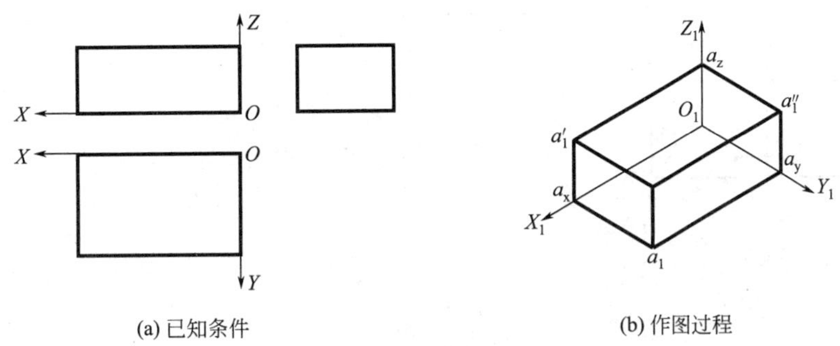

(a) 已知条件 (b) 作图过程

图 5-5 长方体正等测轴测图

解 分析：由三视图可知，长方体是规则图形。将坐标原点 O 定在长方体右、后、下方的一个顶点，并作 OX 轴、OY 轴和 OZ 轴。作图过程如图 5-5(b) 所示。

作图步骤：

(1) 在正投影图上定出原点和坐标轴的位置，如图 5-5(a) 所示。

(2) 画出轴测轴 O_1X_1、O_1Y_1、O_1Z_1，轴间角均为 120°，然后在轴测轴 O_1X_1、O_1Y_1、O_1Z_1 上分别量取长方体的长、宽、高，如图 5-5(b) 所示。

(3) 过 a_x、a_y、a_z 分别作轴测轴的平行线，取线段长度等于长方体的长、宽、高。

(4) 依次连接各点并描深即得到所求正等轴测图。

【例 5-2】 如图 5-6(a) 所示，已知正六棱柱的正投影图，画其正等轴测图。

解 分析：由主视图和俯视图可知，正六棱柱的前后、左右对称。将坐标原点 O 定在六边形上底面的中心，并作 OX 轴、OY 轴和 OZ 轴。作图过程如图 5-6(b) 所示。

作图步骤

(1) 在正投影图上定出原点和坐标轴的位置。

(2) 画出轴测轴 O_1X_1、O_1Y_1、O_1Z_1，轴间角均为 120°，在轴测轴 O_1X_1、O_1Y_1 上分别量取 $O1$、$O4$、Ob、Oa 的长度，使 $O_11_1 = O1$，$O_14_1 = O4$，$O_1b_1 = Ob$，$O_1a_1 = Oa$。

(3) 分别过 b_1、a_1 作轴测轴 O_1X_1 的平行线，取线段 $5_16_1 = 56$、$2_13_1 = 23$，再分别过点 6_1、1_1、2_1、3_1 作平行于 O_1Z_1 轴的直线，且线段长度等于物体

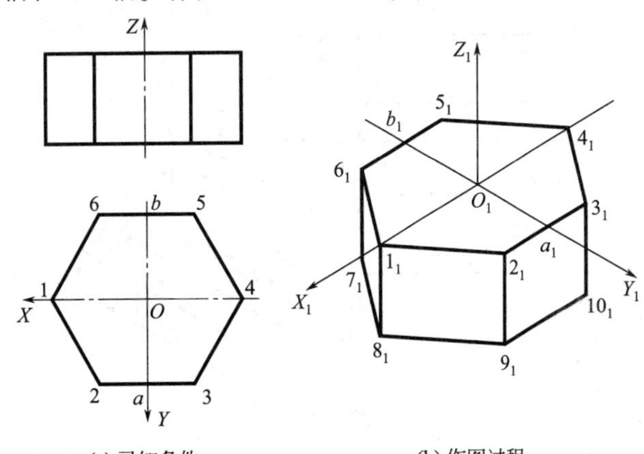

(a) 已知条件 (b) 作图过程

图 5-6 六棱台正等测轴测图

正立面投影图的高。

(4) 依次连接各点并描深。

【例 5-3】 如图 5-7(a) 所示，已知物体的三面投影图，画其正等轴测图。

解 分析：该物体为平面立体图形，可以想象为基本体叠加而成，因此，可先绘制出基本体的轴测图，作图过程如图 5-7 所示。

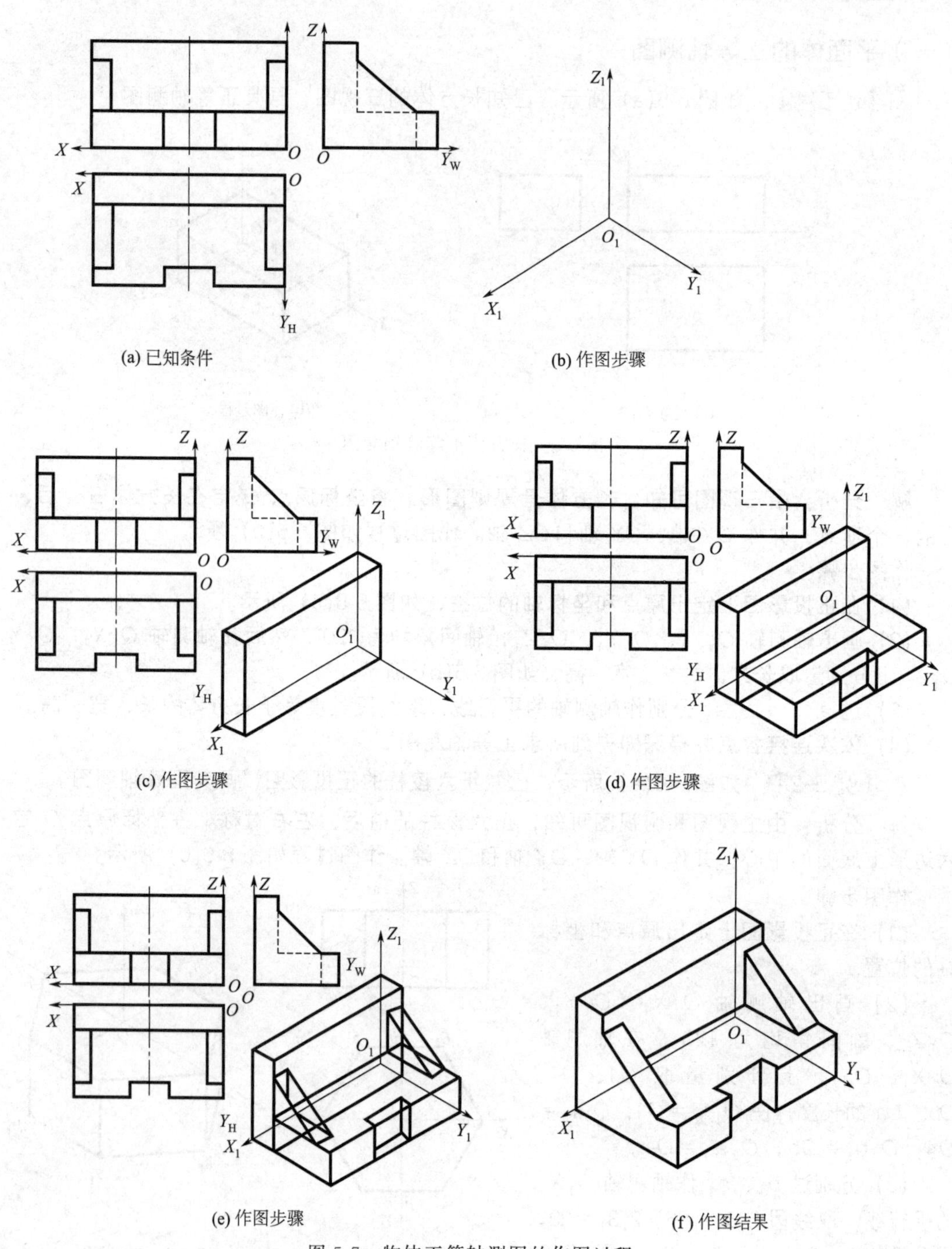

(a) 已知条件

(b) 作图步骤

(c) 作图步骤

(d) 作图步骤

(e) 作图步骤

(f) 作图结果

图 5-7 物体正等轴测图的作图过程

作图步骤：

(1) 画出轴测轴 O_1X_1、O_1Y_1、O_1Z_1，轴间角均为 120°，如图 5-7(b) 所示。

(2) 在轴测轴 O_1X_1、O_1Y_1 上分别量取对应基本体的长度，如图 5-7(c) 所示。

(3) 先画出图中较大的形体，再画出缺口，最后补充最小的形体，如图 5-7(d)、(e) 所示。

(4) 依次连接各点，并描深。如图 5-7(f) 所示。

（二）曲面体的正等轴测图

1. 椭圆的画法

作形体的正等轴测图时，空间各坐标面对轴测投影的位置是倾斜的，因此当曲面体上圆平行于坐标面时，其轴测投影均为长短轴之比相同的椭圆。作椭圆的方法通常采用近似的作图方法——“四心法”，如图 5-8 所示。

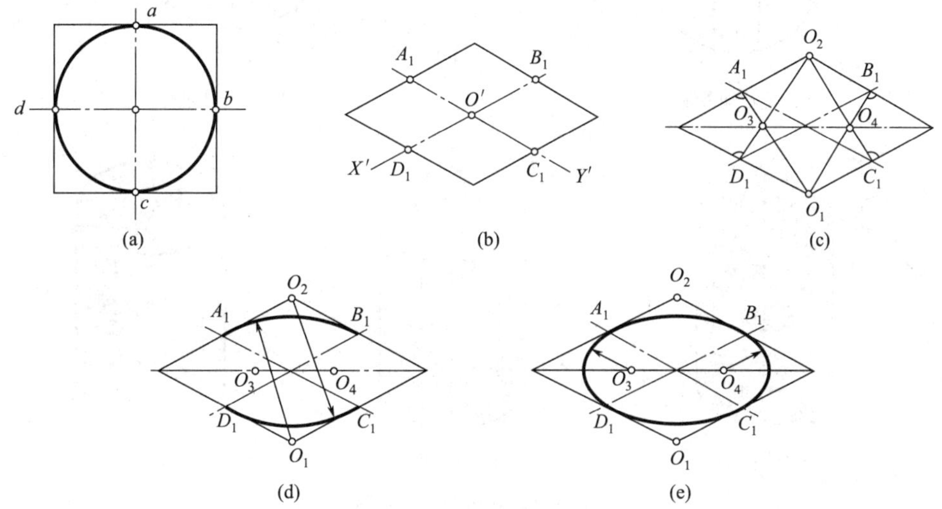

图 5-8 用四心法画椭圆

四心法画椭圆的作图步骤：

(1) 在正投影图上定出原点和坐标轴位置，并作圆的外切正方形如图 5-8(a) 所示。

(2) 画出中心线及圆的外切菱形的正等测图。如图 5-8(b) 所示

(3) 连接 O_2D_1、O_2C_1、O_1A_1、O_1B_1，分别交于 O_3、O_4，以 O_1 和 O_2 为圆心，O_1A_1 或 O_2C_1 为半径作大圆弧 A_1B_1 和 C_1D_1。如图 5-8(c)、(d) 所示。

(4) 以 O_3 和 O_4 为圆心，O_3D_1 或 O_4C_1 为半径作小圆弧 A_1D_1 和 B_1C_1，即得平行于水平面的圆的正等测图。如图 5-8(e) 所示。

2. 圆的正等测投影的画法

一般情况下圆的正等测投影为椭圆。画圆的正等测投影时，一般以圆的外切正方形为辅助线，先画出外切正方形的轴测投影（菱形），然后再用四心法近似画出椭圆，如图 5-9 所示。

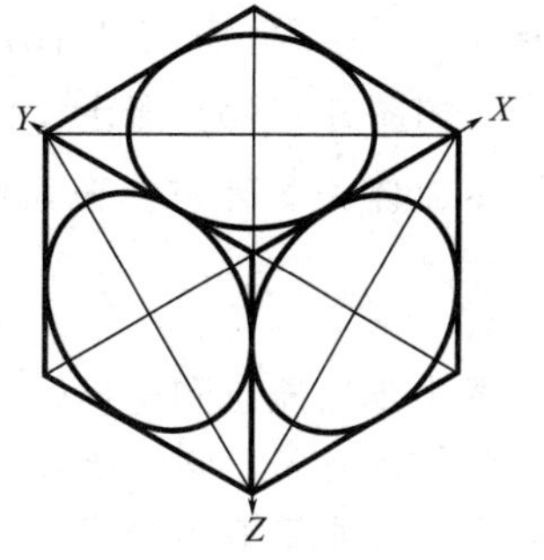

图 5-9 圆的正等测投影画法

二维码5-1

【例 5-4】 如图 5-10(a) 所示，已知形体的正投影图，作出正等测图。

解 分析：该物体为木榫的形状，可以想象为圆柱体切割掉一个小缺口而成，因此可先绘制出基本体的轴测图，然后进行切割，这种方法称为切割法。作图过程如图 5-10(b)、(c)、(d)、(e) 所示。

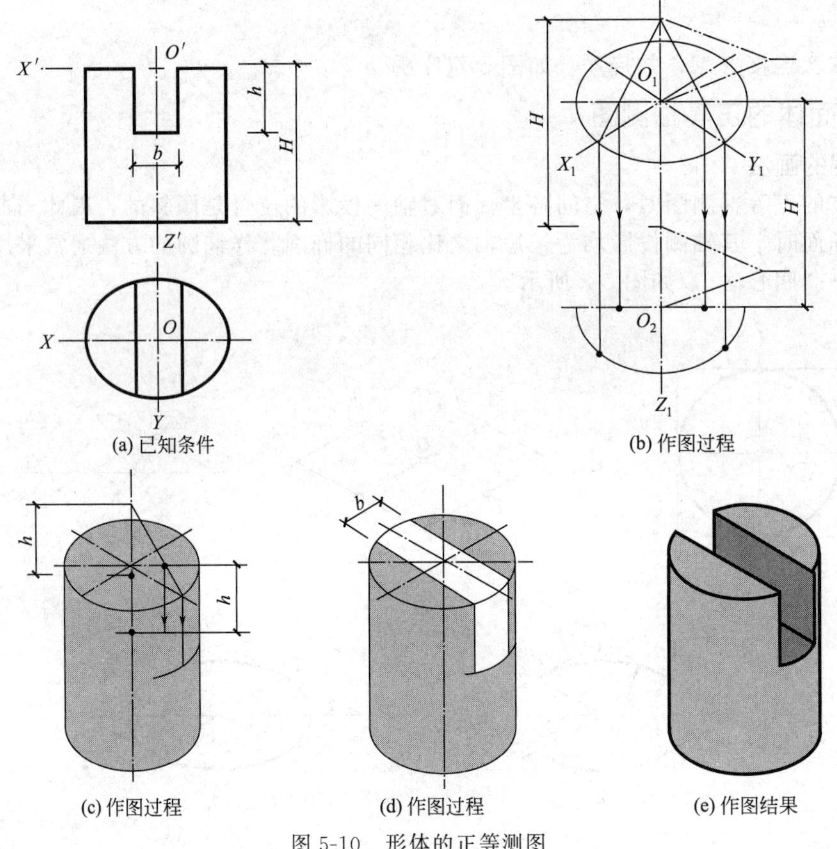

(a) 已知条件　(b) 作图过程　(c) 作图过程　(d) 作图过程　(e) 作图结果

图 5-10　形体的正等测图

作图步骤

(1) 在正投影图上定出原点和坐标轴的位置。根据圆柱的直径和高，作上下底圆外切菱形的轴测图。如图 5-10(b) 所示。

(2) 用四心法画上下底圆的轴测图，作两椭圆公切线，得圆柱体的正等测图。如图 5-10(c) 所示。

(3) 以轴测原点为对称点，在轴测轴 O_1X_1 上截取缺口的宽 b，过与边缘线的交点作缺口的高 h。如图 5-10(d) 所示。

(4) 依次连接各点并描深，图 5-10(e) 所示。

【例 5-5】 如图 5-11(a) 所示，作出带圆角矩形板的正等测图。

解 分析：基本立体为长方体，在其前方倒圆角。作图过程如图 5-11(b)、(c)、(d) 所示。

作图步骤：

(1) 在正投影图中定出原点和坐标轴位置。

(2) 根据正投影图尺寸长、宽、高作平板的轴测图。

(3) 由角点沿两边分别量取半径 R 得 A_1、B_1、C_1、B_2 点，分别过各点作直线垂直于圆角的两边，以交点 O_1、O_2 为圆心，O_1A_1、O_2C_1 为半径作圆弧。如图 5-11(b) 所示。

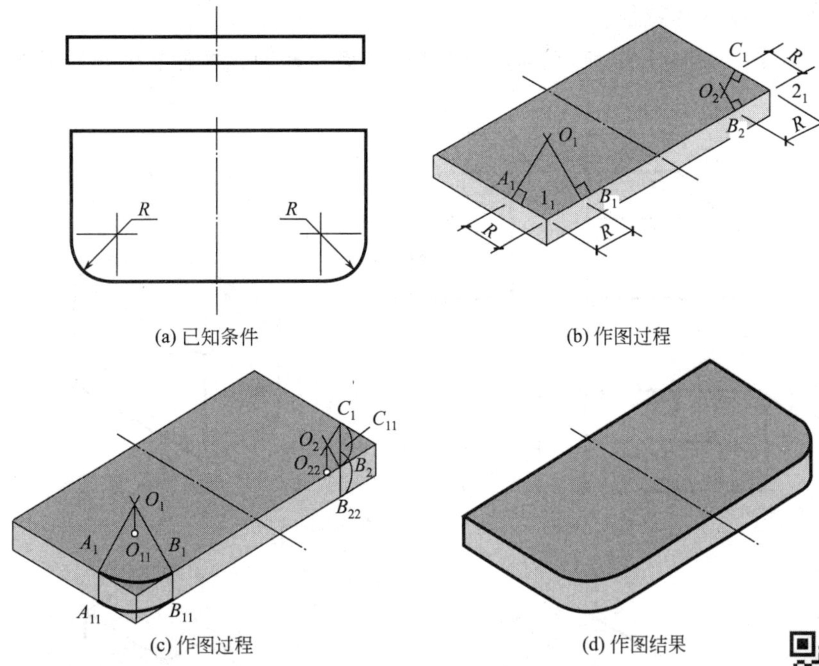

(a) 已知条件　　(b) 作图过程

(c) 作图过程　　(d) 作图结果

图 5-11　圆角矩形板正等测图作图过程

二维码 5-2

(4) 过 O_1、B_1 沿 O_1Z_1 方向作直线量取 $O_1O_{\mathrm{II}}=B_1B_{\mathrm{II}}=h$，以 O_{II}、B_{II} 为圆心画圆角得底面圆弧。如图 5-11(c) 所示。

(5) 作右边两弧切线，并描深。如图 5-11(d) 所示。

【例 5-6】 如图 5-12(a) 所示，画出物体的正等测图。

解　分析：该物体为曲面与平面的组合，底板作图过程参考例 5-5。

作图步骤：

(1) 画基本体的正等测图，按例 5-5 的方法作出圆角平板，作为组合体的底座。

(2) 确定立板圆孔的直径和圆心位置。

(3) 作出圆弧的对应菱形，定出两心，作出它在立板前面的轴测投影，将两心向后平移立板厚，作出该弧在立板后面的投影。

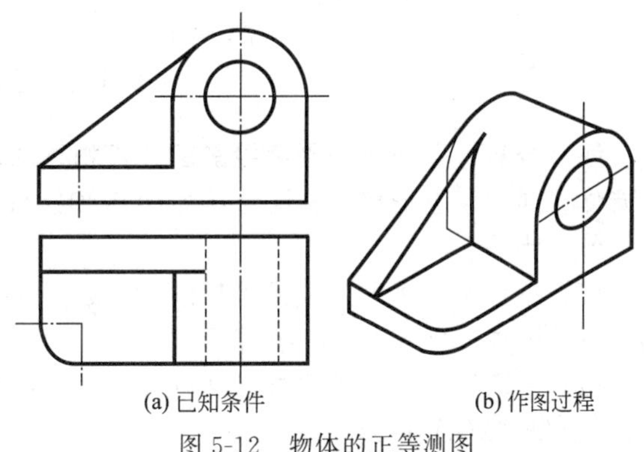

(a) 已知条件　　(b) 作图过程

图 5-12　物体的正等测图

(4) 作出立板上圆孔的对应菱形，求得它在立板前面的轴测投影，将圆心向后平移立板厚，作该孔在立板后面的投影（只作可见部分）。

(5) 画立板上两条公切线，擦去不可见轮廓线，并加深结果，图 5-12(b) 即为组合体的正等轴测图。

三、轴测投射方向的选择

不同的投射方向所得到的轴测图效果也不一样，轴测图和平面投影图一样，也有俯视、仰视等投射方向。因此，在绘图前要根据物体的形状特征确定轴测投影的方向，这样才能保证完整、清晰地反映物体特征。

【例 5-7】 如图 5-13 所示，已知阶梯的三面投影图，求作它的正等轴测图。

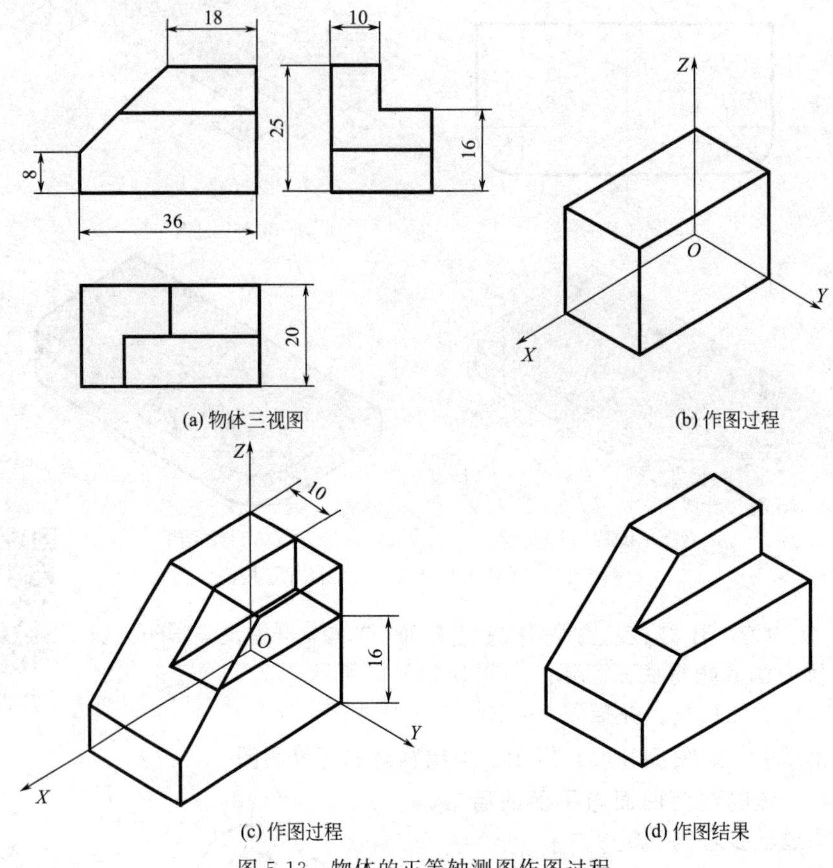

(a) 物体三视图　(b) 作图过程

(c) 作图过程　(d) 作图结果

图 5-13　物体的正等轴测图作图过程

解　分析：首先根据平面投影图分析物体的形状，分析形体可知，该物体的基本形体是长方体，通过切割而成。作图过程如图 5-13(b)、(c)、(d) 所示。

作图步骤：

(1) 在正面投影图中设置坐标系 *OXYZ*，画出轴测轴，量取 *X*、*Y* 坐标，画出未切割前的最基本形体，如图 5-13(b) 所示。

(2) 量取三视图上的尺寸，切割掉一个三棱柱，过端面上各交点作 *OX* 轴、*OY* 轴平行线，如图 5-13(c) 所示。

(3) 擦去不可见轮廓线，并加深结果。图 5-13(d) 即为所得正等轴测图。

【例 5-8】 如图 5-14 所示，已知梁、柱、板接头视图，作梁柱板接头的仰视正等测图。

解　分析：用形体分析法分解形体为梁、板、柱三部分。先画底部底板的轴测图，再根据梁、柱、板的高（厚）度分别画出其轴测投影，如图 5-14(b)、(c) 所示。

作图步骤：

(1) 作梁、柱、板在板底平面的投影的正等测图（即仰视图的正等测图）。

(2) 根据梁、柱、板的高（厚）度分别画出其轴测投影。

(3) 连接各条可见轮廓线并加深结果。

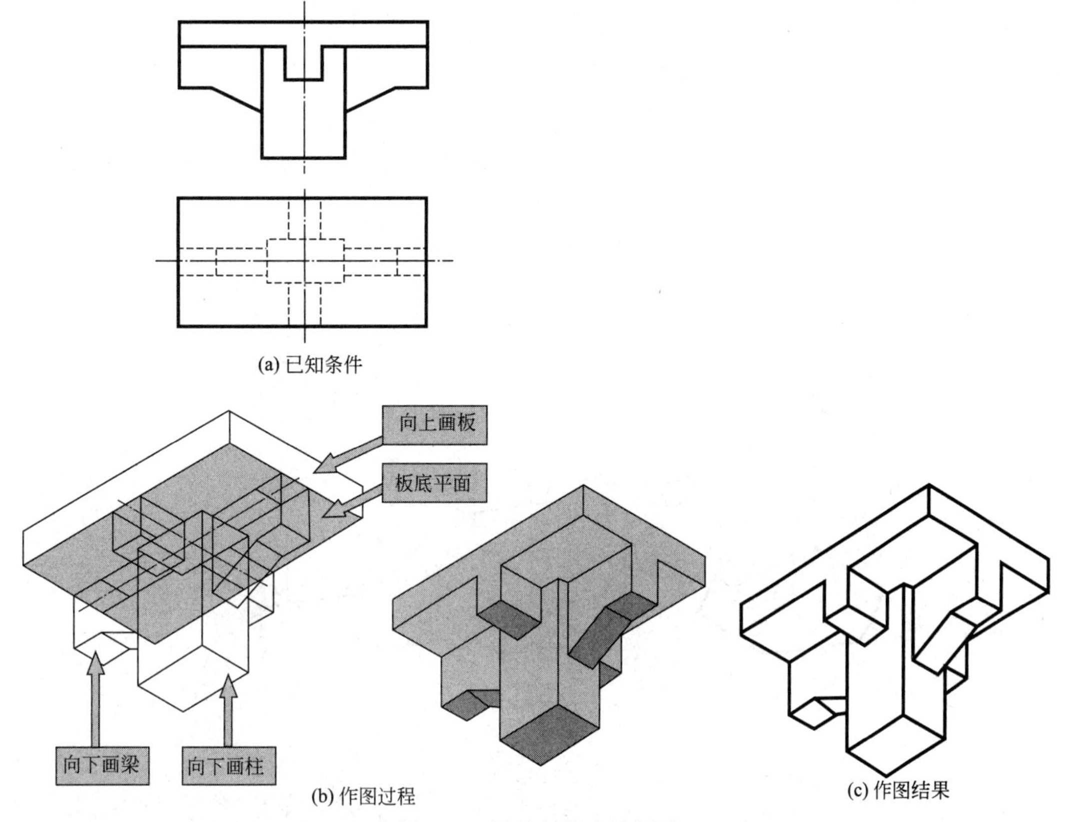

图 5-14　梁柱板接头轴测图

第三节　轴测草图的画法

轴测草图又称轴测徒手图，与第一章第三节徒手绘图一样重要，是建筑工程人员在技术交流过程中常常要用到的图样。

在识读平面投影图时，已知形体两投影，补第三投影。则可先徒手画出形体的轴测图，形成直观的感觉，然后很快地作出第三投影。如图 5-15 所示，为正六边形的轴测草图画法。

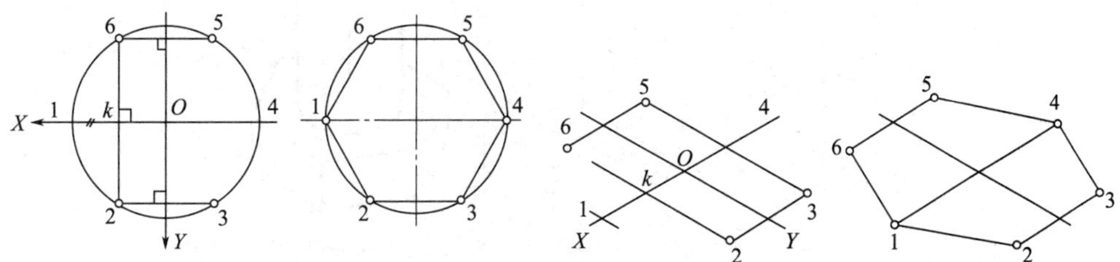

图 5-15　正六边形轴测草图的作图过程

在画复杂形体的轴测草图时，可先将一个物体摆放成可以看到其特征面，也可以同时看到其长、宽、高的位置。作图时先画出物体大块基本体的草图，使其高度方向竖直，然后定出其余部分的三维尺寸。

画六角螺栓的正等轴测草图，如图 5-16 所示。

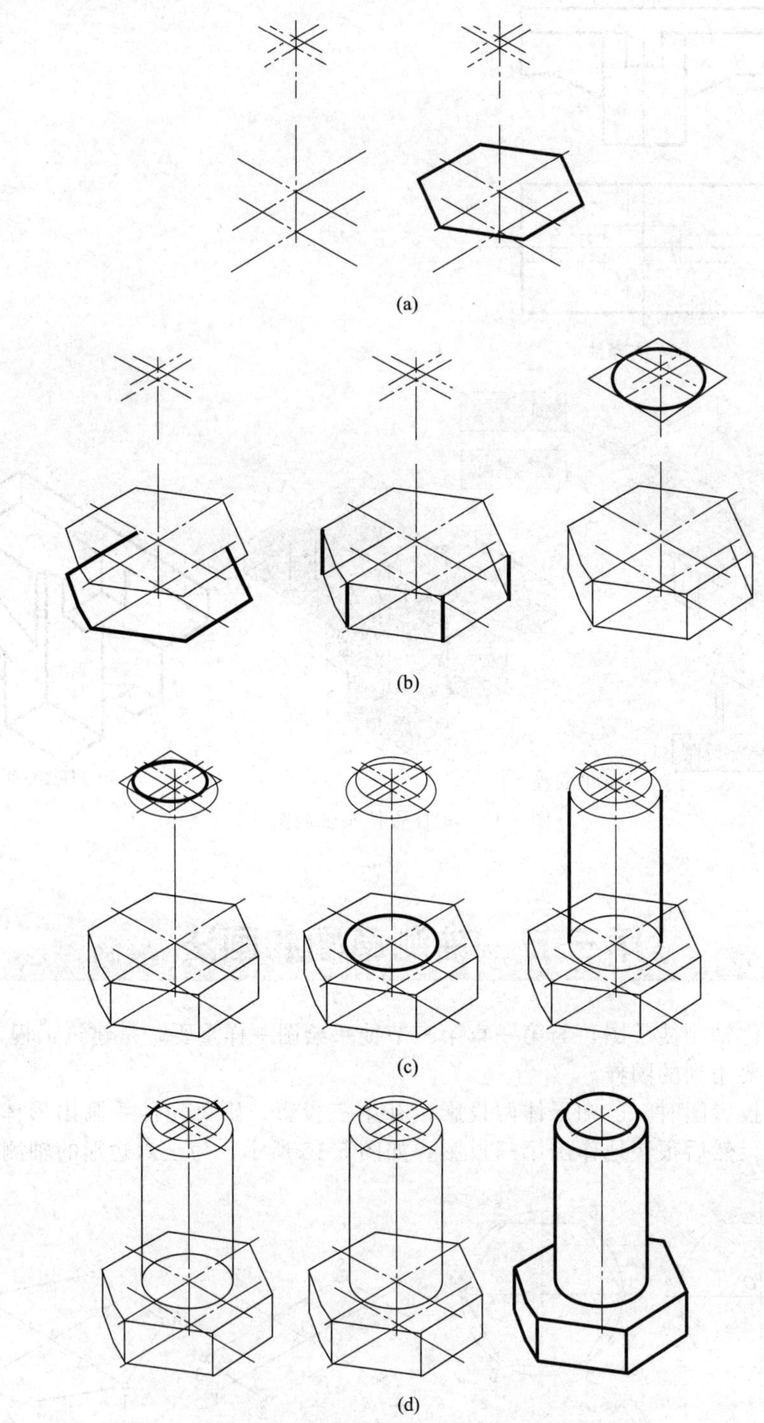

图 5-16 六角螺栓的轴测草图作图过程

Chapter 06

第六章

组合体视图

教学提示　本章主要介绍组合体的形成、组合体三视图的识图、绘图方法及组合体的尺寸标注方法。

教学要求　要求学生了解组合体的组合形式、组合体三视图的形成和画法；掌握组合体的绘制和识读方法；掌握组合体的尺寸标注方法；掌握阅读组合体的两个视图，补画第三个视图的方法。

第一节　组合体的形成

一、组合体的概念

在建筑工程中，大部分形体都可看成是由棱柱、棱锥、圆柱、圆锥、球等基本立体所组成的。这些由两个或两个以上基本体通过叠加、切割、综合而成的物体称为组合体。

由若干个组合体可形成复杂的土木工程建筑物。为了方便研究，人们通常会将复杂的组合体分解成若干个基本立体，然后分析它们的组合方式及相对位置。

二、组合体的分类

组合体的组合方式可分成三种：叠加、切割和综合。叠加型组合体是将几个基本体相互堆积而成；切割型组合体是由基本组合体切割去某些形体而成；综合型组合体是既有叠加又有切割的组合体，如图 6-1 所示。

（一）叠加

1. 共面

几个基本体叠加在一起时，若端面靠齐则形成共面。共面的特点是结合处为平面，在绘

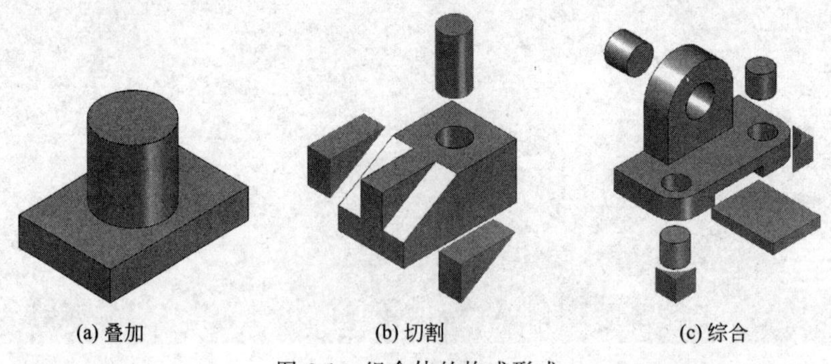

图 6-1 组合体的构成形式

制投影图时没有相交线。若基本体叠加端面没有对齐，则需绘制分界线，在投影图上需作出交线。如图 6-2 所示，这是一个三级台阶，可以看作四个基本体组合而成。

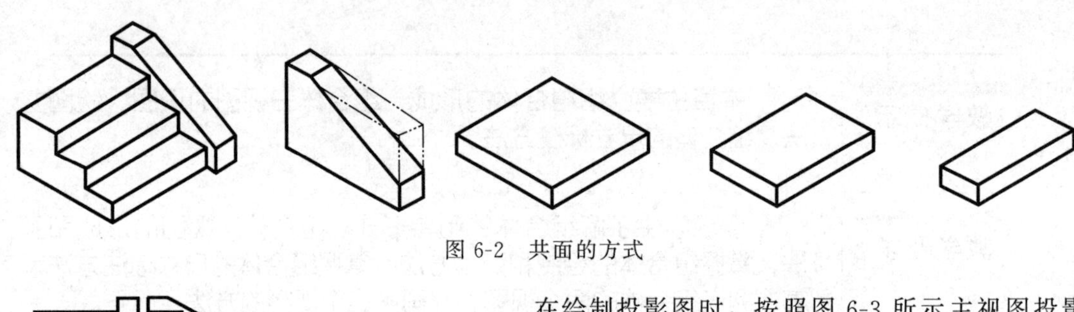

图 6-2 共面的方式

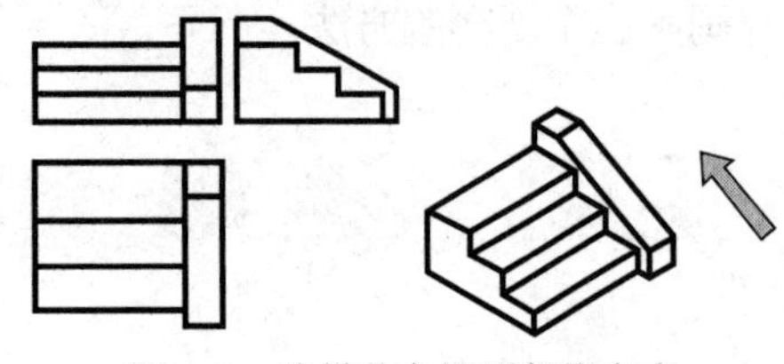

图 6-3 阶梯的主视图投影方向

在绘制投影图时，按照图 6-3 所示主视图投影方向，将主视图、左视图、俯视图绘制如下：主视图中三级台阶的分界线需用实线绘出，左视图中三级台阶相交的背面由于是共面关系，则用一条实线表示即可。

2. 相切

两个基本形体结合在一起时结合面表面相切，由于相切处是光滑过渡，表面平滑无分界线。如图 6-4 所示，所以在相切的地方不画线。

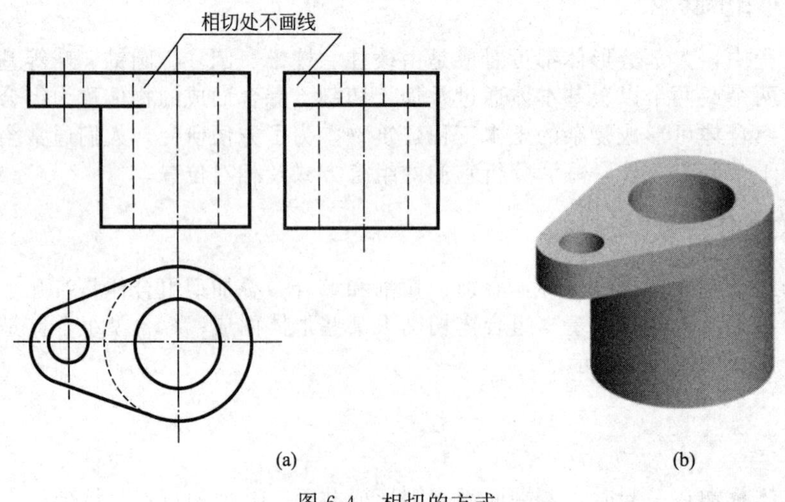

图 6-4 相切的方式

3. 相交

两形体在叠加相邻表面发生相交，可构成组合体。如图 6-5(a) 所示，是图 6-5(b) 中的平面体和曲面体表面相交后所构成的组合体。

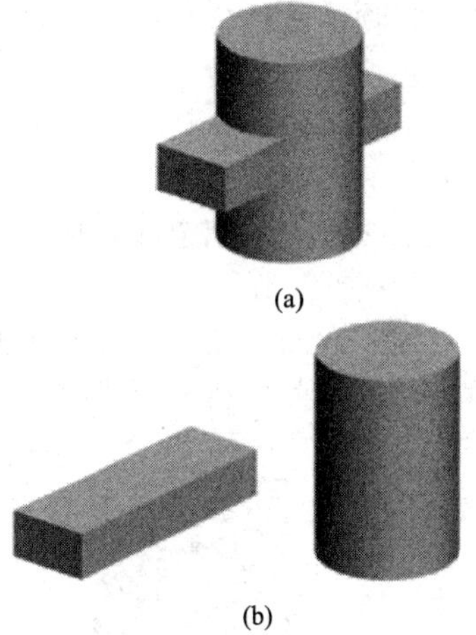

图 6-5　相交的方式

（二）切割

有些组合体可以看作一个基本体被平面或者曲面切割，切割处形成截交线或相贯线。如图 6-6 所示，可看作一个四棱柱在上方切去一个三棱柱，然后中间挖去一个四棱柱而成。

（三）综合

大部分组合体的组合方式不是单一的，它们都是一些基本体按照相对位置，以叠加和切割两种形式组合在一起称为综合。

在读图的时候可以先将组合体分解，然后逐个识别其相对位置和组成形式。如图 6-7 所示，这是一个组成方式较为复杂的组合体，可分成六个部分。其中 1 号基本体与 5 号基本体以相切的形式组成两个转角，再从基座上将 6 号圆柱体切割出来，2 号、4 号基本体以叠加的方式置于基座之上，同时又与 3 号基本体共面。

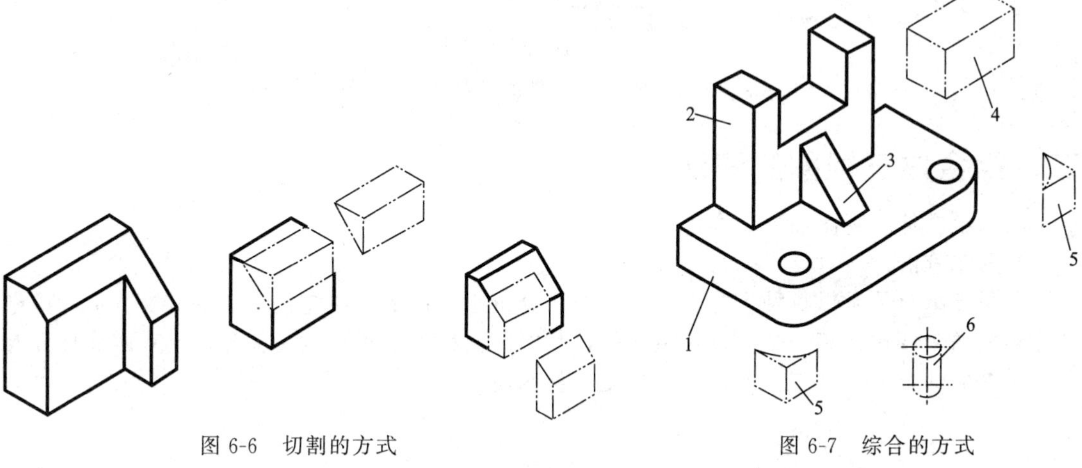

图 6-6　切割的方式　　　　图 6-7　综合的方式

第二节　组合体的三视图

一、组合体视图的选择

在绘制组合体时，无论形体的复杂程度如何、以何种形式放置在一起，都应该先考虑选择主视图的方向。通常主视图就是能够反映形体特征面的投影视图。在选择主视图方向的时候会考虑如下情况。

1. 物体的最佳放置方式

组合体的放置位置一定是将组合体保持在自然稳定的情况下的位置，在识别特征面之前，将物体放稳是前提，一般会将物体较大的平面作为底面。

2. 投射方向

反映物体特征且各部分相互关系最多的方向定为主视方向。主视图的选择其实也就是正立面图的选择。这样能够保证主视图尽可能地减少虚线的数量，使视图更加清晰。如果在选择主视图时，不能全部满足上述要求，就要根据具体情况全面分析，决定取舍。

如图 6-8 所示，组合体的主视图方向选择，分别从 A、B、C、D 四个方向投射，形成的三面投影图。经比较分析可知，D 方向画出的三视图不存在虚线，图线清晰、反映物体特征面，因此可选 D 方向为主视方向。

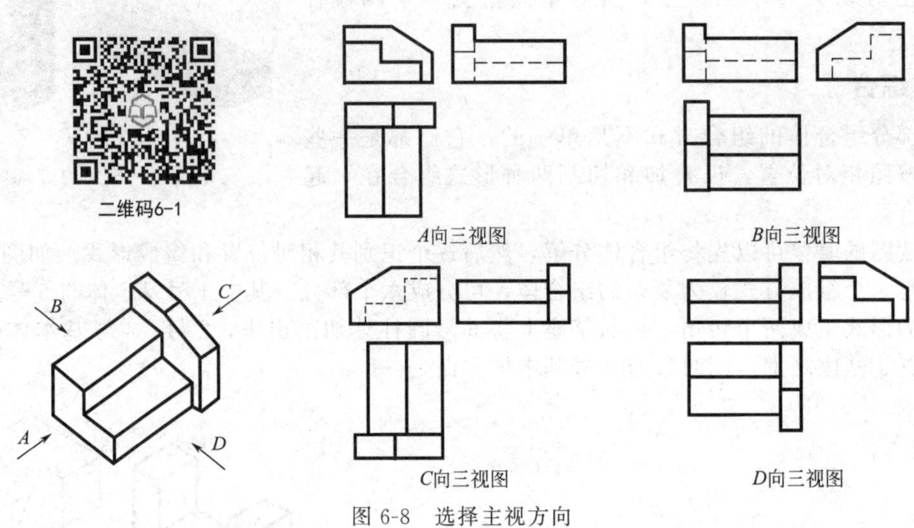

图 6-8　选择主视方向

二、组合体三视图的画法

绘制组合体三视图通常需要以下几个步骤。

1. 形体分析

分析该组合体是以哪种形式组合而成的，分析组合体的总体特征，如图 6-9 所示：该组合体是由两个四棱柱和一个五棱柱组成的，其中四棱柱Ⅰ放置在四棱柱Ⅱ之上且四棱柱Ⅱ有一面是共面的，五棱柱放置四棱柱Ⅱ之上，与四棱柱Ⅰ上面共面。

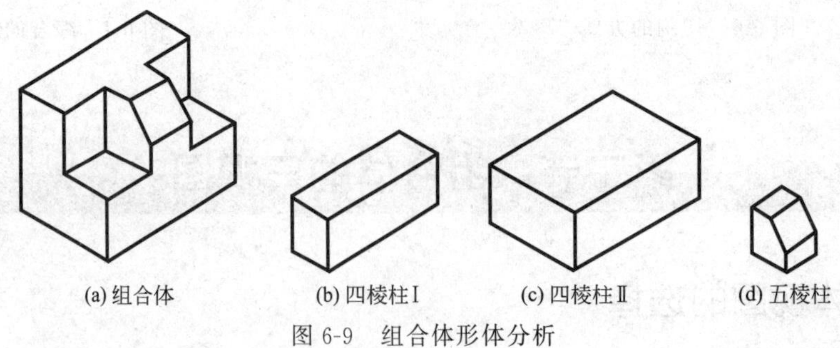

图 6-9　组合体形体分析

形体分析是熟悉形体的方法，其目的是全面了解组合体的组合方式，把握形体的尺寸和位置，便于快速绘制三视图。

2. 选择主视方向的原则

（1）最能反映组合体的形体特征。

（2）保持物体在自然状态下的稳定，将组合体的主要平面或主要轴线放置成平行或垂直投影面的位置。

（3）尽可能地减少虚线的数目，保证视图的清晰。

3. 绘图

如图 6-10 所示，为组合体的三维立体图形，现根据规定的投射方向，绘制此形体的三视图。要求用最少量的视图把形体表达完整、清晰。

（1）观察建筑形体　在绘图前对形体进行形体分析，即复杂形体分解为若干个基本部分。选择能反映物体特征的视图为主视图。如图 6-11 所示。

图 6-10　已知组合体

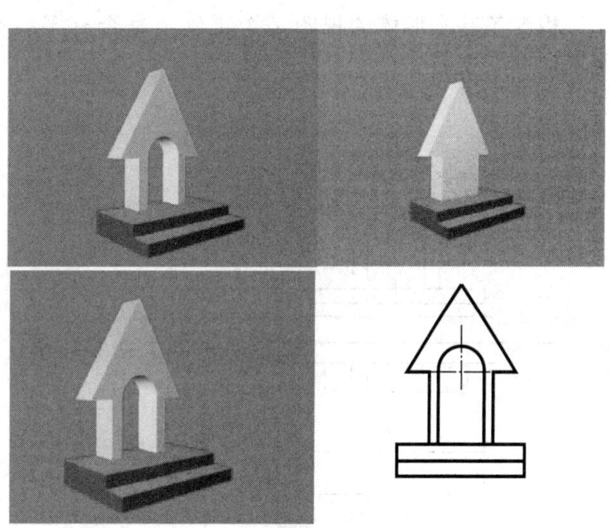

图 6-11　分析形体、选择主视图

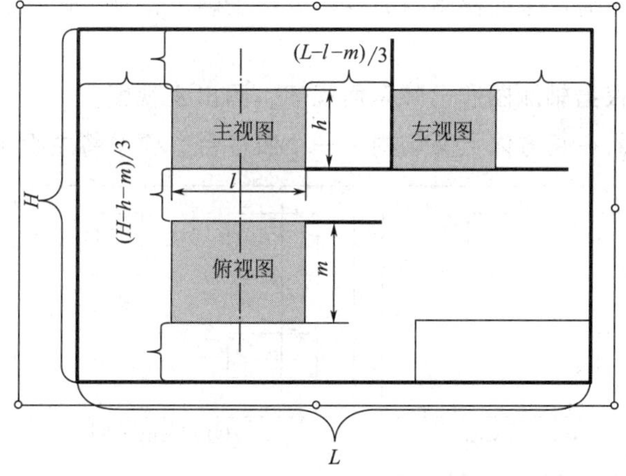

图 6-12　三视图在图纸中的位置布置

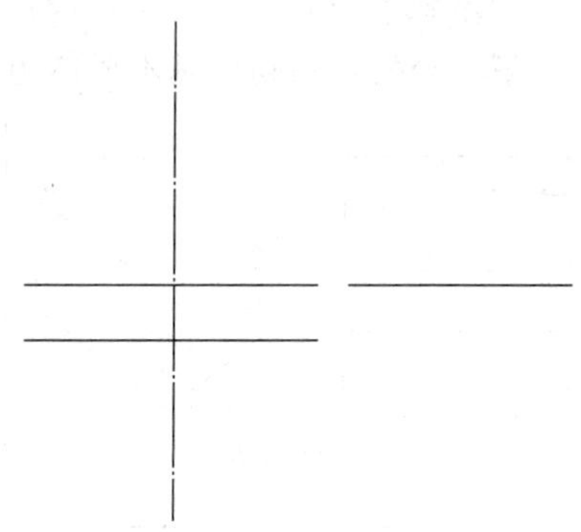

图 6-13　绘制基准线

（2）布置视图

① 布置视图时要保证全图疏密得当、美观、清晰。安排视图位置时先要目测形体各部分间的大小、比例关系。然后根据组合体各部分的比例关系用细线在图纸上画出三个矩形，定出视图的边界，如图 6-12 所示。

② 在矩形边界内画出每个视图的部分定位基准线，一般以对称线、中心线、轴线、底面和端面作为定位线，例如建筑物的对称线、阶梯底边等，如图 6-13 所示。

③ 在图纸中合理布置视图的位置时，可根据图 6-12 所示比例选择视图之间的距离和在图纸中所占的大小。

（3）分部画出视图

① 先画出组合体主要或较大形体的主要结构轮廓，后画细节部分；

② 最好将每个基本体的三视图，按照投影规律联系起来同时画；

③ 对于投影为圆形或多边体的基本体，应先从反映实形的视图画起；

④ 对于被切割后所形成的表面，一般先从具有集聚性的视图开始。如图 6-14 所示。

（4）检查、加深

检查各基本形体的视图是否正确，是否有多线或漏线的现象。无误后加深。如图 6-15 所示。

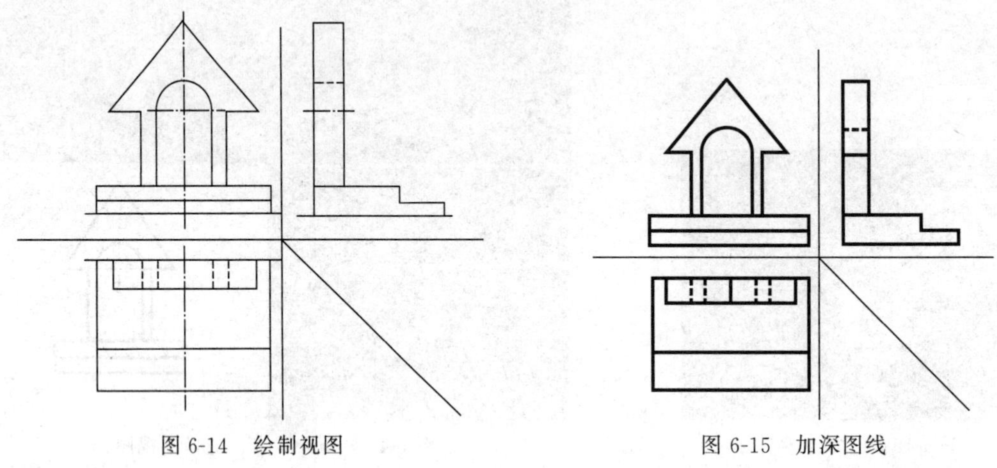

图 6-14　绘制视图　　　图 6-15　加深图线

作三视图的关键是作图时要保证尺寸准确，保证视图间的投影关系正确，特别是俯视图和左视图之间的宽相等，常用 45°辅助线法。

【例 6-1】 如图 6-16(a) 所示，根据轴测图和已知两面视图，画出左视图。

解　分析：该物体基本形体为长方体，在长方体上又切割了一个四棱台。要求将左视图

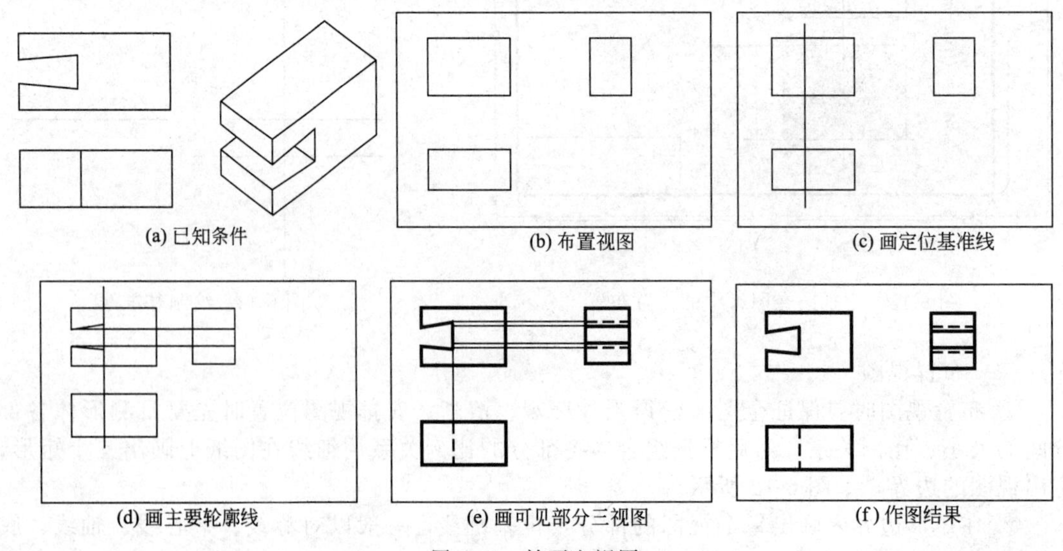

图 6-16　补画左视图

绘制在合适的位置上，并保留作图图线。作图过程如图 6-16（b)、(c)、(d)、(e）所示。

作图步骤：

(1）布置视图，如图 6-16(b）所示。

(2）画定位基准线，如图 6-16(c）所示。

(3）画主要轮廓线，如图 6-16(d）所示。

(4）画可见部分三视图，如图 6-16(e）所示。

(5）检查，描深，如图 6-16(f）所示。

第三节　组合体尺寸的标注

标注尺寸是表达物体的一项重要内容，尺寸是用来确定图形所表达物体的实际大小和相对位置的，标注时要求做到以下几点：

（1）正确　符合“国标”；

（2）完整　齐全，不得遗漏；

（3）清晰　注在图形的明显处，且布局整齐；

（4）合理　既要保证设计要求，又要适合施工等要求。

一、尺寸分类

组合体的尺寸有三种类型，用于确定组合体中各部分形体的大小，相对位置。分别是定形尺寸、定位尺寸和总体尺寸。

（1）定形尺寸　用来确定组合体中各组成部分形状和大小的尺寸，它的标注对象是基本形体，这种尺寸标注时较为简单，只需完整地标注出基本形体全方位尺寸即可。见第三章第四节图 3-17、图 3-18。

（2）定位尺寸　用于确定组合体中各组成部分的相对位置的尺寸。它的标注对象也为基本形体，但标注的目的不是确定大小而是确定相对位置。

图 6-17 表示建筑施工图中的墙体和窗户，其中窗户在墙中的准确安放位置，即通过定位尺寸来表达。由图可知该窗放置于墙体的正中，左右各距定位轴线 1300mm，窗子的长度为 1000mm。其中：240mm、1000mm 为定形尺寸，用于标注墙体的厚度和窗的长度。1300mm 为定位尺寸，用于确定窗在整面墙中的位置，距离两端墙体轴线 1300mm。

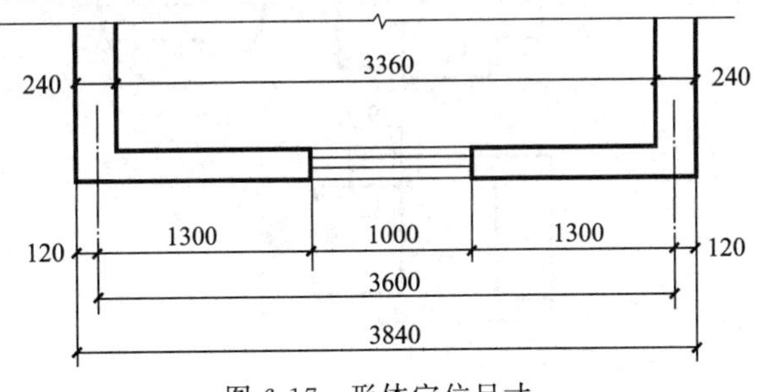

图 6-17　形体定位尺寸

标注定位尺寸时，必须选定尺寸的起点，这个起点称为尺寸基准。在平面图形的长度方向、宽度方向和高度方向都要确定一个尺寸基准，通常以平面图形的对称线、底边、侧边、图中圆周或圆弧的中心线等作为尺寸基准。

（3）总体尺寸　反映组合体的总长、总宽和总高的尺寸称为总体尺寸。标注总体尺寸是组合体尺寸标注中不可缺少的环节，如图 6-17 中所示的 3840 即以墙外边线计算的单面墙的总体尺寸。

二、组合体尺寸标注的基本原则

组合体在标注时除了应满足制图标准中有关尺寸注法的规定外，为了读图时一目了然，在尺寸安排上还应遵循以下原则：

（1）尺寸标注要完整、清晰，要能完全反映出物体的形状和大小，不遗漏，不重复。

如图 6-18 所示，图 6-18(b) 中尺寸 40 属于多余标注，可省略。图 6-18(a) 中标注简单明了，没有遗漏和重复的部分。

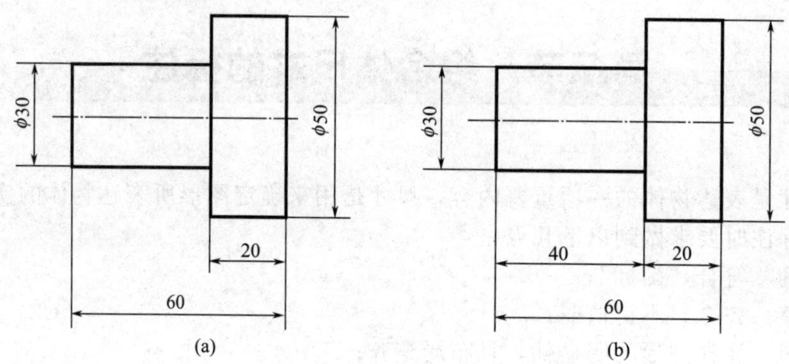

图 6-18　组合体标注方式

（2）尺寸标注安排要合理，位置布置得当。主要表现为以下几点：

① 交线上不应直接注尺寸；

② 同一形体的尺寸应该尽量集中标注，且尺寸应该标注在反应形体特征的视图上；如图 6-19 所示是组合体的尺寸标注样例，图 6-19(a) 标注位置安排合理，尺寸尽量集中标注，图 6-19(b) 标注的较分散，识图时不便判断形体的整体尺寸。

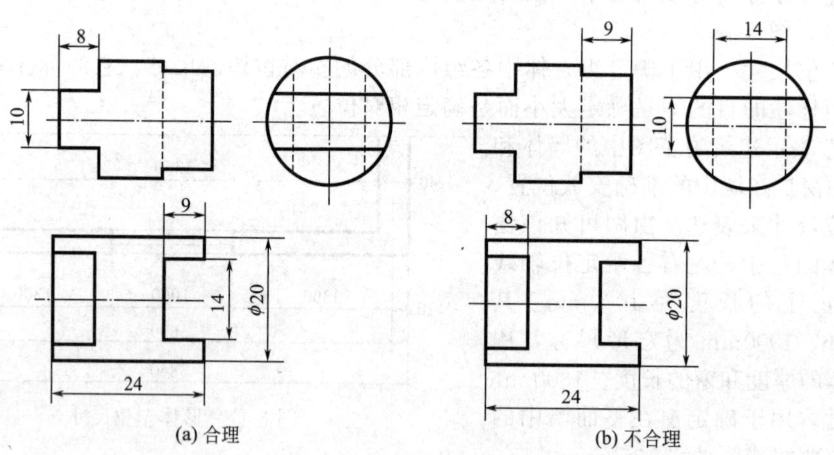

图 6-19　组合体集中标注示例

③ 相互平行的尺寸，要使小尺寸靠近图形，大尺寸依次向外排列，避免尺寸线和尺寸线或尺寸界线相交；

④ 同一个方向上连续标注的几个尺寸应该尽量配置在少数几条线上，避免标注封闭尺寸；

⑤ 尺寸应该尽可能标注在轮廓线外面，但为了便于查找，对于图内的某些细部，其尺寸也可酌情注在图形内部，应该尽量避免在虚线上标注尺寸。如图 6-19(b) 所示，在虚线处标注槽口的宽度 14 和深度 9 不合理。

第四节　阅读组合体的视图

一、读图方法

1. 形体分析法

形体分析法适用于叠加、切割和综合等所有形式组合的组合体，形体分析的过程就是将组合体分解，研究各基本体的形状及位置，分析其特征面，然后按照投影规律逐步绘制简单形体的视图。这个过程其实就是降低识图难度的过程。

在作图的时候，首先要对形体进行分析，把组合体分解为若干个基本形体，然后根据它们的空间形状和相对位置关系分别画出其投影图，从而得到组合体的投影图；在读图的时候，要从反映物体形状特征的主视图入手，根据投影图的对应部分，先将组合体分解并想象出各基本形体的空间形状，然后再根据各形体的相对位置，想象出组合体的空间形状。这种方法多用于叠加型组合体的识读。

下面以图 6-20 所示形体为例，来说明形体分析法读图的基本步骤。

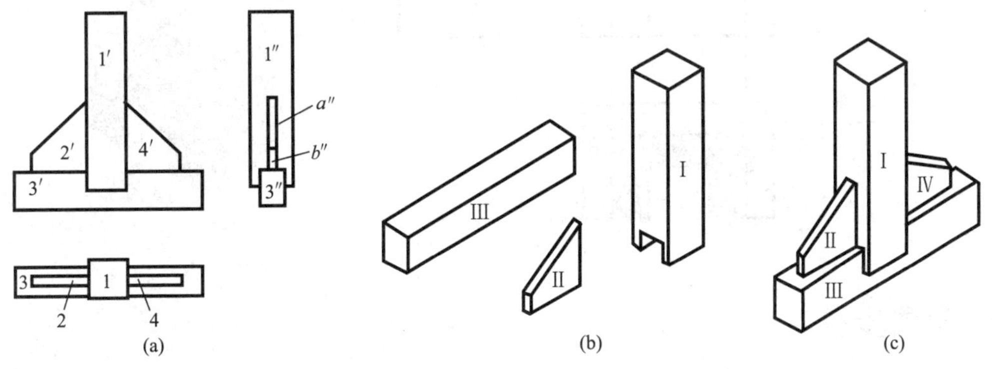

图 6-20　形体分析法读图

① 划分线框，按投影分析组合体的各个部分形状　如图 6-20(a) 所示，将正立面图分成 1′、2′、3′、4′四个线框，按照形体投影的三等关系和基本形体投影的特征可知：四边形 1′在平面图与左侧立面图中对应的是线框 1 和 1″，则该组合体中间是一个四棱柱Ⅰ。正立面图中的四边形 2′所对应的平面图是矩形 2 和侧面图的 a''、b''两线框，则其空间形状是如图 6-20(b) 中所示的上顶面为坡面的四棱柱Ⅱ。正立面图中四边形 4′所对应的其他两投影与四边形 2′的其他两投影是相同的，则其空间形状与Ⅱ形状是相同的。正立面图中的线框 3′，在平面图中对应的是矩形 3，在侧立面图中对应的是矩形 3″，则可知它的空间形状是如图 6-20(b) 中所示的四棱柱Ⅲ。

② 确定组合体的各组成部分在整个形体中的相对位置　V 面图反映了组合体各组成部分（基本形体）的上下左右位置；W 面图反映了组合体各组成部分的上下前后关系。所以Ⅲ形体在最下方，形体Ⅰ在形体Ⅲ的中间上方，且形体Ⅲ从形体Ⅰ下方的方槽中通过。形体Ⅱ、Ⅳ对称地分放在形体Ⅰ的两侧，与形体Ⅲ前面、后面距离相等。

③ 想象整个形体的形状　通过形体分析得知组合体各部分的形状和相对位置，最后将这些组成部分按投影图所示位置组合，组合后的形状如图 6-17(c) 中的轴测图所示。

2. 线面分析法

对于以切割方式组合的形体来说，通常可采用线面分析法。对于形体被多个平面或曲面切割，或者物体的局部结构较复杂时，只用形体分析则过于简单，实施起来也很困难。线面分析法是针对一些复杂形状的物体，根据表面线、面的投影规律，逐步分析它们之间的位置关系。

组合体视图中的封闭线框，一般是物体某一表面的投影。在采用线面分析法时，可从主视图上选定一个较大的或投影特征明显的线框开始，然后根据投影关系，找出该线框的其他投影——线框或线段。最后结合相应的几个投影，即可分析出物体该表面的形状和空间位置。

采用线面分析法需充分利用形体各种位置线、面的投影特性。若一个线框代表的是一个棱面，若该棱面的投影没有积聚成直线，则一定对应着一个类似形。

如图 6-21 所示形体为例，视图中有几个封闭的线框，现将其中的一个由粗实线封闭的线框看作物体的一个面或孔洞的投影，在其他视图上找到与之对应的投影，然后利用三个投影判断该面的性质和空间位置。

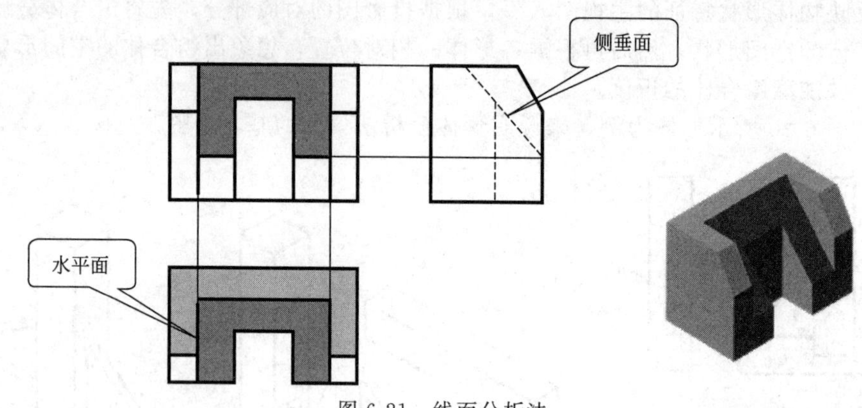

图 6-21　线面分析法

二、读图步骤

(1) 分解已知视图　将已知投影图进行分解，分析其组合形式和位置关系。了解形体的大致形状和轮廓。确定读图的方法是选用形体分析还是线面分析。

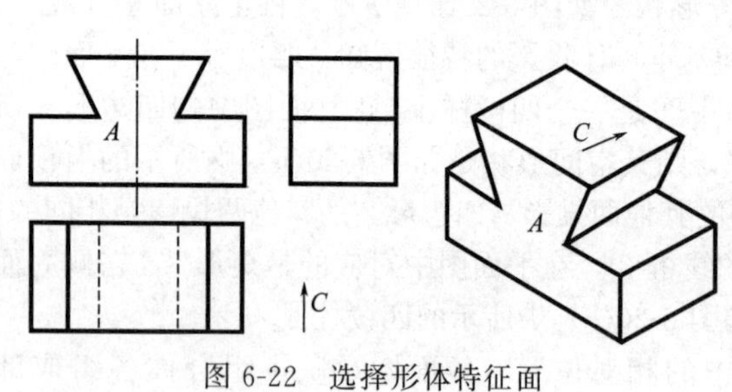

图 6-22　选择形体特征面

(2) 初步层次分析　先找出能够反映物体形状特征最充分的那个投影图，利用投影关系，并配合其他视图，识读物体的基本形状。通常将反映物体形状特征的图作为主视图。如图 6-22 所示形体，可认为是线框 A，按箭头 C 所指的方向拉伸形成的，其特征视图是主视图。

(3) 想象物体的形状　在分析完主视图后，配合其他视图，想象出组合体的整体形状。

(4) 深度层次分析　首先观察平行于基本投影面的平面，它的特征为在它所平行的投影面上的投影反映实形，在其他两个投影面上积聚为直线。若倾斜于基本投影面的平面，它的特征为在所垂直的投影面上的投影积聚为直线，在其他两个投影面上的投影具有类似性。

如图 6-23(a) 所示的就是利用线面分析法还原物体立体图的过程，图 6-23(b) 表示的是还原后的立体图。

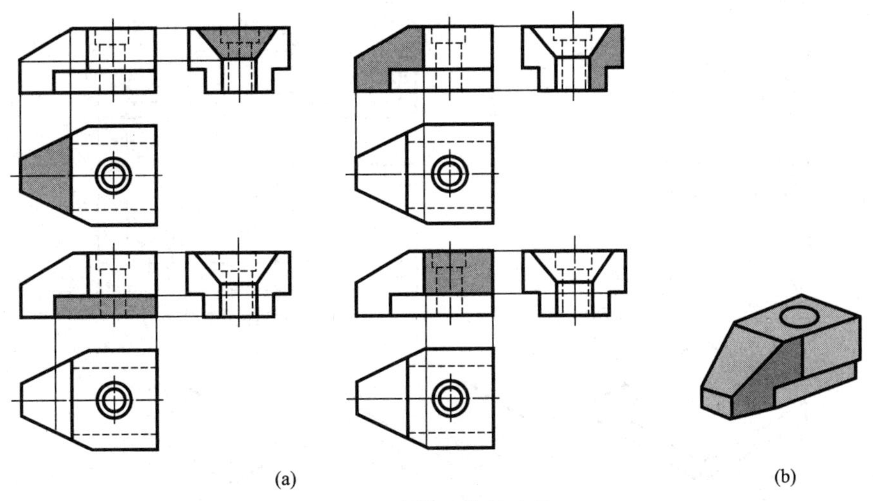

图 6-23　线面分析过程

(5) 图线、图框分析　投影图上每一条图线具备的信息非常丰富，所代表的情况很多，如形体的外轮廓线、形体内部看不见的边缘、表面与表面交线的投影、曲面转向轮廓线的投影、具有积聚性表面的投影。而视图中每一个封闭的线框都是物体上一个表面的投影，或是一平面的投影，或是一曲面的投影，或是曲面与其切面的复合投影。视图中任何相邻的两线框必然是物体上相邻或相交或错开的两表面的投影。

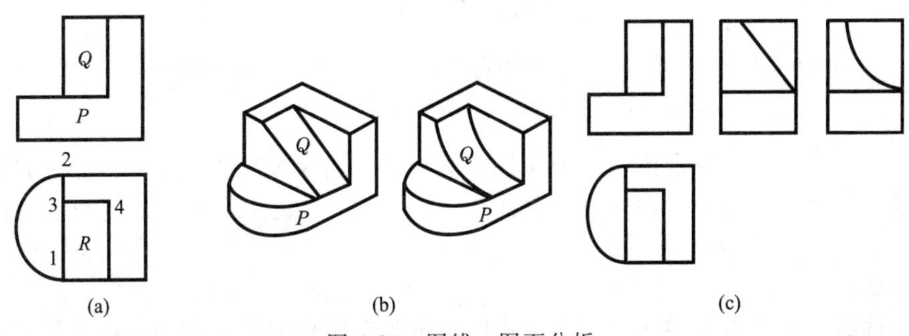

图 6-24　图线、图面分析

如图 6-24(a) 所示，主视图中的 P 面为一曲面与平面相切而成，主视图中的 Q 面则不能通过两个投影图判断是平面还是曲面，于是根据两个投影图可以生成图 6-24(b) 两种空间形体。图 6-24(c) 中有两个左视图，均为可能得到的左视图，对形体进行线面分析可知，线 1 在主视图和俯视图中均为直线，只能说明两个结合面的投影为直线，从左视图可以判断，Q 面是平面还是曲面，取决于左视图中 Q 面积聚的线是直线还是曲线。由此可见：两个视图不能准确表达物体的形状。

三、读图示例

读图是画图的逆过程，通常分为两种情况：一种是已知物体的三面投影，需想象出其空间形状；另一种是已知两个投影图，需补画第三个投影图。下面用几个例题详细说明读图的步骤和读图时应该注意的问题。

1. 已知形体的三面投影，利用形体分析法或者线面分析法给出物体的空间形状

【例 6-2】　如图 6-25(a) 所示，已知物体的三面投影图，利用形体分析法给出物体

的空间形状（轴测图）。

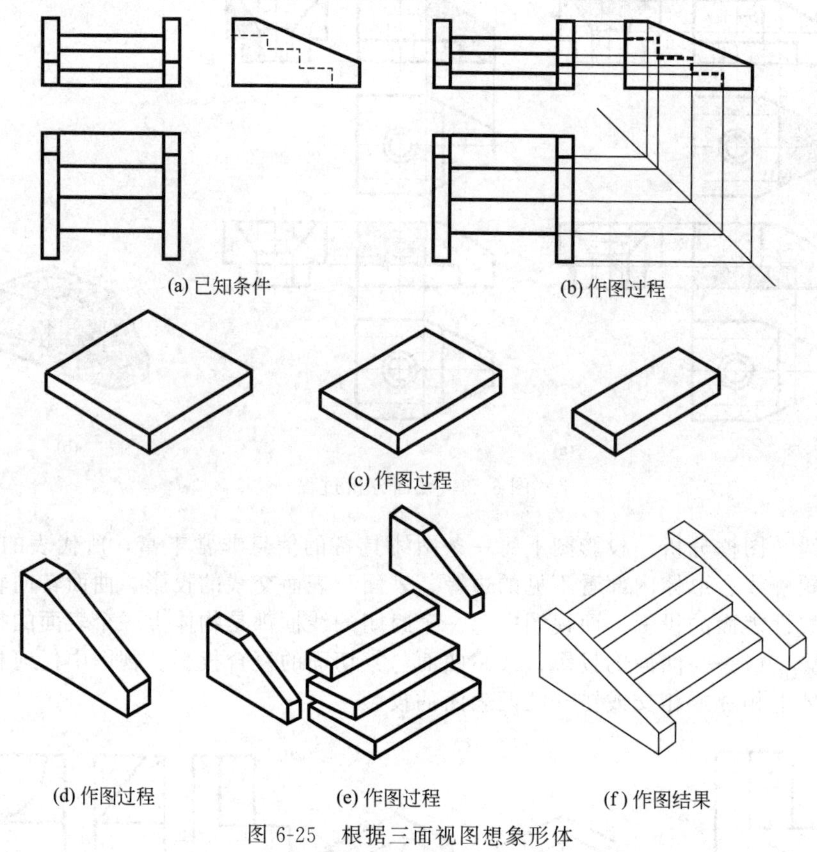

(a) 已知条件　(b) 作图过程　(c) 作图过程　(d) 作图过程　(e) 作图过程　(f) 作图结果

图 6-25　根据三面视图想象形体

解　分析：主视图、俯视图中均为实线无虚线部分，大致可判断此物体是通过叠加的方式将几个基本体组合而成的，则可直接采用形体分析法。如图 6-25(b)、(c)、(d)、(e)、(f) 所示。

作图步骤：

(1) 主视图中的三条长横线与俯视图中的三条长横线相对应，利用三等关系，找到左视图中对应的位置，如图 6-25(b) 所示，可判断三条横线表示的是由三个四棱柱组成的三级台阶，三个四棱柱叠加放置，一侧对齐，另一侧错开。如图 6-25(c) 所示。

(2) 观察主视图左右两个竖直五边形，从左视图可看出为两个竖直状态的五棱柱，放置于三级台阶两侧，如图 6-25(d)、图 6-25(e) 所示。

(3) 按图中所给出的相对位置可知：三个四棱柱是按照从小到大的叠加顺序由上至下放置，它们后侧对齐，五棱柱紧靠左右侧。

(4) 按图分析，该物体的空间形状为建筑物中的一个三级台阶，如图 6-25(f)。

【例 6-3】　如图 6-26(a) 所示，是一切割型组合体的两面投影，利用线面分析法给出物体的空间形状（轴测图）。

解　分析：已知形体的主视图和俯视图，先补充其左视图，再绘制物体轴测图。

作图步骤：

(1) 用形体分析法分析组合体在切割前完整的形状，如图 6-26(b) 所示，先补全俯视图的轮廓线，得知为矩形。推断它的原形是底面与主视图相同的十棱柱。再作出切割前完整形状的左视图。可推测切割前完整形体为图 6-26(c) 所示。

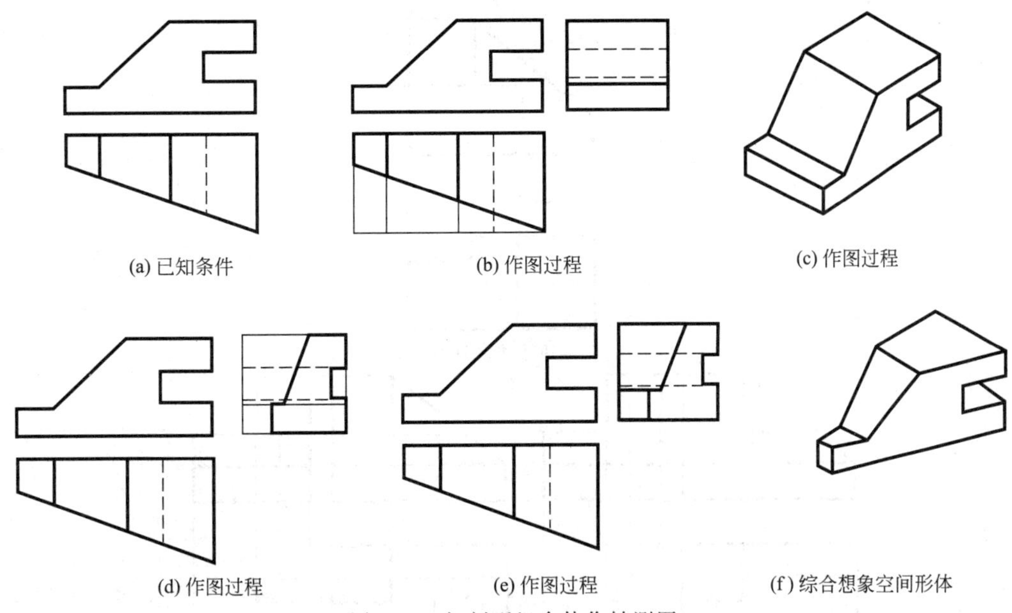

(a) 已知条件　(b) 作图过程　(c) 作图过程

(d) 作图过程　(e) 作图过程　(f) 综合想象空间形体

图 6-26　切割型组合体作轴测图

(2) 用线面分析法分析每个表面的形状和空间位置。逐步分析视图中每一线框的投影，特别是投影面垂直面的投影。俯视图切除物体一角，有一铅垂面根据积聚性投影特征，从而想象出断面的真实形状为主视图的类似形，也是十边形。如图 6-26(d) 所示，补画左视图。

(3) 由两个视图补画第三面投影时，对每一条线（或线框）应弄清它及其相关的投影；这些投影应满足投影关系。最后去掉被切去的棱线，完成十棱柱的侧面投影，确定形体的三视图。如图 6-26(e) 所示为完整的三视图。

(4) 作图结果：该物体的空间形状如图 6-26(f) 所示为一个不规则十棱柱。

2. 阅读组合体的两面视图，补画第三视图

已知组合体的两面视图，补画第三视图，即通常所说的“给二补三”。一般情况下，不太复杂的形体用两个视图就能定出实际轮廓，所以看懂两个视图，就能正确作出它的第三视图。

一般步骤为：

(1) 对已知的投影进行形体分析，想象出基本形体。

(2) 分析各基本形体的投影规律。

(3) 画出各部分的第三面投影。

在作图过程中，对于较为简单的形体利用三等原理即可作出轮廓线。对于较难读懂的部分，则需采用线面分析法，并根据线、面的投影特性，补出该细部的投影。最后加以整理即得出形体的第三投影。

【例 6-4】 如图 6-27(a) 所示，根据组合体的主视图和俯视图，画出它的左视图和轴测图。

解　分析：由组合体的主视图和俯视图可知其基本形体为长方体。作图过程如图 6-27(b)、(c)、(d)、(e)、(f)、(g) 所示。

作图步骤：

(1) 首先补出侧面投影，由“三等”原理绘制出主要轮廓线。然后用叠加的方式将基本体组合起来，并想象其空间形体。

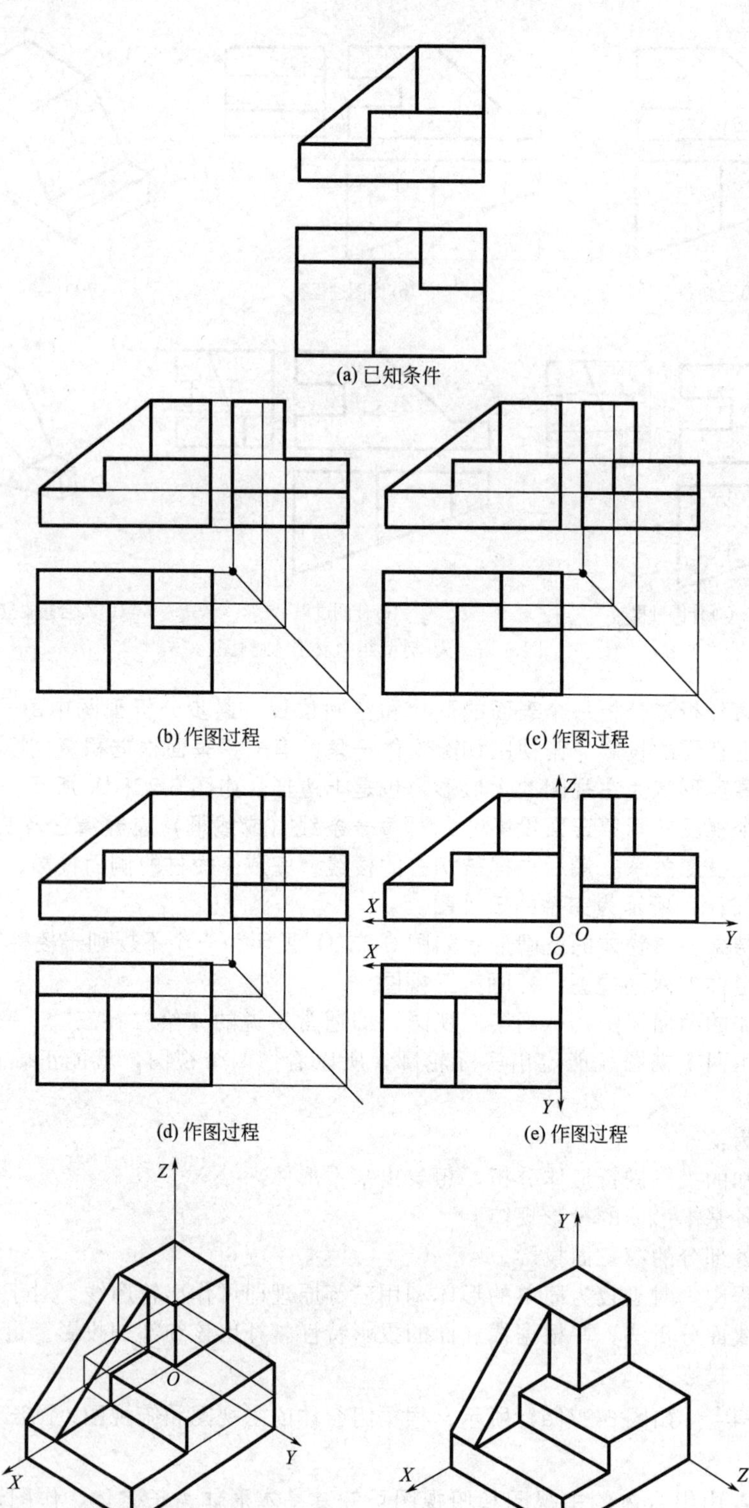

图 6-27　根据两视图求作第三视图

(2) 根据三视图绘制轴侧图。

第七章 建筑形体的表达方法

教学提示

本章主要介绍了建筑形体的视图、剖面图、断面图的种类及应用、视图的简化画法等几种常用的表达方法。

教学要求

要求掌握六视图的画法，掌握各种建筑形体剖面图、断面图的画法，掌握简化画法等几种常用的表达方法。

第一节 形体的视图

建筑形体是复杂的，前面介绍的三面投影图难以将建筑的外部形状、内部结构准确、完整、清晰地表达清楚。为了便于识图和绘图，国家标准中规定了各种表达方法，如剖面图、断面图等。建筑制图中，通常把这些表达建筑形体的投影称为视图。本章将着重介绍一些常用视图的表达方法和作图规定。

一、基本视图

对于某些形状较复杂的形体，用三视图不能完整、清楚地表达物体形状时，需要增加新的投影面。按国家标准规定，可在三面投影体系中再增加三个分别与 H、V、W 面平行的新投影面 H_1、V_1、W_1，组成一个正六面体，如图 7-1(a) 所示。将物体放置在一个正六面体中，对物体进行投影，然后按照一定规律展开，即得到该物体的六面视图。如图 7-1(b) 所示。

主视图（正立面图）：由物体的前方向后投射得到的视图；

俯视图（平面图）：由物体的上方向下投射得到的视图；

左视图（左侧立面图）：由物体的左方向右投射得到的视图；

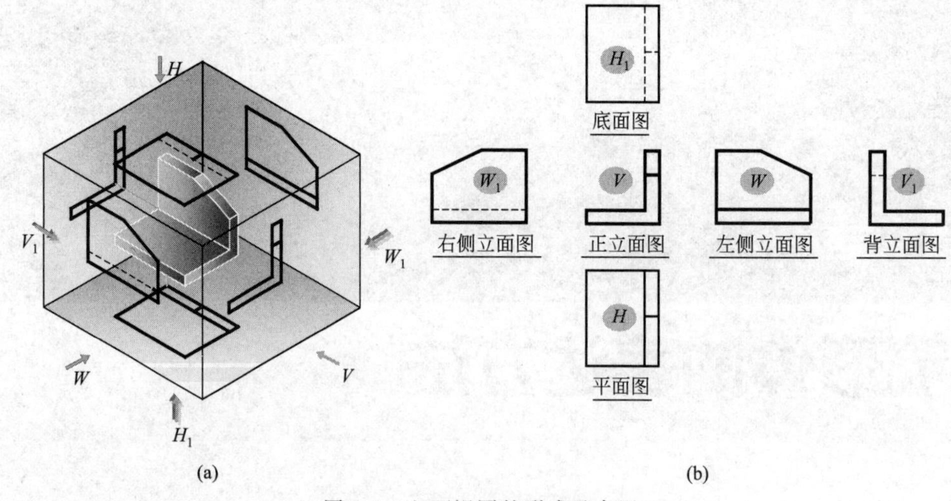

图 7-1　六面视图的形成及布置

右视图（右侧立面图）：由物体的右方向左投射得到的视图；
仰视图（底面图）：由物体的下方向上投射得到的视图；
后视图（背立面图）：由物体的后方向前投射得到的视图；
六面视图也遵循三视图的投影规律：
主、俯、后、仰视图长对正；
主、左、后、右视图高平齐；
俯、左、仰、右视图宽相等。

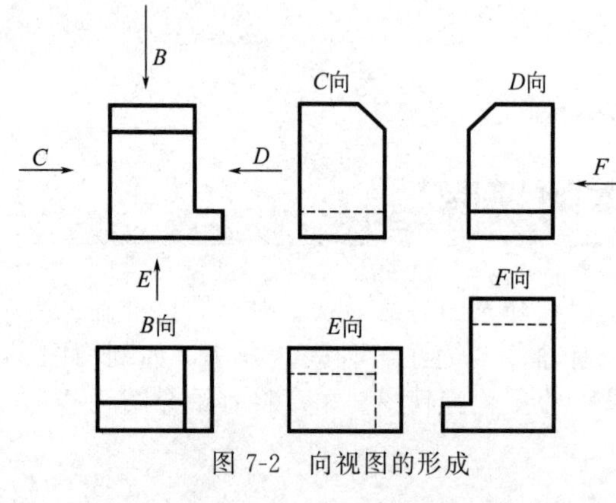

图 7-2　向视图的形成

二、向视图

六个视图如果按图 7-1 所示布置时可以不标注视图的名称，否则应在物体的某个方向标注指向箭头并标注视图的名称“×向”，并在相应的视图下方标注相同的字母，如图 7-2 所示。

三、局部视图

将形体的某一部分向基本投影面投影，所得的视图称为局部视图。局部视图只能表达物体某个局部的形状和构造。画局部视图的时候需要注意以下两点：

① 一般需要加注观看方向和图名，符合投影关系的可省略。

② 局部视图的边界一般以波浪线或折断线表示，但特殊除外。

如图 7-3 所示是局部视图的形成，图中的“A”在相应的视图中也以 A 向表示。局部视图的边界线以波浪线或折断线表示。但如果外轮廓线封闭，局部结构完整时，则不用再画波浪线或折断线。

四、斜视图

如图 7-4 所示，物体的左下部板是倾斜的，在左视图和俯视图上都不能反映该部位的实形，因此须增设一个平行于倾斜部位的投影面作为新投影面，再将倾斜部位向新投影面投影便可得到反映它实形的视图。

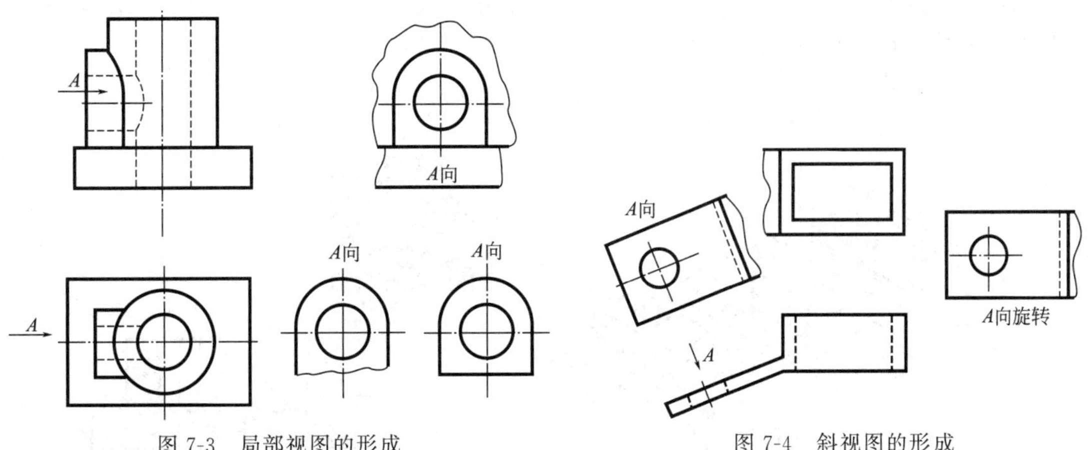

图 7-3　局部视图的形成　　　　图 7-4　斜视图的形成

将物体向不平行于基本投影面的平面投射所得的视图称为斜视图。斜视图通常按向视图的形式配置并标注，必要时也可配置在其他适当位置；允许将斜视图旋转配置。表示该视图名称的大写拉丁字母如“A”，应靠近旋转符号的箭头端，也允许将旋转角度注写在字母后。斜视图的特点为：

① 投影面倾斜于基本投影面。

② 一般需要加注观看方向和图名。

③ 斜视图的边界一般以波浪线或折断线表示。

如图 7-4 所示为形体的 A 向斜视图，画斜视图时，需用箭头标明投影的方向，并用大写字母进行编号，在相应的斜视图的下方注写“A 向旋转”。

五、展开视图

把形体的倾斜部分旋转到与某一基本投影面平行后再进行投影，所得到的视图称为展开视图。应在图名后加注“展开”二字。

如图 7-5 所示，这是房屋的展开视图，将房屋右侧倾斜部分假想绕垂直方向逆时针旋转，然后平行于 V 面，画出它的正立面图，平面图的形状和位置不变，此时的正立面图为展开立面图，需标注“展开”二字。

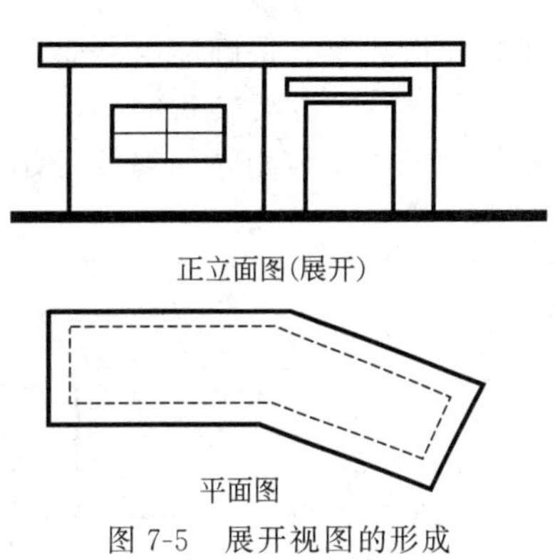

图 7-5　展开视图的形成

第二节　剖面图

一、剖面图的形成

建筑工程所绘制的图纸是二维图纸，在形体的表达中一般将可见轮廓线用实线绘制，不可见的轮廓线用虚线绘制，然而这仅仅适用于较简单的形体，当形体内部复杂，在投影图上就会出现很多虚线，这样既影响了读图的准确性，构图上也不美观。因此，建筑工程上常采用剖面的方法表达建筑形体。

如图 7-6 所示，假想用一个或多个剖切平面剖开建筑物，将观察者与剖切平面之间的部分移开，对剩下部分进行投影，这时，原来不可见的内部结构显露出来，并在截断面上画出材料图例。这样得到的图形称为剖面图。

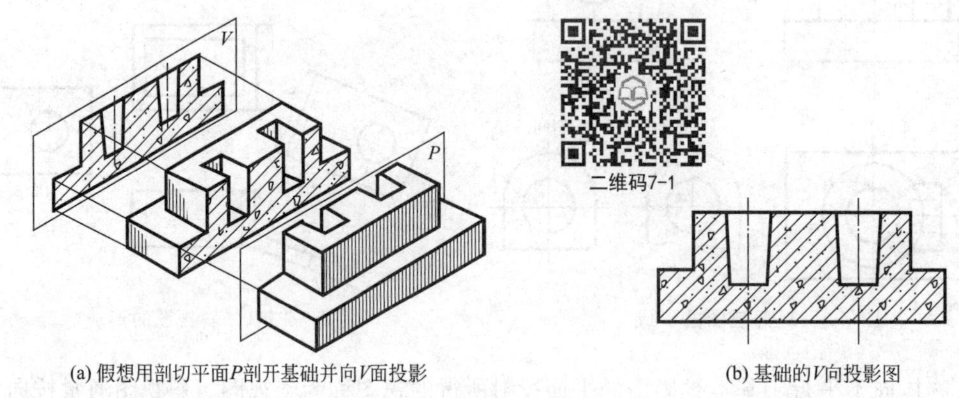

(a) 假想用剖切平面P剖开基础并向V面投影　　(b) 基础的V向投影图

图 7-6　建筑剖面图的形成

二、剖面图的要点

（1）剖切符号主要由两部分组成：剖切位置线和剖视方向线。剖切位置线用 6～10mm 的粗实线表示，剖视方向线用 4～6mm 的粗实线表示，剖视方向线应与剖切位置线垂直，长度短于剖切位置线。绘制时，剖切符号不应与图形上的图线相接触。剖切符号的编号，宜采用阿拉伯数字，按顺序由左向右、由下向上依次编排，写在剖视方向线的端部，编号数字一律水平书写。需要转折的剖切位置线，在转折处为避免与其他图线发生混淆，应在转角的外侧加注与该符号相同的编号，如图 7-7 所示，在该短线方向注写剖切符号的编号如 1—1、2—2 等。

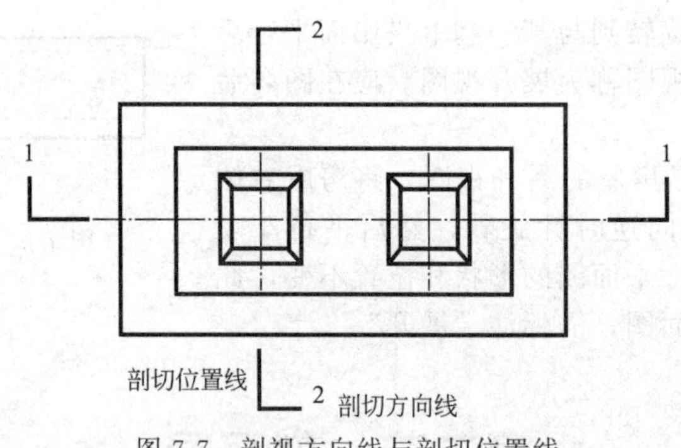

图 7-7　剖视方向线与剖切位置线

（2）剖切线型的规定　被剖切面切到的轮廓线用粗实线绘制，剖切后的形体中可见部分用中实线绘制。为使剖面图清晰易读，对已经表达清楚了的构件中不可见轮廓可省略不画。

（3）材料图例的规定画法　在剖面图中，要在断面上画出建筑材料图例，用来区分断面和非断面部分。各种建筑材料图例必须遵照“国标”规定的画法，常用建筑材料的图例，见表 7-1。

表 7-1　常用建筑材料图例

名　称	图　例	说　明
自然土壤		包括各种自然土壤
夯实土壤		
普通砖		包括砌体，砌块 当端面较窄、不易画出图例线时，可涂红
混凝土		本图例仅适用于能承重的混凝土及钢筋混凝土 包括各种标号、骨料、添加剂的混凝土 当断面较窄，不易画出图例线时，可涂黑 在断面图上画出钢筋时，不画图例线
钢筋混凝土		
沙、灰土		靠近轮廓线的较密
金属		包括各种金属 图形小时可涂黑
防水材料		构造层次较多或比例较大时，采用上面图例
塑料		包括各种软、硬塑料及有机玻璃等

注：如果没有指明材料时，则用 45°方向的平行线表示，其线型为 $b/3$ 的细实线。同一个物体的所有图例线方向与间距应相同。

【例 7-1】 如图 7-8(a)、(b) 所示，根据所给台阶的轴测图及剖切面，将左视图改画成适当形式的剖面图。

解 分析：这是一个左右对称的台阶，在对称处用一个假象的剖切平面将其剖开。如图 7-8(c) 所示。

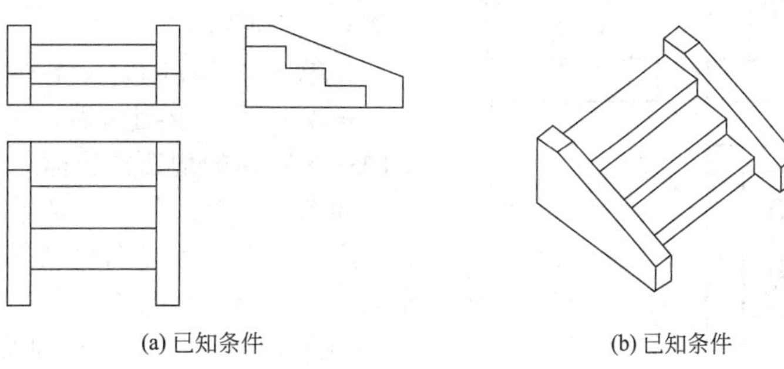

(a) 已知条件　　(b) 已知条件

图 7-8

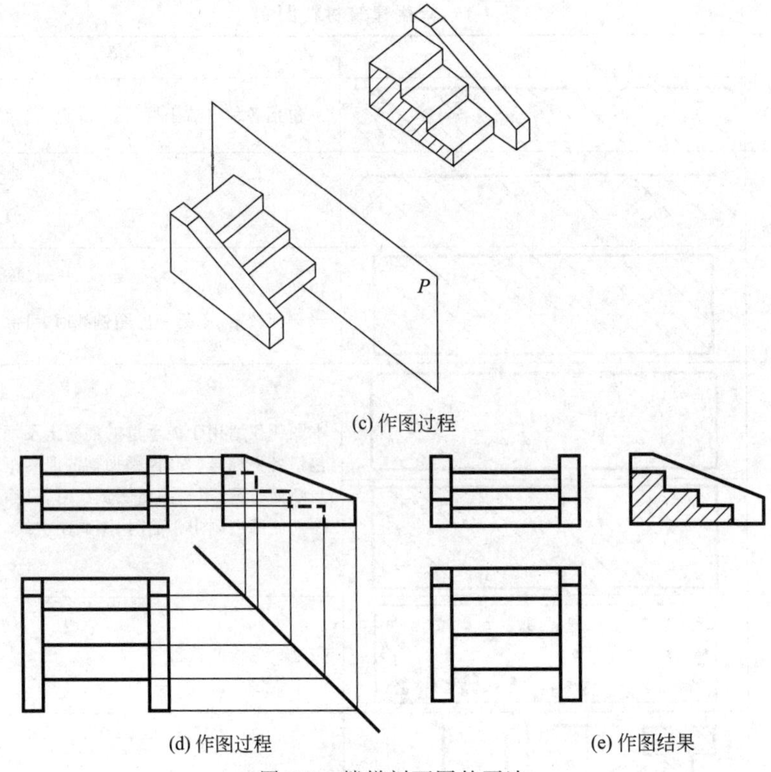

图 7-8 楼梯剖面图的画法

作图步骤：

(1) 将剖切平面 P 连同它左面的半个台阶移走，将留下来的半个台阶投射到与剖切平面 P 平行的 W 投影面上。此时，W 投影面上得到的投影图即为台阶的剖面图，如图 7-8(d) 所示。

(2) 在截断面上画出材料图例，若没有注明物体的材料则用 45°细实线画上剖面线。

(3) 检查并加深图线。作图结果如图 7-8(e) 所示。

三、剖面图的分类

根据剖切方式的不同，剖面图分为全剖面图、半剖面图和局部剖面图等。

（一）全剖面图

用一个平行于基本投影面的剖切平面，将物体全部剖开后，画出的图形称为全剖面图，它一般适用于不对称的建筑形体，有的形体虽然对称，但外形简单、内部结构复杂，同样需要绘制全剖面图。建筑中常用的全剖面图剖切方法有以下两种。

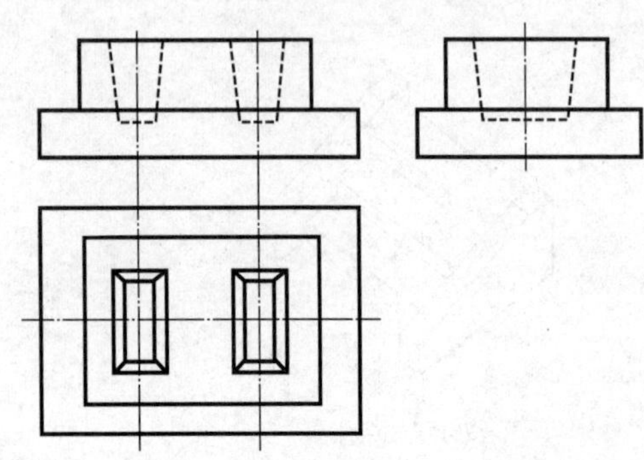

图 7-9 双杯型基础三视图

1. 单一剖切面剖切（单一剖）

每次只用一个剖切面，必要时可以多次剖切同一个物体的剖切方法称为单一剖。

如图 7-9 所示为一个双杯型基础的三视图，除了用三视图表示基础的外形外，还可选用剖面图表示基础内部结构。

如图 7-10 所示，1—1 剖面图为单一剖切平面剖切的全剖面图，假想用一个垂直于水平面且平行于正立面的剖切平面 P，沿基础杯口中心线将基础切开，移去基础的前面部分，再从前向后即 V 方向投影，所得到的 1—1 剖面图清晰地表达了双杯型基础杯口的位置和形状。

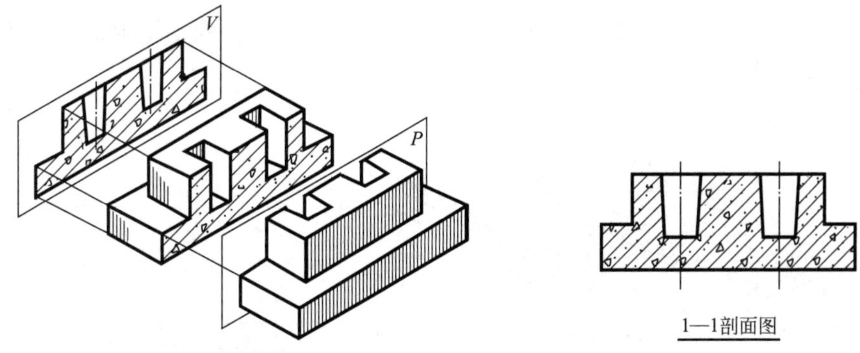

图 7-10 假想平面 P 剖开基础 V 向投影

如图 7-11 所示，将左视图改画成剖面图时，是假想用一个垂直于水平面且平行于侧立面的剖切平面 Q，沿基础杯口中心线将基础切开，移去基础的左边部分，再从左向右即 W 方向投影，所得到的 2—2 剖面图清晰的表达了双杯型基础中一个杯口的位置和形状。1—1、2—2 剖切符号一般标注在平面图上。

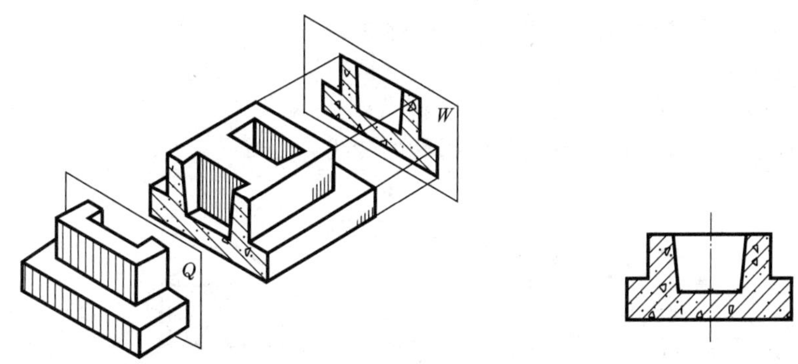

图 7-11 假想平面 Q 剖开基础 W 向投影

最后得到 1—1、2—2 剖面图，同时给出基础的平面图，并在平面图上标出剖切的位置。如图 7-12 所示。

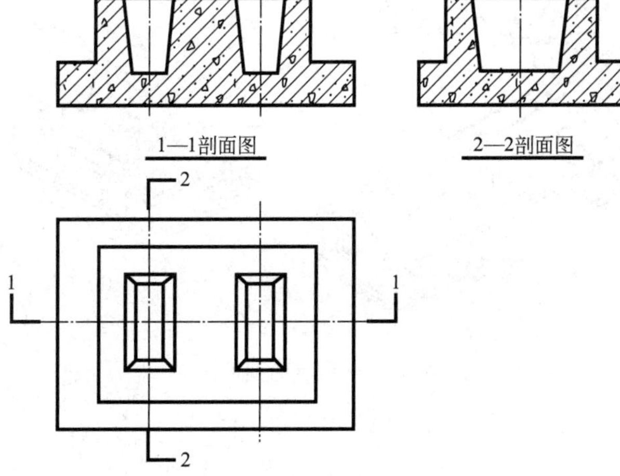

图 7-12 双杯型基础的平面图、1—1 剖面图和 2—2 剖面图

2. 阶梯剖切面剖切（阶梯剖）

用两个或两个以上平行的剖切平面剖切形体的方法称为阶梯剖。如图 7-13 所示，由平面图上转折的剖切线可知，2—2 剖面图是由两个剖切面剖切后得到的。平面中的转折是为了同时剖到圆孔和方孔，将物体所有特征的地方表达出来。在剖面中不画出两个剖切平面的分界线，但应在转角的外侧加注相同的剖切符号。

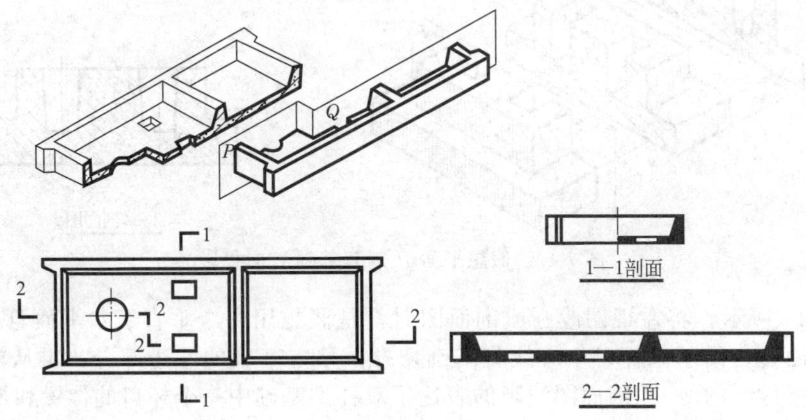

图 7-13　阶梯剖面图

如图 7-14 所示房屋的剖面图，图（a）中标注的 1—1 剖切面是阶梯型的，为了将房屋的特征完整地表达出来，剖切线选择经过窗户后再转折经过大门，剖切的空间部分如图（c）所示，在 1—1 剖切面中窗户和门俱在，虽然它们实际上不在一个平面，但由于剖面图是假想的，在作阶梯剖时不应画出两剖切面转折处的交线。

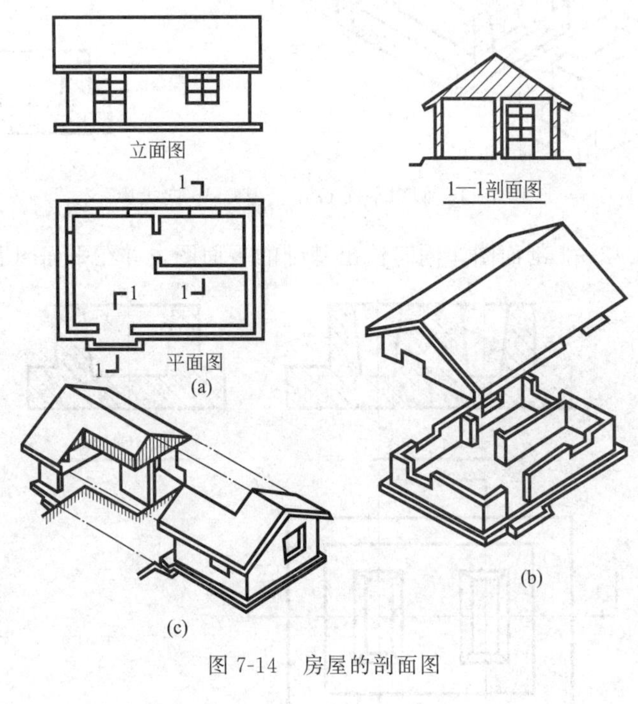

图 7-14　房屋的剖面图

（二）半剖面图

当物体具有对称平面时，在垂直于该对称平面的投影面上投影所得的图形，且以对称线为界，一半画成视图，另一半画成剖面图，这样组合得到的图形称为半剖面图。一般适用于内外形状较复杂且具有对称结构的物体，如图 7-15 所示。

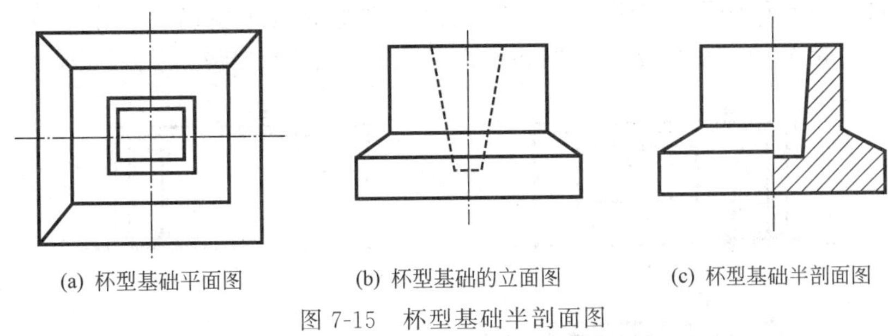

(a) 杯型基础平面图　(b) 杯型基础的立面图　(c) 杯型基础半剖面图

图 7-15　杯型基础半剖面图

在画半剖面图时应注意以下两点：

(1) 线型选择　在半剖面图中，半个外形视图和半个剖面图的分界线应画成点画线，不能画成粗实线。一般情况下视图与剖面图的位置关系为：视图在左，剖面图在右或者视图在后，剖面图在前；由于图形对称，形体的内部结构已在半个剖面图中表示清楚，所以在表达外部形状的半个视图中，虚线应省略不画，如图 7-15(c) 所示。反之，则应画出虚线。

(2) 标注与全剖面图相同　如果剖切平面均通过形体的对称面，则可省略标注。若剖切平面未通过形体的对称面，则应按规定进行标注。

(三) 局部剖面图

当仅仅需要表达形体的某局部内部结构时，可以只将该局部剖切开，只作该部分的剖面图，称为局部剖面图。一般适用于仅有一小部分需要用剖面图表示的时候。剖切比较随意，在画局部剖面图时仍使用原来表示外形的视图，且仍使用原视图的名称，不用标注剖切符号。

规定局部剖面和外形视图之间用波浪线分开，且波浪线不能超出物体的外轮廓线也不能和其他线型重合。

如图 7-16 所示为杯型基础的局部剖面图，在平面图中保留了基础的大部分外形，仅在左下方露出一角，将基础底部钢筋的配筋情况展示出来。其中平行于投影面的钢筋用粗实线表示，垂直投影面的钢筋用小黑点表示。

若局部剖面的层次较为丰富，用一层剖切面无法完全展现物体的内部构造，则可用分层局部剖切的方法，如图 7-17 所示，图中墙体的材料由表及里按层次剖切，分别以波浪线隔开，最底层的材料为砖，中间层是水泥砂浆，表层可看作外墙抹灰层。

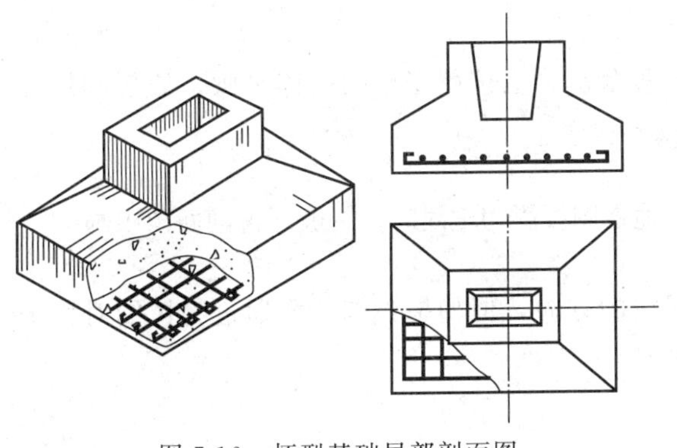

图 7-16　杯型基础局部剖面图

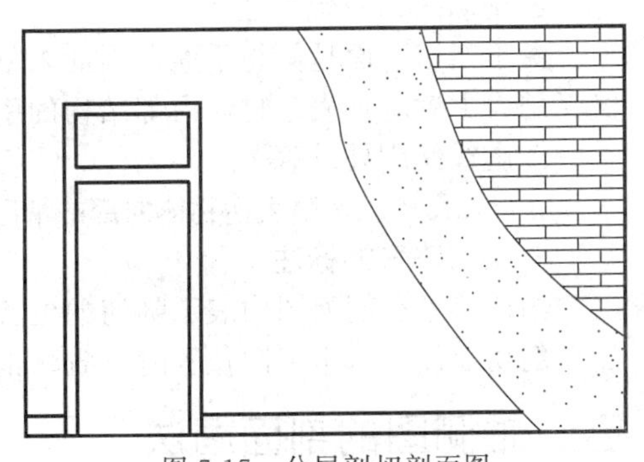

图 7-17　分层剖切剖面图

【例 7-2】 如图 7-18(a)、(b)、(c) 所示，试阅读房屋的三面投影，根据平面图中剖切线所标明的位置，绘制 1—1 剖面图（门窗洞口的高度均相同）。

解 分析：由平面图可知房屋被阶梯剖切后，剖切线经过窗和门。在绘制 1—1 剖面图时需将窗和门的特征均表示完整，且剖切平面转折处不绘制分界线。

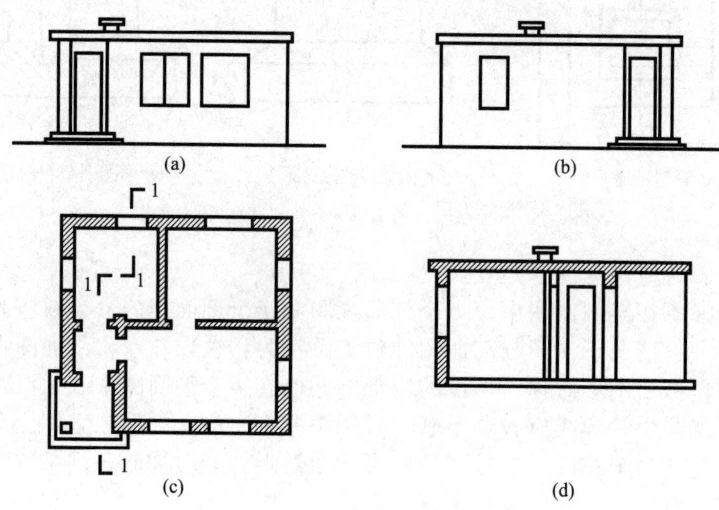

图 7-18 房屋的三面投影图和剖切线位置

作图步骤：

(1) 投影图分析 正立面图中的构件包括房屋的大门、台阶、两扇窗户和烟囱，左侧立面图中的构件包括房屋的一樘窗户、烟囱和台阶以及台阶上门凹进去的一面墙。各构件的尺寸均可在视图中量出。

(2) 形体分析 由平面图可知该房屋有三间房、走廊处连接外部台阶。

(3) 确定剖切线位置 总结剖面图中通过的构件：一樘窗、两樘门。分析剖切线通过的位置，表现在视图中的构件还应包含房屋内部的一樘门。

(4) 绘制剖面图 如图 7-18(d) 所示。

四、画剖切面的注意事项

1. 剖切位置的选择

剖切面需经过物体的特征元素，并且能将这些元素表示出来。在经过物体时，剖切面一般是平行或垂直于投影面的。

2. 剖切面为假想平面

由于剖切平面是假想平面，因此未剖切的其余部分应按照完整的物体来画。假想剖切面仅仅是为了更清晰表达物体内部结构的手段。

3. 虚线使用要准确

在剖面图中已清晰表达物体内部的情况，其他视图投影为虚线时，一般不再剖面图中画出。

4. 剖切符号的标注

剖切符号在剖面图中表示剖切的位置和视线的方向，但如果当剖切面通过物体的对称平面且剖切面位于基本视图位置时可省略剖切符号。

五、轴测图的剖面画法

有时为了清楚地看到一些物体的内部构造，通常会用两个相交的剖切平面剖切，切去部分占到原物体的 1/4 或者 1/2，这种剖切后的轴测图称为轴测剖切图。

轴测剖切图的断面上应画出材料图例线，图例线应按断面所在坐标面的轴测方向绘制。

【例 7-3】 如图 7-19(a) 所示为基础的正等轴测图，试求作它的轴测剖切图。

解 分析：由已知条件可知，A、B 两个剖切面为垂直关系，因此该轴测图采用的是 1/4 的剖切方式。作图过程如图 7-19(b)、(c) 所示。

作图步骤：

(1) 绘制出基础的外形轮廓。

(2) 根据轴测轴绘制内部结构，沿轴测轴切去形体的 1/4 后露出内部轮廓。

(3) 在断面内绘制材料图例，绘制时注意剖切线的方向，将轮廓线描粗。

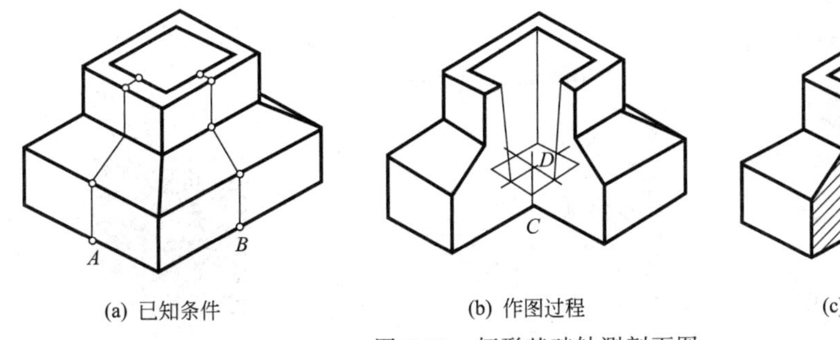

(a) 已知条件 (b) 作图过程 (c) 作图结果

图 7-19 杯形基础轴测剖面图

第三节 断面图

一、断面图的形成

假想用剖切面将物体剖开，仅绘制物体截断面的图形称为断面图。断面图主要用于建筑物的内部构造，用于表达建筑构件梁、板、柱的截面形状，常常与剖面图相互配合。

如图 7-20 所示是梁的轴测图以及剖切平面图，如图 7-20(a) 所示为此剖切面的断面图和剖面图，由图可见，断面图和剖面图的区别是：断面图只画出物体被剖开后与剖切面接触的断面的投影。而剖切图要画出物体被剖开后剩余部分的所有投影。在剖面图中包含断面图，但在断面图中却不包含剖面图。

二、断面图的种类

断面图分为移出断面图、重合断面图和中断断面图三种类型。

(一) 移出断面图

1. 移出断面图的画法

绘制在视图之外的断面图称为移出断面图。如图 7-20(a) 所示，1—1 断面图位于正立面图的下侧，移出断面的轮廓线用粗实线画出。

如果一个形体有多个断面图，则将它们整齐地排列在投影图的四周，这种处理方式常见断面变化较多的混凝土构件。如图 7-21 所示，多个断面图排列在一起且每个断面图尽量画在对应的剖切线的延长线上或附近。

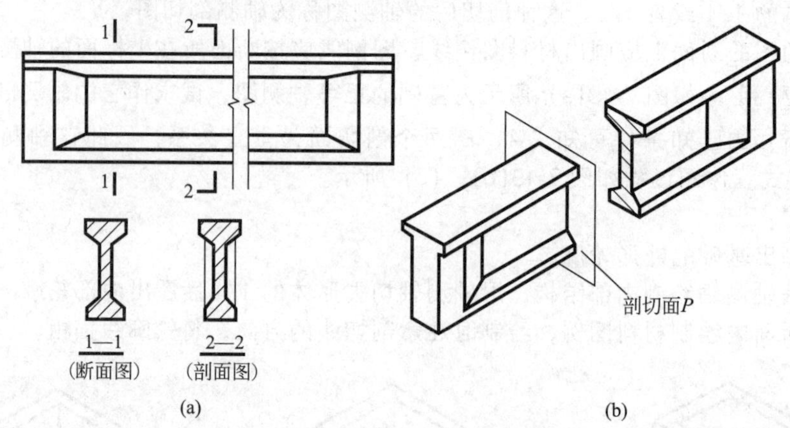

图 7-20　梁的断面图和剖面图

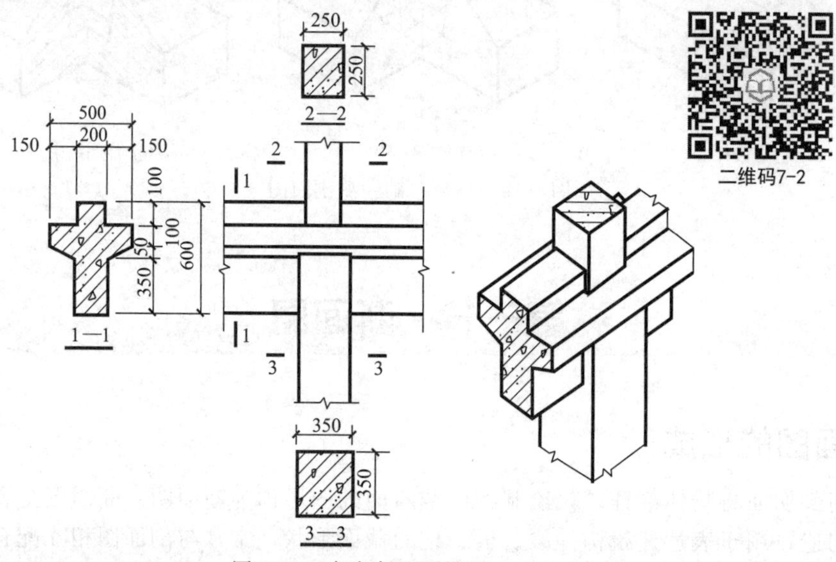

图 7-21　多个断面图排列

2. 移出断面图的标注

移出断面图的标注方法和剖视图的标注方法不同，断面图的剖切符号只用剖切位置线表示，以粗实线绘制，长度宜为 6～10mm；不画表示投影方向的粗实线，而是用阿拉伯数字编号所处的位置来表明投影方向。编号写在剖切线下方，表示向下投影，编号写在剖切线右方，表示向右投影。具体标注方式可参见图 7-21。

（二）重合断面图

绘制在视图之内的断面图称为重合断面图。既可以节省作图的地方，又不易引起误解，且不需要任何标注。如图 7-22 所示为角钢和倒 T 形钢的重合断面图。

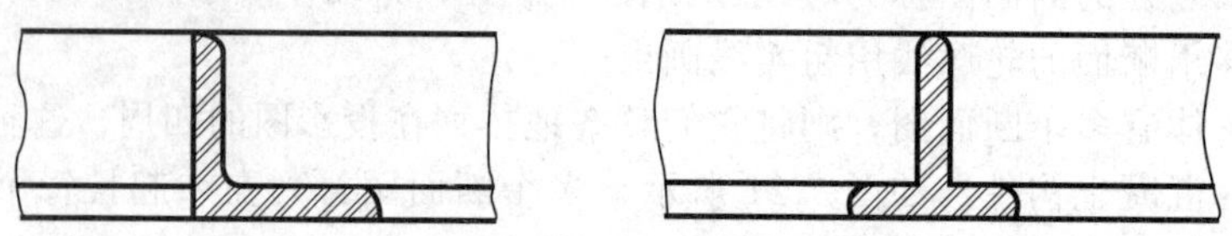

图 7-22　重合断面图的画法

重合断面图通常是在整个构件的形状基本相同时采用，断面图的比例必须和原投影图的比例一致。其轮廓线可能闭合，也可能不闭合。如图 7-22 所示，是不闭合断面图，如图 7-23 所示结构梁板断面图则是以闭合的方式绘制的。

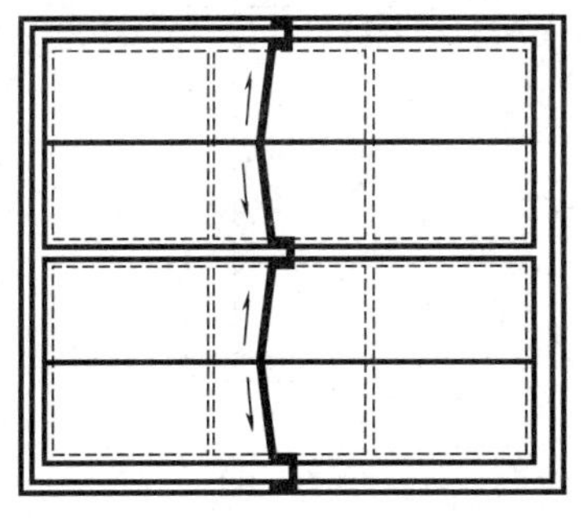
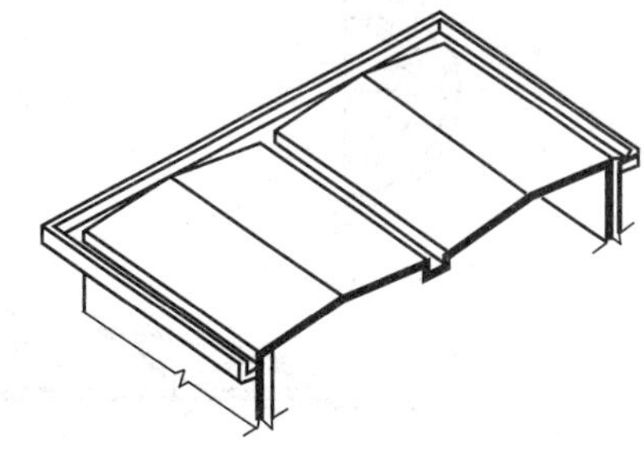

图 7-23　结构梁板断面图

在施工图中的重合断面图，通常把原投影的轮廓线画成中粗实线或细实线，而断面图画成粗实线。

（三）中断断面图

对于单一的长杆件，可在杆件投影图的某一处用折断线断开，然后将断面图绘制在中断处，这种断面图称为中断断面图。中断处用波浪线或折断线表示，不画剖切符号。如图 7-24 所示，是一个木材的断面图，可直接将断面图画在中断位置。

如图 7-25 所示是钢屋架的大样图，该图采用中断断面图的形式来表达各弦杆的形状和规格。中断断面图的轮廓线也为粗实线，图名仍然沿用原图名。

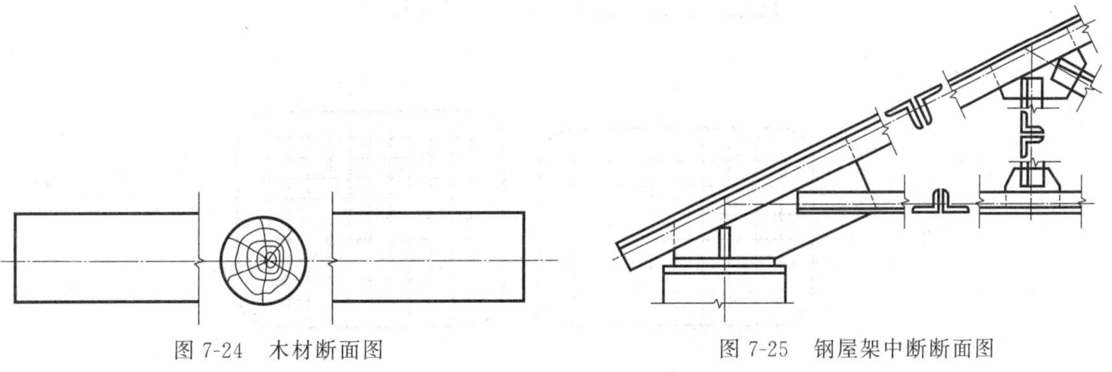

图 7-24　木材断面图　　　　图 7-25　钢屋架中断断面图

第四节　视图的简化画法

《房屋建筑制图统一标准》中规定，在不妨碍将物体的形状和结构表达完整的前提下，为了节省绘图时间，可采用简化画法。下面将一些常用的画法介绍如下。

一、对称省略画法

如果形体对称，则可以对称线为界，只画一半图形即可，并标注对称符号。对称符号是用长度 6～10mm 的平行细实线绘制，平行线线距为 2～3mm。若超出对称线，可不画对称符号，但应在对称部分画上折断线。如图 7-26(a) 所示为图形的对称省略画法，如图 7-26(b) 为对称符号的画法。

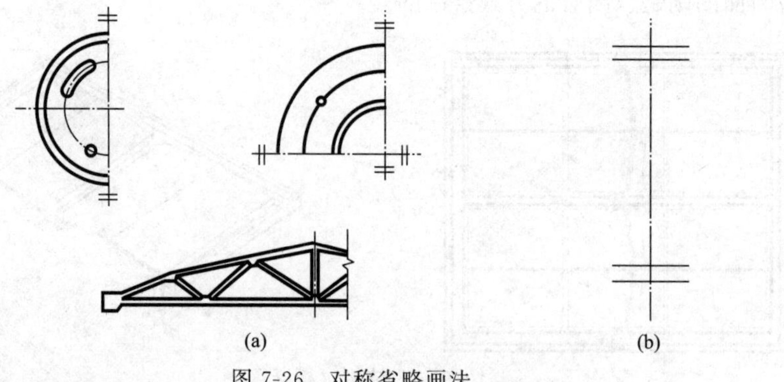

图 7-26　对称省略画法

二、相同结构要素的省略画法

当物体具有若干相同元素时，可以在适当的地方画出几个完整的形状，其余部分以中心线或中心线交点表示即可。如果其他元素并不是在所有的交点处都存在，则可在存在的交点处用实心小圆点表示。如图 7-27 所示。

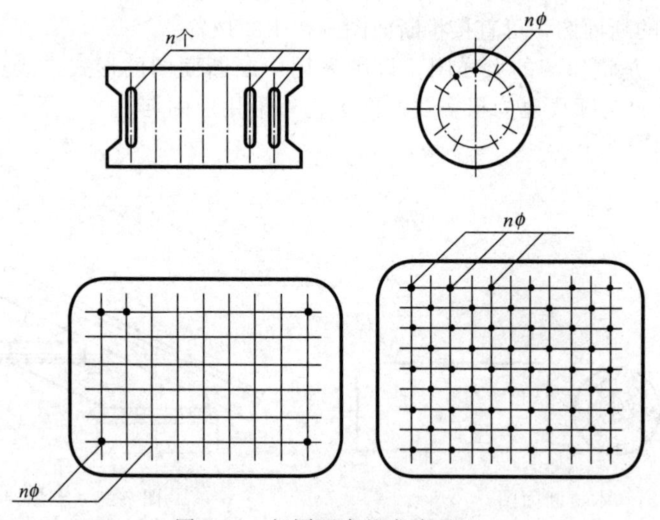

图 7-27　相同要素的省略画法

三、折断省略画法

当构件较长，且沿长度方向形状不发生变化或按照一定的规律变化，则可断开采用省略绘制，断开处用折断线表示。如图 7-28(a) 所示。

四、构件局部不同画法

当所绘制的构件与另一个构件仅有部分不相同的时候可采用局部不同画法。在两个构件的相同部分和不同部分的分界线处绘制连接符号。通常以折断线表示，且两个连接符号应对齐，如图 7-28(b) 所示。

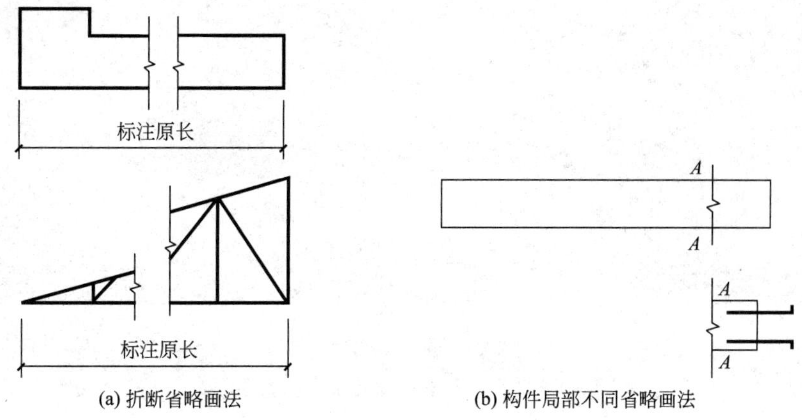

(a) 折断省略画法　　(b) 构件局部不同省略画法

图 7-28　折断省略和局部不同省略画法

五、物体上较小结构的画法

如果物体上有较小的元素，在其中一个图形中已经表示清楚时，则其他图形可进行简化。

08
Chapter

第八章

计算机绘图的基本知识与操作

教学提示 本章节主要介绍了AutoCAD2014的基本功能和软件的工作界面组成，介绍了绘图环境设置、图形的显示控制以及绘图辅助功能等基本操作的相关内容。

教学要求 要求学生熟悉工作界面，掌握工作环境的设置和图形的显示控制，掌握用辅助功能作图等基本操作，为学习计算机绘图技术打下良好基础。

目前，国内外有很多软件可以满足计算机辅助绘图的工作。本书以 AutoCAD2014 为例，简要介绍图形对象的绘制和编辑等基本内容。AutoCAD 是美国 Autodesk 公司推出的一个通用的交互式计算机辅助绘图软件。由于它功能相对强大而且完善、易于使用、适应性强（可用于建筑、机械、电子等许多行业）、易于二次开发，而成为当今世界上应用最广泛的辅助绘图软件之一。

第一节　AutoCAD 2014 的工作界面

在启动 AutoCAD2014 时，系统会首先打开“AutoCAD 2014”对话框，用户可以通过“AutoCAD2014”对话框打开已有文件、创建新的图形文件或进行其他操作。

根据需要选择相应的选项后，就可进入 AutoCAD2014 的工作界面。用户可以在此界面下开始图形文件的绘制和编辑工作。

如图 8-1 所示，为经过重新配置后的 AutoCAD2014 工作界面，主要包括绘图区、功能区、应用程序按钮和快速访问工具栏、命令行、状态栏等。下面对工作界面的各个部分分别作出介绍。

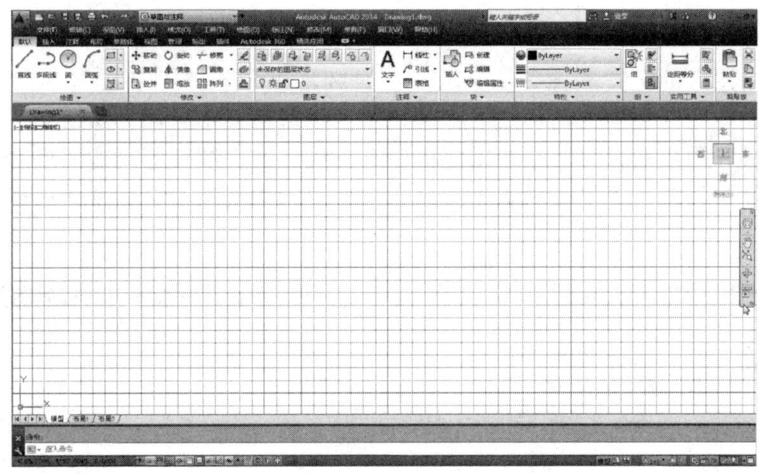

图 8-1　AutoCAD2014 工作界面

一、绘图区

默认软件界面中，占据最大面积的区域即为绘图区，是用户绘制图形和修改图形的主要工作空间，用户所有图形的绘制都在绘图区中绘制完成。绘图区的左上角为视口控件，可设置视图的类型或视觉样式。左下角显示坐标图标，绘图区右边是三维视图的切换与导航工具如图 8-2 所示。

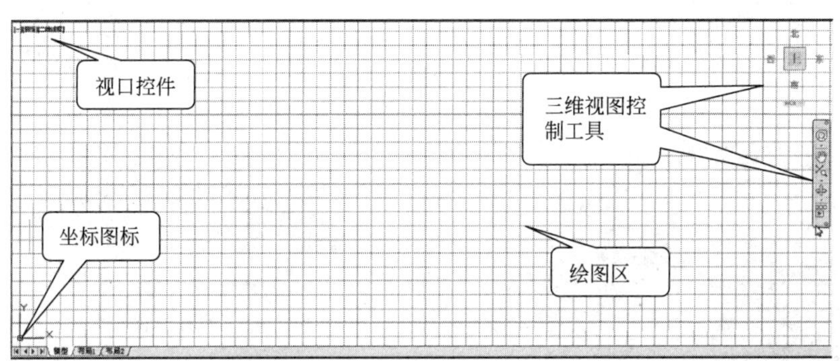

图 8-2　绘图区

鼠标单击视口控件上的文字，即可打开弹出菜单，进行视口数量的配置、视口类型的选择和视觉样式的切换等，如图 8-3 所示。

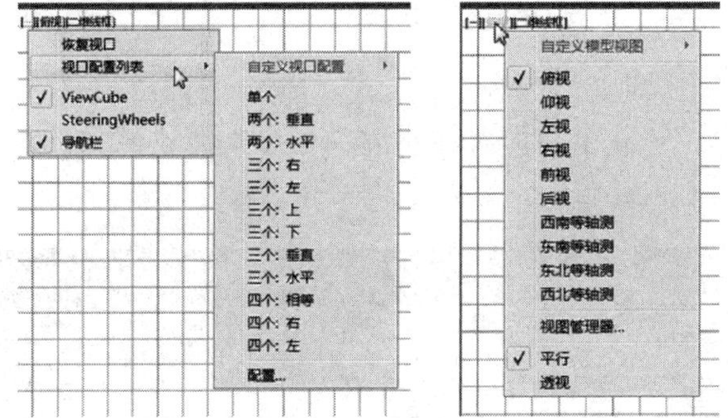

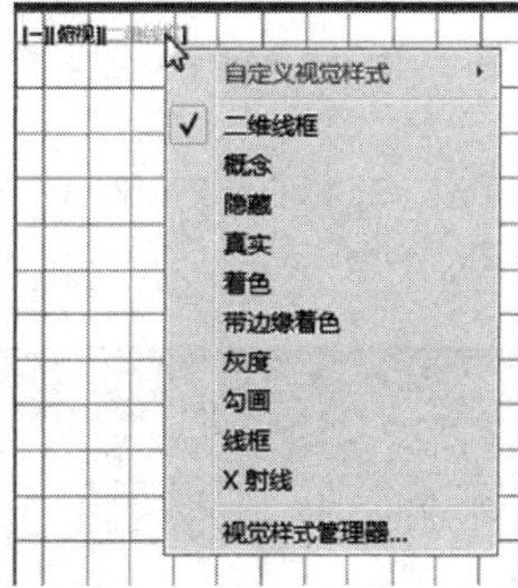

图 8-3　视口控件弹出菜单

二、功能区

功能区在绘图区的上方如图 8-4 所示，功能区集中了软件的各工具和命令，通过“默认”“插入”“注释”等选项卡的形式，将其显示于图形面板中。如“默认”选项卡中有绘图面板、修改面板和图层面板等。在绘图面板中有直线、圆、圆弧等创建图形的工具，修改面板中有移动、复制、旋转等修改对象的工具。切换不同的选项卡会显示该选项卡下的各工具面板。

图 8-4　功能区

三、应用程序按钮和快速访问工具栏

在应用程序按钮弹出菜单和快速访问工具栏中可进行文件的新建、打开、保存和打印等操作，如图 8-5、图 8-6 所示。在工作空间选项中可切换绘图工作环境。如“三维建模”“AutoCAD 经典”等，如图 8-7 所示。

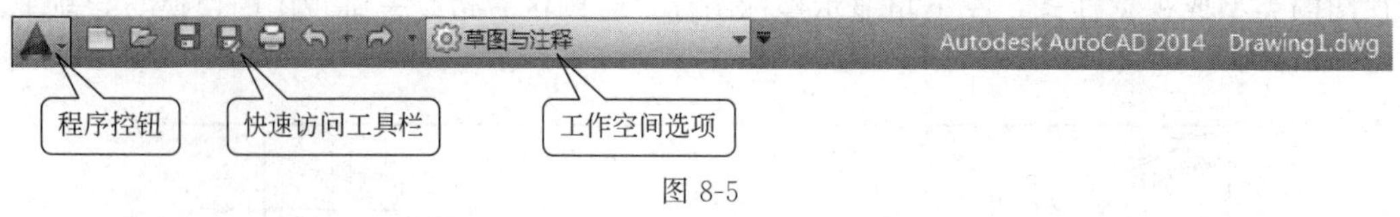

图 8-5

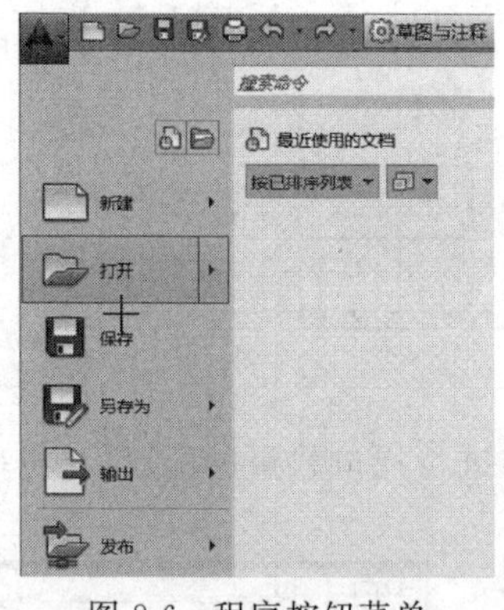

图 8-6　程序按钮菜单

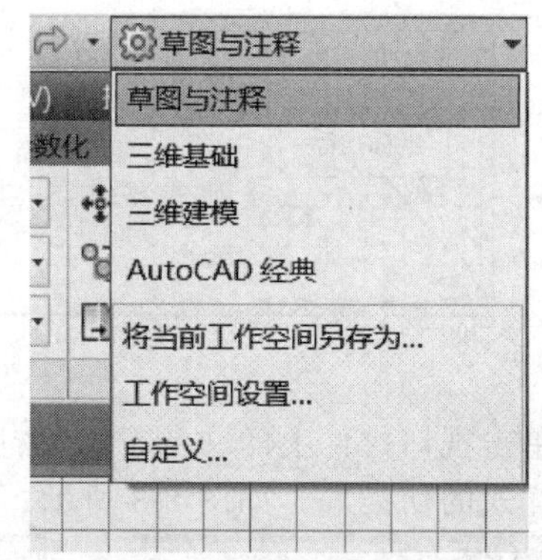

图 8-7　工作空间选项

设置工作空间为“AutoCAD 经典”，整个界面将显示为类似早期版本软件的经典界面布局，如图 8-8 所示。

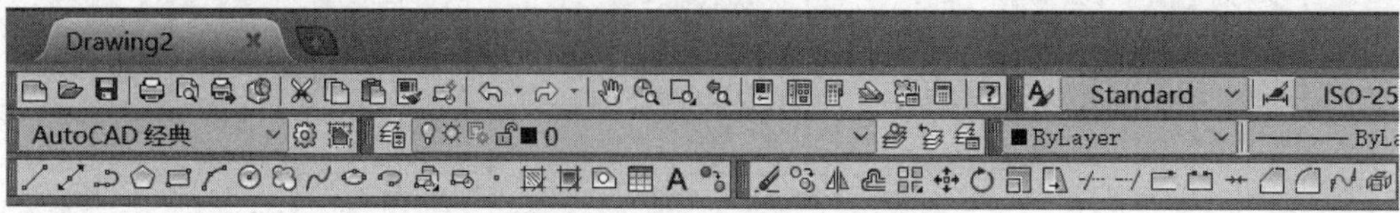

图 8-8　功能区“AutoCAD 经典”工作空间

四、命令行

命令行默认固定在应用程序窗口的底部，如图 8-9 所示。

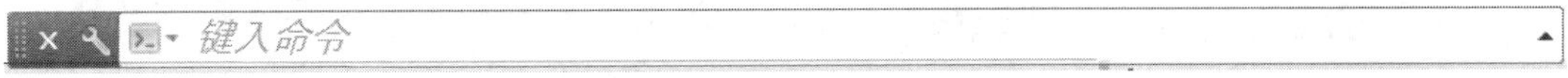

图 8-9　命令行

用户可在命令行中的命令提示符的右侧输入各种命令或选项、数据等操作信息以实现与计算机的交互。任何命令处于执行交互状态时都可按 Esc 键取消该命令。

当开始键入命令时，命令行会自动搜索提供多个可能的命令，可以通过鼠标来选择所需命令或使用“箭头键”进行选择并按“回车键”或“空格键”来确定，如图 8-10、图 8-11 所示。

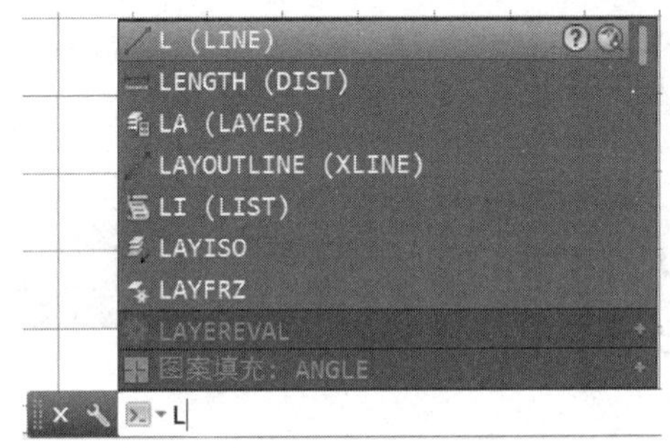

图 8-10

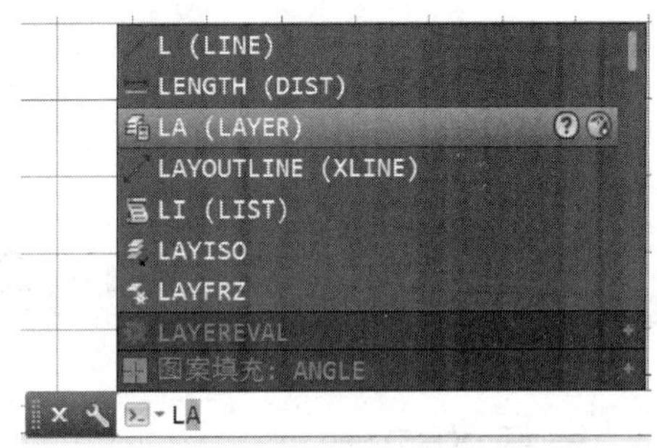

图 8-11

AutoCAD 的大多数命令在被调用时都会在命令行显示用“[　]”括起来的若干个选项，在进行交互操作时只要输入选项后“(　)”中的命令回车即可确定某一选项（也可鼠标直接单击选项）。如图 8-12、图 8-13 所示，命令行输入“C”命令回车后，命令行会显示多种不同创建圆方法的选项，继续键入选项后的命令“2P”，回车。即选择“通过直径两个端点”的方法创建圆，根据提示即可完成圆的创建。

CIRCLE 指定圆的圆心或 [三点(3P) 两点(2P) 切点、切点、半径(T)]: 2p

图 8-12

指定圆的圆心或 [三点(3P)/两点(2P)/切点、切点、半径(T)]: 2p

CIRCLE 指定圆直径的第一个端点:

图 8-13

除了在命令行键入命令外，AutoCAD2014 还提供动态输入工具，动态输入工具在绘图区域中的光标附近提供命令界面，可在命令界面中直接输入数值或按命令提示选择选项。动态输入工具大多数情况下可代替命令行，区别是用户的注意力可以保持在光标附近。如要输入“圆”命令，可直接按键盘“C”键，从弹出选项卡中选择“CIRCLE”即可。如图 8-14、图 8-15 所示（后面讲解中凡提到“命令输入”亦指动态输入，不再作特别说明）。

五、状态栏

状态栏位于绘图屏幕的最底部，如图 8-16 所示，它主要反映当前的工作状态，左侧数字表示当前光标的坐标，其右侧提供了一系列控制按钮，用于控制绘图辅助功能。

图 8-14

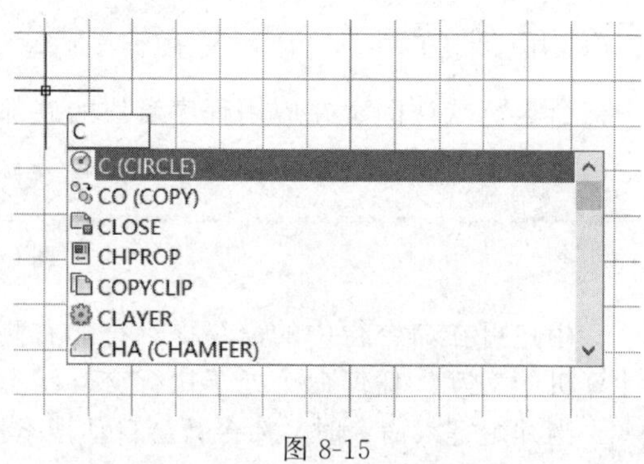

图 8-15

1295.6640, 2395.2801 , 0.0000 模型

图 8-16 状态栏

第二节 AutoCAD 2014 的基本操作

一、鼠标的使用

1. 鼠标功能键

当使用 AutoCAD 绘图时，通常鼠标的左、中、右三键都会用到，其对应的功能如图 8-17 所示，当要查找某个选项时，可尝试单击鼠标右键。根据定位光标的位置，不同的菜单将显示不同的命令和选项。光标在绘图区的右键快捷菜单如图 8-18 所示。

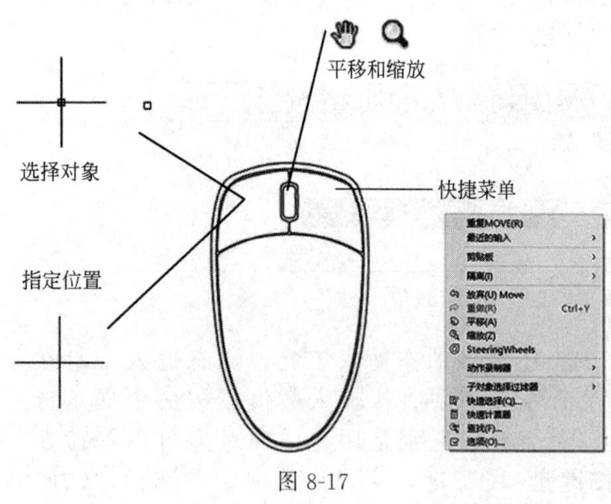

图 8-17

图 8-18

2. 鼠标光标显示信息

绘图工作过程中，光标将发生变化以反映当前的活动，在绘图区域中，光标的外观会发生以下更改（如图 8-17 所示）：

（1）如果系统提示指定点位置，将显示十字光标。

（2）当提示选择对象时，光标将更改为一个称为拾取框的小方形。

（3）当没有命令处于激活状态时，光标将是十字光标和拾取框的组合。

（4）如果系统提示输入文字，光标将是垂直的文字输入栏。

二、坐标系统

（一）坐标系

AutoCAD 图形中的所有对象均由世界坐标系（WCS）中的坐标定义，它无法移动或旋转，无法更改，是默认坐标系。坐标系由三个相互垂直并相交的 *X*、*Y* 和 *Z* 轴构成。坐标系图标显示在绘图区左下角。输入坐标值时，需要指定沿 *X*、*Y* 和 *Z* 轴相对于坐标系原点（0，0，0）的距离及其方向（正或负）。在二维中，在 *XY* 平面上指定点。坐标的 *X* 值指定水平距离，*Y* 值指定垂直距离。原点（0，0）表示两轴相交的位置。

为方便绘制图形而提供参考，系统还提供用户坐标系（UCS），默认情况下，世界坐标系（WCS）和用户坐标系（UCS）是重合在一起的。用户坐标系（UCS）是可移动或旋转的坐标系，通过单击 UCS 图标并使用其夹点或使用 UCS 命令来更改当前 UCS 的位置和方向，如图 8-19、图 8-20 所示，将用户坐标系（UCS）原点移动并对齐到圆的圆心上。

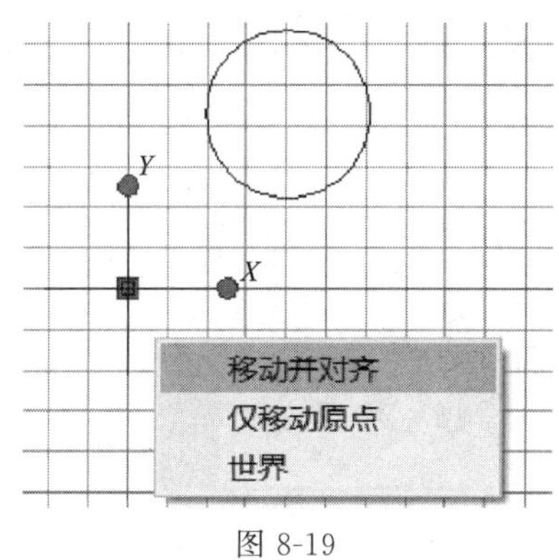

图 8-19

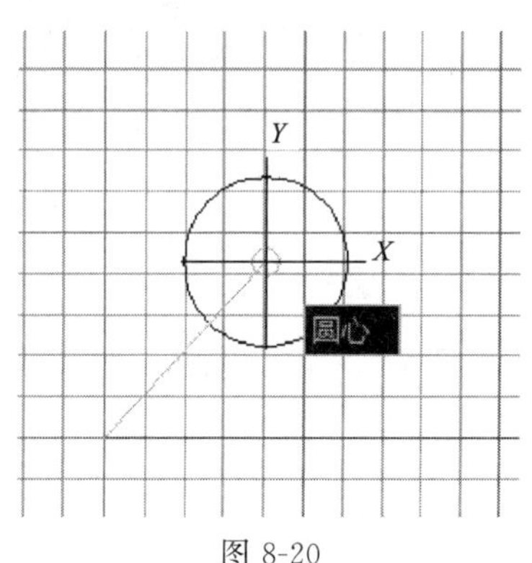

图 8-20

（二）坐标输入方法

1. 绝对坐标

绝对坐标是以当前坐标系原点为输入坐标值的基准点，输入的点的坐标值是相对于坐标系原点（0，0，0）的位置而确定的。输入点的坐标值时，坐标值之间以逗号隔开，如要输入一个 *X* 轴坐标为“500”，*Y* 轴坐标为“800”，*Z* 轴坐标为“300”的点时，在命令行提示输入点后直接输入“500，800，300”，回车。如图 8-21 所示。如果点在 *XY* 平面上，则只需输入 *X*、*Y* 的坐标值，输入“500，800”，回车。

```
LINE 指定下一点或 [放弃(U)]: 500,800,300
LINE 指定下一点或 [放弃(U)]: 500,800
```

图 8-21

注意：在命令行输入绝对坐标，需先关闭“动态输入”。按键盘“F12”键，可关闭或开启“动态输入”。或在状态栏单击“动态输入”图标来开启或关闭。坐标的输入或命令的输入需在英文输入模式下进行。

下面以实例来讲解坐标输入的具体操作。

【例 8-1】 使用绝对坐标绘制直线段，直线段第一点绝对坐标为 200，200，第二点绝对坐标为 500，800。

作图步骤

(1) 确保“动态输入”已关闭，输入法输入模式为英文模式。在命令行键入“L”，回车。

(2) 命令行提示“指定第一个点”，输入“200，200”，回车。

(3) 命令行提示“指定下一点”，输入“500，800”，回车。完成直线段的绘制。

命令行提示如图 8-22 所示，其示意如图 8-23 所示。

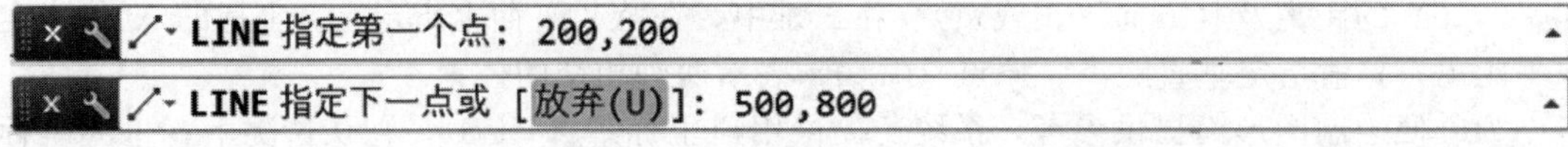

图 8-22

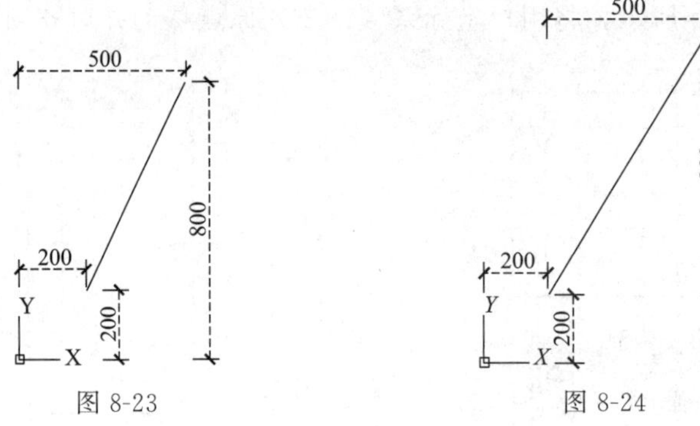

图 8-23　　图 8-24

2. 相对坐标

相对坐标是以前一个输入点为输入坐标值的参考点，输入点的坐标值是以前一点为基准而确定的，要在命令行输入相对坐标，坐标值前加“@”前缀，如直线段第一点绝对坐标为“200，200”，第二点以相对坐标输入“@500，800”。其命令行显示如图 8-25 所示。其示意如图 8-24 所示。

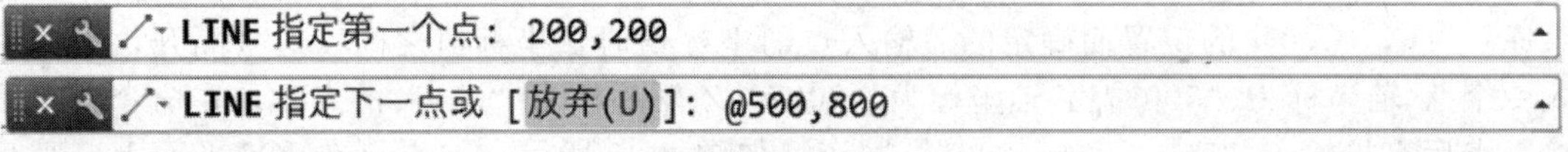

图 8-25

3. 绝对极坐标

极坐标使用极长距离和偏移角度来定位点。绝对极坐标基于坐标系原点为极点，输入绝对坐标。由一个长度值加一个角度值来确定点。输入时在长度值后加一个“<”符号，再加一个角度值。如直线段第一点极坐标为“200<30”，第二点为“1000<45”，命令行显示如图 8-26 所示。其示意如图 8-27 所示。

LINE 指定第一个点：200<30

LINE 指定下一点或 [放弃(U)]：1000<45

图 8-26

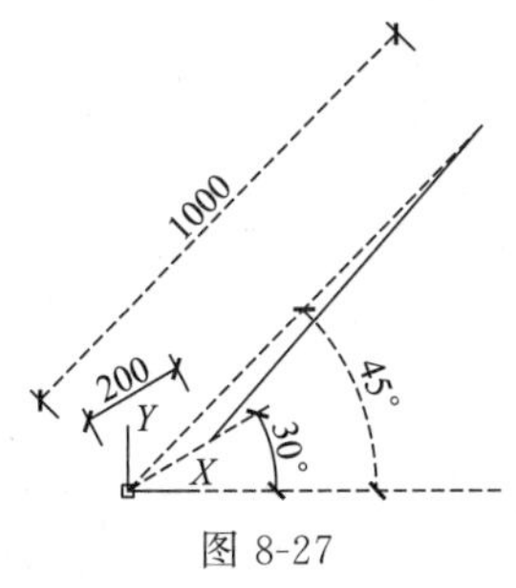

图 8-27

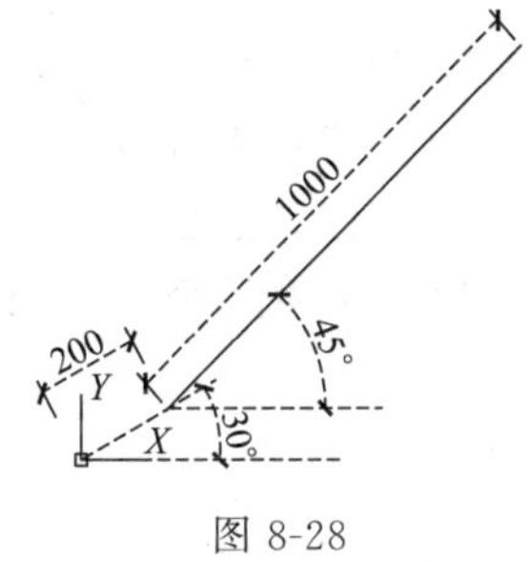

图 8-28

4. 相对极坐标

相对极坐标是基于上一点输入相对的极长距离和偏移角度。输入形式是在绝对极坐标输入形式前加“@”前缀。如直线段第一点极坐标为 200＜30，第二点以相对极坐标输入“@1000＜45”，其命令行显示如图 8-29 所示，其示意如图 8-28 所示。

LINE 指定第一个点： 200<30

LINE 指定下一点或 [放弃(U)]： @1000<45

图 8-29

5. 使用“动态输入”工具输入坐标

动态输入在绘图区域中的光标附近提供命令界面。如果光标输入处于启用状态且命令正在运行，十字光标的坐标位置将显示在光标附近的工具提示输入框中。可以在工具提示输入框中输入坐标，而不用在命令行上输入值。

动态输入默认第一个点的输入为绝对坐标，第二个点和后续点的默认设置为相对极坐标（或相对坐标）。不需要输入@符号。如果第二个点和后续点需要使用绝对坐标，使用“#”符号前缀。例如，要将第二个点指定到原点，在提示输入第二个点时，输入“#0，0”。

下面通过直线段的绘制来讲解“动态输入”工具的使用。

【例 8-2】　使用“动态输入”工具绘制直线段。

作图步骤

(1) 确保动态输入工具已开启，在绘图面板选择“直线”工具，或者直接按键盘“L”键，动态提示框会显示命令选项，选择“直线”命令即可。如图 8-30、图 8-31 所示。

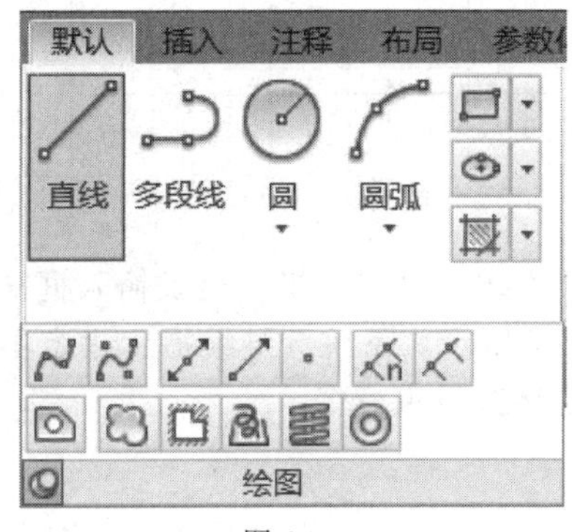

图 8-30

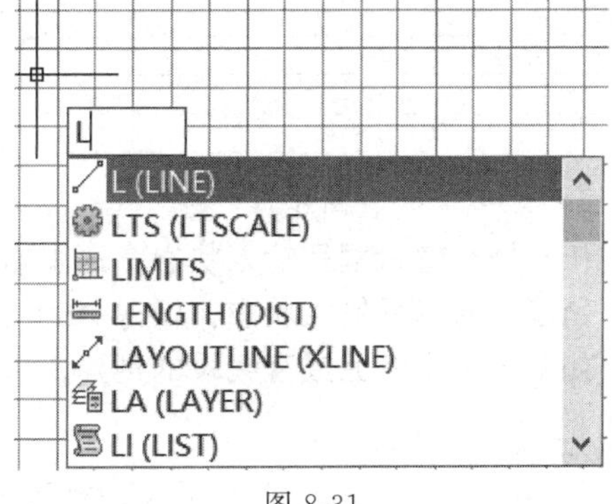

图 8-31

(2) 鼠标光标附近会出现输入框，并随鼠标光标的移动，会动态显示坐标的变化。如

图 8-32 所示。

(3) 第一个输入框呈输入状态，可直接键盘输入 *X* 轴坐标值，这里输入“200”，不要回车。如图 8-33 所示。紧接着输入“,”键，第一个输入框会被锁定，第二个输入框呈输入状态，可输入 *Y* 轴坐标值，这里输入“200”，如图 8-34 所示（提示：若要输入 *Z* 轴坐标，继续键入逗号键，会出现第三个输入框）。回车后确定第一点，并提示“指定下一点”。如图 8-35 所示。

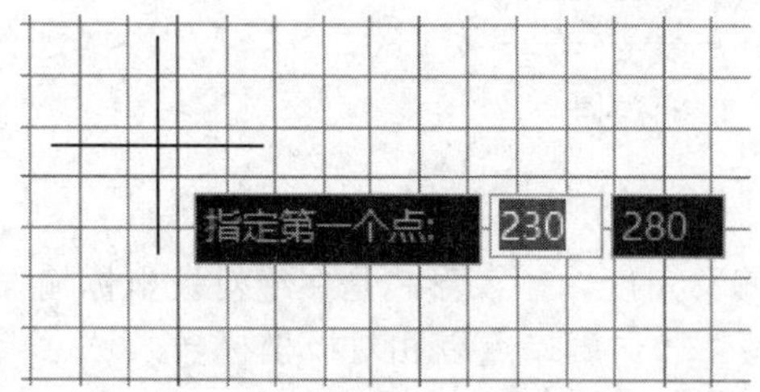

图 8-32

图 8-33

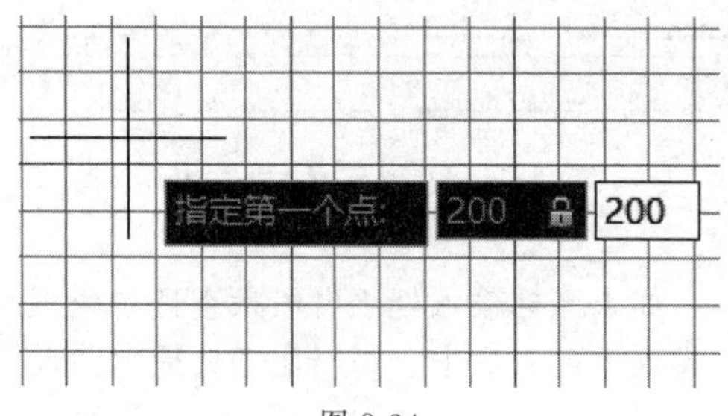

图 8-34

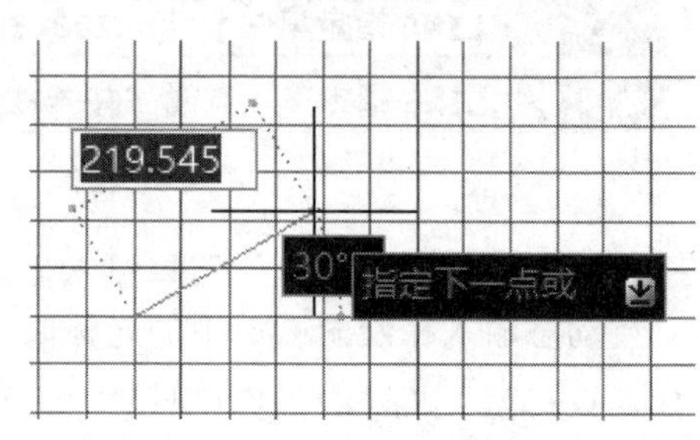

图 8-35

(4) 拖动鼠标光标仍动态显示信息，不过默认以相对极坐标的形式显示，动态显示第一点和下一点的极长距离、极角角度，如图 8-36 所示。

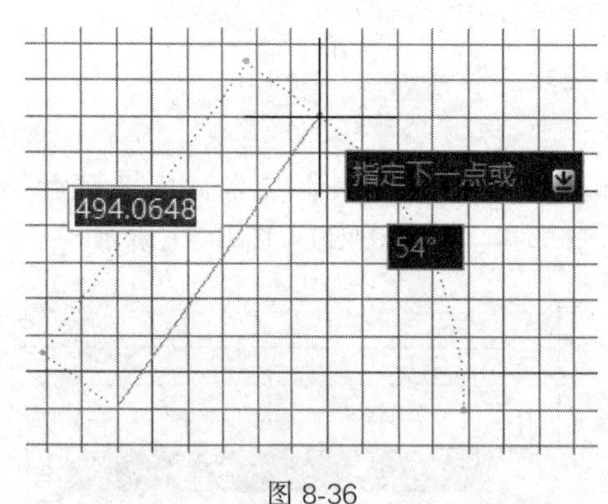

图 8-36

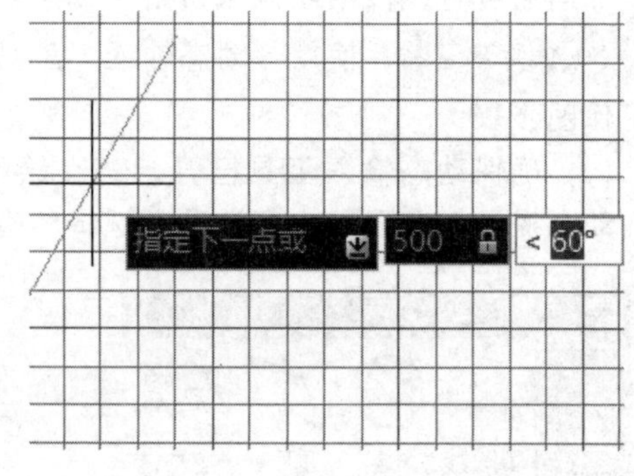

图 8-37

(5) 极长输入框呈输入状态，这里输入“500”，紧接着输入“<”键，极长输入框被锁定，角度输入框呈输入状态，输入“60”，回车，如图 8-37 所示。系统会继续提示指定下一点，如要结束命令完成直线段的创建，再次按回车键或空格键结束命令。

提示

① 第二个点和后续点的输入，默认显示是相对极坐标输入方式，也可使用相对坐标的方式输入。即在极长输入框输入“500”后，紧接着输入“,”键，而不是“<”键，500 数值将作为 *X* 轴坐标值被锁定，而不是极长距离。原角度输入框也变为 *Y* 轴输入框。

② 使用“动态输入”工具输入数值，第二个点和后续点的输入默认就是相对极坐标或相对坐标。直接输入数值即表示相对值，无需加前缀“@”。

③ 第二个点和后续点，如需输入绝对坐标或绝对极坐标，加前缀“#”。

④ 在提示输入下一点时，在极长输入框中输入数值后，可直接回车确定点。输入的数值为极长距离，极角角度默认为当前鼠标光标动态显示的极角角度。

三、文件的基本操作

（一）图形文件的新建、打开

首次启动 AutoCAD 2014 时，会打开一个“选择样板”对话框。如图 8-38 所示。默认的样板文件为“acadiso. dwt”。直接打开文件可基于图形样板来新建空白图形文件。

图形样板文件指定了图形中的样式、设置和布局，包括测量单位和测量样式、草图设置、图层和图层特性、线型比例、标注样式、文字样式等。使绘制的图形文件保持一致的标准和样式。

用户也可以自己创建新的样板文件，在打开的新图形文件中，更改设置后，另存为“AutoCAD 图形样板”。图形样板文件扩展名为“. dwt”。

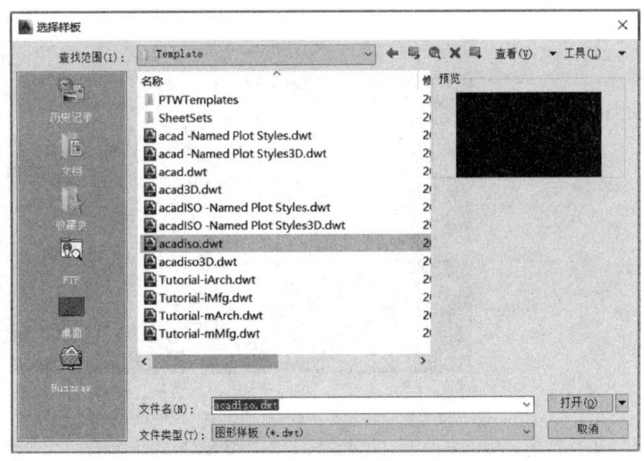

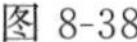
图 8-38

图 8-39

程序可同时打开或新建多个图形文件，图形文件的新建、打开、关闭等也有多种途径，具体如下：

① 应用程序按钮弹出菜单，如图 8-39 所示。

② 快速访问工具栏，如图 8-39 所示。

③ 菜单栏的文件菜单，如图 8-40 所示。

④ 文件选项卡右键快捷菜单，如图 8-41 所示。

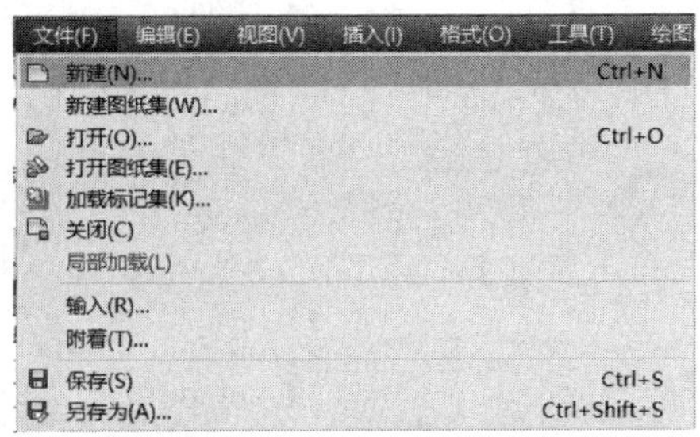

图 8-40

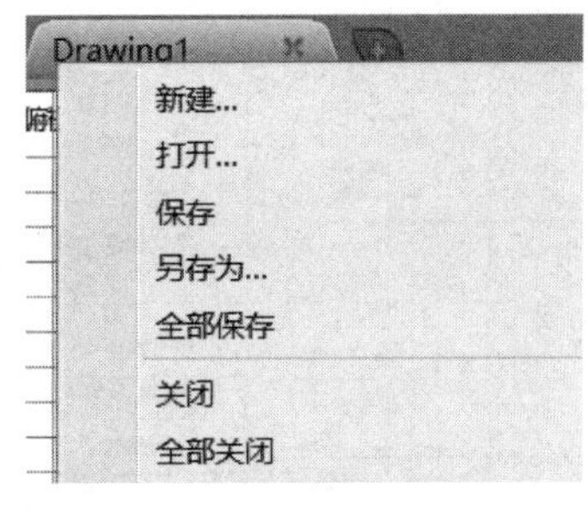

图 8-41

⑤ 命令行输入命令，输入“NEW”命令，可新建或打开文件。

（二）图形文件的保存、另存为

在 AutoCAD 2014 中，保存文件有两种方法，一种为“保存”，另一种为“另存为”。其途径与文件的新建、打开基本一致。AutoCAD 默认保存文件的扩展名为“.dwg”。

为了便于在 AutoCAD 2014 中绘制的图形文件能在早期版本中打开，可以另存为早期文件类型。在另存为对话框的文件类型下拉列表中，可以选择一个早期的版本类型来保存。

四、AutoCAD 2014 命令的基本操作

（一）命令的调用操作

在 AutoCAD 2014 中，要调用一个命令主要有以下三种途径：

① 功能区面板中选取相应的命令工具，如图 8-42 所示。

② 命令行输入（或动态输入）相应的命令，回车。如图 8-43 所示。

③ 菜单栏的各菜单中选取相应的命令选项（默认界面菜单栏是隐藏的，可设置显示菜单栏，如图 8-44、图 8-45 所示）。

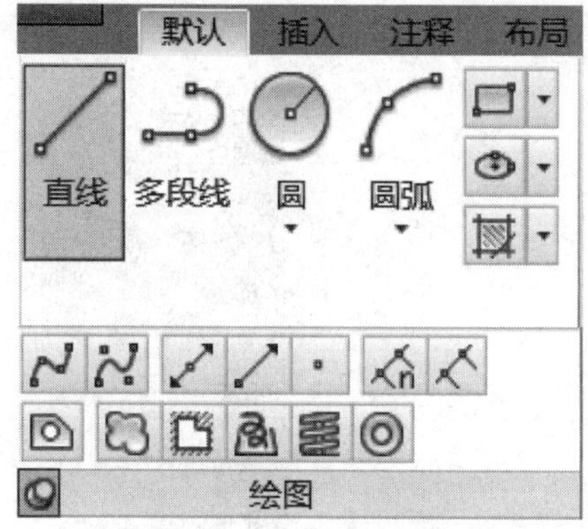

图 8-42 功能区中选取直线命令

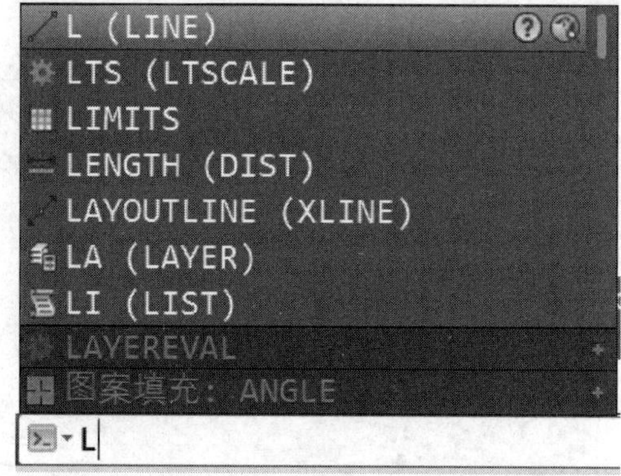

图 8-43 命令行输入直线命令

图 8-44 显示菜单栏设置

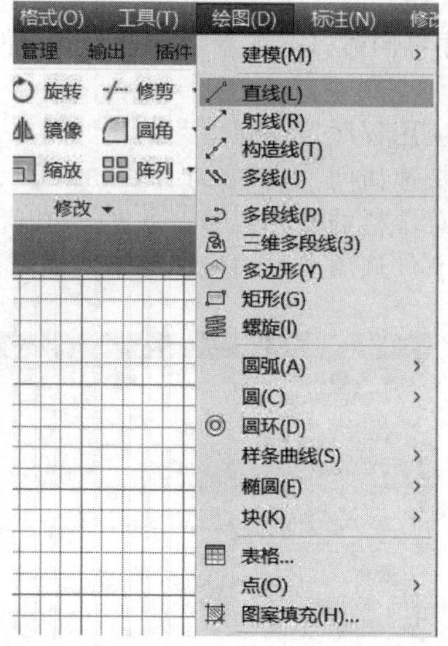

图 8-45 菜单栏选择直线命令

（二）命令的重复操作

1. 键盘重复命令操作

在实际的绘图过程中，对于同一命令可能会连续执行多次操作，在第一次命令执行完成后，直接按“空格键”或“回车键”可连续调用上一次命令。

2. 鼠标重复命令操作

鼠标在命令行或在绘图区的右键菜单中也有类似选项，如图 8-46、图 8-47 所示。

最近使用的命令
输入设置
提示历史记录行
输入搜索选项...
剪切
复制
复制历史记录
粘贴
粘贴到命令行
透明度...
选项...

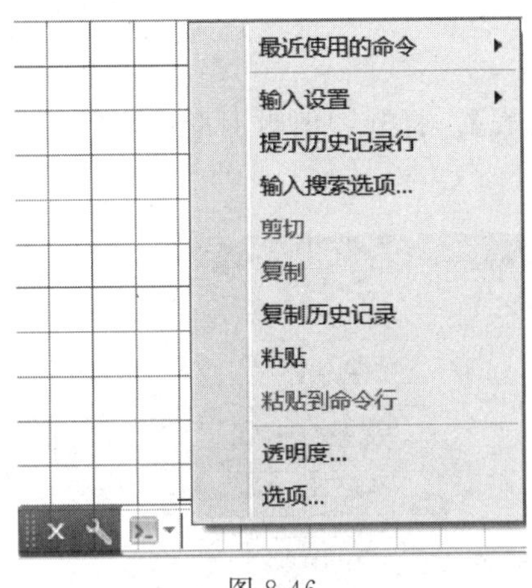

图 8-46

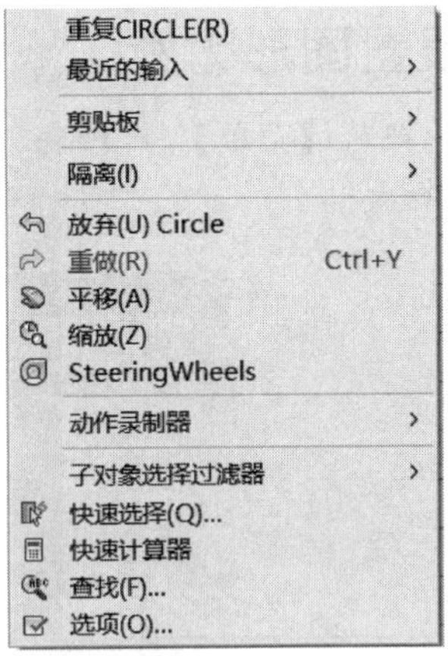

重复CIRCLE(R)
最近的输入
剪贴板
隔离(I)
放弃(U) Circle
重做(R)
Ctrl+Y
平移(A)
缩放(Z)
SteeringWheels
动作录制器
子对象选择过滤器
快速选择(Q)...
快速计算器
查找(F)...
选项(O)...

图 8-47

第三节　绘图环境设置

当使用 AutoCAD 绘制图形前，进行图形的一些基本的设置是非常有必要的，诸如单位、精度、区域、线型、颜色等等。为满足行业的绘图标准，正确地对绘图环境进行设置，可以使绘制的图形更为规范，并且提高绘图工作效率。

一、设置图形界限

图形界限即为图纸的边界或有效的绘图区域。AutoCAD 是通过定义其左下角和右上角的坐标来确定的一个矩形区域。设定图形界限的具体步骤如下：

（1）执行【菜单】→【格式】→【图形界限】（命令输入为：LIMITS），在命令行显示如图 8-48 所示。

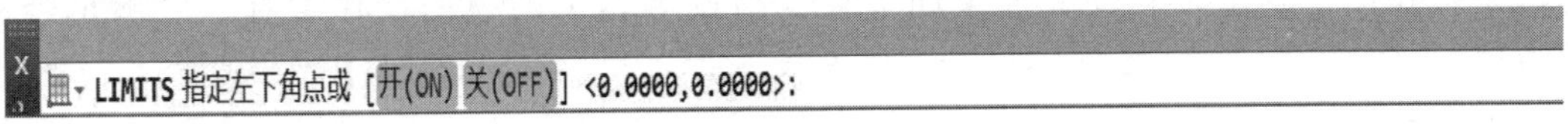

LIMITS 指定左下角点或 [开(ON) 关(OFF)] <0.0000,0.0000>:

图 8-48

默认左下角点的坐标为＜0.0000，0.0000＞，可直接回车以这一点作为界限左下角点的坐标。

（2）命令行会再次提示右上角点坐标的输入，默认值为＜420.0000，297.0000＞，如图 8-49 所示，直接回车即确定 420×297 的矩形范围界限。也可按对应格式输入其他数值回车，确定其他大小的图形界限。

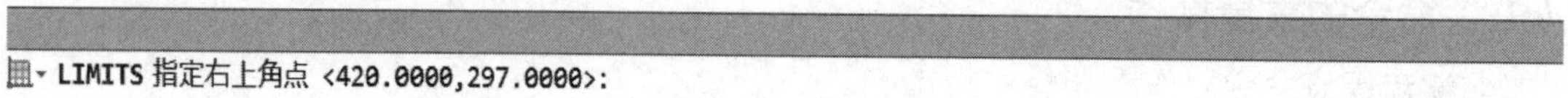

LIMITS 指定右上角点 <420.0000,297.0000>:

图 8-49

（3）选项“开（ON）/关（OFF）”用于控制界限检查的开关状态。

【开】打开界限检查。此时 AutoCAD 将检测输入点，并拒绝输入图形界限外部的点。

【关】关闭界限检查，AutoCAD 将不再对输入点进行检查。

二、设置图形比例

（1）执行【菜单】→【格式】→【比例缩放列表】。打开“编辑图形比例”对话框。如图 8-50 所示。

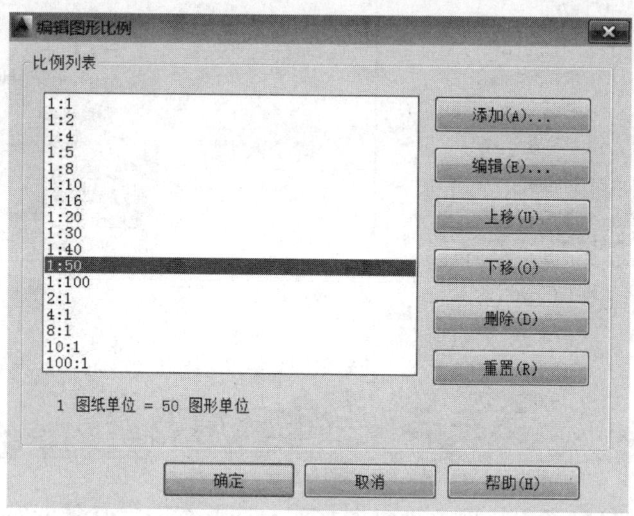

图 8-50　比例缩放列表

（2）在“比例列表”中可选择图纸单位与图形单位的比例，也可通过“添加”自定义比例。

第四节　图形的显示控制

在实际绘图过程中，为了更快捷、精确地绘制和修改图形，往往需要将视图的显示比例调整到最佳状态，软件提供了如平移、缩放等相关的视图操作工具，以满足绘图的需要。

一、视图的平移

（1）使用鼠标完成视图的平移操作。操作方法为：按住鼠标中键不放，上下左右拖动鼠标即可进行视图的平移。

（2）命令输入“P”，回车，可调用平移工具。如图 8-51 所示。

（3）功能区的“视图”选项卡下二维导航工具面板中也提供视图操作相关工具按钮，如图 8-52 所示。

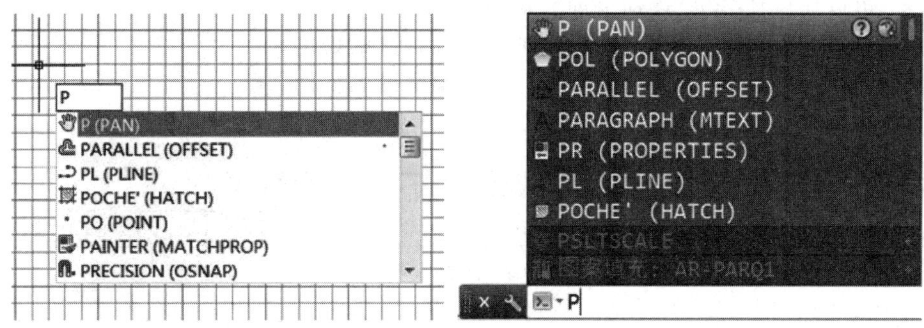

图 8-51

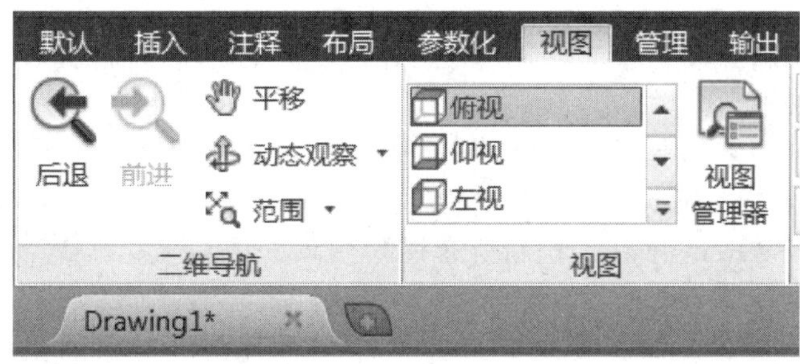

图 8-52　功能区视图工具面

二、视图的缩放

（1）鼠标完成视图的缩放。具体操作为：前后滚动鼠标的中键，来进行视图的缩放操作。

（2）功能区视图工具面板选项中缩放工具，如图 8-53 所示（菜单栏的视图菜单中也有对应的缩放选项）。各常用缩放工具的功能如下：

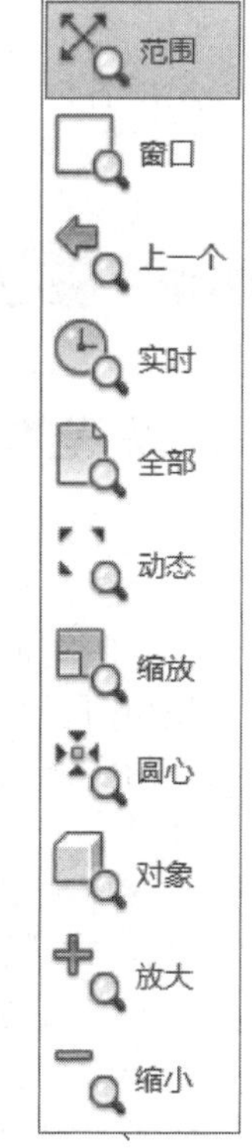

图 8-53

【范围】单击此按钮，将视图中所有图形对象完整、最大限度地显示在视图区中。

【窗口】用鼠标绘制矩形选区，选中要观察的图形，矩形选区内的图形将自动调整到在绘图区满屏显示。

【上一个】单击此工具按钮，视图将恢复到上一次的显示状态。

【实时】能够连续对视图进行放大或缩小操作，按住鼠标左键向上拖动放大视图，向下拖动缩小视图。

【全部】调整绘图区域的放大，以适应图形中所有可见对象的范围，或适应视觉辅助工具（例如栅格界限“LIMITS”命令）的范围，取两者中较大者。

【动态】使用矩形视图框进行平移和缩放。视图框表示视图，可以更改它的大小，或在图形中移动。移动视图框或调整它的大小，将其中的视图平移或缩放，以充满整个视口。

【缩放】使用比例因子缩放视图以更改其比例。

【圆心】缩放以显示由中心点和比例值/高度所定义的视图。高度值较小时增加放大比例。高度值较大时减小放大比例。

【对象】缩放以便尽可能大地显示一个或多个选定的对象并使其位于视

图的中心。可以在启动 ZOOM 命令前后选择对象。

【放大】使用比例因子 2 进行缩放，增大当前视图的比例。

【缩小】使用比例因子 2 进行缩放，减小当前视图的比例。

(3) 命令行键入“Z”命令，回车。鼠标单击选择选项或再键入选项命令，如图 8-54 所示。

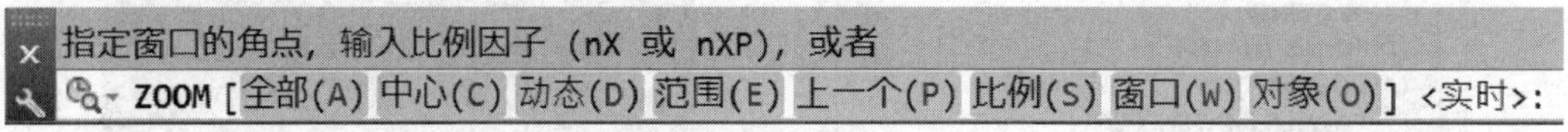

指定窗口的角点，输入比例因子 (nX 或 nXP)，或者
ZOOM [全部(A) 中心(C) 动态(D) 范围(E) 上一个(P) 比例(S) 窗口(W) 对象(O)] <实时>:

图 8-54　命令行输入缩放命令

三、重画和重生成视图

1. 重画视图

重画命令用于刷新屏幕显示。该命令有两种，一种是刷新当前视口，另一种是刷新所有视口。其调用方法如下：

(1) 菜单栏的视图菜单中选中重画。

(2) 命令行键入“Redraw”刷新当前视图。

(3) 命令行键入“Redrawall”刷新所有视图。

2. 重生成视图

重生成不仅刷新屏幕，而且更新图形数据库中所有图形对象的坐标。重生成命令有两种：

一种是重生成当前视口，另一种是重生成所有视口。其调用方法如下：

(1) 菜单栏的视图菜单中选中重生成或全部重生成。

(2) 命令行键入“Regen”重生成当前视图。

(3) 命令行键入“Regenall”重生成所有视图。

使用名称保存特定视图后，可以在打印或参考特定的细部时恢复它们。

第五节　图层的设置与管理

一、图层的概念

图层是计算机制图文件中相关图形元素数据的一种组织结构，属于同一图层的实体具有统一的颜色、线型、线宽、状态等属性。可以把图层看作是透明的图纸，分别在不同的透明图纸上绘制图形的不同部分，再将多张透明的图纸完全重叠在一起，最后得到一幅完整的图纸。使用图层绘制图形对象，可以对每一图层指定所用的线型、颜色，并可将具有相同线型和颜色的实体放到相应的图层上。

在 AutoCAD 中，与图层相关的一些功能设置都集中到“图层特性管理器”对话框中进行统一管理。用户可以使用“图层特性管理器”创建新的图层、线型、线宽以及其他的操作。打开“图层特性管理器”具体操作如下：

功能区的图层面板中点击【图层特性】命令图标。

执行命令后，即可弹出图 8-55 所示的“图层特性管理器”对话框。

除了“图层特性管理器”外，在功能区的图层面板中也有图层的特性设置，如图 8-56 所示。在对象特性设置中，可通过层来快速赋予对象指定的特性。如图 8-57 所示。

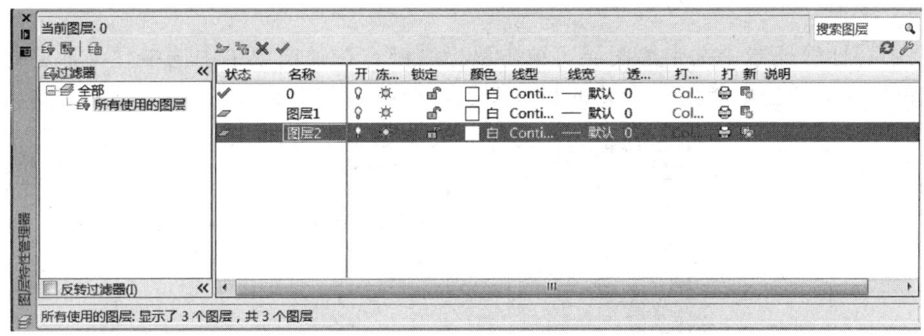

图 8-55　图层特性管理器

图 8-56 层面板

图 8-57　特性面板

二、图层的基本设置

二维码 8-1

1. 创建新图层

AutoCAD 创建一个新图形文件时，会自动创建一个 0 层为当前图层。用户可在“图层特性管理器”中单击【新建】按钮创建一个新层。AutoCAD 会创建一个新的图层并显示在图层列表中。用户可以修改新创建的图层名，如图 8-58 所示。

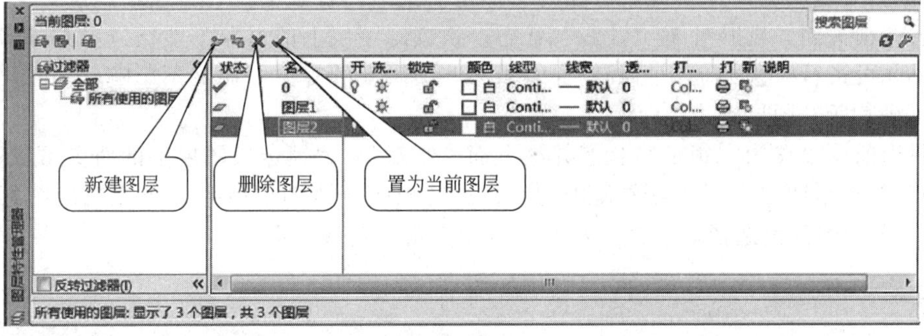

图 8-58　图层的基本设置

2. 删除图层

用户可以删除一些不必要的空白图层。

3. 置为当前图层

使选中图层变成当前层。用户可先选择某一图层后单击【当前】按钮。这样就可使此图层变为当前层，从而可使用当前图层的颜色、线型、线宽等特性进行图形对象的绘制。

4. 隔离图层

选中一图层，单击鼠标右键，在弹出菜单中选择“隔离选定图层”，将选择的图层隔离后，其他未选择的图层将锁定，直到取消图层隔离。

5. 合并图层

在图层特性管理器中选中源图层，单击鼠标右键，在弹出菜单中选中“将选定的图层合并到”，在弹出对话框中指定要合并的目标图层，如图 8-59 所示。

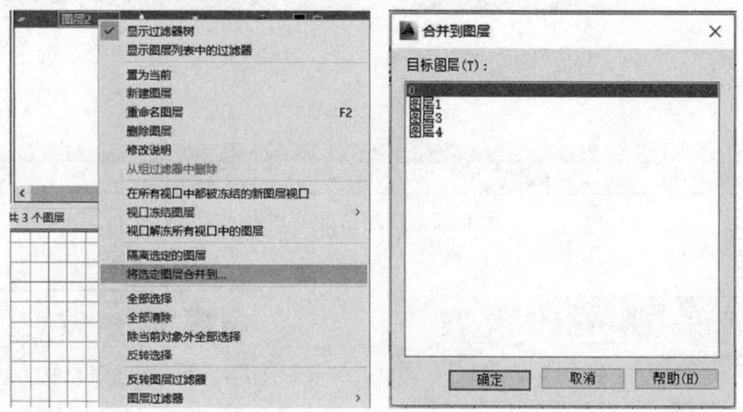

图 8-59　图层的隔离、合并

6. 图层特性设置

图层特性管理器的中央大区是图层特性设置区，该区域显示已有的图层及其设置。在设置区的上方有一标题行，各项说明如下：

【名称】显示各图层的层名，0 层为缺省层。

【开】设置图层打开与否。其下方对应的图标是灯泡，如灯泡是黄色，则表示打开，灯泡灰黑，表示该图层是关闭的，其上图形对象不能够显示和打印。

【冻结】控制图层对象冻结与否。当图层处于“冻结”状态时，AutoCAD 不会显示、打印或重新生成冻结图层中的图形。太阳图标表示处于解冻状态；雪花图标表示处于冻结状态。

注意：不能把当前层冻结，也不能把冻结层置为当前层。

【锁定】控制图层锁定与否。该项的图标是一把锁，若该锁打开，表示图层处于“解锁”状态，若该锁关闭，则其处于“锁定”状态。被锁定图层上的对象不能被选择和编辑，但是仍然可见并可进行对象捕捉。当我们要编辑某些图层上的对象，而又不影响其他图层上的对象时，可将其所在图层锁定。

可将当前层设置为“锁定”状态并在上面绘制对象。“锁定”图层上的对象可以被打印。

【颜色】显示图层中图形对象使用的颜色。若想改变该图层颜色，单击对应图标，则出现图 8-60 所示的颜色选择对话框，从对话框中点击所需颜色即可。

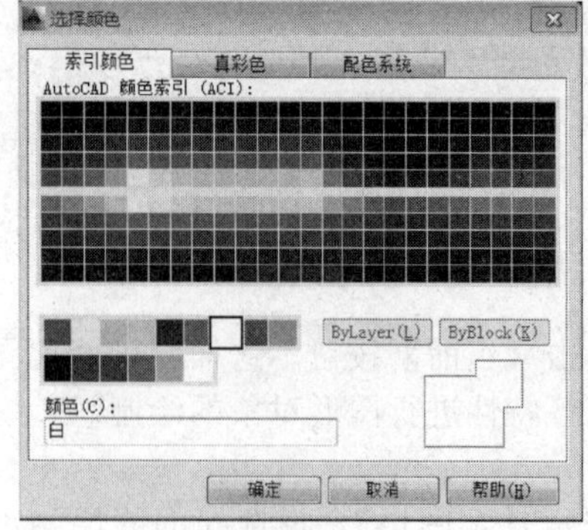

图 8-60　颜色选择对话框

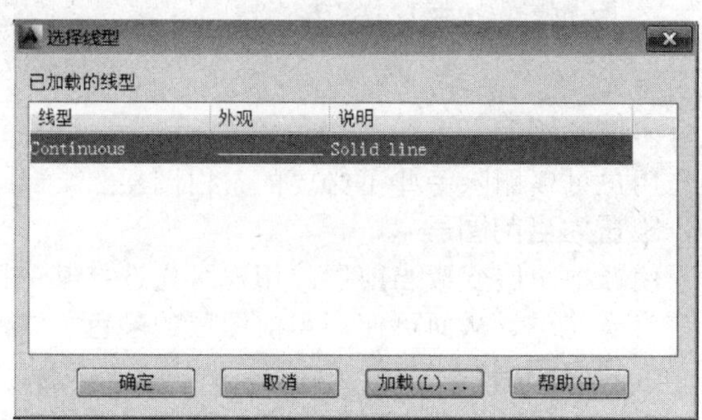

图 8-61　线型选择对话框

【线型】显示图层中图形对象使用的线型。若想改变某一线型，单击对应的线型名，则出现图 8-61 所示的“线型选择”对话框，用户可利用它设置。如果所需线型并未出现在该对话框中，这时需按下线型选择对话框中的【加载】按钮，载入 AutoCAD 的线型库，如图 8-62 所示。其中预先定义的线型基本上可以满足用户的需要。

【线宽】单击“图层特性管理器”中要设置线宽图层的“线宽”列，AutoCAD 弹出图 8-63 所示的“线宽”对话框。选择一种线宽后，单击【确定】按钮即可重新设置该图层的线宽。

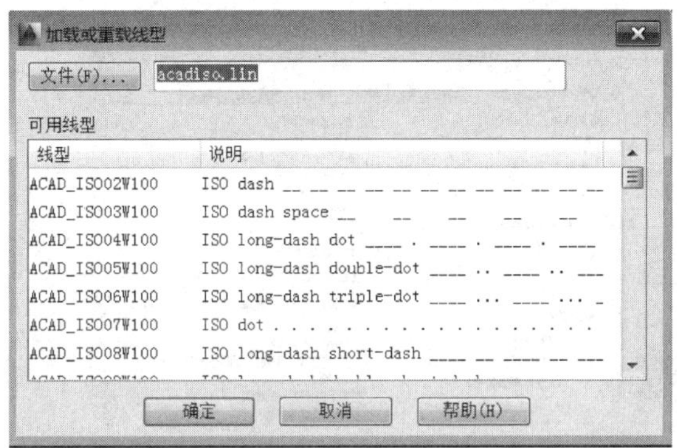

图 8-62 线型加载对话框

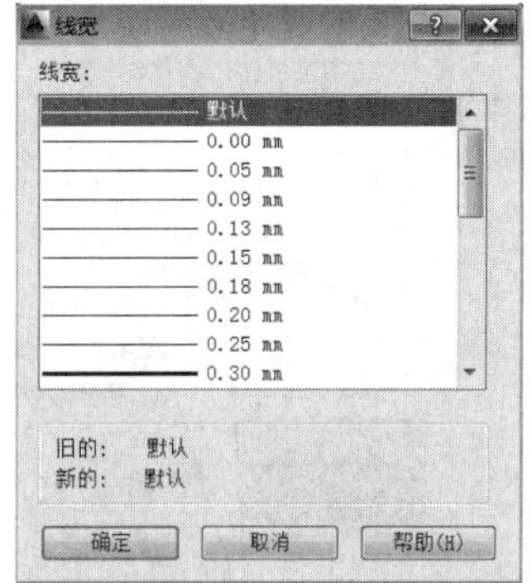

图 8-63 线宽选择对话框

7. 使用功能区图层面板进行图层设置

在功能区图层面板中可进行图层的相关设置，如图 8-64 所示。单击面板【图层】图标后的三角箭头，可全部展开图层面板，如图 8-65 所示，利用它可以方便地对图层进行操作和设置。

图 8-64 图层面板

图 8-65 展开后的图层面板

第六节 使用绘图辅助功能

AutoCAD 2014 提供了多种绘图辅助功能，合理使用绘图的辅助功能，可以更精确、快速地完成图形的绘制，本节重点讲解对象的捕捉、极轴追踪、栅格、正交等辅助功能的使用。

一、栅格捕捉

状态栏中可以开启显示栅格并开启捕捉模式，将鼠标锁定在栅格点上辅助绘图。同时还可以对栅格和捕捉按需要进行设置以满足绘图需要。

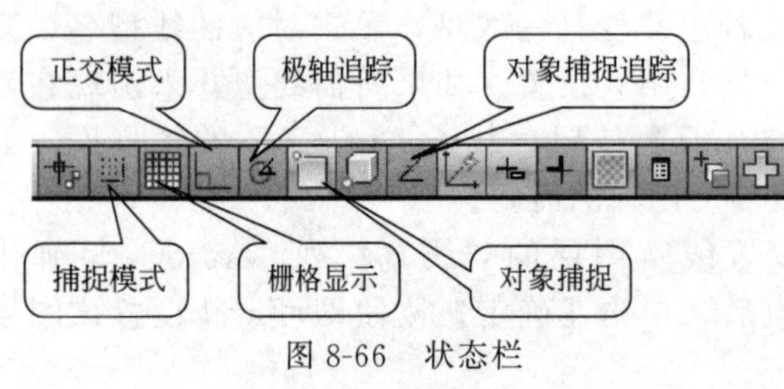

图 8-66 状态栏

1. 栅格捕捉的开启与设置

(1) 要开启捕捉模式和显示栅格，在状态栏上单击对应按钮即可，如图 8-66 所示。

(2) 要对栅格和捕捉进行设置，在对应按钮上单击右键，弹出菜单中选择“设置”，可打开设置面板，进行相应栅格和捕捉的设置，如图 8-67 所示。

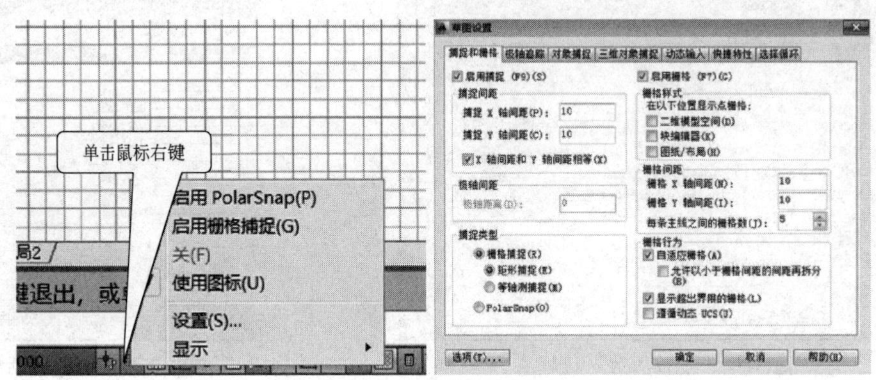

图 8-67 栅格捕捉

(3) 命令行输入“snap”命令，也可进行相应设置。

2. 捕捉和栅格设置各选项说明

【启用捕捉】勾选该选项启用捕捉功能，去掉勾选则关闭捕捉功能。

【捕捉间距】用于设置光标捕捉的间距值，限制光标仅在指定的 X 轴和 Y 轴之间移动。输入的数值应为正实数。勾选“X 轴间距和 Y 轴间距相等”选项，则 X 轴和 Y 轴间距值相等，取消这一选项则表明可使用不等的间距值。

【极轴间距】用于控制极轴捕捉增量距离。只有启用“极轴捕捉”功能时，该选项才可用。

【捕捉类型】选择“栅格捕捉”时，光标将沿着垂直和水平栅格点进行捕捉。选择“矩形捕捉”时，光标将捕捉矩形栅格。选择“等轴测捕捉”时，光标则捕捉等轴测栅格。

【启动栅格】勾选该选项，绘图区显示栅格，去掉勾选，则隐藏栅格。

【栅格间距】设置栅格在水平和垂直方向上的间距值。

【每条主线之间的栅格数】设置主栅格线之间次栅格的数量。

二、对象捕捉

使用 AutoCAD 绘图时，当希望用点取的方法找到某些特殊点时（如圆心、切点、线切圆弧的端点、中心点等），无论怎么小心，要准确地找到这些点都十分困难，甚至根本不可能。例如，当绘一条线，该线以某圆的圆心为起点时，如果要用点取的方式找到此圆心就很困难。为解决这样的问题，AutoCAD 提供了“对象捕捉”功能，利用该功能，用户可以迅速、准确地捕捉到某些特殊点，从而能够准确地绘出图形。

1. 对象的捕捉功能设置

(1) 在软件界面最下方的对象捕捉按钮上单击鼠标右键，在弹出菜单中选择相应的捕捉选项即可开启相应的对象捕捉功能，如图 8-68 所示。

（2）在弹出菜单中单击设置，可打开对象捕捉设置面板，在设置面板中也可进行相应设置，如图 8-69 所示。

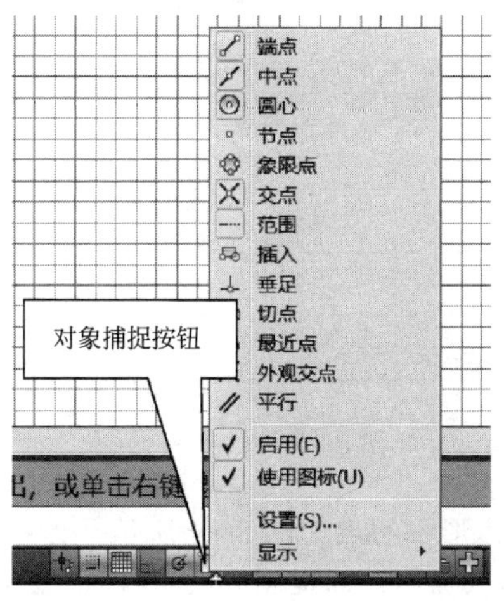

图 8-68　对象捕捉

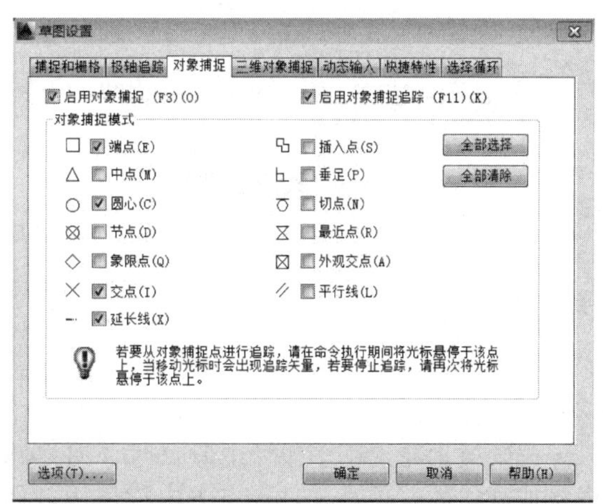

图 8-69　对象捕捉设置

（3）命令行输入“OSNAP”命令可以设置默认对象捕捉。

（4）在设置了对象捕捉后，绘图需要指定点时，鼠标会自动捕捉到相应的对象上，并显示对应的标记表示已捕捉到的对象，如图 8-70 所示各对象的标记。

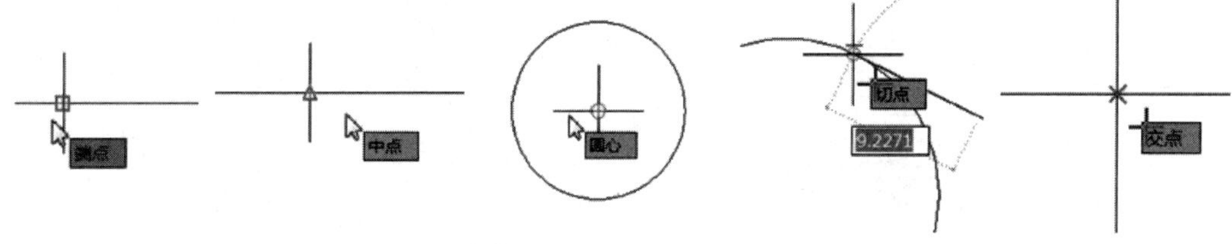

图 8-70　各捕捉对象标记

2. 对象捕捉的使用

以绘制一个圆的内接多边形为例，讲解对象捕捉的应用。

（1）绘制半径为 300 的圆，如图 8-71 所示。

（2）设置圆心、象限点捕捉，如图 8-72 所示。

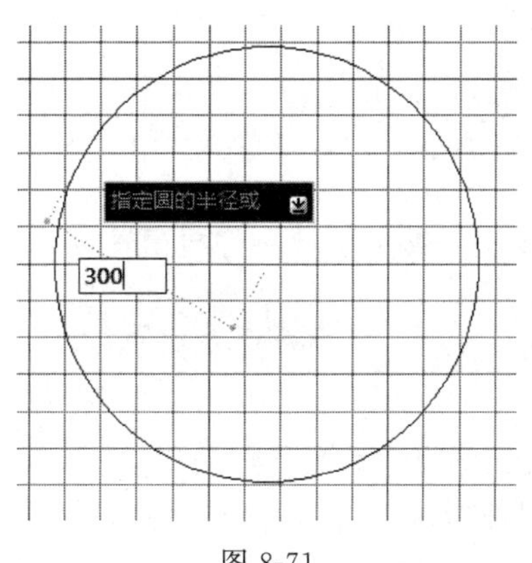

图 8-71

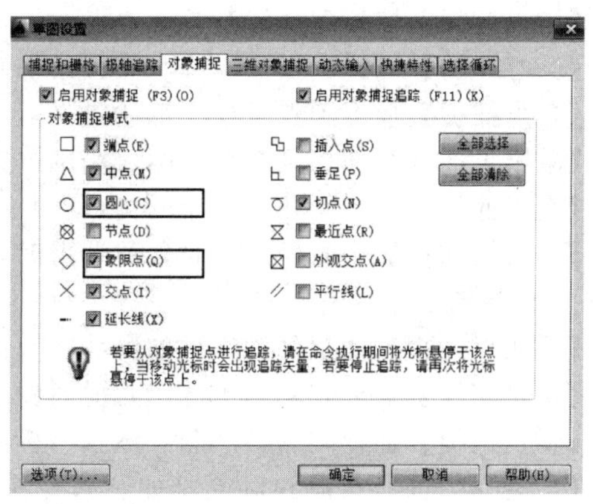

图 8-72　对象捕捉设置

（3）绘图面板选择多边形工具，提示输入侧面数，直接输入“6”，回车，如图 8-73 所示。

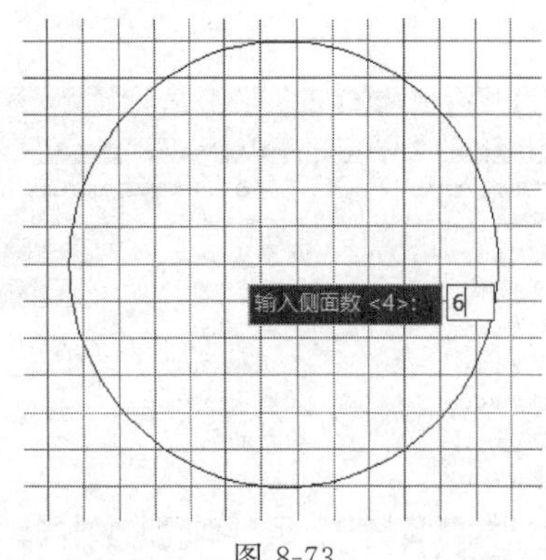

图 8-73

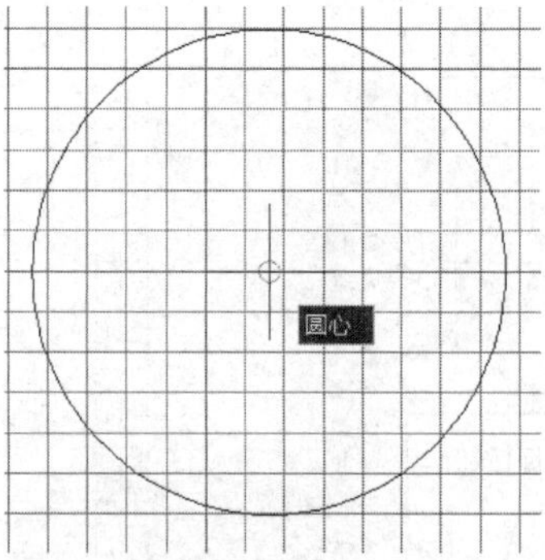

图 8-74

（4）提示指定正多边形中心点时，捕捉圆心来指定多边形中心点如图 8-74 所示。提示内接或外切的选项时，直接点击内接于圆，如图 8-75 所示（提示：捕捉圆心时，鼠标先放在圆形上，视图中会显示圆心，鼠标再放在圆心上，即可捕捉圆心）。

（5）继续拖动鼠标，到圆的象限点位置附近，鼠标会自动捕捉到象限点，单击鼠标确定，完成内接多边形的创建，如图 8-76 所示。

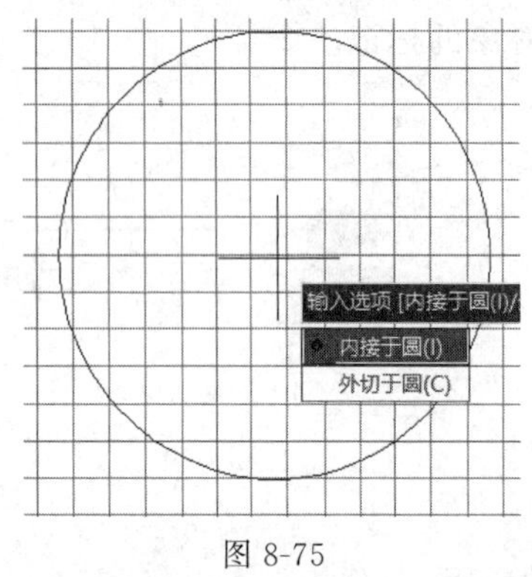

图 8-75

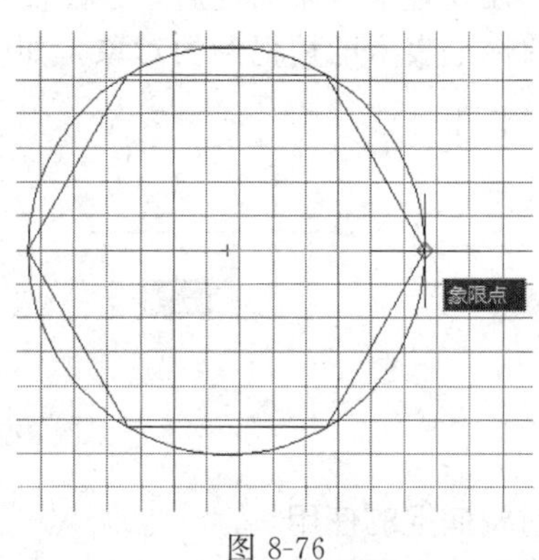

图 8-76

3. 对象捕捉各功能说明

【端点捕捉】捕捉到几何对象的最近端点或角点。

【中点捕捉】捕捉到几何对象的中点。

【圆心捕捉】捕捉到圆弧、圆、椭圆或椭圆弧的圆心点。

【节点捕捉】捕捉到点对象、标注定义点或标注文字原点。

【象限点捕捉】捕捉到圆弧、圆、椭圆或椭圆弧的象限点。

【交点捕捉】捕捉到几何对象的交点。

【延长线捕捉】当光标经过对象的端点时，显示临时延长线或圆弧，以便用户在延长线或圆弧上指定点。

【插入点捕捉】捕捉到对象（如属性、块或文字）的插入点。

【垂足捕捉】捕捉到垂直于选定几何对象的点。

【切点捕捉】捕捉到圆弧、圆、椭圆、椭圆弧、多段线圆弧或样条曲线的切点。

【最近点捕捉】捕捉到对象（如圆弧、圆、椭圆、椭圆弧、直线、点、多段线、射线、样条曲线或构造线）的最近点。

【外观交点捕捉】捕捉在三维空间中不相交但在当前视图中看起来可能相交的两个对象的视觉交点。

【平行线捕捉】可以通过悬停光标来约束新直线段、多段线线段、射线或构造线以使其与标识的现有线性对象平行。

绘图过程中在提示输入点时，可以指定替代所有其他对象捕捉设置的单一对象捕捉。按住【Shift】键，在绘图区域中单击鼠标右键，从“对象捕捉”菜单中选择对象捕捉。然后，使用光标在对象上选择一个位置。

三、正交功能

（1）功能　此命令控制用户是否以正交方式绘图。在正交方式下，用户可以方便地绘出与当前 X 轴或 Y 轴平行的线段。

（2）命令　Ortho（或点击状态栏的【正交】按钮，或按【F8】键）

ON/OFF<缺省值>：

ON/OFF：该选项打开或关闭正交方式。

点击状态栏上的【正交】按钮或按【F8】键可打开或关闭正交功能。

当捕捉栅格发生旋转或选择“Snap”命令的“等轴测”项时，十字光标线仍与 X 轴或 Y 轴方向平行。

四、自动追踪功能

使用自动追踪的功能可以用指定的角度方向来绘制对象。在追踪模式下确定目标时，系统会在光标接近指定的角度方向上显示临时的对齐路径，并自动在对齐路径上捕捉距离光标最近的点；这样，用户就能以精确的位置和角度绘制对象。

AutoCAD 提供了两种追踪方式。

1. 极轴追踪

使用追踪功能更加方便了绘图操作。

右键单击状态栏上的【极轴】按钮，选择“设置”，打开“草图设置”对话框，选择“极轴追踪”选项卡。

（1）启用极轴追踪　可通过选中或取消“启用极轴追踪”复选框来打开或关闭“极轴追踪”状态。此外也可使用功能键【F10】或点击状态栏的【极轴】按钮进行极轴追踪状态的切换。

（2）极轴角设置　用于设置极轴追踪的角度。用户可按设定的极轴角的增量来使用极轴追踪：系统可按 90°、60°、45°、30°、22.5°、18°、15°、10°和 5°进行追踪。用户可以选择这 9 个角度增量中的一个，也可直接输入自己需要的追踪角度增量。当设置了极轴追踪的角度增量后，极轴追踪角度可为设置角度增量的整数倍。

AutoCAD 还允许用户自己设置一个或多个附加角。单击【新建】按钮后，可以在“附加角”列表框里输入一个附加角度。当选中“附加角”复选框后，这时的追踪角度除了追踪角度增量的整数倍外，还包括设置的附加角度。

（3）对象捕捉追踪设置

【仅正交追踪】在采用对象捕捉追踪时，只能在水平方向或垂直方向进行追踪。

【用所有极轴角追踪】在采用对象捕捉追踪时可在水平、垂直方向和极轴角度方向进行追踪。

（4）极轴角测量

【绝对】采用绝对角度测量，所有极轴角都是相对于直角坐标的绝对角度。

【相对上一段】选择此项时，自动追踪的提示为“相关极轴”，表示极轴角度为相对于上一线段的角度。

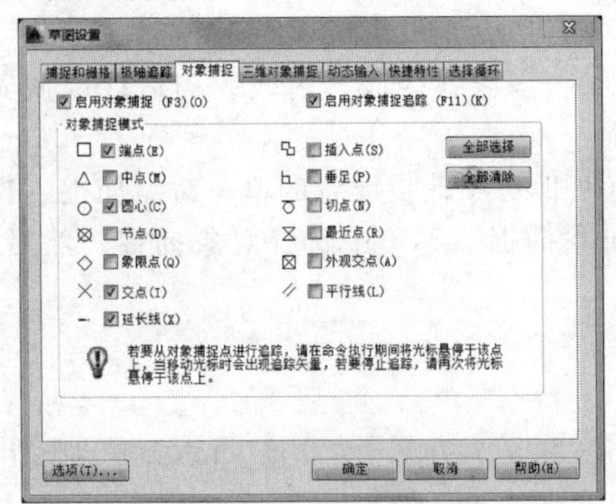

图 8-77　对象捕捉

2. 对象自动捕捉设置

在“草图设置”对话框中选择“对象捕捉”选项卡打开“对象捕捉”对话框，如图 8-77 所示。

其中“对象捕捉模式”选区内的选项含义同前面“对象捕捉状态栏”的各选项的含义相同。选择了其中的选项后，AutoCAD 在绘图过程中会自动捕捉所选定的对象特征点。

【启用对象捕捉】打开对象捕捉模式，与按下状态栏上的“对象捕捉”按钮作用相同。

【启动对象捕捉追踪】启动对象捕捉状态。在该状态下，极轴追踪和对象捕捉同时起作用，用户可以十分容易地实现图样中各个位置的“长对正、高平齐、宽相等”的要求。

五、夹点功能的使用

1. 夹点

在 AutoCAD 中选择对象后，会在被选中对象上显示夹点。默认情况下，夹点显示为蓝色方块，如图 8-78、图 8-79 所示。

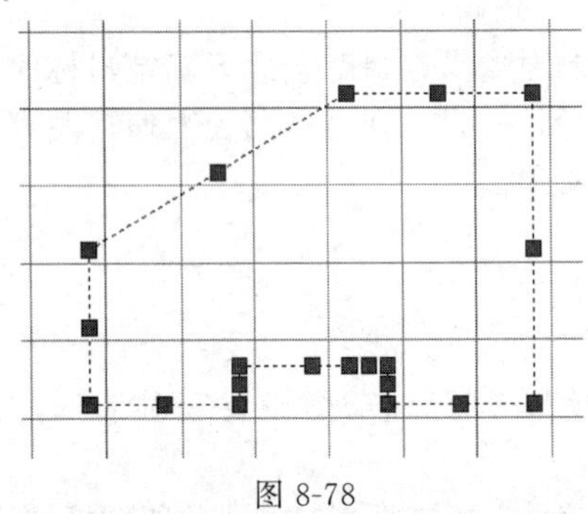

图 8-78

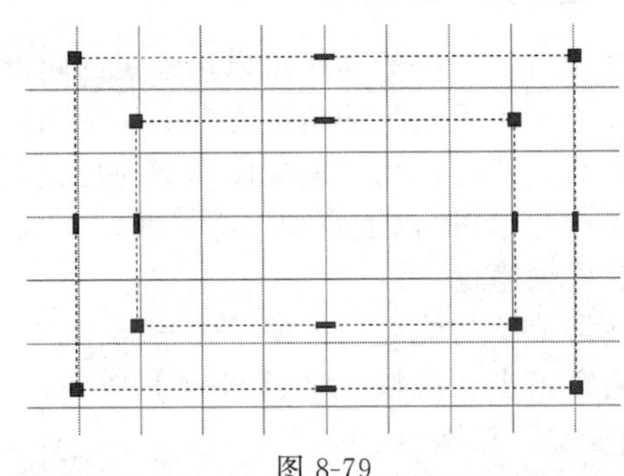

图 8-79

2. 夹点的编辑

（1）当鼠标悬停在夹点上时，会显示一个选项菜单，可选择相应的夹点编辑模式，如图 8-80、图 8-81 所示。选择不同夹点模式可进行对应的编辑，如图 8-82、图 8-83、图 8-84 分别显示了“拉伸”“添加顶点”“转换为圆弧”的编辑。

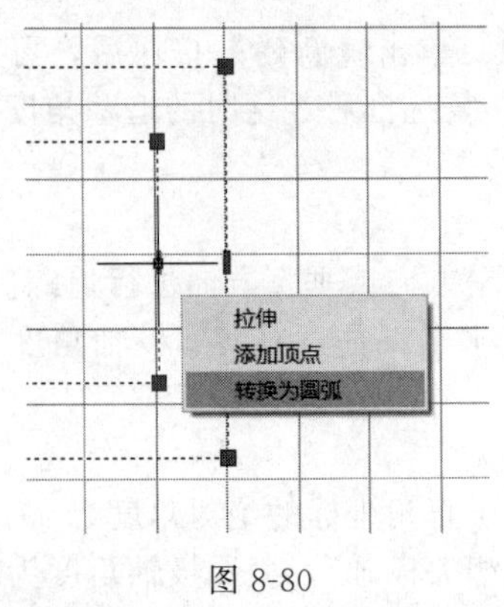

图 8-80

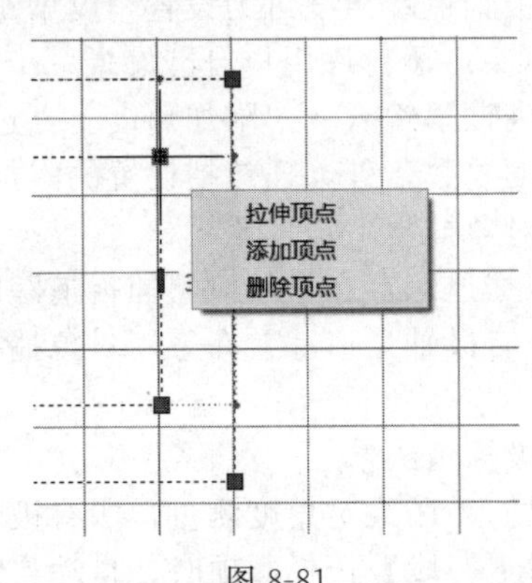

图 8-81

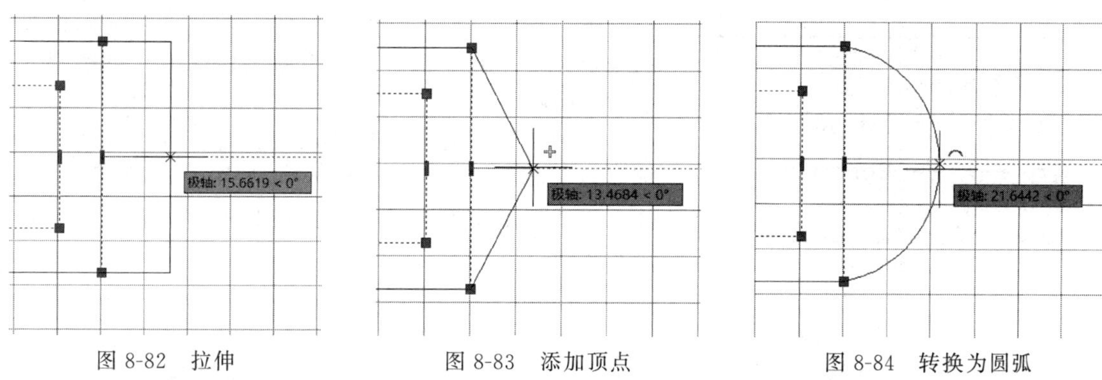

图 8-82　拉伸　　图 8-83　添加顶点　　图 8-84　转换为圆弧

（2）选中夹点单击鼠标右键，在右键菜单中还可选择移动、旋转、缩放、镜像等操作，如图 8-85 所示。图 8-86～图 8-88 显示夹点的移动、旋转、镜像操作。

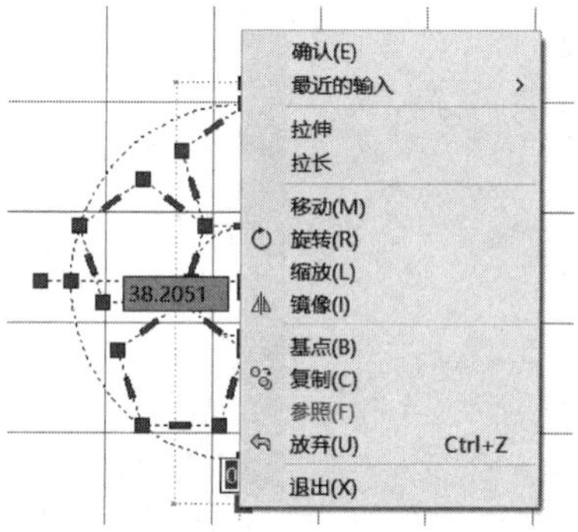

图 8-85　右键菜单

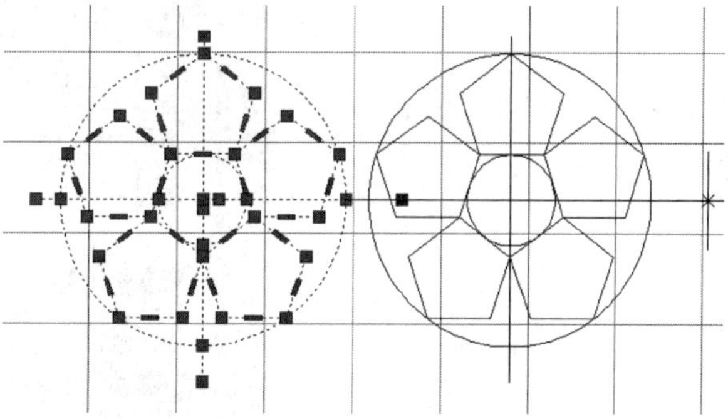

图 8-86　移动操作

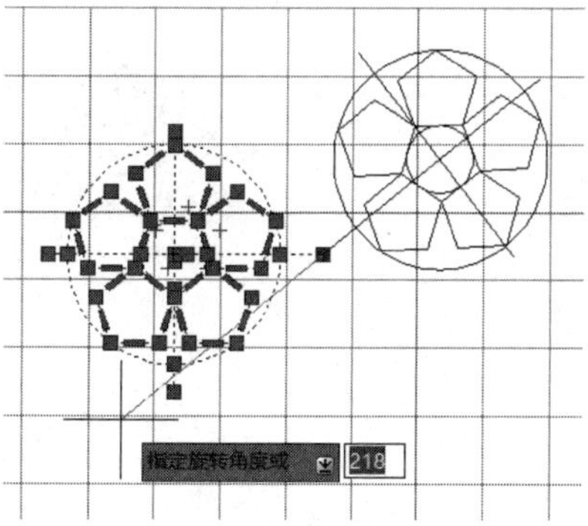

图 8-87　旋转操作

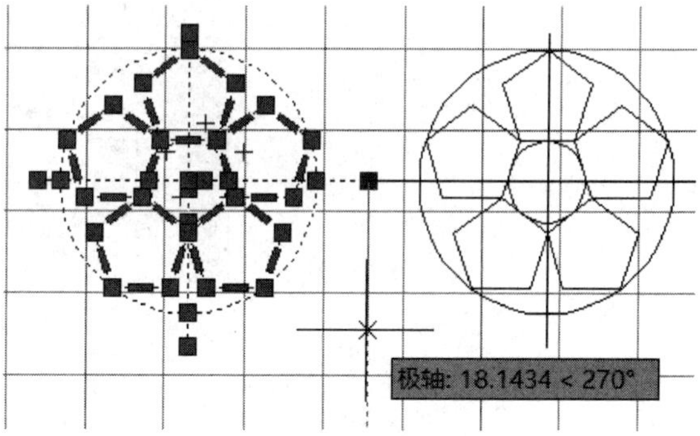

图 8-88　镜像操作

（3）选中夹点后，按【Ctrl】键可在鼠标悬浮弹出选项之间切换。按键盘空格键或回车键可在右键菜单中的移动、旋转、缩放、镜像之间切换。

六、图形的特性功能

每个对象都具有常规特性，包括其图层、颜色、线型、线型比例、线宽、透明度和打印样式。此外，对象还具有类型所特有的特性。例如，圆的特殊特性包括其半径和区域。

要设置图形对象的特性可在功能区的“特性”面板中进行设置。如图 8-89 所示。如果

图 8-89

没有选定任何对象，上面亮显的下拉列表将显示图形的当前设置。如果选定了某个对象，该下拉列表显示该对象的特性设置。

单击特性面板右下角的箭头，可打开“特性”选项面板（命令输入为：“PR”），如图 8-90 所示。“特性”选项板提供所有特性设置的最完整列表，显示选定对象或对象集的特性。

（1）如果没有选定对象，可以查看和更改要用于所有新对象的当前特性。

（2）如果选定了单个对象，可以查看并更改该对象的特性。

（3）如果选定了多个对象，可以查看并更改它们的常用特性。

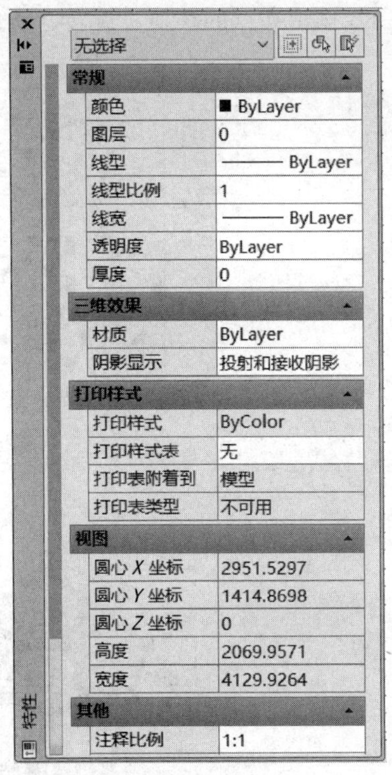

图 8-90

Chapter 09

第九章 基本绘图命令与编辑方法

教学提示　本章主要阐述了绘制基本图形的命令和图形编辑修改的操作方法，介绍了图中的文字编辑、图案填充及尺寸标注等内容。

教学要求　要求学生掌握基本的绘图及编辑操作方法，掌握在图中书写编辑文字和标注尺寸以及图案填充的方法。

第一节　二维图形的绘制

二维图形的绘制，是 AutoCAD 2014 中最基本的绘图内容，AutoCAD 2014 提供了丰富的绘图命令和绘图辅助命令，通过学习掌握这些命令，可以设计和绘制图形。本章将介绍这些基本绘图功能。

绘图工具集中在功能区默认选项卡的绘图面板中，提供了直线、圆、矩形等绘图工具。如图 9-1 所示。

一、直线的绘制

使用“直线”命令，可以创建一系列连续的直线段。每条线段都可以单独进行编辑。在绘制了一系列线段之后，可以将图形闭合，形成一个闭合的线段环。直线段的绘制是由点来确定的，既可以使用鼠标在绘图区点击确定点，也可以使用键盘输入坐标，精确地定位点。下面以实例讲解直线的绘制。

【例 9-1】　直线的绘制

作图步骤

(1) 在绘图面板中选择“直线”工具（命令输入为：L)，如图 9-1、图 9-2 所示。

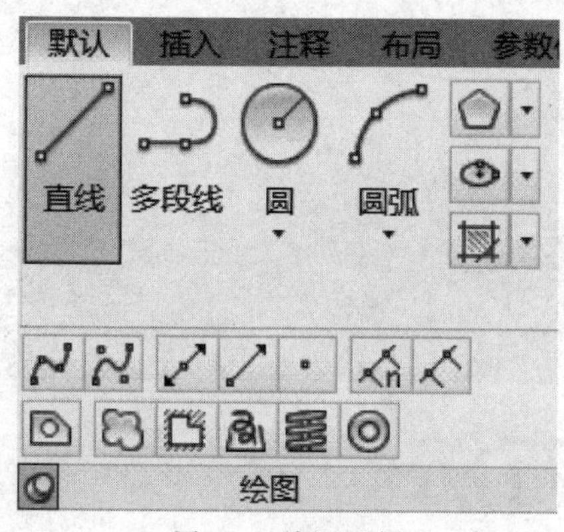

图 9-1　绘图面板

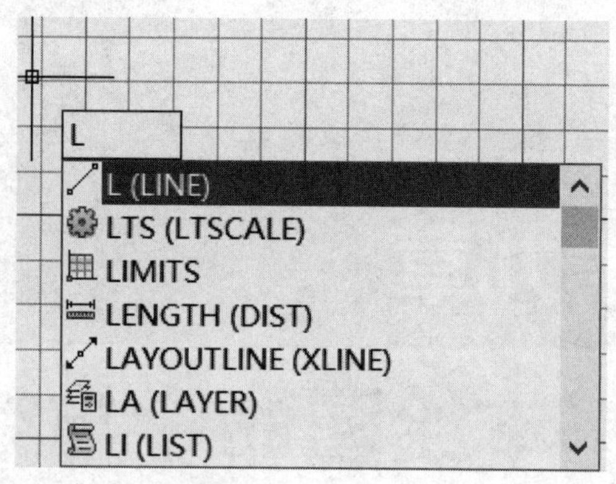

图 9-2　命令输入

(2) 动态提示指定第一点，键盘输入“0，0”，回车，确定第一点，如图 9-3 所示。

(3) 动态提示指定下一点，键盘输入“2000＜60”，回车，确定第二点。如图 9-4 所示。

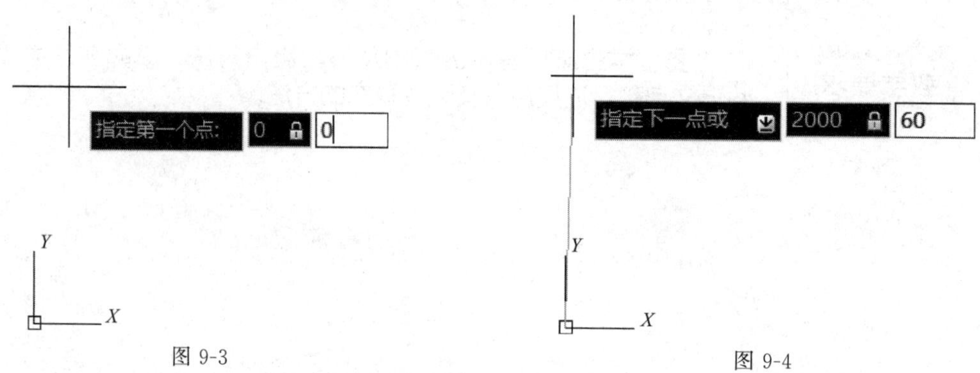

图 9-3

图 9-4

(4) 动态提示指定下一点，按【F8】键，打开“正交模式”，鼠标水平向右拖动并输入“900”，回车。确定第三点，如图 9-5 所示。

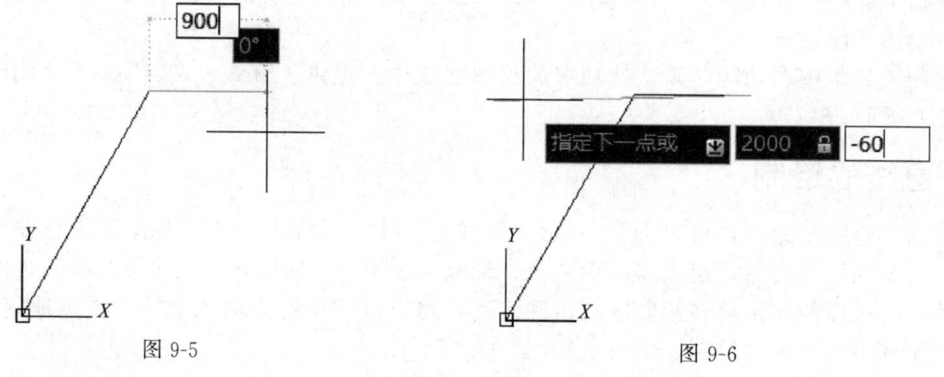

图 9-5

图 9-6

(5) 动态提示指定下一点，输入“2000＜－60”，回车，如图 9-6、图 9-7 所示。若要结束命令可按空格键或回车键。若要闭合图形，输入“C”，回车。如图 9-8 所示。

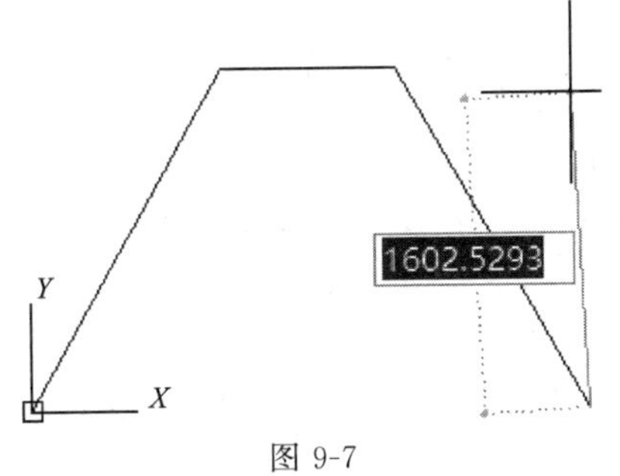

图 9-7

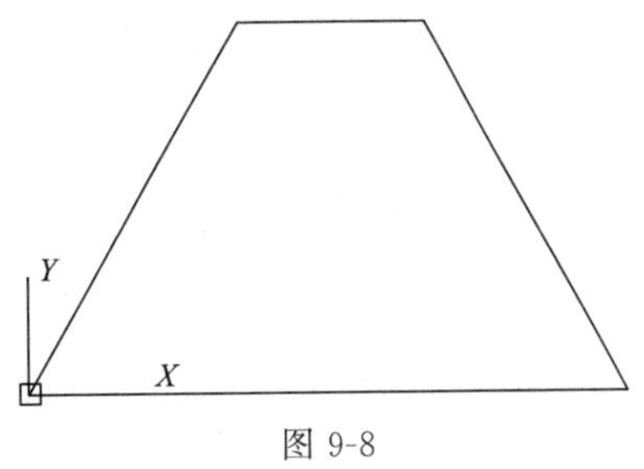

图 9-8

命令行提示依次如图 9-9 所示。

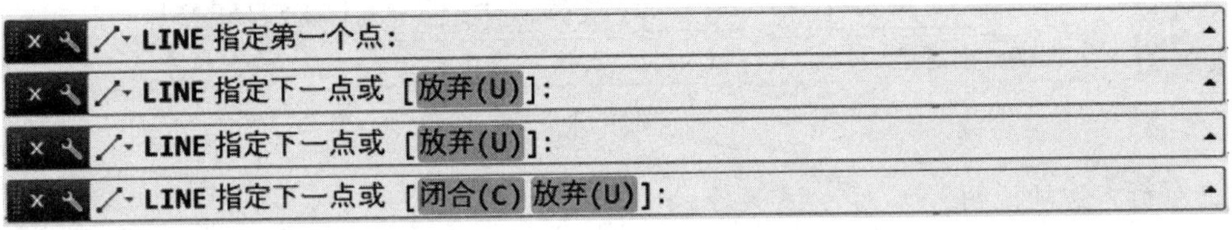

LINE 指定第一个点:
LINE 指定下一点或 [放弃(U)]:
LINE 指定下一点或 [放弃(U)]:
LINE 指定下一点或 [闭合(C) 放弃(U)]:

图 9-9

命令行各选项说明：

【放弃】删除直线序列中最近绘制的线段。

【闭合】以第一条线段的起始点作为最后一条线段的端点，闭合图形。

二、射线、构造线的绘制

射线是向一个方向无限延伸的直线。始于一点，通过第二个点，并且无限延伸。构造线是向两个方向无限延伸的直线。通过两个点并向两个方向无限延伸。射线和构造线通常用作创建其他对象的参照。

射线和构造线的创建方法和直线一样，通过指定起点（或点）和通过点来创建。要绘制射线或构造线在绘图面板中选择“射线”工具或“构造线”工具。如图 9-10 所示。射线命令输入为“RAY”，构造线命令输入为“XL”，如图 9-11、图 9-12 所示。

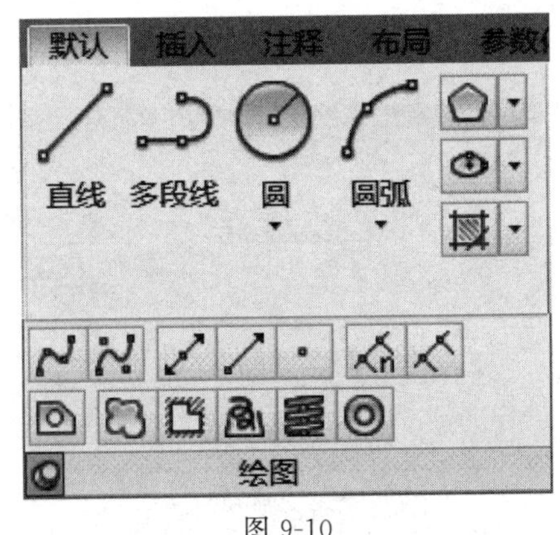

图 9-10

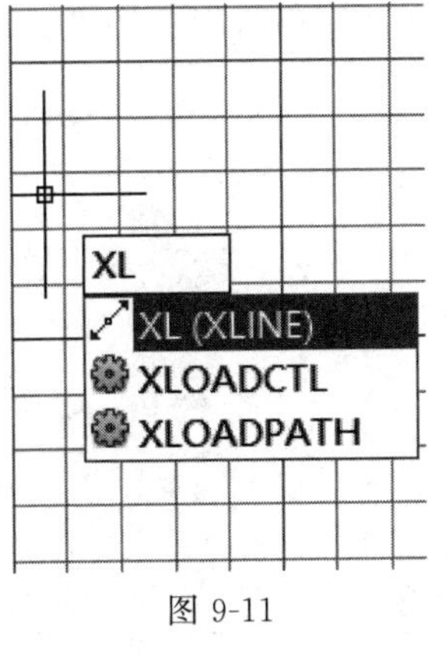

图 9-11

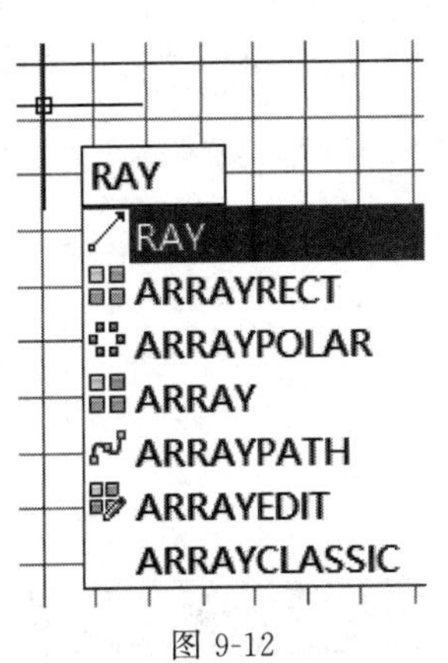

图 9-12

射线与构造线的绘制如图 9-13、图 9-14 所示。

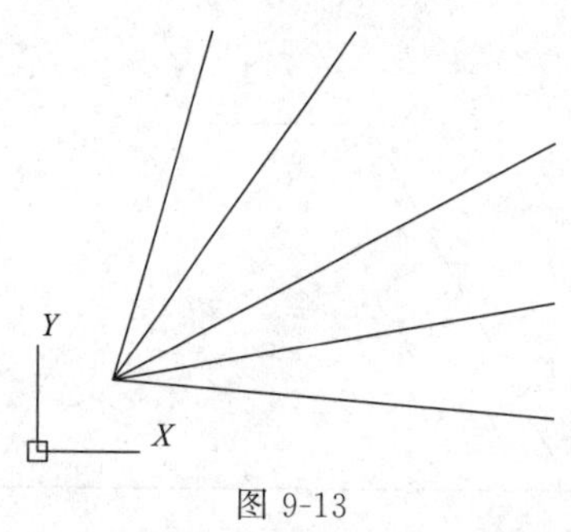

图 9-13

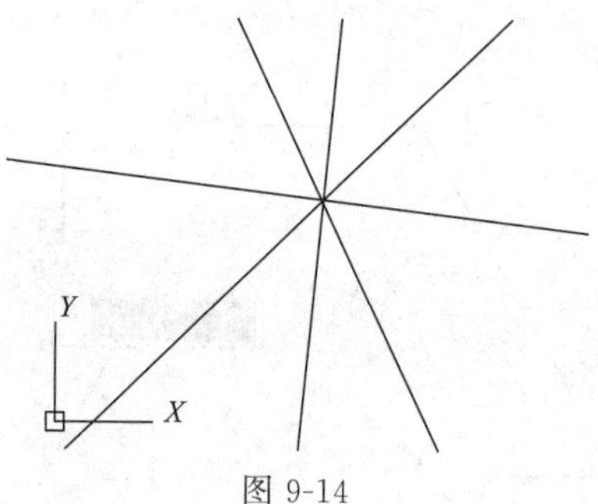

图 9-14

绘制构造线命令行提示依次如图 9-15 所示。

图 9-15

命令行各选项说明：

【水平】创建平行于 X 轴的构造线。

【垂直】创建平行于 Y 轴的构造线。

【角度】以指定的角度创建构造线。

【二等分】创建一条构造线，经过选定的角顶点，并且将选定的两条线之间的夹角平分。

【偏移】创建平行于另一个对象的构造线。

三、多线的绘制

多线是由多条平行线组成的对象，平行线之间的间距和线的数量可以设置，多线可用于绘制建筑平面图中的墙体。在绘制多线之前，先要对多线进行设置。

1. 设置多线样式

(1) 执行【菜单】→【格式】→【多线样式】（命令输入为：“MLSTYLE”），打开多线样式设置面板。这里可创建新的样式，创建好后，将其“置为当前”，即可应用新样式。如图 9-16 所示。

(2) 单击新建或修改选项，可进行样式的设置，如图 9-17 所示。

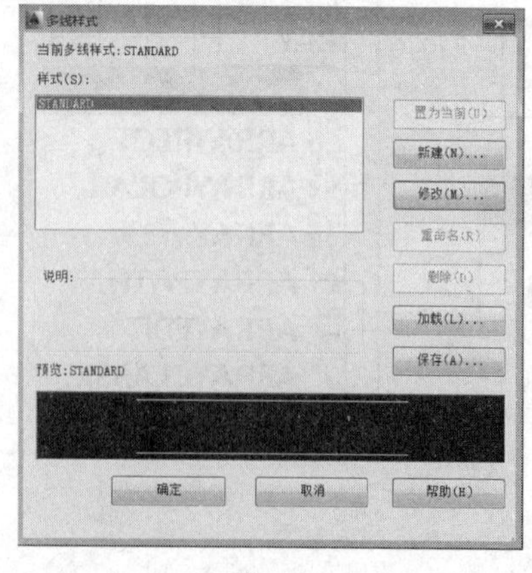

图 9-16

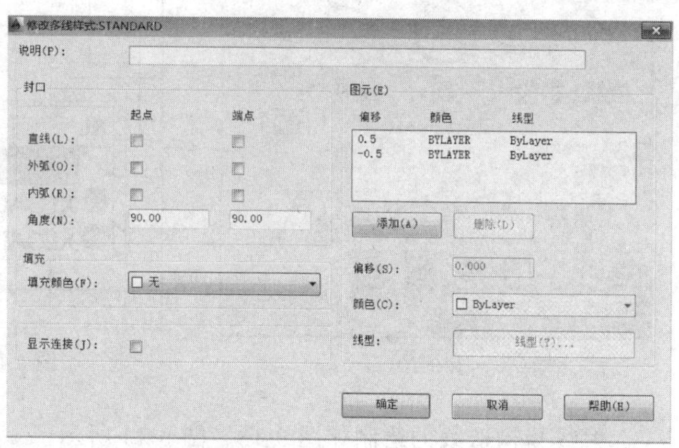

图 9-17

（3）各修改选项说明：

【说明】为多线样式添加说明。

【封口】控制多线起点和端点封口，图 9-18 所示，分别为直线、外弧、内弧、角度封口示例。

【直线】显示穿过多线每一端的直线段。

【外弧】显示多线的最外端元素之间的圆弧。

【内弧】显示成对的内部元素之间的圆弧。

【角度】设置多线封口处的角度。

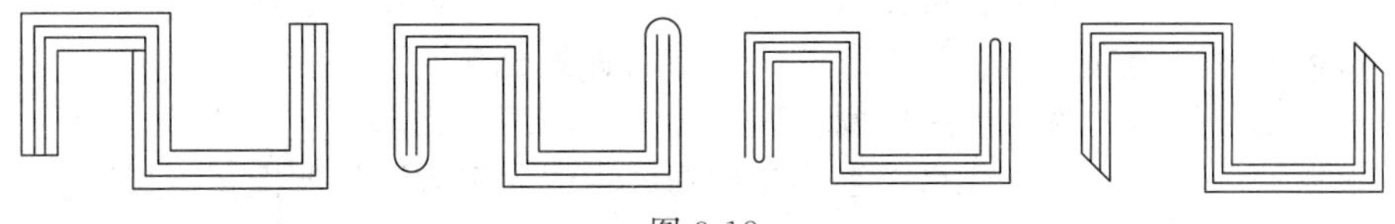

图 9-18

【填充】设置封闭多线内的填充颜色。

【显示连接】显示多线线段顶点处的连接。

【图元】可设置添加或删除确定多线图元的个数，并设置相应的偏移、颜色、线型等。

【添加】可添加图元，并设置偏移量。

【删除】选取列表中图元，可将其删除。

【偏移】设置多线元素从中线向外的偏移值，正值向上偏移，负值向下偏移。

【颜色】设置多线元素的线条颜色。

【线型】设置多线元素的线条线型。

2. 使用多线绘制图形

【例 9-2】　多线绘制图形

作图步骤

（1）设置多线样式中封口的起点、端点为“直线”，如图 9-19 所示。

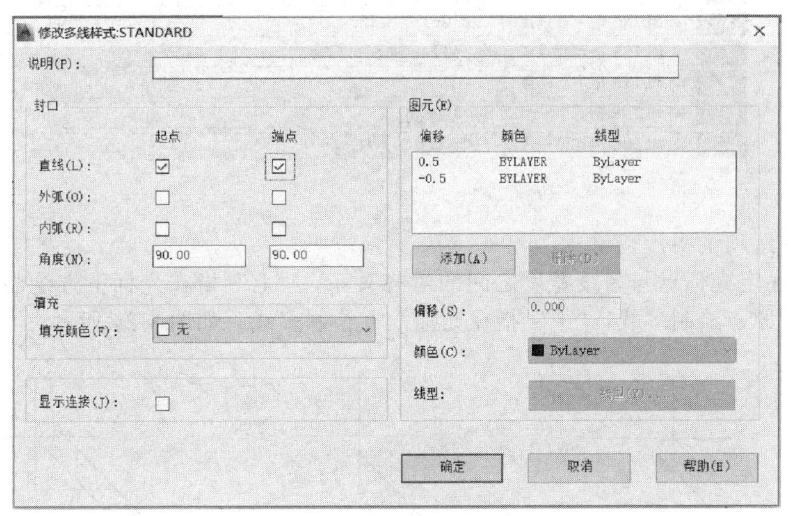

图 9-19　修改多线样式

（2）执行【菜单】→【绘图】→【多线】命令（命令行输入为：ML），如图 9-20 所示。

（3）根据命令行选项提示，输入“J”，回车。设置对正类型。

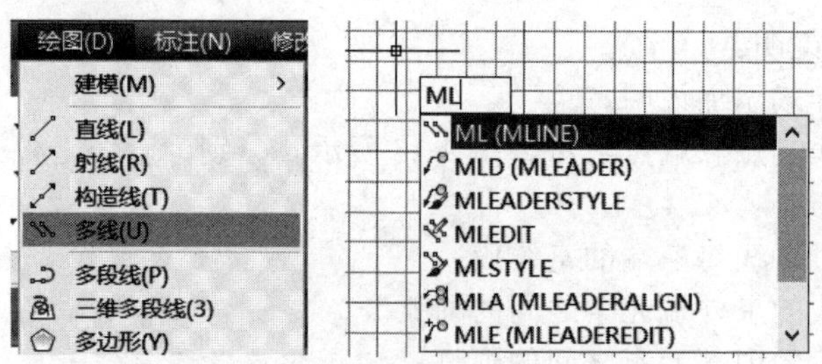

图 9-20　菜单栏选择多线命令或命令输入 ML

(4) 根据命令行选项提示，选择对正类型，输入“Z”，回车，选择“无”。

(5) 根据命令行选项提示，输入“S”，回车，设置比例。

(6) 根据动态提示，输入多线比例，这里输入“240”，回车。

(7) 根据动态提示，指定起点，直接在绘图区中以“多线”绘制图形，以“空格键”或“回车键”结束。如图 9-21、图 9-22 所示。

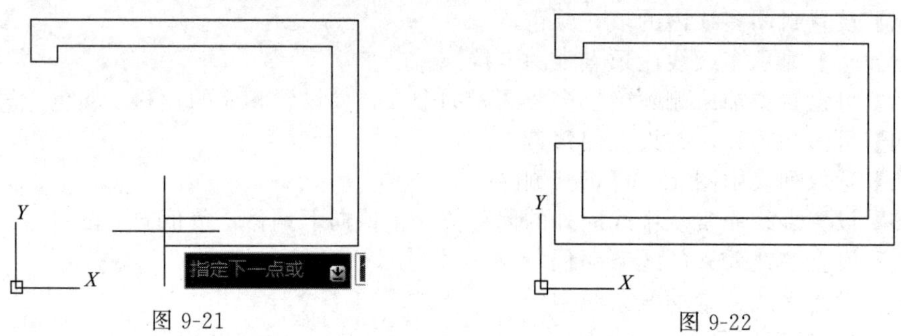

图 9-21　　　　图 9-22

命令行提示依次如图 9-23 所示。

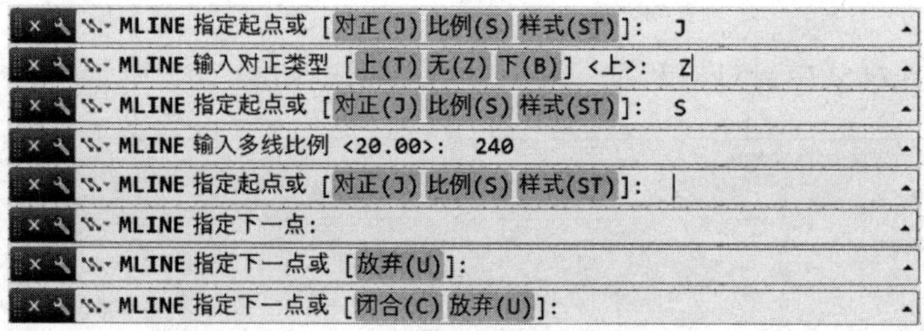

图 9-23

命令行各选项说明：

【对正】确定光标点与多线宽度之间的对齐关系，“上”指在光标下方绘制多线，“无”指将光标作为原点绘制多线，“下”指在光标上方绘制多线。如图 9-24 所示。

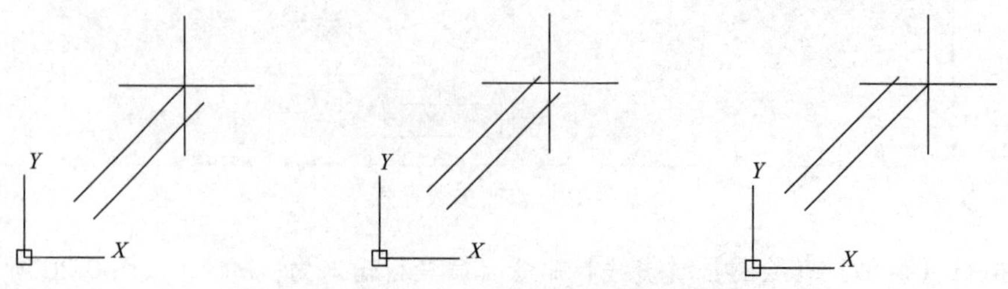

图 9-24　从左至右对正方式分别为“上”“无”和“下”

【比例】控制多线的全局宽度。该比例不影响线型比例。这个比例基于在多线样式定义中建立的宽度。比例因子为 2 绘制多线时，其宽度是样式定义的宽度的两倍。

【样式】指定多线的样式。见图 9-19。

【放弃】放弃多线上的上一个顶点。

【闭合】通过将最后一条线段与第一条线段相接合来闭合多线。

四、多段线的绘制

多段线是作为单个对象创建的相互连接的序列线段。可以创建直线段、圆弧段或两者的组合线段。使用闭合多段线可以创建多边形。可以创建宽多段线，设置线段的宽度，从一种宽度逐渐过渡到另一种宽度。

要绘制多段线，在绘图面板中选择“多段线”工具或命令输入“PL”，如图 9-25 所示。

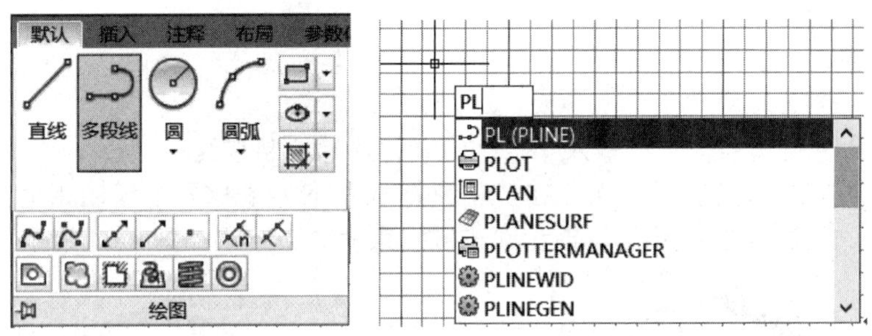

图 9-25　绘图面板选择多段线工具或命令输入“PL”

下面以实例讲解多段线的绘制。

【例 9-3】　多段线绘制图形

作图步骤

(1) 按【F8】键，打开“正交模式”。在绘图面板选择“多段线”工具（命令输入为：PL)，并根据动态提示，指定起点，这里输入“0，0”，回车。如图 9-26 所示。

(2) 根据命令行选项提示，这里先设置“宽度”，输入“W”，回车。动态提示指定起点宽度，这里输入“200”，回车，提示指定端点宽度，这里直接回车，默认 200mm 的宽度。如图 9-27 所示。

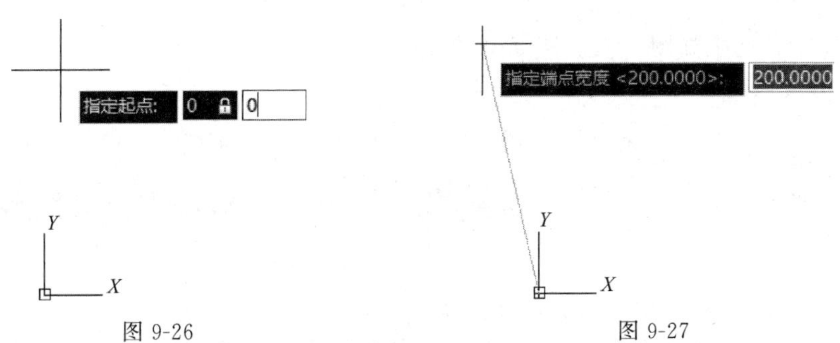

图 9-26　　　　图 9-27

(3) 根据动态提示，指定下一点，这里在“正交模式”下，鼠标向上移动指定方向，并输入“2000”，回车。如图 9-28 所示。

(4) 根据命令行选项提示，这里重新设置下一段线段的宽度，输入“W”，回车，设置起点宽度为“200”，回车。设置端点宽度为“20”，回车。

(5) 根据命令行选项提示，这里输入“A”，回车。选择绘制圆弧。

(6) 动态提示指定圆弧端点，这里在“正交模式”下，鼠标向右指明方向，并输入“1500”回车。如图 9-29 所示。

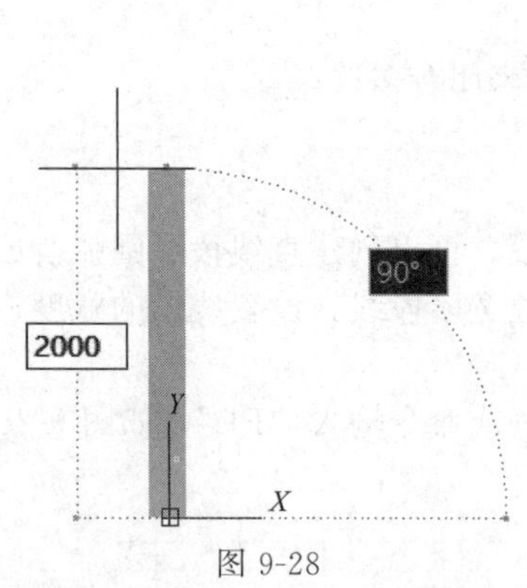

90°
2000
Y
X

图 9-28

指定圆弧的端点或
1500
Y
X

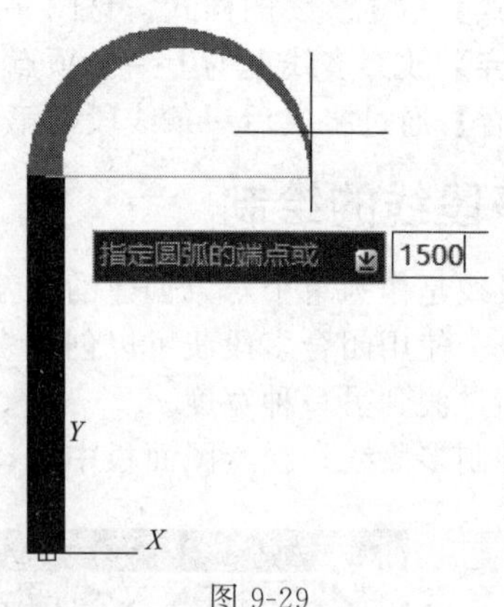

图 9-29

(7) 根据命令行选项提示，输入“L”，回车，选择绘制直线。

(8) 根据动态提示指定下一点，在“正交模式”下，鼠标向下移动指明方向，并输入“2000”，回车。如图 9-30 所示。按键盘回车键结束命令，结果如图 9-31 所示。

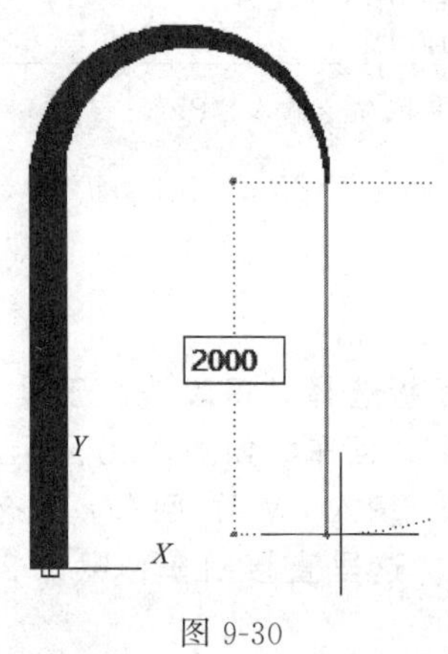

2000
Y
X

图 9-30

Y
X

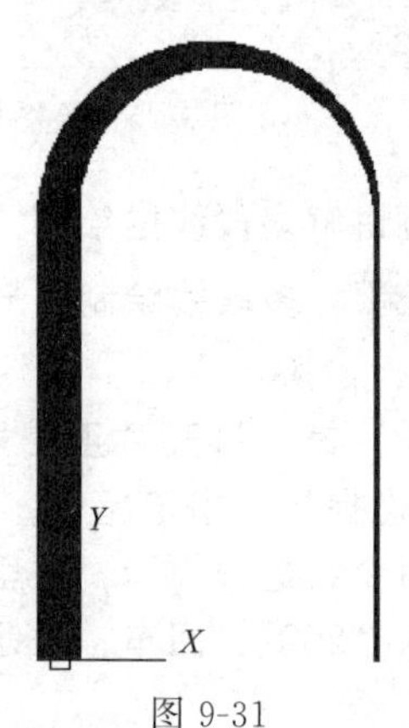

图 9-31

命令行提示各选项如图 9-32、图 9-35 所示。说明如下：

① 创建直线段时，命令行各选项说明

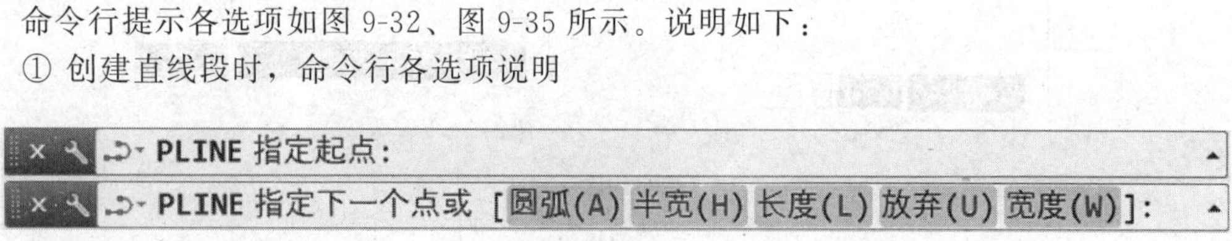

PLINE 指定起点:
PLINE 指定下一个点或 [圆弧(A) 半宽(H) 长度(L) 放弃(U) 宽度(W)]:

图 9-32

【圆弧】从直线段绘制切换到圆弧段绘制。

【半宽】指定从宽多段线线段的中心到其一边的宽度，如图 9-33 所示。

【长度】指定绘制直线的长度，绘制时将沿着上一段直线方向接着绘制直线，如果上一段对象为圆弧，则方向为圆弧端点的切线方向。

【放弃】撤销上一次操作。

【宽度】设置多段线的宽度。如图 9-34 所示。

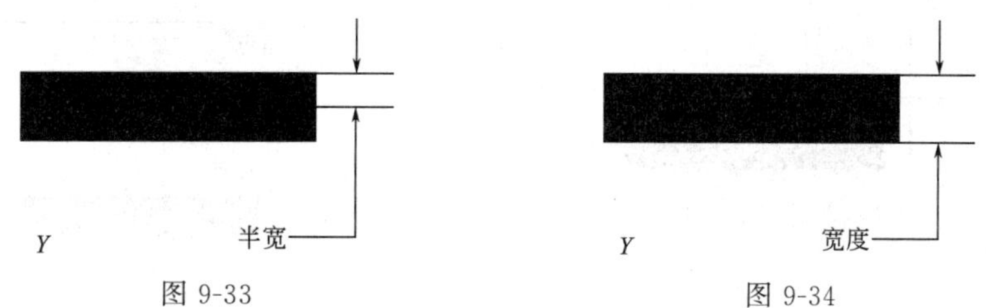

图 9-33　　　　图 9-34

② 创建圆弧段命令行各选项说明

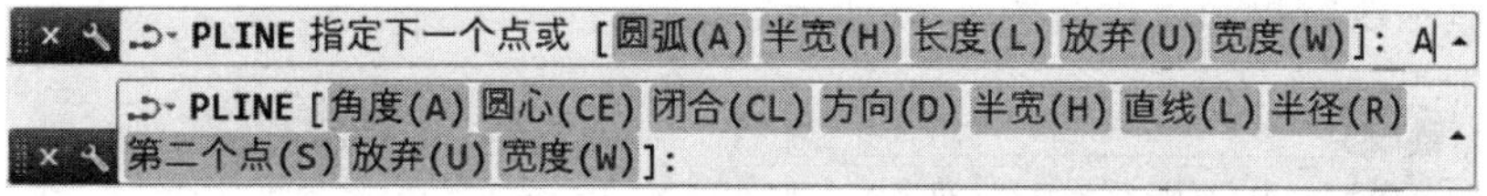

图 9-35

【角度】指定圆弧段从起点开始的夹角。输入正数将按逆时针方向创建圆弧段。输入负数将按顺时针方向创建圆弧段。

【圆心】基于其圆心指定圆弧段。

【方向】指定圆弧段的切线。

【半宽】指定从宽多段线线段的中心到其一边的宽度。

【直线】从图形圆弧段切换到图形直线段。

【半径】指定圆弧段的半径。

【第二点】指定三点圆弧的第二点和端点。

【放弃】删除最近一次添加到多段线上的圆弧段。

【宽度】指定下一圆弧段的宽度。

五、绘制矩形和多边形

“矩形”工具可按指定的矩形参数创建矩形多段线。“多边形”工具可创建等边闭合多段线。下面以实例讲解矩形和多边形的绘制。

【例 9-4】　矩形的绘制

作图步骤

(1) 绘图面板中选择“矩形”工具（命令输入为：REC），如图 9-36 所示。

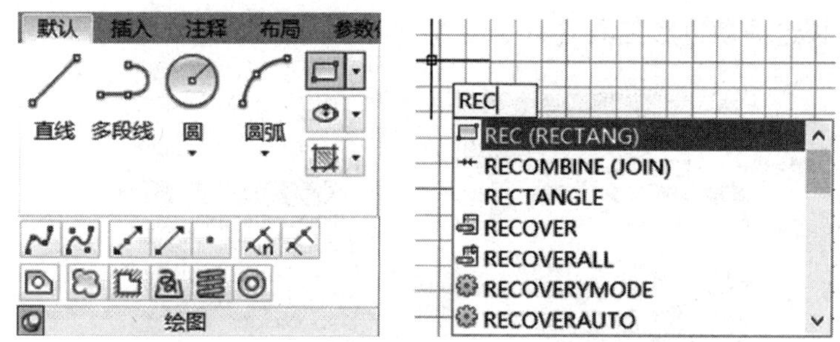

图 9-36　绘图面板选择矩形工具或命令输入“REC”

(2) 根据命令行提示，鼠标在绘图区依次指定“第一个角点”“另一个角点”，完成矩形的绘制，如图 9-37、图 9-38 所示。

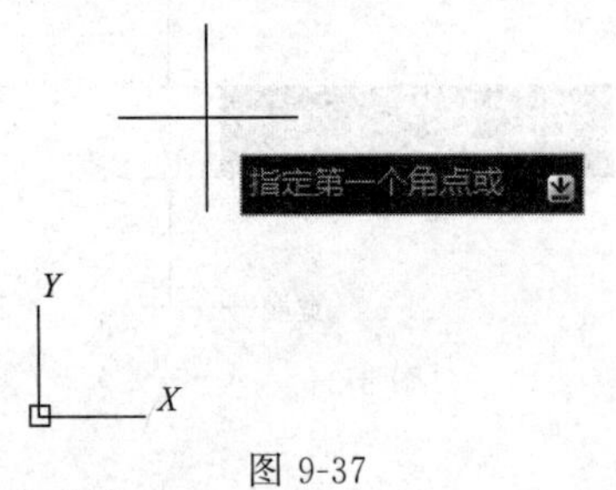

图 9-37

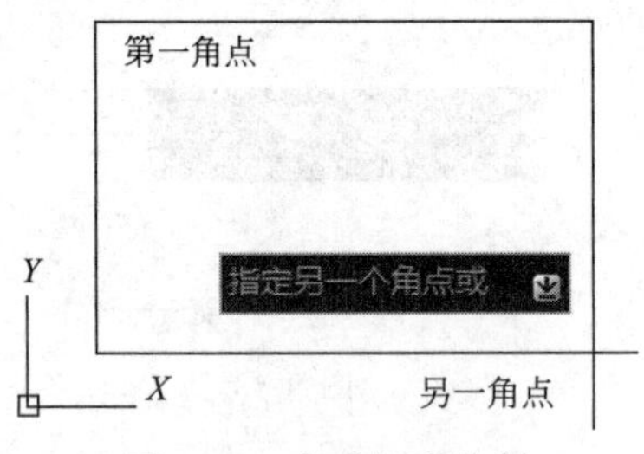

图 9-38　完成矩形绘制

矩形工具命令行提示依次如图 9-39 所示。

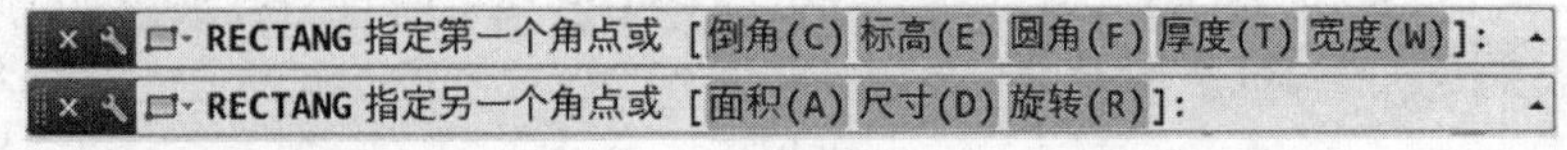

图 9-39

其各选项说明如下：

【倒角】可绘制一个带倒角的矩形，绘制时必须指定两个倒角的距离如图 9-40 所示。

【标高】指定矩形的平面高度。

【圆角】可绘制带圆角的矩形，必须指定圆角半径。如图 9-41 所示。

【厚度】可设置矩形的厚度。

【宽度】可设置矩形的线宽，如图 9-42 所示。

图 9-40　倒角矩形

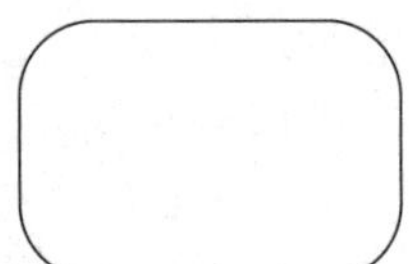

图 9-41　圆角矩形

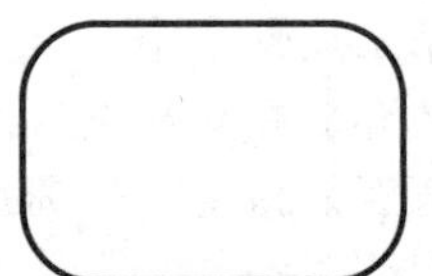

图 9-42　不同线宽矩形

【面积】使用面积与长度或宽度创建矩形。

【尺寸】使用长和宽创建矩形。

【旋转】按指定的旋转角度创建矩形。

【例 9-5】 正多边形的绘制

作图步骤

(1) 绘图面板选择多边形工具（命令输入为：POL)，如图 9-43 所示。

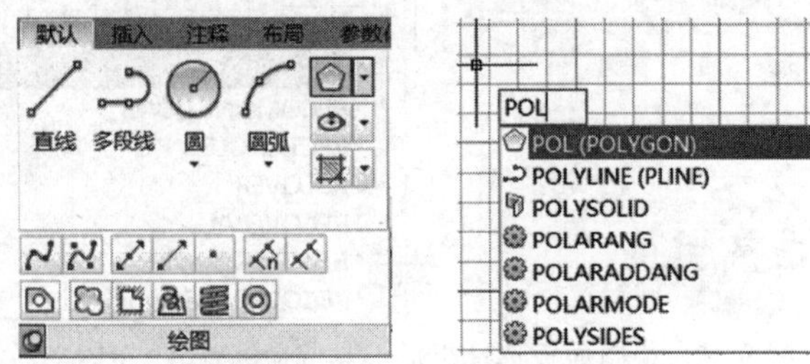

图 9-43　绘图面板选择多边形工具或命令输入 POL

(2) 动态提示输入侧面数，这里输入“6”，回车，如图 9-44 所示。

(3) 动态提示指定多边形中心点，这里输入“300，300”，回车，如图 9-45 所示。

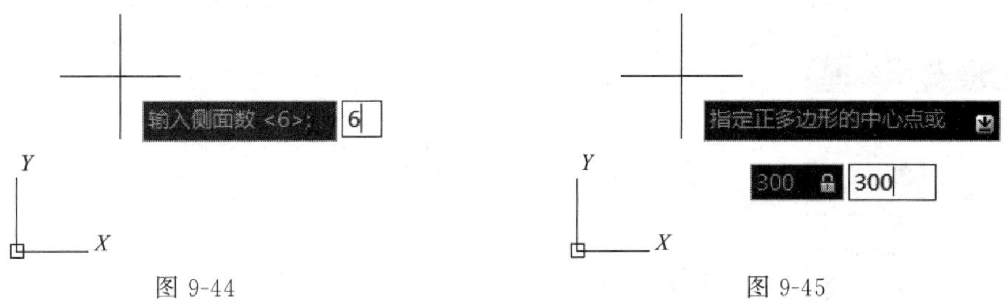

图 9-44　　　　图 9-45

(4) 动态提示选择“内接于圆”或“外切于圆”，这里鼠标直接选择“内接于圆”(也可用键盘上、下箭头键选择)，如图 9-46 所示。

(5) 动态提示指定圆的半径，这里输入“240”，回车，完成多边形创建，如图 9-47 所示。

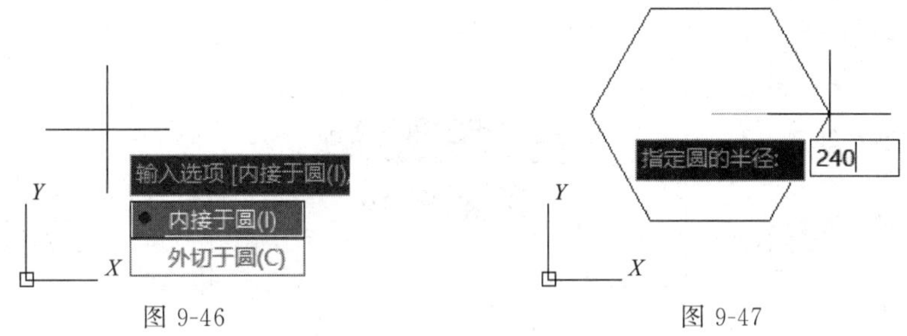

图 9-46　　　　图 9-47

命令行提示依次如图 9-48 所示。

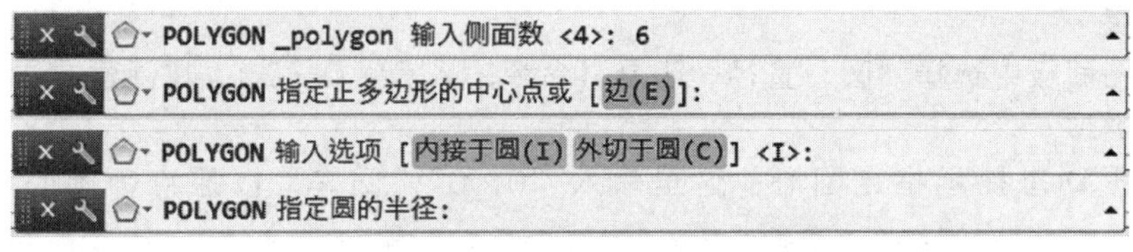

图 9-48

命令行提示选项说明：

【边】通过指定第一条边的端点来定义正多边形。如图 9-49 所示。

【内接于圆】指定外接圆的半径，正多边形的所有顶点都在此圆周上。如图 9-50 所示。

【外切于圆】指定从正多边形圆心到各边中点的距离。如图 9-51 所示。

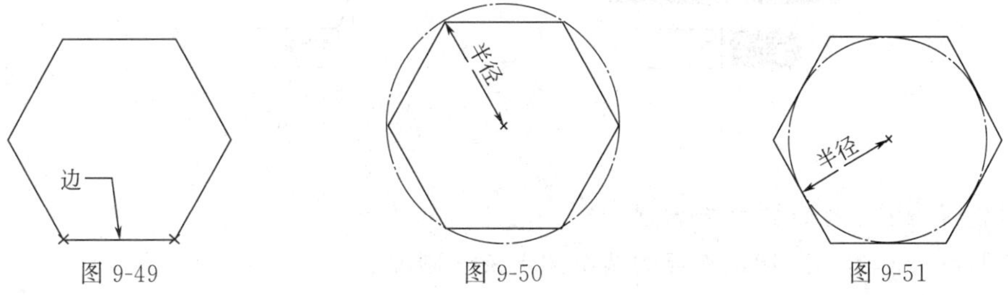

图 9-49　　　　图 9-50　　　　图 9-51

六、圆的绘制

AutoCAD 2014 提供了六种圆的绘制方法，这些方法是根据圆心、半径、直径和圆上的点来定义圆的创建。其命令的调用可在绘图面板中选择相应工具，也可键盘输入命令 C，如图 9-52 所示。

下面分别介绍圆的各创建方法。

【例 9-6】 指定圆心与半径绘制圆

作图步骤

(1) 绘图面板中选择“圆心、半径”工具（命令输入为：C)。

(2) 动态提示指定圆心，这里输入“300，300”，回车。如图 9-53 所示。

(3) 动态提示指定圆的半径，这里输入“200”，回车。完成创建。如图 9-54 所示。

图 9-52

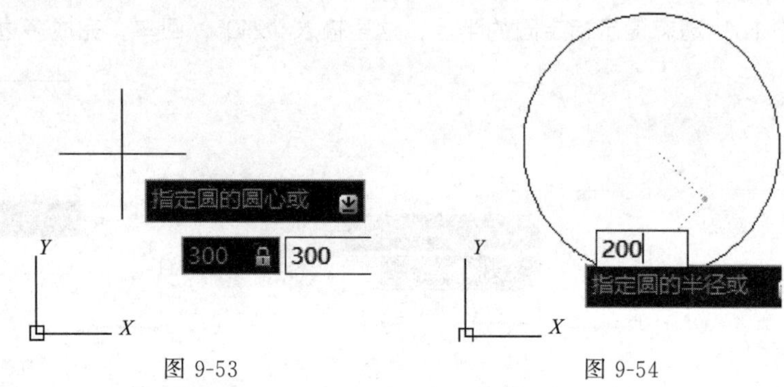

图 9-53　　图 9-54

【例 9-7】 指定圆心、直径绘制圆

作图步骤

(1) 绘图面板中选择“圆、直径”工具（命令输入为：C→D)，其创建方法与指定“圆心、半径”类似。

(2) 根据动态提示指定圆心，这里输入“0，0”，回车，以原点为圆心。如图 9-55 所示。

(3) 根据动态提示指定圆的直径，这里输入“1200”，回车。完成直径为 1200 的圆的绘制。如图 9-56 所示。

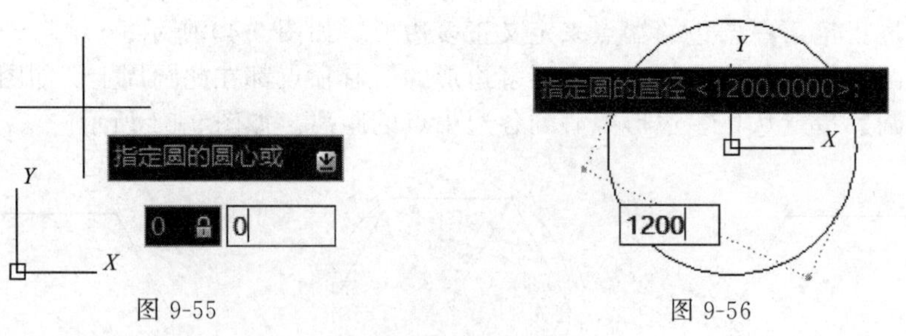

图 9-55　　图 9-56

【例 9-8】 指定两点绘制圆

指定两点绘制圆，即指定直径的两个端点来绘制圆。

作图步骤

(1) 以两点的距离作为圆直径的两个端点，来创建圆。如图 9-57 所示。

(2) 绘图面板中选择“两点”工具（命令输入为：C→2P)。根据动态提示，分别指定圆直径的两个端点创建圆，如图 9-58 所示。

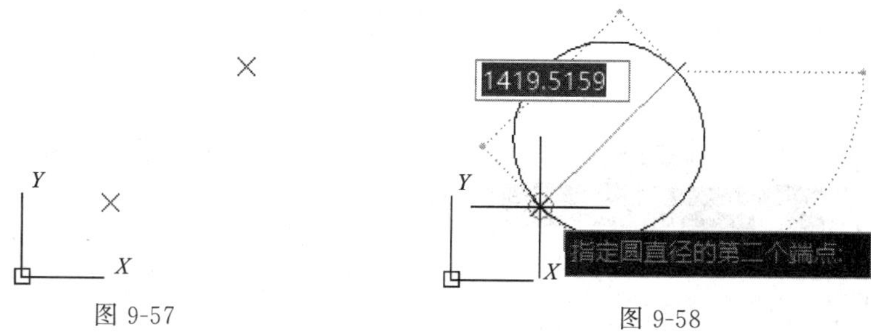

图 9-57　　图 9-58

【例 9-9】　指定三点绘制圆

指定三点绘制圆，即指定圆周上的三个点来创建圆。

作图步骤

(1) 用任意三个不共线的点来创建圆。这里以任意三角形三个顶点来确定圆。如图 9-59 所示。

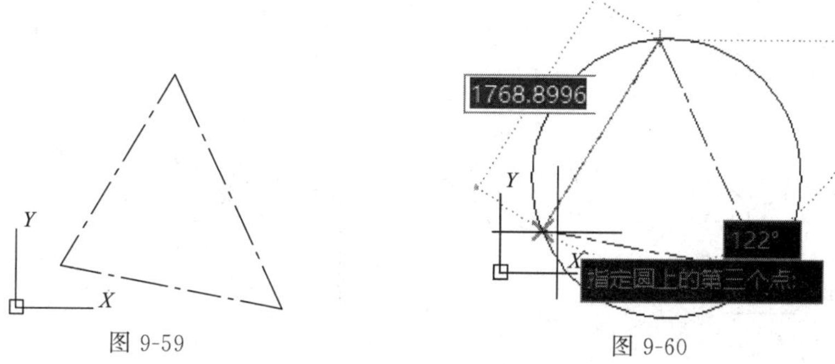

图 9-59　　图 9-60

(2) 绘图面板中选择“三点”工具 (命令输入为：C→3P)。

(3) 根据动态提示，依次指定三个顶点作为圆周上三点，创建圆，如图 9-60 所示。

【例 9-10】　相切、相切、半径创建圆

相切、相切、半径创建圆，即指定半径创建一个相切于两个对象的圆。

作图步骤

(1) 如图 9-61 所示，视图中已有两个圆，将指定半径创建一个相切于这两个圆的圆形。

(2) 绘图面板中选择“相切、相切、半径”工具 (命令输入为 C→T)。

(3) 根据动态提示指定第一个切点，鼠标在小圆圆周上单击指定一点，如图 9-62 所示。

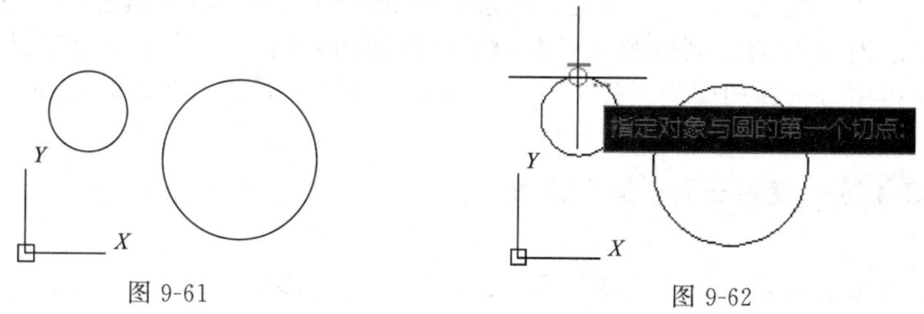

图 9-61　　图 9-62

(4) 根据动态提示指定第二个切点，鼠标在大圆圆周上单击指定一点，如图 9-63 所示。

(5) 根据动态提示，指定圆的半径，这里输入“600”，回车，完成创建，如图 9-64 所示。

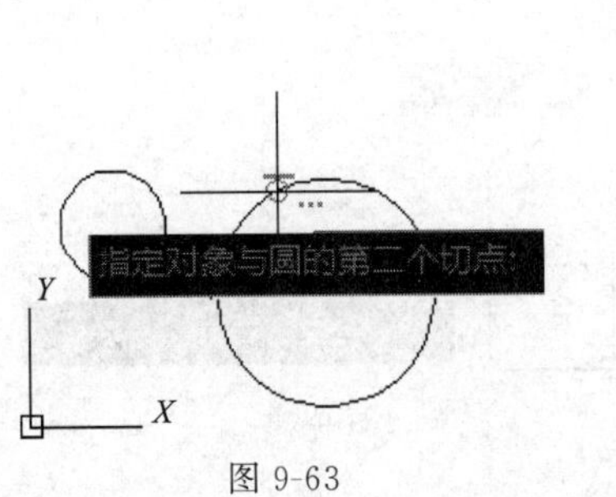

图 9-63

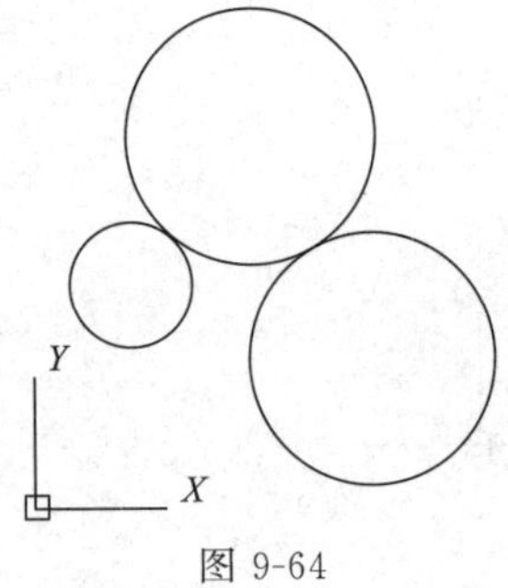

图 9-64

【例 9-11】 相切、相切、相切创建圆

相切、相切、相切创建圆，即创建一个相切于三个对象的圆。

作图步骤

(1) 如图 9-65 所示，视图中已有三个圆，创建一个与三个圆都相切的圆。

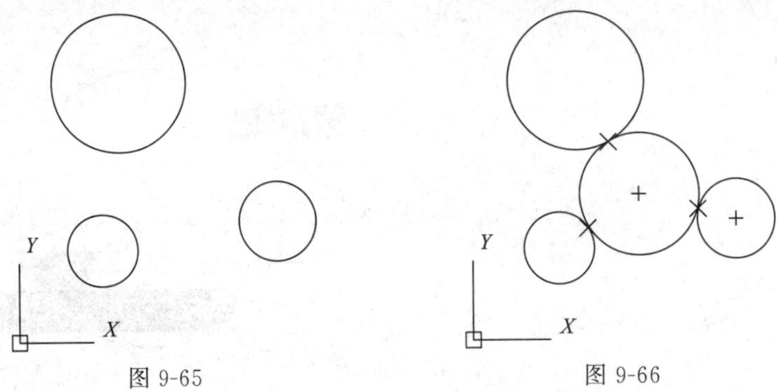

图 9-65　　图 9-66

(2) 绘图面板中选择“相切、相切、相切”工具（命令输入为 C→3P）。

(3) 根据动态提示，依次指定三个圆上的点作为切点，完成圆的创建，如图 9-66 所示。命令行提示如图 9-67 所示。

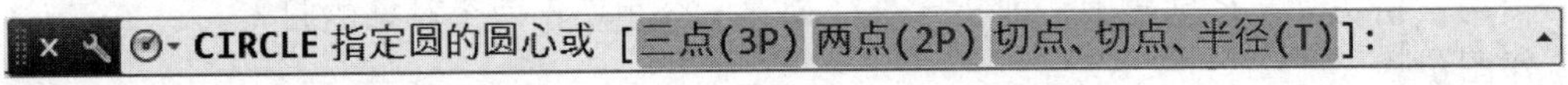

CIRCLE 指定圆的圆心或 [三点(3P) 两点(2P) 切点、切点、半径(T)]:

图 9-67

七、圆弧的绘制

通过指定圆心、端点、起点、半径、角度、弦长和方向值的各种组合，来创建圆弧。默认情况下，以逆时针方向绘制圆弧。按住【Ctrl】键的同时拖动，可以顺时针方向绘制圆弧。在绘图面板中可选择相应的圆弧工具或命令输入为“ARC”，如图 9-68 所示。

这里以实例来介绍绘制圆弧的各种方法。

【例 9-12】 使用三点创建圆弧

作图步骤

(1) 绘图面板的圆弧命令中选择“圆弧三点”工具（命令输入为：ARC）。

(2) 按动态提示，依次指定“起点”、“第二点”、“圆弧端点”，创建圆弧，这里以三角形三个顶点作参照，如图 9-69、图 9-70 所示。

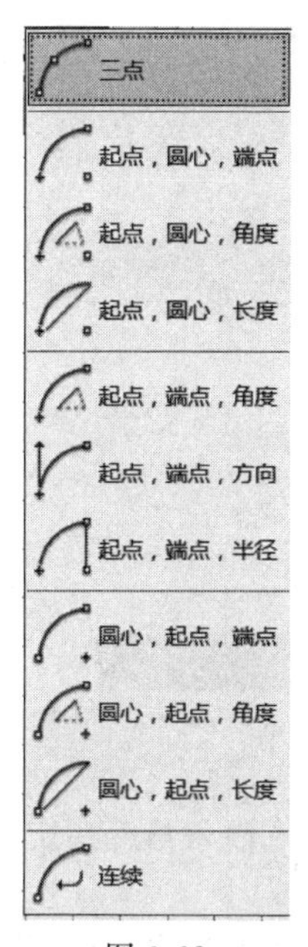

图 9-68

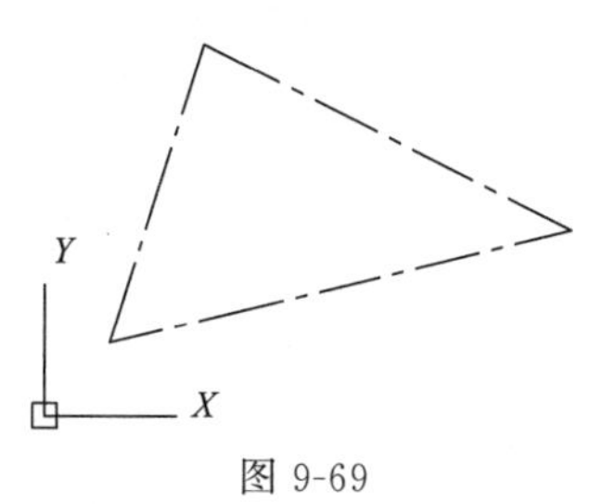

图 9-69

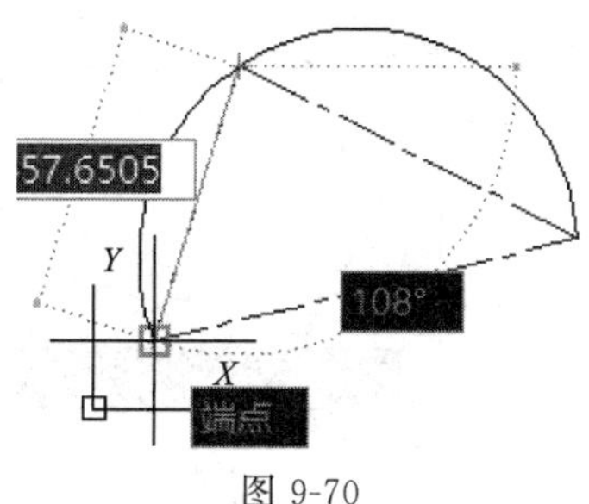

图 9-70

【例 9-13】 通过起点、圆心、端点创建圆弧

作图步骤

(1) 绘图面板中选择“起点、圆心、端点”工具（命令输入为：ARC）。

(2) 根据动态提示，鼠标依次指定“起点”、“圆心”和“端点”，来完成圆弧的创建。如图 9-71 所示（注意：默认为逆时针方向创建圆弧）。

【例 9-14】 通过起点、圆心、角度创建圆弧

作图步骤

(1) 绘图面板的圆弧命令中选择“起点、圆心、角度”工具（命令输入为：ARC）。

(2) 根据动态提示，鼠标依次指定“起点”、“圆心”并输入圆弧角度值“80”，回车，完成圆弧的创建如图 9-72 所示。

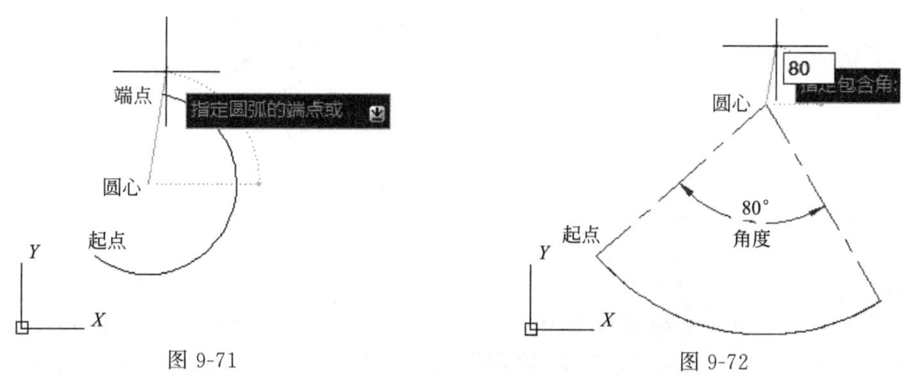

图 9-71　　图 9-72

其他创建圆弧的方法与例 9-12～例 9-14 类似，下面通过图例说明。

通过“起点、圆心、长度”创建圆弧，如图 9-73 所示。起点和圆心之间的距离确定半径。圆弧的另一端通过指定圆弧的起点与端点之间的弦长来确定。

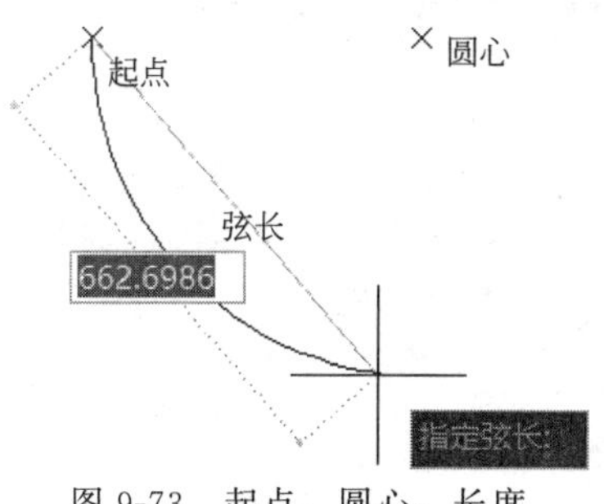

图 9-73　起点、圆心、长度

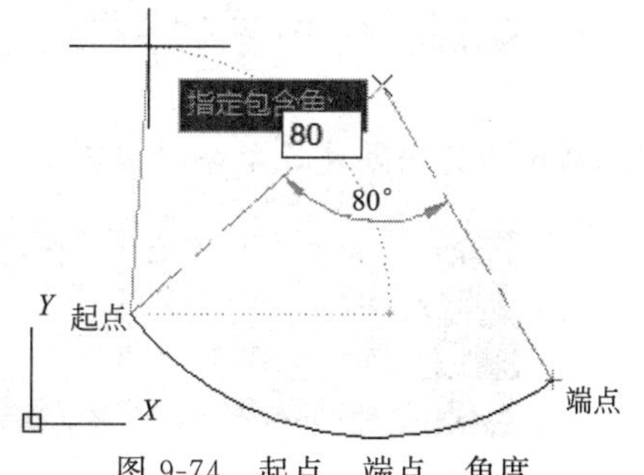

图 9-74　起点、端点、角度

通过“起点、端点、角度”创建圆弧，圆弧端点之间的夹角确定圆弧的圆心和半径，如图 9-74 所示。

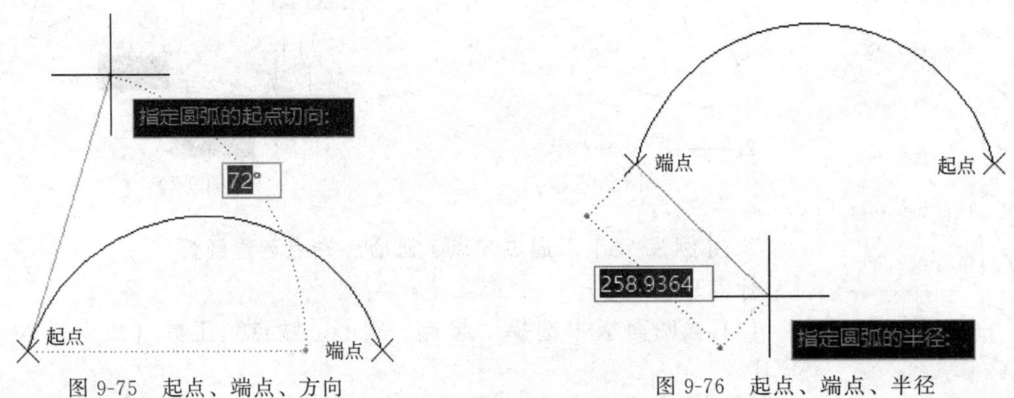

图 9-75　起点、端点、方向　　　　图 9-76　起点、端点、半径

通过“起点、端点、方向”创建圆弧，可以在所需切线上指定一个点或输入角度指定切向。如图 9-75 所示。

通过“起点、端点、半径”创建圆弧，可以输入半径或在所需半径距离上指定一个点来确定半径。如图 9-76 所示。

通过“连续”方式创建圆弧，可绘制相连的相切圆弧和直线。创建直线或圆弧后，选择“连续”工具（或输入“ARC”，回车两次），即可绘制一个在端点处相切的圆弧。只需指定新圆弧的端点。如图 9-77 所示。

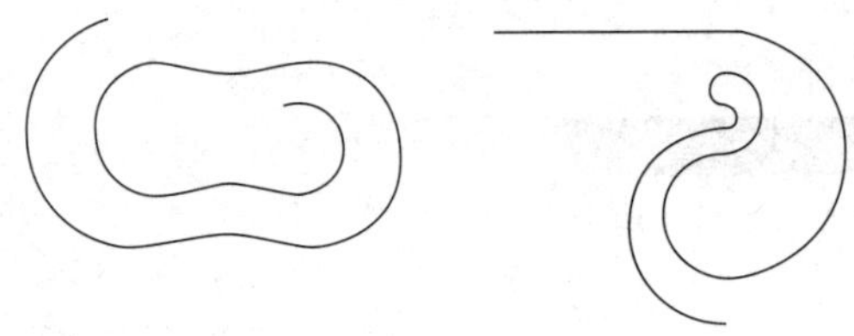

图 9-77

提示

在绘图面板中选择对应的圆弧创建工具，按动态提示逐步操作，可直接完成圆弧的创建。如果使用命令输入“ARC”，则需按选项选择创建方法，再按提示完成圆弧的创建。可以从起点开始创建，也可从圆心开始创建。

① 从起点开始创建，命令行提示如图 9-78 所示。

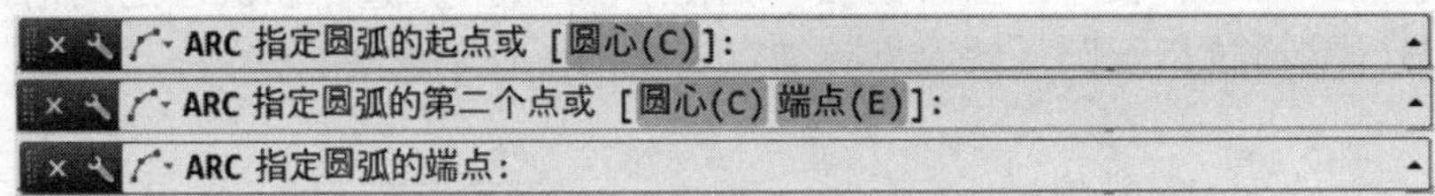

图 9-78

② 从圆心开始创建，命令行提示如图 9-79 所示。

ARC 指定圆弧的起点或 [圆心(C)]: C
ARC 指定圆弧的圆心:
ARC 指定圆弧的起点:
ARC 指定圆弧的端点或 [角度(A) 弦长(L)]:

图 9-79

八、椭圆的绘制

椭圆有长半轴和短半轴，两者的值决定了椭圆曲线的形状，通过设置椭圆的起始角度和终止角度绘制椭圆或椭圆弧。

“椭圆”命令的调用可在绘图面板中选择相应工具，包括“圆心”、“轴、端点”、“椭圆弧”三种方式。也可键盘输入“EL”命令，如图 9-80 所示。

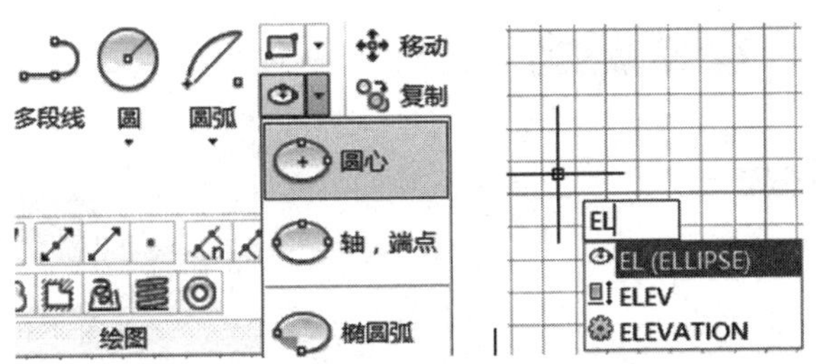

图 9-80　绘图面板选择椭圆工具或命令输入“EL”

【例 9-15】　指定圆心创建椭圆

作图步骤

(1) 绘图面板选择椭圆的“圆心”工具（命令输入为：EL）。

(2) 根据动态提示，鼠标在视图中分别指定“中心点”、“轴的端点”、“另一半轴长度”，完成椭圆的绘制如图 9-81、图 9-82 所示。

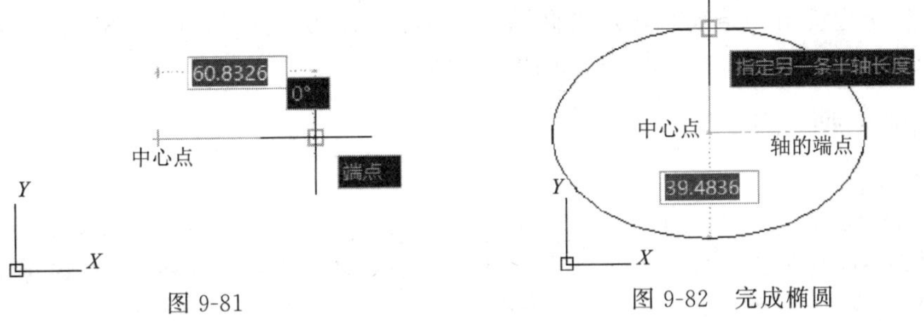

图 9-81　　图 9-82　完成椭圆

【例 9-16】　指定轴、端点创建椭圆

作图步骤

(1) 绘图面板选择椭圆的“轴、端点”工具（命令输入为：EL）。

(2) 根据动态提示，分别指定“轴端点”、“轴另一个端点”、“另一条半轴长度”，完成椭圆的创建，如图 9-83、图 9-84 所示。

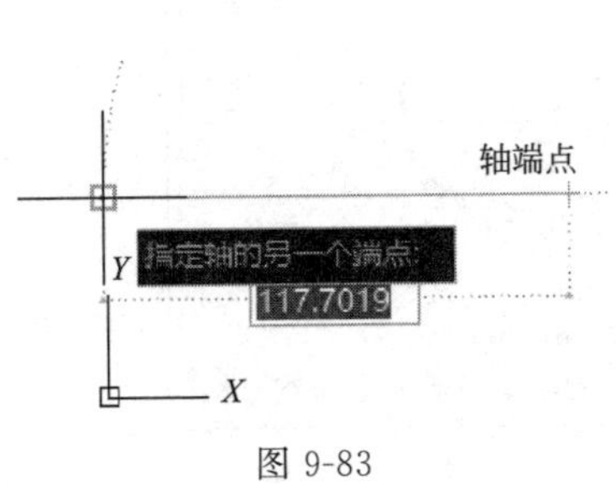

图 9-83

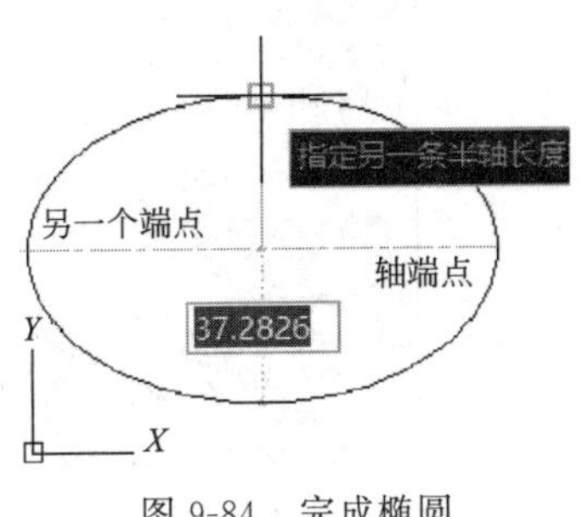

图 9-84　完成椭圆

【例 9-17】 椭圆弧的绘制

作图步骤

(1) 绘图面板选择“椭圆弧”工具(命令输入为：EL)。

(2) 根据动态提示，鼠标在视图中依次指定“轴端点”、“另一端点”、“另一半轴长度”、“起点角度”、“端点角度”完成椭圆弧图形的创建，如图 9-85、图 9-86 所示。

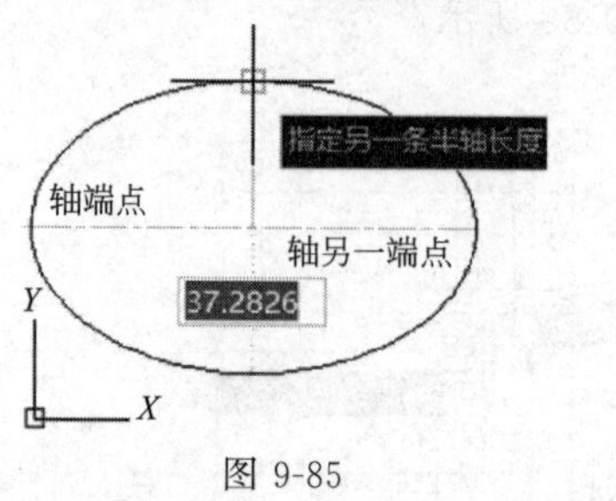

图 9-85

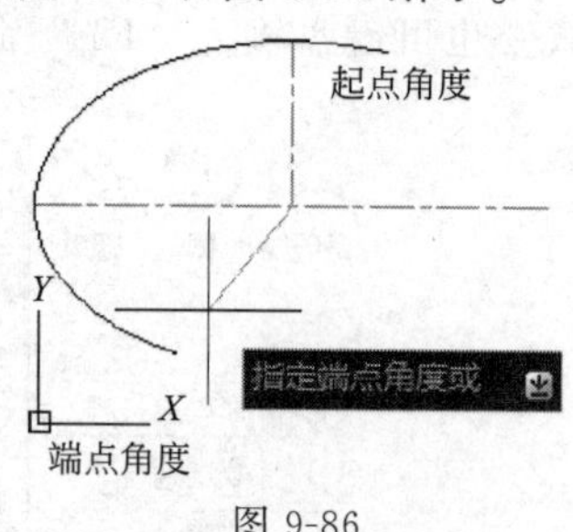

图 9-86

命令行提示依次如图 9-87 所示。

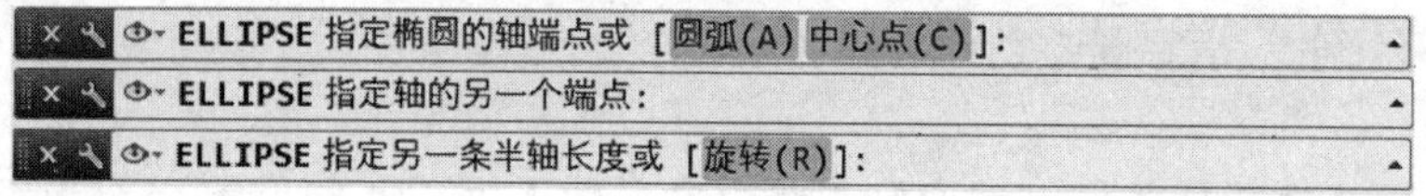

图 9-87

【圆弧】切换到椭圆弧的创建。

【中心点】使用中心点、第一个轴的端点和第二个轴的长度来创建椭圆。

【旋转】通过绕第一条轴旋转定义椭圆的长轴短轴比例。该值(0°～89.4°)越大，短轴对长轴的比例就越大。89.4°～90.6°之间的值无效。

九、点的绘制

1. 多点的绘制

在 AutoCAD 中，点对象可以作为捕捉对象的节点。默认绘制的点是没有大小的，在绘图区中很难看见，软件提供了很多点的样式，让点具有各种形状和大小，可绘制不同样式的点。

【例 9-18】 点的绘制

作图步骤

(1) 执行【菜单】→【格式】→【点样式】打开点样式设置面板如图 9-88 所示。

(2) 在设置面板中选择点样式和设置点大小，如图 9-89 所示。

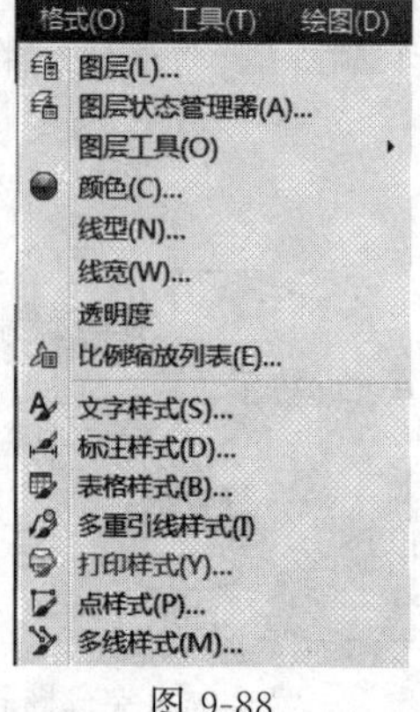

图 9-88

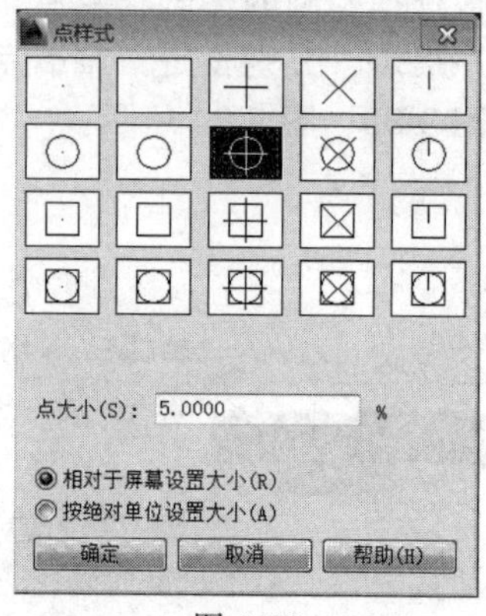

图 9-89

(3) 在功能区绘图面板中选择“多点”工具（命令输入为：PO）如图 9-90 所示。
(4) 在绘图区单击鼠标左键，即可绘制设置样式的点，如图 9-91 所示。

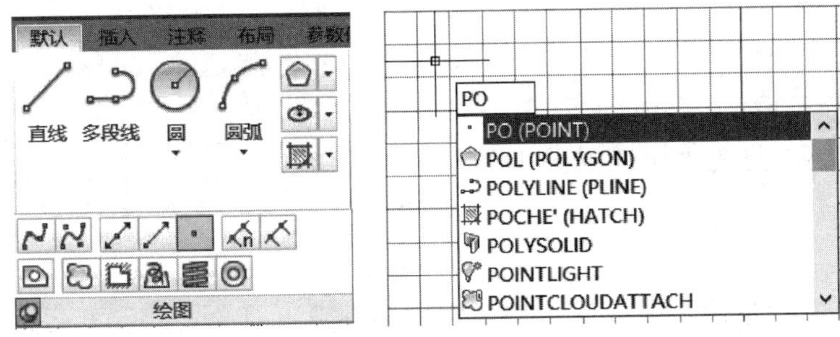

图 9-90　绘图面板选择多点工具或命令输入 PO

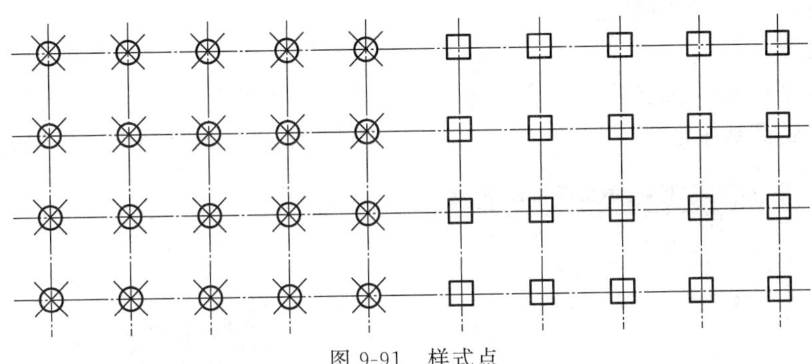

图 9-91　样式点

2. 定数等分

定数等分是将选择的曲线或线段按照指定的段数进行等分。

【例 9-19】　定数等分

作图步骤

(1) 按例 9-18 设置点样式，再在绘图区中绘制一直线段，如图 9-93 所示。
(2) 在绘图面板中选择“定数等分”工具（命令输入为：DIV）如图 9-92 所示。

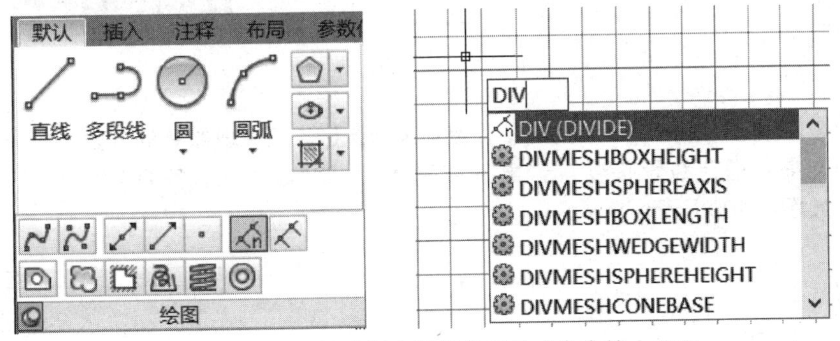

图 9-92　绘图面板选择定数等分工具或命令输入 DIV

图 9-93　　　　图 9-94

（3）根据动态提示选择要定数等分的对象，鼠标在绘图区中选择绘制的直线段。

（4）根据动态提示输入线段数目，这里输入“5”，回车。完成定数等分，将直线段等分为五段。如图 9-94 所示。

命令行提示依次如图 9-95 所示。

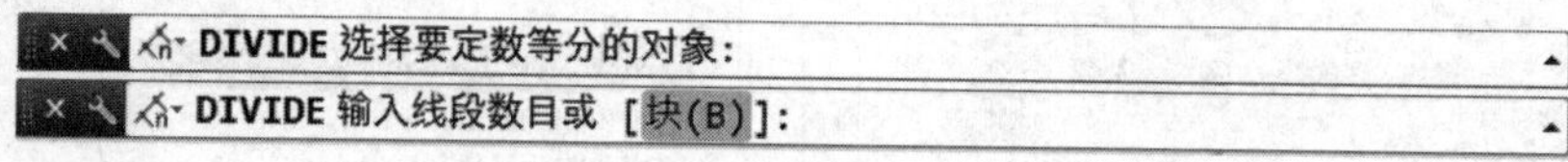

图 9-95

3. 定距等分

定距等分是沿对象的长度或周长按测定间隔创建点对象或块。具体操作同定数等分类似。

【例 9-20】 定距等分

作图步骤

（1）先按例 9-18 设置点样式，再在绘图区中绘制一长度为 750 的线段，如图 9-97 所示。

（2）在绘图面板中选择“定距等分”工具（命令输入为：MEASURE），如图 9-96 所示。

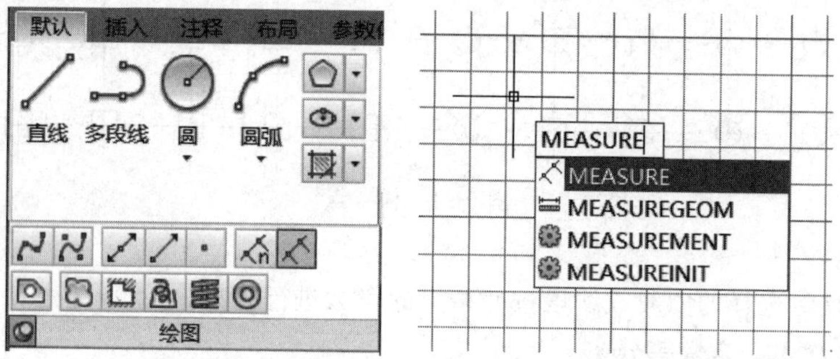

图 9-96 绘图面板选择定距等分工具或命令输入 MEASURE

图 9-97

图 9-98

（3）动态提示选择要定距等分的对象，鼠标在绘图区直接点取绘制的线段。如图 9-98 所示。

（4）动态提示指定线段长度，这里直接输入“200”，回车，完成定距等分，如图 9-99 所示。结果如图 9-100 所示。

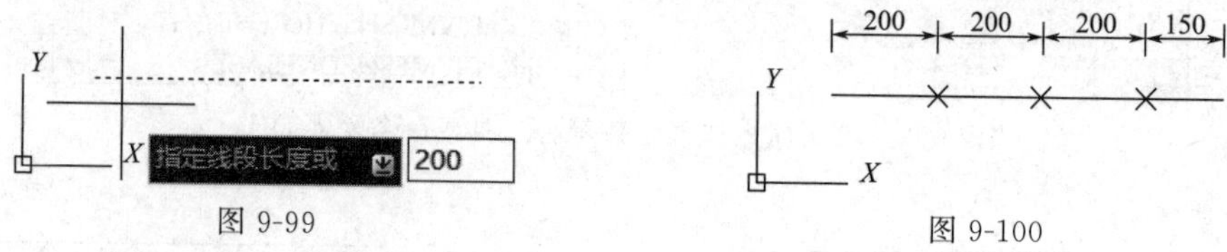

图 9-99

图 9-100

命令行提示依次如图 9-101 所示。

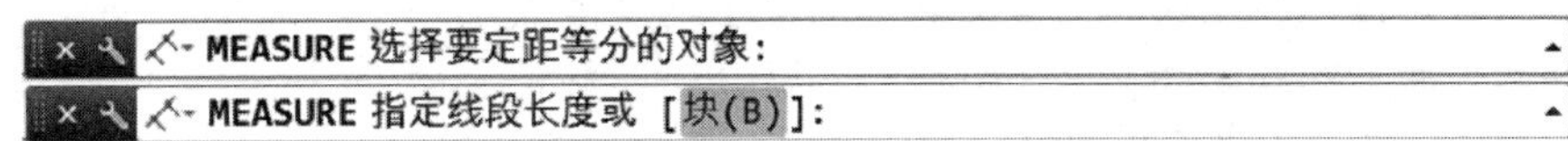

图 9-101

十、图块

在绘图工作中可以把一些常用的图形对象以图块的形式保存起来，这样可以在需要的时候在图中插入已经定义的图块，以提高工作效率。图块的操作主要分为创建图块、插入图块和保存图块。功能区的“插入”选项卡中提供了图块创建、插入、编辑等相关工具，如图 9-102 所示。

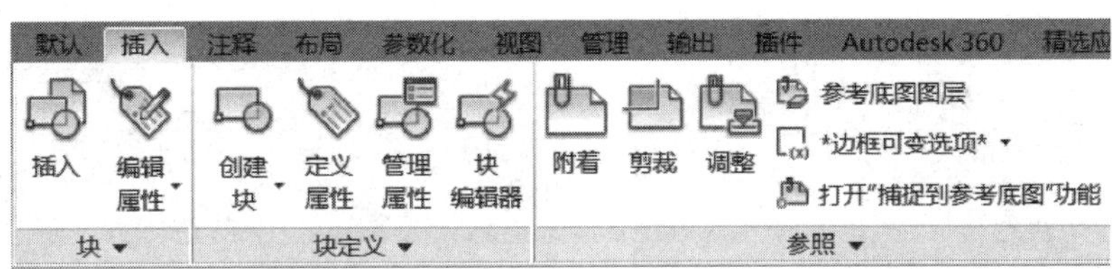

图 9-102

下面以实例讲解图块的创建、插入和保存。

【例 9-21】　绘制轴线编号图块

作图步骤

(1) 按图 9-103 所示绘制出圆。其中的“ZH”是“轴”“号”两字拼音的第一个字母，为定义的属性。

(2) 定义图块的属性，如图 9-104 所示。

图 9-103　轴线标号

属性定义

模式
- [ ] 不可见(I)
- [ ] 固定(C)
- [ ] 验证(V)
- [ ] 预设(P)
- [x] 锁定位置(K)
- [ ] 多行(U)

插入点
- [x] 在屏幕上指定(O)

X: 0
Y: 0
Z: 0

属性
标记(T)：ZH
提示(M)：轴号
默认(L)：

文字设置
对正(J)：正中
文字样式(S)：Standard
- [ ] 注释性(N)

文字高度(E)：50
旋转(R)：0
边界宽度(W)：0

- [ ] 在上一个属性定义下对齐(A)

确定　取消　帮助(H)

图 9-104　属性定义对话框

定义属性的操作如下：

在块定义面板中选择“定义属性”工具（命令输入为：ATT），打开图 9-104 所示的对话框。按照对话框中的设置设定属性（标记：ZH，提示：输入轴号）。注意在“插入点”项要点取【拾取点】按钮，用鼠标点取轴线编号圆上的象限点。

定义好属性后，图样如图 9-103 所示，出现“ZH”标记。

(3) 创建块　在块定义面板中选择“创建块”工具（命令输入为：B），在出现的图 9-105 所示的对话框中定义块。首先输入图块名称，再点击【拾取点】返回绘图区，单击图 9-103 轴线编号中圆上的象限点作为以后插入图块的基点。继续点击【选择对象】按钮返回绘图区，将图 9-103 中的内容全选，回车后按【确定】按钮结束。至此，图块定义成功。

(4) 插入图块　在块面板中选择“插入”工具（命令输入为：INSERT），在出现的图 9-106 所示的对话框中操作。首先在名称下拉列表中选取要插入的图块，然后确定图块在 *X*、*Y*、*Z* 方向的缩放比例，再指定图块的旋转角度，最后单击【确定】按钮。在弹出对话框中输入轴线编号即可。

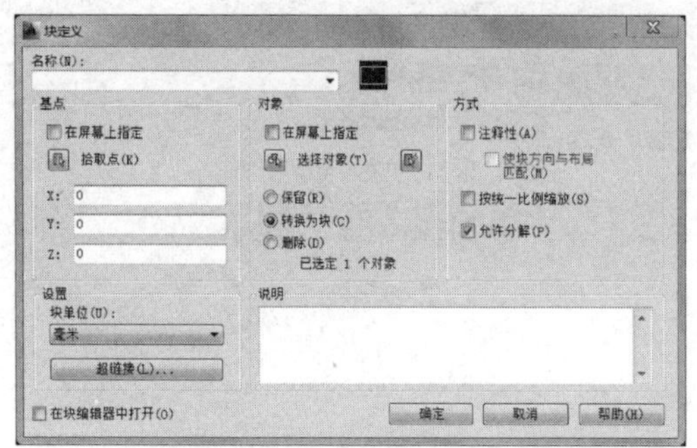

图 9-105　块定义对话框

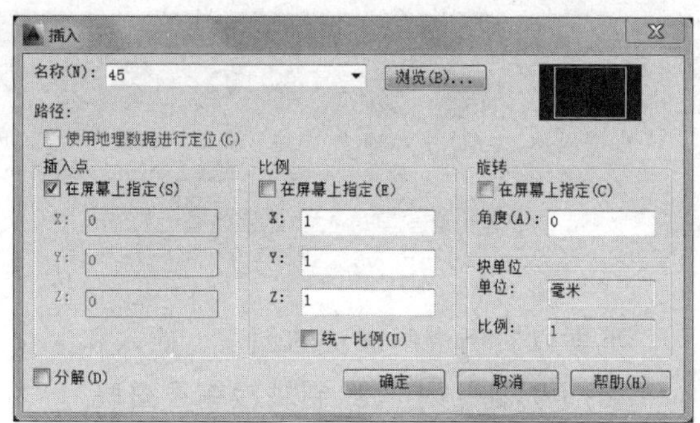

图 9-106　块插入对话框

(5) 保存图块　按前文所述创建的图块称为“内部块”，只能保存在当前图层中，虽然能够与图形一道存盘，但不能用于其他图形。如果想要让图块用于其他图形，则必须使用“Wblock”命令创建和保存图块，这样的图块称为“外图块”。键入“Wblock”命令，出现图 9-107 所示的对话框，首先选择块源（当块源为“块”或“整个图形”时，【拾取点】和【选择对象】按钮将不可用），然后为存盘文件取文件名、选择存盘路径，最后确认。

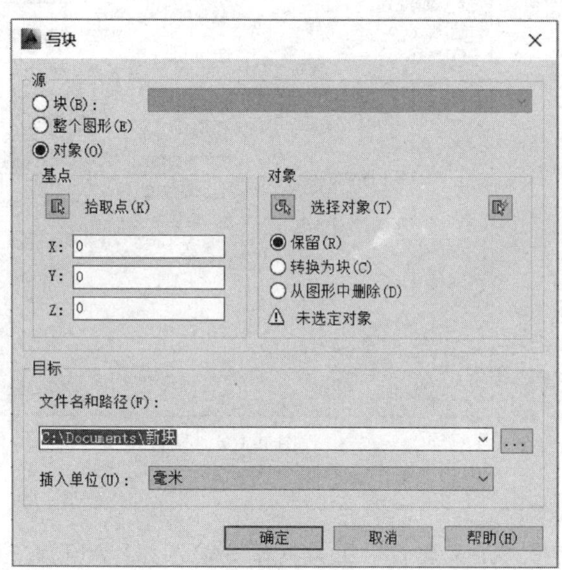

图 9-107　写块对话框

第二节　图形的编辑

图形编辑是指对所绘图形对象实施修改、移动、复制和删除等操作。与绘图命令同时使用，保证作图准确，减少重复操作，提高绘图效率。

一、图形对象的选取

图形对象在被编辑前，要处于被选取的状态。被选取的对象一般都呈虚线状。选取对象有两种方法：一种是在执行编辑命令之后根据系统提示选取对象；另一种是在执行编辑命令之前先选取要编辑的对象，然后再执行编辑命令。

1. 点选图形

点选的方法，只需使用鼠标左键点击图形即可选择对象。当图形被选择后，将会显示图形的夹点，若要多选图形，只需再次单击其他图形即可。如图 9-108、图 9-109 所示。

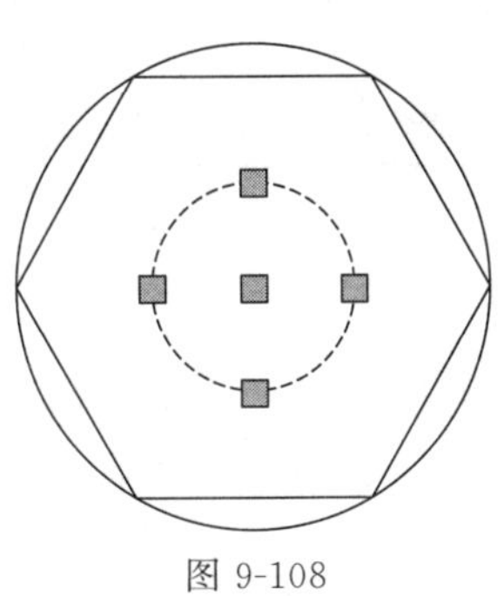

图 9-108

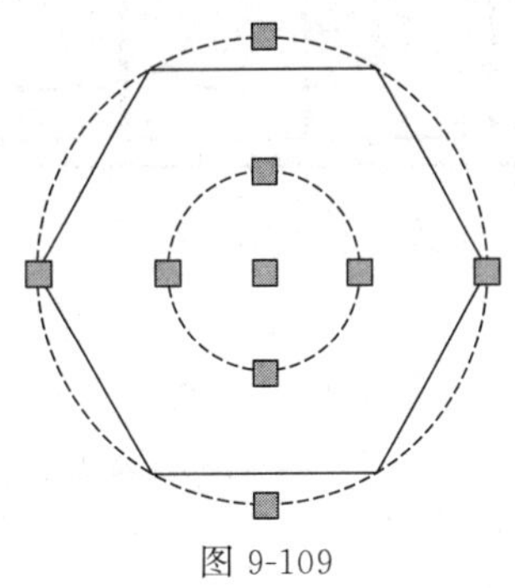

图 9-109

2. 框选图形

在选择多个图形时，使用框选的方式比较快捷，选择图形时，只需在绘图区指定框选的起点，按住鼠标并拖动光标至合适位置，此时绘图区会显示一个矩形选框，在该矩形选框内的图形都将被选择，如图所示图 9-110、图 9-111 所示。

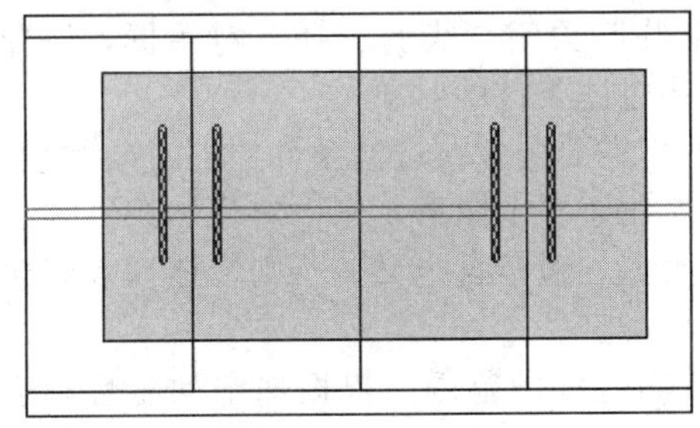

图 9-110　绘制选框

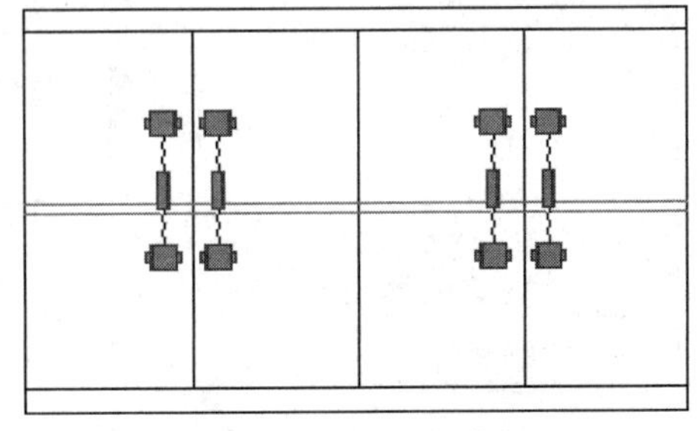

图 9-111　选择的对象

框选的方式分为两种，一种称为“窗口选择”，是从左至右框选；另一种称为“窗交选择”，是从右至左框选。其区别为：

① 窗口选择　只有位于选框以内的图形将被选择，图形位于选框以外的部分都会被排除掉。如图 9-112 所示。

② 窗交选择　位于选框以内的图形和与选框有交叉的图形都会被选择。如图 9-113 所示。

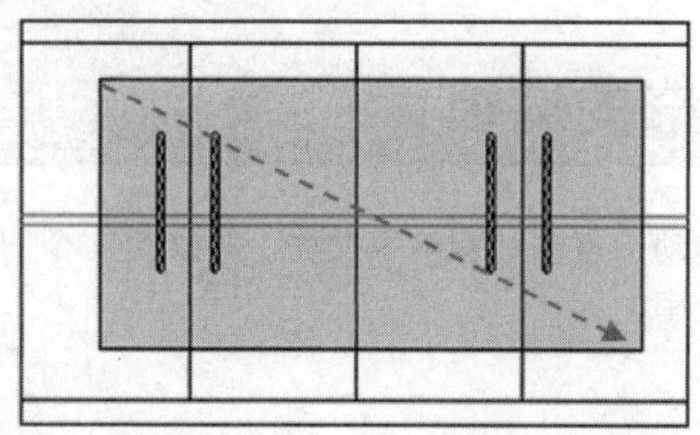
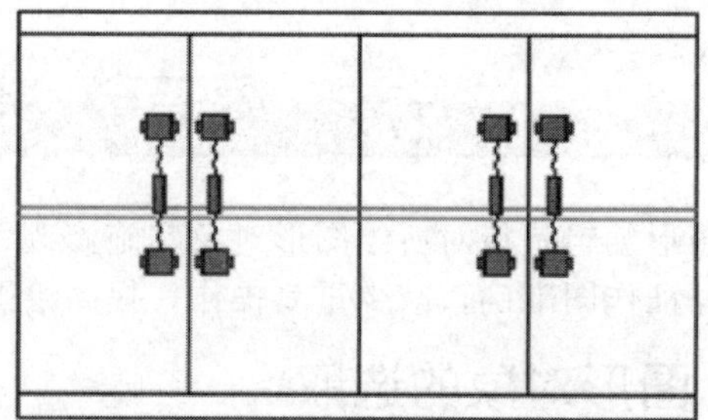

图 9-112　窗口选择

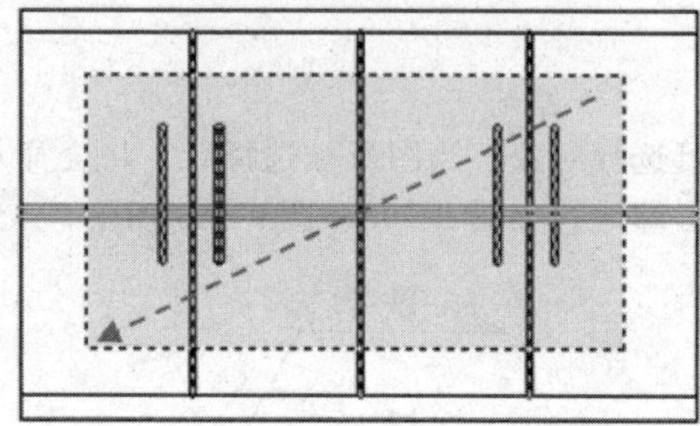
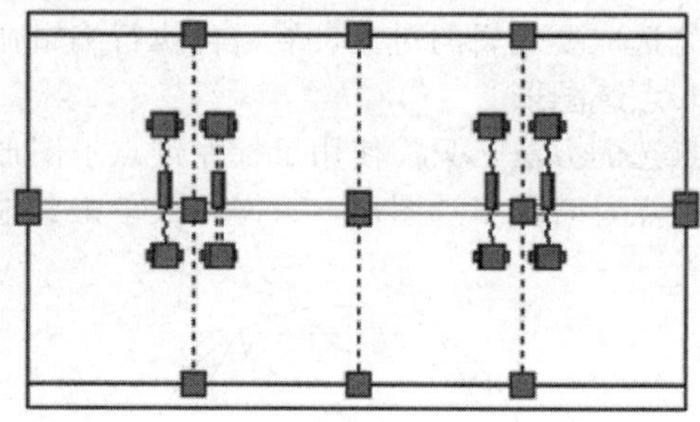

图 9-113　窗交选择

提示

按【ESC】键，可取消所有对象的选择。如要从选择集中去掉某个对象的选择，可以按住【Shift】键并单击这个对象或者按住【Shift】键框选要去掉的多个对象。

3. 快速选择命令

该命令用于指定选择过滤条件以及根据该过滤条件创建选择集。

命令行输入“QSELECT”，回车，将弹出如图 9-114 所示的“快速选择”对话框。

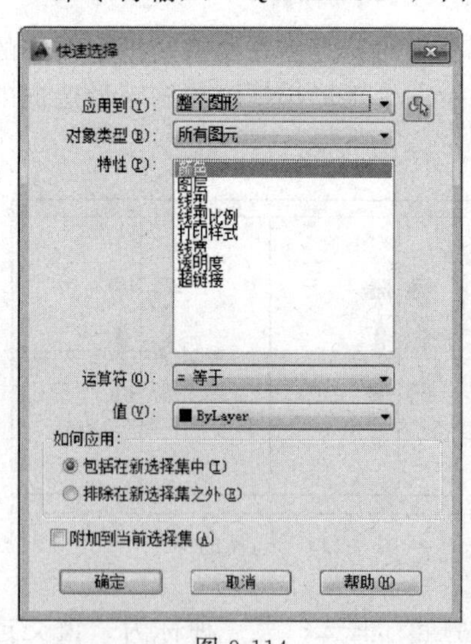

图 9-114

其各项说明如下：

【应用到】将过滤条件应用到整个图形或当前选择集（如果存在）。如果选择了“附加到当前选择集”，过滤条件将应用到整个图形。

【选择对象】临时关闭“快速选择”对话框，以便选择要在其中应用过滤条件的对象。

【对象类型】指定要包含在过滤条件中的对象类型。如果过滤条件正应用于整个图形，则“对象类型”列表包含全部的对象类型，包括自定义。否则，该列表只包含选定对象的对象类型。

【运算符】控制过滤的范围。根据选定的特性，选项可包括“等于”、“不等于”、“大于”、“小于”和“* 通配符匹配”。“* 通配符匹配”只能用于可编辑的文字字段。使用“全部选择”选项将忽略所有特性过滤器。

【值】指定过滤器的特性值。

【如何应用】指定是将符合给定过滤条件的对象包括在新选择集内或是排除在新选择集之外。选择“包括在新选择集中”将创建其中只包含符合过滤条件的对象的新选择集。选择

“排除在新选择集之外”将创建其中只包含不符合过滤条件的对象的新选择集。

【附加到当前选择集】指定用“QSELECT”命令创建的选择集是替换当前选择集还是附加到当前选择集。

4. 选取命令（SELECT）

在命令行键入“SELECT”，回车，再键入“?”回车，命令行提示依次如图 9-115 所示。

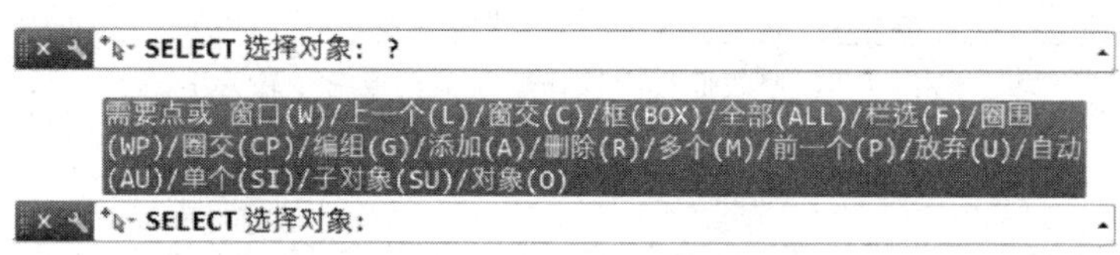

图 9-115

命令行各选项说明如下：

【窗口】从左到右指定角点创建窗口选择。

【上一个】选择最近一次创建的可见对象。

【窗交】选择区域内部或与之相交的所有对象。

【框选】选择矩形内部或与之相交的所有对象。如果矩形的点是从右至左指定的，则框选与窗交等效。否则，框选与窗选不等效。

【全部】选择模型空间或当前布局中除冻结图层或锁定图层上的对象之外的所有对象。

【栏选】选择与选择栏相交的所有对象。栏选方法与圈交方法相似，只是栏选不闭合，并且栏选可以自交。

【圈围】选择多边形选框中的所有对象。该多边形可以为任意形状，但不能与自身相交或相切。

【圈交】选择多边形选框内部或与之相交的所有对象。该多边形可以为任意形状，但不能与自身相交或相切。

【编组】在一个或多个命名或未命名的编组中选择所有对象。

【添加】切换到添加模式，可以使用任何对象选择方法将选定对象添加到选择集。自动和添加为默认模式。

【删除】切换到删除模式，可以使用任何对象选择方法从当前选择集中删除对象。删除模式的替换模式是在选择单个对象时按下 Shift 键，或者是使用“自动”选项。

【多个】在对象选择过程中单独选择对象，而不亮显它们。这样会加速高度复杂对象的对象选择。

【前一个】选择最近创建的选择集。从图形中删除对象将清除“上一个”选项设置。

【放弃】放弃选择最近加到选择集中的对象。

【自动】切换到自动选择，指向一个对象即可选择该对象。指向对象内部或外部的空白区，将形成框选方法定义的选择框的第一个角点。自动和添加为默认模式。

【单选】切换到单选模式，选择指定的第一个或第一组对象而不继续提示进一步选择。

二、图形对象的删除

要删除选定的图形，可在修改面板中选择“删除”工具，或命令输入“E”，如图 9-116 所示。调用命令后，选择要删除的对象，回车，即可删除图形。

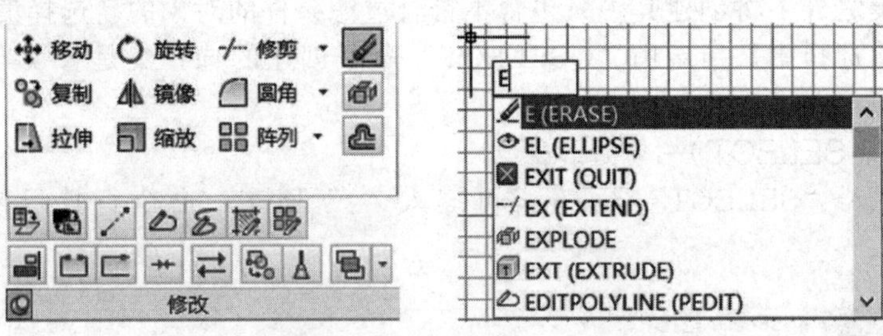

图 9-116　修改面板中选择删除工具或命令输入 E

提示

选择要删除的对象，直接按【Delete】键，也可删除图形。还可以使用“UNDO”命令恢复意外删除的图形。

三、图形对象的移动、旋转和缩放

1. 图形对象的移动

移动对象时，可在指定的方向上按指定的距离移动对象。要执行图形对象的移动，可在修改面板中选择“移动”工具或命令输入“M”，回车。如图 9-117 所示。

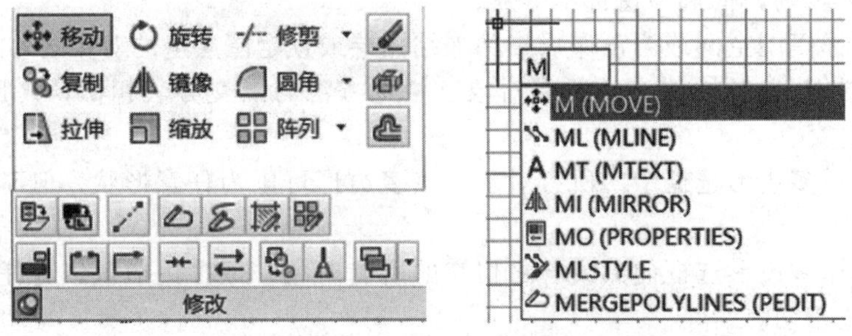

图 9-117　修改面板中选择移动工具或命令输入 M

【例 9-22】　图形对象的移动

作图步骤

(1) 修改面板中选择“移动”工具（命令输入为：M）。

(2) 根据动态提示，在绘图区中选择要移动的对象，回车。如图 9-118 所示。

(3) 根据动态提示指定移动的基点，鼠标在图形上选择一点，如图 9-119 所示。

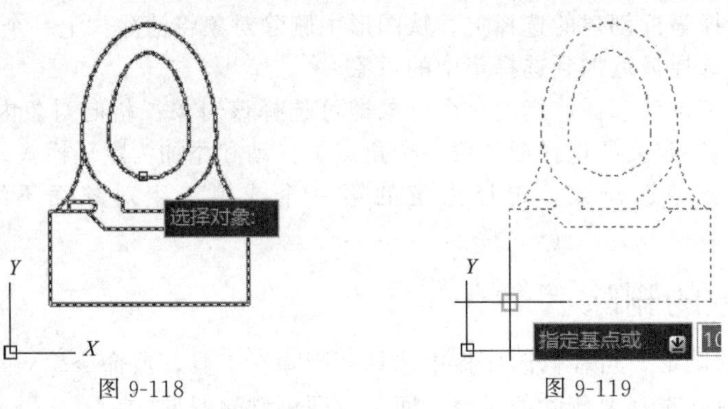

图 9-118　　　　图 9-119

（4）根据动态提示指定第二点，作为移动后的位置点，完成移动命令。如图 9-120 所示。

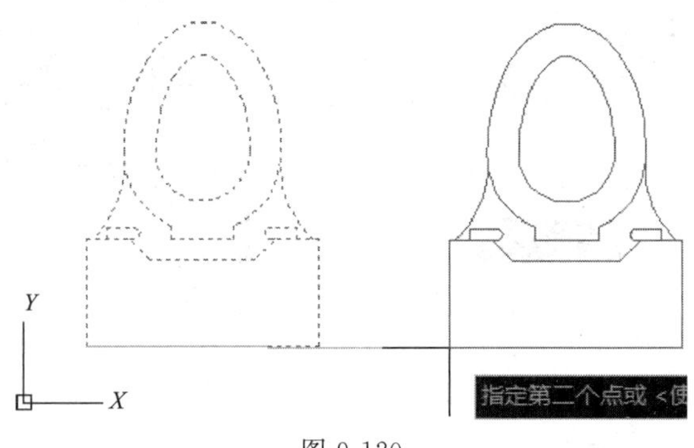

图 9-120

命令行提示依次如图 9-121 所示。

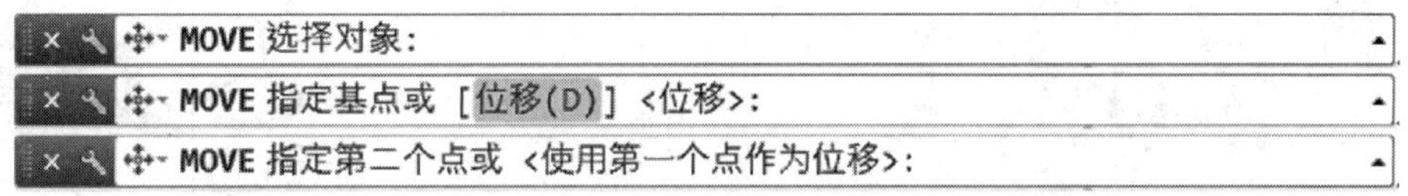

图 9-121

命令行各选项说明：

【基点】指定移动的起点。

【位移】指定相对距离和方向。

【第二点】结合第一个点来指定一个矢量，以指明选定对象要移动的距离和方向。

2. 图形对象的旋转

围绕指定的基点，将图形旋转一个绝对的角度。要执行图形的旋转，可在修改面板中选择“旋转”工具或命令输入“RO”，如图 9-122 所示。

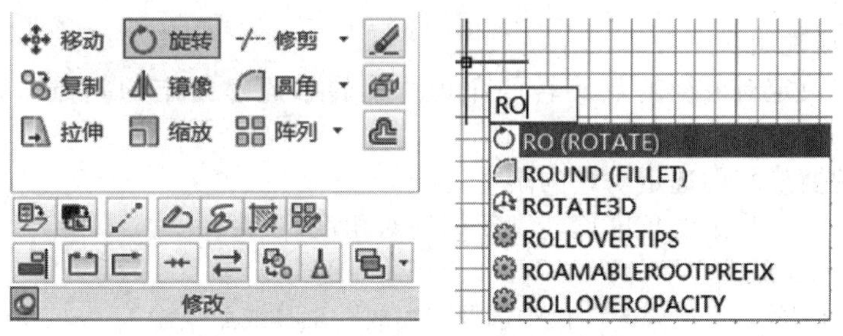

图 9-122　修改面板中选择旋转工具或命令输入 RO

【例 9-23】　图形对象的旋转

作图步骤

（1）修改面板中选择“旋转”工具（命令输入为：RO）。

（2）根据动态提示选择对象，这里框选所有图形对象，回车。如图 9-123 所示。

（3）根据动态提示，在绘图区中指定旋转的基点，如图 9-124 所示。

（4）根据动态提示输入要旋转的角度，这里输入“－90”，回车，如图 9-125 所示。最终完成图形的旋转，如图 9-126 所示。

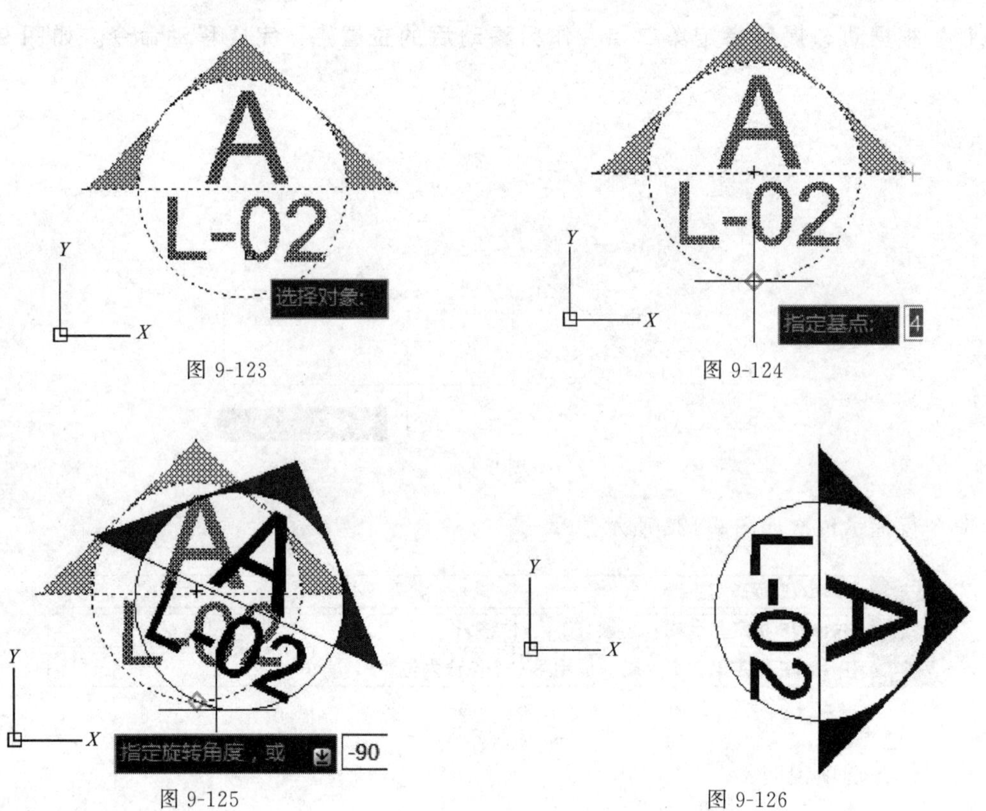

图 9-123　　图 9-124

图 9-125　　图 9-126

命令行提示依次如图 9-127 所示。

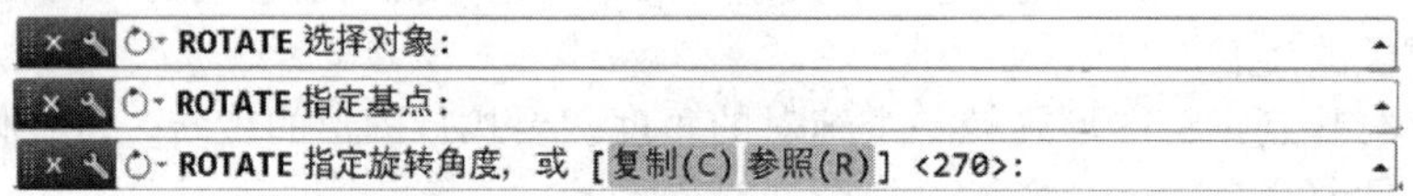
ROTATE 选择对象:
ROTATE 指定基点:
ROTATE 指定旋转角度，或 [复制(C) 参照(R)] <270>:

图 9-127

命令行各选项说明：

【旋转角度】决定对象绕基点旋转的角度。旋转轴通过指定的基点，并且平行于当前 UCS 的 Z 轴。

【复制】创建要旋转的选定对象的副本。

【参照】将对象从指定的角度旋转到新的绝对角度。

3. 图形对象的缩放

要执行图形的缩放，可在修改面板中选择“缩放”工具或命令输入“SC”，回车。如图 9-128 所示。缩放工具可放大或缩小选定对象，并使缩放后对象的比例保持不变。

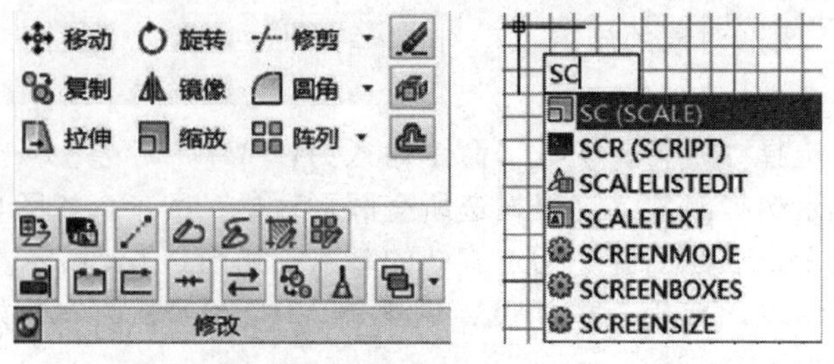

图 9-128　修改面板中选择缩放工具或命令输入 SC

【例 9-24】 图形对象的缩放

作图步骤

(1) 修改面板中选择“缩放”工具（命令输入为：SC)。

(2) 根据动态提示，选择要进行缩放的图形对象，回车。如图 9-129 所示。

(3) 根据动态提示，在绘图区中指定缩放的基点，如图 9-130 所示。

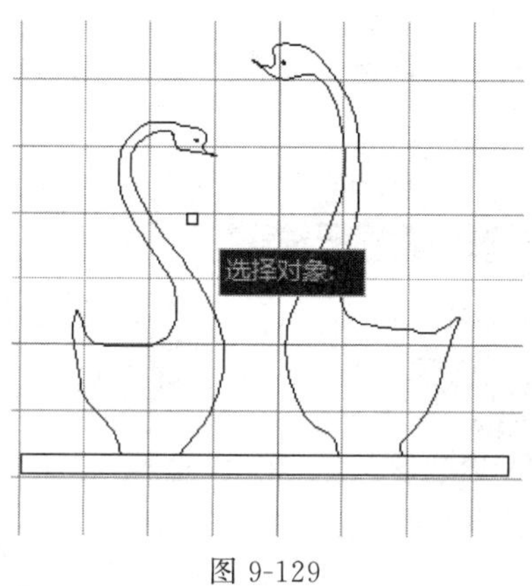

选择对象:

图 9-129

指定基点:
5239.31

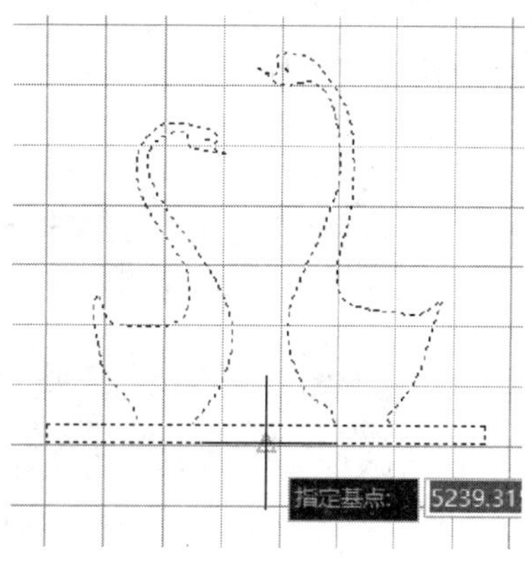

图 9-130

(4) 根据动态提示输入比例因子，这里输入“0.5”，回车，如图 9-131 所示。结果如图 9-132 所示。

指定比例因子或
0.5

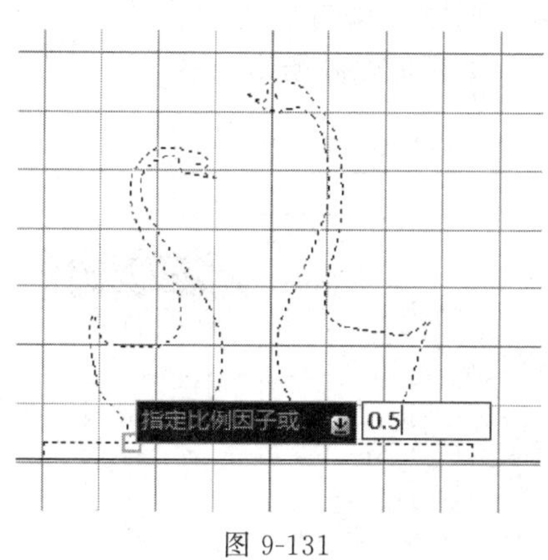

图 9-131

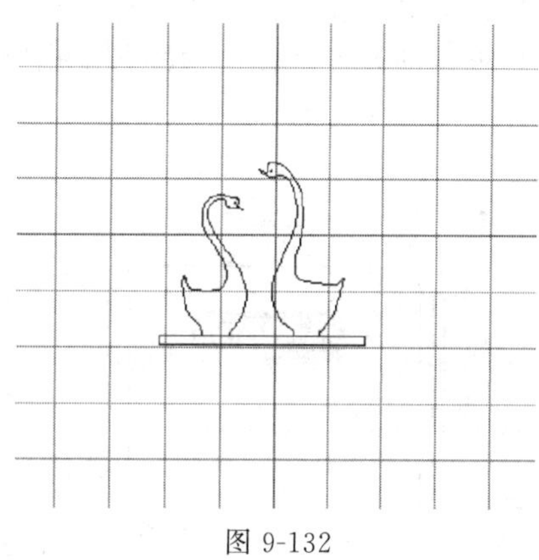

图 9-132

命令行提示依次如图 9-133 所示。

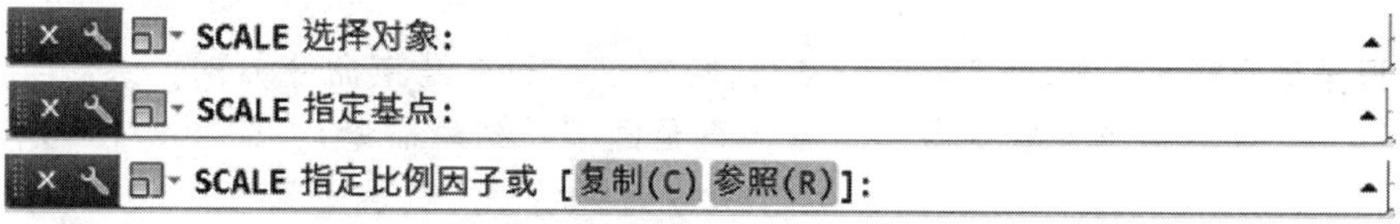

SCALE 选择对象:
SCALE 指定基点:
SCALE 指定比例因子或 [复制(C) 参照(R)]:

图 9-133

命令行各选项说明如下：

【比例因子】按指定的比例放大选定对象的尺寸。大于 1 的比例因子使对象放大。0～1 之间的比例因子使对象缩小。

【复制】创建要缩放的选定对象的副本。

【参照】按参照长度和指定的新长度缩放所选对象。

四、图形对象创建副本

在 AutoCAD 中，常常会绘制多个相同的图形，使用修改命令中的复制、偏移、镜像等命令可快速完成这些图形的绘制。

(一)复制图形对象

在修改面板中选择“复制”工具或命令输入“COPY”，回车。如图 9-134 所示。

图 9-134　修改面板中选择复制工具或命令输入 COPY

【例 9-25】　图形对象的复制

作图步骤

(1) 修改面板中选择“复制”工具（命令输入为：COPY)。

(2) 根据动态提示，选择要进行复制的图形对象，回车。如图 9-135 所示。

(3) 根据动态提示，在绘图区中指定复制的基点，如图 9-136 所示。

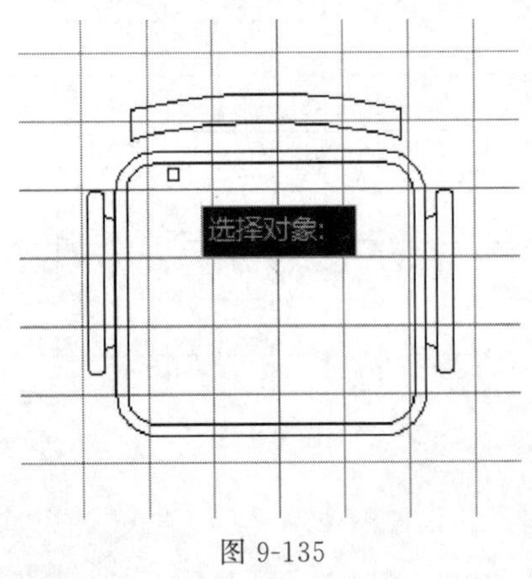

图 9-135

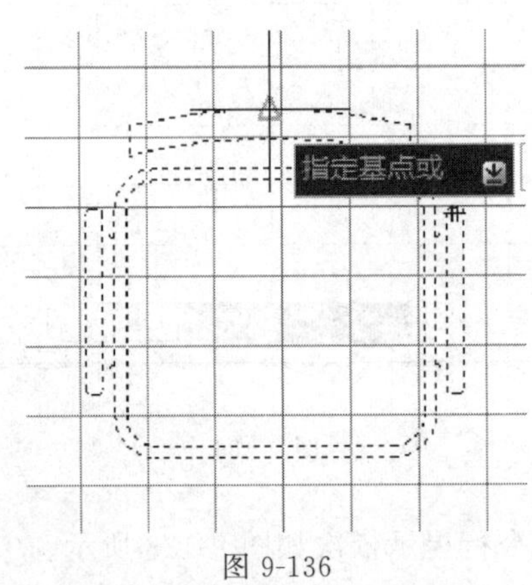

图 9-136

(4) 根据动态提示，指定“第二个点”，回车（在回车结束命令以前，系统会反复提示“指定第二点”，重复操作可复制多个对象，直至回车，结束命令)，如图 9-137 所示，完成图形的复制。

命令行提示依次如图 9-138 所示。

命令行各选项说明如下：

【位移】使用坐标指定相对距离和方向。

【模式】控制命令是否自动重复。

【阵列】指定在线性阵列中排列的副本数量。

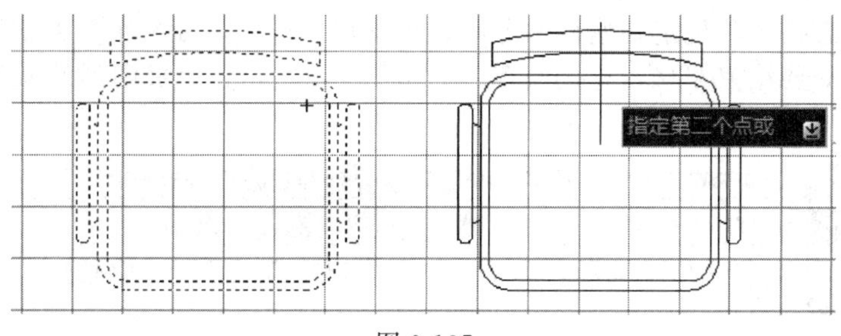

图 9-137

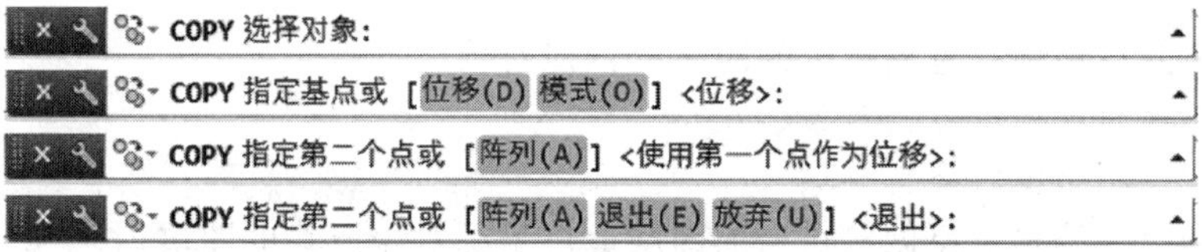

COPY 选择对象：

COPY 指定基点或 [位移(D) 模式(O)] <位移>:

COPY 指定第二个点或 [阵列(A)] <使用第一个点作为位移>:

COPY 指定第二个点或 [阵列(A) 退出(E) 放弃(U)] <退出>:

图 9-138

（二）图形对象的偏移

偏移命令是根据指定的距离或指定的点，创建其形状与原始对象平行的新对象。要偏移对象，在修改面板中选择“偏移”工具或命令输入“O”，如图 9-139 所示。

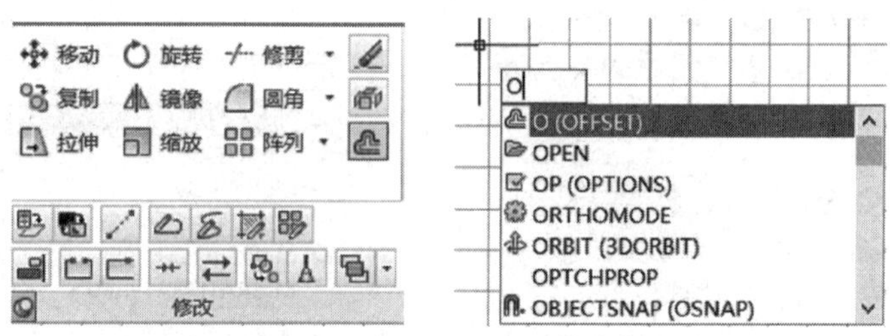

图 9-139　修改面板中选择偏移工具或命令输入“O”

【例 9-26】　图形对象的偏移

作图步骤

(1) 修改面板中选择“偏移”工具（命令输入为：O）。

(2) 根据动态提示，输入要偏移的距离，这里直接输入“25”，回车。

(3) 根据动态提示，选择要偏移的对象，如图 9-140 所示，选择对象。

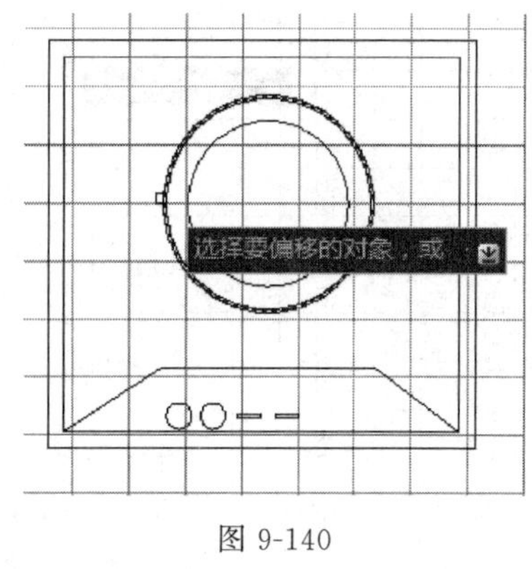

图 9-140

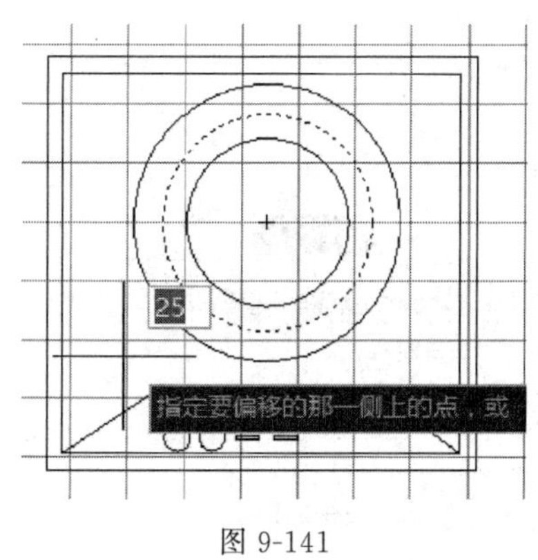

图 9-141

（4）根据动态提示，指定要偏移的方向，单击鼠标确定，如要重复偏移操作，根据提示继续选择对象，如要结束偏移，直接回车，如图 9-141 所示，完成图形的偏移。

命令行提示依次如图 9-142 所示。

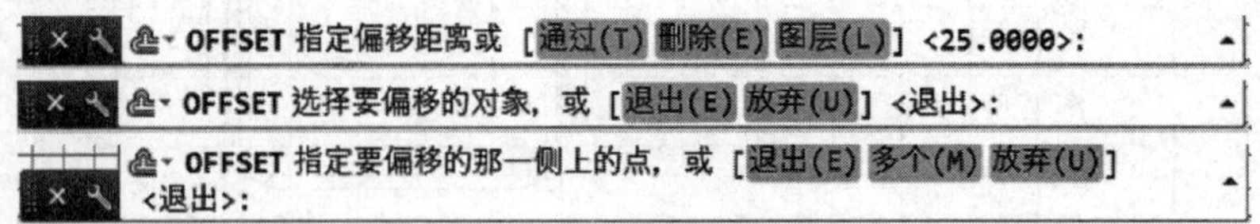

图 9-142

命令行各选项说明如下：

【偏移距离】在距现有对象指定的距离处创建对象。

【通过】创建通过指定点的对象。

【删除】偏移源对象后将其删除。

【图层】确定将偏移对象创建在当前图层上还是源对象所在的图层上。

（三）图形对象的镜像

镜像图形是将选择的图形以对称轴线为中心进行对称的复制。在进行操作时，需指定好镜像轴线，并根据需要选择删除或是保留源对象。

要镜像对象，在修改面板中选择“镜像”工具或命令输入“MI”，如图 9-143 所示。

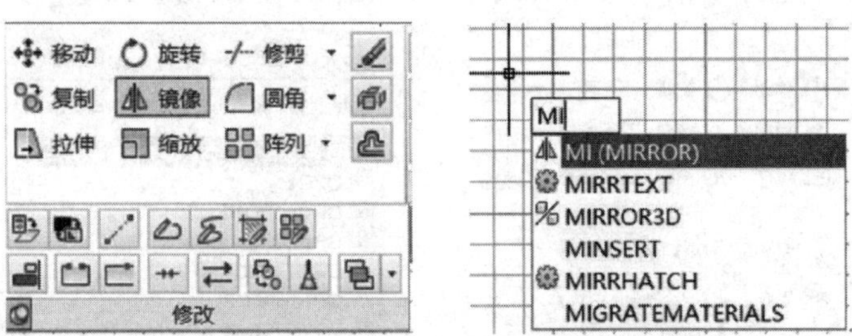

图 9-143　修改面板中选择镜像工具或命令输入 MI

【例 9-27】　图形对象的镜像

作图步骤

（1）修改面板中选择“镜像”工具（命令输入为：MI）。

（2）根据动态提示，选择要镜像的对象，回车。如图 9-144 所示。

（3）根据动态提示，指定镜像轴线的第一点和第二点。如图 9-145 所示。

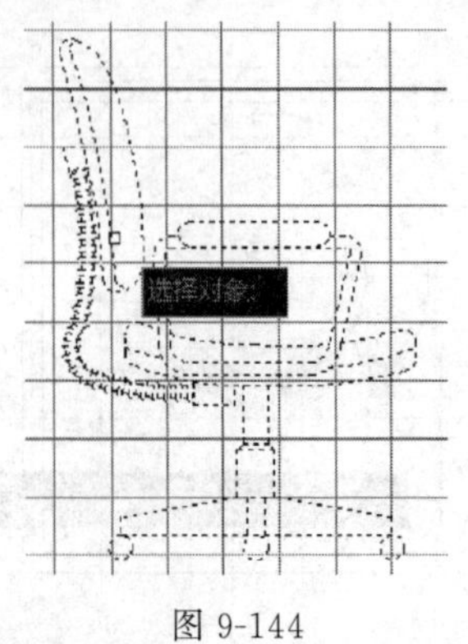

图 9-144

图 9-145

(4) 根据动态提示是否删除源对象，选择“N”或“Y”来完成镜像操作。如图 9-146 所示。

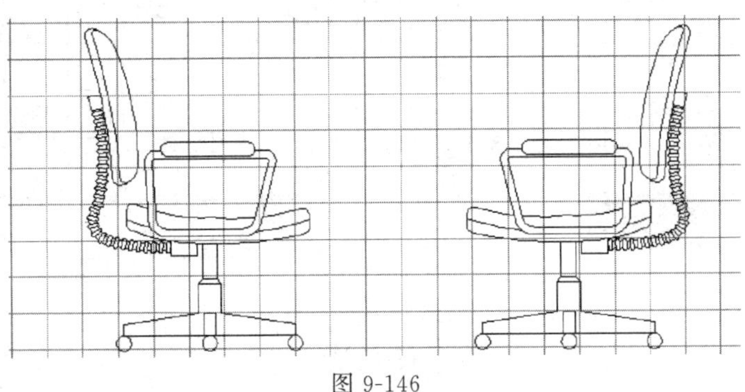

图 9-146

命令行提示依次如图 9-147 所示。

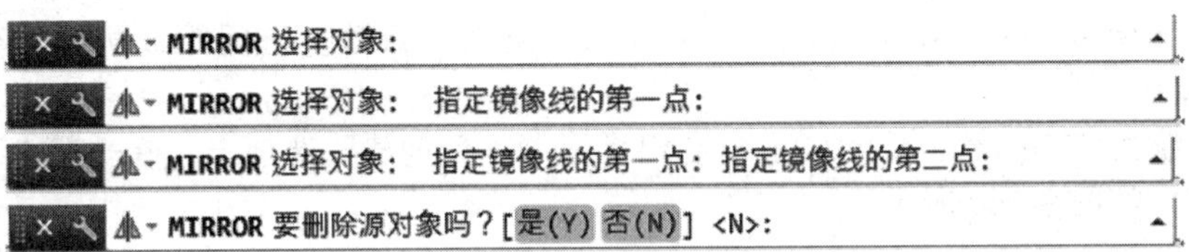

图 9-147

(四) 图形对象的阵列

阵列命令是一种有规则的复制命令，可以创建指定方式排列的多个图形副本，AutoCAD 提供三种阵列，分别为矩形阵列、环形阵列和路径阵列。

1. 矩形阵列

矩形阵列可以按任意行、列和层级组合分布副本对象。

要对图形进行矩形阵列，在修改面板中选择“矩形阵列”工具或命令输入“AR”，如图 9-148 所示。

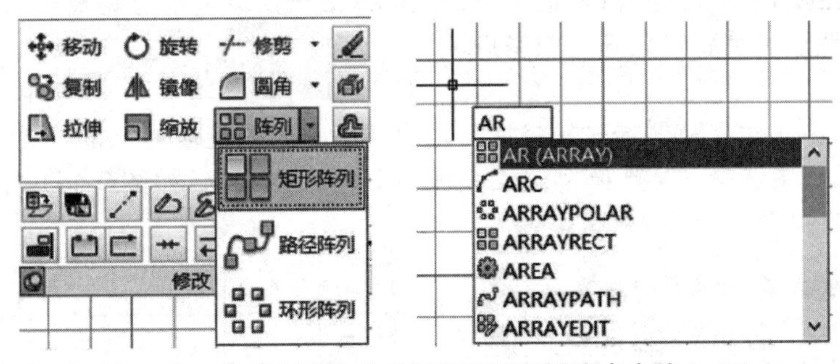

图 9-148　修改面板中选择矩形阵列工具或命令输入 AR

【例 9-28】 图形的矩形阵列

作图步骤

(1) 修改面板中选择“矩形阵列”工具（命令输入为：AR）。

(2) 根据动态提示，选择要阵列的对象，回车。如图 9-149 所示。系统会按照默认设置生成阵列（阵列可动态预览，通过调整夹点，可以快速地获得行和列的数量和间距，通过添加层还可以生成三维阵列）。

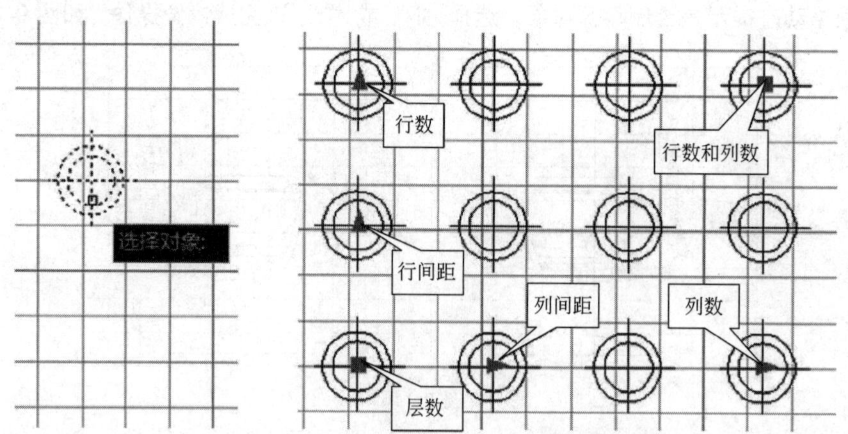

图 9-149　选择对象后，默认生成阵列

(3) 可在绘图区中选择夹点拖动，可以增加或减少行数、行间距或列数、列间距，如图 9-149 所示。

(4) 系统生成阵列后，功能区会自动切换到“阵列创建”选项卡，在选项卡面板中可进行相应设置。如图 9-150 所示。

默认　插入　注释　布局　参数化　视图　管理　输出　插件　Autodesk 360　精选应用　阵列创建

类型	列		行		层级		特性		关闭
矩形	列数:	4	行数:	3	级别:	1	关联	基点	关闭阵列
	介于:	152.1272	介于:	155.6834	介于:	1			
	总计:	456.3815	总计:	311.3667	总计:	1			

图 9-150

矩形阵列设置面板选项说明：

【列】设置列数、列间距以及第一列和最后一列之间的总距离。

【行】设置行数、行间距以及第一行和最后一行之间的总距离。

【层级】设置层数、层间距以及指定第一层和最后一层之间的总距离。

【基点】该选项可重新定义阵列的基点。

2. 环形阵列

在环形阵列中，对象和副本对象将均匀地围绕中心点或旋转轴分布。要对图形进行环形阵列，在修改面板中选择“环形阵列”工具或命令输入“AR”，如图 9-151 所示。

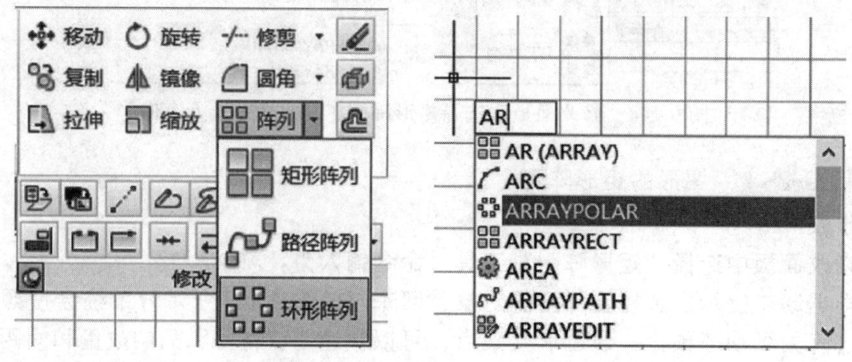

图 9-151　修改面板中选择环形阵列工具或命令输入“AR”

【例 9-29】 图形的环形阵列

作图步骤

(1) 修改面板中选择“环形阵列”工具（命令输入为：AR）。

(2) 根据动态提示，选择要进行环形阵列的对象，如图 9-152 所示。

(3) 根据动态提示，指定环形阵列的中心点，如图 9-153 所示，指定圆心为中心点。

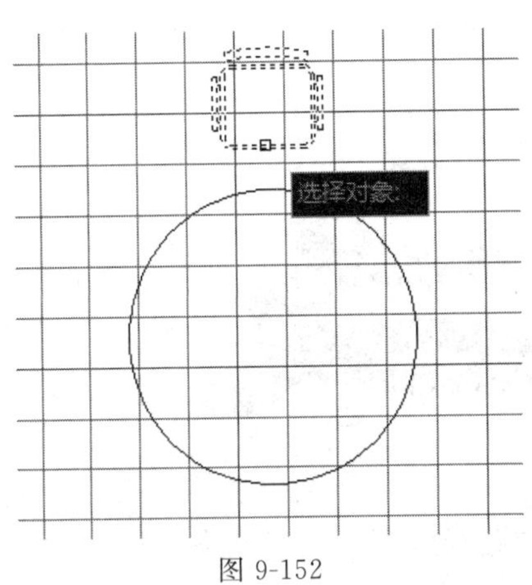

选择对象:

图 9-152

指定阵列的中心点或

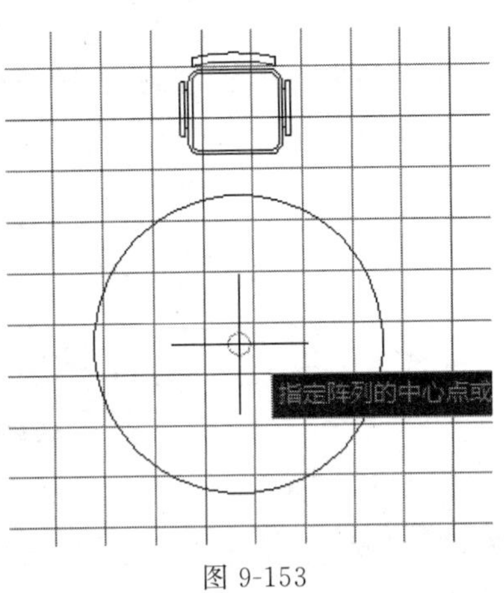

图 9-153

(4) 系统按默认设置完成环形阵列，如图 9-154。

(5) 在环形阵列设置面板中进行各选项的设置如图 9-156 所示。

(6) 设置好环形阵列各选项后，完成最终阵列操作如图 9-155 所示。

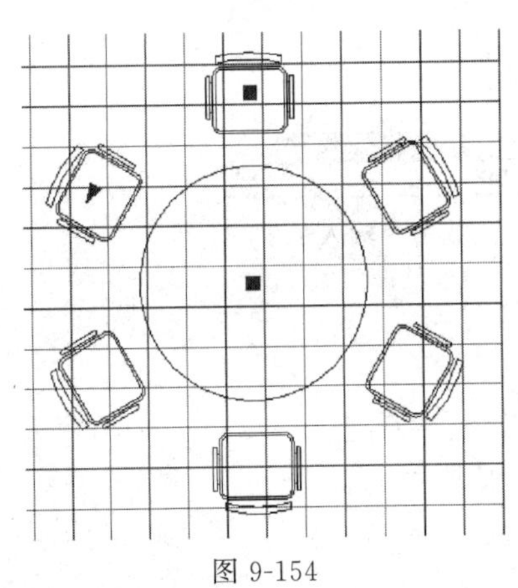

图 9-154

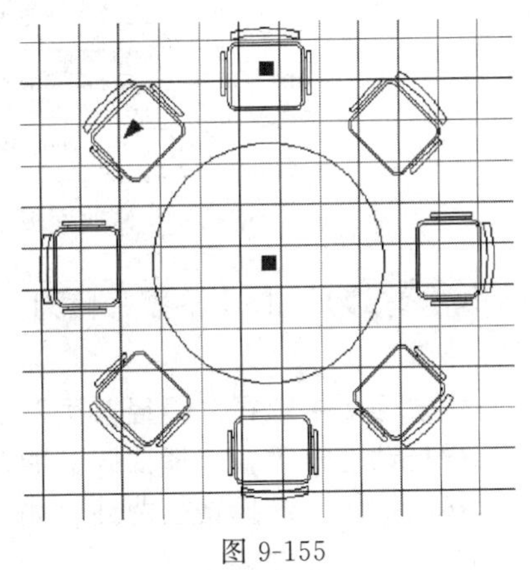

图 9-155

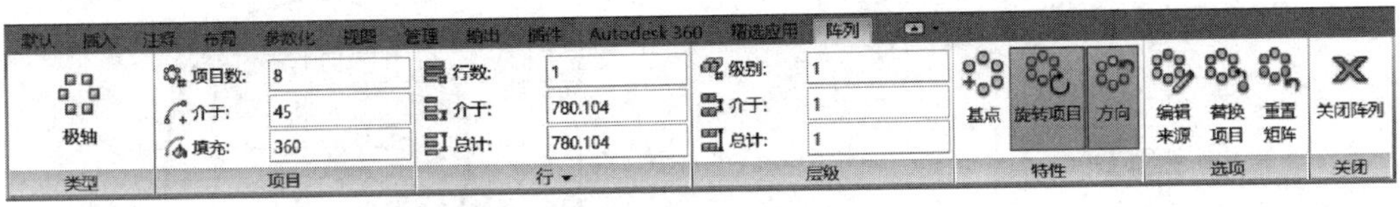

默认 插入 注释 布局 参数化 视图 管理 输出 插件 Autodesk 360 精选应用 阵列
极轴
类型
项目数: 8
介于: 45
填充: 360
项目
行数: 1
介于: 780.104
总计: 780.104
行
级别: 1
介于: 1
总计: 1
层级
基点 旋转项目 方向
特性
编辑来源 替换项目 重置矩阵
选项
关闭阵列
关闭

图 9-156

环形阵列设置面板各选项说明：

【项目】可设置阵列项目数、阵列角度及指定阵列中第一项到最后项之间的角度。

【行】设置行数、行间距及行总距离值。

【层级】设置层数、层间距以及指定第一层和最后一层之间的总距离。

【旋转项目】控制在排列项目时是否旋转项目。

【编辑来源】在激活编辑状态下可以编辑选定项目的源对象（或替换源对象）。

【替换项目】替换选定项目或引用原始源对象的所有项目的源对象。

【重置矩阵】恢复删除的项目并删除所有替代项。

3. 路径阵列

在路径阵列中，对象将均匀地沿路径或部分路径分布。路径可以是直线、多段线、三维多段线、样条曲线、螺旋、圆弧、圆或椭圆。如图 9-157 所示。

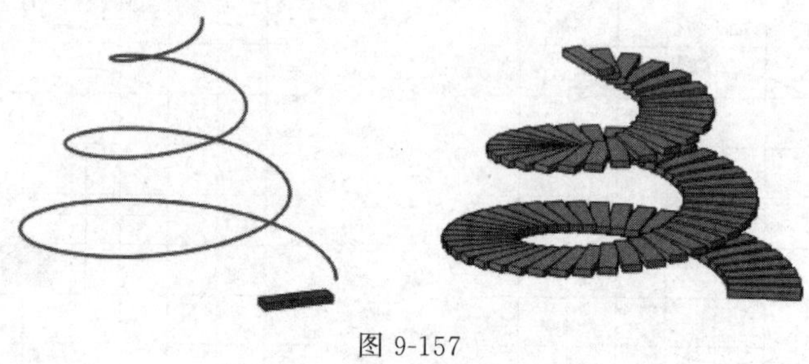

图 9-157

要对图形进行路径阵列，在修改面板中选择“路径阵列”工具或命令输入“AR”，如图 9-158 所示。

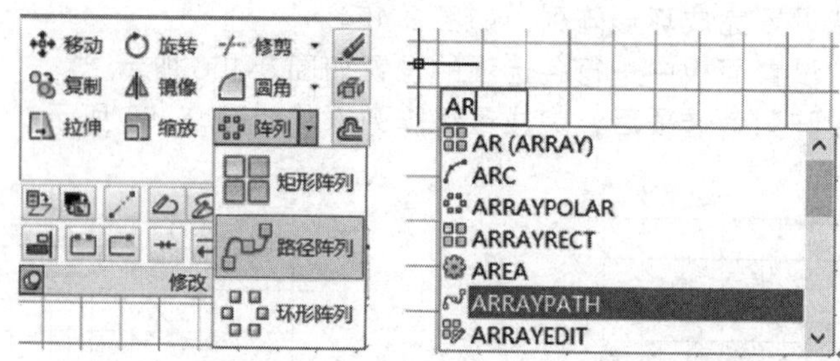

图 9-158　修改面板中选择环形阵列工具或命令输入 AR

【例 9-30】　图形的路径阵列

作图步骤

(1) 修改面板中选择“路径阵列”工具 (命令输入为：AR)。

(2) 根据动态提示，选择要阵列的对象，如图 9-159 所示。

(3) 按照提示，选择路径曲线，如图 9-160 所示。

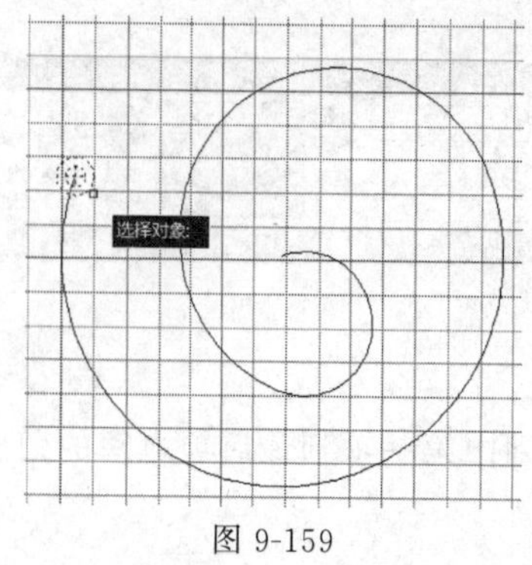

图 9-159

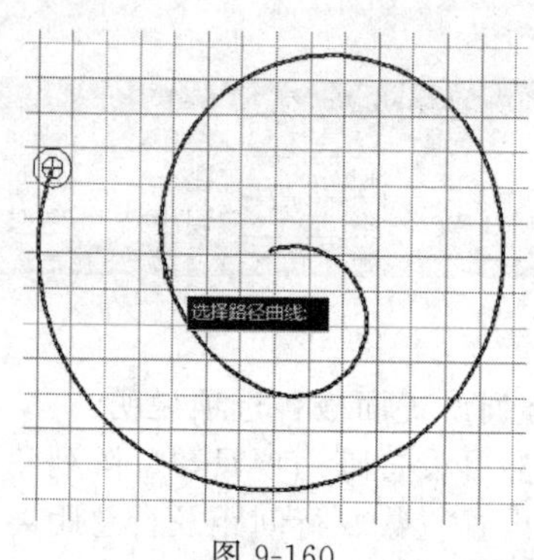

图 9-160

(4) 系统按默认设置完成路径阵列，如图 9-161 所示。

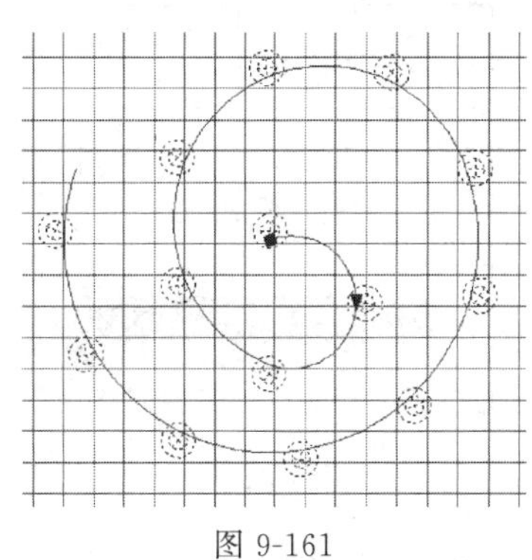

图 9-161

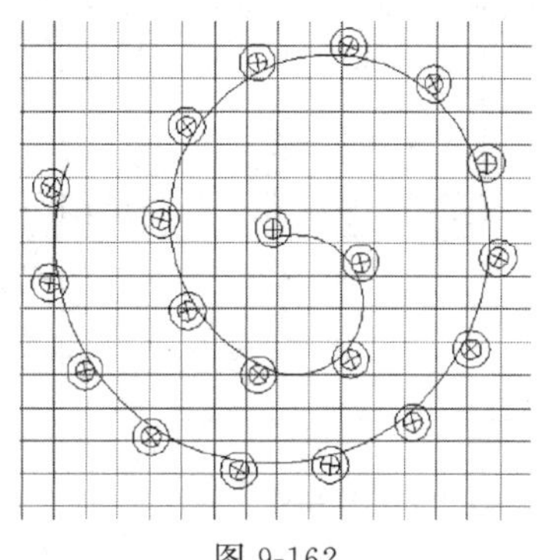

图 9-162

(5) 在路径阵列设置面板中进行相应设置，如图 9-163 所示。

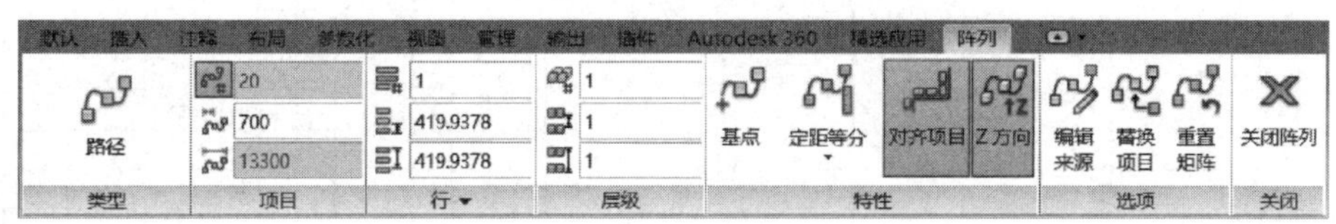

图 9-163

(6) 最终设置完成的路径阵列如图 9-162 所示。

五、图形对象的修改

绘制图形对象的过程中，在完成基本图形的绘制后，还需对图形对象的细节进行修改，以得到最终所需的完整图形。CAD 中提供了各种图形的修改命令，如倒角、圆角、修剪等。下面介绍常用图形修改命令。

（一）图形对象的圆角

圆角使用与对象相切并且具有指定半径的圆弧连接两个对象。

在修改面板中选择“圆角”工具，或命令输入“FILLET”，如图 9-164 所示。

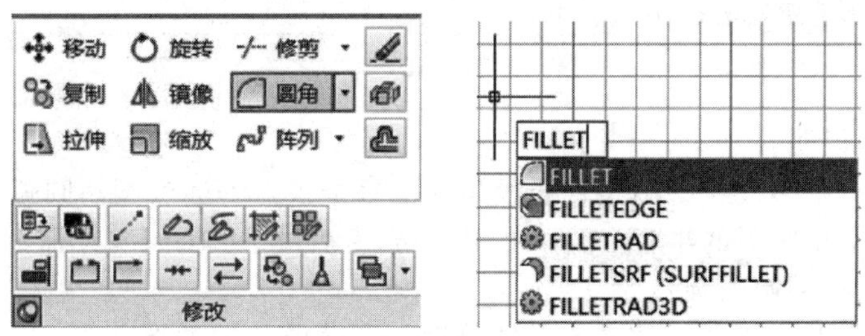

图 9-164　修改面板中选择圆角工具或命令输入“FILLET”

【例 9-31】　图形对象的圆角

作图步骤

(1) 绘图区中创建一矩形，如图 9-165 所示。

(2) 在修改面板中选择“圆角”工具 (命令输入为：FILLET)，根据命令行选项提示，输入“r”，回车，设置圆角半径。这里输入“100”，回车，如图 9-166 所示。

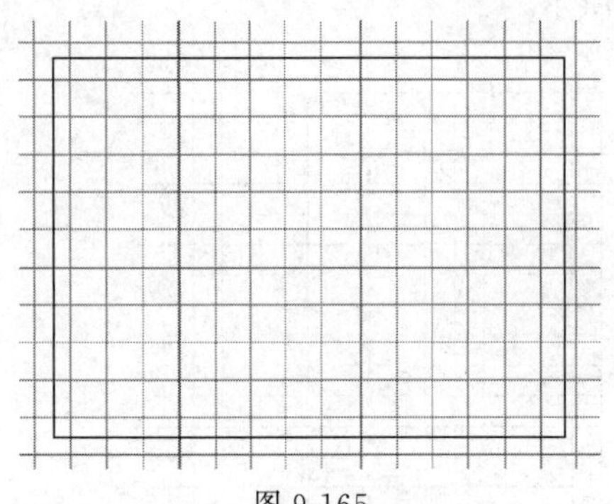

图 9-165

指定圆角半径 <0.0000>:
100

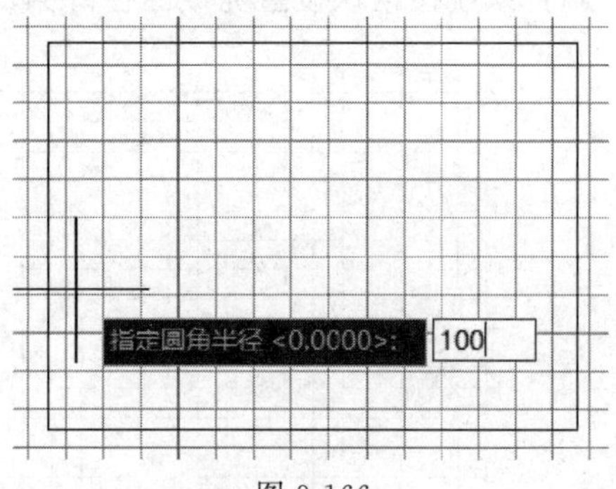

图 9-166

(3) 根据动态提示，在绘图区中分别选取矩形的两条边，如图 9-167 所示。

(4) 完成结果如图 9-168 所示。

选择第二个对象，或按住 Shift 键选择对象以应

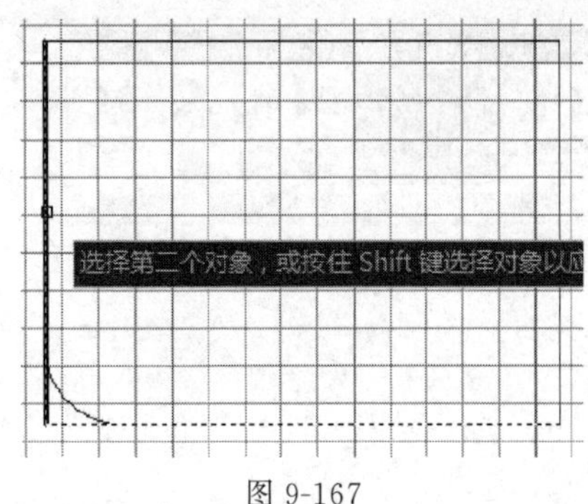

图 9-167

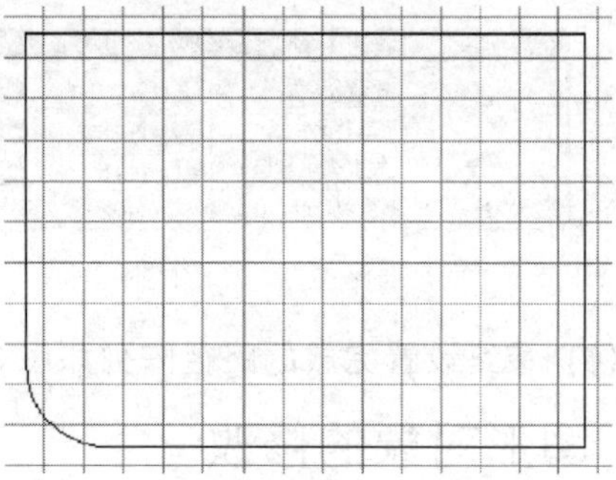

图 9-168

命令行提示依次如图 9-169 所示。

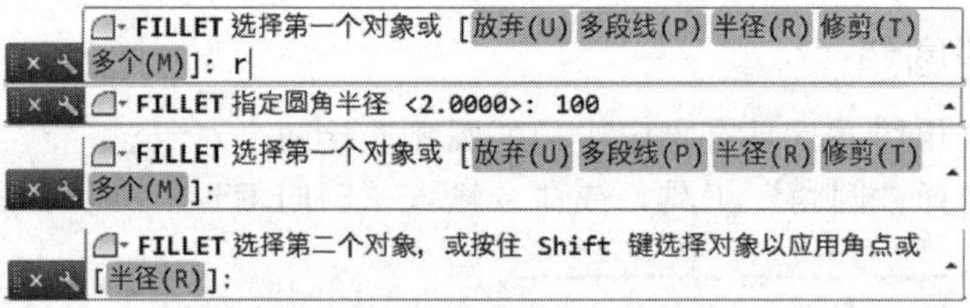

FILLET 选择第一个对象或 [放弃(U) 多段线(P) 半径(R) 修剪(T) 多个(M)]: r
FILLET 指定圆角半径 <2.0000>: 100
FILLET 选择第一个对象或 [放弃(U) 多段线(P) 半径(R) 修剪(T) 多个(M)]:
FILLET 选择第二个对象，或按住 Shift 键选择对象以应用角点或 [半径(R)]:

图 9-169

命令行各选项说明：

【多段线】在二维多段线中两条直线段相交的每个顶点处插入圆角圆弧。

【半径】定义圆角圆弧的半径。输入的值将成为后续“FILLET”命令的当前半径。修改此值并不影响现有的圆角圆弧。

【修剪】控制 FILLET 是否将选定的边修剪到圆角圆弧的端点。

（二）图形对象的倒角

通过创建与两个选定对象的连接线段来创建倒角。在修改面板中可选择“倒角”工具或命令输入“CHA”，如图 9-170 所示。

【例 9-32】 图形对象的倒角

作图步骤

(1) 在绘图区中创建一个五边形，如图 9-171 所示。

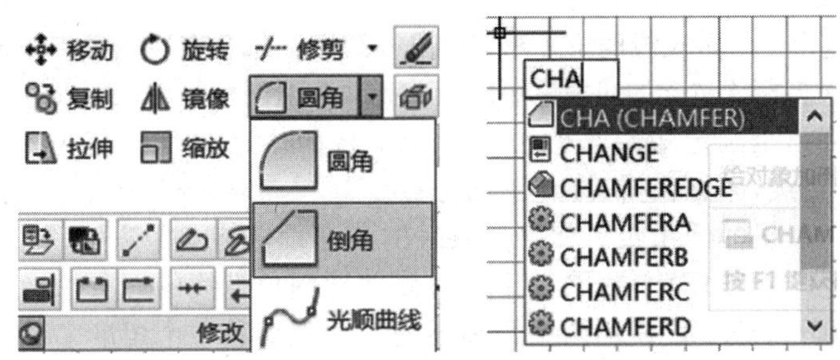

图 9-170　修改面板中选择倒角工具或命令输入 CHA

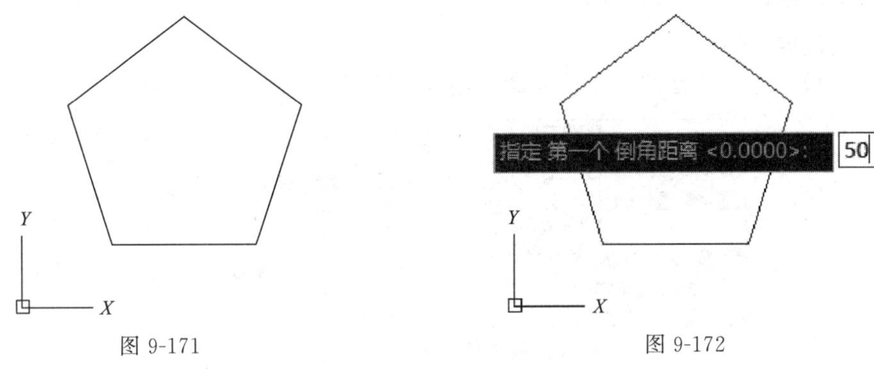

图 9-171

图 9-172

(2) 修改面板中选择“倒角”工具（命令输入为：CHA），根据命令行选项提示，在命令行输入“d”，回车。设置倒角距离值，这里第一个倒角和第二个倒角距离都设置为“50”，如图 9-172 所示。

(3) 根据动态提示，分别选择需要倒角的两条边，如图 9-173。完成结果如图 9-174 所示。

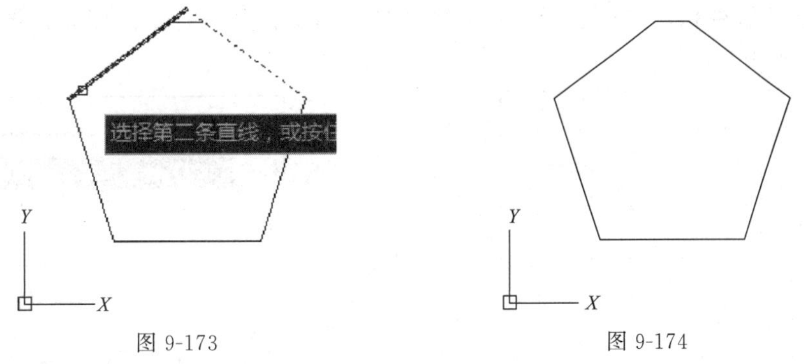

图 9-173

图 9-174

命令行提示依次如图 9-175 所示。

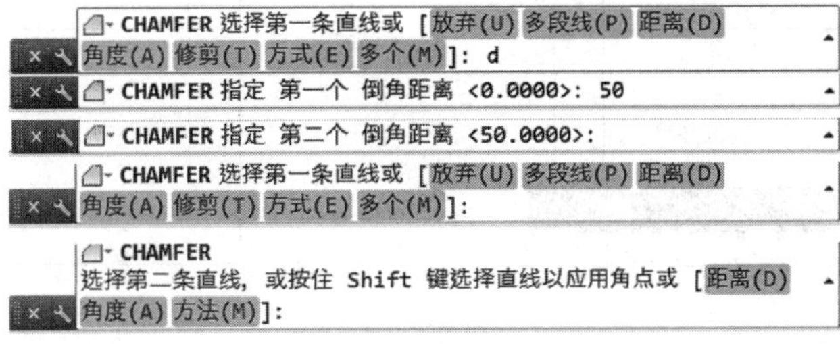
CHAMFER 选择第一条直线或 [放弃(U) 多段线(P) 距离(D) 角度(A) 修剪(T) 方式(E) 多个(M)]: d

CHAMFER 指定 第一个 倒角距离 <0.0000>: 50

CHAMFER 指定 第二个 倒角距离 <50.0000>:

CHAMFER 选择第一条直线或 [放弃(U) 多段线(P) 距离(D) 角度(A) 修剪(T) 方式(E) 多个(M)]:

CHAMFER
选择第二条直线，或按住 Shift 键选择直线以应用角点或 [距离(D) 角度(A) 方法(M)]:

图 9-175

命令行各选项说明：

【多段线】对整个二维多段线倒角。相交多段线线段在每个多段线顶点被倒角，倒角成为多段线的新线段。如果多段线包含的线段过短以至于无法容纳倒角距离，则不对这些线段倒角。

【距离】设定倒角至选定边端点的距离。如果将两个距离均设定为零，“CHAMFER”将延伸或修剪两条直线，以使它们终止于同一点。

【角度】用第一条线的倒角距离和第二条线的角度设定倒角距离。

【修剪】控制 CHAMFER 是否将选定的边修剪到倒角直线的端点。

【方式】控制 CHAMFER 使用两个距离还是一个距离和一个角度来创建倒角。

【多个】为多组对象的边倒角。

（三）图形对象的延伸和修剪

1. 图形的延伸

在修改面板中选择“延伸”工具或命令输入“EX”，如图 9-176 所示。

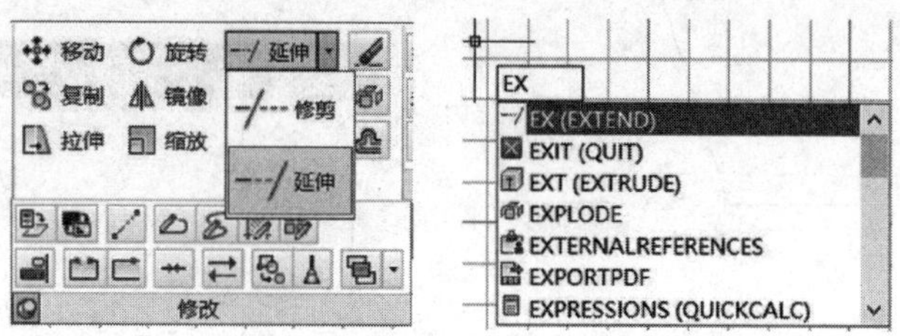

图 9-176　修改面板中选择延伸工具或命令输入 EX

【例 9-33】　图形对象的延伸

作图步骤

(1) 如图 9-177 所示图形，使用延伸命令对内框的线全部延伸与外框相接。

(2) 在修改面板中选择“延伸”工具（命令输入为：EX），直接回车。

(3) 在绘图区中依次单击要延伸的内框边线，以完成延伸。最后回车，结束命令。如图 9-178～图 9-180 所示。

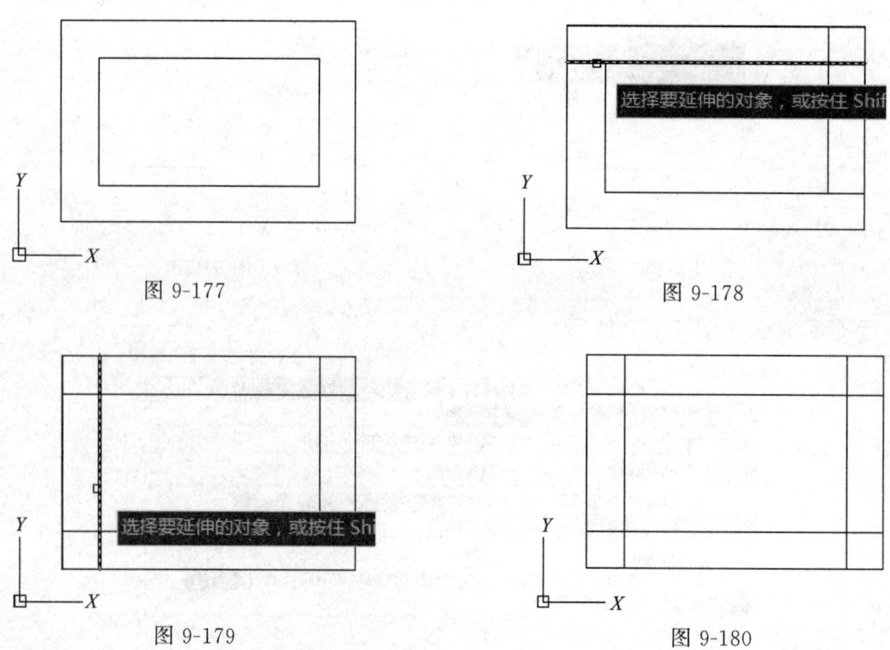

图 9-177　图 9-178　图 9-179　图 9-180

命令行提示如图 9-181 所示。

图 9-181

命令行各选项说明：

【栏选】选择与选择栏相交的所有对象。

【窗交】选择矩形区域内部或与之相交的对象。

【投影】指定延伸对象时使用的投影方法。

【边】将对象延伸到另一个对象的隐含边，或仅延伸到三维空间中与其实际相交的对象。

提示

调用延伸或修剪命令后，更快的方法是立即按回车键或空格键，而不是选择任何对象。此操作强制 AutoCAD 将所有对象视作可能的边界。直接选择要延伸或修剪的对象（延伸时，靠近要延伸的端点），完成后按回车键或空格键以结束命令。延伸图形时，按住【Shift】键可切换为修剪。

2. 图形的修剪

修剪对象以与其他对象的边相接。

要执行图形的修剪，在修改面板中可选择“修剪”工具或命令输入“TR”，如图 9-182 所示。

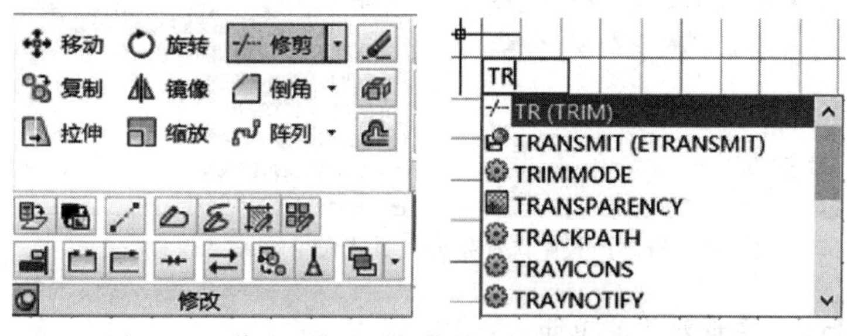

图 9-182　修改面板中选择修剪工具或命令输入“TR”

【例 9-34】　图形对象的修剪

作图步骤

① 如图 9-183 所示图形，使用修剪命令对内框交叉部分的线进行修剪。

② 修改面板中选择“修剪”工具（命令输入为：TR）。直接回车，选择全部对象。再单击或框选要修剪的线段。修剪完后，回车，结束命令。如图 9-184～图 9-186 所示。

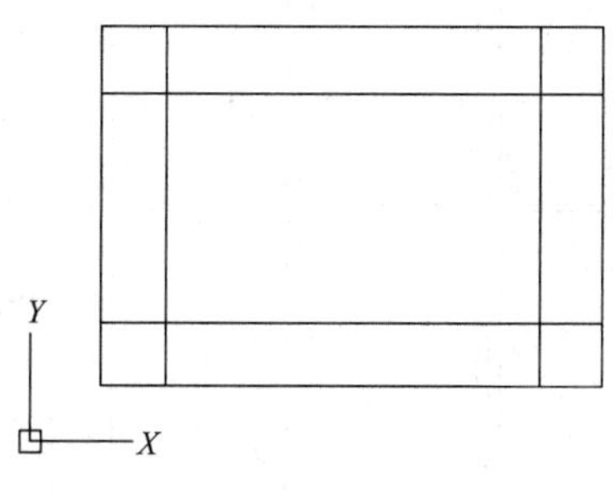

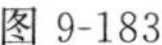
图 9-183

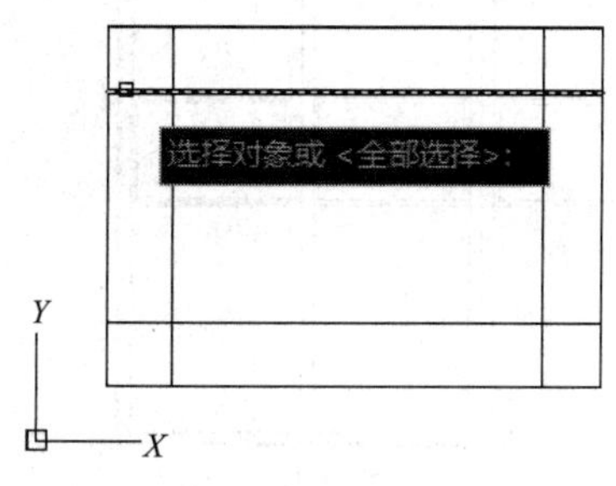

图 9-184

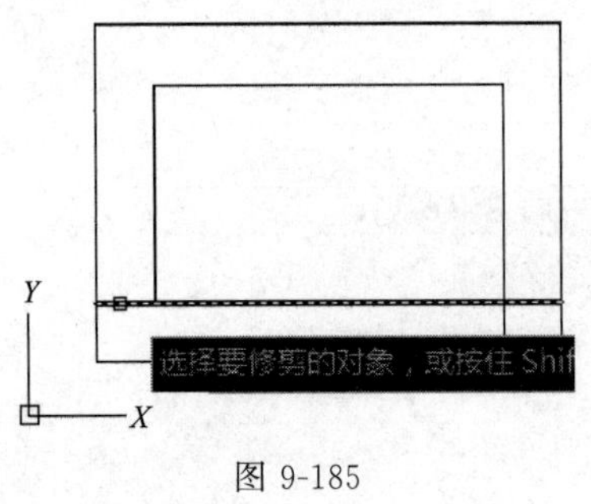

图 9-185

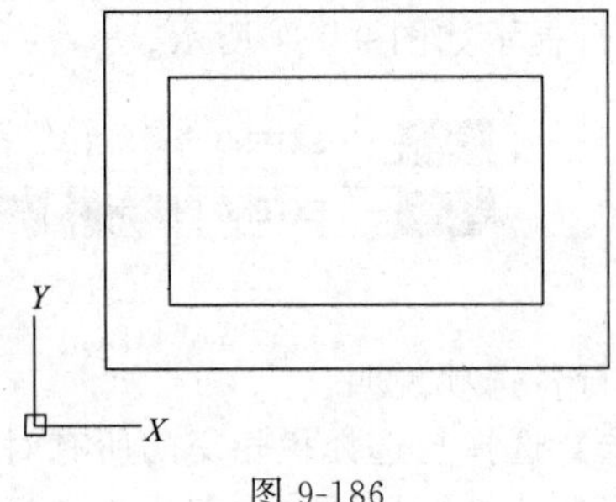

图 9-186

命令行提示如图 9-187 所示。

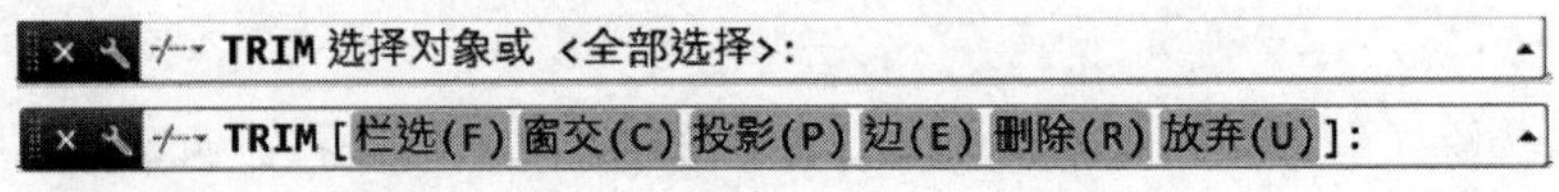

图 9-187

（四）图形对象的拉伸

拉伸命令，可对图形的部分进行拉长或缩短。要执行拉伸，可在修改面板中选择“拉伸”工具或命令输入“STRETCH”，如图 9-188 所示。

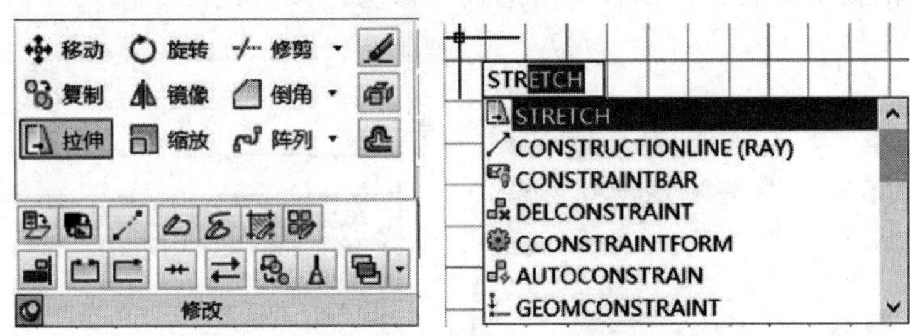

图 9-188　修改面板中选择拉伸工具或命令输入“STRETCH”

【例 9-35】　图形对象的拉伸

作图步骤

(1) 修改面板中选择拉伸工具（命令输入为：STRETCH）。

(2) 以窗交的方式选择要拉伸的图形部分，回车，如图 9-189 所示。

(3) 根据动态提示，指定拉伸的基点与第二点，完成图形的拉伸，如图 9-190、图 9-191 所示。

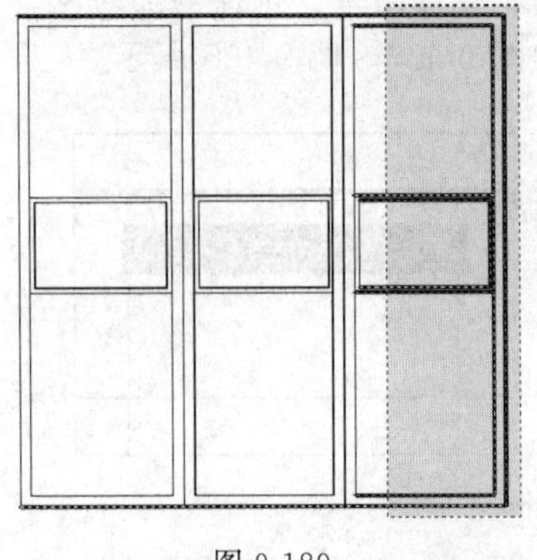

图 9-189

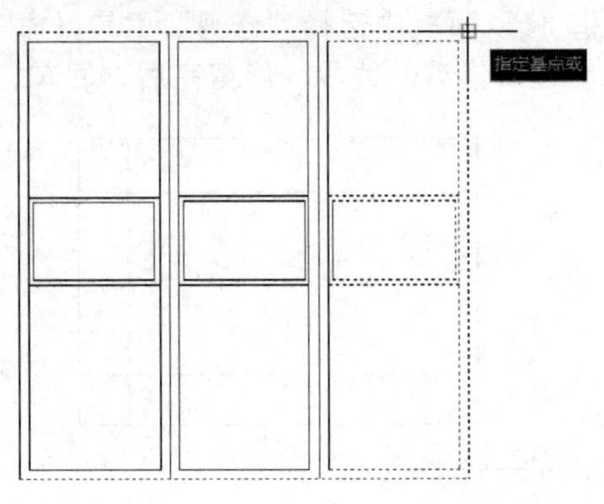

图 9-190

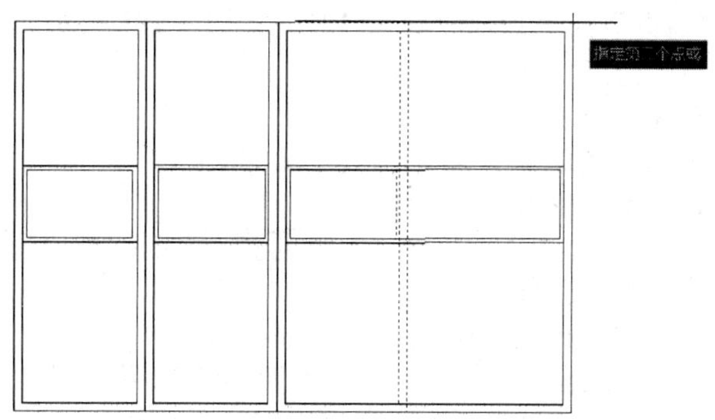

图 9-191

（五）图形的分解

分解命令可将复合对象分解为其组件对象。可以分解诸如多段线、面域、阵列和块等对象。分解复合对象后，可以修改每个生成的单个对象。

要执行图形的分解，在修改面板中选择“分解”工具或命令输入“X”，回车。如图 9-192 所示。

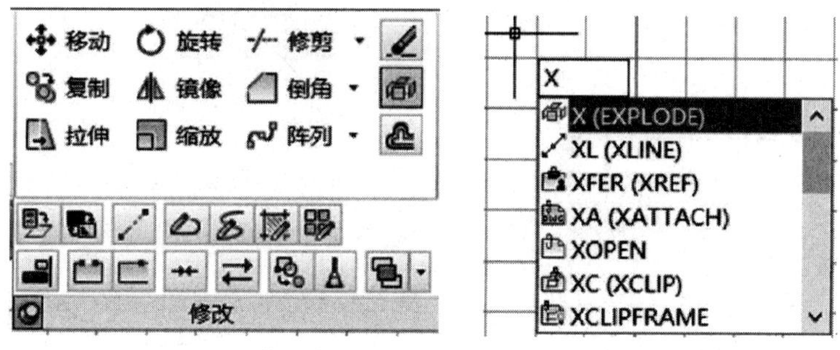

图 9-192　修改面板中选择分解工具或命令输入 X

【例 9-36】　图形对象的分解

作图步骤

(1) 修改面板中选择“分解”工具 (命令输入为：X)。

(2) 根据动态提示，在绘图区中选择需要分解的对象，回车，即完成复合对象的分解。如图 9-193、图 9-194 所示。

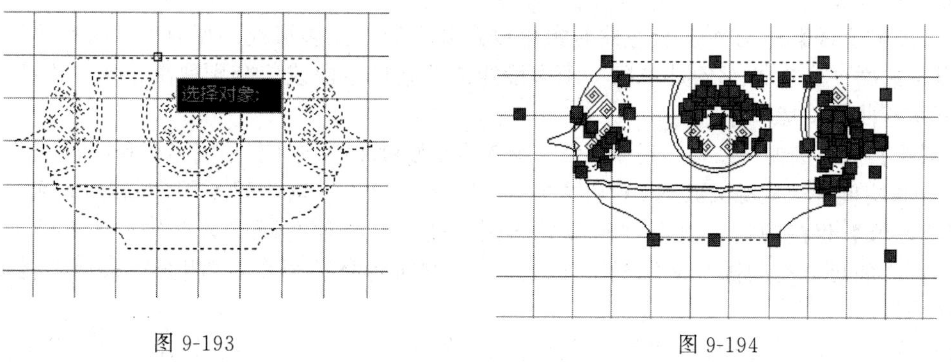

图 9-193　　图 9-194

（六）图形对象的合并

图形的合并可以合并线性和弯曲对象的端点，以便创建单个对象。要执行图形的合并，可在修改面板中选择“合并”工具或命令输入“J”，如图 9-195 所示。

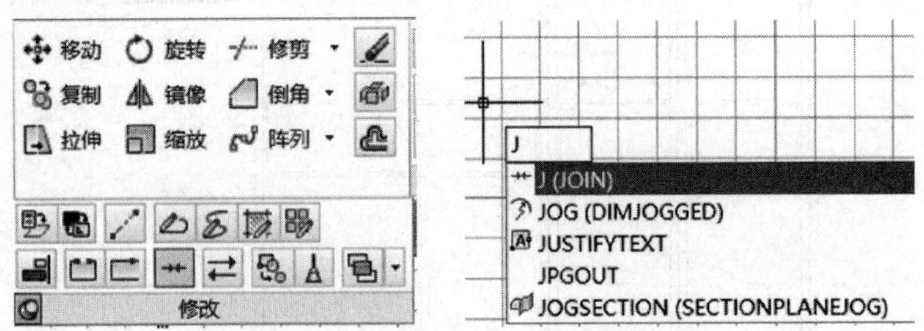

图 9-195　修改面板中选择合并工具或命令输入 J

【例 9-37】　图形对象的合并操作

作图步骤

(1) 修改面板中选择合并工具 (命令输入为：J)。

(2) 根据动态提示，在绘图区中选择要合并的对象，回车，即完成对象的合并。如图 9-196、图 9-197 所示。

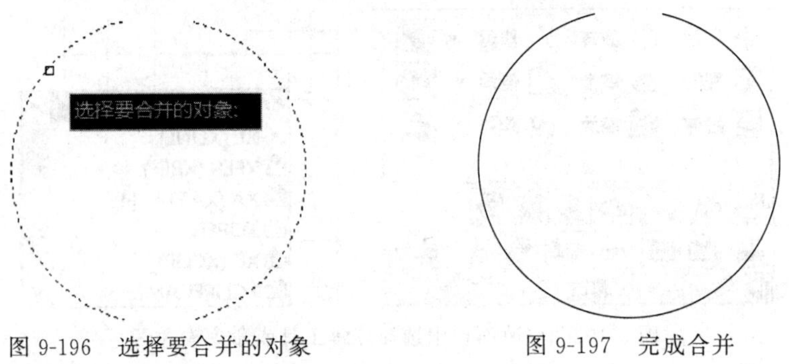

图 9-196　选择要合并的对象　　　图 9-197　完成合并

以下规则适用于每种类型的源对象：

【直线】仅直线对象可以合并到源线。直线对象必须都是共线，但它们之间可以有间隙。

【多段线】直线、多段线和圆弧可以合并到源多段线。所有对象必须连续且共面。生成的对象是单条多段线。

【三维多段线】所有线性或弯曲对象可以合并到源三维多段线。所有对象必须是连续的，但可以不共面。产生的对象是单条三维多段线或单条样条曲线，分别取决于用户连接到线性对象还是弯曲的对象。

【圆弧】只有圆弧可以合并到源圆弧。所有的圆弧对象必须具有相同半径和中心点，但是它们之间可以有间隙。从源圆弧按逆时针方向合并圆弧。“闭合”选项可将源圆弧转换成圆。

【椭圆弧】仅椭圆弧可以合并到源椭圆弧。椭圆弧必须共面且具有相同的主轴和次轴，但是它们之间可以有间隙。从源椭圆弧按逆时针方向合并椭圆弧。“闭合”选项可将源椭圆弧转换为椭圆。

【螺旋】所有线性或弯曲对象可以合并到源螺旋。所有对象必须是连续的，但可以不共面。结果对象是单个样条曲线。

【样条曲线】所有线性或弯曲对象可以合并到源样条曲线。所有对象必须是连续的，但可以不共面。结果对象是单个样条曲线。

（七）图形的打断

打断命令可将直线、多段线、圆、弧线等图形打断分为两个图形，要执行图形的打断，可在修改面板中选择“打断”工具或命令输入“BR”，如图 9-198 所示。

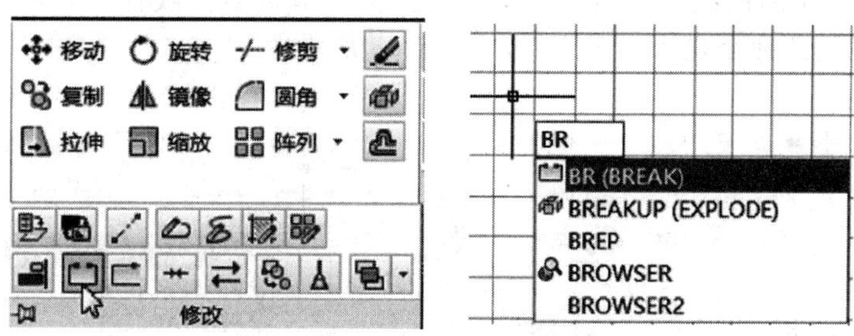

图 9-198 修改面板中选择打断工具或命令输入 BR

【例 9-38】 图形对象的打断

作图步骤

(1) 修改面板中选择“打断”工具（命令输入为：“BR”）。

(2) 根据动态提示，选择要打断的对象，如图 9-199 所示。

(3) 命令行选项提示，输入“F”，回车。提示指定第一个打断点，如图 9-200 所示。

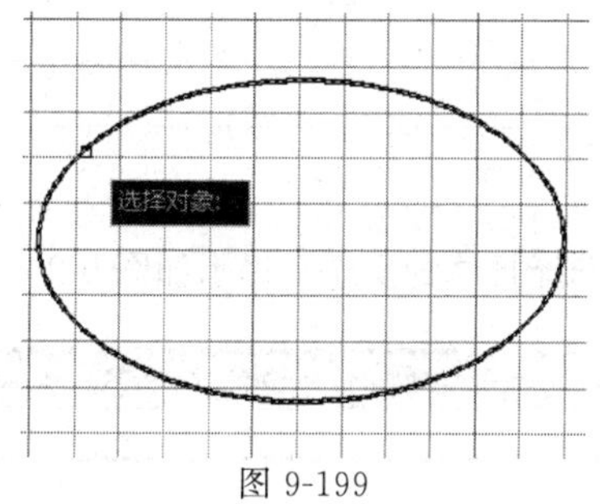

图 9-199

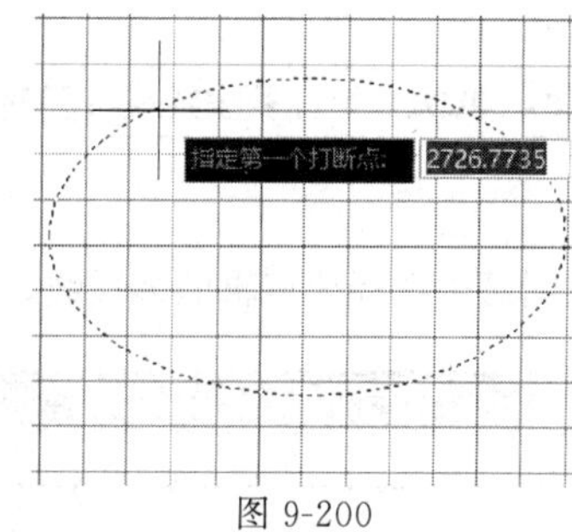

图 9-200

(4) 根据动态提示，继续指定第二个打断点，如图 9-201 所示。

(5) 完成图形的打断，两点间的线段会删除。如图 9-202 所示。

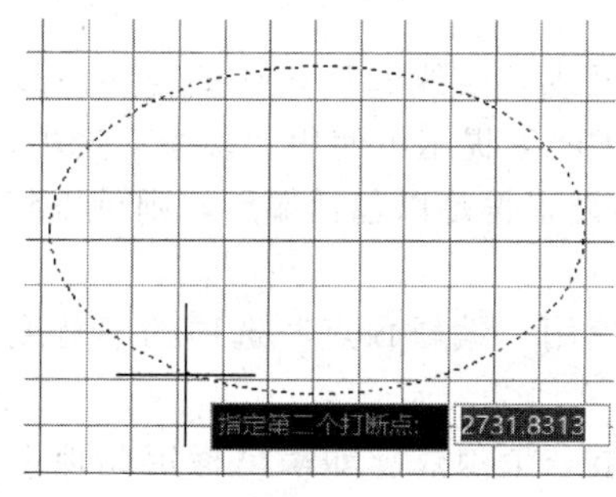

图 9-201

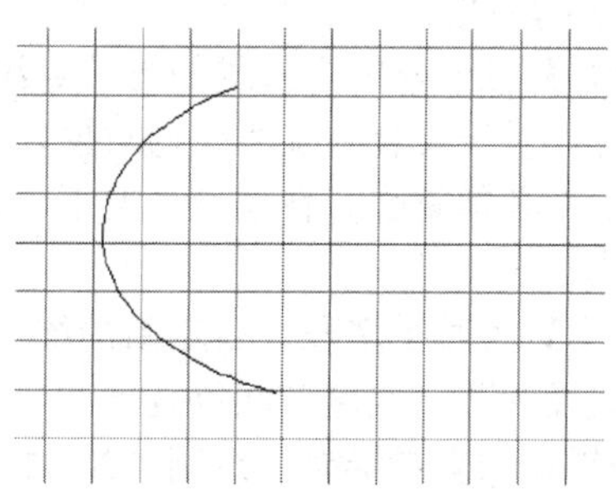

图 9-202

提示

输入打断命令，提示选择对象时，选择点将作为第一个打断点。选择对象后，将直接指定第二个打断点，除非重新指定第一个打断点。打断封闭图形时，将按逆时针方向删除图形上第一个打断点到第二个打断点之间的部分。

六、编辑多段线

编辑多段线命令常用于合并二维多段线、将线条和圆弧转换为二维多段线以及将多段线转换为近似样条曲线的曲线（拟合多段线）。要执行编辑多段线命令，在修改面板中选择“编辑多段线”工具或命令输入“PE”，如图 9-203 所示。

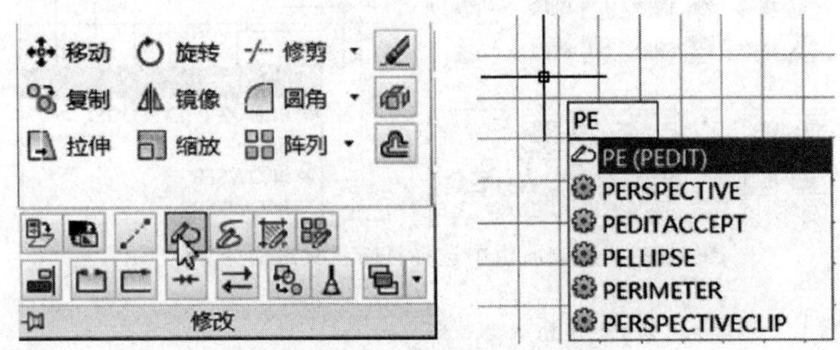

图 9-203　修改面板中选择打断工具或命令输入“PE”

编辑多段线的操作及命令行提示如下：

（1）在修改面板中选择“编辑多段线”工具（命令输入为：PE）。命令行提示如图 9-204 所示。

图 9-204

（2）绘图区中选择要编辑的多段线，根据提示，选择具体的操作。提示如图 9-205 所示。

输入选项 [闭合(C)/合并(J)/宽度(W)/编辑顶点(E)/拟合(F)/样条曲线(S)/非曲线化(D)/线型生成(L)/反转(R)/放弃(U)]:
键入命令

图 9-205

多段线命令行各选项说明如下：

【闭合】创建多段线的闭合线，将首尾连接。除非使用“闭合”选项闭合多段线，否则将会认为多段线是开放的。

【合并】在开放的多段线的尾端点添加直线、圆弧或多段线和从曲线拟合多段线中删除曲线拟合。对于要合并多段线的对象，除非第一个 PEDIT 提示下使用“多个”选项，否则，它们的端点必须重合。在这种情况下，如果模糊距离设置得足以包括端点，则可以将不相接的多段线合并。

【宽度】为整个多段线指定新的统一宽度。可以使用“编辑顶点”选项的“宽度”选项来更改线段的起点宽度和端点宽度。

【编辑顶点】在屏幕上绘制“X”标记多段线的第一个顶点。如果已指定此顶点的切线方向，则在此方向上绘制箭头。

【拟合】创建圆弧拟合多段线（由圆弧连接每对顶点的平滑曲线）。曲线经过多段线的所有顶点并使用任何指定的切线方向。

【样条曲线】使用选定多段线的顶点作为近似 B 样条曲线的曲线控制点或控制框架。该曲线（称为样条曲线拟合多段线）将通过第一个和最后一个控制点，除非原多段线是闭合的。曲线将会被拉向其他控制点但并不一定通过它们。在框架特定部分指定的控制点越多，曲线上这种拉拽的倾向就越大。可以生成二次和三次拟合样条曲线多段线。

【非曲线化】删除由拟合曲线或样条曲线插入的多余顶点，拉直多段线的所有线段。保留指定给多段线顶点的切向信息，用于随后的曲线拟合。使用命令（例如 BREAK 或 TRIM）编辑样条曲线拟合多段线时，不能使用“非曲线化”选项。

【线型生成】生成经过多段线顶点的连续图案线型。关闭此选项，将在每个顶点处以点划线开始和结束生成线型。“线型生成”不能用于带宽线段的多段线。

【反转】反转多段线顶点的顺序。使用此选项可反转使用包含文字线型的对象的方向。例如，根据多段线的创建方向，线型中的文字可能会倒置显示。

七、图案填充

1. 图案填充

图案填充可表现组成对象的材质形象，区分图形的各个组成部分。AutoCAD 提供丰富的可选图案，同时允许用户自定义图案文件。

要执行图案填充，在绘图面板中选择“图案填充”工具或命令输入“HATCH”，如图 9-206 所示。

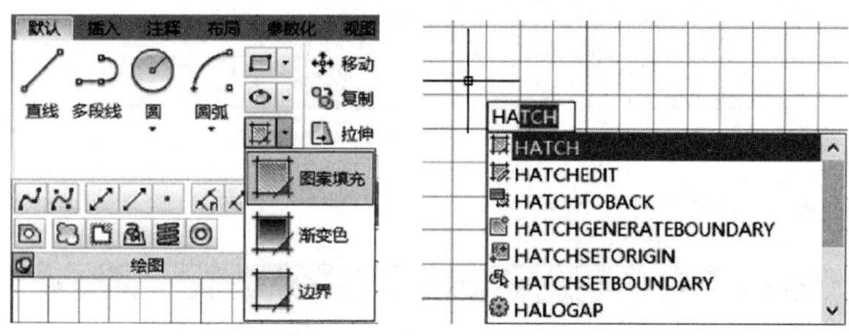

图 9-206　修改面板中选择图案填充工具或命令输入 HATCH

当选择“图案填充”工具后，功能区会自动显示“图案填充创建”选项卡，可进行相应创建和设置。如图 9-207 所示。

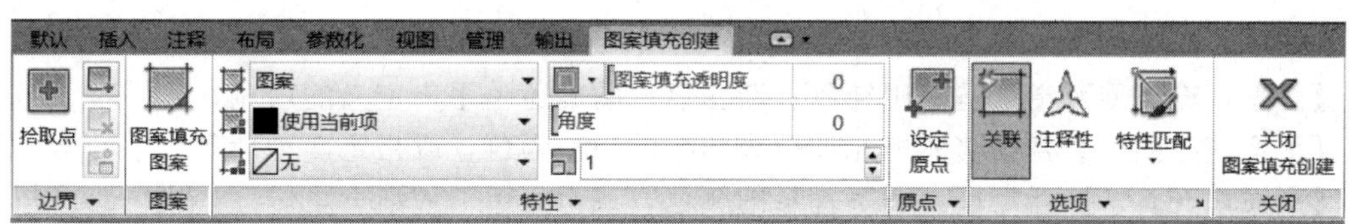

图 9-207

“图案填充创建”选项卡中各面板主要命令说明如下：

（1）“边界面板”，如图 9-208 所示。

图 9-208

【拾取点】选择由一个或多个对象形成的封闭区域内的点，确定图案填充边界。如图 9-209 所示。

【选择】指定基于选定对象的图案填充边界。如图 9-209 所示。

【不保留边界】（仅在图案填充创建期间可用）不创建独立的图案填充边界对象。

【保留边界-多段线】（仅在图案填充创建期间可用）创建封闭图案填充对象的多段线。

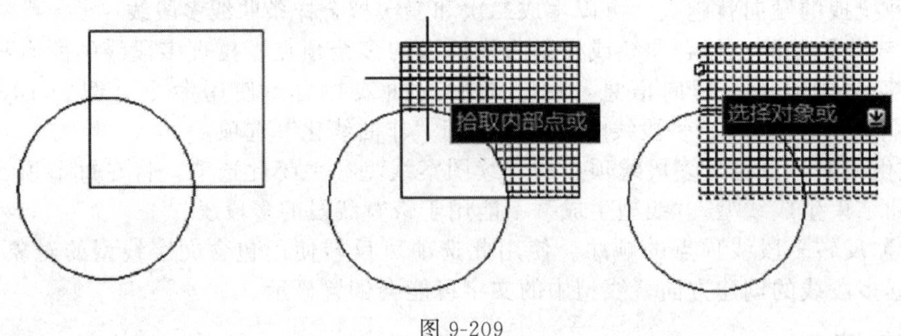

图 9-209

【保留边界-面域】（仅在图案填充创建期间可用）创建封闭图案填充对象的面域对象。

(2) 图案面板如图 9-210 所示。显示所有预定义和自定义图案的预览图像。

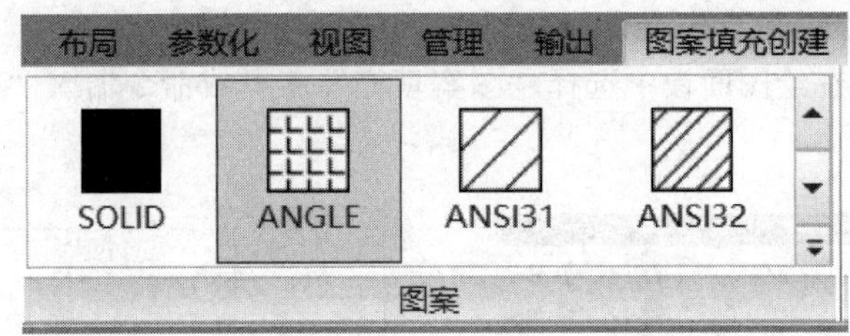

图 9-210

(3) “特性面板”，如图 9-211 所示。

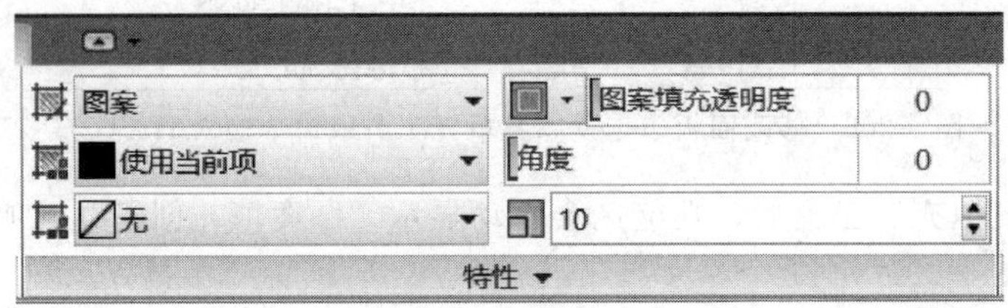

图 9-211

【图案填充类型】指定是使用纯色、渐变色、图案还是用户定义的填充。

【图案填充颜色】替代实体填充和填充图案的当前颜色，或指定两种渐变色中的第一种。

【图案填充背景】指定填充图案背景的颜色，或指定第二种渐变色。“图案填充类型”设定为“实体”时，“渐变色 2”不可用。

【图案填充透明度】设定新图案填充或填充的透明度，替代当前对象的透明度。选择“使用当前值”可使用当前对象的透明度设置。

【图案填充角度】指定图案填充或填充的角度。

【填充图案缩放】（仅当“类型”设定为“图案”时可用）放大或缩小预定义或自定义填充图案。

(4) “设置原点面板”，控制填充图案生成的起始位置。某些图案填充（例如砖块图案）需要与图案填充边界上的一点对齐。默认情况下，所有图案填充原点都对应于当前的 UCS 原点。

(5) “选项面板”，如图 9-212 所示。控制几个常用的图案填充或填充选项。

【关联】指定图案填充或填充为关联图案填充。

【注释性】指定图案填充为注释性。此特性会自动完成缩放注释过程，从而使注释能够以正确的大小在图纸上打印或显示。

【特性匹配】使用当前原点。使用选定图案填充对象（除图案填充原点外）设定图案填充的特性。使用源图案填充的原点。使用选定图案填充对象（包括图案填充原点）设定图案填充的特性。

【允许的间隙】设定将对象用作图案填充边界时可以忽略的最大间隙。默认值为 0，此值指定对象必须封闭区域而没有间隙。

【孤岛检测】普通孤岛检测。从外部边界向内填充。如果遇到内部孤岛，填充将关闭，直到遇到孤岛中的另一个孤岛。外部孤岛检测。从外部边界向内填充。此选项仅填充指定的区域，不会影响内部孤岛忽略孤岛检测。忽略所有内部的对象，填充图案时将通过这些对象。

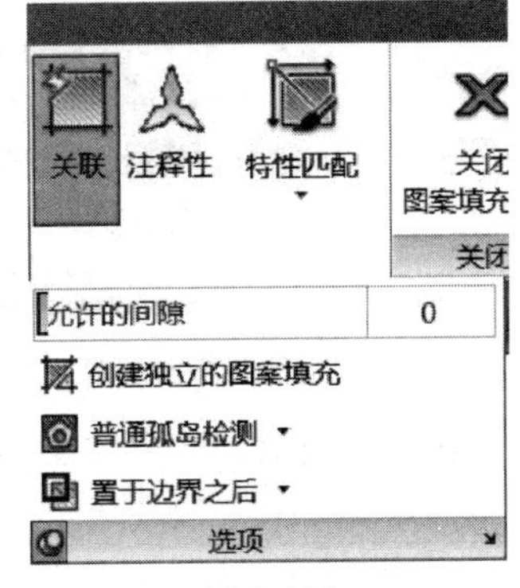

图 9-212

【例 9-39】　图案填充

作图步骤

(1) 绘图面板中选择“图案填充”工具（命令输入为：HATCH)。

(2) 根据动态提示，拾取内部点，在绘图区中单击图形的内部区域，如图 9-213、图 9-214 所示。

(3) 在功能区的图案下拉列表中选择图案，如图 9-215、图 9-216 所示。

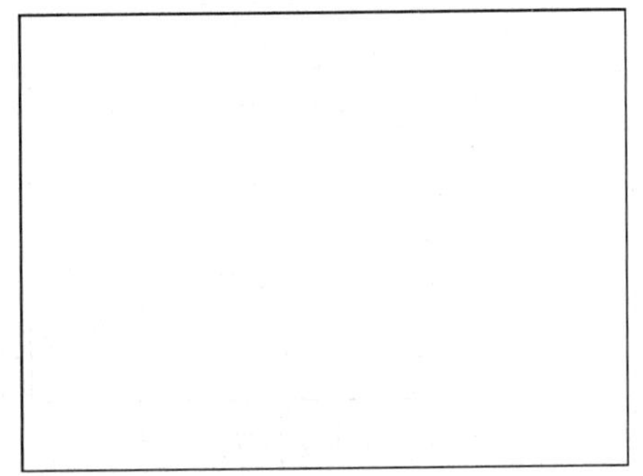

图 9-213

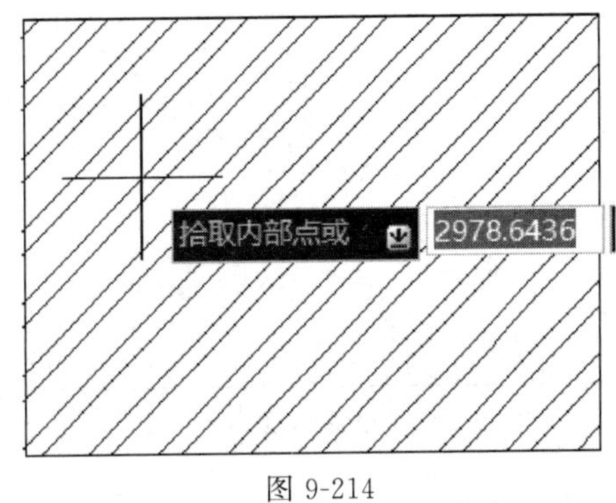

图 9-214

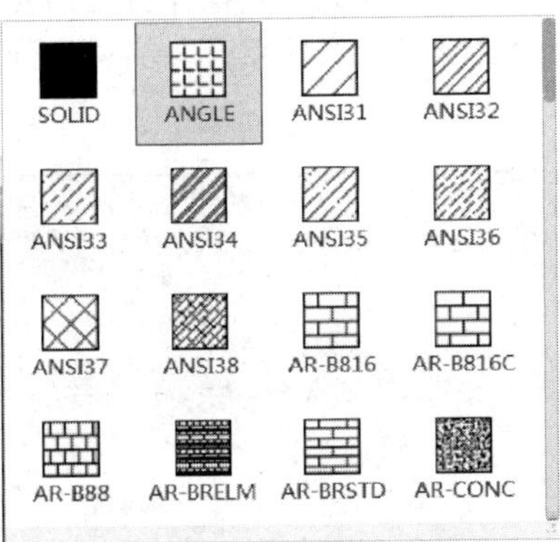

图 9-215

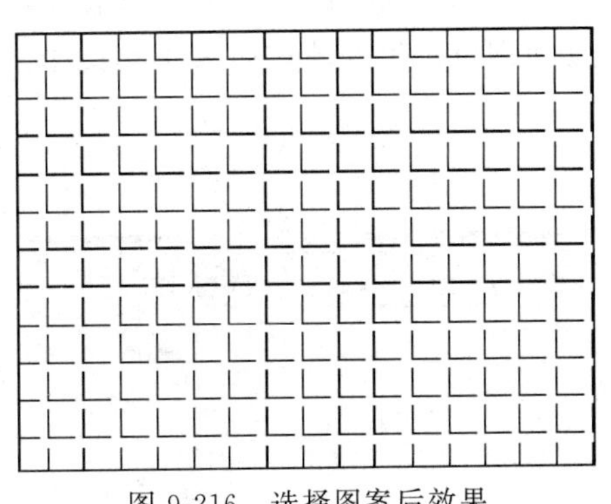

图 9-216　选择图案后效果

(4) 在功能区的特性栏中输入图案比例、角度、颜色和透明度，如图 9-217 所示。

图 9-217

(5) 完成后的效果如图 9-218～图 9-221 所示。

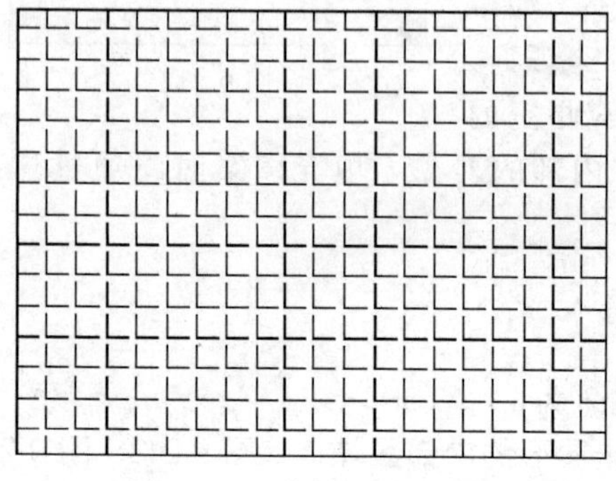

图 9-218　设置比例后效果

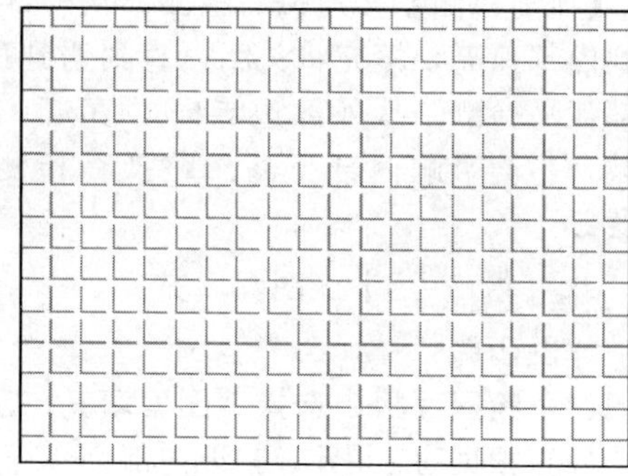

图 9-219　设置颜色后效果

图 9-220　设置角度为 45°效果

图 9-221　更改透明度后效果

2. 渐变填充和实体填充

除了对图形进行图案填充外，还可进行渐变色的填充、实体填充，其操作方法与图案填充一样。在功能区的特性栏中，图案填充类型里选择渐变色填充或实体填充。实体填充选择填充颜色即可，渐变填充如图 9-222、图 9-223 所示。

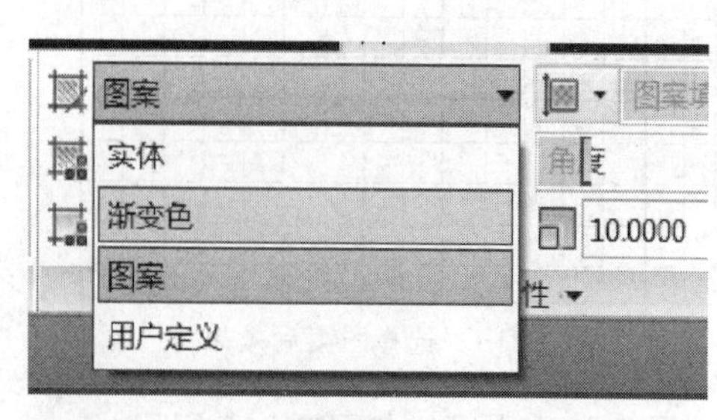

图 9-222

图 9-223

在功能区的图案和特性栏中可对渐变色的颜色、渐变类型进行选择，如图 9-224 所示。

图 9-224

绘图区中选择填充对象，在功能区的选项栏中单击右侧的小箭头可打开填充设置对话框，进行图案、渐变色填充的设置，如图 9-225、图 9-226 所示。

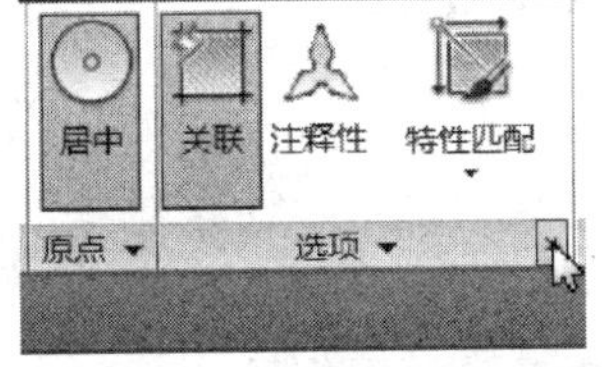

图 9-225

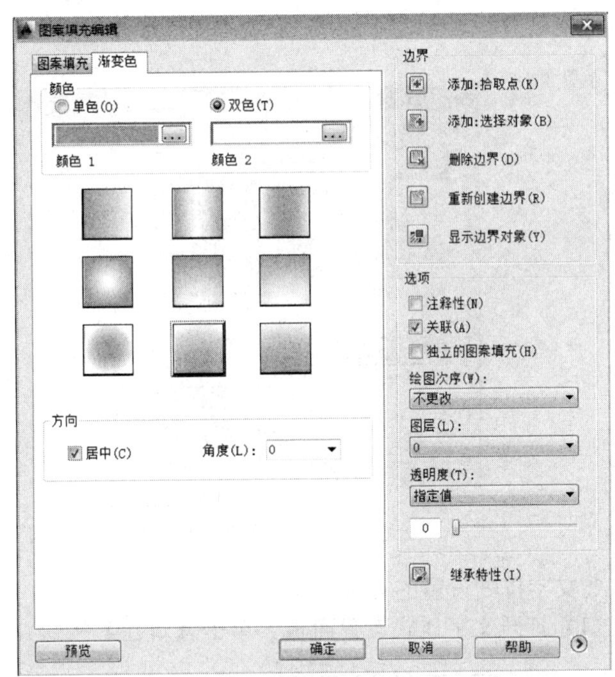

图 9-226

第三节　文字编辑

绘图区标注、图纸标题栏、明细表、技术要求、说明都需用文字描述。AutoCAD 提供了丰富的文字输入和编辑功能满足工程制图的需要。

一、文字样式的设置

（一）文字样式

在 AutoCAD 中如对文字样式进行设置，可在菜单栏的格式菜单的下拉菜单中选择文字样式如图 9-227 所示，或命令行输入“ST”，回车，如图 9-228 所示，调用文字样式命令打开文字样式设置面板，如图 9-229 所示。

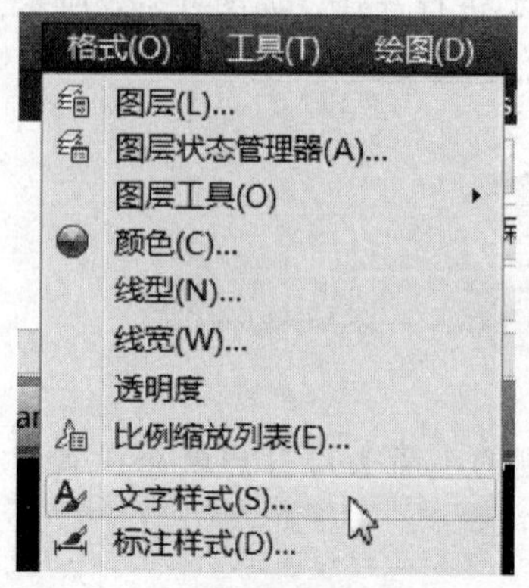

图 9-227

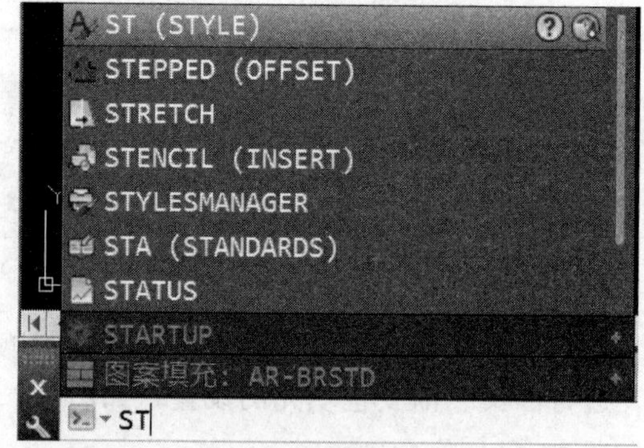

图 9-228

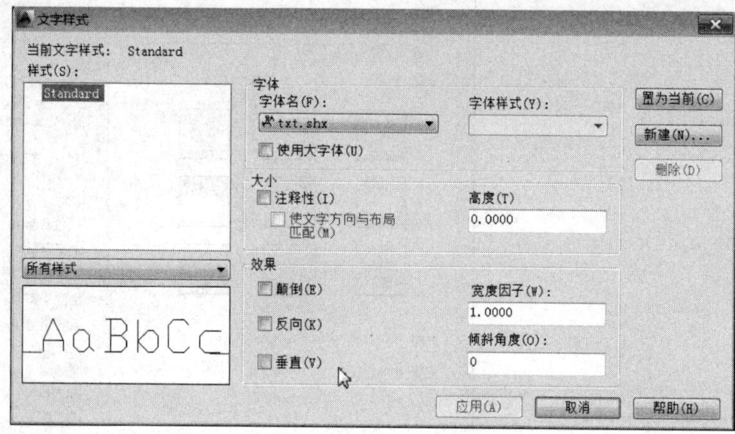

图 9-229　文字样式设置面板

1. 文字样式设置的操作步骤

（1）打开文字样式设置面板，单击【新建】按钮，为新建样式命名，如图 9-230 所示。

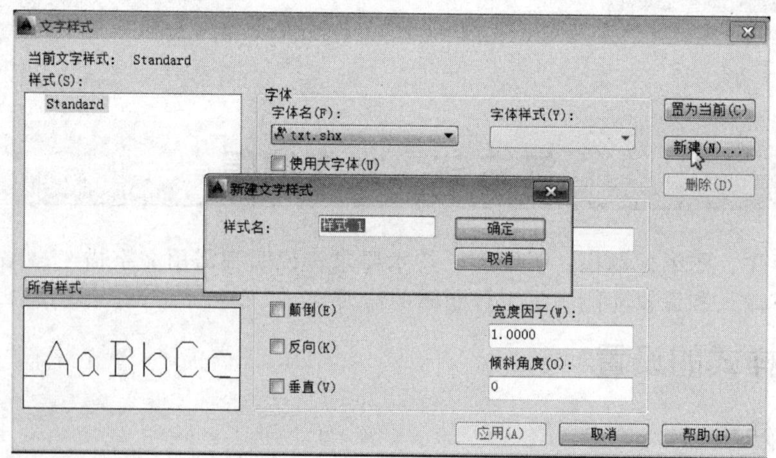

图 9-230

（2）新建样式后，在字体中选择“宋体”，文字高度中输入“100”，根据图形大小，文字高度可调整。单击【应用】后关闭设置面板，完成文字样式的设置，如 9-231 所示。

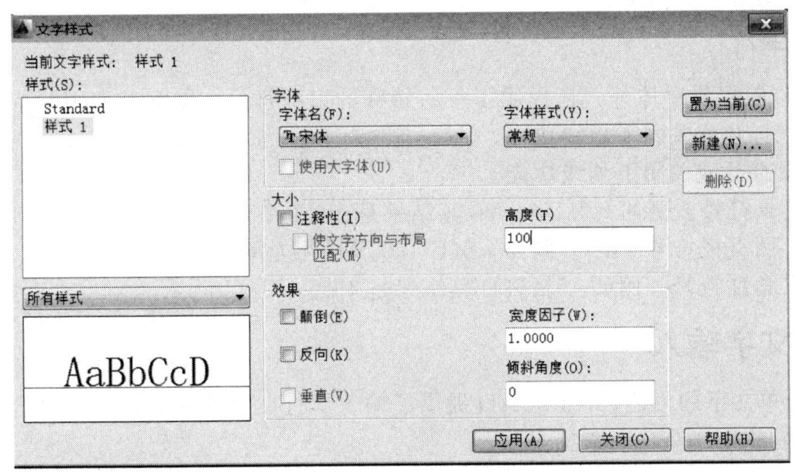

图 9-231

(3) 对于创建的文字，可以选择文字，到功能区的文字样式中修改选项，如图 9-232 所示。

图 9-232

2. 文字样式设置面板各设置项说明

(1) 样式名　显示文字样式名、添加新样式以及重命名和删除现有样式。列表中包括已定义的样式名并默认显示当前样式。要改变当前样式，可以从列表中选择另一个样式，或者选择“新建”来创建新样式。

(2) 字体　修改样式的字体。

【字体名】列出所有注册的 TrueType 字体和 AutoCAD“Fonts”文件夹中 AutoCAD 编译的字体文件。

【字体样式】指定字体格式，比如斜体、粗体或者常规字体。选定“使用大字体”后，该选项变为“大字体”，用于选择大字体文件。

【使用大字体】指定亚洲语言的大字体文件。只有在“字体名”中指定 SHX 文件，才可以使用“大字体”。只有 SHX 文件可以创建“大字体”。

(3) 效果　修改字体的特性，如高度、宽度比例、倾斜角、倒置显示、反向或垂直对齐。

【颠倒】倒置显示字符。

【反向】反向显示字符。

【垂直】显示垂直对齐的字符。只有当选定的字体支持双向显示时，才可以使用“垂直”，TrueType 字体的垂直定位可用。

【宽度比例】设置文字间距。输入一个小于 1.0 的值将压缩文字。输入一个大于 1.0 的值则扩大文字。

【倾斜角度】设置字体倾斜角度。输入一个－85～85 之间的值将使文字倾斜。

上述设置完成后，按【预览】按钮，观看设置效果，然后单击【应用】按钮将所做的修改、设置用到图形中。

（二）特殊字符

AutoCAD 除提供字体外，还提供了一些特殊的工程符号。以下是常用的特殊符号：

“%%O” 打开或关闭上划线功能。

“%%U” 打开或关闭下划线功能。

“%%P” ±符号。例如%%P 0.000 其结果是±0.000。

“%%C” 圆直径符号“Φ”。例如%%C 100 其结果是 Φ100。

“%%D” 角度符号。例如 45%%D 其结果是 45°。

二、单行文字输入

为方便简单文字的创建，AutoCAD 提供了输入单行文字的命令。

【例 9-40】 单行文字输入

(1) 在功能区的注释面板中选择“单行文字”工具（命令输入为：Text）。

(2) 根据动态提示，在绘图区指定起点，如图 9-233 所示。

(3) 根据动态提示，输入文字高度，这里输入“100”，回车。如图 9-234 所示。

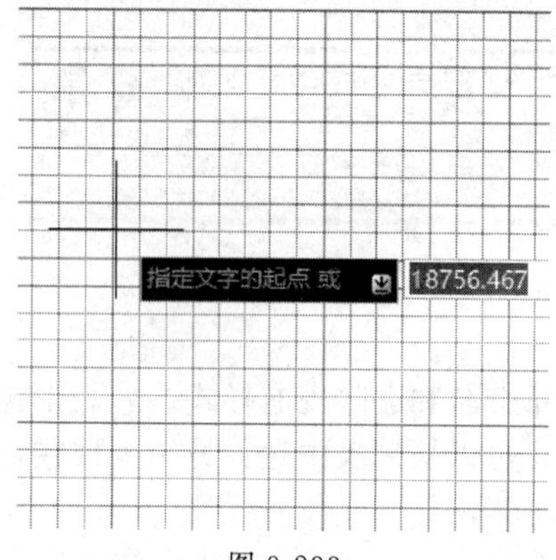

图 9-233

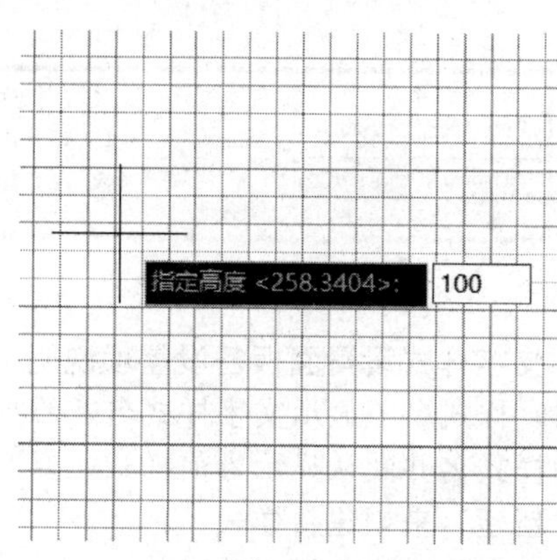

图 9-234

(4) 根据动态提示，指定旋转角度，默认为 0，这里直接回车，选择默认值。如图 9-235 所示。

(5) 在绘图区文字框中输入文字，完成后，在绘图区空白处单击鼠标，并回车，结束创建。如图 9-236 所示。

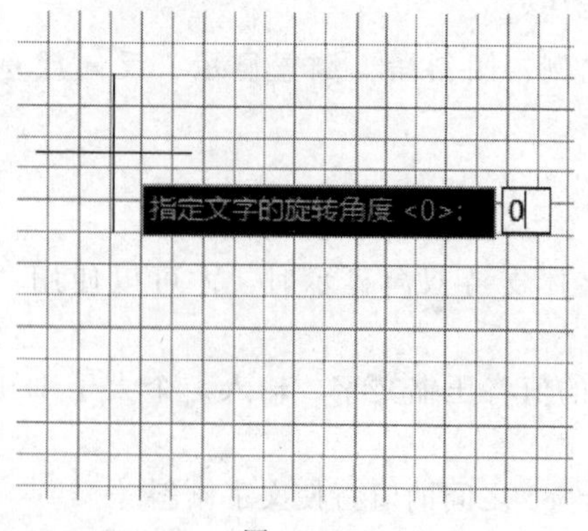

图 9-235

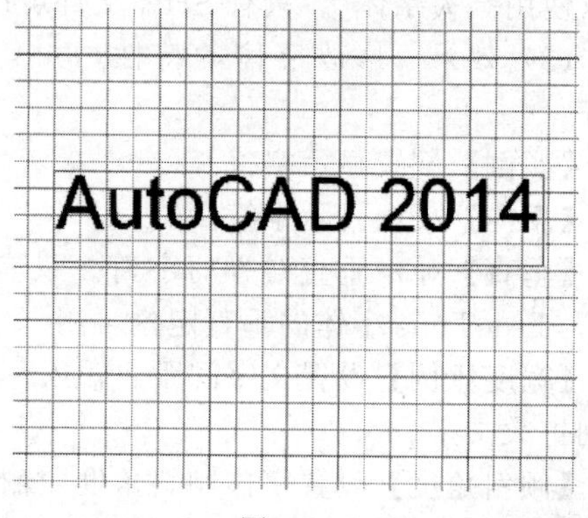

图 9-236

命令行提示依次如图 9-237 所示。

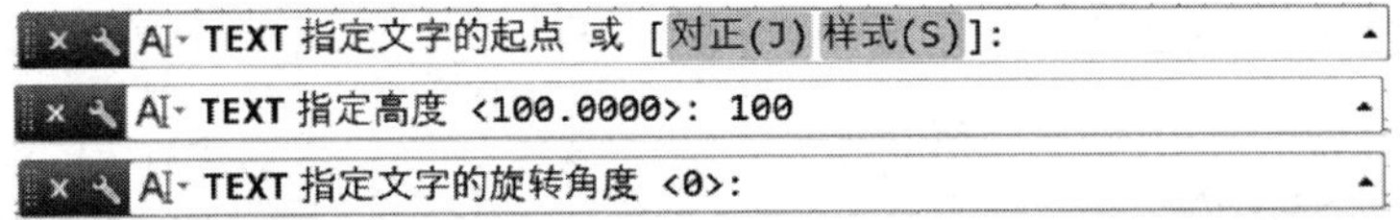

图 9-237

要修改创建的文字，双击文字，即可选择文字，更改文字内容。如需其他修改，执行【菜单】→【修改】→【对象】→【文字】命令，选择“比例”或“对正”选项，根据命令行提示进行修改。

三、多行文字输入

在注释面板中选择“多行文字”工具，如图 9-238 所示，或命令输入“MT”，如图 9-239 所示。

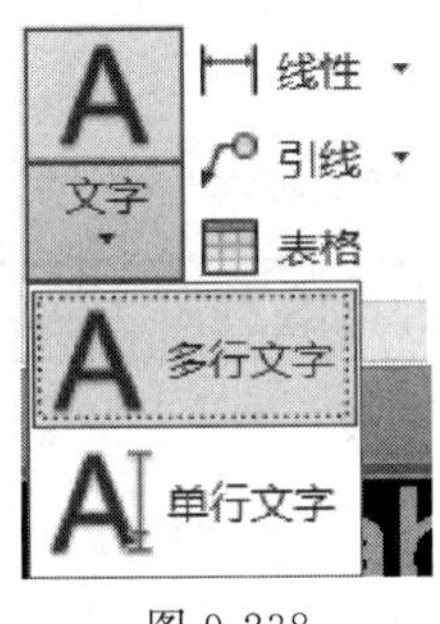

图 9-238

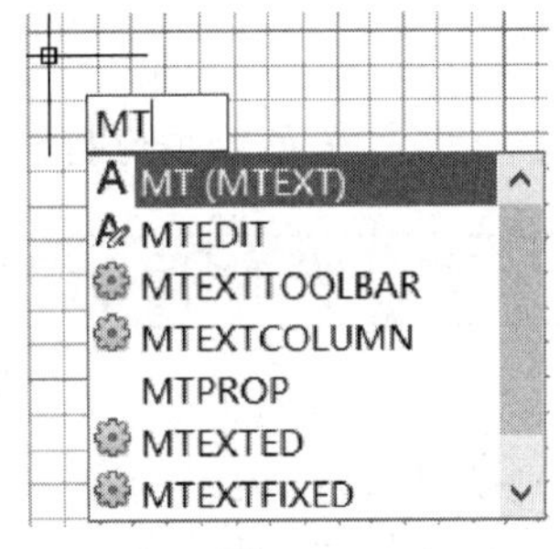

图 9-239

多行文字输入的操作及命令行提示如下：

（1）注释面板中选择“多行文字”工具，命令行提示如图 9-240 所示。

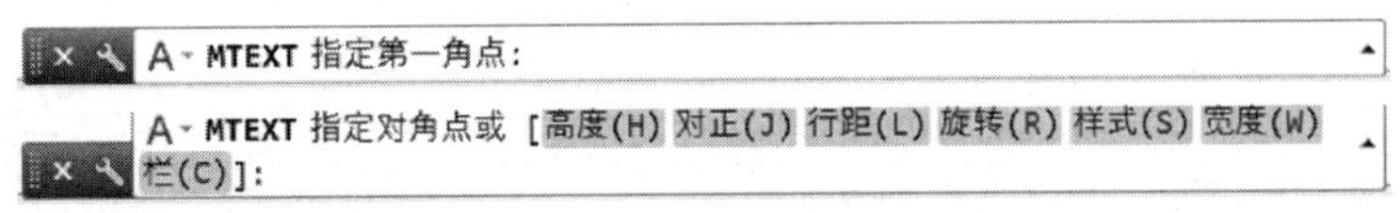

图 9-240

（2）在绘图区单击鼠标指定第一角点，拖动鼠标绘制文本框，指定对角点。创建文本框。

（3）在文本框内输入文字。

（4）创建文本框后，在功能区会显示文字编辑器选项卡的各属性设置，如图 9-241 所示。

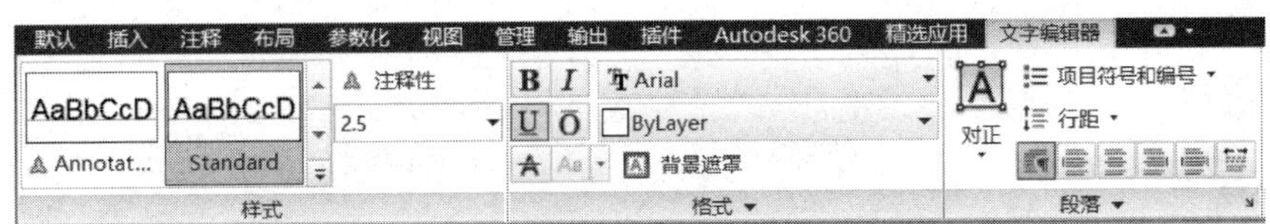

图 9-241

第四节　尺寸标注

尺寸标注是设计图纸中的重要组成部分。标注是向图形中添加测量注释的过程。可以为各种对象沿各个方向创建标注。基本的标注类型包括线性、径向、角度、坐标、弧长等。线性标注可以是水平、垂直、对齐、旋转、基线或连续。如图 9-242 列出常用几种示例。

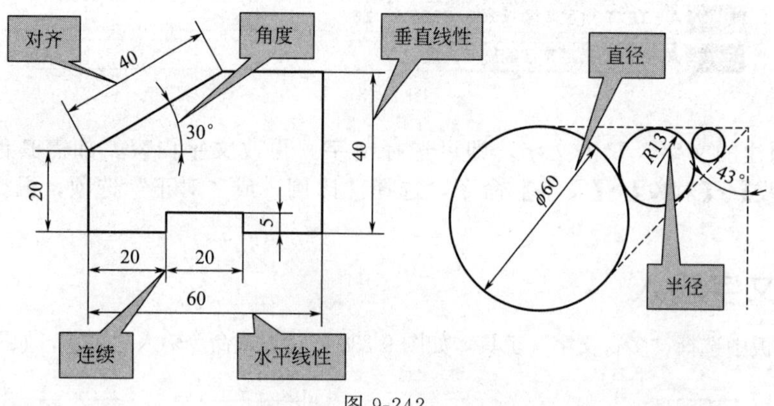

图 9-242

在工具菜单的工具栏子菜单中可打开 AutoCAD 标注工具栏。如图 9-243 所示。

图 9-243　标注工具栏

工具栏中所列工具从左至右分别为：线性尺寸、对齐尺寸、坐标尺寸、半径尺寸、直径尺寸、角度尺寸、快速尺寸、基线尺寸、连续尺寸、快速引线、公差、圆心标记、编辑标注、编辑标注文字、标注更新、标注样式控制、标注样式。

在功能区的注释面板中，提供了常用的标注工具，可快速直观地选择，如图 9-244 所示。在标注菜单栏中也可选择各标注工具，选择“标注样式”可打开标注样式管理器进行相应样式设置，如图 9-245 所示。

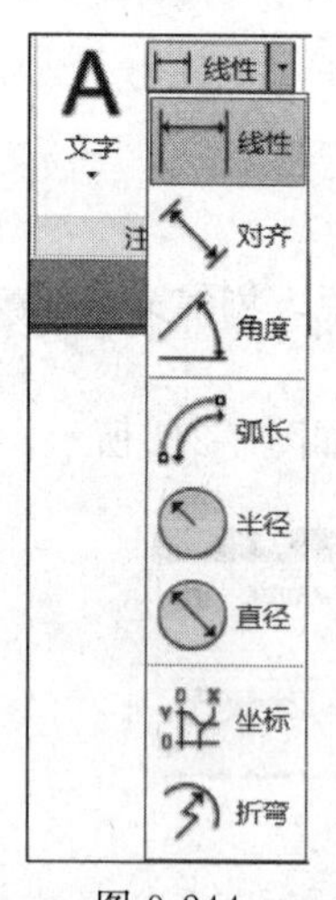

图 9-244

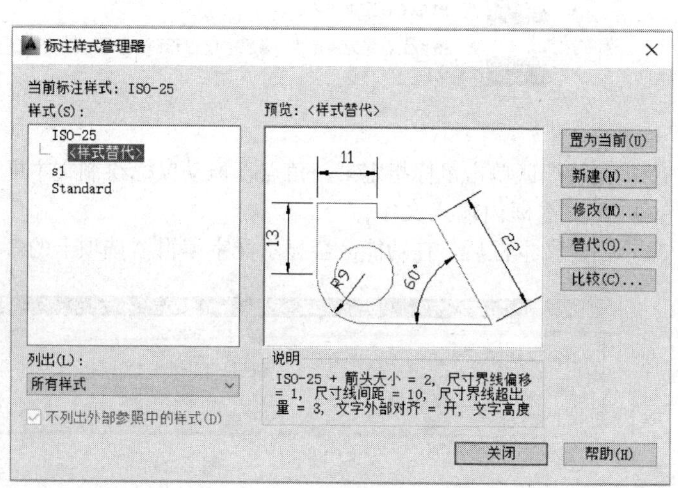

图 9-245

一、尺寸标注的组成部分

尺寸标注由标注文字、尺寸线、箭头、尺寸界线和中心标记等部分组成，如图 9-246 所示。

【标注文字】用于指示测量值的文本字符串。文字还可以包含前缀、后缀和公差。

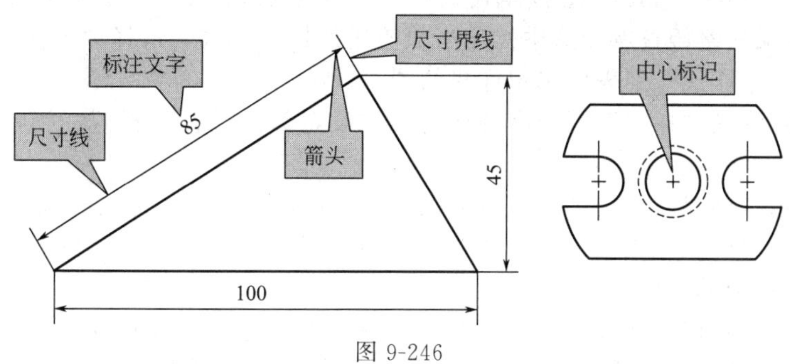

图 9-246

【尺寸线】用于指示标注的方向和范围。对于角度标注，尺寸线是一段圆弧。

【箭头】也称为终止符号，显示在尺寸线的两端。可以为箭头或标记指定不同的尺寸和形状。

【尺寸界线】也称为投影线或证示线，从部件延伸到尺寸线。

【中心标记】是标记圆或圆弧中心的小十字。

二、标注样式设置

标注样式是标注设置的命名集合，可用来控制标注的外观，如箭头样式、文字位置和尺寸公差等。可以创建标注样式，以快速指定标注的格式，并确保标注符合行业或工程标准。

1. 标注样式管理

标注样式的设置是通过“标注样式管理器”对话框实现的，如图 9-247 所示。

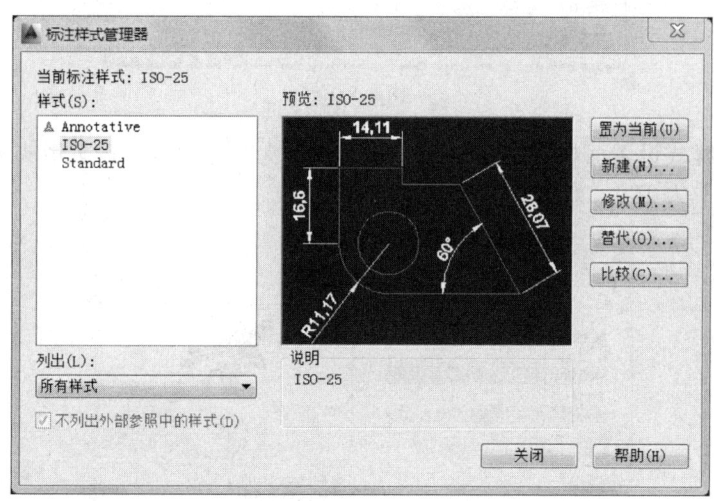

图 9-247　标注样式管理器

标注样式管理器各设置选项说明如下：

【当前标注样式】显示当前标注样式的名称。默认标注样式为 ISO-25。当前样式将应用于所创建的标注。

【样式】列出图形中的标注样式。当前样式被亮显。在列表中单击鼠标右键可显示快捷菜单及选项，可用于设定当前标注样式、重命名样式和删除样式。不能删除当前样式或当前图形使用的样式。

【列出】在“样式”列表中控制样式显示。如果要查看图形中所有的标注样式，选择“所有样式”。如果只希望查看图形中标注当前使用的标注样式，选择“正在使用的样式”。

【预览】显示“样式”列表中选定样式的图示。

【置为当前】将在“样式”下选定的标注样式设定为当前标注样式。当前样式将应用于所创建的标注。

【新建】显示“创建新标注样式”对话框，从中可以定义新的标注样式。

【修改】显示“修改标注样式”对话框，从中可以修改标注样式。对话框选项与“新建标注样式”对话框中的选项相同。

【替代】显示“替代当前样式”对话框，从中可以设定标注样式的临时替代值。对话框选项与“新建标注样式”对话框中的选项相同。替代将作为未保存的更改结果显示在“样式”列表中的标注样式下。

【比较】显示“比较标注样式”对话框，从中可以比较两个标注样式或列出一个标注样式的所有特性。

2. 新建标注样式

(1) 打开“标注样式管理器”，单击【新建】按钮，在弹出对话框中设置新建样式名称，单击【继续】按钮，如图 9-248 所示。

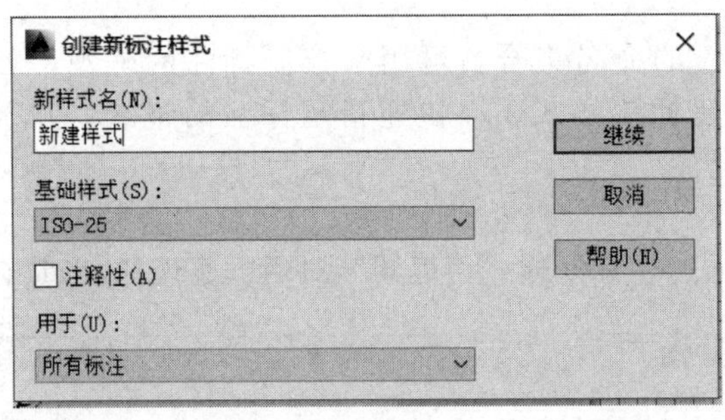

图 9-248

(2) 在新建样式设置面板中，切换到“符号和箭头”选项卡，设置箭头为“建筑标记”，设置“箭头大小”为 100，如图 9-249 所示。

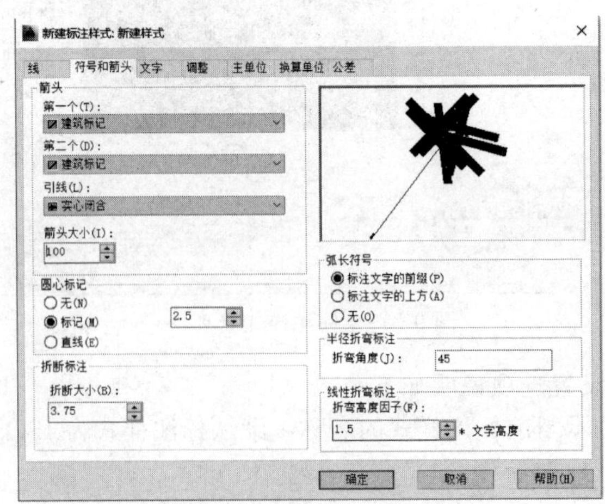

图 9-249

(3) 切换到“文字”选项卡中，设置“文字高度”为 100，如图 9-250 所示。

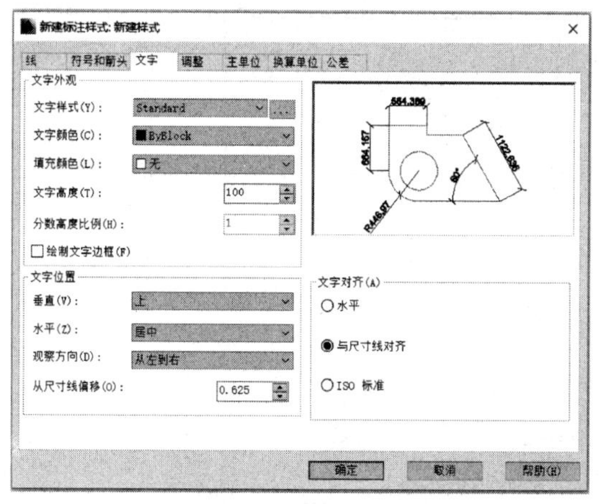

图 9-250

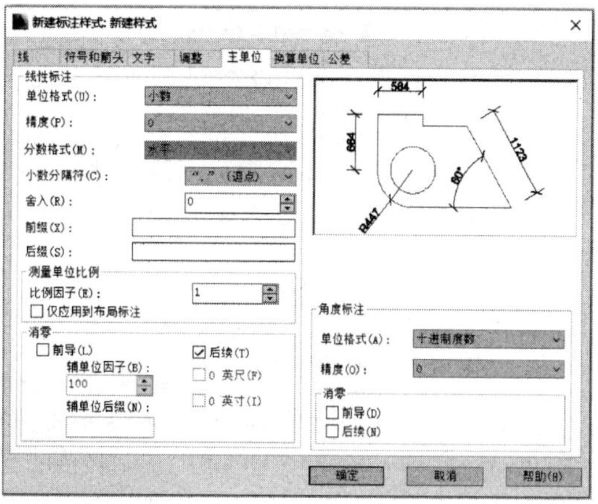

图 9-251

（4）切换到“主单位”选项卡，设置“精度”为 0，如图 9-251 所示。切换到“线”选项卡，设置“超出尺寸线”为 100，设置“起点偏移量”为 100，如图 9-252 所示。

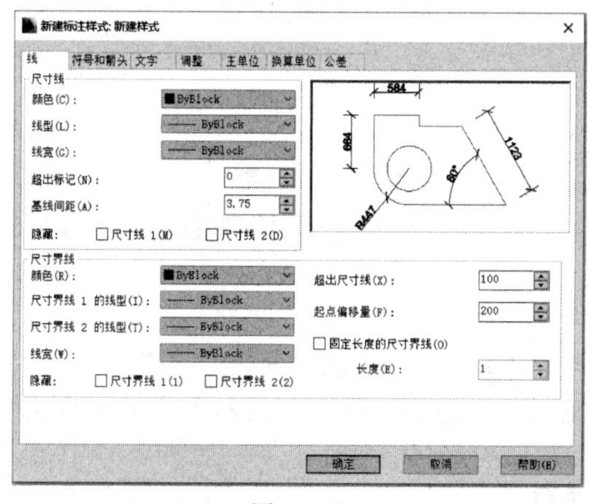

图 9-252

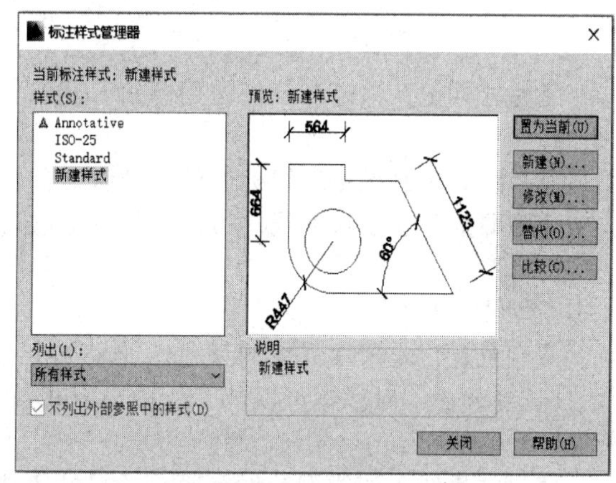

图 9-253

（5）设置完成后，单击【确定】按钮，返回上层设置面板，选择“新建样式”，单击【置为当前】并关闭“标注样式管理器”即可完成标注样式的新建。如图 9-253 所示。

3. 标注样式的修改

对新建好的样式可继续修改，在“标注样式管理器”中选择“新建样式”，单击【修改】按钮，可打开“修改标注样式”面板，其设置选项与“新建标注样式”一致，面板中的包括七个选项卡，依次为“线”“符号和箭头”“文字”“调整”“主单位”“换算单位”“公差”。如图 9-254 所示。下面分别对每一选项卡的设置内容作具体说明。

（1）“线”选项卡，如图 9-254 所示。

① 尺寸线

【颜色】显示并设定尺寸线的颜色。如果单击【选择颜色】（在“颜色”列表的底部），将显示“选择颜色”对话框。可以从 255 种 AutoCAD 颜色索引（ACI）颜色、真彩色和配色系统颜色中选择颜色。

【线型】设定尺寸线的线型。

【线宽】设定尺寸线的线宽。

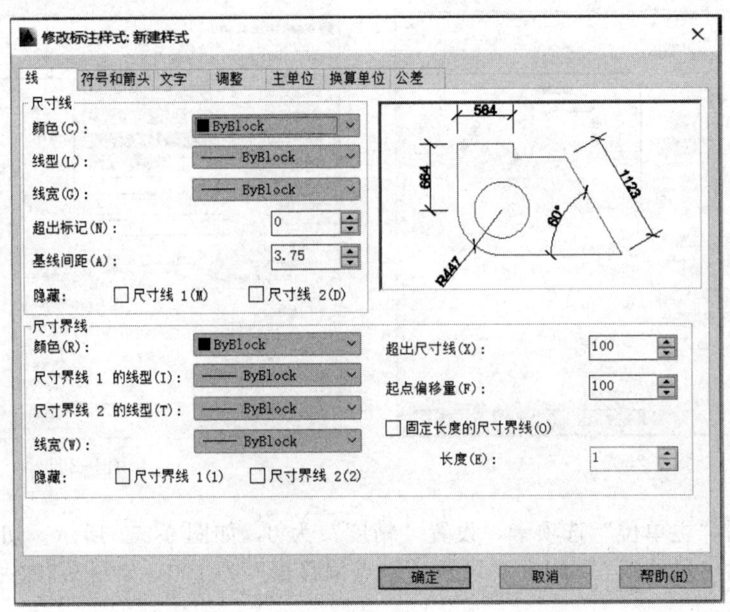

图 9-254

【超出标记】指定当箭头使用倾斜、建筑标记、积分和无标记时尺寸线超过尺寸界线的距离。

【基线间距】设定基线标注的尺寸线之间的距离。

【隐藏】不显示尺寸线。“尺寸线 1”不显示第一条尺寸线，“尺寸线 2”不显示第二条尺寸线。

② 尺寸界线

【颜色】设定尺寸界线的颜色。如果单击【选择颜色】（在“颜色”列表的底部），将显示“选择颜色”对话框可以从 255 种 AutoCAD 颜色索引（ACI）颜色、真彩色和配色系统颜色中选择颜色。

【尺寸界线 1 的线型】设定第一条尺寸界线的线型。

【尺寸界线 2 的线型】设定第二条尺寸界线的线型（DIMLTEX2 系统变量）。

【线宽】设定尺寸界线的线宽。

【隐藏】不显示尺寸界线。“尺寸界线 1”不显示第一条尺寸界线，“尺寸界线 2”不显示第二条尺寸界线。

【超出尺寸线】指定尺寸界线超出尺寸线的距离。

【原点偏移量】设定自图形中定义标注的点到尺寸界线的偏移距离。

【固定长度的尺寸界线】启用固定长度的尺寸界线

【长度】设定尺寸界线的总长度，起始于尺寸线，直到标注原点。

（2）“符号和箭头”选项卡，如图 9-255 所示。

① 箭头

【第一个】设定第一条尺寸线的箭头。当改变第一个箭头的类型时，第二个箭头将自动改变以同第一个箭头相匹配。要指定用户定义的箭头块，选择“用户箭头”。显示“选择自定义箭头块”对话框。选择用户定义的箭头块（该块必须在图形中）的名称。

【第二个】设定第二条尺寸线的箭头。要指定用户定义的箭头块，选择“用户箭头”。显示“选择自定义箭头块”对话框。选择用户定义的箭头块（该块必须在图形

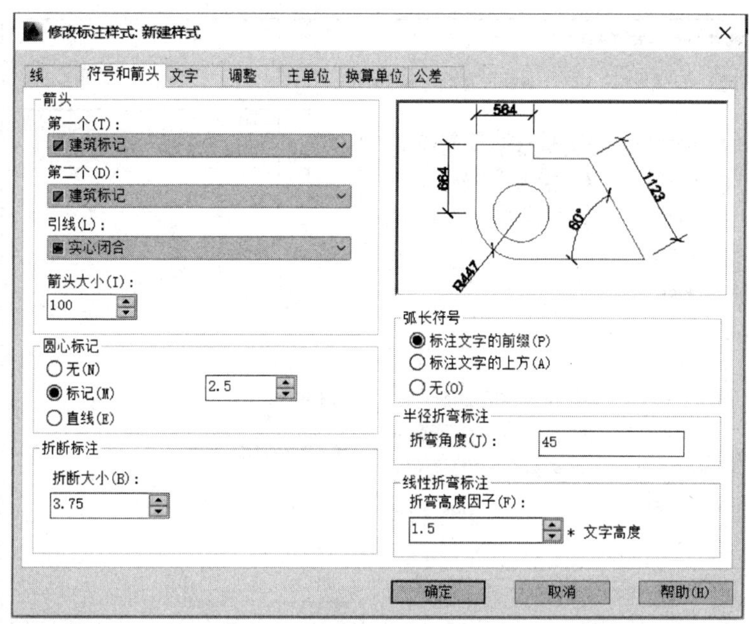

图 9-255

中）的名称。

【引线】设定引线箭头。要指定用户定义的箭头块，选择“用户箭头”。显示“选择自定义箭头块”对话框。选择用户定义的箭头块（该块必须在图形中）的名称。

【箭头大小】显示和设定箭头的大小。

② 圆心标记

【无】不创建圆心标记或中心线。

【标记】创建圆心标记。

【直线】创建中心线。

【大小】显示和设定圆心标记或中心线的大小。

③ 折断标注

【折断大小】显示和设定用于折断标注的间隙大小。

④ 弧长符号

【标注文字的前缀】将弧长符号放置在标注文字之前。

【标注文字的上方】将弧长符号放置在标注文字的上方。

【无】不显示弧长符号。

⑤ 半径折弯标注

【折弯角度】确定折弯半径标注中，尺寸线的横向线段的角度。

⑥ 线性折弯标注

【折弯高度因子】通过形成折弯的角度的两个顶点之间的距离确定折弯高度。

(3)“文字”选项卡，如图 9-256 所示。

① 文字外观

【文字样式】列出可用的文本样式。

【文字样式按钮】显示“文字样式”对话框，从中可以创建或修改文字样式。

【文字颜色】设定标注文字的颜色。如果单击【选择颜色】（在“颜色”列表的底部），将显示“选择颜色”对话框。也可以输入颜色名或颜色号。

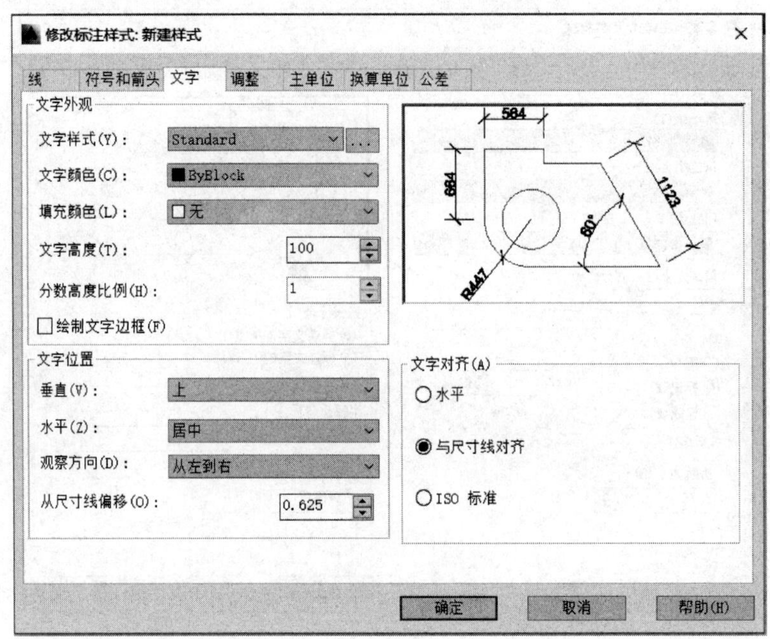

图 9-256

【填充颜色】设定标注中文字背景的颜色。如果单击【选择颜色】(在“颜色”列表的底部)，将显示“选择颜色”对话框。也可以输入颜色名或颜色号。

【文字高度】设定当前标注文字样式的高度。

如果在此选项卡上指定的文字样式具有固定的文字高度，则该高度将替代在此处设置的文字高度。如果要在此处设置标注文字的高度，请确保将文字样式的高度设置为 0。

【分数高度比例】设定相对于标注文字的分数比例。

在此处输入的值乘以文字高度，可确定标注分数相对于标注文字的高度。仅当在“主单位”选项卡上选择“分数”作为“单位格式”时，此选项才可用。

【绘制文字边框】显示标注文字的矩形边框。

② 文字位置

【垂直】控制标注文字相对尺寸线的垂直位置。

“垂直”位置选项包括：

“居中”：将标注文字放在尺寸线的两部分中间。

“上方”：将标注文字放在尺寸线上方。从尺寸线到文字的最低基线的距离就是当前的文字间距。

“外部”：将标注文字放在尺寸线上远离第一个定义点的一边。

“JIS”：按照日本工业标准（JIS）放置标注文字。

“下方”：将标注文字放在尺寸线下方。从尺寸线到文字的最低基线的距离就是当前的文字间距。

【水平】控制标注文字在尺寸线上相对于尺寸界线的水平位置。

“水平”位置选项包括：

“居中”：将标注文字沿尺寸线放在两条尺寸界线的中间。

“第一条尺寸界线”：沿尺寸线与第一条尺寸界线左对正。尺寸界线与标注文字的距离是箭头大小加上文字间距之和的两倍。

“第二条尺寸界线”：沿尺寸线与第二条尺寸界线右对正。尺寸界线与标注文字的距离是箭头大小加上文字间距之和的两倍。

“第一条尺寸界线上方”：沿第一条尺寸界线放置标注文字或将标注文字放在第一条尺寸界线之上。

“第二条尺寸界线上方”：沿第二条尺寸界线放置标注文字或将标注文字放在第二条尺寸界线之上。

【观察方向】控制标注文字的观察方向。

“观察方向”包括以下选项：

“从左到右”：按从左到右阅读的方式放置文字。

“从右到左”：按从右到左阅读的方式放置文字。

【从尺寸线偏移】设定当前文字间距，文字间距是指当尺寸线断开以容纳标注文字时标注文字周围的距离。此值也用作尺寸线段所需的最小长度。仅当生成的线段至少与文字间距同样长时，才会将文字放置在尺寸界线内侧。仅当箭头、标注文字以及页边距有足够的空间容纳文字间距时，才将尺寸线上方或下方的文字置于内侧。

③ 文字对齐

【水平】水平放置文字。

【与尺寸线对齐】文字与尺寸线对齐。

【ISO 标准】当文字在尺寸界线内时，文字与尺寸线对齐。当文字在尺寸界线外时，文字水平排列。

（4）“调整”选项卡，如图 9-257 所示。

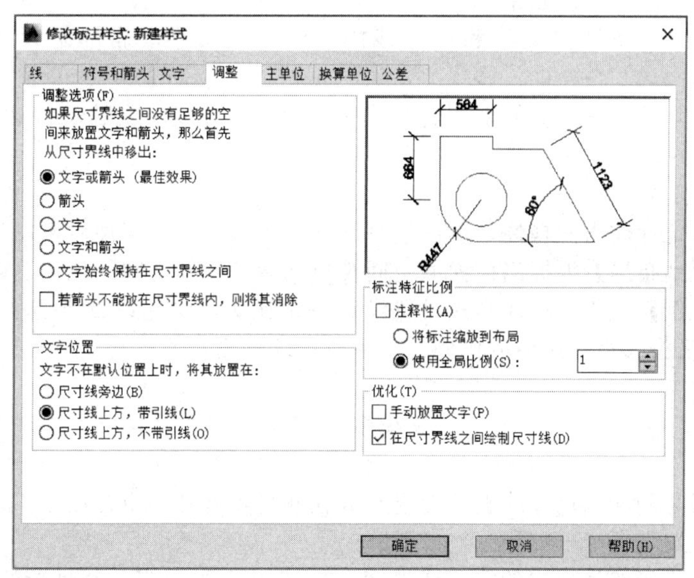

图 9-257

① 调整选项

【文字或箭头（最佳效果）】按照最佳效果将文字或箭头移动到尺寸界线外。

当尺寸界线间的距离足够放置文字和箭头时，文字和箭头都放在尺寸界线内。否则，将按照最佳效果移动文字或箭头。

当尺寸界线间的距离仅够容纳文字时，将文字放在尺寸界线内，而箭头放在尺寸界线外。

当尺寸界线间的距离仅够容纳箭头时，将箭头放在尺寸界线内，而文字放在尺寸界线外。

当尺寸界线间的距离既不够放文字又不够放箭头时，文字和箭头都放在尺寸界线外。

【箭头】先将箭头移动到尺寸界线外，然后移动文字。

当尺寸界线间的距离足够放置文字和箭头时，文字和箭头都放在尺寸界线内。

当尺寸界线间距离仅够放下箭头时，将箭头放在尺寸界线内，而文字放在尺寸界线外。

当尺寸界线间距离不足以放下箭头时，文字和箭头都放在尺寸界线外。

【文字】先将文字移动到尺寸界线外，然后移动箭头。

当尺寸界线间的距离足够放置文字和箭头时，文字和箭头都放在尺寸界线内。

当尺寸界线间的距离仅能容纳文字时，将文字放在尺寸界线内，而箭头放在尺寸界线外。

当尺寸界线间距离不足以放下文字时，文字和箭头都放在尺寸界线外。

【文字和箭头】当尺寸界线间距离不足以放下文字和箭头时，文字和箭头都移到尺寸界线外。

【文字始终保持在尺寸界线之间】始终将文字放在尺寸界线之间。

【若不能放在尺寸界线内，则不显示箭头】如果尺寸界线内没有足够的空间，则不显示箭头。

② 文字位置

【尺寸线旁边】如果选定，只要移动标注文字尺寸线就会随之移动。

【尺寸线上方，加引线】如果选定，移动文字时尺寸线不会移动。如果将文字从尺寸线上移开，将创建一条连接文字和尺寸线的引线。当文字非常靠近尺寸线时，将省略引线。

【尺寸线上方，不加引线】如果选定，移动文字时尺寸线不会移动。远离尺寸线的文字不与带引线的尺寸线相连。

③ 标注特征比例

【注释性】指定标注为注释性。单击信息图标以了解有关注释性对象的详细信息。

【将标注缩放到布局】根据当前模型空间视口和图纸空间之间的比例确定比例因子。

【使用全局比例】为所有标注样式设置设定一个比例，这些设置指定了大小、距离或间距，包括文字和箭头大小。该缩放比例并不更改标注的测量值。

④ 优化

【手动放置文字】忽略所有水平对正设置并把文字放在“尺寸线位置”提示下指定的位置。

【在尺寸界线之间绘制尺寸线】即使箭头放在测量点之外，也在测量点之间绘制尺寸线。

(5)“主单位”选项卡，如图 9-258 所示。

【线性标注】设置线性标注的格式和精度。“比例因子”是设置线性标注测量值的比例因子。系统按照此处输入的数值放大标注测量值。例如，输入 2，系统会将一毫米的标注显示为两毫米。该值不应用到角度标注，也不应用到舍入值或者正负公差值。

【角度标注】设置角度标注的当前角度格式。“消零”是不输出前导零和后续零。

(6)“换算单位”选项卡，如图 9-259 所示。

指定标注测量值中换算单位的显示并设置其格式和精度。

【换算单位】设置除“角度”之外的所有标注类型的当前换算单位格式。

【消零】控制不输出前导零和后续零以及具有零值的尺寸。

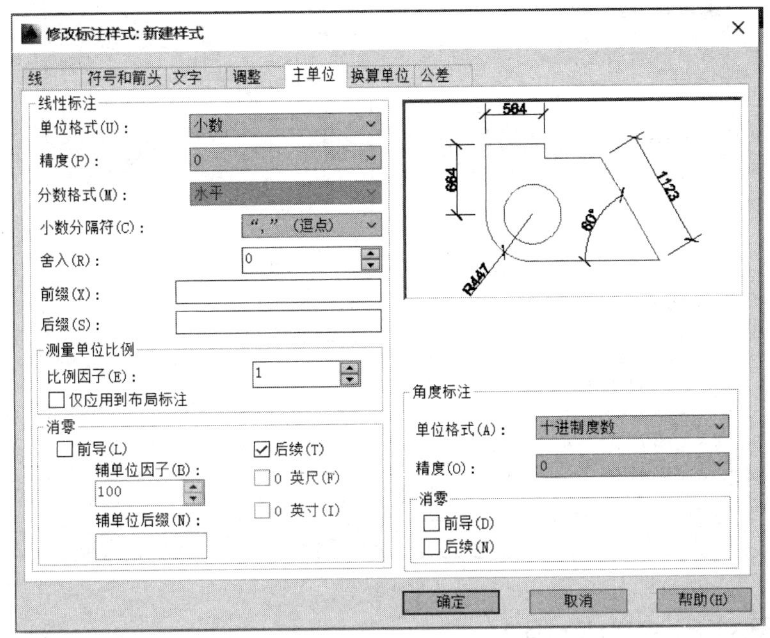

图 9-258

图 9-259

【位置】控制换算单位的位置。将换算单位放在主单位之后或下。

(7)“公差”选项卡，如图 9-260 所示。

【公差格式】控制公差格式。其中“方式”是设置计算公差的方法；“精度”是设置小数位数；“上偏差”是设置最大公差或上偏差；“下偏差”是设置最小公差或下偏差；“高度比例”是设置公差文字的当前高度；“垂直位置”是控制对称公差和极限公差的文字对正方式。

【换算单位公差】设置换算公差单位的精度和消零规则。

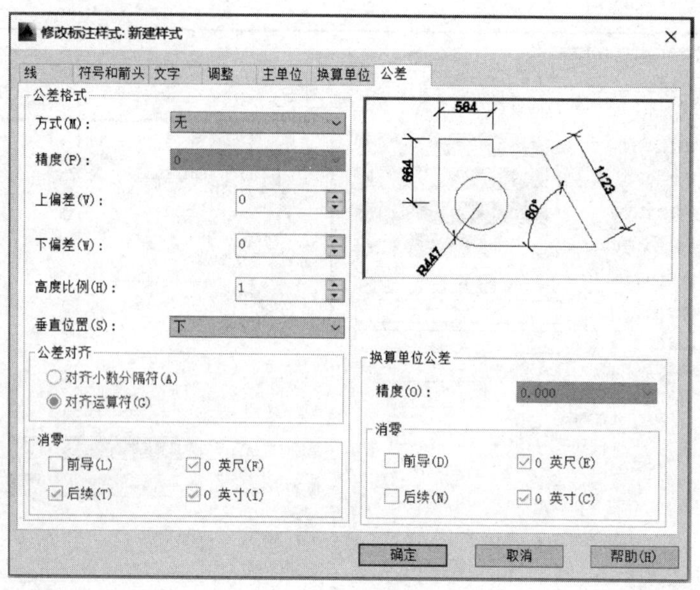

图 9-260

三、基本尺寸标注的应用

1. 线性标注

要应用线性标注，在“注释”选项卡的“标注”面板中选择“线性标注”工具（命令输入为：DIMLINEAR）。

该命令用于创建线性标注。标注指定点之间或对象的水平或垂直距离，标注时由第一点和第二点确定起止位置，由第三点确定尺寸线的布置位置，并决定是水平测量还是垂直测量。其应用如图 9-261～图 9-264 所示。

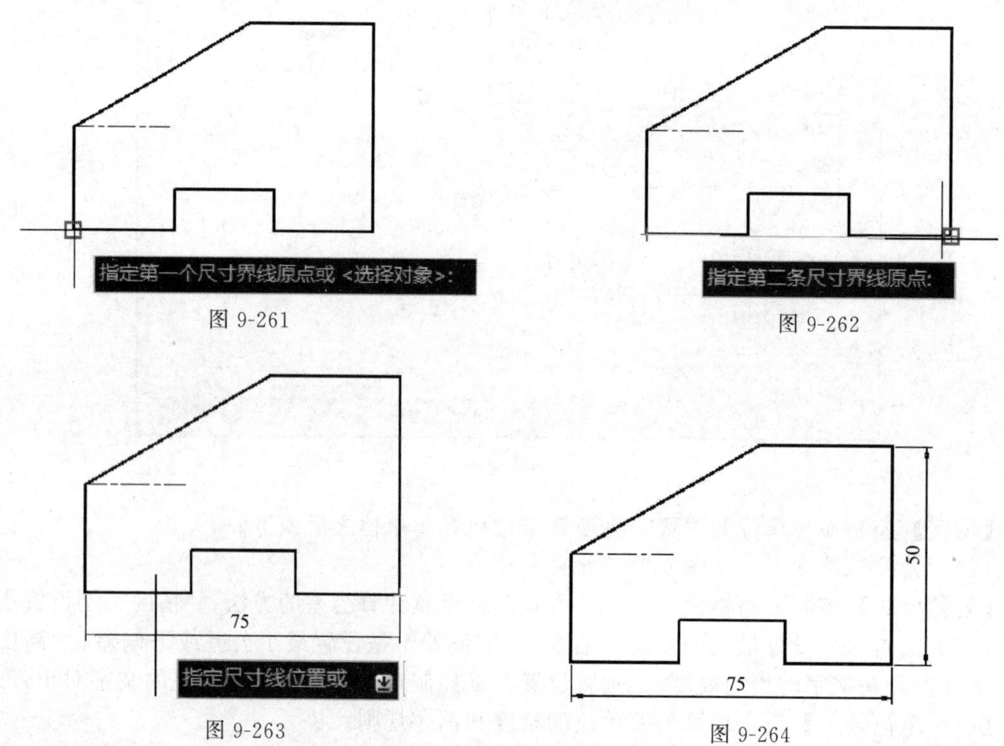

图 9-261　图 9-262

图 9-263　图 9-264

命令行提示依次如图 9-265 所示。

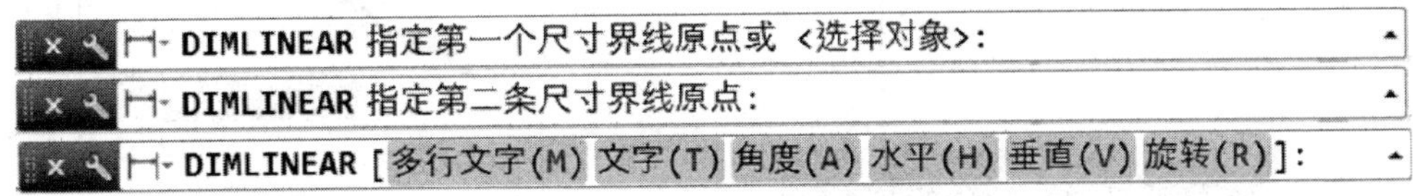

图 9-265

命令行各选项说明：

【多行文字】显示多行文字编辑器，可用它来编辑标注文字。

【文字】在命令行自定义标注文字。

【角度】指定标注文字的角度。

【水平】创建水平线性标注。

【垂直】创建垂直线性标注。

【旋转】指定尺寸线的角度，创建旋转线性标注。

2. 对齐标注

要应用对齐标注，在“注释”选项卡的“标注”面板中选择“对齐标注”工具（命令输入为：DIMALIGNED）。

该命令用于创建对齐线性标注。标注指定点之间距离或对象长度。对齐标注是沿两个标注点方向或对象长度方向测量并标注。由第三点指定尺寸线的位置，使用该命令时，系统提示内容与线性标注基本相同。如图 9-266、图 9-267 所示。

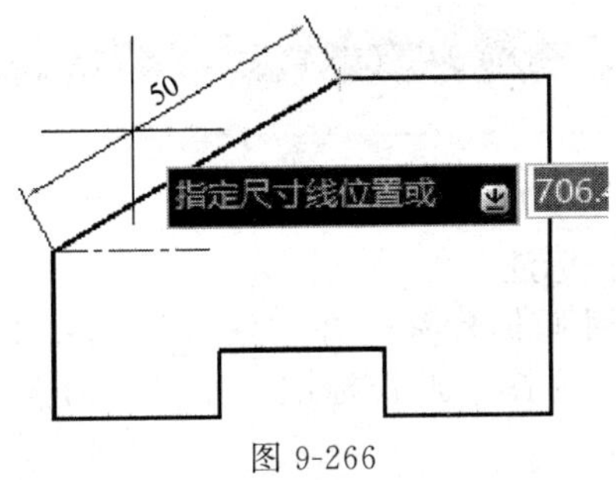

图 9-266

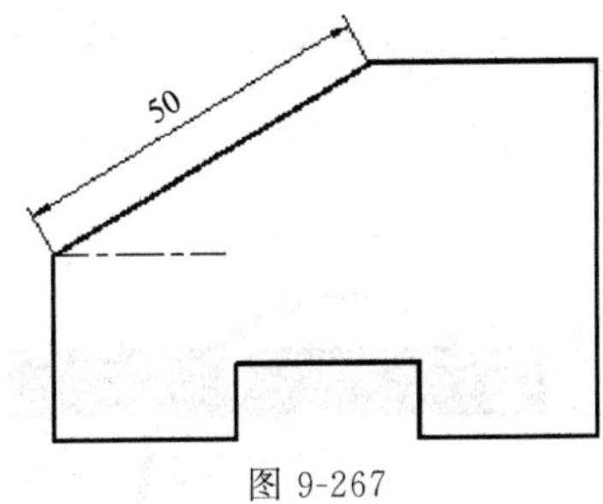

图 9-267

命令行提示依次如图 9-268 所示。

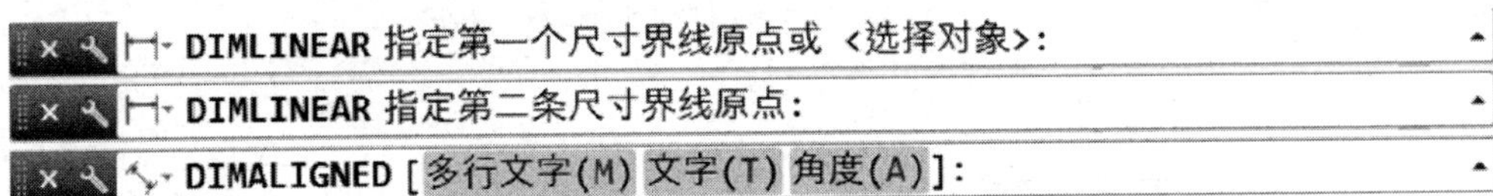

图 9-268

3. 角度标注

要应用角度标注，在“注释”选项卡的“标注”面板中选择“角度标注”工具（命令输入为：“DIMANGULAR”）。

要创建角度标注，标注时指定两直线的夹角，圆弧的圆心角或圆上指定两点间的圆心角，其应用如图 9-269～图 9-272 所示。

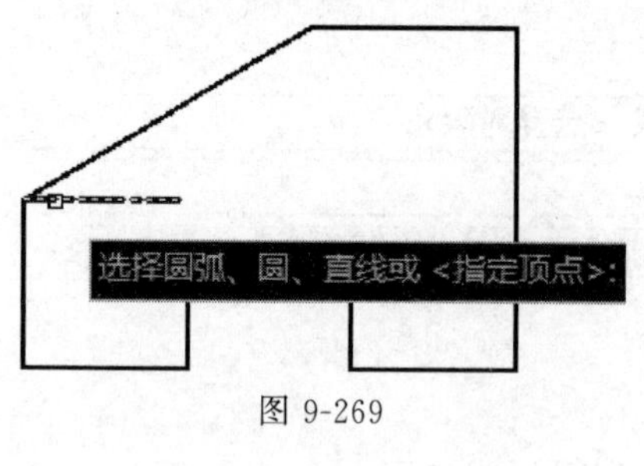

选择圆弧、圆、直线或 <指定顶点>:

图 9-269

选择第二条直线:

图 9-270

30°
指定标注弧线位置或

图 9-271

30°

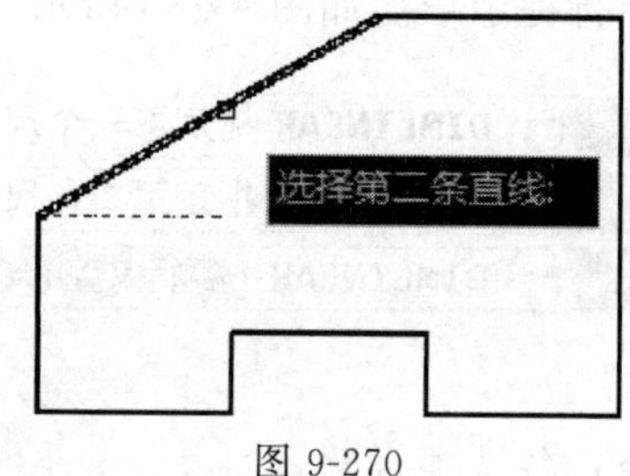

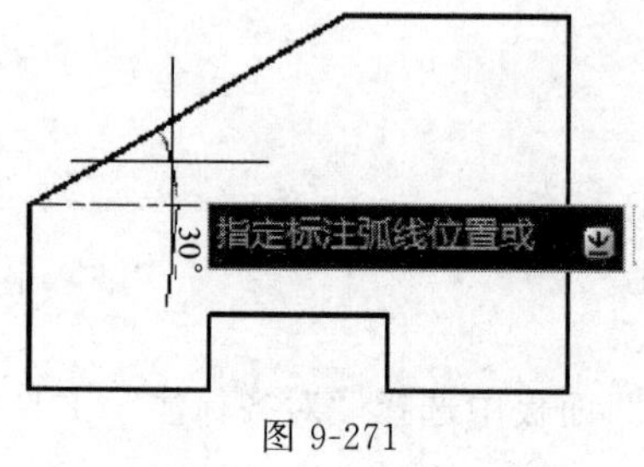

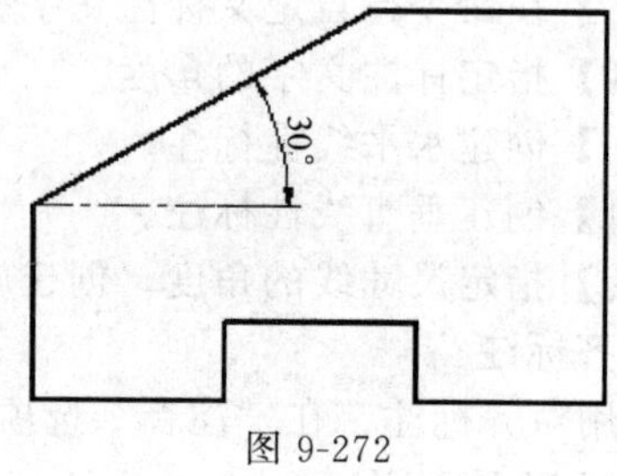

图 9-272

命令行提示依次如图 9-273 所示。

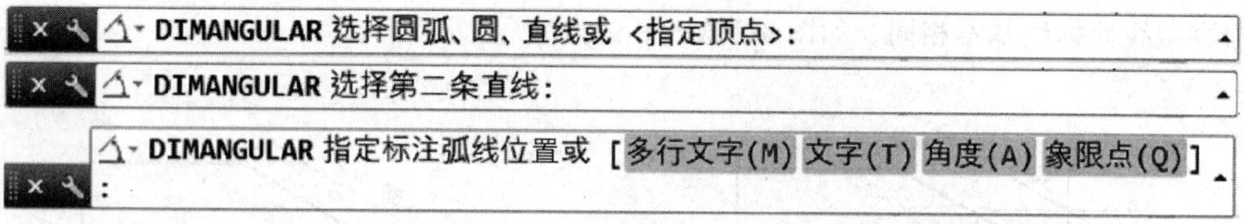

DIMANGULAR 选择圆弧、圆、直线或 <指定顶点>:
DIMANGULAR 选择第二条直线:
DIMANGULAR 指定标注弧线位置或 [多行文字(M) 文字(T) 角度(A) 象限点(Q)]
:

图 9-273

4. 弧长标注

要应用弧长标注，在“注释”选项卡的“标注”面板中选择“弧长标注”工具（命令输入为：DIMARC）。

弧长标注用于测量圆弧或多段线圆弧上的距离。弧长标注的尺寸界线可以正交或径向。在标注文字的上方或前面将显示圆弧符号。其应用如图 9-274～图 9-276 所示。

选择弧线段或多段线圆弧段:

图 9-274

指定弧长标注位置或

图 9-275

⌒45.53

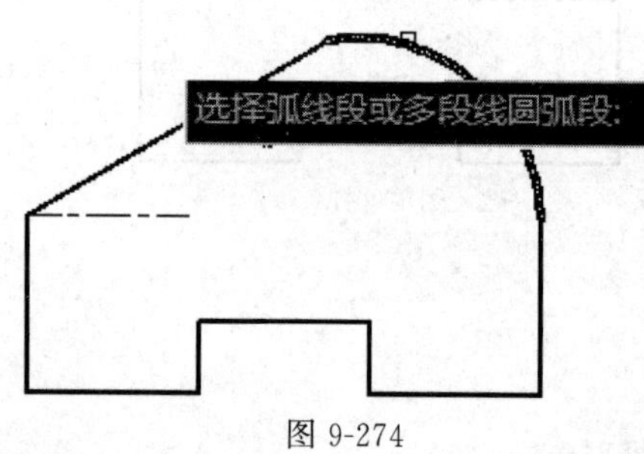

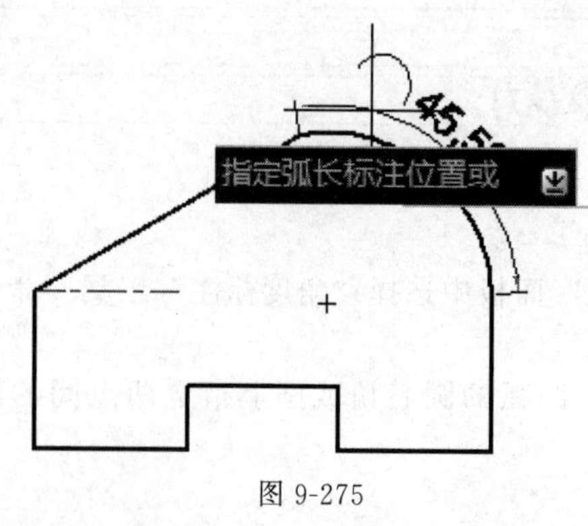

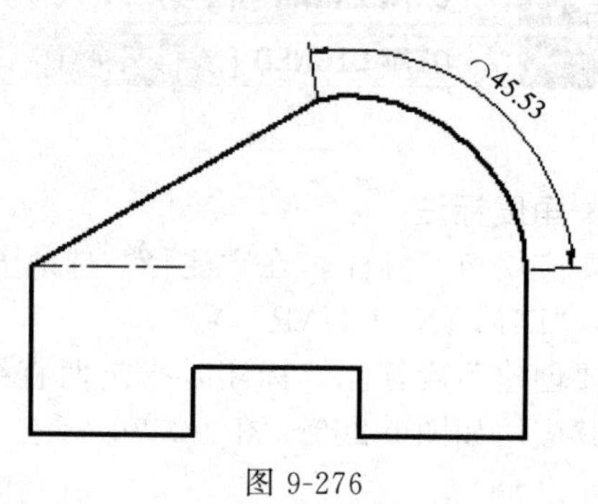

图 9-276

命令行提示依次如图 9-277 所示。

图 9-277

命令行各选项说明：

【多行文字】显示在位文字编辑器，可用它来编辑标注文字。

【文字】在命令提示下，自定义标注文字。

【角度】修改标注文字的角度。

【部分】缩短弧长标注的长度。

【引线】添加引线对象。仅当圆弧（或圆弧段）大于 90°时才会显示此选项。引线是按径向绘制的，指向所标注圆弧的圆心。

5. 半径标注

要应用半径标注，在“注释”选项卡的“标注”面板中选择“半径标注”工具（命令输入为：“DIMRADIUS”）。

半径标注是测量选定圆或圆弧的半径，并显示前面带有半径符号的标注文字。可以使用夹点重新定位生成的半径标注。其应用如图 9-278～图 9-280 所示。

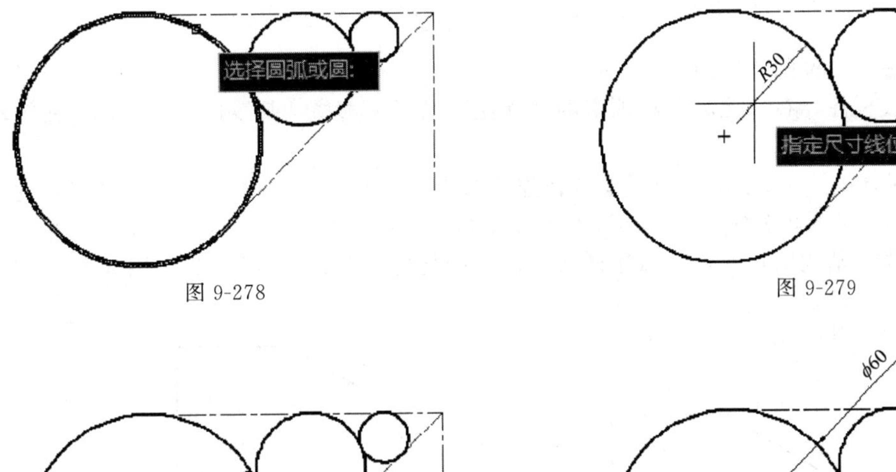

图 9-278 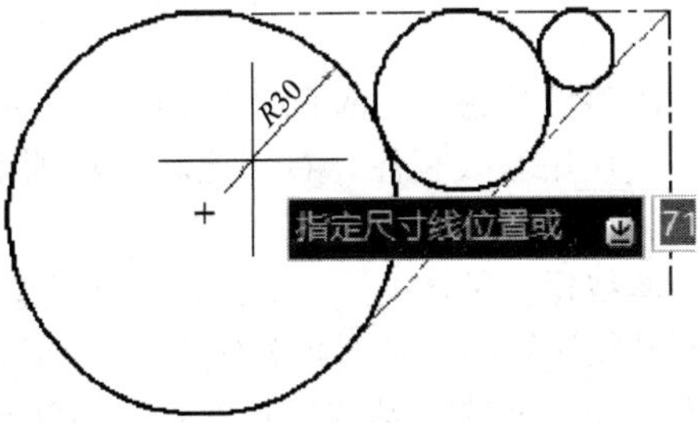　　图 9-279

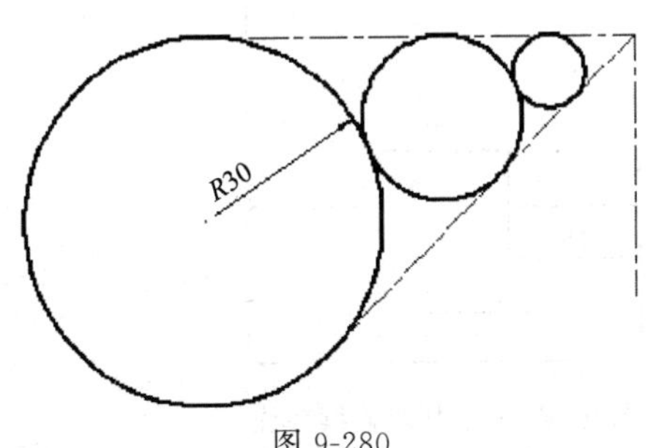

图 9-280

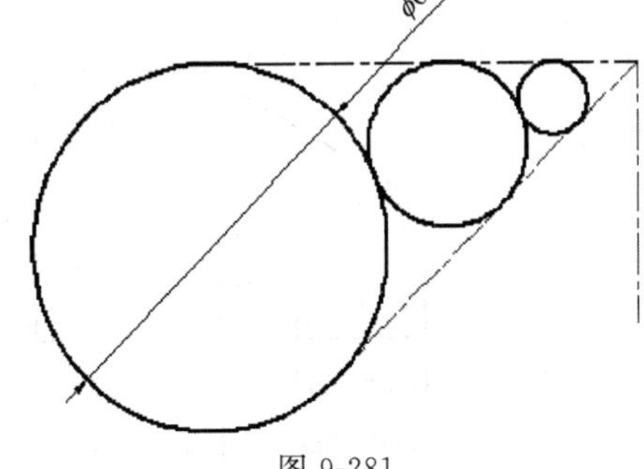

图 9-281

命令行提示依次如图 9-282 所示。

DIMRADIUS 选择圆弧或圆:

DIMRADIUS 指定尺寸线位置或 [多行文字(M) 文字(T) 角度(A)]:

图 9-282

6. 直径标注

要应用直径标注，在“注释”选项卡的“标注”面板中选择“直径标注”工具（命令输入为：DIMDIAMETER）。

创建圆和圆弧的直径标注，并在测量值前添加直径符号。标注时先选择对象，后指定标注线位置，使用该命令时，系统提示内容与半径标注命令相同。如图 9-281 所示。

7. 连续标注

要应用连续标注，在“注释”选项卡的“标注”面板中选择“连续标注”工具（命令输入为：DIMCONTINUE）。

连续标注是从上一个或选定标注的第二条尺寸界线作连续的线性、角度或坐标标注。如果当前任务中未创建任何标注，将提示用户选择线性标注、坐标标注或角度标注，以用作连续标注的基准。默认情况下，连续标注的标注样式从上一个标注或选定标注继承。其应用如图 9-283、图 9-284 所示。

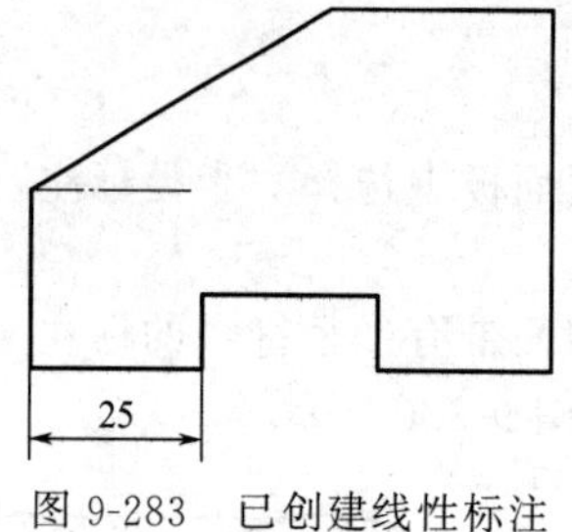

图 9-283　已创建线性标注

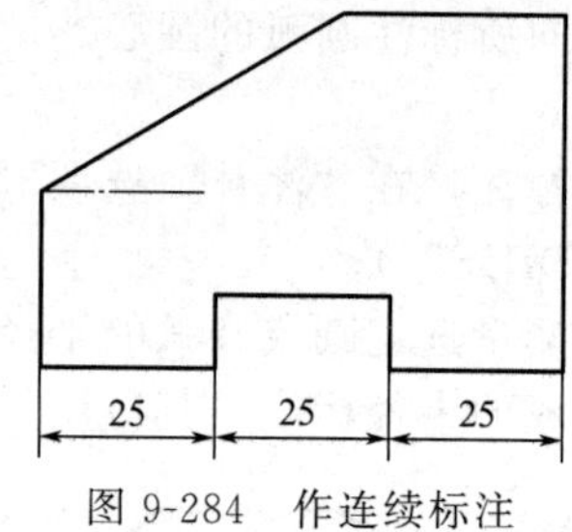

图 9-284　作连续标注

8. 基线标注（DIMBASELINE）命令

要应用基线标注，在“注释”选项卡的“标注”面板中选择“基线标注”工具（命令输入为：DIMBASELINE）。

基线标注是从上一个或选定标注的基线作连续的线性、角度或坐标标注。该命令可创建自相同基线测量的一系列相关标注。AutoCAD 使用基线增量值偏移每一条新的尺寸线并避免覆盖上一条尺寸线。基线增量值在“标注样式”设置中指定“基线间距”。其应用如图 9-285、图 9-286 所示。

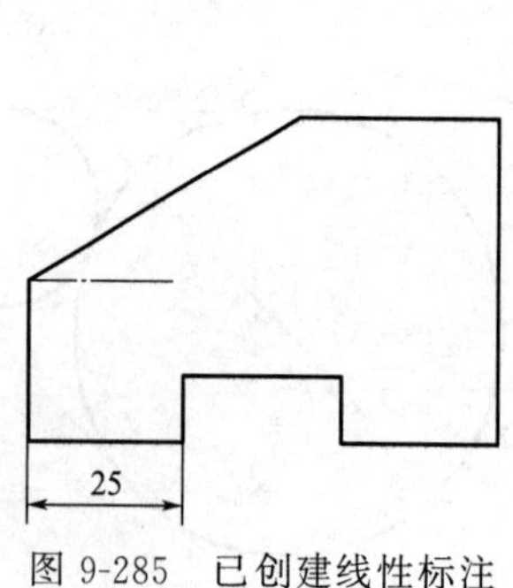

图 9-285　已创建线性标注

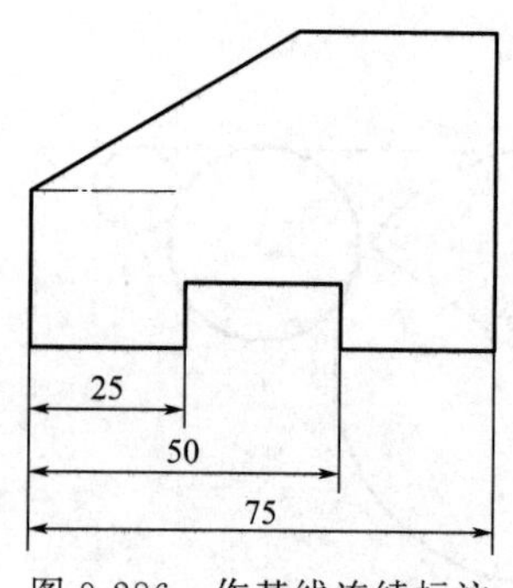

图 9-286　作基线连续标注

四、尺寸标注的编辑

（一）编辑标注文本

1. 修改标注内容

对于已经创建的标注，要修改标注内容，只需鼠标双击所要修改的尺寸标注，在文本编辑框中输入新的标注内容即可，如图 9-287、图 9-288 所示。

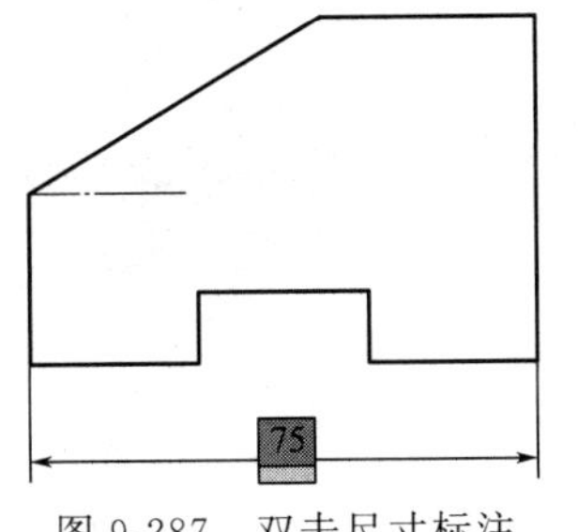

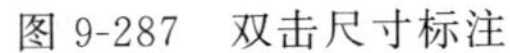

图 9-287　双击尺寸标注

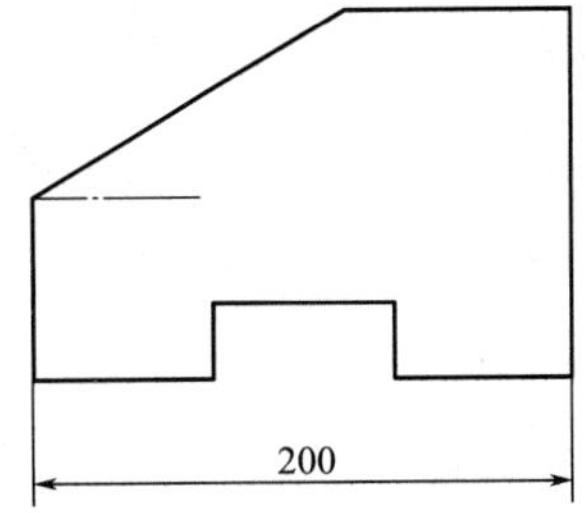

图 9-288　输入新标注内容

2. 修改标注文字角度

在“注释”选项卡的“标注”面板中选择“文字角度”工具（命令输入为：DIMTEDIT）。根据提示选择标注和输入标注文字的角度，完成修改，如图 9-289～图 9-291 所示。

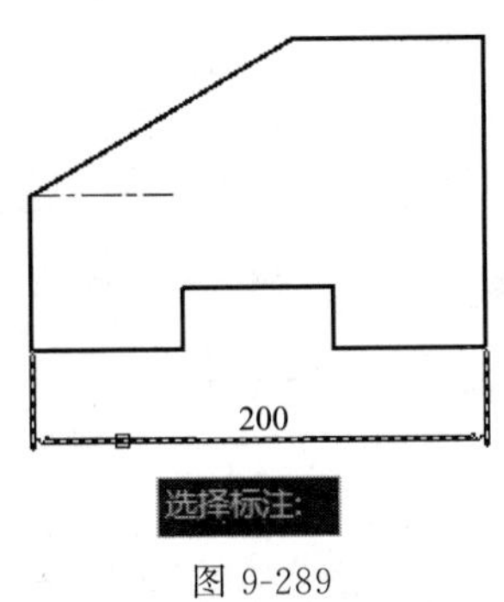

图 9-289

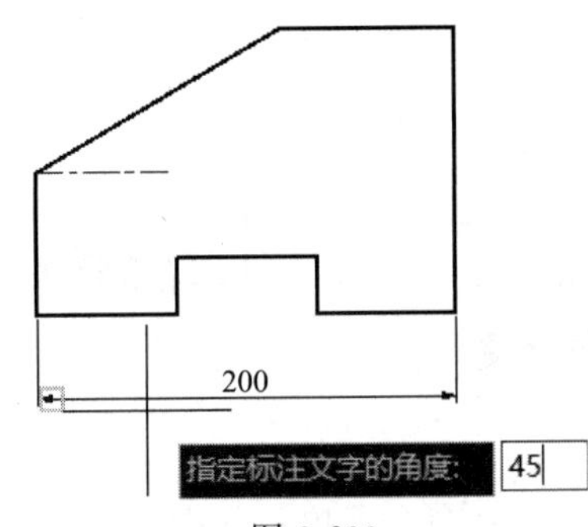

图 9-290

3. 修改标注位置

在“注释”选项卡的“标注”面板中选择“左对正”“居中对正”或“右对正”工具（命令输入为：DIMTEDIT）。根据提示选择标注，完成修改，如图 9-292～图 9-294 所示。

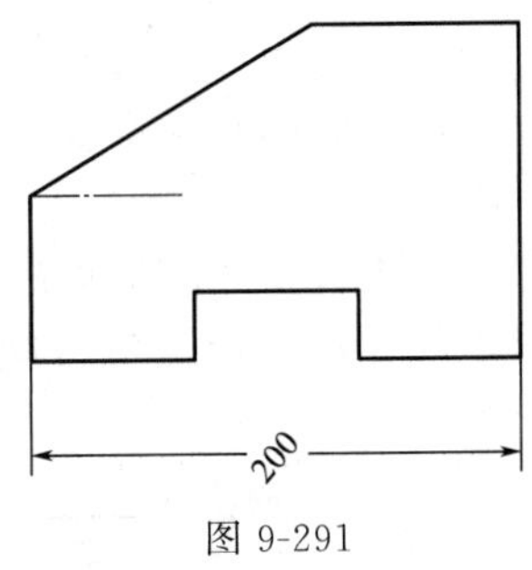

图 9-291

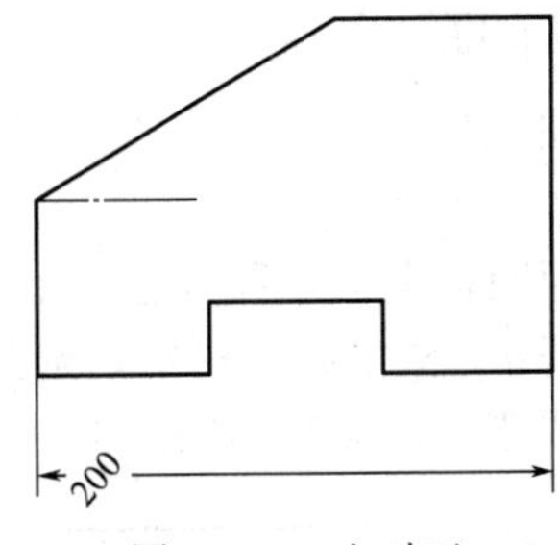

图 9-292　左对正

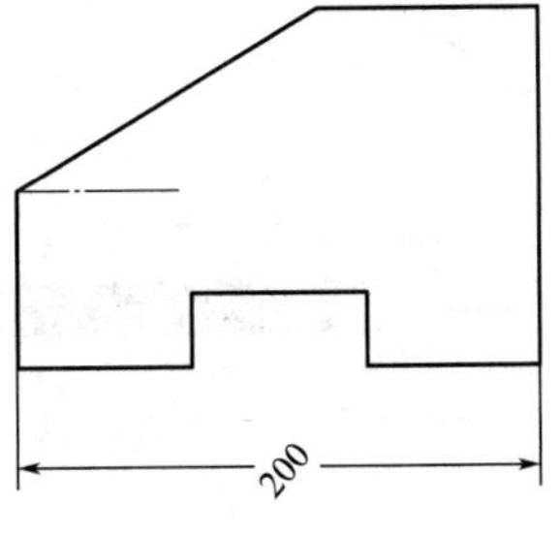

图 9-293　居中对正

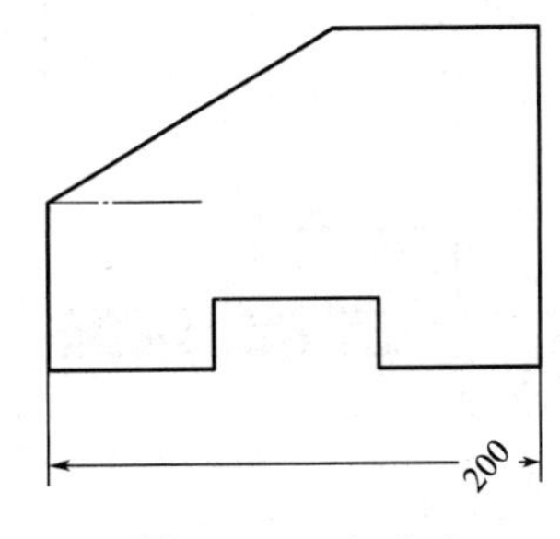

图 9-294　右对正

DIMTEDIT 命令命令行提示如图 9-295 所示。

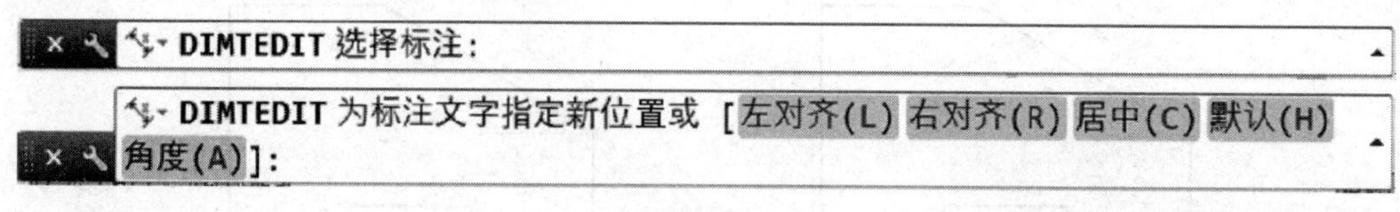

图 9-295

4. 倾斜标注尺寸线

在“注释”选项卡的“标注”面板中选择“倾斜”工具（命令输入为：“DIMEDIT”）。根据提示选择标注，按空格键确定，输入倾斜角度，完成修改，如图 9-296～图 9-298 所示。

图 9-296　　图 9-297　　图 9-298

DIMEDIT 命令命令行提示如图 9-299 所示。

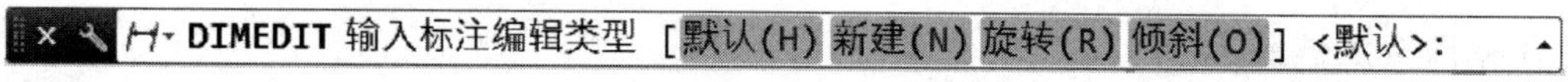

DIMEDIT 输入标注编辑类型 [默认(H) 新建(N) 旋转(R) 倾斜(O)] <默认>:

图 9-299

（二）调整标注间距

调整线性标注或角度标注之间的间距，将平行尺寸线之间的间距将设为相等或在尺寸线处相互对齐。

要调整标注间距，在“注释”选项卡的“标注”面板中选择“调整间距”工具（命令输入为：DIMSPACE）。根据命令提示，选择要调整间距的标注，按空格键确定，按照提示，输入新的间距值或选择自动，如图 9-300～图 9-302 所示。

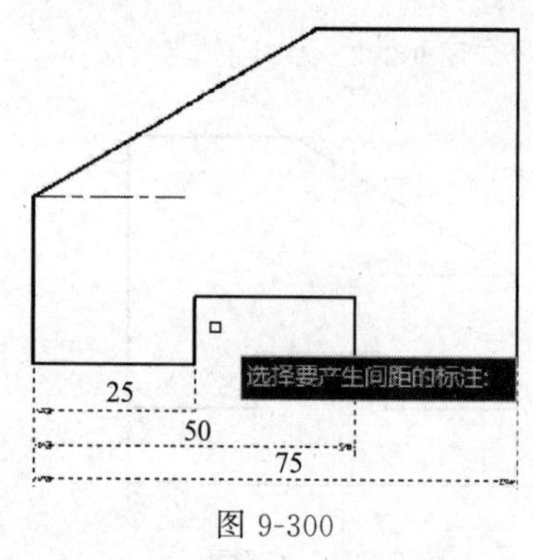

图 9-300

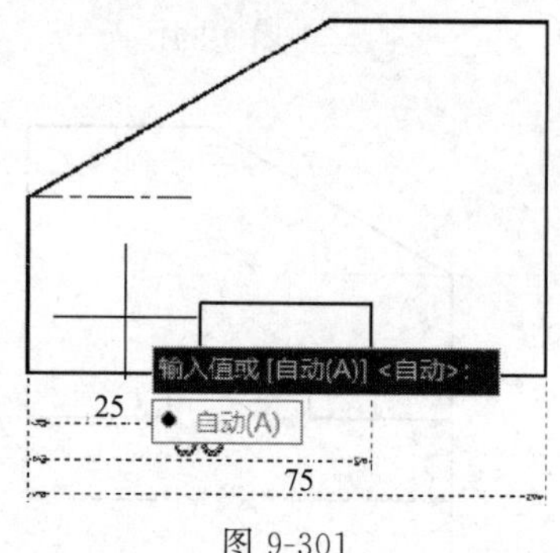

图 9-301

五、引线标注

引线标注用于注释对象信息，从指定位置绘制一条引线，对图形进行标注，对特定对象进行注释说明。可对引线标注进行样式设置，包括引线的形式、箭头的外观、尺寸文字和对齐方式。在“注释”选项卡的“引线”面板中可选择各相关工具，如图 9-303 所示。

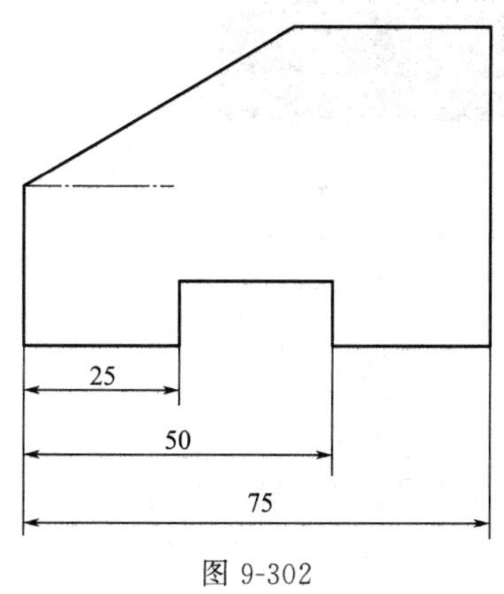

图 9-302

图 9-303

1. 多重引线样式设置

要进行多重引线样式设置可在“注释”选项卡的“引线”面板中单击右下角箭头，打开“多重引线样式管理器”通过新建或修改样式，设置“引线格式”“引线结构”和“内容”。如图 9-304、图 9-305 所示。

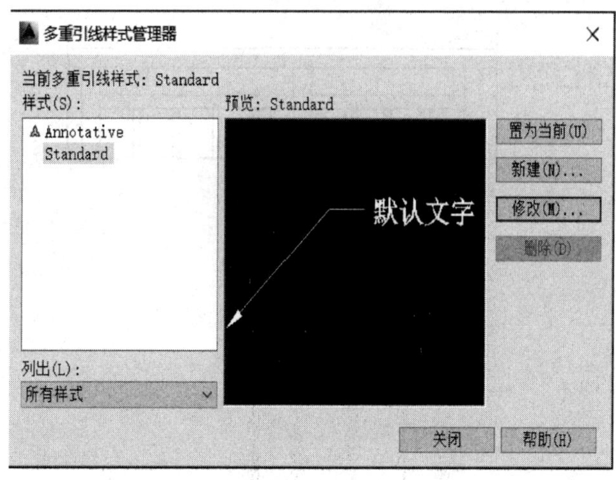

图 9-304

2. 创建多重引线

要创建多重引线，在“注释”选项卡的“引线”面板中选择“多重引线”工具（命令输入为：“MLEADER”）。根据命令提示，指定引线起点和引线方向，并输入注释内容即可。如图 9-306 所示。

在“注释”选项卡的“引线”面板中还可选择“添加引线”“删除引线”“对齐引线”等工具进行修改。

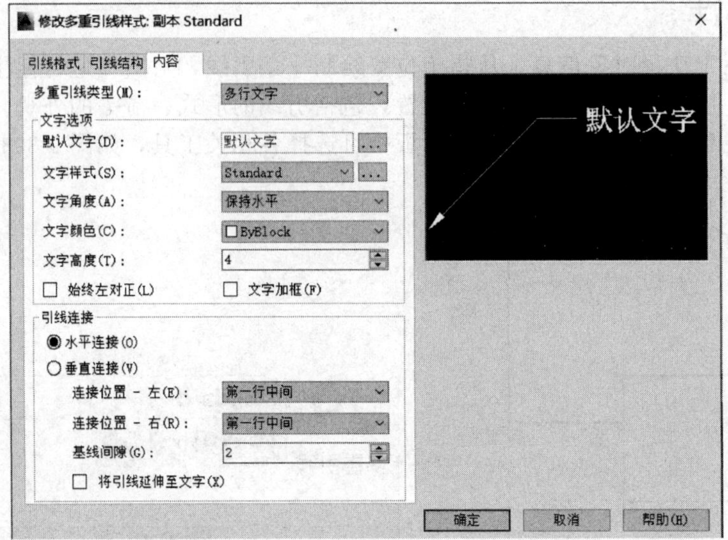
修改多重引线样式: 副本 Standard
引线格式
引线结构
内容
多重引线类型(M):
多行文字
文字选项
默认文字(D):
默认文字
文字样式(S):
Standard
文字角度(A):
保持水平
文字颜色(C):
ByBlock
文字高度(T):
4
始终左对正(L)
文字加框(F)
引线连接
水平连接(O)
垂直连接(V)
连接位置 - 左(E):
第一行中间
连接位置 - 右(R):
第一行中间
基线间隙(G):
2
将引线延伸至文字(X)
默认文字
确定
取消
帮助(H)

图 9-305

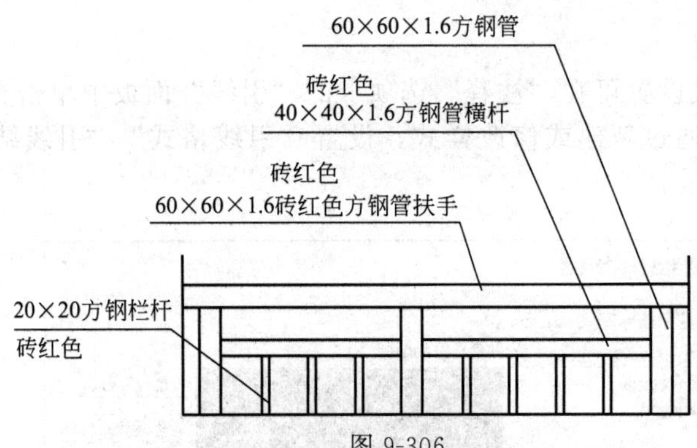
60×60×1.6方钢管
砖红色
40×40×1.6方钢管横杆
砖红色
60×60×1.6砖红色方钢管扶手
20×20方钢栏杆
砖红色

图 9-306

Chapter 10

第十章 建筑施工图

教学提示 本章主要介绍了建筑施工图的内容（包括建筑总平面图、建筑平面图、建筑立面图、建筑剖面图、建筑详图）及其识读和绘制方法。

教学要求 要求学生掌握建筑施工图的阅读方法并且能够正确地利用计算机绘制建筑施工图的方法和技巧。

第一节 概 述

房屋是供人们生活、生产、工作、学习和娱乐的场所，与人们关系密切。将一幢拟建房屋的内外形状和大小，以及各部分的结构、构造、装修、设备等内容，按照“国标”的规定，用正投影方法详细准确地画出的图样，称为“房屋建筑图”。它是用以指导施工的一套图纸，所以称为“施工图”。

一、房屋的基本组成及作用

（1）房屋也称建筑物，按照使用性质，通常可以分为：生产性建筑，即工业建筑和农业建筑（农机及饲养用房等）；非生产性建筑，即民用建筑（居住建筑和公共建筑等）。

① 工业建筑　为生产服务的各类建筑，也可以叫厂房类建筑，如生产车间、辅助车间、动力用房、仓储建筑等。厂房类建筑又可以分为单层厂房和多层厂房两大类。

② 农业建筑　用于农业、畜牧业生产和加工用的建筑，如温室、畜禽饲养场、粮食与饲料加工站、农机修理站等。

③ 民用建筑　按使用功能分为居住建筑、公共建筑。

a. 居住建筑：主要是指提供家庭和集体生活起居用的建筑物，如住宅、公寓、别墅、宿舍。

b. 公共建筑：主要是指提供人们进行各种社会活动的建筑物，如机关、企事业单位的办公楼、学校、图书馆、文化宫等。

(2) 按照建筑的规模与数量不同可分为大量性建筑和大型性建筑。

① 大量性建筑　指建筑规模不大，但修建数量多的、与人们生活密切相关的、分布面广的建筑，如住宅、中小学校、医院、中小型影剧院、中小型工厂等。

② 大型性建筑　指规模大、耗资多的建筑。如大型体育馆、大型影剧院、航空港、火车站、博物馆、大型工厂等。

(3) 按照建筑的层数（高度）可分为低层建筑、多层建筑、高层建筑、超高层建筑。

① 低层建筑　一般指 1～2 层建筑（住宅：1～3 层）。

② 多层建筑　指 3～6 层建筑（住宅：4～6 层，7～9 层为中高层）。

③ 高层建筑　指 10 层及 10 层以上的住宅建筑及建筑总高度超过 24m 的公共建筑（不包括建筑高度超过 24m 的单层建筑）。

④ 超高层建筑　建筑物高度超过 100m 时，不论住宅或者公共建筑均为超高层。

(4) 按照建筑主要承重结构材料可分为木结构建筑、砖木结构建筑、砖混结构建筑、钢筋混凝土结构建筑、钢结构建筑、其他结构建筑。

(5) 按建筑的结构承重方式可分为墙体承重结构、骨架结构和空间结构等几种。

各类建筑包括民用建筑、工业建筑或农业建筑，虽然它们的使用要求、空间造型、规模的大小等各不相同，但是其构成的主要部分大致是相同的，起支撑荷载作用的基础、墙、柱、梁、楼板等，起交通作用的楼梯、台阶、走廊等，起通风采光功能的门、窗等，起排水作用的檐沟、散水、雨水管等，起保温隔热、防水作用的屋面，起保护墙身作用的防潮层、勒脚等。为了能看懂和绘制建筑施工图，首先要了解建筑物各部分的组成名称及其作用。如图 10-1 所示为某学校教职工公共租赁住房（简称公租房）。楼房层的名称是自下往上数，分为第一层（习惯称底层或首层）、第二层、第三层、第四层等。从图中可知这幢建筑由基础、墙体（或柱）、楼面、地面、楼梯、屋面、门窗等部分组成，它们在所处的部位发挥着各自的作用。

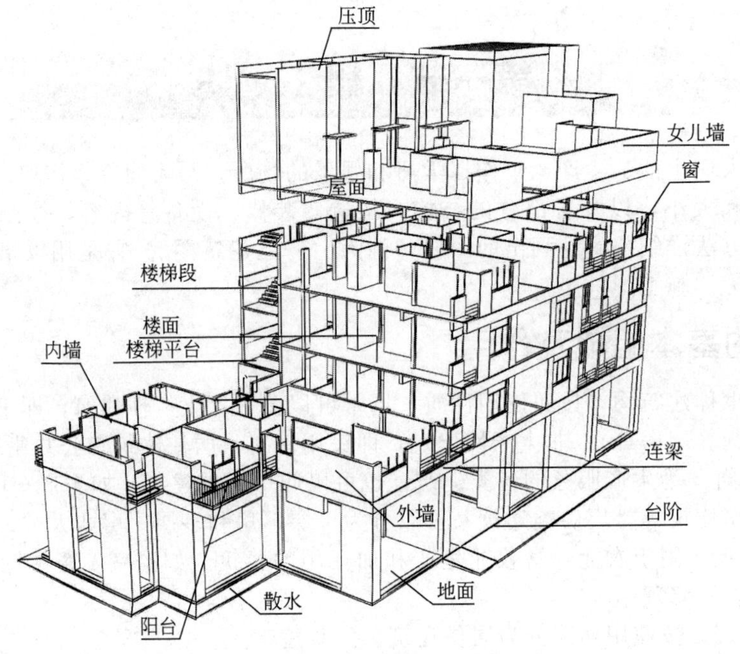

图 10-1　房屋的组成部分

① 基础　基础是一幢建筑物最下部的承重构件，它承受整个建筑物的全部荷载，并且将它们传递给地基（即基础底面承受基础荷载的土壤层）。这里需要注意的是地基与基础的区别。

② 墙体和柱　墙是建筑物重要的竖向承重构件。建筑物的墙按其所在的位置可分为外墙与内墙。外墙是指位于建筑物四周的墙体，它承受荷载的同时起着围护、防风、防雨、防雪以及保温、隔热、隔声的作用；内墙是指位于建筑物内部的墙体，它们主要起着分隔建筑物内部空间与承受荷载的作用。建筑物的墙体按其是否承重又可分为承重墙与非承重墙。另外，沿着建筑物长轴方向布置的墙体称为纵墙，沿着建筑物短轴方向布置的墙体称为横墙。

建筑物中的柱子主要用来承担荷载（主要为竖向荷载，有时也承担弯矩），为了满足构造需要也常常设置构造柱。

③ 楼面与地面　楼面与地面是建筑物中水平方向的承重构件，同时它们将建筑物内部空间分成若干层。楼面是指二层以上各层的水平分隔与承重构件，地面是指第一层使用的水平部分，它承受底层荷载。

④ 楼梯　楼梯是建筑物中连接相邻两层的垂直交通设施，作为上下楼层与紧急疏散之用。它由楼梯段、平台、栏杆（栏板）和扶手组成。

⑤ 屋面　屋面是建筑物顶部的围护和承重构件，它也起着防止外部侵蚀、隔热等作用。它由屋面板、隔热层和防水层等组成。

⑥ 门、窗　门是建筑物主要的室内外交通和疏散工具，也具有通风、分隔房间的作用。窗具有通风、采光、隔声的作用。门和窗均属非承重构件。

二、施工图分类

建造一幢房屋从设计到施工，要由许多专业、许多工种共同配合来完成。按专业分工的不同，施工图可分为以下几种。

1. 建筑施工图

建筑施工图，简称“建施”，用符号“J”编号。建筑施工图是表示建筑物的规划位置、总体布局、外部造型、内部布置、内外装修、细部构造、内外装饰等施工要求的图样。建筑施工图是房屋施工和预算的主要依据，一般包括图纸目录、总平面图、建筑设计说明、建筑平面图、建筑立面图、建筑剖面图、建筑详图等。能看懂建筑施工图，掌握它的内容和要求，是搞好施工的前提条件。

2. 结构施工图

结构施工图，简称“结施”，用符号“G”编号。结构施工图是表示建筑物的结构类型、各承重构件的布局情况、类型尺寸、构造做法等施工要求的图纸，它包括结构布置图和构件详图。结构施工图一般包括结构设计说明、基础平面图及基础详图、楼层结构平面图、屋面结构平面图、结构构件详图等。结构施工图是影响房屋使用寿命、质量好坏的重要图纸，施工时要格外仔细。

3. 设备施工图

设备施工图，简称“设施”，主要表示各种设备、管道和线路的布置、走向以及安装施工要求等。设备施工图是表示房屋所安装设备的布置情况的图纸，它包括：给水排水施工图，简称“水施”，用符号“S”编号；采暖通风施工图，简称“暖施”，用符号“N”编号；电气施工图，用符号“D”编号。设备施工图一般由表示管线的水平方向布置情况的平面布置图、表示管线竖向布置情况的系统轴测图、表示安装情况的安装详图等组成。

4. 装饰施工图

装饰施工图表示空间布置与装饰构造以及造型、饰面、尺度、选材等，并准确体现装饰工程施工方案和方法的图纸。一套完整的建筑装饰施工图有装饰平面图、装饰立面图、装饰详图、家具轴测图等。

工程图纸应按专业顺序编排。应为图纸目录、总图、建筑图、结构图、给水排水图、暖通空调图、电气图和装饰图等。各专业的图纸，应按图纸内容的主次关系、逻辑关系进行分类排序。各专业施工图的编制顺序为全局性的图纸在前面，局部性的图纸在后面；基本图在前，详图在后；主要部分在前，次要部分在后；先施工的图纸在前面，后施工的图纸在后面。

三、建筑施工图的作用及图示方法

建筑施工图是为了满足建设部门的使用功能需要而设计的施工图样，是编制施工图预算、房屋定位放线、砌筑墙体、固定设施安装以及室内外装修等的依据。建筑施工图按三面正投影图的形成原理绘制，选用适当的比例，用不同的线型、线宽绘制不同的内容，并结合多种图例、符号表达，最终作出尺寸标注与文字注写的过程。需要注意的是图样应符合正投影的规律，尺寸标注要详细、准确，以便于指导施工。

建筑施工图采用缩小的比例绘制，在绘制建筑物时，通常根据表达内容的需要、所绘对象的尺寸或图纸大小等综合因素选定一个绘图比例。常用的绘图比例可参考表10-1，同一图纸上的图形最好采用相同比例绘制。房屋施工图图例、符号应严格按照国家标准绘制。

为了便于施工图的阅读，在绘制时应选用不同的线型、线宽绘制不同的内容，以突出重点，使整个图纸看起来层次分明、主次得当。线型与线宽的选用见表1-3、表1-4。

表10-1　常用绘图比例

图　　名	常用绘图比例
总平面图	1∶500,1∶1000,1∶2000
平面图、立面图、剖面图	1∶50,1∶100,1∶200
次要平面图	1∶300,1∶400
详图	1∶1,1∶2,1∶5,1∶10,1∶20,1∶25,1∶50

四、施工图中常用的图例、符号

1. 定位轴线

定位轴线用来确定房屋主要承重构件位置及标注尺寸的基线。定位轴线应用细单点长画线绘制，定位轴线应编号，编号应注写在轴线端部的圆内。圆应用细实线绘制，直径为8～10mm。定位轴线圆的圆心应在定位轴线的延长线或延长线的折线上。

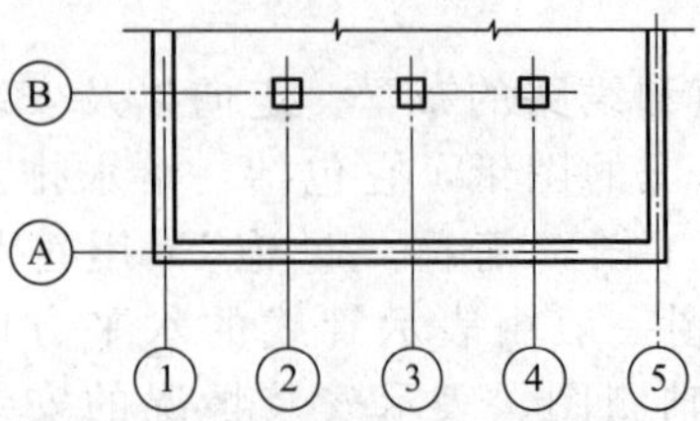

除较复杂需采用分区编号或圆形、折线形外，一般平面上定位轴线的编号，宜标注在图样的下方或左侧。横向编号应用阿拉伯数字，从左至右顺序编写；竖向编号应用大写拉丁字母，从下至上顺序编写，如图10-2所示。拉丁字母作为轴线号时，应全部采用大写字母，不应用同一

图10-2　定位轴线的编号顺序

个字母的大小写来区分轴线号。拉丁字母的 I、O、Z 不得用作轴线编号。当字母数量不够使用时，可增用双字母或单字母加数字注脚。

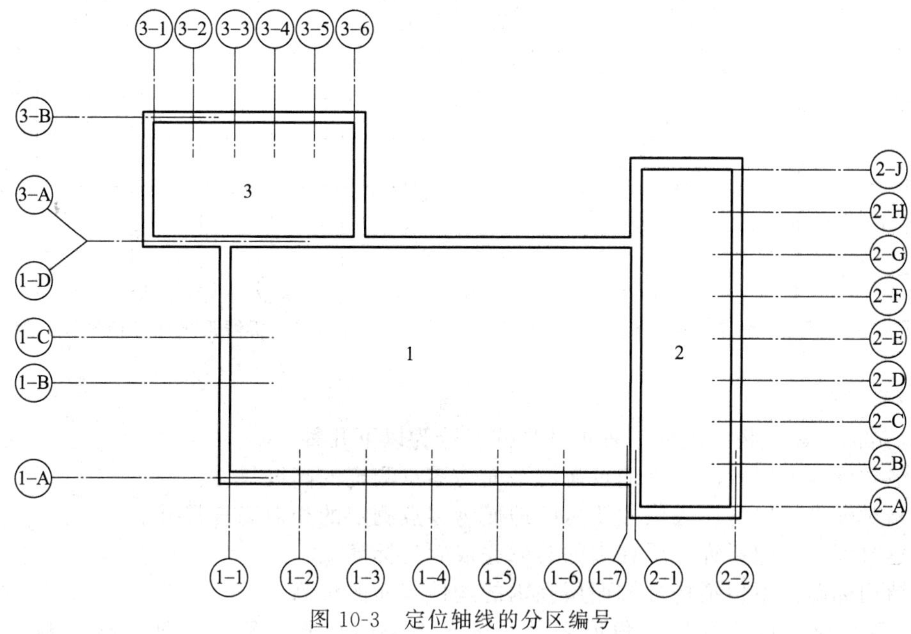

图 10-3　定位轴线的分区编号

组合较复杂的平面图中定位轴线也可采用分区编号，如图 10-3 所示。编号的注写形式应为“分区号—该分区编号”。“分区号—该分区编号”采用阿拉伯数字或大写拉丁字母表示。

附加定位轴线的编号，应以分数形式表示，并应符合下列规定：

(1) 两根轴线之间的附加轴线，应以分母表示前一轴线的编号，分子表示附加轴线的编号。编号宜用阿拉伯数字顺序编写。

(2) 1 号轴线或 A 号轴线之前的附加轴线的分母应以 01 或 0A 表示。

一个详图适用于几根轴线时，应同时注明各有关轴线的编号，如图 10-4 所示。

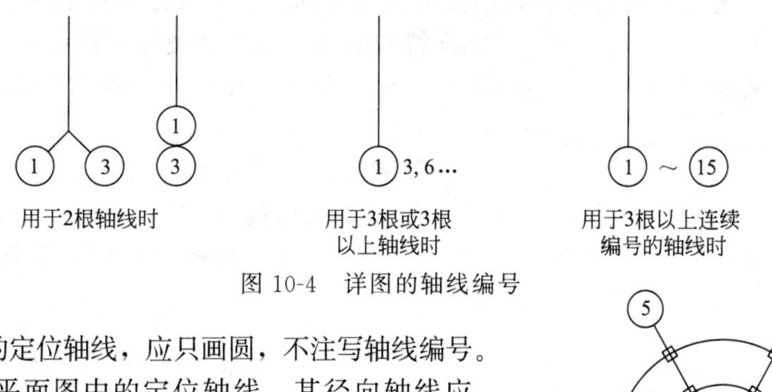

图 10-4　详图的轴线编号

通用详图中的定位轴线，应只画圆，不注写轴线编号。

圆形与弧形平面图中的定位轴线，其径向轴线应以角度进行定位，其编号宜用阿拉伯数字表示，从左下角或 −90°（若径向轴线很密，角度间隔很小）开始，按逆时针顺序编写；其环向轴线宜用大写拉丁字母表示，从外向内顺序编写，如图 10-5、图 10-6 所示。折线形平面图中定位轴线的编号可按图 10-7 所示的形式编写。

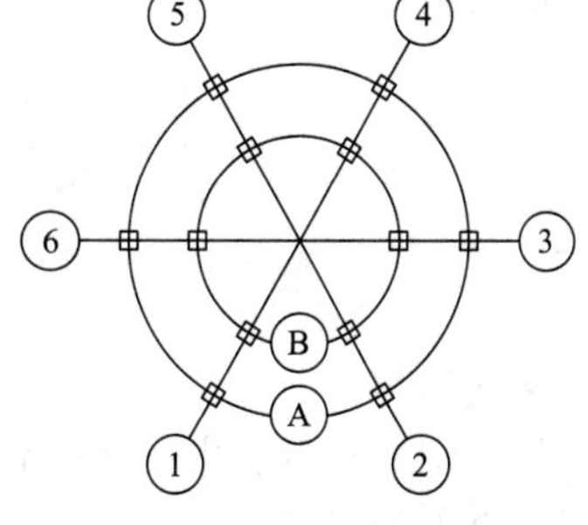

图 10-5　圆形平面定位轴线的编号

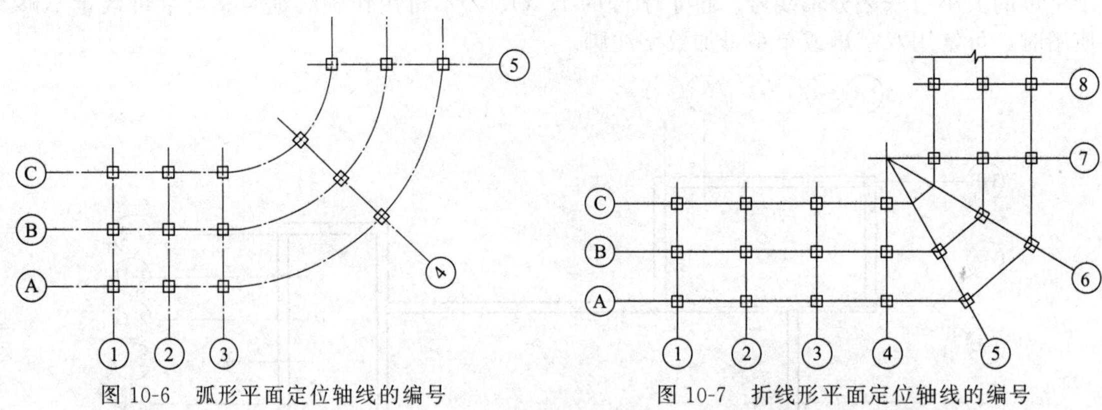

图 10-6　弧形平面定位轴线的编号　　　图 10-7　折线形平面定位轴线的编号

2. 标高符号

标高是标注建筑物高度的一种尺寸形式。分为以下几种：

① 绝对标高　以青岛市外的黄海海平面为零点测定的高度尺寸。

② 相对标高　以房屋底层主要房间地面为零点测定的相对高度尺寸。

③ 建筑标高　包括饰面层在内的装修完成后的标高。

④ 结构标高　不包括构件饰面层在内的构件表面的标高。

标高符号应以直角等腰三角形表示，按图 10-8(a) 所示形式用细实线绘制，如标注位置不够，也可按图 10-8(b) 所示形式绘制。标高符号的具体画法如图 10-8(c)、(d) 所示。

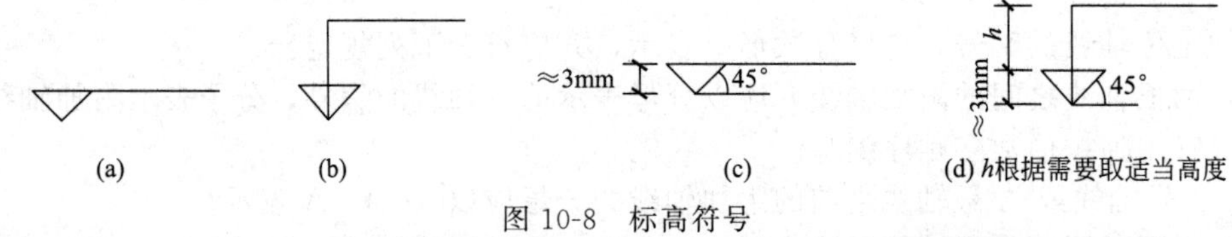

图 10-8　标高符号

总平面图室外地坪标高符号，宜用涂黑的三角形表示，具体画法如图 10-9 所示。

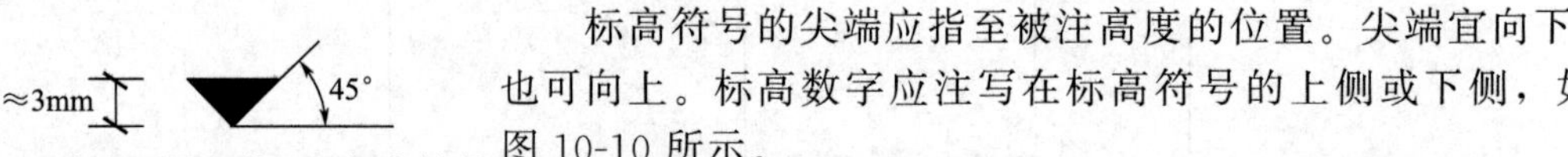

图 10-9　总平面图室外地坪标高符号

标高符号的尖端应指至被注高度的位置。尖端宜向下，也可向上。标高数字应注写在标高符号的上侧或下侧，如图 10-10 所示。

标高数字应以米为单位，注写到小数点以后第三位。在总平面图中，可注写到小数点以后第二位。零点标高应注写成±0.000，正数标高不注“+”，负数标高应注“-”，例如 3.000、-0.600。在图样的同一位置需表示几个不同标高时，标高数字可按图 10-11 的形式注写。

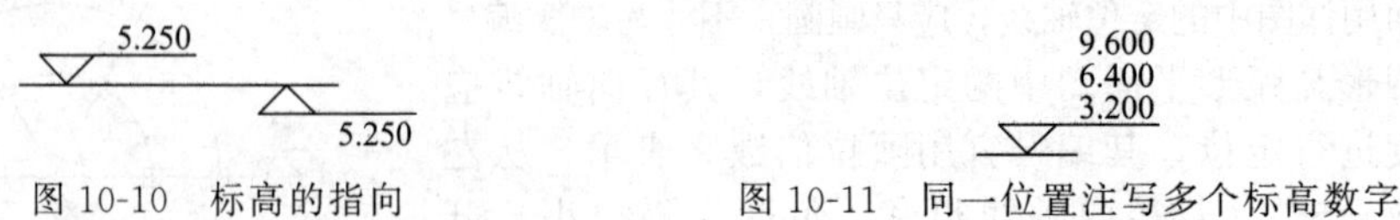

图 10-10　标高的指向　　　图 10-11　同一位置注写多个标高数字

3. 剖切符号

剖视的剖切符号应由剖切位置线及剖视方向线组成，均应以粗实线绘制。剖视的剖切符号应符合下列规定：

（1）剖切位置线的长度宜为 6～10mm；剖视方向线应垂直于剖切位置线，长度应短于剖切位置线，宜为 4～6mm，如图 10-12 所示，也可采用国际统一和常用的剖视方法，如图 10-13 所示。绘制时，剖视剖切符号不应与其他图线相接触。

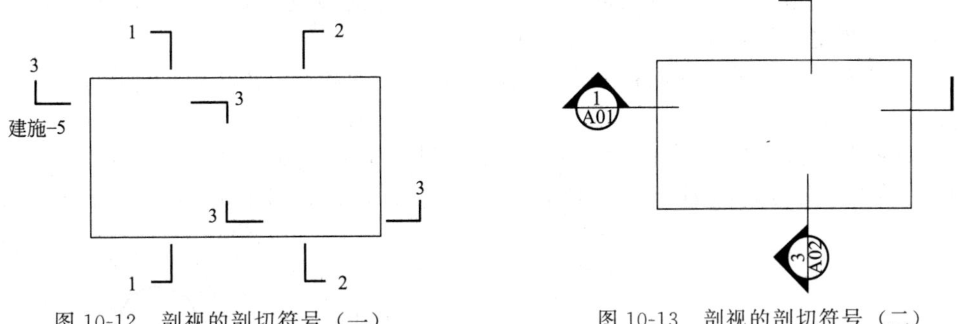

图 10-12　剖视的剖切符号（一）　　图 10-13　剖视的剖切符号（二）

（2）剖视剖切符号的编号宜采用粗阿拉伯数字，按剖切顺序由左至右、由下向上连续编排，并应注写在剖视方向线的端部。

（3）需要转折的剖切位置线，应在转角的外侧加注与该符号相同的编号。并应注写在剖视方向线的端部。

（4）建（构）筑物剖面图的剖切符号应注在±0.000 标高的平面图或首层平面图上。

（5）局部剖面图（不含首层）的剖切符号应注在包含剖切部位的最下面一层的平面图上。

4. 索引符号与详图符号

图样中的某一局部或构件，如需另见详图，应以索引符号索引，如图 10-14(a) 所示。索引符号由直径为 8～10mm 的圆和水平直径组成，圆及水平直径应以细实线绘制。索引符号应按下列规定编写：

（1）索引出的详图，如与被索引的详图同在一张图纸内，应在索引符号的上半圆中用阿拉伯数字注明该详图的编号，并在下半圆中间画一段水平细实线，如图 10-14(b) 所示。

（2）索引出的详图，如与被索引的详图不在同一张图纸内，应在索引符号的上半圆中用阿拉伯数字注明该详图的编号，在索引符号的下半圆用阿拉伯数字注明该详图所在图纸的编号，如图 10-14(c) 所示。数字较多时，可加文字标注。

（3）索引出的详图，如采用标准图，应在索引符号水平直径的延长线上加注该标准图册的编号，如图 10-14(d) 所示。需要标注比例时，文字在索引符号右侧或延长线下方，与符号下对齐。

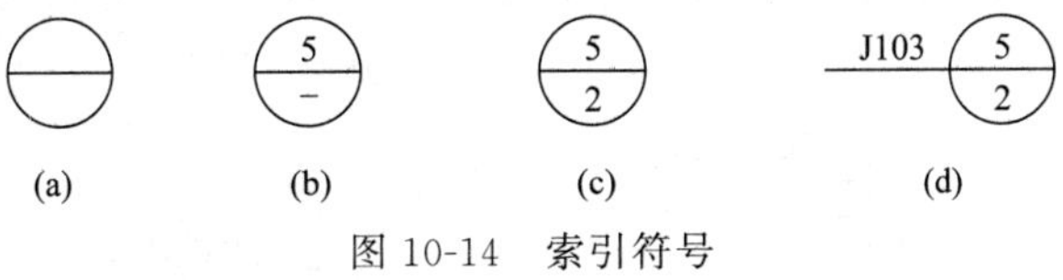

图 10-14　索引符号

索引符号如用于索引剖视详图，应在被剖切的部位绘制剖切位置线，并以引出线引出索引符号，引出线所在的一侧应为剖视方向，如图 10-15 所示。

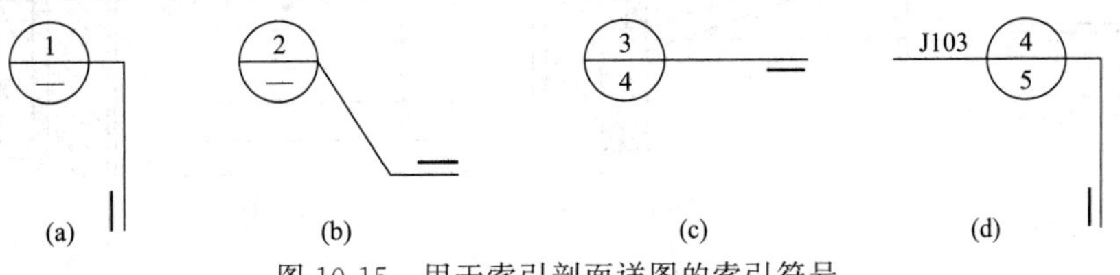

图 10-15　用于索引剖面详图的索引符号

零件、钢筋、杆件、设备等的编号直径宜以 5～6mm 的细实线圆表示，同一图样应保持一致，其编号应用阿拉伯数字按顺序编写，如图 10-16 所示。消火栓、配电箱、管井等的索引符号，直径宜以 4～6mm 为宜。

详图的位置和编号，应以详图符号表示。详图符号的圆应以直径为 14mm 粗实线绘制。详图应按下列规定编号：

(1) 详图与被索引的图样同在一张图纸内时，应在详图符号内用阿拉伯数字注明详图的编号，如图 10-17(a) 所示。

(2) 详图与被索引的图样不在同一张图纸内时，应用细实线在详图符号内画一水平直径，在上半圆中注明详图编号，在下半圆中注明被索引的图纸的编号，如图 10-17(b) 所示。

图 10-16　零件、钢筋等的编号　　图 10-17　详图符号

5. 引出线

引出线应以细实线绘制，宜采用水平方向的直线，与水平方向成 30°、45°、60°、90°的直线，或经上述角度再折为水平线。文字说明宜注写在水平线的上方，如图 10-18(a) 所示，也可注写在水平线的端部，如图 10-18(b) 所示。索引详图的引出线，应与水平直径线相连接，如图 10-18(c) 所示。同时引出的几个相同部分的引出线，宜互相平行，如图 10-19(a) 所示，也可画成集中于一点的放射线，如图 10-19(b) 所示。

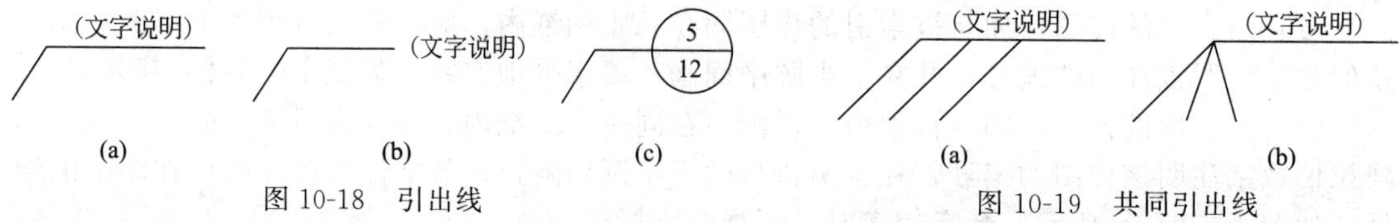

图 10-18　引出线　　图 10-19　共同引出线

多层构造或多层管道共用引出线，应通过被引出的各层，并用圆点示意对应各层次。文字说明宜注写在水平线的上方，或注写在水平线的端部，说明的顺序应由上至下，并应与被说明的层次对应一致；如层次为横向排序，则由上至下的说明顺序应与由左至右的层次对应一致，如图 10-20 所示。

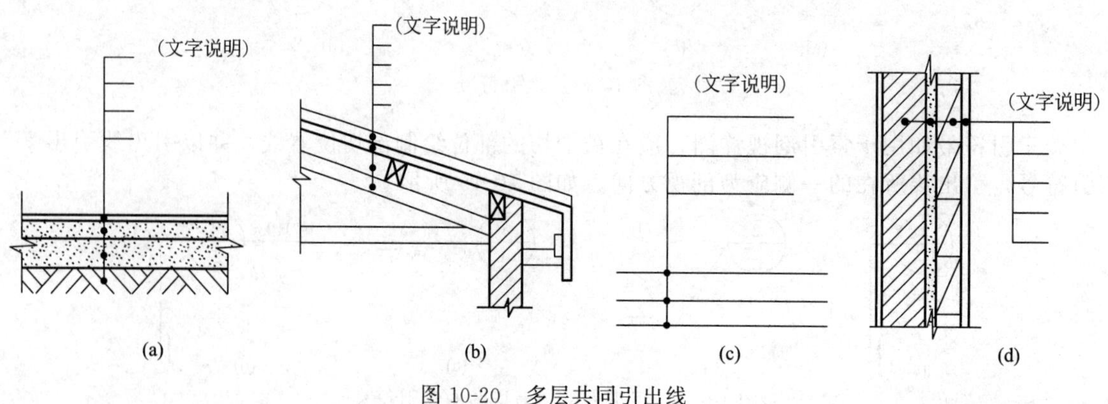

图 10-20　多层共同引出线

6. 其他符号

对称符号由对称线和两端的两对平行线组成。对称线用细单点长画线绘制；平行线用细实线绘制，其长度宜为 6～10mm，每对的间距宜为 2～3mm；对称线垂直平分于两对平行线，两端超出平行线宜为 2～3mm，如图 10-21 所示。

连接符号应以折断线表示需连接的部位。两部位相距过远时，折断线两端靠图样一侧应标注大写拉丁字母表示连接编号。两个被连接的图样应用相同的字母编号，如图 10-22 所示。

指北针的形状符合图 10-23 的规定，其圆的直径宜为 24mm，用细实线绘制；指针尾部的宽度宜为 3mm，指针头部应注“北”或“N”字。需用较大直径绘制指北针时，指针尾部的宽度宜为直径的 1/8。对图纸中局部变更部分宜采用云线，并宜注明修改版次，如图 10-24 所示。

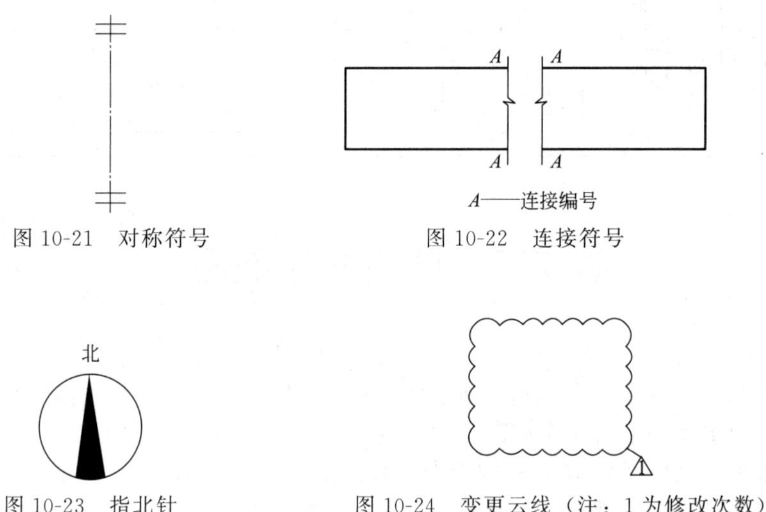

图 10-21　对称符号

图 10-22　连接符号

图 10-23　指北针

图 10-24　变更云线（注：1 为修改次数）

7. 图形折断符号

(1) 直线折断　当图形采用直线折断时，其折断符号为折断线，它经过被折断的图面，如图 10-25(a) 所示。

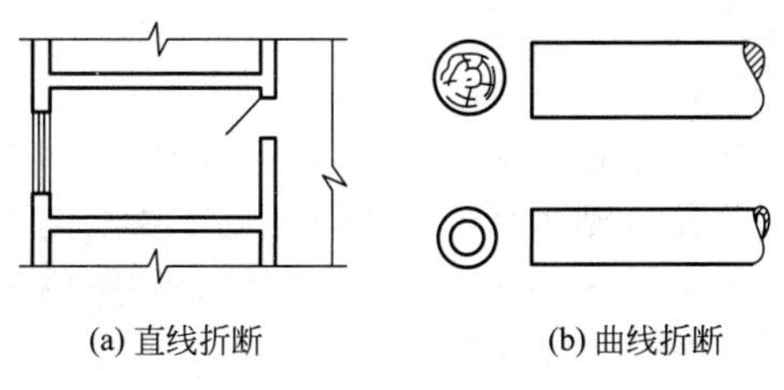

(a) 直线折断　(b) 曲线折断

图 10-25　图形的折断

(2) 曲线折断　对圆形构件的图形折断，其折断符号为曲线。如图 10-25(b) 所示。

8. 常用建筑图例

为了方便、准确地表达某些常用的图形内容，绘图时要使用各种图例见表 10-2。

表 10-2 常用的建筑图例、符号

名称	图例	名称	图例	名称	图例	名称	图例
单扇门		推拉门		固定窗		推拉窗	
通风道		烟道		坑槽		孔洞	
楼梯平面图	下 上 底层		下 上 中间层 下 顶层	座便器		水池	
				墙预留洞	宽×高或ϕ 底(顶或中心)标高×××××		

第二节 建筑总平面图

建筑总平面图，简称总平面图或总图，将新建工程四周一定范围内的新建、拟建、原有和拆除的建筑物、构筑物连同其周围的地形、地物状况用水平投影方法和相应的图例所画出的图样。

建筑总平面图主要表示新建房屋的位置、朝向、与原有建筑物的关系，以及周围道路、绿化和给水、排水、供电条件等方面的情况，建筑总平面图是新建房屋施工定位、土方施工、设备管网平面布置，安排在施工时进入现场的材料和构件、配件堆放场地、构件预制的场地以及运输道路的依据。

一、图示内容及方法

总平面图主要表明建筑区域的总体布局和新建房屋的位置及与周围地形、地物的关系，其主要内容如下：

(1) 图名、比例。总平面图由于绘制的区域范围较大，所以常选用较小的比例，如1∶500、1∶1000、1∶2000、1∶5000等。

(2) 新建建筑所处的地形。如地形变化较大，应画出相应的等高线。

在总平面图中，有时为了表示规划区域的地势变化需要绘制等高线，等高线的高程就是绝对标高；为了表示拟建建筑物所在位置的高度会标出底层室内地面的绝对标高。相对标高主要应用于平面图、立面图、剖面图及详图中。

(3) 新建建筑的具体位置。在总平面图中应详细地表达出新建建筑的定位方式。在总平面图中新建建筑的定位方式有三种：①利用新建建筑物和原有建筑物之间的距离定位；②利用施工坐标确定新建建筑物的位置；③利用新建建筑物与周围道路之间的距离确定其位置。

(4) 注明新建房屋底层室内地面和室外整平地面的绝对标高。

(5) 相邻有关建筑、拆除建筑的大小、位置或范围。

(6) 附近的地形、地物等，如道路、河流、水沟、池塘、土坡等。应注明道路的起点、变坡、转折点、终点以及道路中心线的标高、坡向的箭头。

（7）指北针或风向频率玫瑰图。在总平面图中通常画有带指北针的风向频率玫瑰图（风玫瑰），用来表示该地区常年的风向频率和房屋的朝向，如图 10-26 所示。

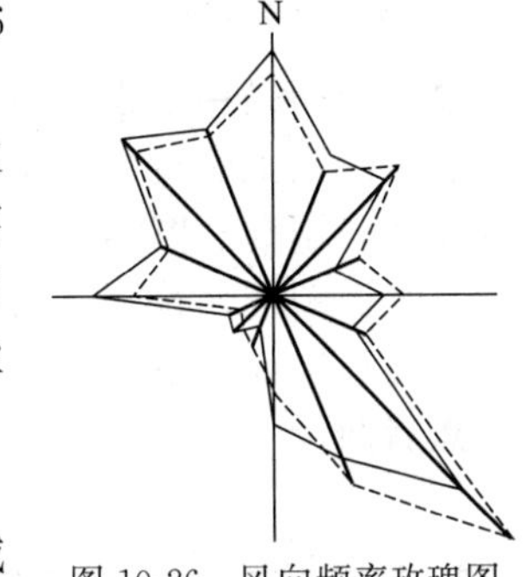

图 10-26　风向频率玫瑰图

风向频率玫瑰图是根据当地多年平均统计的各个方向吹风次数的百分数，按一定比例绘制的，风的吹向指从外吹向中心。实线表示全年风向频率，虚线表示按 7、8、9 月三个月统计的风向频率。明确风向有助于建筑构造的选用及材料的堆场，如有粉尘污染的材料应堆放在下风位，如熬沥青或淋石灰。

（8）绿化规划和给排水、采暖管道和电线布置等。

总平面图按照水平投影方法绘制，具体内容包括：一定区域范围内拟建、原有和拆除的建筑物、构筑物的位置、朝向及其周围的环境（道路交通、绿化、地形、地貌、标高等）。总图制图，图线的宽度 b 应根据图纸功能、图样的复杂程度和比例，按表 10-3 规定的线型选用，摘自《总图制图标准》（GB/T 50103—2010）。

表 10-3　总图图线

名称		线型	线宽	用途
实线	粗		b	1. 新建建筑物±0.000 高度的可见轮廓线 2. 新建的铁路、管线
	中		0.7b 0.5b	1. 新建构筑物、道路、桥涵、边坡、围墙、运输设施的可见轮廓线 2. 原有标准轨距铁路
	细		0.25b	1. 新建建筑物±0.000 高度以上的可见建筑物、构筑物轮廓线 2. 原有建筑物、构筑物、原有窄轨、铁路、道路、桥涵、围墙的可见轮廓线 3. 新建人行道、排水沟、坐标线、尺寸线、等高线
虚线	粗		b	新建建筑物、构筑物地下轮廓线
	中		0.5b	计划预留扩建建筑物、构筑物、铁路、道路、运输设施、管线、建筑红线及预留用地各线
	细		0.25b	原有建筑物、构筑物、管线的地下轮廓线
单点长画线	粗		b	露天矿开采边界线
	中		0.5b	土方填挖区的零点线
	细		0.25b	分水线、中心线、对称线、定位轴线
双点长画线			b	用地红线
			0.7b	地下开采区塌落界线
			0.5b	建筑红线
折断线			0.5b	断线
不规则曲线			0.5b	新建人工水体轮廓线

注：应根据图样中所表示的不同重点，确定不同的粗细线型。例如，绘制总平面图时，新建建筑物采用粗实线，其他部分采用中线和细线；绘制管线综合图或铁路图时，管线、铁路采用粗实线。

二、阅读图例

总平面图是用正投影的原理绘制的，由于图样的比例较小，许多物体不能按原状画出，故在总平面图上建筑物以及周围的道路、桥梁、绿化等图形主要以图例的形式表示，总平面图的图例采用《总图制图标准》（GB/T 50103—2010）规定的图例，表 10-4 所示是部分常用的总平面图图例符号，画图时应严格执行该图例符号，如图中采用的图例不是标准中的图例，应在总平面图下面说明。总平面图的坐标、标高、距离以“m”为单位，并应至少取至小数点后两位。

表 10-4　总平面图图例（部分）

序号	名称	图例	备注
1	新建建筑物	X= Y= ① 12F/2D H=59.00m	1. 新建建筑物以粗实线表示与室外地坪相接处±0.000 外墙定位轮廓线 2. 建筑物一般以±0.000 高度处的外墙定位轴线交叉点坐标定位。轴线用细实线表示，并标明轴线号 3. 根据不同设计阶段标注建筑编号，地上、地下层数，建筑高度，建筑出入口位置（两种表示方法均可，但同一图纸采用一种表示方法） 4. 地下建筑物以粗虚线表示其轮廓 5. 建筑物上部（±0.000 以上）外挑建筑用细实线表示 6. 建筑物上部连廊用细虚线表示并标注位置
2	原有建筑物		用细实线表示
3	计划扩建的预留地或建筑物		用中粗虚线表示
4	拆除的建筑物		用细实线表示
5	建筑物下面的通道		
6	铺砌场地		
7	围墙及大门		
8	挡土墙	5.00 1.50	1. 被挡土在“突出”的一侧 2. 挡土墙根据不同设计阶段的需要标注 墙顶标高 墙底标高

续表

序号	名称	图例	备注
9	坐标	1. X=105.00 Y=425.00 2. A=105.00 B=425.00	1. 上图表示地形测量坐标系 2. 下图表示自设坐标系，坐标数字平行建筑标注
10	方格网交叉点标高	-0.50 77.85 78.35	“78.35”为原地面标高 “77.85”为设计标高 “－0.50”为施工高度 “－”表示挖方(“＋”表示填方)
11	填挖边坡		
12	地表排水方向		
13	室内地坪标高	151.00 (±0.00)	数字平行建筑书写
14	室外地坪标高	143.00	室外标高也可采用等高线
15	新建的道路	R=6.00 0.30% 100.00 107.50	“R＝6.00”表示道路转弯半径 “107.50”为道路中心线交叉点设计标高，两种表示方法均可，同一图纸采用一种方式表示 “100.00”为变坡点之间距离 “0.30%”表示道路坡度，→表示坡向
16	原有道路		
17	计划扩建的道路		
18	拆除的道路		
19	桥梁		1. 上图为公路桥，下图为铁路桥 2. 用于旱桥时应注明
20	落叶针叶乔木		
21	常绿阔叶灌木		

续表

序号	名称	图例	备注
22	草坪	1. 2. 3.	1. 草坪 2. 表示自然草坪 3. 表示人工草坪
23	指北针	北	1. 用于建筑总平面图及底层平面图，表明建筑物的朝向 2. 圆圈直径宜为 24mm，用细实线绘制，指针尾部宽度约为直径的 1/8，指针头部注写“北”或“N”
24	风向频率玫瑰图 （简称“风玫瑰图”）	北	1. 根据某地区多年平均统计的各个方向吹风次数的百分数值，按照一定比例绘制。风吹方向是指从外吹向地区中心 2. 实线表示常年风向频率，虚线表示夏季（7、8、9 月份）风向频率 3. 风玫瑰图也可以指示正北方向

三、总平面图读图举例

总平面图的识读包括如下步骤和内容：

（1）查阅图标，了解工程项目名称、工程性质、图名、图号及绘图比例。

（2）了解用地范围。

（3）了解工程的性质、地形地貌及周围环境情况。

（4）了解新建房屋的平面位置和定位依据。

（5）了解新建房屋的层数和底层室内外地面标高。

（6）了解新建房屋的朝向和该地区的主要风向。

（7）了解道路交通和管线布置情况。

（8）了解计划扩建或拆除房屋的具体位置和数量。

（9）了解土方挖填平衡情况。

（10）了解绿化、美化要求和布置情况。

因为工程的规模和性质不同，总平面图的阅读繁简不一，以上只列出相关读图的要点。

图 10-27(a) 为某学校教师公租房总平面，为便于观察，请看下面局部图，如图 10-27(b) 所示。

（1）看图名、比例、图例及相关说明。

本图为总平面图，比例为 1∶2000，图中所用到的图例参照总平面图中图例说明与表 10-4。

（2）了解新建建筑物位置、朝向及规划区域的地形地貌及周围区域的环境。

由图例知：新建建筑物为 1～3 号公租房。以 2 号公租房为例，其位于北面教学楼东侧，朝向为南北朝向，该建筑物共 18 层。同时，可以读出它与周围建筑物的位置关系（距离、

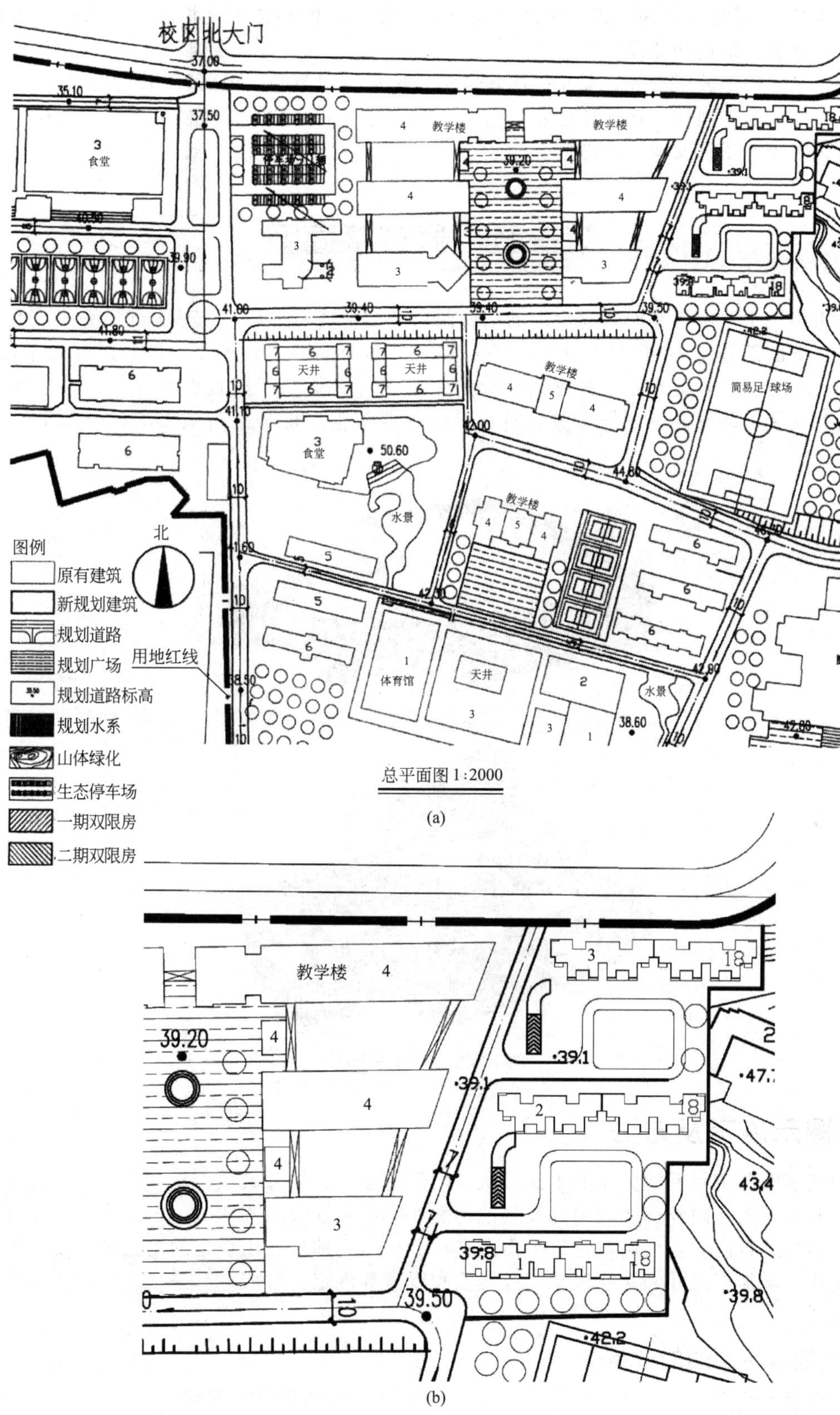

总平面图 1:2000

(a)

(b)

图 10-27 某学校教师公租房总平面

方位关系等）。通过本图还可以读出新建建筑物所在小区的整体规划情况，如道路、绿化环境、原有建筑、附近功能设施等。

为了保证施工放线准确，总平面图还常用坐标表示建筑物、道路等的位置。有时为表达规划区域的地形、地貌，还需要绘制等高线；为表达规划区域内常年的主导风向，还需要绘制风向频率玫瑰图（又叫风玫瑰）。

第三节　建筑平面图

假想用一水平剖切平面经过房屋的门窗洞口之间把房屋剖切开，移去剖切平面以上的部分，将其下面部分向 H 面作正投影所得到的水平剖面图即为建筑平面图，简称为平面图，如图 10-28 所示。平面图是建筑方案设计的主要内容，是施工过程中房屋的定位放线、砌墙、设备安装、装修及编制概预算、备料等的重要依据，也是建筑施工图中最基本的图样之一。

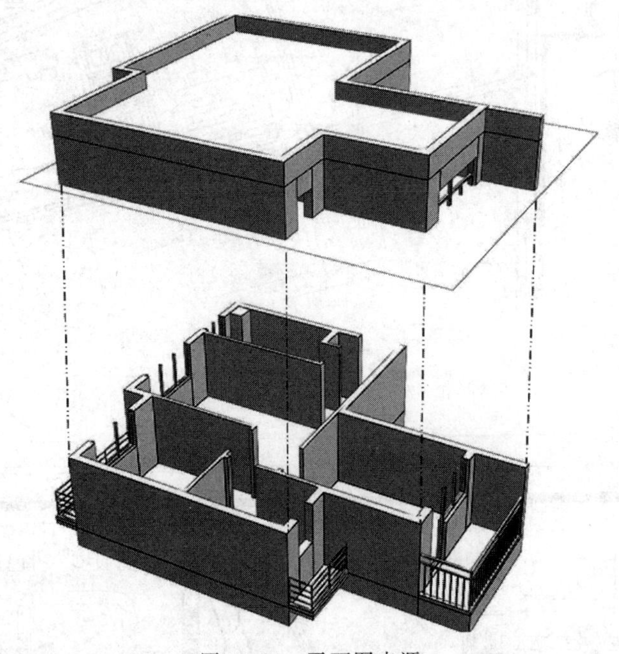

图 10-28　平面图来源

一、图示内容及方法

建筑平面图主要反映房屋的平面形状、内部的分隔和组合关系、墙、柱的布置、门窗的位置、开启方向、内外交通联系以及其他构配件的位置和大小等情况，为了能准确地对房屋的实际结构进行说明，人们对建筑平面图进行了科学的抽象，用规定的图例对平面图的构件进行简化，增加了尺寸和文字说明以及线型和线宽等规定，形成具有一定规范的能用于施工的平面图。

（一）建筑平面图的分类

1. 底层平面图

底层平面图也叫首层平面图，是指室内地坪为±0.000 所在的楼层的平面图。主要反映房屋的平面形状，底层的平面布置情况，几个房间的分隔和组合、房间名称、出入口、门厅、走廊、楼梯等的布置和相互关系，各种门、窗的布置，室外的台阶、花台、室内外装饰以及明沟和雨水管的布置等等。此外还表明了厕所和盥洗室内的固定设施的布置，并且注写轴线、尺寸及标高等。

2. 标准层平面图

一般情况下，房屋有几层就应画几个平面图。当房屋中间若干层的平面布局、构造情况完全一致时，则可用一个平面图来表达这些相同布局的若干层，称之为标准层平面图。并在图样下方注写适用的楼层图名（如三、四、五层平面图）。若房屋对称，可利用其对称性，在对称符号的两侧各画半个不同楼层平面图。有时也可省略与首层相同的内部尺寸，但需加以说明。标准层的楼梯平面图要反映楼层上下关系，在每个楼层的层高标高部位，有一梯段通向上一层，另一梯段通向下一层，中间用折断线剖断。在楼梯转折平台处应分别标注转折平台的标高。如在首层入口处有雨篷的应在二层平面图中表示。

3. 顶层平面图

顶层平面图的内容和布局一般没有多少变化，但其楼梯间部位有时会有所不同，当多层房屋到顶层为止时，其顶层平面图的楼梯踏步就终止到顶层地面，此时楼梯的扶手需要转向封住其向下的梯段，再把扶手垂直插入并适当嵌固于墙上，以此来保证楼梯末端空间的安全。当楼梯需要直通上人屋面以便于检修时，则楼梯间应高出屋面，另建一梯间小屋，梯段直达屋面板，并在梯间小屋出屋面处增设高出屋面面层 150mm 以上的平台，以利人员出入和防止雨水倒灌。

4. 屋顶平面图

屋顶平面图是从建筑物上方向下所作的平面投影，主要是表明屋顶形状、屋顶水箱、屋面排水方向（用单向箭头表示）和坡度、天沟、女儿墙和屋脊线、雨水管的位置、房屋的避雷针或避雷带的位置等。屋顶平面图和顶层平面图不能混淆。

5. 局部平面图

当某些楼层平面图的布置基本相同，仅有局部不同时（包括楼梯间及其他房间等的分隔以及某些结构构件的尺寸有变化时），则某些部分就用局部平面图来表示；当某些局部布置由于比例较小而固定设备较多，或者内部组合比较复杂时，可以另画较大比例的局部平面图表示。

被剖切到的墙体、柱用粗实线绘制；可见部分轮廓线、门扇、窗台的图例线用中粗实线绘制；较小的构配件图例线、尺寸线等用细实线绘制。一般采用 1∶50、1∶100、1∶200 绘制平面图。

（二）建筑平面图的主要内容

（1）注写图名和绘图比例。平面图常用 1∶50、1∶100、1∶200 的比例绘制。

（2）总体状况。如例图 10-29 为每单元两梯（电梯）六户、坐北朝南、剪力墙结构公租房，户型两室一厅。

（3）纵横定位轴线及编号。定位轴线是各构件在长宽方向的定位依据。凡是承重的墙、柱，都必须标注定位轴线，并按顺序予以编号。

（4）房屋的平面形状、内、外部尺寸和总尺寸。

（5）房间的布置、用途及交通联系。

（6）门窗的布置、数量及型号。门窗的代号与编号，门的开启方向。

（7）房屋的开间、进深、细部尺寸和室内外标高。

（8）楼梯形式、尺寸，梯段的走向和级数。

(9) 屋面形状、排水方式及其上的构配件。

(10) 房屋细部构造和设备配置等情况，室内或室外设施——楼梯及卫生设备，散水、台阶、花池、雨篷等。

(11) 底层平面图应注明剖面图的剖切位置，需用详图表达部位，应标注索引符号。

一般在底层平面图中应标注剖面图的剖切位置线和投影方向，并注出编号；凡套用标准图集或另有详图表示的构配件、节点，均需画出详图索引符号，以便对照阅读。

(12) 指北针。一般在底层平面图的下侧要画出指北针符号，以表明房屋的朝向。

(13) 内部装修做法和必要的文字说明。

二、阅读图例

阅读建筑平面图应由外向内、由粗到细、由大到小，先整体后局部、先文字说明后图样、先图形后尺寸、逐步深入地阅读。一般步骤是先粗看一遍，了解工程概况、总体要求等，然后看每张图，熟悉柱网尺寸、平面布置、构件布置等，最后详细看每个构件的详图，熟悉做法。建施与结施结合、其他设备施工图参照看。各专业的施工图应相互配合，紧密联系。只有结合起来看，才能全面理解整套施工图。识读施工图没有捷径可走，必须按部就班，系统阅读，相互参照，反复熟悉，才不致疏漏。

这里列举了某学校教师公租房首层平面图（即底层平面图）、标准层平面图、顶层平面图与屋顶平面图，如图 10-29～图 10-32 所示。在阅读时需要将几张平面图结合起来。下面以标准层平面图（二～十八层平面图）为例，如图 10-30 所示来说明建筑平面图的图示内容与绘图方法。

(1) 先读图名、比例　由图名知本图是表示标准层（2～18 层）的平面布置情况，绘图比例为 1∶100。

(2) 了解建筑物平面形状和总尺寸　本建筑物平面形状具有凸凹变化，整个建筑物长度沿东西方向，南北朝向；总长 76m，总宽 14.5m。

(3) 了解楼层平面布局　由图知，该建筑物共两个单元，共标出了 A、B 两种户型，A 户型为两室一厅一卫一厨，B 户型均为两室两厅一卫一厨。结合建筑首层平面图、标准层平面图、顶层平面图可知：每个单元中 A 户型各有 2 户，B 户型各有 4 户。

(4) 根据轴线及其编号，确定房间位置、尺寸等，了解房间的开间、进深及其他细部尺寸。

该公租房有 7 道纵轴，本图中外墙轴线为偏心轴线（墙厚 250，一侧宽度 100，另一侧宽度为 150)，内墙轴线为中心轴线（墙厚 200，轴线两侧宽度均为 100)。根据轴线可以了解各承重构件（墙、柱）的位置与房间尺寸。例如：1、3 轴线与 G、J 轴线对应的墙体之间是 A 户型的卧室之一，轴线间距均为 2900（即 2.9m)。其他各个房间的读法与此相同。

(5) 了解电梯间和楼梯间位置与尺寸　根据轴线标注可以了解电梯间和楼梯间的位置、尺寸等；可以看出楼梯的形式（双跑)、踏面宽度等。45°方向折断线表示梯段被假想水平剖切面切断的位置，箭头方向表示梯段的上下方向。需要注意的是：底层、标准层与顶层的楼梯间部分表示是不同的，主要区别在于梯段上下方向，还往往会有级数的差别等。

(6) 了解门窗的类型、数量及位置　根据制图标准中的图例，可以看出楼层中门窗的型式；根据最内一道尺寸标注，可以读出门窗的具体位置；此外还标出了门窗的编号。例如：A 户型中 B、C 轴线与 2、4 轴线之间连接卧室与阳台的门窗编号为 SMC1，型式为深灰色塑钢门连窗；门宽度为 800mm，高度为 2500mm，窗宽度为 1200，窗台高为 900mm。

(7) 读尺寸，看高度

① 线性尺寸　包括外包尺寸、轴线的间距尺寸、门窗洞口及某些细部尺寸。

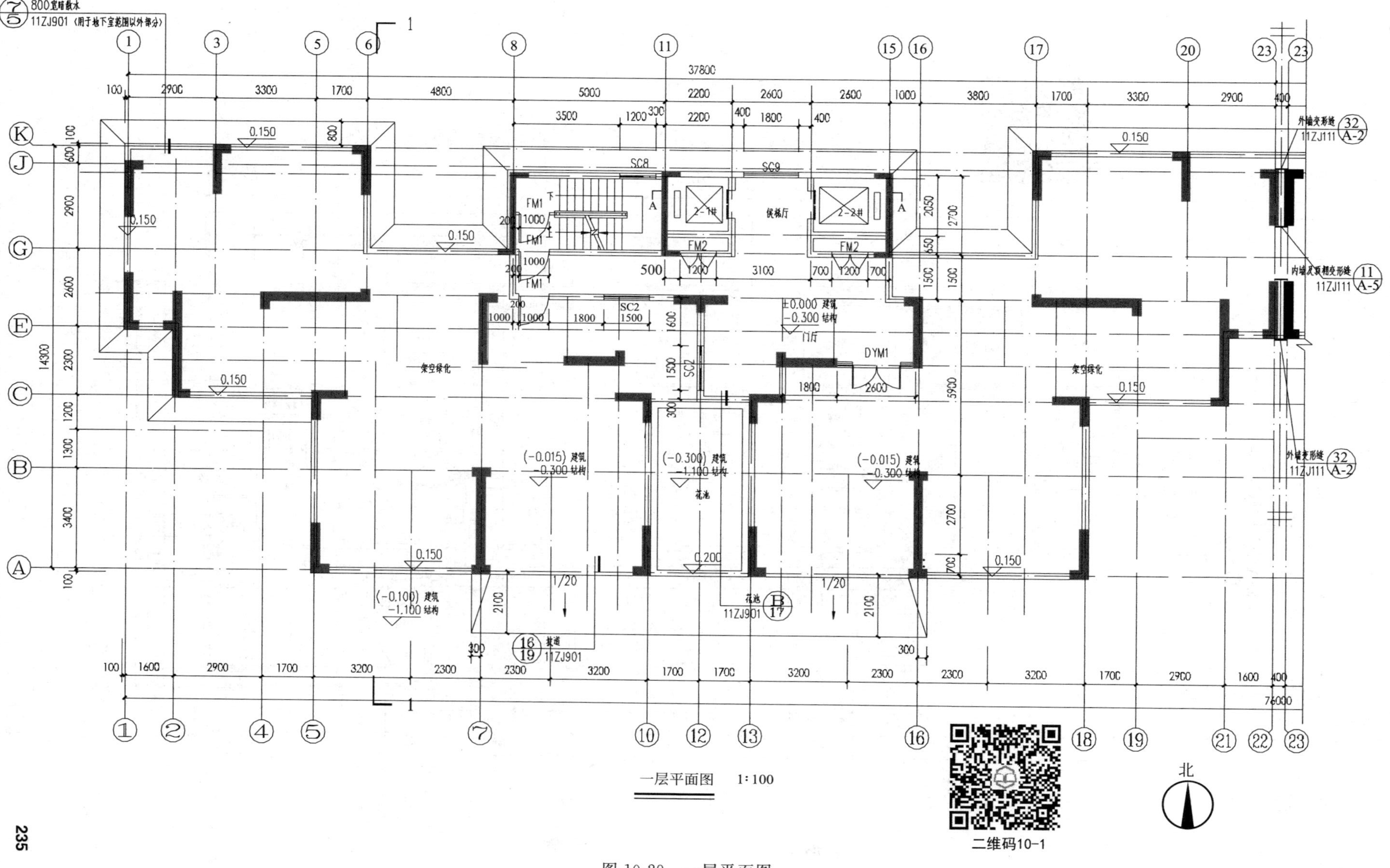
800宽暗散水
11ZJ901（用于地下室范围以外部分）
外墙变形缝
11ZJ111
内墙及顶棚变形缝
候梯厅
门厅
架空绿化
花池
坡道
11ZJ901
DYM1
FM1
FM2
SC2
SC8
SC9
2-1#
2-2#
37800
14300
76000
一层平面图 1:100
北
二维码10-1

图 10-29　一层平面图

楼层	标高
屋面层	55.500
十八层	52.500
十七层	49.500
十六层	46.500
十五层	43.500
十四层	40.500
十三层	37.500
十二层	34.500
十一层	31.500
十层	28.500
九层	25.500
八层	22.500
七层	19.500
六层	16.500
五层	13.500
四层	10.500
三层	7.500
二层	4.500
一层	0.000

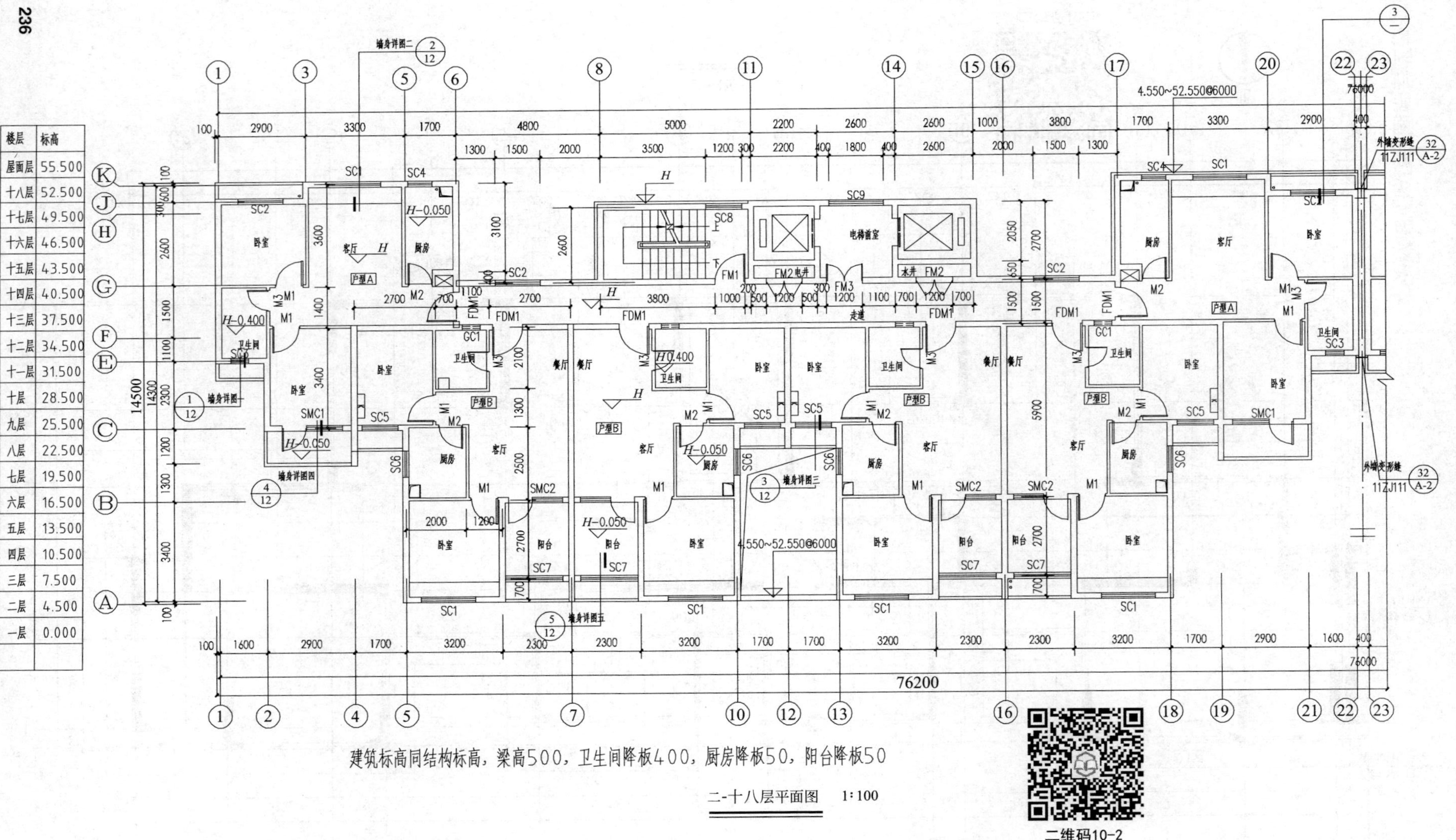

图 10-30 标准层平面图

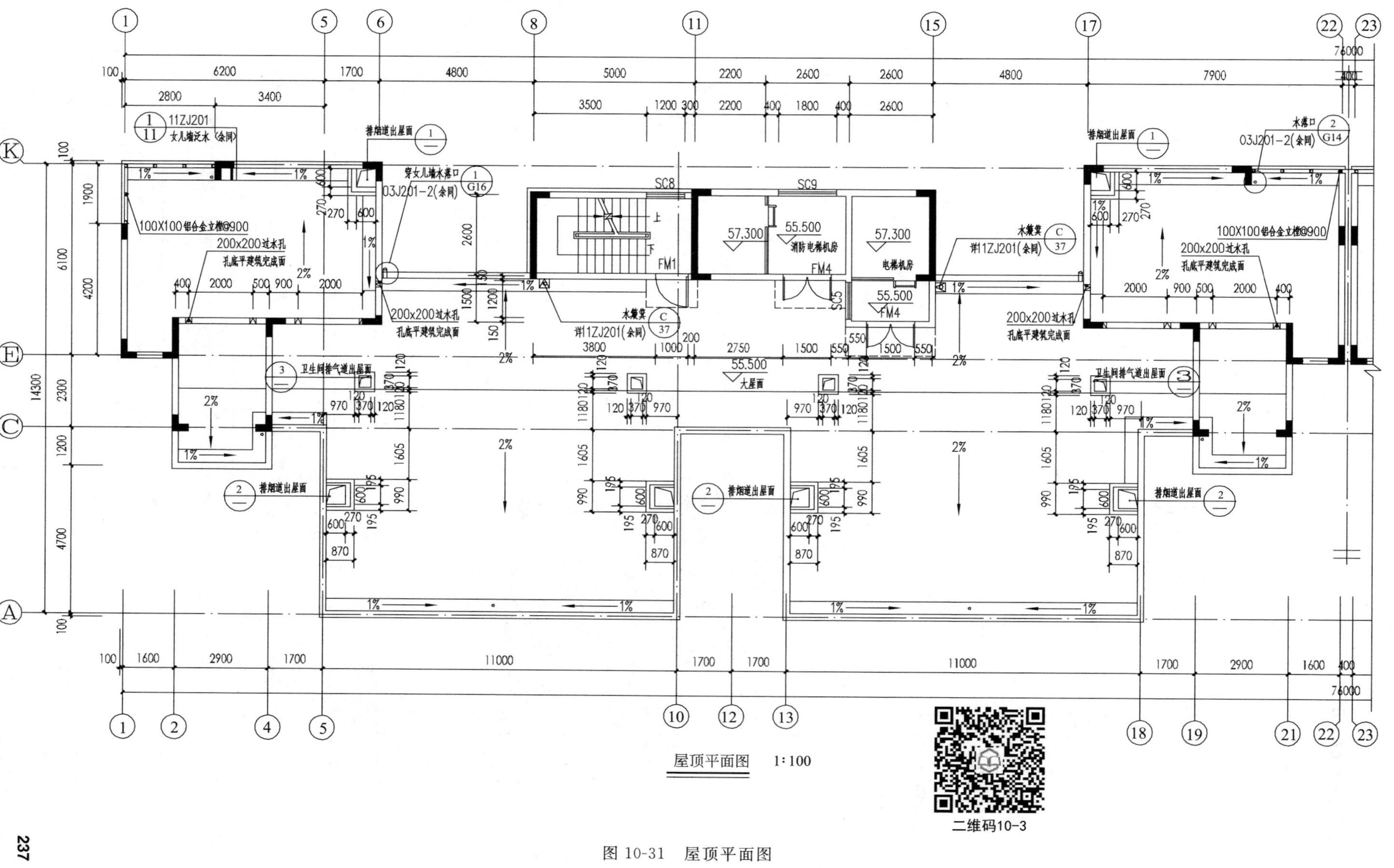

图 10-31 屋顶平面图

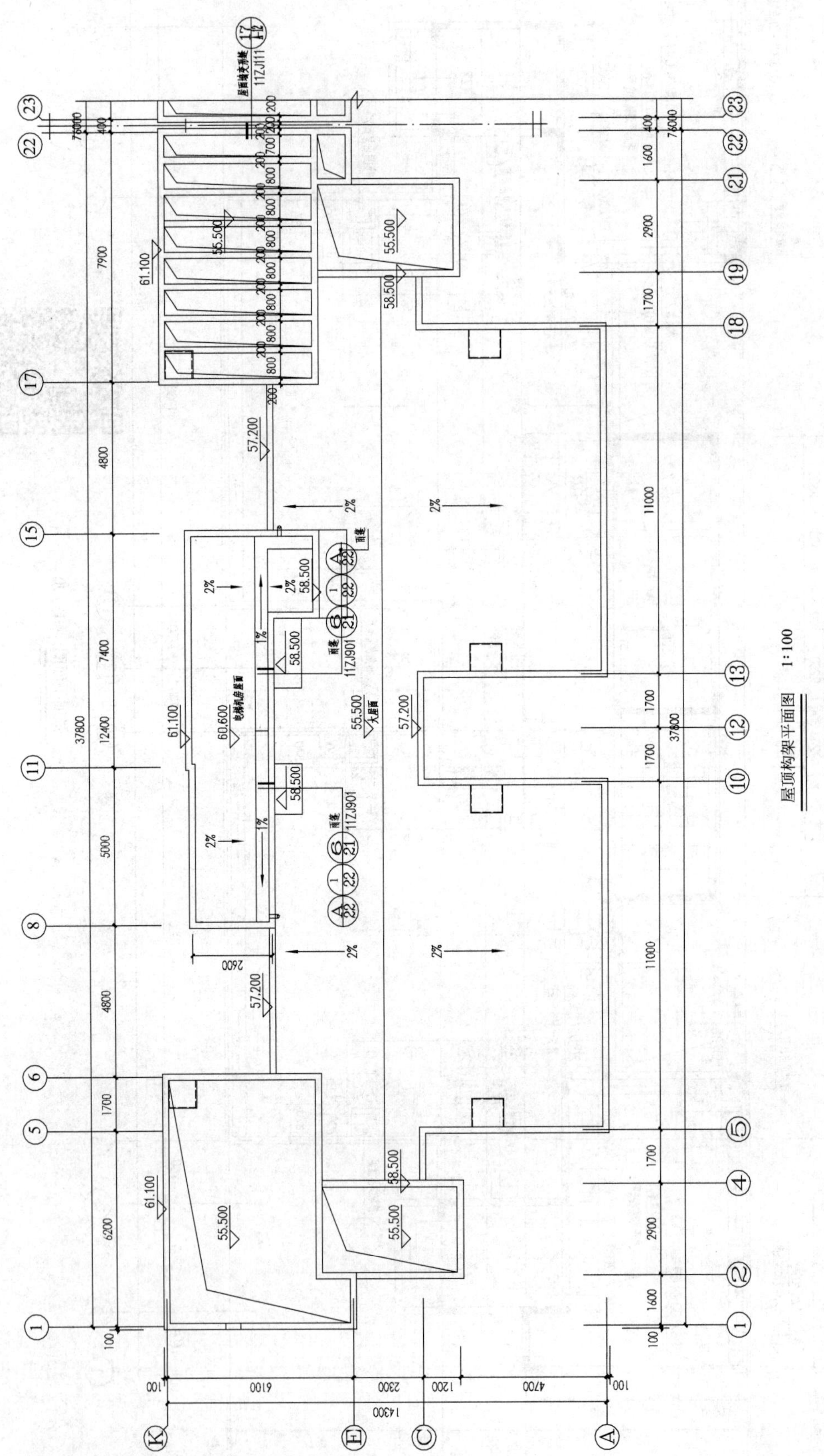

屋顶构架平面图 1:100

图 10-32 屋顶构架平面

最外面一道尺寸为外包尺寸，表示建筑物外轮廓总尺寸，即两端外墙外边线之间的尺寸。本例中建筑物总长度为76200mm，总宽度14500mm。第二道尺寸为轴线间的距离，表示房间的开间与进深。第三道尺寸为细部尺寸，表示各细部的位置及大小，前面阅读门窗位置与尺寸时即是根据第三道尺寸。

根据尺寸可以计算房屋的建筑面积、房间的净面积、居住面积等指标，如：本建筑物中A户型的每户建筑面积为55.13m^2。

② 标高　这里使用相对标高。由标准层平面图中的楼面标高可以读出首层层高为4.5m，2～18层的层高均为3m。卫生间板比同楼层板降400mm，厨房和阳台板降50mm。

③ 文字标注　除了各房间的名称、门窗代号外，还应注意一些其他文字引注及说明。

(8) 了解房屋细部构造和设备配备等情况　了解楼梯、台阶、坡道、散水、水沟、雨水管、卫生间设备的布置等。如屋面上的箭头表示设有坡度，箭头所指方向为坡度向下的方向。有时还会在箭头旁边标上坡度值大小。图上还标记了雨水管的位置等。例如屋顶构架平面图中知箭头所指方向为屋面排水方向，排水坡度为2%。

此外，首层平面图上还标有指北针、剖切符号、散水等。读剖切符号，了解剖切位置、剖视方向和编号。有时，还会在平面图上标记详图索引符号。读索引符号，知道平面图与详图的关系。了解有关部位上节点详图的索引符号，看清需要画出详图的位置、详图的编号以及详图所在的图纸编号。

三、AutoCAD绘制平面图

在AutoCAD中，可以在两个绘图空间绘图：①模型空间，如图10-33(a)所示，绘制工程图和建三维模型的制图窗口，作用是绘图和建模。②布局空间，如图10-33(b)所示，专用于图形标注和布局出图的绘图窗口，又称为图纸空间。

在布局空间绘制的图形在模型空间不能显示，通过在布局中开视口，可以显示模型空间的图形。

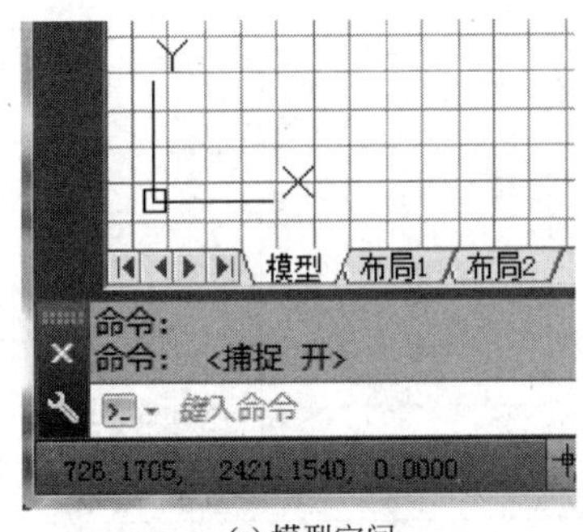

(a) 模型空间

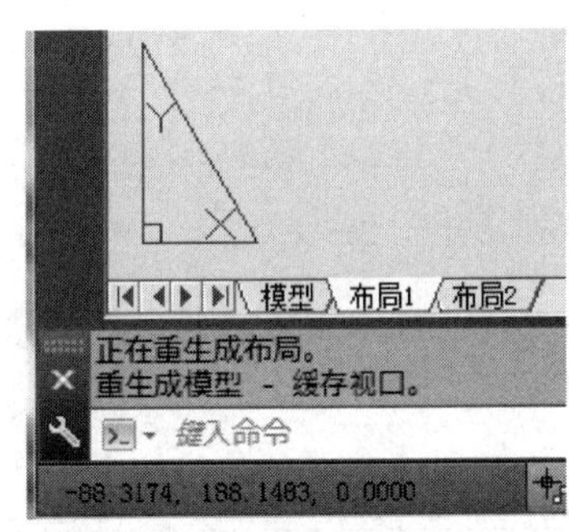

(b) 布局空间

图10-33　绘图空间

建筑平面图的作图原则：

(1) 作图步骤：设置图幅→设置单位→设置图层→开始绘图；

(2) 作图比例：始终以1∶1比例绘图；

(3) 为不同类型的图元对象设置不同的图层及颜色；

(4) 制图方法：在模型空间绘图，在布局空间出图。

【例10-1】　绘制某工程的建筑平面图（局部），如图10-34所示。

解　绘图步骤

(1) 新建一个空白的工程文件　利用下拉菜单【文件】→【新建】，或者利用快捷键

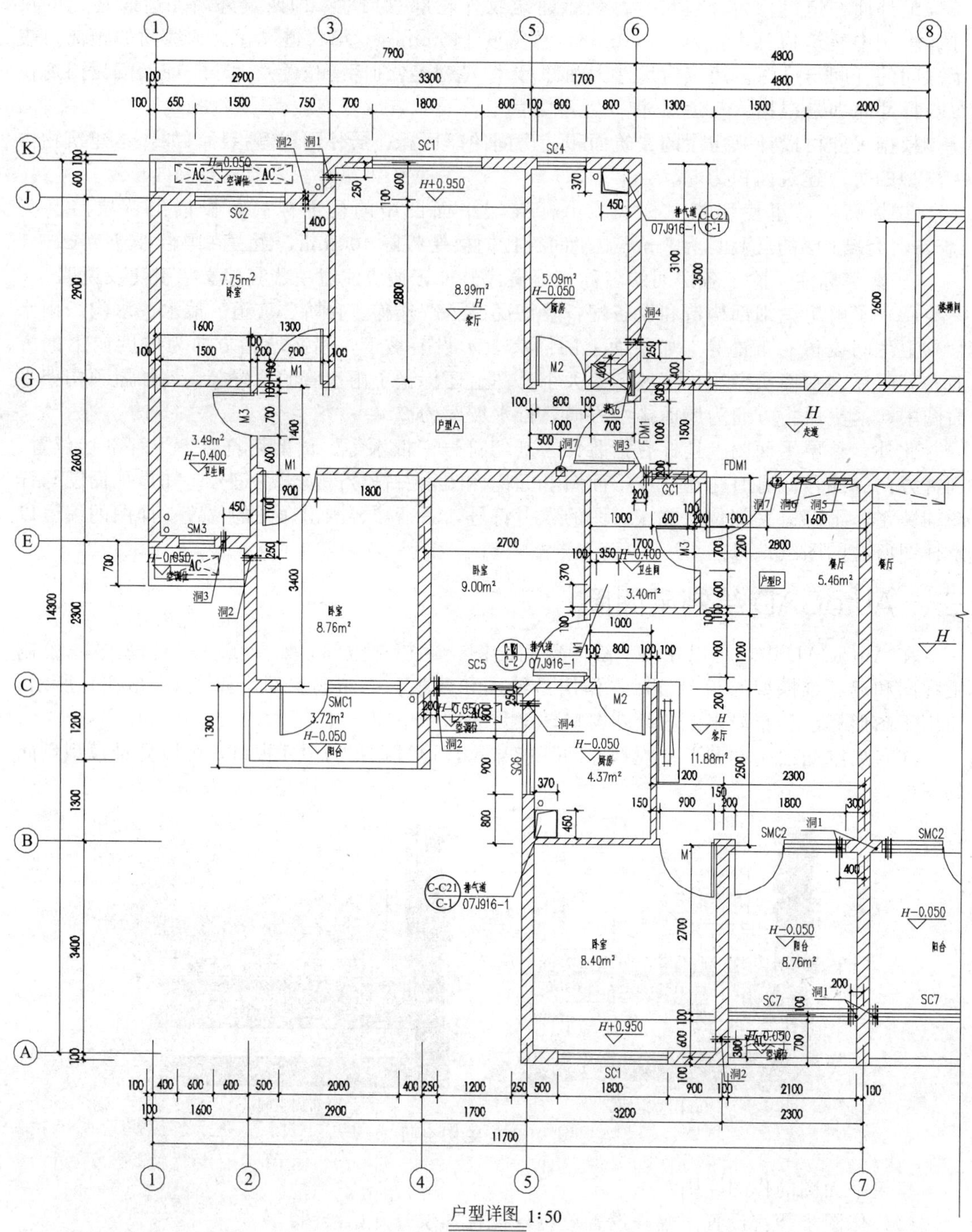

图 10-34　绘制好的建筑平面图（局部）

【Ctrl + N】，也可直接点击【新建】命令图标，如图 10-35 所示。

（2）设置绘图环境

① 设置绘图区域（即图形界限）　在利用 Auto CAD 绘制建筑工程图时，常按照实际尺寸绘制（即 1∶1 的比例）。这样，可以给绘图、编辑、标注等过程都带来很多便捷。这里，绘图区域的设置就需要考虑所绘建筑物的实际尺寸，可以直接按照所绘内容来设置，也可以

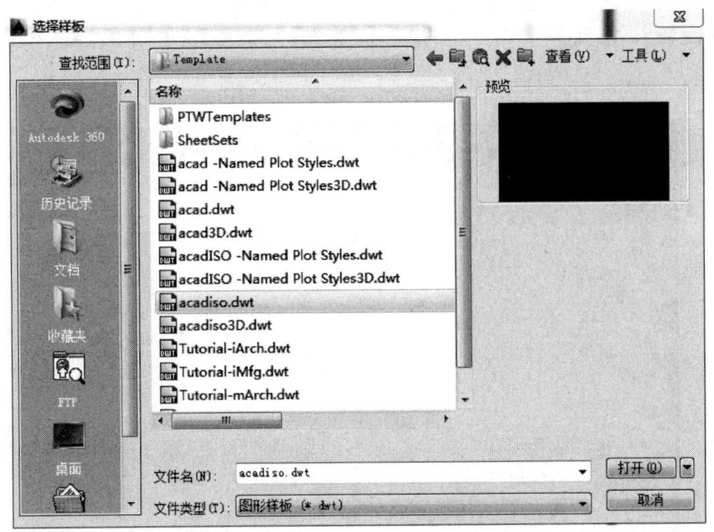

图 10-35　新建文件对话框

在标准图幅的基础上放大一定的倍数。

利用下拉菜单【格式】→【图形界限】，或者在命令行输入“limits”。现在，欲建立一个16m×28m的绘图区域（即16000mm×28000mm），命令行提示如下：

```
命令：_limits
重新设置模型空间界限：
指定左下角点或[开(ON)/关(OFF)]< 0.0000,0.0000> :(按回车键)
指定右上角点< 420.0000,297.0000> :20000,30000(输入 20000,30000 后按回车确定)。
```

注意：新图形界限大于所绘图形尺寸。

② 设置绘图单位　利用下拉菜单【格式】→【单位】打开“图形单位”对话框进行设置，设置“长度类型”为“小数”，“精度”为“0”（整数），“单位”为“毫米”。如图10-36所示。

③ 设置文字样式　利用下拉菜单【格式】→【文字样式】进行设置，如图10-37所示。

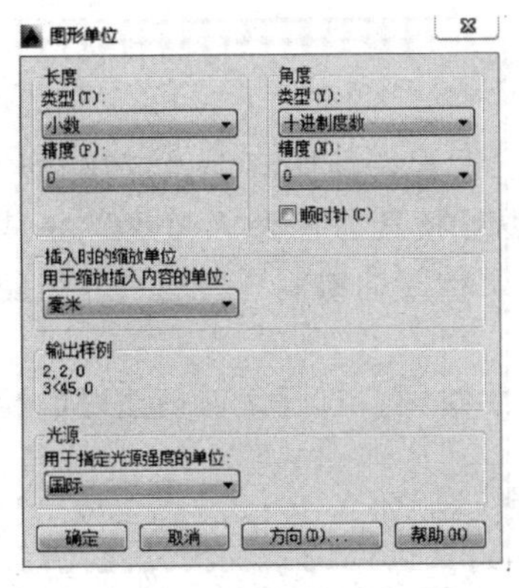

图 10-36　单位设置对话框

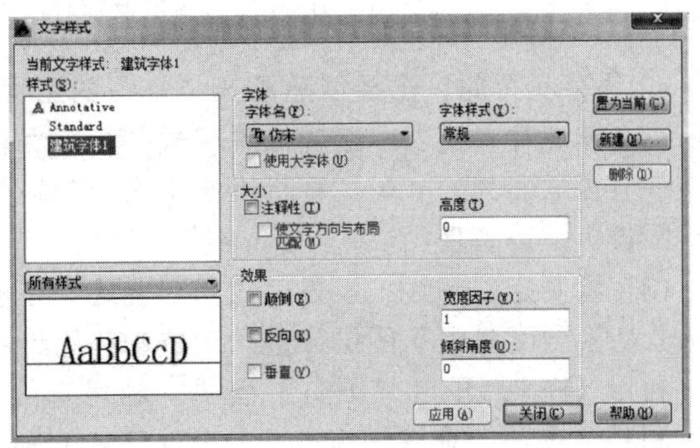

图 10-37　文字设置对话框

可以新建一个“建筑字体”，一般选择“仿宋”。

④ 设置标注样式　利用下拉菜单【格式】→【标注样式】进行设置，如图10-38所示。

可以新建一个“建筑标注样式”，在标签页中可以对尺寸线、尺寸界线、尺寸起止符号、字体等项目进行设置。并且需要在“调整”标签页中设置“使用全局比例”，以满足实际尺寸绘图的需要。

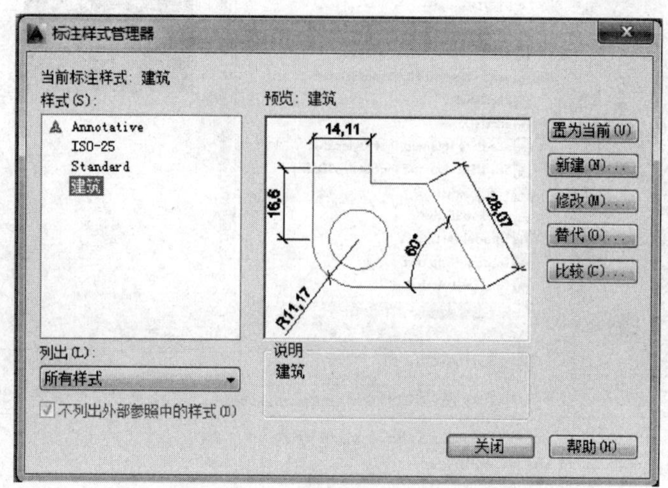

图 10-38　标注设置对话框

⑤ 设置图层　利用下拉菜单【格式】→【图层】进行设置，或者左键单击【图层特性管理器】命令图标，可设置图层、线型、线宽和颜色，将当前图层设定为轴线，如图 10-39 所示。

当前图层：轴线

状	名称	颜色	线型	线宽	透明度	打印...
	0	白	Continuous	默认	0	Color_7
	标注	蓝	Continuous	0.2...	0	Color_5
	门窗	红	Continuous	0.2...	0	Color_1
	墙线	黄	Continuous	0.8...	0	Color_2
	文字	青	Continuous	0.2...	0	Color_4
✓	轴线	绿	ACAD_ISO04W100	0.2...	0	Color_3

图 10-39　图层设置对话框（AutoCAD2014）

⑥ 保存　至此，已经创建了一个空白的工程文件，并已设置好绘图环境。应该在绘图之前，将其保存（赋名、选择文件格式并指定保存位置），也可将其另存为“.dwg”格式图形文件（可取名为“××工程标准层平面图”）就可以开始工程图的绘制了，也可作为空白的绘图模板，以备使用。

(3) 绘制定位轴线　设置完绘图环境后，在模型空间开始绘图。打开之前创建好的绘图模板，切换到“轴线”图层，进行定位轴线的绘制。

利用【F8】，开启“正交”模式。利用直线命令，分别绘制纵向与横向轴线各一条。然后利用“偏移”命令（offset），根据已知的轴线间距，偏移生成其他轴线。如，先绘制出Ⓐ轴线，再根据Ⓐ、Ⓑ轴线的间距 3400，偏移生成Ⓑ轴线。其操作过程的命令提示如下：

```
命令：_offset
```

当前设置:删除源 = 否　图层 = 源　OFFSETGAPTYPE = 0

指定偏移距离或[通过(T)/删除(E)/图层(L)]< 通过> :　3400(输入 A、B 轴线的间距 3400)

选择要偏移的对象,或[退出(E)/放弃(U)]< 退出> :选择 A 轴线

指定要偏移的那一侧上的点,或[退出(E)/多个(M)/放弃(U)]< 退出> :点击所要偏移的一侧,后继续生成其他轴线,最后按回车结束。

轴线的生成还可以利用“复制”命令（copy），当轴线间距一致时还可以利用“阵列”命令（array）。定出轴线位置后，可以利用“修剪”（trim）等编辑命令对轴线进行修改，最后锁定“轴线”图层使之不被修改。如图 10-40 所示。

图 10-40　定位轴线的绘制

(4) 绘制墙体、门窗、楼梯等构件

① 绘制墙线　墙线的绘制，将“墙线”图层设置为当前层，用鼠标单击【格式】→【多线样式】命令打开“多线样式”对话框（或输入 mline 命令），设置多线名称。本例中的墙体有两种：一种是宽度为 250 的墙体，一种是宽度为 200 的墙体。200 的墙体绘制可以直接利用默认多线样式“standard”，250 的墙体绘制则需要创建多线样式，以满足轴线两侧不同宽度的需要。

墙体一：绘制 200 墙线

命令:_mline

当前设置:对正 = 上,比例 = 20.00,样式 = STANDARD

指定起点或[对正(J)/比例(S)/样式(ST)]:　J(输入“J”,按回车)

输入对正类型[上(T)/无(Z)/下(B)]< 上> :　Z(输入“Z”,按回车)

当前设置:对正 = 无,比例 = 20.00,样式 = STANDARD

指定起点或[对正(J)/比例(S)/样式(ST)]:　S(输入“S”,按回车)

输入多线比例< 20.00> :　200(根据墙厚 200,输入 200,按回车)

当前设置:对正 = 无,比例 = 200.00,样式 = STANDARD

指定起点或[对正(J)/比例(S)/样式(ST)]:　< 对象捕捉开>(打开对象捕捉,即可直接捕捉轴线,开始绘制)

指定下一点:(捕捉轴线上的点,结束按回车)

墙体二：绘制 250 墙线

利用下拉菜单【格式】→【多线样式】，创建多线样式，设置如图 10-41 所示。

绘制 250 墙线操作过程的命令提示如下：

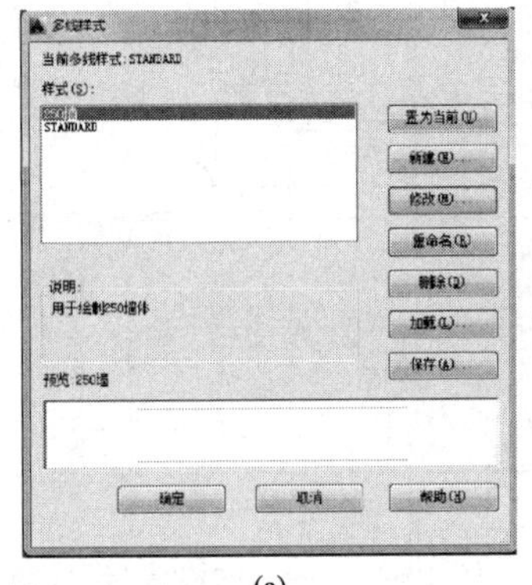

(a)

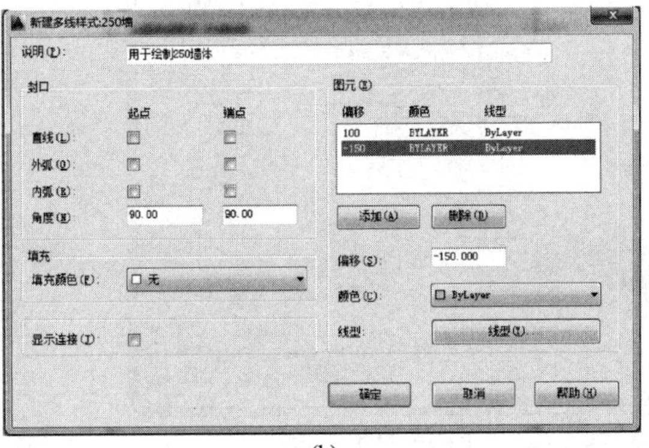

(b)

图 10-41　多线样式的设置

```
命令:_mline
当前设置:对正 = 无,比例 = 200.00,样式 = STANDARD
指定起点或[对正(J)/比例(S)/样式(ST)]:  ST
输入多线样式名或[?]:  250 墙(指定多线样式为“s”)
当前设置:对正 = 无,比例 = 200.00,样式 = 250 墙
指定起点或[对正(J)/比例(S)/样式(ST)]:  J(输入“J”,按回车)
输入对正类型[上(T)/无(Z)/下(B)]< 无> :(回车)
当前设置:对正 = 无,比例 = 200.00,样式 = 250 墙
指定起点或[对正(J)/比例(S)/样式(ST)]:  S(输入“S”,按回车)
输入多线比例< 200.00> :1(输入比例“1”,按回车)
当前设置:对正 = 无,比例 = 1,样式 = 250 墙
指定起点或[对正(J)/比例(S)/样式(ST)]:(捕捉轴线,开始绘制)
指定下一点:
指定下一点或[放弃(U)]:(最后按回车结束)
```

② 修改墙线　利用下拉菜单【修改】→【对象】→【多线】，修改多线交界处的样式，选择相应的编辑工具，打通墙与墙的连接，如图 10-42 所示。

③ 修剪门、窗洞口　利用下拉菜单【修改】→【分解】，将修改好的多线全部“炸开”。利用“修剪”命令（trim）对分解后的墙线进行修剪，即可形成门窗洞口。

绘图时，先利用“偏移”或“复制”命令绘制出门窗的修剪位置线，再结合“修剪”和“延伸”命令，在墙上开窗洞和门洞，同时将阳台绘制出来，修剪好门窗洞口的墙线如图 10-43 所示。

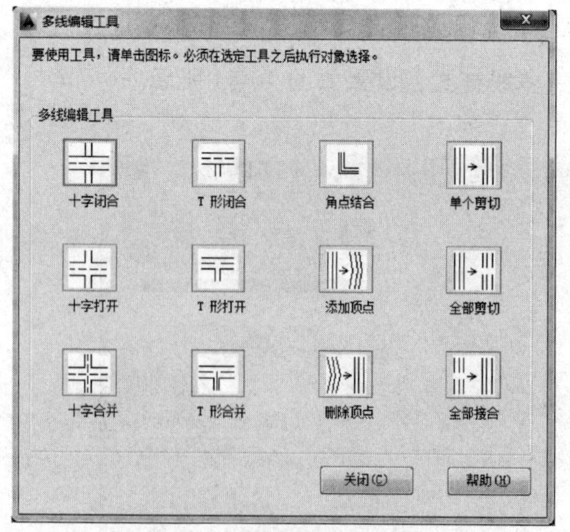

图 10-42　多线编辑工具窗口

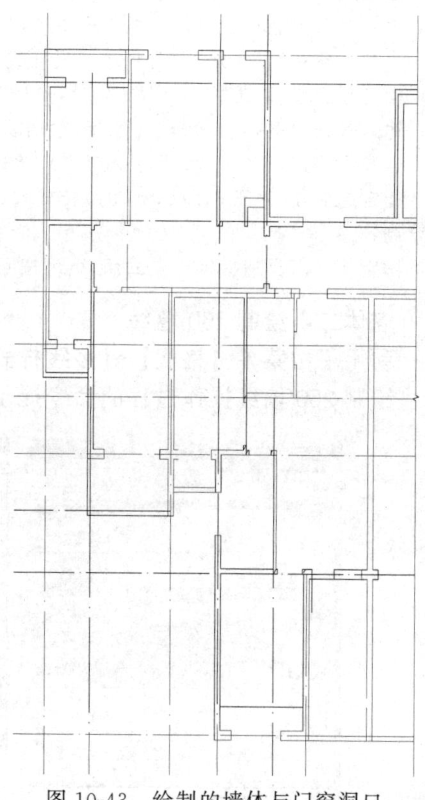

图 10-43　绘制的墙体与门窗洞口

④ 绘制门、窗图例　将“门窗”图层设置为当前层，利用“直线”、“偏移”、“复制”、“圆弧”等命令可以很简单地将所需门、窗图例绘制出来，如图 10-44 所示。用直线命令和圆弧命令画门，用直线命令和偏移命令画窗。可以将画好的门、窗图例制作成图块以便插入，也可以利用“旋转”、“复制”等命令，为所有的门窗洞口直接加入图例，如图 10-45 所示。注意：在插入图例时应配合“对象捕捉”与“对象追踪”模式，以便准确定位。

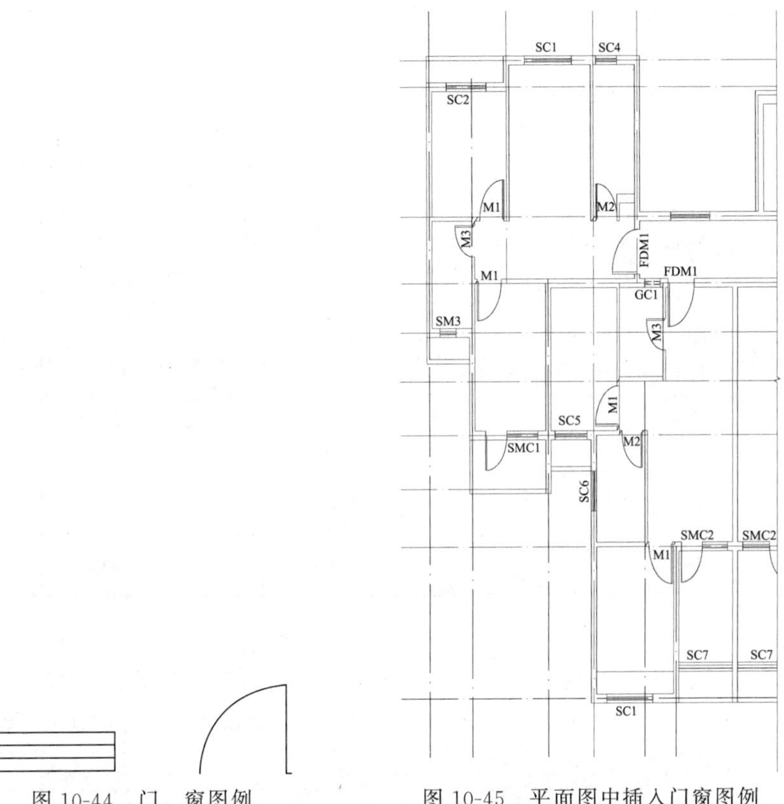

图 10-44　门、窗图例　　　图 10-45　平面图中插入门窗图例

⑤ 补绘其他细节

(5) 标注

① 尺寸标注　利用之前创建好的“建筑”标注样式进行尺寸标注。由于绘制过程是按照实际尺寸完成的，所以标注生成的尺寸直接为真实尺寸。绘制时，可以结合“对象捕捉”模式，并充分利用“连续标注”或“快速标注”等模式完成。

② 文字标注　使用创建好的“建筑文字样式”，对每个房间注写名称并书写图名、比例等内容。

③ 轴线编号　利用属性块的方法标注轴号。

④ 绘制标高等　利用“直线”命令与“多行文字”（mtext）或“单行文字”（text）命令即可完成。

(6) 打印出图

① 布局空间绘图环境设置（A2 为例）　布局空间是 AutoCAD 专用于工程图纸标注和出图的绘图空间，在布局中插入图框，设置比例后再打印。如果将布局空间的“页面设置”设置为“A2”图幅，则布局空间的大小为 420mm × 594mm，在布局空间绘制的图形，单位尺

寸不能按建筑图模型空间的尺寸推算，必须严格执行中华人民共和国《房屋建筑制图统一标准》(GB 50001—2010)，以下将以标准“A2”图幅为例，介绍工程图出图方法。

② 新建视口图层　从“格式”菜单中选择“图层”。打开“图层特性管理器”新建名为“视口”和“图框”的图层。将“视口”图层设置为当前层。

③ 创建新布局　从“插入”菜单中选择“布局”。然后选择“新建布局”。或在命令行上输入创建新布局的命令“layout”，创建一个名为“底层平面”的新布局，回车确定，在“文件”菜单中选择“页面设置管理器”后选择底层平面图，再点击修改，弹出页面设置对话框，如图 10-46 所示。

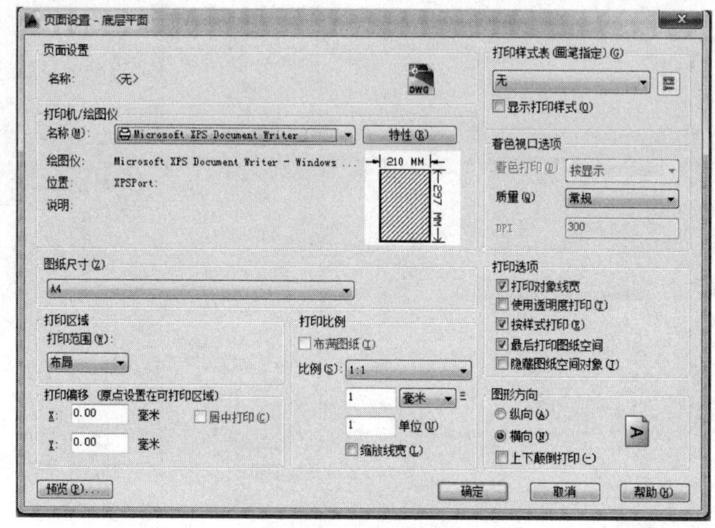

图 10-46　页面设置

④ 页面设置（以 DWF 格式电子打印机为例）　设置打印设备：单击【打印设备】选项卡，在打开对话框中，将打印机名称设置为“DWF6 eplot. pc3”，如图 10-47 所示。

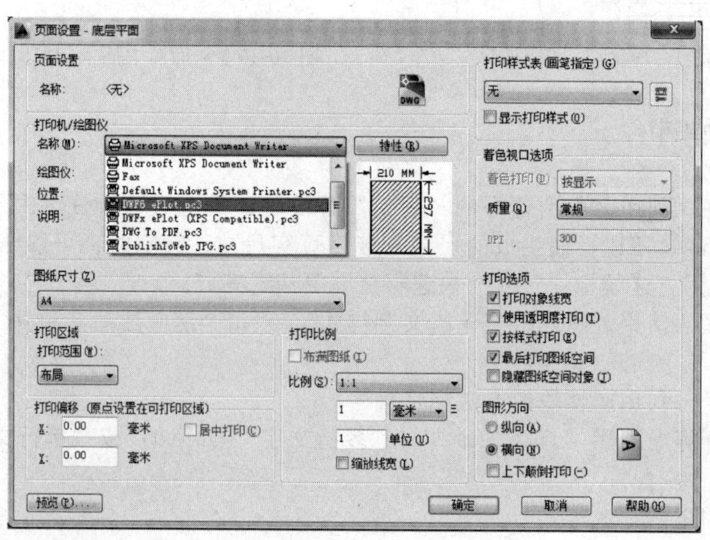

图 10-47　打印机名称设置

单击打印机配置【特性】按钮，进入“打印机配置编辑器”对话框，选择“自定义图纸尺寸”，单击【添加】按钮打开对话框，如图 10-48 所示。

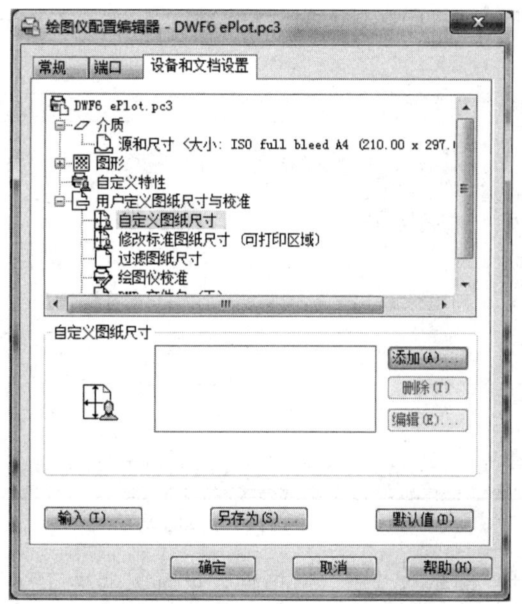

图 10-48 打印机配置“特性”设置

选择创建新图纸，单击【下一步】打开“介质边界”对话框，设置图纸尺寸“594×420毫米”，如图 10-49(a)、(b) 所示。

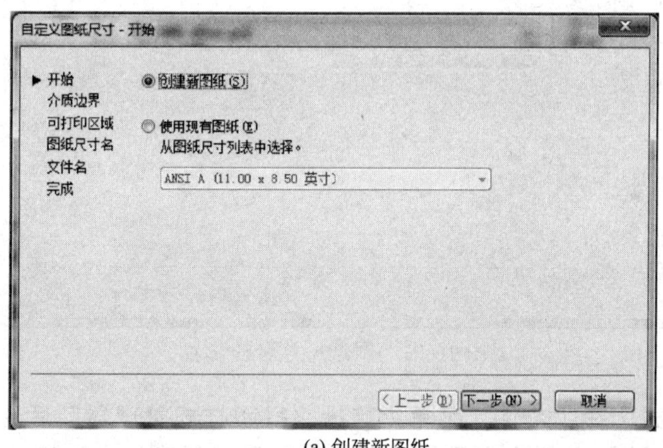

(a) 创建新图纸

(b) 设置图纸尺寸

图 10-49 自定义图纸尺寸

单击【下一步】打开“可打印区域”对话框，将上、下、左、右边界都设置为“0”，如图 10-50 所示。

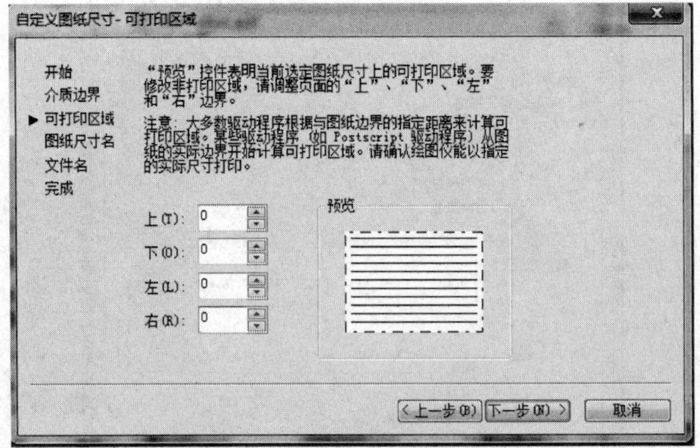

图 10-50　可打印区域的设置

单击【下一步】打开“图纸尺寸名”对话框，设置图纸尺寸名。单击【下一步】确认完成设置，如图 10-51 所示。

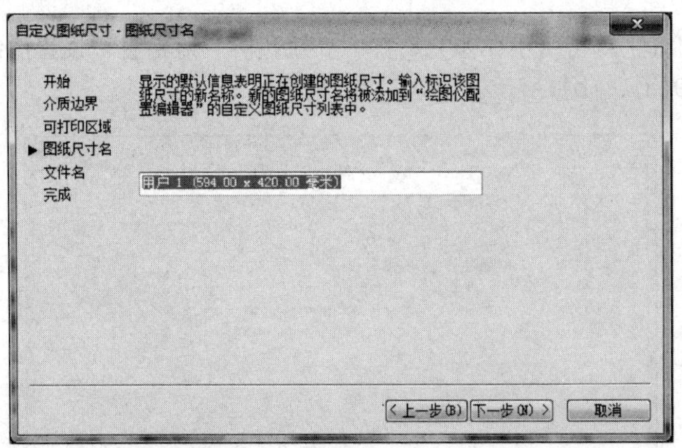

图 10-51　图纸尺寸名的设置

⑤ 设置打印样式　在“文件”菜单中选择“打印样式管理器”后选择“添加打印样式表向导”点击【下一步】在依次出现的对话框中设置“创建新打印样式表”，如图 10-52 所

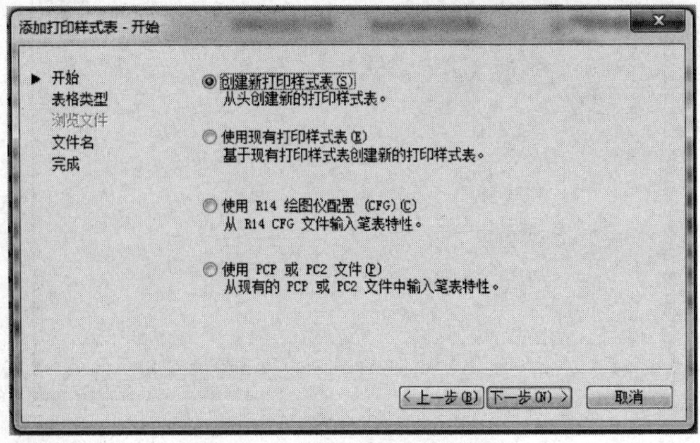

图 10-52　创建新的打印样式表

示，给新的打印样式表命名，如图 10-53 所示。

在“打印样式表编辑器”中将红色 1、黄色 2、绿色 3、品红 6、白色 7 等颜色的打印特性设置为：“颜色”→“黑色”，“连接”→“斜接”，如图 10-54 所示，可编辑线宽，保存并关闭对话框。

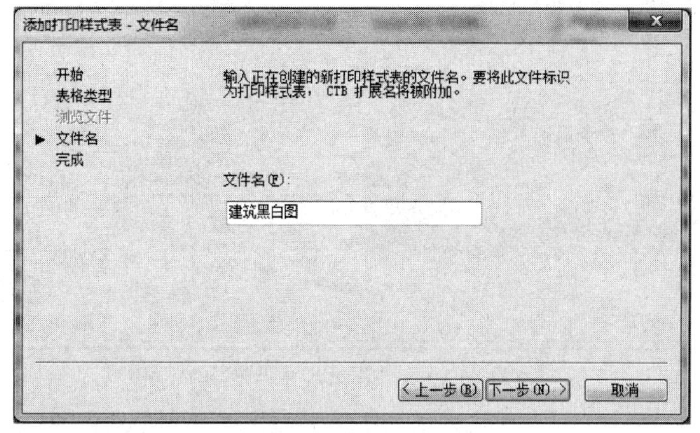

图 10-53　打印样式表命名

图 10-54　打印样式表编辑器

⑥ 布局设置　设置好打印设备后，切换到“页面设置管理器”选项卡，如图 10-55 所示，将“图纸尺寸”设置为：“用户 1（594. 00×420. 00 毫米）”，其他设置不变。

⑦ 设置文字样式　从“格式”菜单中选择“文字样式”打开“文字样式”对话框，如图 10-56 所示，设置文字样式（依照国家标准）：“文本样式”→“GBA2”、“SHX 字体”→“gbenor. shx”、“使用大字体”→“gbcbig. shx”、“字高”→0。

⑧ 设置标注样式　从“格式”菜单中选择“标注样式”打开“标注样式管理器”对话框，如图 10-57 所示。新建一个新标注样式“GBA2”，选择“GBA2”样式，单击【修改】按钮设置标注样式特性（依照国家标准）。设置“符号和箭头”、“文字”、“调整”、“主单位”

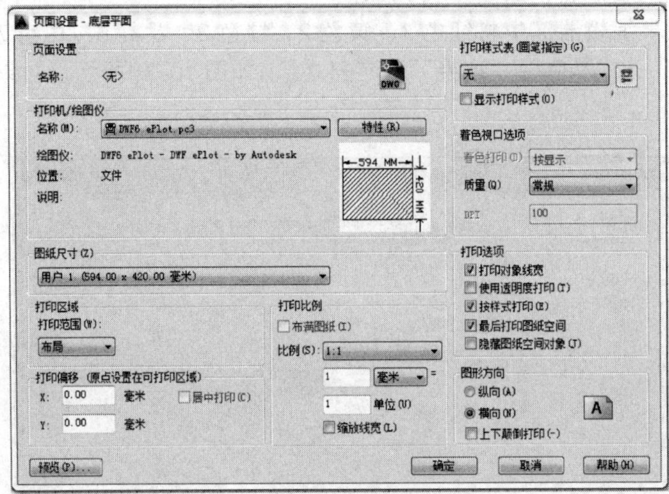

图 10-55 图纸尺寸设置

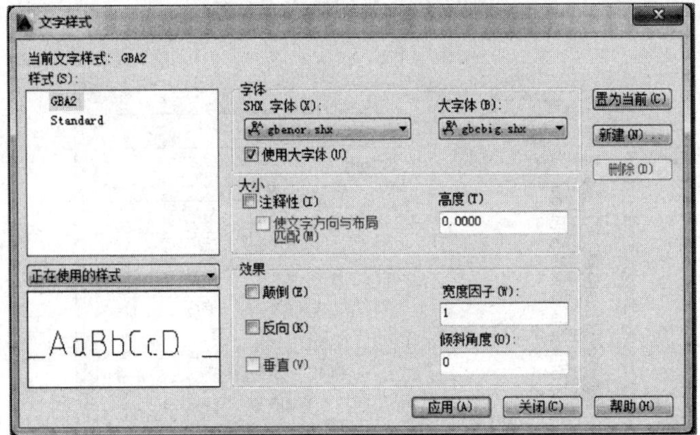

图 10-56 设置文字样式

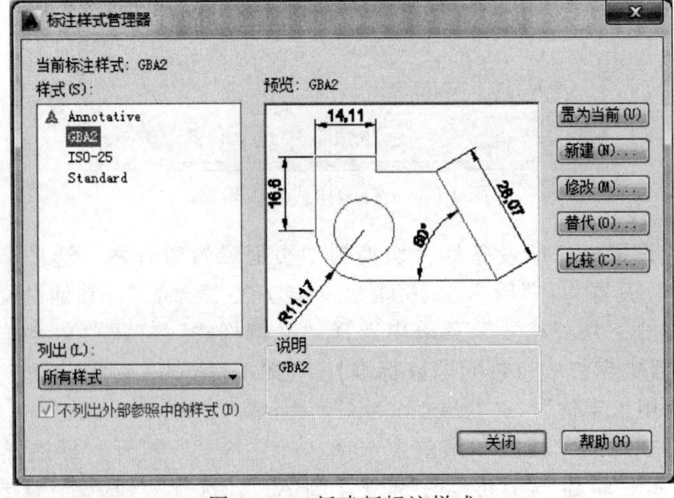

图 10-57 新建新标注样式

等对话框，如图 10-58 所示。

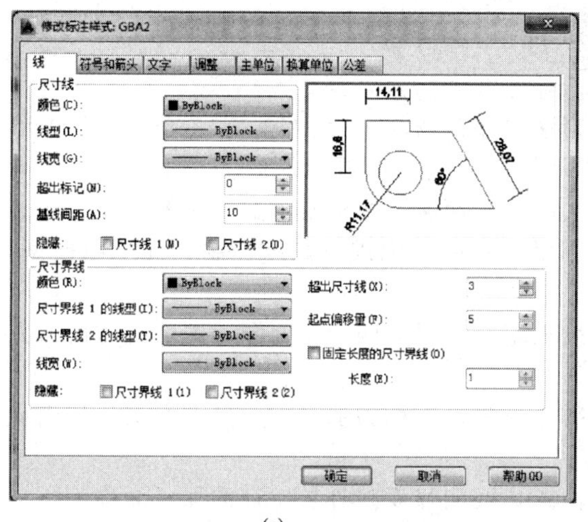

(a)

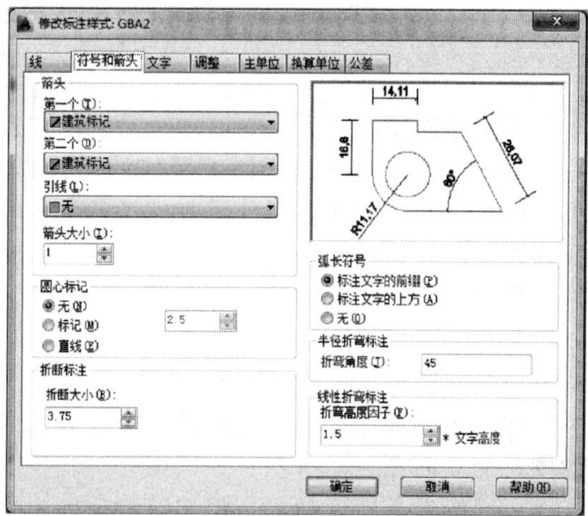

(b)

图 10-58　修改标注样式

⑨ 在布局空间出工程图（A2 为例）　调整视口设置出图比例：选择视口线，点击鼠标右键，打开特性对话框，如图 10-59 所示，将“标准比例”设为“1∶50”，“显示锁定”设为“是”。关闭对话框，调整好视口大小。

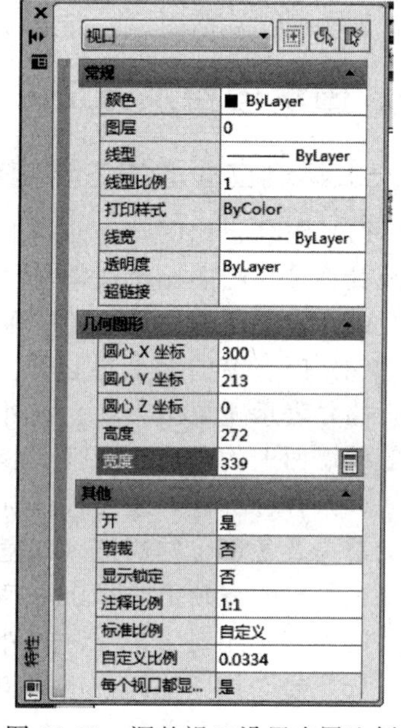

图 10-59　调整视口设置出图比例

绘制图框线：线宽 1mm、559mm×400mm。命令过程如下：

```
命令:_pl(正交打开)
指定起点:25,10(绝对坐标)
指定宽度(W):w
指定起点宽度:1
指定端点宽度:1
指定下一个点:559(水平向右)
指定下一点:400(垂直向上)
指定下一点:559(水平向左)
指定下一点:c(闭合)
```

绘制标题栏，外框线 0.7mm、分格线 0.35mm，如图 10-60 所示。

<table>
<tr><td colspan="4">设 计 单 位 名 称</td></tr>
<tr><td>设　计</td><td></td><td>工 程 名 称</td><td rowspan="4">图号</td></tr>
<tr><td>绘　图</td><td></td><td rowspan="3">图 纸 名 称</td></tr>
<tr><td>校　对</td><td></td></tr>
<tr><td>审　核</td><td></td></tr>
</table>

图 10-60　绘制标题栏

第四节　建筑立面图

建筑立面图（简称为立面图）是利用正投影法对建筑物前、后、左、右各个方向的外墙在平行于该外墙面的投影面上所作的正投影图，是用于表示房屋的外形、外貌、层次、高度、门窗形式、立面各部分配件的形状及相互关系、立面装饰要求及构造做法的图样。建筑立面图是设计工程师表达立面设计效果的重要图纸，在施工中进行高度控制和外墙面造型、外墙面装修、工程概预算、备料等的依据。

建筑立面图的数量视房屋各立面的复杂程度而定，一般为四个立面图，立面图的命名方式有以下三种。

（1）用朝向命名　建筑物的某个立面面向哪个方向，就称为那个方向的立面图，如南立面图、北立面图、东（西）立面图。

（2）按外貌特征命名　将建筑物反映主要出入口或明显反映外貌特征的那一面称为正立面图，表示建筑物背立面特征的正投影图称为背立面图；表示建筑物侧立面特征的正投影图称为侧立面图，侧立面图又分左侧立面图和右侧立面图。

（3）用建筑平面图中的首尾轴线命名　按照观察者面向建筑物从左到右的轴线顺序命名，如①～⑨立面图等。有定位轴线的建筑物，宜根据两端定位轴线号编注立面图名称。

一、图示内容及方法

（一）建筑立面图的主要内容

（1）图名、比例及立面两端的定位轴线。在立面图中一般只需画出外立面两端的定位轴线及其编号。绘图比例通常与平面图相同。

（2）表明一栋建筑物的屋顶外形、外墙面装饰的做法及风格、外墙面的造型及外轮廓。

（3）门、窗的大小与形式、位置与开启方向，用图例按实际情况绘制。

（4）表示主要出入口、室外台阶、花坛、勒脚、窗台、雨篷、阳台、檐沟、屋顶及雨水管等外墙面上的其他构配件、装饰物的位置，立面形状及材料做法。

（5）各种标注，主要包括标高（这里指相对标高）及竖直方向的一些线性尺寸表示建筑物的总高及各部位的高度（如室内外地面、台阶、门窗洞的上下口、檐口、雨篷阳台扶手、雨篷上下皮、屋顶上水箱、电梯机房、楼梯间等位置的高度及竖直方向尺寸等）；用图无法表示的地方，用文字说明（如外墙面的装修情况说明等）。

（6）另画详图的部位用详图索引符号标注。

房屋立面如有部分不平行于投影面，例如部分立面呈弧形、折线形、曲线形等，可将该部分展开至与投影面平行，再用投影法画出其立面图，但应在该立面图图名后注写“展开”二字。

（二）有关规定的表示方法

（1）图线　在立面图中不可见轮廓一律不画，一般立面图的外形轮廓线用粗实线表示；室外地面线用 1.4b 的加粗实线绘制；阳台、雨篷、门窗洞、台阶、花坛等立面上凸出墙面的次要轮廓线用中粗实线表示；门、窗扇及其分格线、雨水管、墙面分格线与引条线、有关说明引出线、尺寸线、尺寸界线和标高等均用细实线表示。

（2）尺寸标注　立面图上一般应在室外地面、室内地面、各层楼面、檐口、窗台、窗顶、雨篷底、阳台面等处注写标高，并宜沿高度方向注写各部分的高度尺寸。立面图上的高度尺寸主要以标高的形式来标注，一般是注出主要部位的相对标高，如室外地面、入口处地面、窗台、门窗顶面、檐口等处。标高符号一般标注在图样之外，在所需标注处画一水平引出线引出标注，标高符号应大小一致，排列在同一竖直线上。标注标高时，应注意有建筑标高与结构标高之分。

沿立面图高度方向标注三道尺寸，即细部尺寸、层高及总高度。

① 细部尺寸 最里面一道是细部尺寸，表示室内外地面高差、防潮层位置、窗下墙高度、门窗洞口高度、洞口顶面到上一层楼面的高度、女儿墙或挑檐板高度。

② 层高 中间一道表示层高尺寸，即上下相邻两层楼地面之间的距离。

③ 总高度 最外面一道表示建筑物总高，即从建筑物室外地坪至女儿墙（或至檐口）的距离。

二、阅读图例

这里共列举了某工程（与前面平面图为同一建筑物）的三张立面图，如图 10-61～图 10-63 所示。阅读建筑立面图时，应与建筑平面图、建筑剖面图对照，特别应注意建筑物体型的转折与凹凸变化。下面以图 10-61 正立面图为例进行阅读。

1. 了解图名、图号和比例

通过图名知道这是表示建筑物朝向南面的外立面图。由端部的轴线可知，正立面图又可命名为①～㉒立面图或南立面图，比例为 1∶100。

2. 看建筑物外貌、层次等

本建筑物地上共 18 层，共有 2 个单元，对称式立面造型。该公租房的底层为架空层，屋顶女儿墙高 1.7m。

3. 阅读标高与高度方向尺寸标注

根据标高尺寸可以读出底层层高为 4.5m，2～18 层每层的层高均为 3m，女儿墙高为 1.7m，电梯机房高 5.1m，电梯机房女儿墙高度为 0.5m，总高度为 61.1m（4.5m＋3×17m＋5.1m＋0.5m）。将平面图与南立面图结合阅读可找到 SC1 在立面上的位置，并可知其高度尺寸为 1500mm，窗下墙的高度为 950mm，其中，3～4 层 SC1 窗台位置标高为 8.450m，其他标高读法与此同。

4. 了解索引符号及其他文字说明。

从图中文字说明和图例可知，外墙贴砖红色外墙砖和浅灰色外墙砖，刷浅灰色外墙涂料和白色外墙涂料。

三、AutoCAD 绘制立面图

立面图的画法和步骤与建筑平面图基本相同，同样先选定比例和图幅，再画图和标注。

（1）选择比例，确定图纸幅面。

（2）绘制轴线、地坪线及建筑物的外围轮廓线。

（3）绘制各层门窗洞口线。

（4）绘制墙面细部，如阳台、窗台、楣线、门窗细部分格、壁柱、室外台阶、花池等。

（5）标注标高、尺寸、首尾轴线，书写墙面装修文字、图名、比例、索引符号等，说明文字一般用 5 号字，图名用 10 号字。

【例 10-2】 绘制某工程正立面图，如图 10-61 所示。

解 绘图步骤

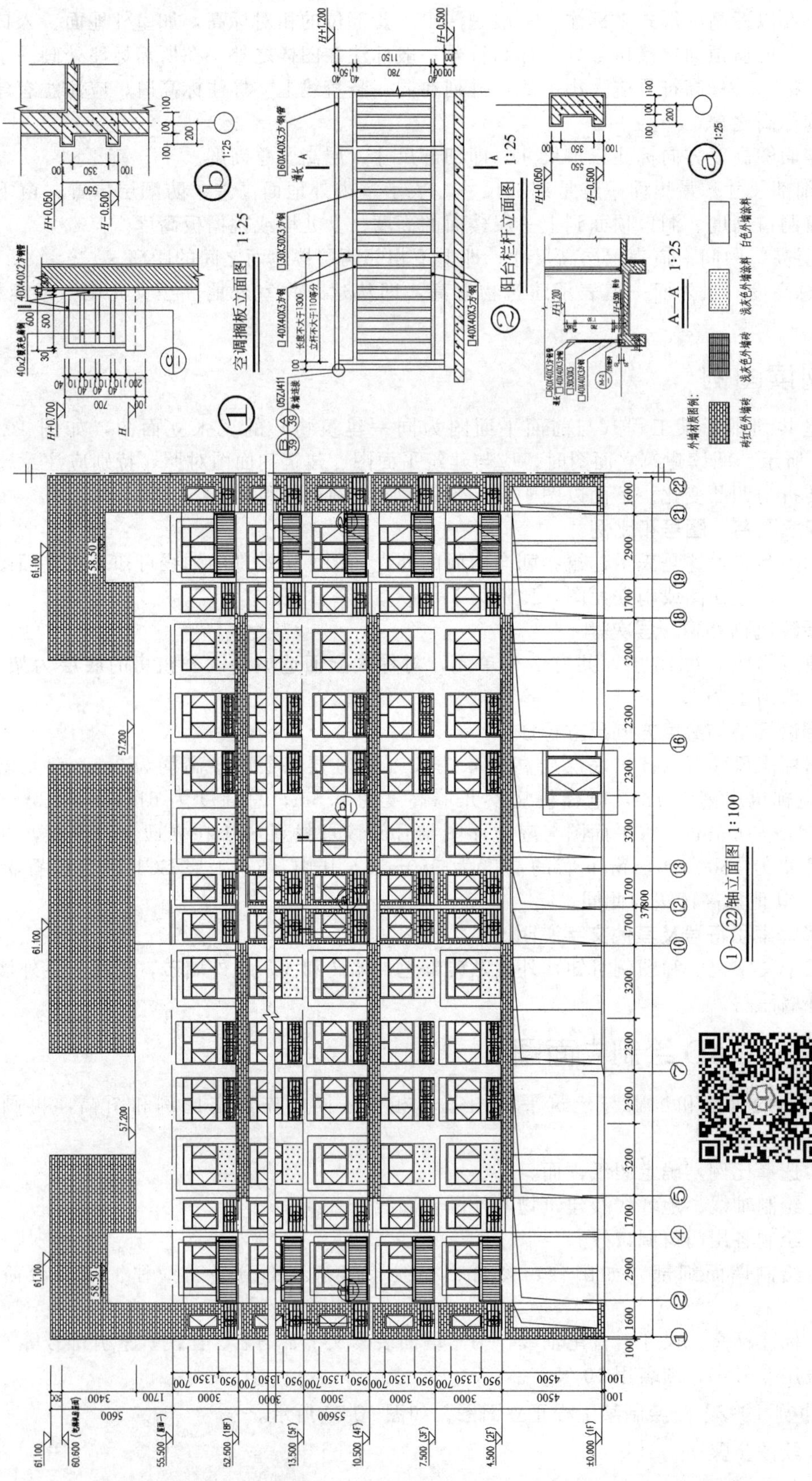

图 10-61　正立面图

二维码10-4

61.100
60.600 (电梯机房屋面)
57.200
57.350
55.500 (屋面一)
52.500 (18F)
13.500 (5F)
10.500 (4F)
7.500 (3F)
4.500 (2F)
±0.000 (1F)
55600
37800
100X100铝合金立梃@900
100X100铝合金@400
与立梃之间用角钢、螺栓连接
女儿墙内侧
女儿墙外侧
② 1:50
① 1:50
外墙材质图例:
砖红色外墙砖
浅灰色外墙砖
浅灰色外墙涂料
白色外墙涂料
㉒～①轴立面图 1:100

图 10-62　背立面图

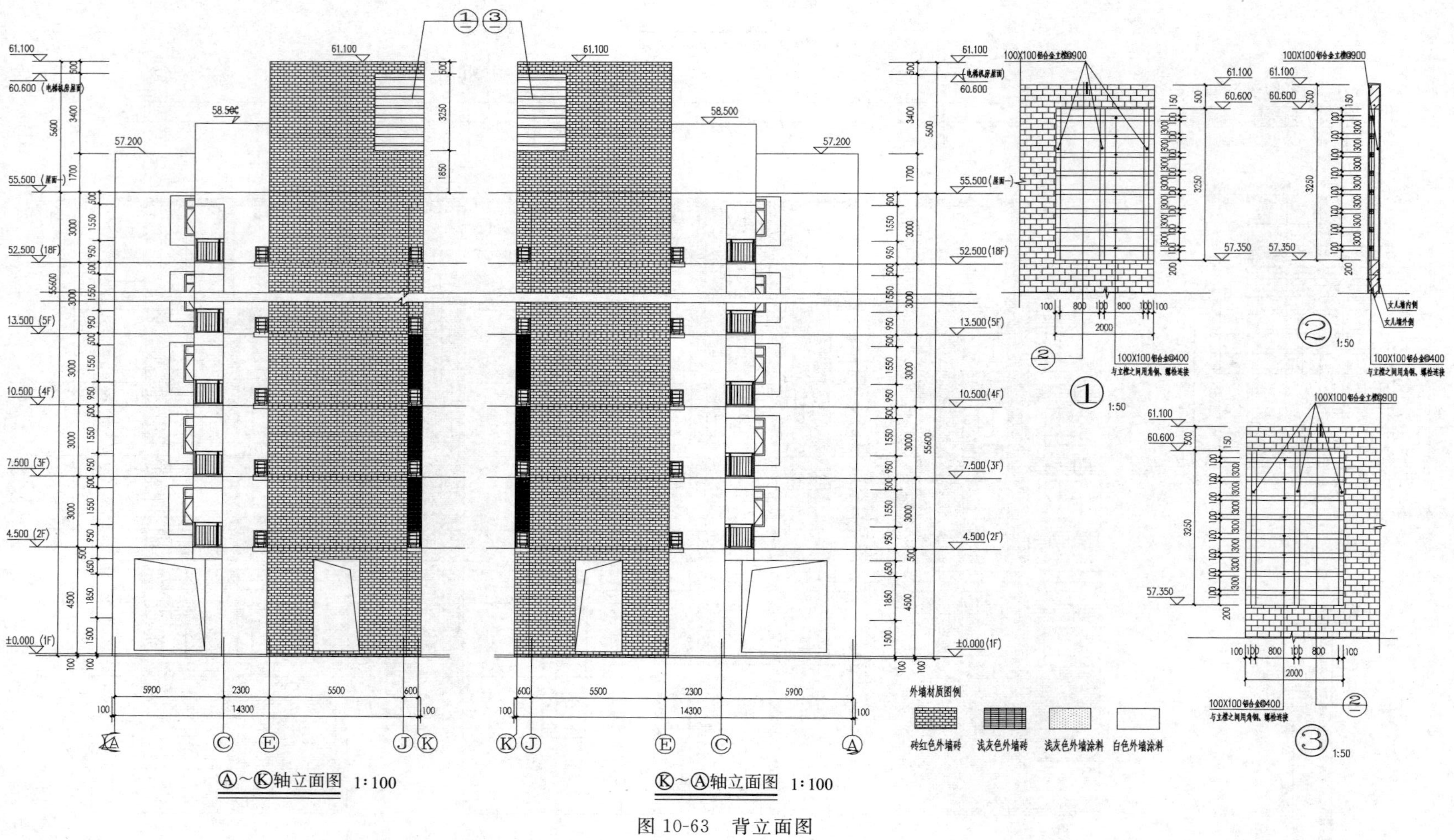

图 10-63 背立面图

（1）设置绘图环境　立面图绘图环境的设置方法与平面图相同，也可以直接调用平面图绘制过程中已创建好的空白绘图模版并另存为“.dwg”格式文件（可取名为“××工程北立面图”）。在使用过程中可以根据内容需要进行修改，如绘图区域的调整，图层的增减等。本图图层可以按照“轴线”、“轮廓线”、“窗”、“线性尺寸”、“标高”、“文字”、“辅助线”来设置（只作参考，有些图层不是必需，可作简化）。

（2）绘制定位轴线、轮廓线与室外地坪

① 绘制定位轴线　在立面图中，只需要绘制端部的两条轴线。其他轴线可以根据需要，利用“偏移”、“复制”等命令并结合平面图中的尺寸绘制出来，作为辅助线使用（可以为其设置专门的图层）。

② 绘制室外地坪线　切换到“轮廓线”图层（或另行创建图层），利用“多段线”命令（pline）并调用其“宽度”模式，设置为加粗线宽（1.4b）后绘制室外地坪线。

③ 绘制轮廓线　在“轮廓线”图层，利用“直线”命令绘制外轮廓。

④ 绘制次要轮廓线　利用“直线”命令以中粗线宽绘制次要轮廓线。注意：次要轮廓线的绘制需结合平面图中的尺寸完成。

⑤ 绘制水平楼层分格线　切换“辅助线”层为当前层，用直线命令“line”绘制第一条水平楼层分格线，长度适当即可，用阵列命令“array”完成其他楼层水平分格线的绘制。

（3）绘制窗　切换到“窗”图层，利用“矩形”、“偏移”等命令绘制窗的图例。本例有四种样式、尺寸不完全相同的窗。

① 绘制窗框　利用“矩形”命令绘制窗框。

② 绘制内部分格线　利用“分解”命令，将窗框内侧矩形分解。利用“偏移”命令，生成分格线和开启方向，如图 10-64 所示。

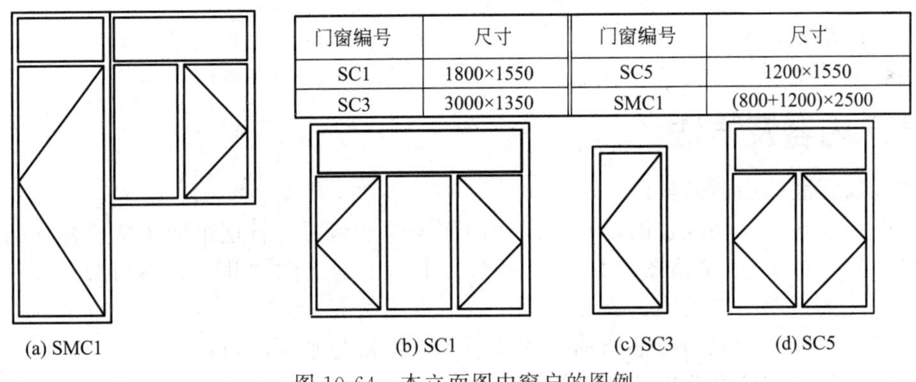

门窗编号	尺寸	门窗编号	尺寸
SC1	1800×1550	SC5	1200×1550
SC3	3000×1350	SMC1	(800+1200)×2500

图 10-64　本立面图中窗户的图例

③“装配”窗户　依据各部位高度定位尺寸绘制门窗的横向定位辅助线，然后删除横向辅助线，结合纵向定位辅助线绘制主要门窗结构。可以利用“复制”或“阵列”完成。如利用“阵列”命令，需根据水平尺寸、标高等正确设置矩形阵列的行数、列数、行间距、列间距等参数。

（4）绘制建筑细部　根据细部高度尺寸绘制立面细部，将屋檐、墙面装饰线及栏杆分别绘制出来，再删去平面图中的剩余图线。使用填充命令进一步修饰外立面，进行立面材料填充。

（5）标注

① 标注线性尺寸

② 标注标高尺寸　可以利用“创建块”（block）或“写图块”（wblock）及“定义属性”

(attdef)、“插入块”(insert) 等命令将标高符号制作成图块，并将标高数值定义为该图块的属性后插入使用。

在插入标高符号时，可以利用“对象捕捉”及“对象追踪”模式，保证标高符号与所示位置平齐，同时标高符号之间竖向对齐。标高符号和索引符号只需插入已制作好的属性块，视图面的复杂程度确定缩放比例，标高数字的高度应和尺寸数字的高度一致，定位轴线编号的数字、字母的高度应比尺寸数字大一号。

③ 注写文字 利用“文字”(text) 命令注写图名、比例、外立面装修说明等。按立面图中所示的文字内容注写施工说明。文字高度应设定为 3.5mm 乘以出图比例的倒数，其他文字高度的设定与建筑平面图相同。如图 10-61 所示。

(6) 打印出图 在布局中插入图框，设置比例后再打印。

第五节 建筑剖面图

建筑剖面图是指房屋的垂直剖面图，假想用一个正立投影面或侧立投影面的平行面将房屋剖切开，移去剖切平面与观察者之间的部分，将剩下部分按正投影的原理投射到与剖切平面平行的投影面上，得到的图形称为剖面图。用侧立投影面的平行面进行剖切，得到的剖面图称为横剖面图；用正立投影面的平行面进行剖切，得到的剖面图称为纵剖面图。建筑剖面图用来表达建筑物内部垂直方向分层、层高、各部位高度方向尺寸、房屋结构形式和构造方式及各部位的相互关系，是施工、概预算及备料的重要依据。

建筑剖面图同平面图、立面图一样，是建筑施工图中不可缺少的重要图样之一，表示建筑物的整体情况。剖面图的剖切位置应选在房屋内部结构和构造比较复杂或有代表性的部位，如门窗洞口处。应对照平面图上的剖切位置线阅读剖面图。

剖面图的绘制比例与平面图、立面图相同。剖切符号通常在首层平面图中画出，剖面图一般不画出室外地面以下的部分（基础部分由结构施工图中的基础图来表达）。

一、图示内容及方法

1. 建筑剖面图的主要内容：

(1) 图名、比例、墙或柱的定位轴线 剖面图的命名要与首层平面图中所标注的剖切符号的编号一致，如 1—1 剖面图、2—2 剖面图、Ⅰ—Ⅰ剖面图、Ⅱ—Ⅱ剖面图、A—A 剖面图等。绘图比例一般与平面图、立面图相一致，常用的有 1∶50、1∶100、1∶200 三种。剖面图中的定位轴线一般只画两端的轴线及其编号，以便与平面图对照。

(2) 剖切到的构件及其构造 建筑剖面图能表示房屋内部的分层、分隔情况，反映屋顶及屋面保温隔热情况。包括剖切到的建筑物室内外地面、地坑、地沟、顶棚、楼面层、屋顶、楼梯、阳台、雨棚、留洞、散水、排水沟、内外墙及其墙身内的构造（包括门窗、墙裙、踢脚板、墙内的过梁、圈梁、防潮层等）。

(3) 未剖切到的可见构件 凡是未剖切到的但是能看到的都应表示清楚。

(4) 图线 室外地坪线用加粗实线表示。剖切到的墙身、楼板、屋面板、楼梯段、楼梯平台等轮廓线用粗实线表示。未剖切到的可见轮廓线如门窗洞、楼梯段、楼梯扶手和内外墙轮廓线用中实线表示。较小的建筑构配件与装修面层线等用细实线表示。尺寸线、尺寸界线、引出线、索引符号和标高符号按规定画成细实线。一般使用粗实线绘制剖切到的构件的轮廓线。

(5) 图例 剖面图中，被剖切到的构、配件断面材料图例，根据不同的绘图比例，而采用不同的表示方法：图形比例大于 1∶50 时，应在被剖切到的构件断面绘出其材料图例；比例为（1∶100）～（1∶200）时，材料图例可采用简化画法，如砖墙涂红，钢筋混凝土涂黑，但宜画出楼地面的面层线；比例小于 1∶200 时，剖面图可不画材料图例。

（6）房屋高度方向的尺寸及标高，必要的文字注释　剖面图中高度方向的尺寸和标注方法同立面图一样，也有三道尺寸线。必要时还应标注出内部门窗洞口的尺寸。

① 外墙的竖向尺寸　门窗洞口及洞口间墙体等细部的高度尺寸、层高尺寸、室外地面以上的总高尺寸、局部尺寸。

② 标高　室外地坪，以及楼地面、阳台、平台台阶的完成面、窗洞等关键位置的相对标高。

（7）详图索引符号及其他文字说明　剖面图中不能详细表示清楚的部位应引出索引符号，另用详图表示。

（8）屋面、楼面、地面的构造层次及做法　结合建筑设计说明或材料做法表识读，查阅地面、楼面、墙面、顶棚的装修做法。结合屋顶平面图识读，了解屋面坡度、屋面防水、女儿墙泛水、屋面保温、隔热等的做法。

2. 读图或绘图时的注意事项

（1）读图时应根据剖面图的图名在首层平面图上找到与之相应的剖切符号，了解该剖面图是以怎样的剖切方式剖切并投影而形成的。

（2）绘制时，必须标注垂直尺寸和标高。外墙的高度尺寸一般也标注三道：

① 最外侧一道为室外地面以上的总高尺寸；

② 中间一道为层高尺寸、室内外地面高差尺寸、檐口至女儿墙压顶面的尺寸等；

③ 最内一道为为细部尺寸（门、窗洞及窗间墙的高度尺寸）。

二、阅读图例（如图 10-65 所示）

1. 了解图名及比例，剖面图与平面图的对应关系

根据图名“1—1 剖面图”，首先在首层平面图中找到与之对应的剖切符号。由剖切符号可以看出剖切面是在 6、7 号轴线之间，沿横向轴线方向剖切，投影方向由西向东。绘图比例为 1∶100。

2. 了解房屋的结构形式及各层内部构造

由图知，该建筑物地上 18 层，地下 1 层，地上第一层层高为 4.5m，其余各层层高均为 3m。被剖切面剖切开的楼板及下面的梁断面用涂黑的方式表示，可以很明显看出楼板下面梁的位置。被剖切到的墙体轮廓线用粗实线表示。屋顶上面设有女儿墙，屋面上女儿墙高度为 1700mm，电梯机房上女儿墙高为 500mm。从剖面图中可以看出墙、板、梁之间的位置关系。卫生间楼板比其他房间楼板标高低 400mm。被剖切到的门窗用相应的图例表示。

3. 了解主要标高和尺寸

根据标高可知：地下室顶板标高为－1.100m，首层室内地面标高为±0.000，二层楼面标高为 4.500m。根据高度方向尺寸标注可知一些细部的高度方向尺寸，如：Ⓐ轴线墙体外侧的窗户的高度为 1550mm，窗上梁的梁高为 500mm。

4. 了解索引详图所在的位置及编号

5. 其他

本图上还画出了未被剖切到的外墙（Ⓖ轴～Ⓙ轴墙体）。

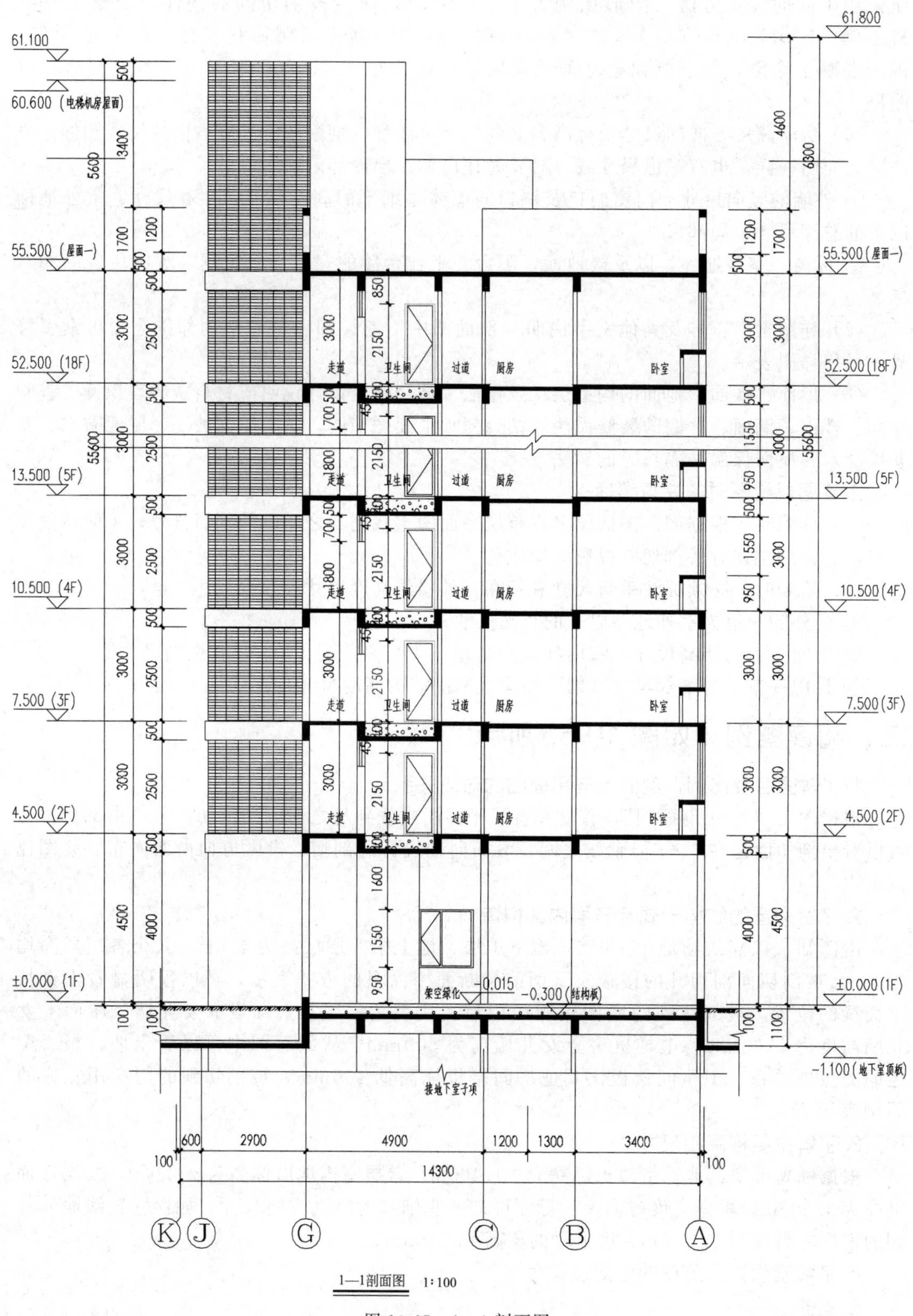

61.100
60.600（电梯机房屋面）
55.500（屋面一）
52.500（18F）
13.500（5F）
10.500（4F）
7.500（3F）
4.500（2F）
±0.000（1F）
61.800
-1.100（地下室顶板）
走道
卫生间
过道
厨房
卧室
架空绿化
-0.015
-0.300（结构板）
接地下室子项
55600
14300
K
J
G
C
B
A
1—1剖面图 1:100

图 10-65 1—1 剖面图

三、AutoCAD 绘制剖面图

【例 10-3】 如图 10-65 所示，绘制某工程 1—1 剖面图。

解 绘图步骤

(1) 设置绘图环境和图层　直接调用平面图绘制过程中已创建好的空白绘图模版并另存为“. dwg”格式文件（可取名为“××工程 1—1 剖面图”）。在使用过程中可以根据内容需要进行修改。图层设置操作方法与步骤和方法同建筑平面图绘制。本图图层可以按照“轴线”、“辅助线”、“轮廓线”、“窗”、“线性尺寸”、“标高”、“文字”来设置（只作参考）。

(2) 绘制定位轴线、室外地坪线、楼面位置线　定位轴线与楼面位置线都是用来定位的，可以将它们都绘制在“轴线”图层，或者分别绘制在“轴线”与“辅助线”图层。利用“直线”命令与“偏移”命令或“复制”命令即可很方便地将它们绘制出来，如图 10-66 所示。

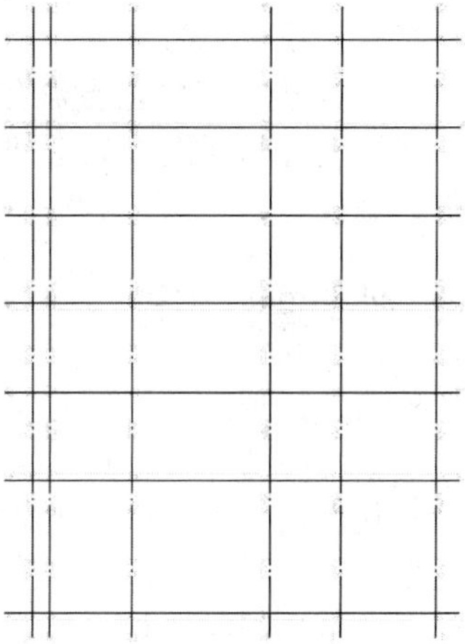

图 10-66　剖面图轴线的绘制

(3) 绘制墙体、楼板等构件　因为墙线和楼面板线均为粗线，现将其绘制在同一图层。切换到“剖面线”图层。

① 绘制墙体　方法同平面图墙体绘制部分，用多线命令“mline”绘制墙体。

② 绘制楼板、屋面板　利用“多线”、“直线”等命令完成楼板与屋面板的轮廓线，再利用“图案填充”命令填充成黑色（选择“solid”图案）；也可以利用“多段线”命令，将其宽度设置为楼板的厚度，直接绘制完成。

③ 绘制女儿墙　利用“直线”“图案填充”（bhatch）命令完成。选中并激活顶层墙体，将其向上拉伸，并切换到剖面线图层用直线将墙体封口，再切换到细线图层，用直线将左右女儿墙相连。

(4) 绘制门、窗并补充细节　利用“直线”或“矩形”、“偏移”命令完成，并可以制作成图块使用。将制作好的图例插入到其准确位置。补充踢脚线、屋面面层线等细节。最后，修剪端部轴线，并将多余的轴线与楼面线删除或者隐藏。

(5) 标注　方法同立面图标注。

绘制标高符号：切换到“尺寸标注”图层，用直线命令绘制一底边长 600、高 300 的等腰直角三角形，然后激活底边，将底边线向左拖长，再在三角形顶角绘制一短线。

在标高符号上用已定义好的文字样式注写高度为 350 的数字。并作辅助线完成标高的标注。

置“建筑尺寸标注”样式为当前样式，用线性标注和连续标注配合完成尺寸标注。

(6) 绘制图框线、图幅线和标题栏　方法见绘制建筑平面图，图幅取 42000×29700，其他设置同平面图。

(7) 打印出图

第六节　建筑详图

建筑平面图、立面图、剖面图表达建筑的平面布置、外部形状和主要尺寸，但因反映的内容范围大，画平面图、立面图、剖面图时所用的比例较小，对建筑的细部构造难以表达清楚，为了满足施工的需要，用正投影的方法，以较大的绘图比例（1∶1、1∶2、1∶5、1∶10、1∶20、1∶25、1∶50）将这些部位的形状、尺寸、材料、做法等详细画出图样，这种图样称为建筑详图，简称详图。

建筑详图因其比例大、图示内容详尽清楚、尺寸标注齐全、文字说明详尽，因此，它是建筑细部的施工图，是对建筑平面图、立面图、剖面图等基本图样的深化和补充，是建筑工程细部施工、建筑构配件制作及编制预算的依据。建筑详图与平、立、剖面图的索引关系是通过详图符号与详图索引符号来建立的。

建筑详图可分为节点构造详图和构配件详图两类。

（1）节点构造详图　表达房屋某一局部构造做法和材料组成的详图，如檐口、窗台、勒脚、明沟或散水以及楼地面层、屋顶层等。

（2）构配件详图　表明建筑平、立、剖面图中的某些构配件本身构造的详图，如门、窗、楼梯、花格、雨水管、阳台、各种装饰等。

一幢房屋施工图通常需绘制以下几种详图：外墙剖面详图、楼梯详图、门窗详图及室内外一些构配件的详图，如室外的台阶、花池、散水、明沟、阳台等，室内的厕所、盥洗间、壁柜、搁板等。

一、外墙身详图

外墙身详图表达了墙身从基础到屋顶的各个组成部分（如墙角、窗台、过梁等）与外墙，与室内外地坪、楼面、屋面等的连接情况以及檐口、门窗顶、窗台、勒脚、散水的尺寸、材料做法要求等，是砌墙、室内外装修、门窗安装、编制施工预算以及材料估算等的重要依据。

外墙身详图一般包括檐口节点、窗台节点、窗顶节点、勒脚和明沟节点、屋面雨水口节点、散水节点等，画图时常将各节点剖面图连在一起，采用较大比例绘制，为节省图幅，中间用折断线断开，成为几个节点详图的组合。如果多层房屋中各层的构造情况一样时，可只画底层、顶层或加一个中间层来表示。

外墙身详图的读法与剖面图相同，只是表达更加详细。现以某建筑墙身大样图为例，如图 10-67 所示。本图采用了省略画法，省略部分边界用折断线断开。

1. 图名、比例

这里包含四个墙身大样图。墙身大样图绘图比例为1∶50。

2. 墙体轴线、墙厚、墙体与轴线的关系

读法与剖面图部分相同，墙体宽度为200mm。

3. 各构件的断面形状、尺寸、材料及相互连接方式。

本图用细实线绘制了构件外表面面层线（粉刷线），剖到的结构面轮廓线用粗实线，并且在构件的断面上绘制了材料图例。例如：可以看出屋面板、楼板及其下面的梁使用钢筋混凝土材料。还可以看出楼板、屋面板与墙体的连接，门、窗的位置等。

4. 各部分做法

结合建筑设计说明或材料做法表阅读，了解排水沟、散水、防潮层、窗台、窗檐、天沟等的细部的构造做法，一方面需参见索引出的详图，另一方面需参见设计说明或图中的文字说明。本例中文字说明较简略。地面、楼面、屋面和墙面等装修做法常采用分层表示方法，画图时文字注写的顺序是与图形的顺序对应的。

5. 标高（这里指相对标高）与高度方向尺寸标注

读法与剖面图相同。

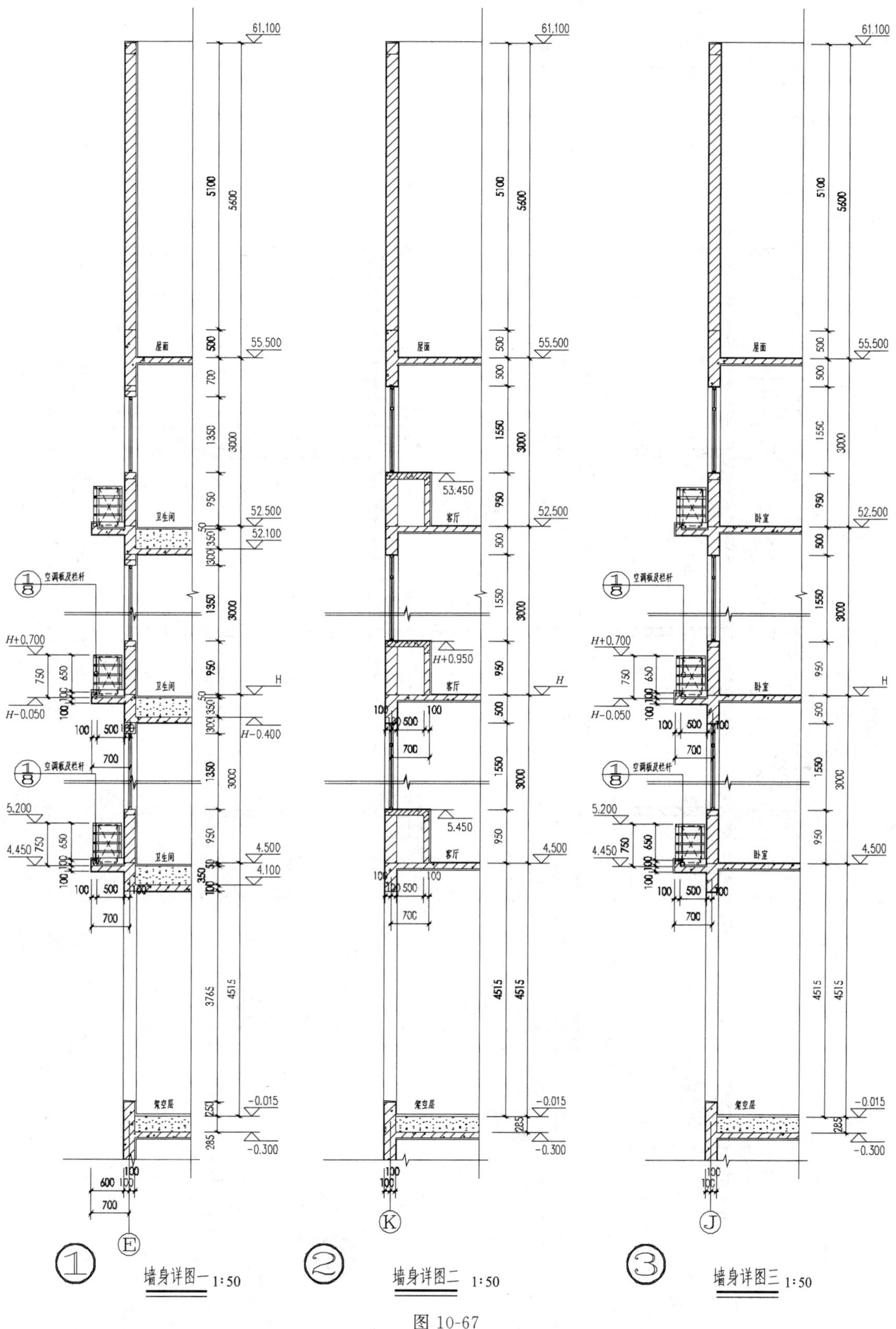

图 10-67

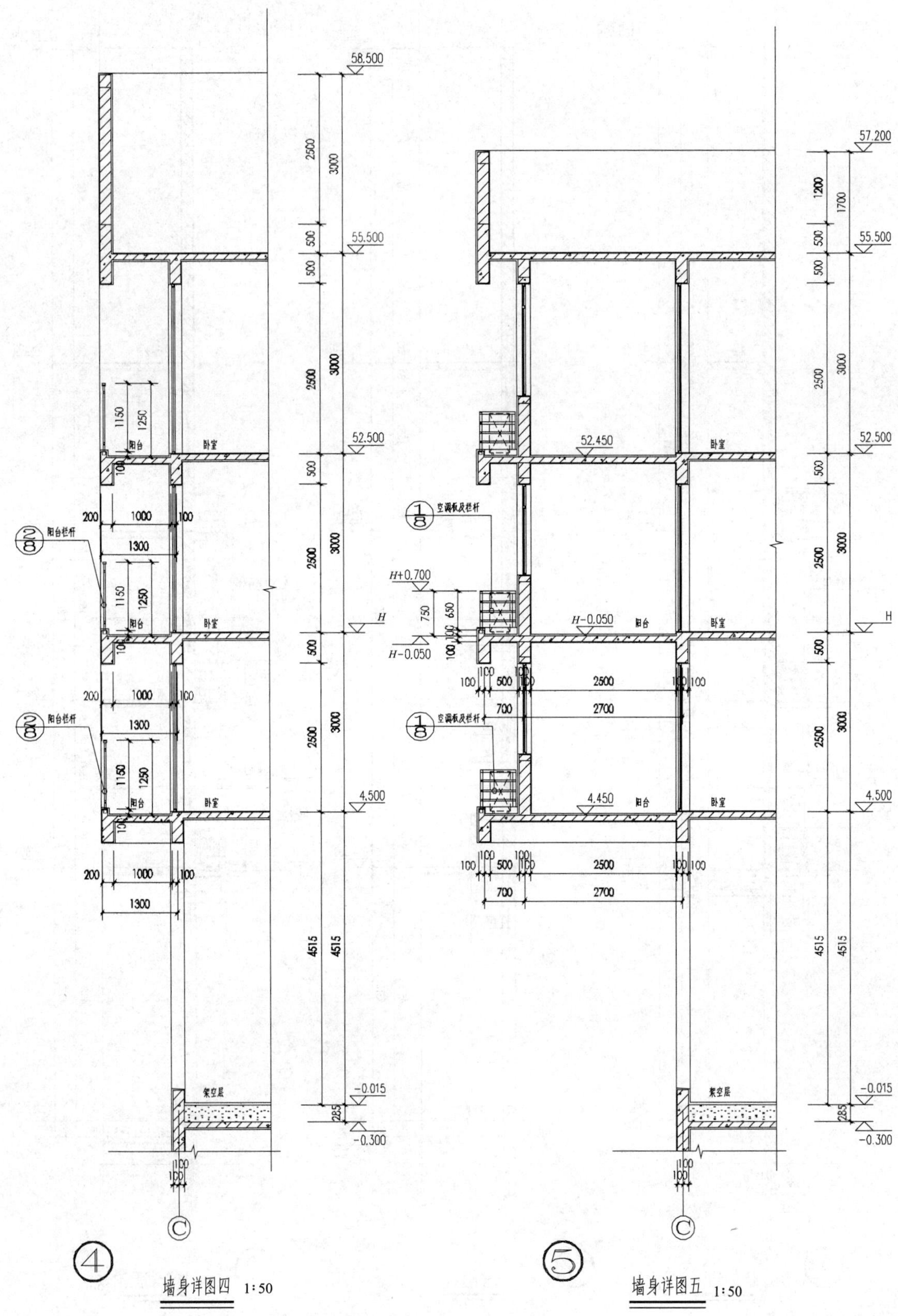

58.500
55.500
52.500
4.500
-0.015
-0.300
57.200
52.450
4.450
H+0.700
H-0.050
H
阳台
卧室
阳台栏杆
空调板及栏杆
架空层
墙身详图四 1:50
墙身详图五 1:50

图 10-67　墙身详图

6. 详图索引符号及其他

7. 注意事项

（1）在±0.000或防潮层以下的墙称为基础墙，施工做法应以基础图为准。在±0.000或防潮层以上的墙，施工做法以建筑施工图为准，并注意连接关系及防潮层的做法。

（2）地面、楼面、屋面、散水、勒脚、女儿墙等的细部做法应结合建筑设计说明或材料做法表阅读。

（3）注意建筑标高与结构标高的区别。

二、楼梯详图

楼梯是多层房屋垂直方向的主要交通设施，由楼梯段、平台、栏杆（栏板）和扶手三部分组成：

（1）楼梯段指两平台之间的倾斜构件。它由斜梁或板及若干踏步组成，踏步分踏面和踢面，踏步的水平面称踏面，踏步的垂直面称踢面。

（2）平台指两楼梯段之间的水平构件。根据位置不同又有楼层平台和中间平台之分，中间平台又称为休息平台。

（3）栏杆（栏板）和扶手设在楼梯段及平台悬空的一侧，起安全防护作用。

由于楼梯的构造比较复杂，一般需画详图，以表示楼梯的类型、结构形式、构造、各部位尺寸及装修做法。楼梯详图一般分为建筑详图与结构详图，楼梯建筑详图一般包括楼梯平面图、剖面图及踏步、栏杆、扶手等处的节点详图，是楼梯施工放样的主要依据。

（一）楼梯平面图

楼梯平面图的形成同建筑平面图一样，假想用一水平剖切平面在该层往上行的第一个楼梯段中剖切开，移去剖切平面及以上部分，将余下的部分按正投影的原理投射在水平投影面上所得到的图形，称为楼梯平面图。

楼梯平面图包括底层楼梯平面图、标准层楼梯平面图和顶层楼梯平面图。

楼梯平面图表达的内容如下：

（1）楼梯间的位置。

（2）楼梯间的开间、进深、墙体的厚度。

（3）梯段的长度、宽度以及楼梯段上踏步的宽度和数量。

（4）休息平台的形状、大小和位置。

（5）楼梯井的宽度。

（6）各层楼梯段的起步尺寸。

（7）各楼层、各平台的标高。

（8）在底层平面图中还应标注出楼梯剖面图的剖切位置（及剖切符号）。

楼梯平面图一般分层绘制，底层平面图是剖切位置在第一跑梯段上，底层平面图中只画半个梯段，梯段断开处画45°折断线，见图10-68中地下一层平面图，45°折断符号应以楼梯平台板与梯段的分界处为起始点画出，使第一梯段的长度保持完整。因此除表示第一跑的平面外，还能表明楼梯间一层休息平台下面小房间的平面形状。如果中间各层的楼梯位置、楼梯数量、踏步数、梯段长度都完全相同时，可以只画一个中间层楼梯平面图，这种相同的中间层的楼梯平面图称为标准层楼梯平面图。在标准层楼梯平面图中的楼层地面和休息平台上应标注出各层楼面及平台面相应的标高，其次序应由下而上逐一注写。中间层平面图的剖切位置在某楼层向上的梯段上，在中间层平面图上既有向上的梯段，又有向下的梯段，在向上梯段断开处画45°折断线，见图10-68中二～十八层平面图。最上面一层平面图称为顶层平面图。顶层平面图的剖切位置在顶层楼层平台一定高度处，没有剖切到楼梯段，因而在顶层平面图中只有向下梯段，平面图中没有折断线，见图 10-68 中机房层平面图。

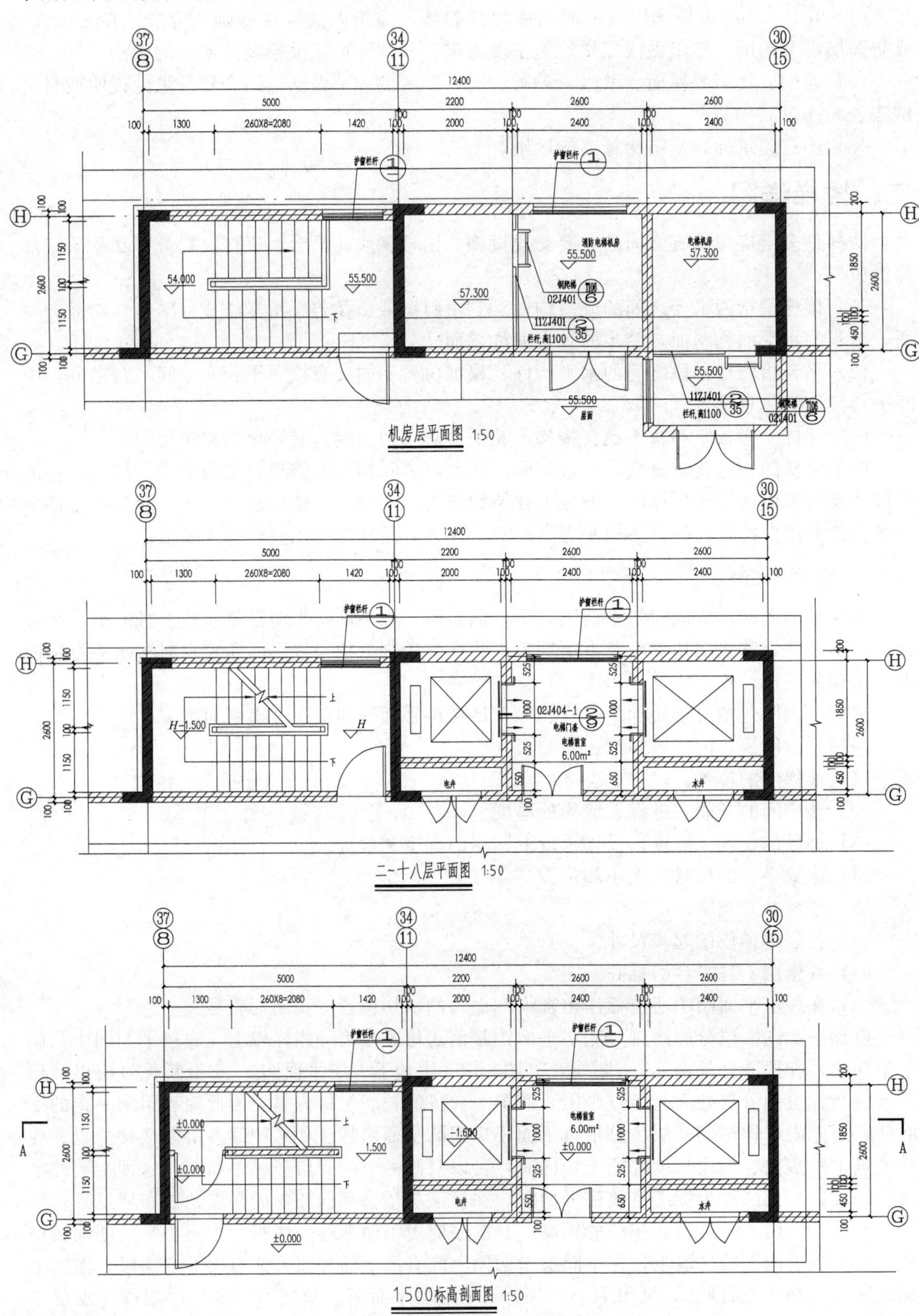

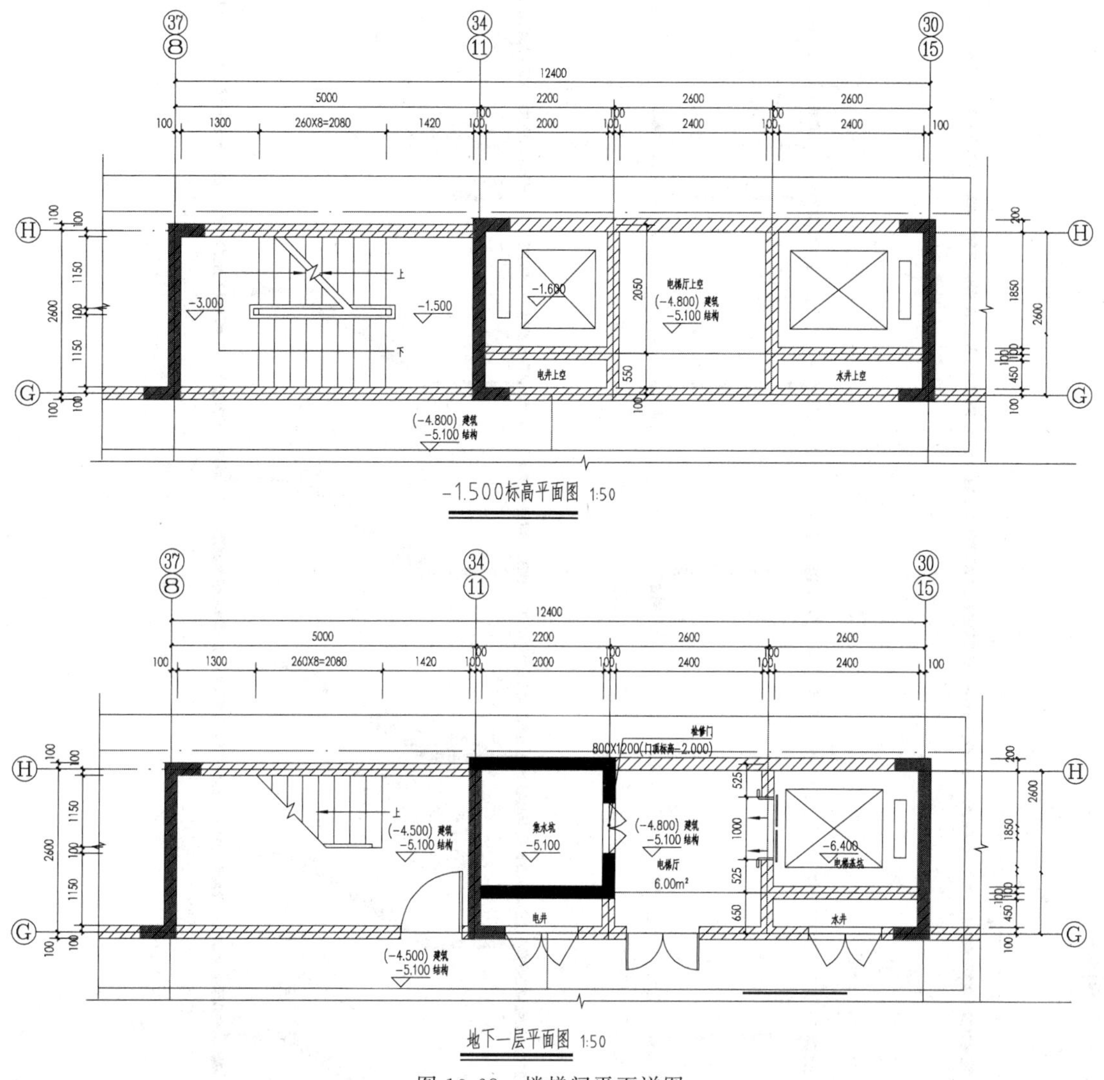

图 10-68　楼梯间平面详图

（二）楼梯剖面图

楼梯剖面图是楼梯垂直剖面图的简称，假想用一铅垂剖切平面通过各层的一个楼梯段将楼梯剖切开，楼梯剖面图的剖切位置的剖切符号应在底层楼梯平面图中画出，剖切平面一般应通过第一跑，并位于能剖到门窗洞口的位置上，剖切后向未剖到的梯段进行投影，所绘制的剖面图称为楼梯剖面图，如图 10-69 所示。

楼梯剖面图表达的内容如下：

（1）楼梯间的进深尺寸及轴线编号。

（2）楼梯各层楼（地）面及休息平台的标高。

（3）楼梯段的高度、梯段数、踏步数、踏面的宽度及踢面的高度，梯段的高度尺寸可用级数与踢面高度的乘积来表示。应注意的是，级数与踏面数相差为 1，即踏面数等于级数减去 1。

（4）各种构件的搭接方法，楼梯栏杆（板）的形式及高度。

（5）楼梯间各层门窗洞口的标高及尺寸。

（6）楼地面、楼梯平台、墙身、栏杆、栏板等的构造做法及其相对位置。

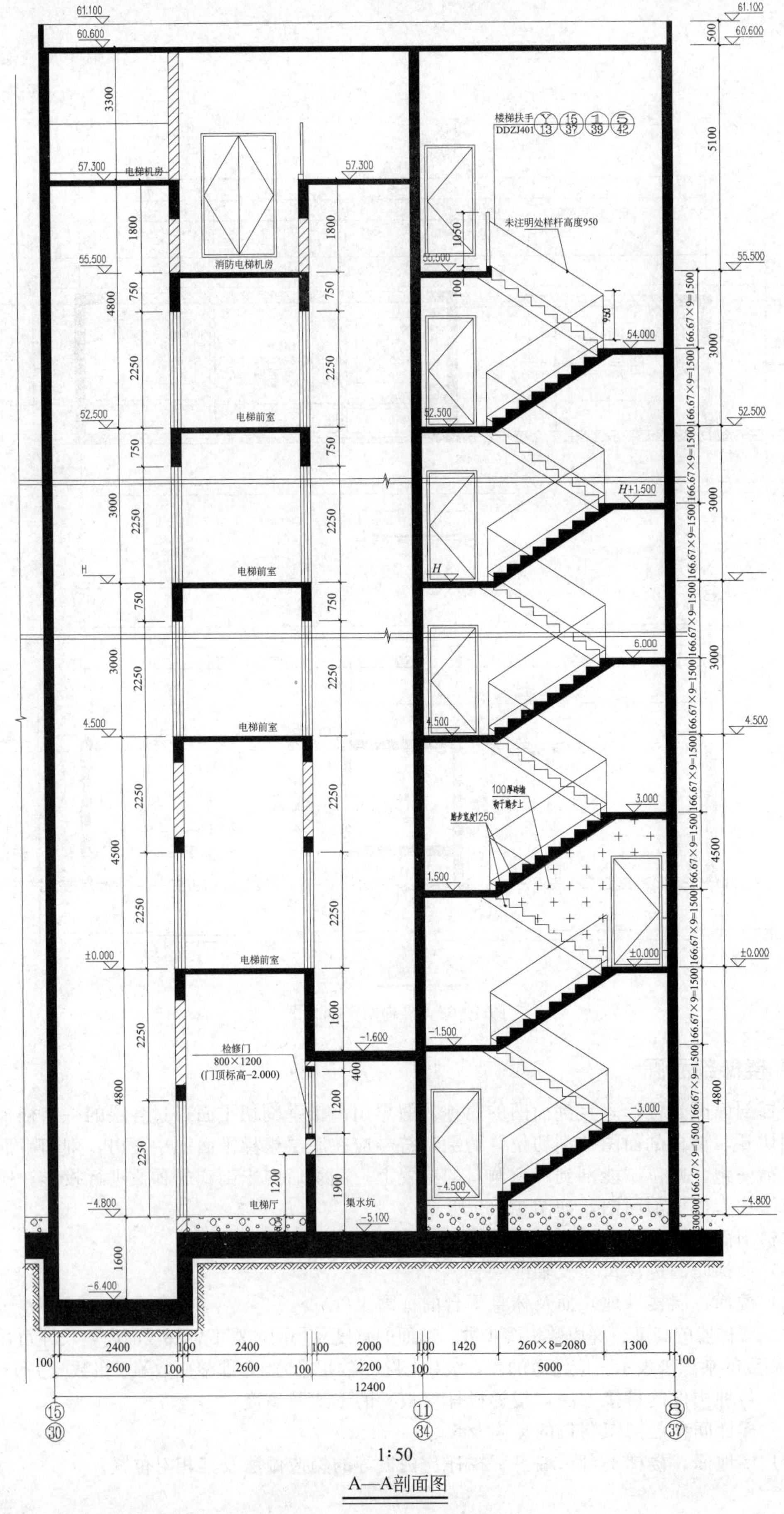

图 10-69　楼梯间剖面详图

（三）踏步、栏杆（板）及扶手详图

楼梯节点详图主要是指踏步、扶手、栏杆详图和梯段与平台处的节点构造详图。它们分别用索引符号与楼梯平面图或楼梯剖面图联系。和楼梯平面图、剖面图相比，踏步、栏杆和扶手采用的比例要大一些，其目的是表明楼梯各部位的细部做法。依据所画内容的不同，详图可采用不同的比例，以反映它们的断面形式、细部尺寸、所用材料、构件连接及面层装修做法等，如采用标准图集，则直接引注标准图集代号，如采用的形式特殊，则用 1∶10、1∶5、1∶2 或 1∶1 的比例详细表示其形状、大小、所采用材料以及具体做法。

(1) 踏步　踏步的尺寸一般在绘制楼梯剖面图或详图时都要注明，楼梯间踏步的装修若无特别说明，一般与地面的做法相同。在公共场所，楼梯踏面一般要设置防滑条，可通过绘制详图表示或选用图集注写的方法。

(2) 栏杆和扶手　栏杆和扶手的做法一般均采用图集注写的方法。若为新型材料或新型结构而在图集中无法找到相同的构造图时，则需要绘制详图表示。

（四）识读楼梯详图的方法与步骤

(1) 查明轴线编号，了解楼梯在建筑中的平面位置和上下方向。

(2) 查明楼梯各部位的尺寸。包括楼梯间的大小、楼梯段的大小、踏面的宽度、休息平台的平面尺寸等。

(3) 按照平面图上标注的剖切位置及投射方向，结合剖面图阅读楼梯各部位的高度。包括地面、休息平台、楼面的标高及踢面、楼梯间门窗洞口、栏杆、扶手的高度等。

(4) 弄清栏杆（板）、扶手所用的材料及连接做法。

(5) 结合建筑设计说明，查明踏步（楼梯间地面）、栏杆、扶手的装修方法。包括踏步的具体做法，栏杆、扶手（金属、木材等）及其油漆颜色和涂刷工艺等。

由图 10-68 楼梯间平面详图可知：楼梯间位于Ⓖ、Ⓗ轴和⑧、⑪轴（㉞、㊲轴之间），楼梯间开间为 5000mm，进深为 2600mm，踏面的宽度为 260mm，每个梯段踏步数为 8，梯段宽为 1150mm，梯井宽为 100mm，楼梯间墙厚 200mm，楼层平台标高分别为 0.00m、4.50m、7.50m、10.50m、13.5m、16.5m 等；休息平台面标高分别为 －3.00m、－1.50m、1.50m、3.00m、6.00m、9.00m、12.00m 等。由图 10-69 楼梯剖面详图可知：楼梯踢面的高度为 166.67mm，级数为 9 级，每个梯段高 1.5m，栏杆高 950mm，楼梯扶手做法详见 00ZJ401 标准图集。

三、AutoCAD 绘制楼梯详图

【例 10-4】　如图 10-70 所示，绘制某工程楼梯间平面详图。

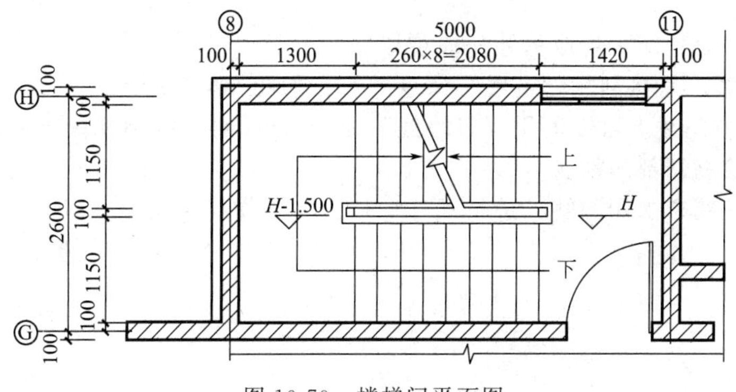

图 10-70　楼梯间平面图

解 绘图步骤

(1) 设置绘图环境。方法与平、立、剖面图部分相同。

(2) 画楼梯间的定位轴线及墙身线。

方法与平、立、剖面图部分相同。

(3) 绘制楼梯间，确定楼梯段的长度、宽度及平台的宽度，并等分梯段。

① 首先，可以为楼梯专门建立一个图层。

将楼梯图层设为当前图层，可利用“直线”、“偏移”、“修剪”、“阵列”、“复制”、“矩形”、“多段线”等命令绘制楼梯。踏面的宽度为260mm，每个梯段踏步数为8，梯井宽为100mm，剖线水平夹角为45°。

② 绘制楼梯扶手。可以利用“矩形”命令在楼梯井位置绘制一个矩形，再利用“偏移”命令，即可生成楼梯扶手。

③ 绘制梯段的水平投影。梯段的水平投影其实只是一些平行线而已。可以利用直线命令绘制边界处的一条，再利用阵列命令排列生成其他线，即可构成一组平行线；也可以利用复制或偏移命令生成，操作过程的命令提示如下：

```
命令:_line 指定第一点
指定下一点或[放弃(U)]:1150(先利用“直线”命令,“方向加距离”模式绘制一条 1150mm 长的直线)
指定下一点或[放弃(U)]:(回车)
命令:_array classic(利用对话框,设置阵列参数,如图 10-71 所示)
选择对象:指定对角点:找到 9 个(选择直线对象)
```

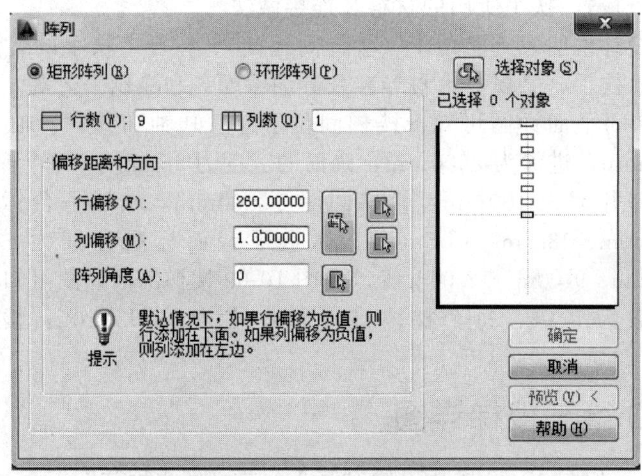

图 10-71 阵列命令设置对话框

利用“复制”命令即可生成另外一段梯段。

④ 绘制折断线。直接利用“直线”命令即可，如图 10-70 所示。

⑤ 绘制梯段方向线。可以利用“多段线”命令 (pline)，绘制梯段方向线，并通过“宽度”选项的设置绘制端部的箭头。

(4) 检查，按要求加深图线，进行尺寸标注，完成楼梯平面图。

Chapter 11

第十一章

结构施工图

教学提示	本章主要介绍了结构施工图的内容及其识读和绘制方法。
教学要求	要求学生了解建筑物的结构形式，掌握结构施工图的阅读方法及利用AutoCAD绘制结构施工图的方法和技巧。

第一节　概　　述

结构施工图是为了保障建筑的使用安全而设计的施工图样，主要用于指导施工放线、开挖基槽、支模板、绑扎钢筋、设置预埋件、浇捣混凝土和安装梁、板、柱等施工，是计算工程量、编制施工图预算和施工进度计划的依据。

建筑结构专业制图，应选用表 11-1 所示的图线。在同一张图纸中，相同比例的各图样，应选用相同的线宽组。

绘图时根据图样的用途，被绘物体的复杂程度，应选用表 11-2 中的常用比例，特殊情况下也可选用可用比例。

在结构图中需要将结构构件用指定的代号标出并编号，所用代号见表 11-3 所示。

表 11-1 建筑结构施工图图线表

名称		线型	线宽	一般用途
实线	粗	——	b	螺栓、钢筋线、结构平面图中的单线结构构件线，钢木支撑及系杆线，图名下横线、剖切线
	中粗	——	$0.7b$	结构平面图及详图中剖到或可见的墙身轮廓线、基础轮廓线、钢、木结构轮廓线、钢筋线
	中	——	$0.5b$	结构平面图及详图中剖到或可见的墙身轮廓线、基础轮廓线、可见的钢筋混凝土构件轮廓线、钢筋线
	细	——	$0.25b$	标注引出线、标高符号线、索引符号线、尺寸线
虚线	粗	------	b	不可见的钢筋线、螺栓线、结构平面图中不可见的单线结构构件线及钢、木支撑线
	中粗	------	$0.7b$	结构平面图中的不可见构件、墙身轮廓线及不可见钢、木结构构件线、不可见的钢筋线
	中	------	$0.5b$	结构平面图中的不可见构件、墙身轮廓线及不可见钢、木结构构件线、不可见的钢筋线
	细	------	$0.25b$	基础平面图中的管沟轮廓线、不可见的钢筋混凝土构件轮廓线
单点长画线	粗	—·—	b	柱间支撑、垂直支撑、设备基础轴线图中的中心线
	细	—·—	$0.25b$	定位轴线、对称线、中心线、重心线
双点长画线	粗	—··—	b	预应力钢筋线
	细	—··—	$0.25b$	原有结构轮廓线
折断线		—\/—	$0.25b$	断开界线
波浪线		～～	$0.25b$	断开界线

表 11-2 结构施工图绘图比例

图名	常用比例	可用比例
结构平面图，基础平面图	1∶50，1∶100，1∶150	1∶60，1∶200
圈梁平面图，总图中管沟、地下设施等	1∶200，1∶500	1∶300
详图	1∶10，1∶20，1∶50	1∶5，1∶30，1∶25

表 11-3 常用构件代号

序号	名称	代号	序号	名称	代号	序号	名称	代号
1	板	B	7	楼梯板	TB	13	梁	L
2	屋面板	WB	8	盖板或沟盖板	GB	14	屋面梁	WL
3	空心板	KB	9	挡雨板或檐口板	YB	15	吊车梁	DL
4	槽形板	CB	10	吊车安全走道板	DB	16	单轨吊车梁	DDL
5	折板	ZB	11	墙板	QB	17	轨道连接	DGL
6	密肋板	MB	12	天沟板	TGB	18	车挡	CD

续表

序号	名称	代号	序号	名称	代号	序号	名称	代号
19	圈梁	QL	31	框架	KJ	43	垂直支撑	CC
20	过梁	GL	32	刚架	GJ	44	水平支撑	SC
21	连系梁	LL	33	支架	ZJ	45	梯	T
22	基础梁	JL	34	柱	Z	46	雨篷	YP
23	楼梯梁	TL	35	框架柱	KZ	47	阳台	YT
24	框架梁	KL	36	构造柱	GZ	48	梁垫	LD
25	框支梁	KZL	37	承台	CT	49	预埋件	M—
26	屋面框架梁	WKL	38	设备基础	SJ	50	天窗端壁	TD
27	檩条	LT	39	桩	ZH	51	钢筋网	W
28	屋架	WJ	40	挡土墙	DQ	52	钢筋骨架	G
29	托架	TJ	41	地沟	DG	53	基础	J
30	天窗架	CJ	42	柱间支撑	ZC	54	暗柱	AZ

注：1. 预制混凝土构件、现浇混凝土构件、刚构件和木构件，一般可采用本表中的构件代号。在绘图中，除混凝土构件可以不注明材料代号外，其他材料的构件可在构件代号前加注材料代号，并在图纸中加以说明。

2. 预应力混凝土构件的代号，应在构件代号前加注“Y”，如 Y-DL 表示预应力混凝土吊车梁。

第二节　钢筋混凝土结构的基本知识

常见的房屋结构按承重构件的材料可分为混合结构和钢筋混凝土结构。

（1）混合结构　墙用砖砌筑，梁、楼板和屋面都是钢筋混凝土构件。目前我国建造的住宅、办公楼、学校的教学楼、集体宿舍等民用建筑，都广泛采用混合结构。在房屋建筑结构中，结构的作用是承受重力和传递荷载，一般情况下，外力作用在楼板上，由楼板将荷载传递给墙或梁，由梁传给柱或墙，再由柱或墙传递给基础，最后由基础传递给地基，如图 11-1 所示。

（2）钢筋混凝土结构　基础、柱、梁、楼板和屋面都是钢筋混凝土构件。钢筋混凝土结构如图 11-2 所示。

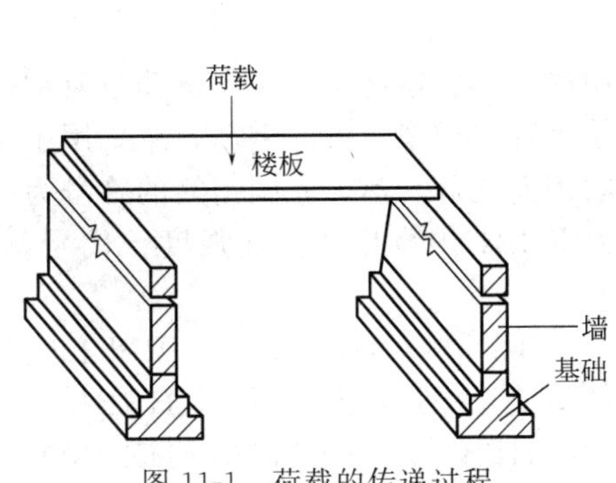

图 11-1　荷载的传递过程

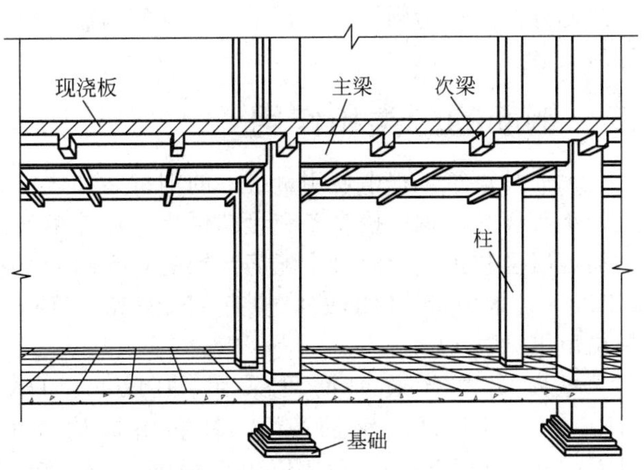

图 11-2　钢筋混凝土结构示意图

一、钢筋混凝土构件

钢筋混凝土构件由钢筋和混凝土两种材料组合而成。混凝土是用水泥、砂子、石子和水四种材料按一定的配合比搅拌在一起，在模板中浇捣成型，并在适当的温度、湿度条件下，经过一定时间的硬化而成的建筑材料。因其性能和石头相似，也称为人造石。混凝土具有体积大、自重大、热导率大，耐久性长、耐水、耐火、耐腐蚀，抗压强度大但抗拉强度低，造价低廉、可塑性好等特点。

混凝土的强度等级分为C15、C20、C25、C30、C35、C40、C45、C50、C55、C60、C65、C70、C75、C80十四个等级，数字越大，表示混凝土抗压强度越高，即混凝土所能承受的压应力也就越大。混凝土的抗拉强度比抗压强度低得多，一般仅为抗压强度的1/20～1/10，容易因受拉而断裂，而此时混凝土的抗压性能却还远远没有发挥出来。为了解决混凝土这种力学性能的弱点，充分发挥混凝土的受压能力，在实际使用的时候，常在构件的受拉区配置一定数量的钢筋，使两种材料共同工作，就形成了钢筋混凝土构件。而钢筋不但具有良好的抗拉强度，而且与混凝土有良好的黏合力，其热膨胀系数与混凝土相近，因此，两者常结合组成钢筋混凝土构件。如图11-3所示的两端支承在砖墙上的钢筋混凝土的简支梁，将所需的纵向钢筋均匀地放置在梁的底部与混凝土浇筑在一起，梁在均布荷载的作用下产生弯曲变形。梁的上部为受压区，由混凝土承受压力；梁的下部为受拉区，由于混凝土的抗拉强度低，当用其作为受弯构件时，在受拉区会出现裂缝，因此，由钢筋承受拉力。常见的钢筋混凝土构件有梁、板、柱、基础、楼梯等。为了提高构件的抗裂性，还可制成预应力钢筋混凝土构件。

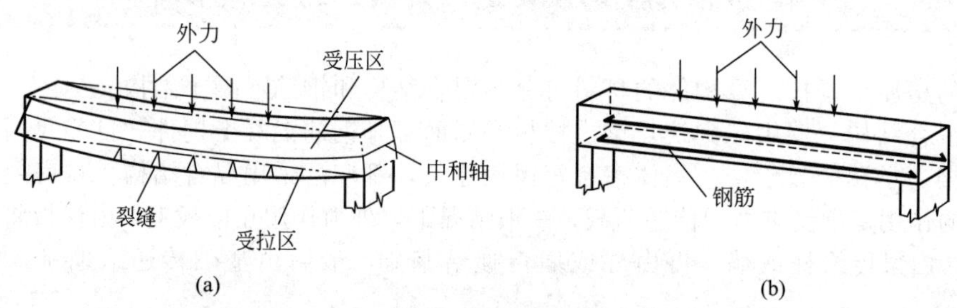

图11-3　钢筋混凝土梁受力示意图

钢筋混凝土构件有现浇和预制两种。现浇指在建筑工地现场浇制，预制指在预制品工厂先浇制好，然后运到工地进行吊装，有的预制构件（如厂房的柱或梁）也可在工地上预制，然后吊装。

二、钢筋的分类和作用

钢筋是建筑工程中使用量最大的钢材品种之一，常用的有热轧钢筋、冷加工钢筋以及钢丝、钢绞线等，钢厂按直条和盘圆供货。热轧钢筋是建筑工程中用量最大的钢筋，主要用于钢筋混凝土和预应力混凝土配筋。钢筋有光圆钢筋和带肋钢筋之分，热轧光圆钢筋的牌号为HPB300；常用带肋钢筋的牌号有HRB335、HRB400和RRB400等几种。其强度、代号、规格范围见表11-4。

纵向受力普通钢筋可采用HPB300、HRB335、HRB400、HRB500、HRBF400、HRBF500、RRB400钢筋；梁、柱和斜撑构件的纵向受力普通钢筋宜采用HRB400、HRB500、HRBF400、HRBF500钢筋。箍筋宜采用HPB300、HRB335、HRB400、HRBF400、HRB500、HRBF500钢筋。预应力筋宜采用预应力钢丝、钢绞线和预应力螺纹

钢筋。

表 11-4　钢筋的等级、代号与强度标准值　　　　单位：N/mm^2

牌号	符号	公称直径 d/mm	屈服强度标准值 f_{yk}/(N/mm^2)	极限强度标准值 f_{stk}/(N/mm^2)
HPB300	Φ	6～14	300	420
HRB335	Φ	6～14	335	455
HRB400	Φ	6～50	400	540
HRBF400	Φ^{F}			
RRB400	Φ^{R}			
HRB500	Φ	6～50	500	630
HRBF500	Φ^{F}			

钢筋在混凝土构件中的位置不同，其作用也各不相同。

如图 11-4 所示，配置在钢筋混凝土构件中的钢筋，按其所起的作用可分为以下几类。

(1) 受力筋　承受拉力或压力的钢筋，在梁、板、柱等各种钢筋混凝土构件中都有配置。受力筋在梁、板、柱中主要承担拉、压作用。

(2) 架立筋　一般只在梁中使用，与受力筋、箍筋一起形成钢筋骨架，在梁中与箍筋一起固定受力筋的位置。

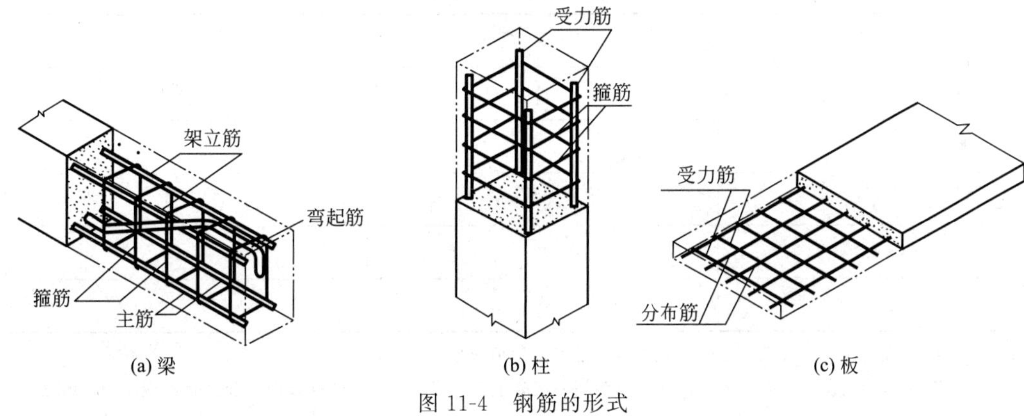

图 11-4　钢筋的形式

(3) 箍筋　一般多用于梁和柱内，用以固定受力筋位置，并承受部分斜拉应力。架立筋与箍筋在梁中固定受力筋的位置。

(4) 分布筋　一般用于板内，与受力筋垂直，用以固定受力筋的位置，与受力筋一起构成钢筋网，使力均匀分布给受力筋，并抵抗热胀冷缩所引起的变形。分布筋固定板中受力筋的位置。

(5) 构造筋　因构件在构造上的要求或施工安装需要而配置的钢筋。如图 11-5 中的板，在支座处于板的顶部所加的构造筋，属于前者；两端的吊环则属于后者。

(6) 其他钢筋　因构造或施工需要而设置在混凝

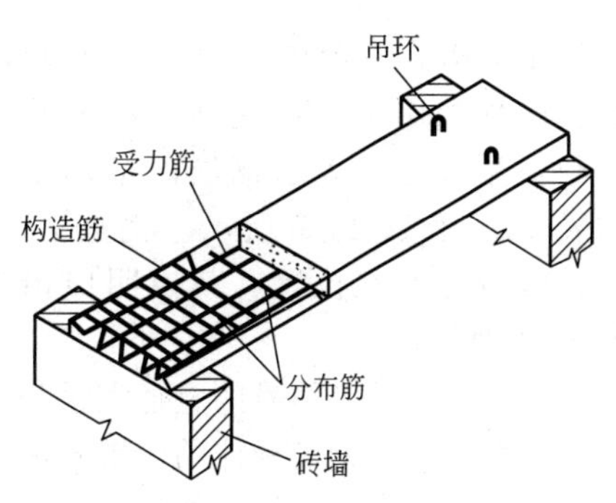

图 11-5　钢筋混凝土板

土中的钢筋，如锚固钢筋、腰筋、鸭筋、吊钩等。

为了使钢筋和混凝土具有良好的黏结力，应在光圆钢筋两端做成半圆弯钩或直弯钩，如图 11-6 所示；带肋钢筋与混凝土的黏结力强，两端可不做弯钩。箍筋两端在交接处也要做出弯钩，弯钩的常见形式和画法如图 11-7 所示，箍筋弯钩的长度一般分别在两端各伸长 50mm 左右。

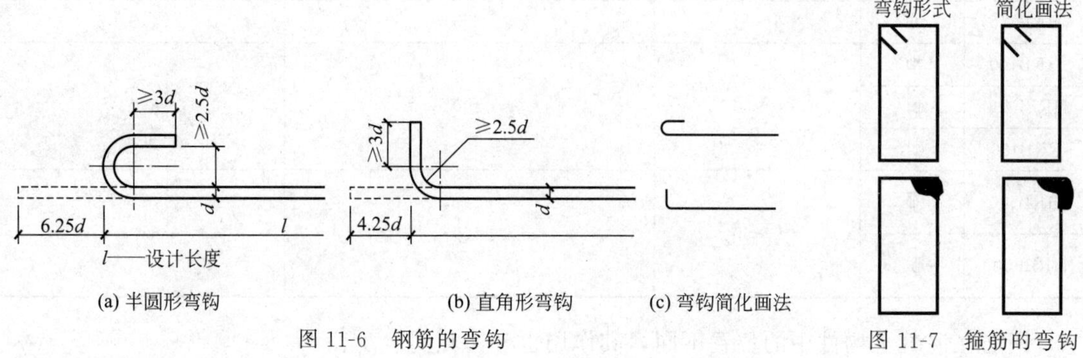

图 11-6　钢筋的弯钩

图 11-7　箍筋的弯钩

为了防止钢筋在空气中锈蚀，并使钢筋有足够的握裹力和防火的需要，钢筋外边缘和混凝土构件外表面应有一定的厚度，这个厚度的混凝土层叫作保护层。保护层的厚度与钢筋的作用及位置有关，设计使用年限为 50 年的混凝土结构，最外层钢筋的保护层厚度应符合表 11-5 的规定。

表 11-5　混凝土保护层的最小厚度 c　　单位：mm

环境类别	板、墙、壳	梁、柱、杆
一	15	20
二 a	20	25
二 b	25	35
三 a	30	40
三 b	40	50

注：1. 混凝土强度等级不大于 C25 时，表中保护层厚度数值应增加 5mm。

2. 钢筋混凝土基础宜设置混凝土垫层，基础中钢筋的混凝土保护层厚度应从垫层顶面算起，且不应小于 40mm。

三、钢筋的表示方法

在结构施工图中，为了突出钢筋的位置、形状和数量，在构件的立面图和断面图上，轮廓线用中实线或细实线画出，图内不画材料图例，钢筋立面投影一般用粗实线绘制，用圆黑点表示钢筋的横断面，并要对钢筋加以说明标注。钢筋常见的表示方法如表 11-6 和表 11-7 所示。钢筋、钢丝束的说明应给出钢筋的代号、直径、数量、间距、编号及所在位置，其说明应沿钢筋的长度标注或标注在相关钢筋的引出线上。如图 11-8 所示。

钢筋、杆件等编号的直径宜采用 5～6mm 的细实线圆表示，其编号应采用阿拉伯数字按顺序编写。当钢筋标注的位置不够时，可采用引出线标注。引出线标注钢筋的斜短画线应为中实线或细实线。简单的构件、钢筋种类较少可不编号。

表 11-6　普通钢筋的一般表示方法

序号	名称	图例	说明
1	钢筋横断面		—
2	无弯钩的钢筋端部		下图表示长、短钢筋投影重叠时，短钢筋的端部用 45°斜画线表示
3	带半圆形弯钩的钢筋端部		—
4	带直钩的钢筋端部		—
5	带丝扣的钢筋端部		—
6	无弯钩的钢筋搭接		—
7	带半圆弯钩的钢筋搭接		—
8	带直钩的钢筋搭接		—
9	花篮螺栓钢筋接头		—
10	机械连接的钢筋接头		用文字说明机械连接的方式（如冷挤压或直螺纹等）

表 11-7　钢筋画法

序号	说　明	图　例
1	在结构楼板中配置双层钢筋时，底层钢筋的弯钩应向上或向左，顶层钢筋的弯钩则向下或向右	(底层)　(顶层)
2	钢筋混凝土墙体配双层钢筋时，在配筋立面图中，远面钢筋的弯钩应向上或向左面，近面钢筋的弯钩向下或向右（JM 近面，YM 远面）	JM　YM　JM　YM　JM　YM　JM　YM
3	若在断面图中不能表达清楚的钢筋布置，应在断面图外增加钢筋大样图（如：钢筋混凝土墙、楼梯等）	
4	图中所表示的箍筋、环筋等若布置复杂时，可加画钢筋大样及说明	
5	每组相同的钢筋、箍筋或环筋，可用一根粗实线表示，同时用一两端带斜短画线的横穿细线，表示其钢筋及起止范围	

梁纵、横断面图中钢筋表示方法如图 11-9 所示。楼板中钢筋表示方法如图 11-10 所示，当标注位置不够时可用引出线标注；当构件布置较简单时，可将结构平面布置图与板的配筋平面图合并。如图 11-10 所示中板的配筋表示方法为传统结构平面图表示方法。

图 11-8 钢筋的标注方法

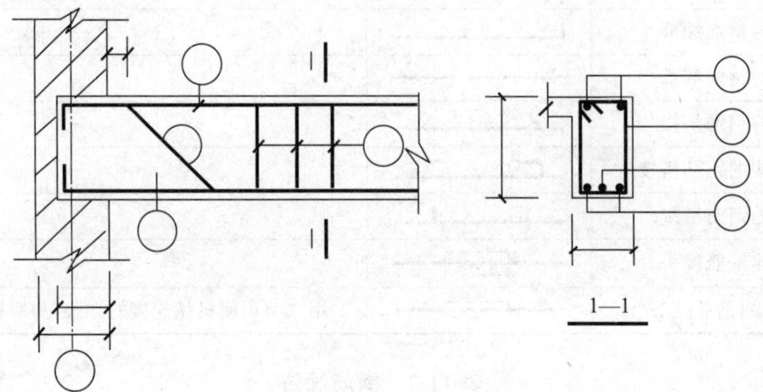

图 11-9 梁纵、横断面图中钢筋表示方法

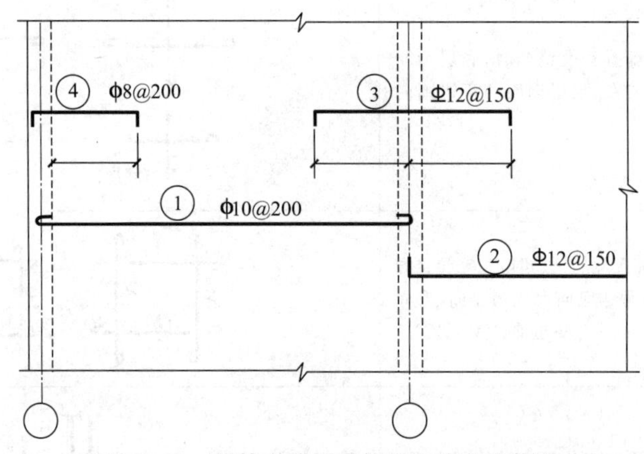

图 11-10 钢筋在楼板配筋图中的表示方法

第三节 结构平面图

结构平面图是假想沿着楼板面（只有结构层，尚未做楼面面层）将建筑物水平剖开所作的水平剖面图，表示房屋承重构件（如基础、梁、板、柱及其他构件）的布置、形状、大小、材料、构造及其相互关系的图样。

结构施工图的内容如下：

（1）结构设计说明 是带全局性的文字说明，它包括选用材料的类型、规格、强度等级，地基情况，施工注意事项，选用标准图集等。

（2）结构平面布置图 是表示房屋中各承重构件总体平面布置的图样。它包括基础平面图、楼层结构布置平面图、屋盖结构平面图。

楼层结构平面图是表示房屋室外地面以上各层平面承重构件布置的图样。楼梯间的结构布置常选用较大比例单独画出，所以楼层平面图中的楼梯间部分常用细实线画出其对角线，并注以文字，说明详图另画。

（3）构件详图　包括梁、柱、板及基础结构详图、楼梯结构详图、屋架结构详图、其他详图，如天窗、雨篷、过梁等。

一、钢筋混凝土结构施工图的平面整体表示法

建筑结构施工图的平面整体表示法是目前工程实践当中广泛使用的结构图制图方法。平面整体表示法的表达形式是把结构构件的布置、尺寸和配筋等信息，按照其制图规则，整体直接地表示在各结构构件的结构平面布置图上，实际施工时将其与标准构造详图相结合。这种制图方法相较于传统的结构图制图法，具有制图简便、准确、全面，易于修改，读图、记忆和查找方便等优点。

平法施工图适用于建筑结构的各种类型，不仅包括各类基础结构与地下结构，而且包括各种钢筋混凝土结构、钢结构、砌体结构、混合结构，以及非主体结构等。

平法的基本特点是在平面布置图上直接表示构件尺寸和配筋方式。它的表示方法有三种：平面注写方式、列表注写方式和截面注写方式。

（一）梁的平面整体表示法

梁平法施工图系在梁平面布置图上采用平面注写方式或截面注写方式表达。梁平面布置图中，应分别按梁的不同结构层（标准层），将全部梁和与其相关的柱、墙、板一起采用适当比例绘制。在梁平法施工图中，应注明各结构层的顶面标高及相应的结构层号。

1. 平面注写法

平面注写包括集中标注与原位标注，集中标注表达梁的通用数值，原位标注表达梁的特殊数值。施工时，原位标注数值优先。

平面注写可直接在梁的平面布置图上，将不同编号的梁各选一根，在上面标注梁的代号、序号、跨数及有无悬挑、断面尺寸、配筋数值和相对高差（无高差可以不注写）等内容。整个梁的通用数值采用引线集中标注的方法，其注写格式如图 11-11 所示。

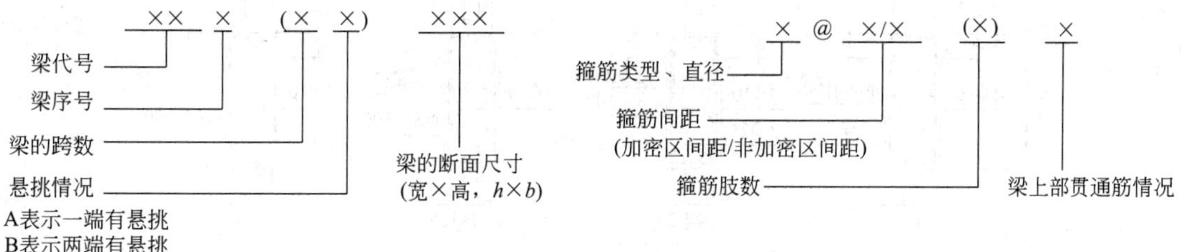

图 11-11　平面注写示意

（1）梁集中标注　有五项必标注和一项选注值（集中标注可以从梁的任意一跨引出）。

① 梁编号　由梁的类型代号、序号、跨数和是否悬挑四部分组成，梁的编号见表 11-8。

如图 11-12 中所示的 KL2（2A）即表示框架梁、第 2 号、2 跨、一端悬挑。

② 梁截面尺寸　该项为必注值，用 $b\times h$ 表示；

如图 11-12 所示中 300×650 表示梁宽 300mm、梁高 650mm。

③ 梁箍筋　包括钢筋级别、直径、加密区与非加密区的间距及肢数。

如图 11-12 中所示ϕ8@100/200（2），表示箍筋为直径 8mm 的 HPB300 级钢筋，加密区间距为 100mm，非加密区间距为 200mm，均为 2 肢箍。

表 11-8　梁的编号

梁类型	代号	序号	跨数及是否带有悬挑
楼层框架梁	KL	××	(××)、(××A)或(××B)
屋面框架梁	WKL	××	(××)、(××A)或(××B)
框支梁	KZL	××	(××)、(××A)或(××B)
非框架梁	L	××	(××)、(××A)或(××B)
悬挑梁	XL	××	
井字梁	JZL	××	(××)、(××A)或(××B)

注：(××A) 为一端有悬挑，(××B) 为两端有悬挑，悬挑不计入跨数。

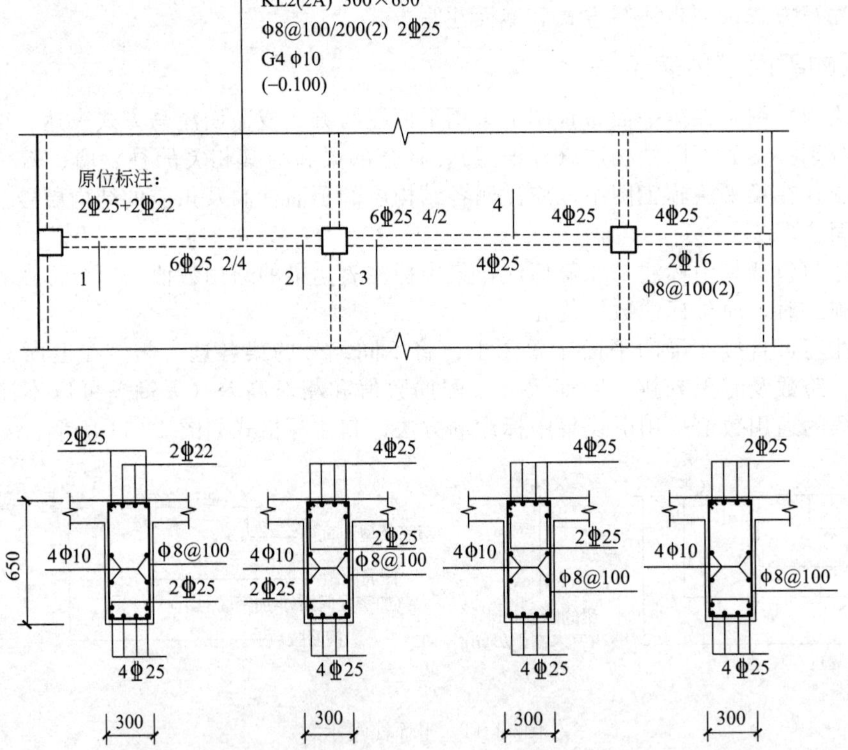

图 11-12　梁的平面整体表示法

④ 梁上部通长筋或架立筋配置　该项为必注值。当同排纵筋中既有通长筋又有架立筋时，应用加号“＋”将通长筋和架立筋相连，注写时须将角部纵筋写在加号的前面，架立筋写在加号后面的括号内。当全部采用架立筋时，则将其写入括号内。

如图 11-12 所示中 2Φ25 表示梁上部只有两根直径为 25mm 的通长钢筋。又如 2Φ25＋2Φ22，表示该梁上角部有两根 25mm 的通长筋和 2 根 22mm 的架立筋。当梁的上部纵筋和下部纵筋为全跨相同，且多数跨配筋相同时，此项可加注下部纵筋的配筋值，用分号“;”将上部与下部纵筋配筋值分隔开来。

⑤ 梁侧纵向构造钢筋或受扭钢筋配置　该项为必注值。当梁腹板高度 $h_w \geqslant 450$mm 时，须配置纵向构造钢筋，所注规格与根数应符合规范规定。此项注写值以大写字母 G 打头，接续注写设置在梁两个侧面的总配筋值，且对称配置。当梁侧面需配置受扭纵向钢筋时，此项注写值以大写字母 N 打头，接续注写配置在梁两个侧面的总配筋值，且对称配置。受扭纵向钢筋应满足侧面纵向构造钢筋的间距要求，且不再重复配置纵向构造钢筋。（注：当为梁侧面构造钢筋时，其搭接与锚固长度可取为 $15d$。）

⑥ 梁顶面标高高差　该项为选注值，系指相对于结构层楼面标高的高差值，对于位于结构夹层的梁则指相对于结构夹层楼面标高的高差。有高差时，须将其写入括号内，无高差时不注。如图 11-2 中（−0.100）表示该梁顶面较结构层楼面标高低 0.1m。

（2）梁原位标注　特殊数值采用在图上原位注写的方式，如梁的纵向钢筋布置在跨中位置与端部位置是不同的，需要在原位标注不同数值。

① 当上部或下部纵筋多于一排时，用斜线“/”将各排纵筋自上而下分开。

② 当上部或下部同排纵筋有两种直径时，用加号“+”将两种直径的纵筋相连，角筋写在前面。

③ 当梁中间支座两边的上部纵筋不同时，须在支座两边分别标注；当梁中间支座两边的上部纵筋相同时，可仅在支座的一边标注配筋值，另一边省去不注。

④ 当梁下部纵筋不全部伸入支座时，将梁支座下部纵筋减少的数量写在括号内。

如图 11-12 所示，为某平面图中的一根梁，最上方以引出线作了集中标注，信息包括：梁的编号 KL2，跨数 2，一端有悬挑，断面尺寸 300mm×650mm，箍筋等级 HPB300 级，直径 8mm，加密区间距 100，非加密区间距 200，箍筋肢数 2，梁上部纵筋（架立筋）为 2 根直径 25mm 的 HRB400 级钢筋，构造筋为 4 根直径为 10mm 的 HPB300 级钢筋。梁顶面标高较楼面标高低 0.100m。在梁的支座附近与跨中位置作了原位标注，以表示不同于通用数值的信息。例如：最左端支座处的标注 2⌀25+2⌀22 表示该位置梁的上部纵筋布置情况，且布置在一排，2⌀25 布置在角部；左跨跨中位置的标注 6⌀25 2/4 表示该位置梁的下部纵筋布置情况，上排 2 根，下排 4 根。图 11-12 中四个梁截面是采用传统表示方法绘制，用以对照理解平法的标注表示含义。（注：实际采用平面注写方式表达时，不需要绘制梁截面配筋图和相应截面号。）

2. 截面注写法

截面注写方式是在分标准层绘制的梁平面布置图上，分别在不同编号的梁中各选择一根梁，用剖面号引出配筋图，并在其上注写截面尺寸和配筋具体数值的方式来表达的梁平法施工图。截面注写方式可以单独使用，也可以与平面注写方式结合使用（如表达异形截面梁的尺寸和配筋，以及表达局部区域过密的梁）。具体做法是：对所选择的梁，先将单边截面号画在该梁上，再将截面配筋图画在本图或其他图上。在截面配筋详图上注写截面尺寸、上部筋、下部筋、侧面筋和箍筋的具体数值时，其表达方式与平面注写形式相同；梁顶面标高不同于结构层的标高时，其注写规定也与平面注写方式相同。这种方法可以很直观地表示钢筋在梁断面中的布置情况，梁的断面图如图 11-2 所示中 1—1、2—2、3—3、4—4 剖面。

（二）柱的平面整体表示法

柱平法施工图系在柱平面布置图上采用列表注写方式或截面注写方式表达。柱的平面整体表示法如图 11-13、图 11-14 所示（摘自 16G101-1 平法图集）。

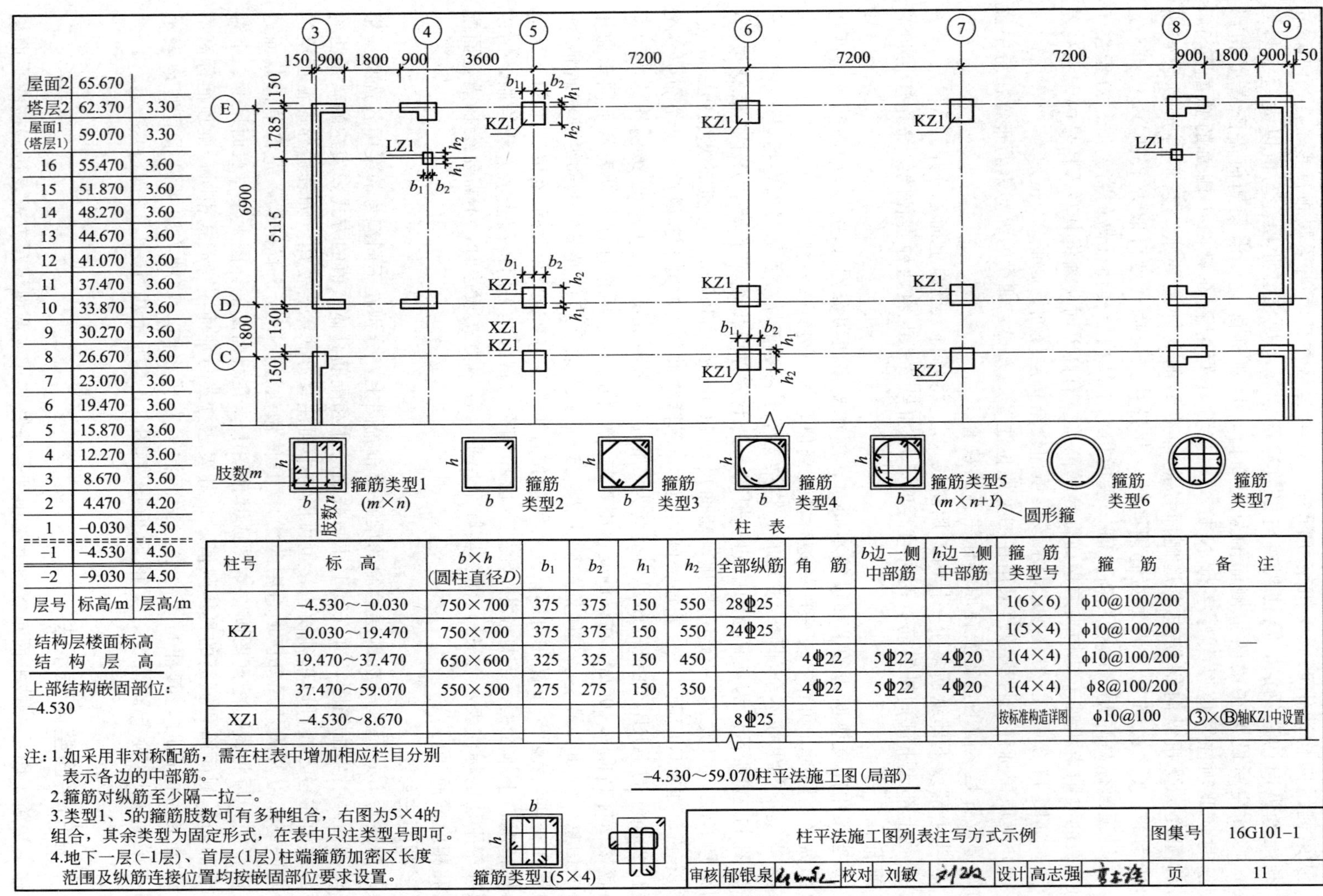

层号	标高/m	层高/m
屋面2	65.670	
塔层2	62.370	3.30
屋面1(塔层1)	59.070	3.30
16	55.470	3.60
15	51.870	3.60
14	48.270	3.60
13	44.670	3.60
12	41.070	3.60
11	37.470	3.60
10	33.870	3.60
9	30.270	3.60
8	26.670	3.60
7	23.070	3.60
6	19.470	3.60
5	15.870	3.60
4	12.270	3.60
3	8.670	3.60
2	4.470	4.20
1	−0.030	4.50
−1	−4.530	4.50
−2	−9.030	4.50

结构层楼面标高
结构层高

上部结构嵌固部位：
−4.530

柱表

柱号	标高	$b\times h$(圆柱直径D)	b_1	b_2	h_1	h_2	全部纵筋	角筋	b边一侧中部筋	h边一侧中部筋	箍筋类型号	箍筋	备注
KZ1	−4.530～−0.030	750×700	375	375	150	550	28Φ25				1(6×6)	ϕ10@100/200	—
	−0.030～19.470	750×700	375	375	150	550	24Φ25				1(5×4)	ϕ10@100/200	
	19.470～37.470	650×600	325	325	150	450		4Φ22	5Φ22	4Φ20	1(4×4)	ϕ10@100/200	
	37.470～59.070	550×500	275	275	150	350		4Φ22	5Φ22	4Φ20	1(4×4)	ϕ8@100/200	
XZ1	−4.530～8.670						8Φ25				按标准构造详图	ϕ10@100	③×Ⓑ轴KZ1中设置

注：1.如采用非对称配筋，需在柱表中增加相应栏目分别表示各边的中部筋。
2.箍筋对纵筋至少隔一拉一。
3.类型1、5的箍筋肢数可有多种组合，右图为5×4的组合，其余类型为固定形式，在表中只注类型号即可。
4.地下一层(−1层)、首层(1层)柱端箍筋加密区长度范围及纵筋连接位置均按嵌固部位要求设置。

图 11-13 柱平法施工图中列表注写方式

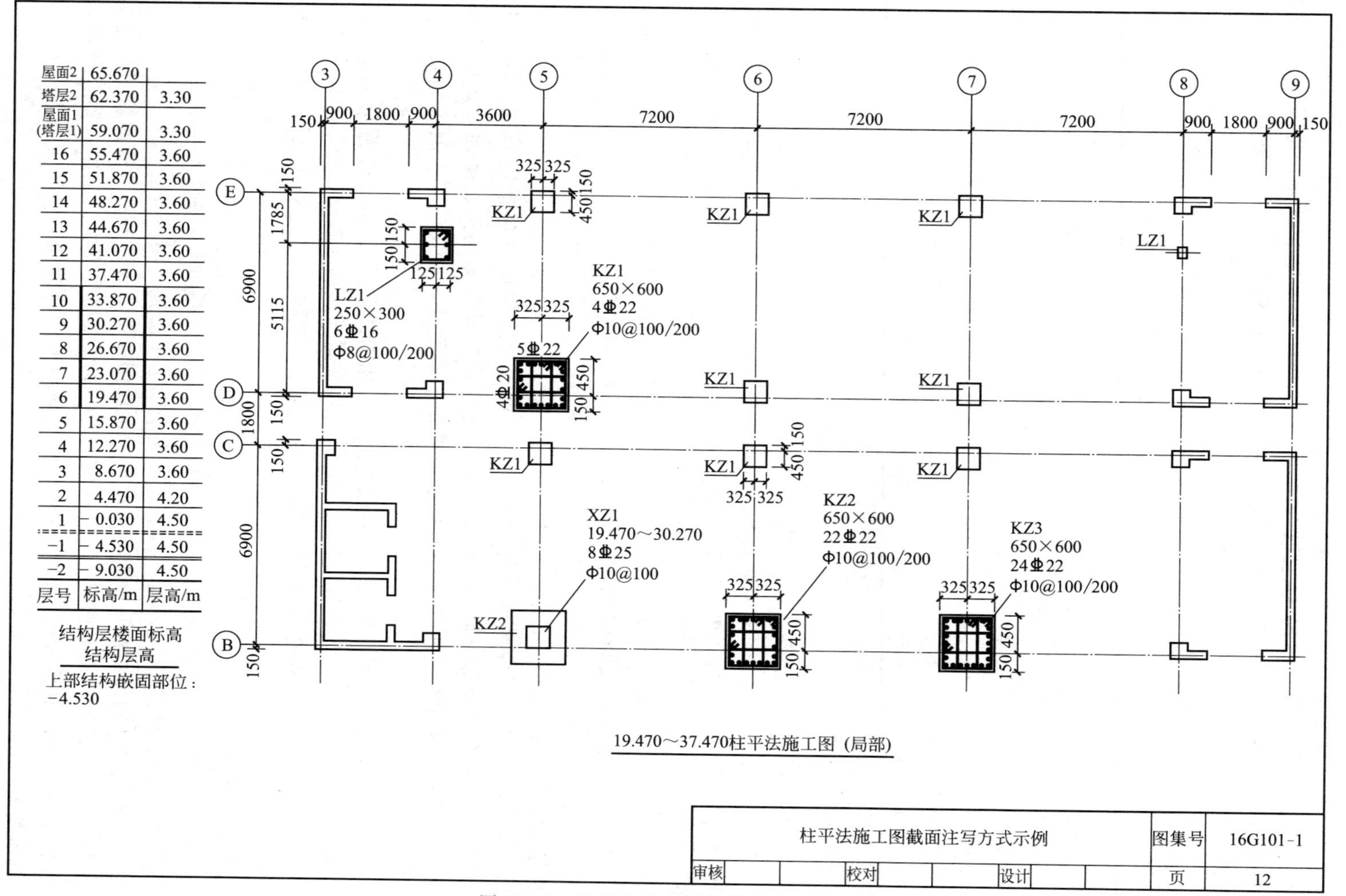

层号	标高/m	层高/m
屋面2	65.670	
塔层2	62.370	3.30
屋面1 (塔层1)	59.070	3.30
16	55.470	3.60
15	51.870	3.60
14	48.270	3.60
13	44.670	3.60
12	41.070	3.60
11	37.470	3.60
10	33.870	3.60
9	30.270	3.60
8	26.670	3.60
7	23.070	3.60
6	19.470	3.60
5	15.870	3.60
4	12.270	3.60
3	8.670	3.60
2	4.470	4.20
1	-0.030	4.50
-1	-4.530	4.50
-2	-9.030	4.50

图 11-14　柱平法施工图中截面注写方式

1. 列表注写法

列表注写方式，系在柱平面布置图上（一般只需采用适当比例绘制一张柱平面布置图，包括框架柱、框支柱、梁上柱和剪力墙上柱），分别在同一编号的柱中选择一个（有时需要选择几个）截面标注几何参数代号；在柱表中注写柱编号、柱段起止标高、几何尺寸（含柱截面对轴线的偏心情况）与配筋的具体数值，并配以各种柱截面形状及其箍筋类型图的方式，来表达柱平法施工图。柱表注写内容如下：

（1）注写柱编号，柱编号由类型代号和序号组成，应符合表11-9的规定。

表11-9　柱的编号

柱类型	代号	序号
框架柱	KZ	××
框支柱	KZZ	××
芯柱	XZ	××
梁上柱	LZ	××
剪力墙上柱	QZ	××

注：编号时，当柱的总高、分段截面尺寸和配筋均对应相同，仅截面与轴线的关系不同时，仍可将其编为同一柱号，但应在图中注明截面与轴线的关系。

（2）注写各段柱的起止标高，自柱根部往上以变截面位置或截面未变但配筋改变处为界分段注写。框架柱和框支柱的根部标高系指基础顶面标高；芯柱的根部标高系指根据结构实际需要而定的起始位置标高；梁上柱的根部标高系指梁顶面标高；剪力墙上柱的根部标高为墙顶面标高。

（3）对于矩形柱，注写柱截面尺寸 $b \times h$ 及与轴线关系的几何参数代号 b_1、b_2 和 h_1、h_2 的具体数值，需对应各段柱分别注写。当截面的某一边收缩变化至与轴线重合或偏到轴线的另一侧时，b_1、b_2、h_1、h_2 中的某项为零或为负值。对于圆柱，表中 $b \times h$ 一栏改用在圆柱直径数字前加 d 表示。

（4）注写柱纵筋。当柱纵筋直径相同，各边根数也相同时（包括矩形柱、圆柱和芯柱），将纵筋注写在“全部纵筋”一栏中；除此之外，柱纵筋分角筋、截面 b 边中部筋和 h 边中部筋三项分别注写（对于采用对称配筋的矩形截面柱，可仅注写一侧中部筋，对称边省略不注）。

（5）注写柱箍筋，包括钢筋级别、直径与间距。用斜线“/”区分柱端箍筋加密区与柱身非加密区长度范围内箍筋的不同间距。当箍筋沿柱全高为一种间距时，则不使用“/”线。当圆柱采用螺旋箍筋时，需在箍筋前加“L”。确定箍筋肢数时要满足对柱纵筋“隔一拉一”以及箍筋肢距的要求。

2. 截面注写法

截面注写方式，系在柱平面布置图上的柱截面上，分别在同一编号的柱中选择一个截面，以直接注写截面尺寸和配筋具体数值的方式来表达平法施工图。

（1）从相同编号的柱中选一个截面，按另一种比例原位放大绘制柱截面配筋图，并在各配筋图上继其编号后再注写截面尺寸 $b \times h$，角筋或全部纵筋（当纵筋采用一种直径且能够图示清楚时）、箍筋的具体数值，以及在柱截面配筋图上注写截面与轴线关系 b_1、b_2、h_1、h_2 的具体数值。

（2）当纵筋采用两种直径时，需注写截面各边中部筋的具体数值（对于采用对称配筋的矩形截面柱，可仅注写一侧中部筋，对称边省略不注）。

（3）在截面注写方式中，如柱的分段截面尺寸和配筋均相同，仅截面与轴线的关系不同时，可将其编为同一柱号。但此时应在未画配筋的柱截面上注写该柱截面与轴线关系的具体尺寸。

（三）板的平面整体表示法

板平面注写主要包括板块集中标注和板支座原位标注。为方便设计表达和施工识图，规定结构平面的坐标方向为：当两向轴网正交布置时，图面从左至右为 X 向，从下至上为 Y 向。当轴网转折时，局部坐标方向顺轴网转折方向作相应转折；当轴网向心布置时，切向为 X 向，径向为 Y 向。

1. 板块集中标注

板块集中标注的内容为：板块编号、板厚、贯通纵筋以及当板面标高不同时的标高高差。

对于普通楼面，两向均以一跨为一板块；对于密肋楼盖，两向主梁（框架梁）均以一跨为一板块（非主梁密肋不计）。所有板块应逐一编号，相同编号的板块可择其一做集中标注，其他仅注写置于圆圈内的板编号，以及当板面标高不同时的标高高差。

板厚注写为 $h=\times\times\times$（为垂直于板面的厚度）；当悬挑板的端部改变截面厚度时，用斜线分隔根部与端部的高度值，注写为 $h=\times\times\times/\times\times\times$；当设计已在图注中统一注明板厚时，此项可不注。

纵筋按板块的下部纵筋和上部贯通纵筋分别注写（当板块上部不设贯通纵筋时则不注），并以 B 代表下部，以 T 代表上部，B&T 代表下部与上部：X 向贯通纵筋以 X 打头，Y 向贯通纵筋以 Y 打头，两向贯通纵筋配置相同时则以 X&Y 打头。

当为单向板时，分布筋可不必注写，而在图中统一注明。

当在某些板内（例如在悬挑板 XB 的下部）配筋有构造钢筋时，则 X 向以 X_C，Y 向以 Y_C 打头注写。当 Y 向采用放射配筋时（切向为 X 向，径向为 Y 向）设计者应当注明配筋间距的定位尺寸。

当纵筋采用两种规则钢筋“隔一步一”方式时，表达为$\phi x/y@z$，表示直径为 x 的钢筋和直径为 y 的钢筋两者之间间距为 z，直径 x 的钢筋间距为 z 的 2 倍，直径 y 的钢筋的间距为 z 的 2 倍。

板面标高高差，系指相对于结构层楼面标高的高差，应将其注写在括号内，且有高差则注，无高差则不注。

2. 板支座原位标注

板支座原位标注的内容为：板支座上部非贯通纵筋和悬挑板上部受力钢筋。

板支座原位标注的钢筋，应在配置相同跨的第一跨表达（当在梁悬挑部位单独配置时则在原位表达）。在配置相同跨的第一跨（或梁悬挑部位）垂直于板支座（梁或墙）绘制一段适宜长度的中粗实线（当该筋通长设置在悬挑板或跨板上部时，实线段应画至对边或贯通短跨），以该段线段代表支座上部非贯通筋，并在线段上方注写钢筋编号（如①、②等）、配筋值、横向连续布置的跨数（注写在括号内，且当为一跨时可不注）以及是否横向布置到梁的悬挑端。

板支座上部非贯通筋自支座中线向跨内的伸出长度，注写在下方位置。

当中间支座上部非贯通纵筋向支座两侧对称伸出时，可仅在支座一侧线段下方标注伸出长度，另一侧不注。当向支座两侧非对称伸出时，应分别在支座两侧线段下方注写伸出长度。

板的平面整体表示方法如图 11-15 所示。（摘自 16G101-1 平法图集）

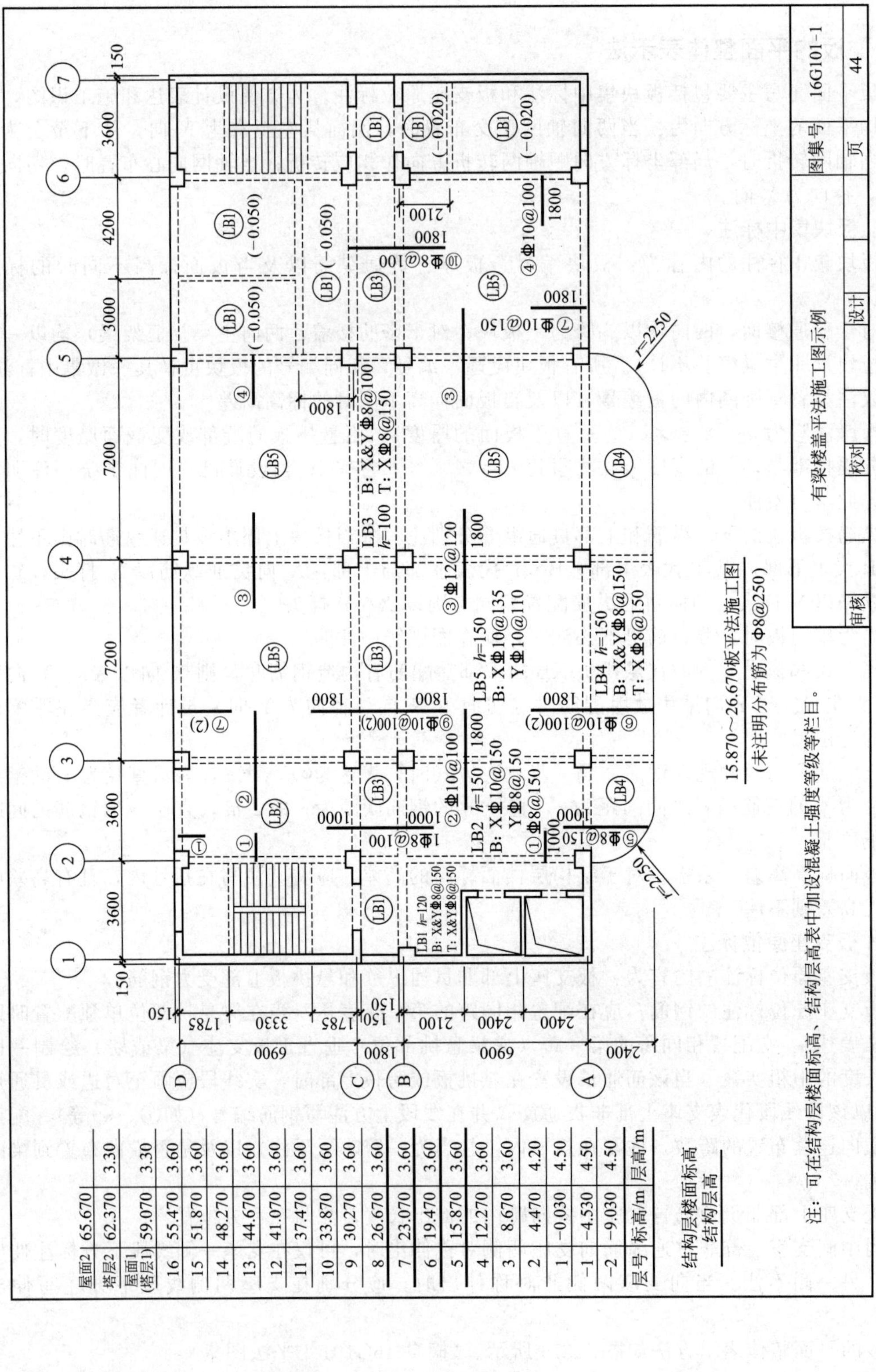

层号	标高/m	层高/m
屋面2	65.670	
塔层2	62.370	3.30
屋面1（塔层1）	59.070	3.30
16	55.470	3.60
15	51.870	3.60
14	48.270	3.60
13	44.670	3.60
12	41.070	3.60
11	37.470	3.60
10	33.870	3.60
9	30.270	3.60
8	26.670	3.60
7	23.070	3.60
6	19.470	3.60
5	15.870	3.60
4	12.270	3.60
3	8.670	3.60
2	4.470	4.20
1	−0.030	4.50
−1	−4.530	4.50
−2	−9.030	4.50

结构层楼面标高
结构层高

15.870～26.670板平法施工图
（未注明分布筋为Φ8@250）

注：可在结构层楼面标高、结构层高表中加设混凝土强度等级等栏目。

有梁楼盖平法施工图示例						图集号	16G101-1
审核		校对		设计		页	44

图 11-15　有梁楼盖平法施工图示例

图 11-15 中编号 1 的楼板 LB1 的相关信息可在Ⓐ、Ⓒ轴线与①、②轴线之间读出；图中该板的集中标注信息可知：该板厚度 120mm，下部和上部 *X* 方向（这里为纵轴方向）与 *Y* 方向（这里为横轴方向）贯通纵筋均布置直径 8mm 的 HRB400 级钢筋，间距 150mm。编号 5 的楼板 LB5 的相关信息可在Ⓐ、Ⓑ轴线与③、④轴线之间读出；由图中该板的集中标注信息可知：该板厚度 150mm，下部贯通纵筋为 *X* 方向（这里为纵轴方向）布置直径 10mm 的 HRB400 级钢筋，间距 135mm；*Y* 方向（这里为横轴方向）布置直径 10mm 的 HRB400 级钢筋，间距 110mm。该板四个边的支座处均作了原位标注，表示了相应位置上部的非贯通纵筋。实际施工时，还需参阅标准图集中的各构造详图。

（四）剪力墙的平面整体表示法

剪力墙平面布置图上采用列表注写方式或截面注写方式表达。剪力墙平面布置图也可以与柱或梁平面布置图合并在一张图纸上。剪力墙平法施工图中应注明各结构层的楼面标高、结构层高以及相应的结构层号，尚应注明上部结构嵌固位置。

1. 列表注写法

为表达清楚和方便，剪力墙可视为剪力墙柱、剪力墙身和剪力墙梁（以下简称墙柱、墙身、墙梁）三类构件构成。列表注写方式，是分别在剪力墙柱表、剪力墙身表和剪力墙梁表中，对应于剪力墙平面图上的编号，用绘制截面配筋图并注写几何尺寸和配筋具体数值的方式，来表达剪力墙平法施工。

（1）编号规定　将剪力墙按剪力墙柱、剪力墙身和剪力墙梁三类构件分别编号。墙柱编号规定见表 11-10 所示。

表 11-10　墙柱编号

墙柱类型	代号	序号
约束边缘构件	YBZ	××
构造边缘构件	GBZ	××
非边缘暗柱	AZ	××
扶壁柱	FBZ	××

注：约束边缘构件包括约束边缘暗柱、约束边缘端柱、约束边缘翼墙、约束边缘转角墙四种；构造边缘构件包括构造边缘暗柱、构造边缘端柱、构造边缘翼墙、构造边缘转角墙四种。

① 墙身编号由墙身代号（Q）、序号（××）以及墙身配置的水平与竖向分布筋的排数（*X* 排）组成，即 Q××（*X* 排）。

② 墙梁编号由墙梁类型代号和序号组成，墙梁编号规定见表 11-11。

表 11-11　墙梁编号

墙梁类型	代号	序号
连梁	LL	××
连梁(对角暗撑配筋)	LL(JC)	××
连梁(交叉斜筋配筋)	LL(JX)	××
连梁(集中对角斜筋配筋)	LL(DX)	××
连梁(跨高比不小于 5)	LLk	××
暗梁	AL	××
边框梁	BKL	××

（2）剪力墙柱表内容　注写墙柱编号，绘制墙柱截面配筋图，标注墙柱的几何尺寸。

注写各段墙柱起止标高；自墙柱根部往上以变截面位置或截面未变但配筋改变处为界分段注写。墙柱根部标高一般指基础顶面标高（部分框支剪力墙结构则为框支梁顶面标高）。

注写各段墙柱的纵向钢筋和箍筋，注写值应与在表中绘制的截面配筋图对应一致。纵向钢筋注总配筋值，墙柱箍筋的注写方式与柱箍筋相同。所有墙柱纵向钢筋搭接长度范围内的箍筋间距要求也应在图中注明。

（3）剪力墙身表内容　注写墙身编号；注写各段墙身起止标高，注写方式同墙柱；注写墙身厚度；注写水平分布钢筋、竖向分布钢筋和拉筋的具体数值。

（4）剪力墙梁表内容　　注写墙梁编号；注写墙梁所在楼层号；注写墙梁顶面标高高差；注写墙梁截面尺寸 $b\times h$、上部纵筋、下部纵筋及箍筋的具体数值等；剪力墙梁表中未注明的侧面构造纵筋。

2. 截面注写法

截面注写方式就是在分标准层绘制的剪力墙平面布置图上，以直接在墙柱、墙身、墙梁上注写截面尺寸和配筋具体数值的方式来表达剪力墙平法施工图。墙柱、墙身、墙梁的编号同剪力墙列表注写法相关规定。

（1）墙柱注写内容　从相同编号的墙柱中选一个截面，注写几何尺寸，标注全部纵筋及箍筋的具体数值。凡标准构造详图中没有具体数值的各类墙柱尺寸均需在该截面上注明。

（2）墙身注写内容　从相同编号的墙身中选选择一道墙身，依次注写墙身编号、墙身尺寸、水平及竖向分布筋具体数值、拉筋具体数值。

（3）墙梁注写内容　选编号相同的一根墙梁，依次注写墙梁编号、墙梁截面尺寸 $b\times h$、墙梁箍筋、上部纵筋、下部纵筋、墙梁顶面标高高差的具体数值。

二、结构平面图读图实例

如图 11-16～图 11-24 所示，阅读某工程的楼层结构平面图及其详图。以图 11-16 为例读图。

（1）该图为 2～8 层（标准层）结构平面布置图，绘图比例为 1∶100。该平面图中表示了 2～8 层中楼板、梁、剪力墙的平面布置情况以及楼板的配筋。

（2）该图表示该楼层结构平面布置在㉒～㉓号轴线间设置 400mm 宽的变形缝，变形缝两边结构对称布置。①～㉓轴间以⑫轴为对称轴，左右对称（除Ⓖ～Ⓚ轴与⑧～⑮轴外部分）。

（3）现浇板的配筋情况可根据平面图中的钢筋标注读出。以①、③轴线之间，Ⓖ、Ⓚ轴线之间的板为例。由平面图可知板下部配有垂直方向的钢筋，形成钢筋网，沿纵向、横向方向均布置等级为 HRB400、直径为 8mm、间距为 200mm 的钢筋。板上部支座处的负筋等级为 HRB400、直径为 8mm、间距为 200mm 的钢筋，另外图中还标注了上部负筋伸出长度。

（4）由结构平面说明可知该板板厚为 100mm，板中未注明分布筋等级为 HRB400、直径为 6mm、间距为 130mm 的钢筋。板面标高相同的相邻板如果钢筋直径、间距均相同时应拉通。

（5）楼梯间的结构布置常选用较大比例单独画出，所以楼层平面图中的楼梯间部分常用细实线画出其对角线，并注以文字，说明详图另画，详图见图 11-24。

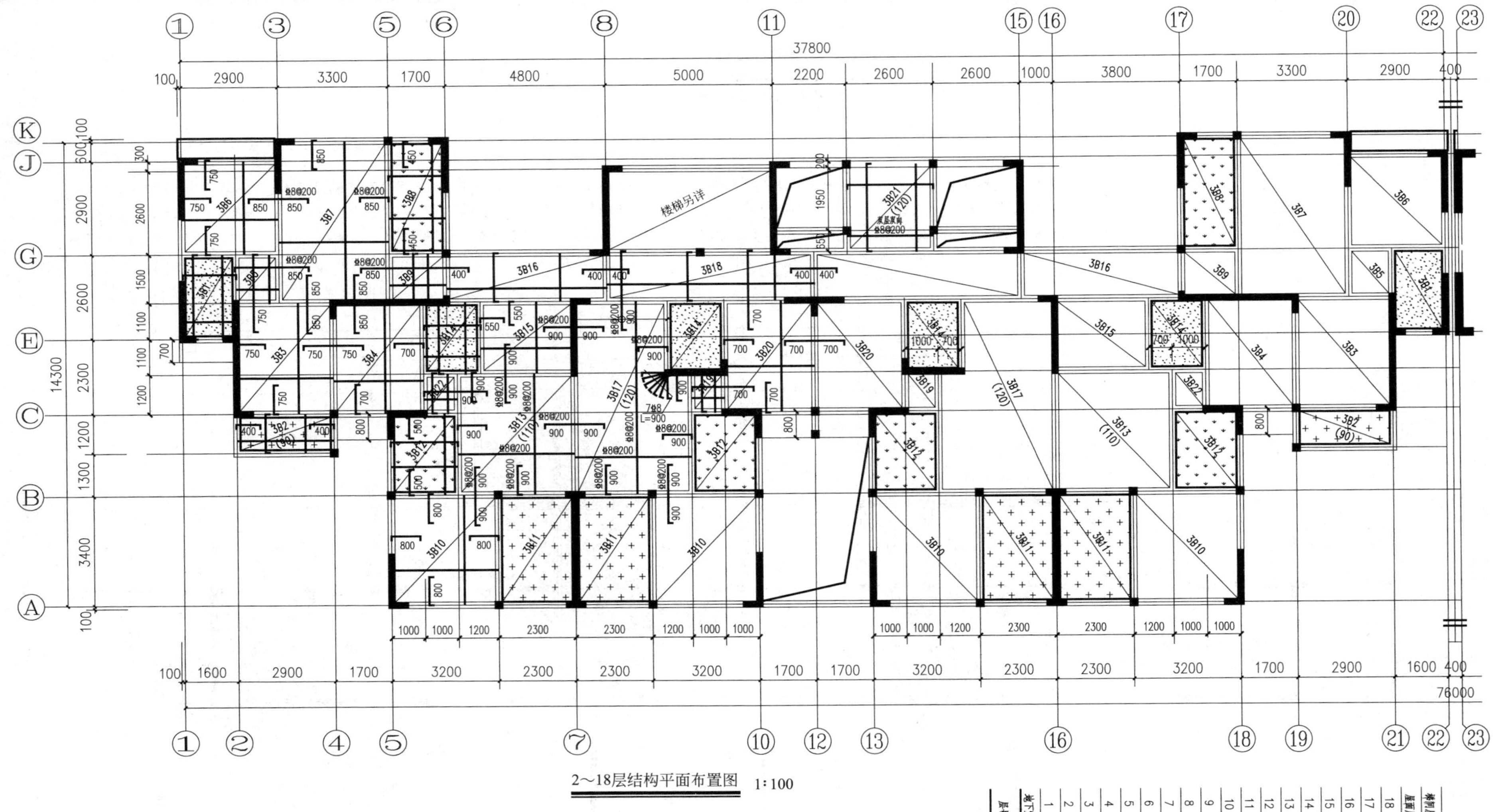

说明：

1.标高10.750～46.750m@3.000m，除注明外，板厚100mm。

未注明钢筋按以下设置：

h=90　　ϕ6@140

h=100　　ϕ6@130

h=110　　ϕ6@120

h=120　　ϕ8@200

2. [⁘] 表示板标高变化处(卫生间)，标高为H–0.400。

[· ·] 表示板标高变化处(厨房)，标高为H–0.050。

[+ +] 表示板标高变化处(阳台)，标高为H–0.050。

层号	标高H/m	层高/m
梯间屋面	60.600	
屋面层	55.500	3.000
18	52.500	3.000
17	49.500	3.000
16	46.500	3.050
15	43.500	3.000
14	40.500	3.000
13	37.500	3.000
12	34.500	3.000
11	31.500	3.000
10	28.500	3.000
9	25.500	3.000
8	22.500	3.000
7	19.500	3.000
6	16.500	3.000
5	13.500	3.000
4	10.500	3.000
3	7.500	3.000
2	4.500	3.000
1	–0.300	4.800
地下室	–5.100	4.800

结构层楼面标高
结构层高

图 11-16　2～18 层结构平面布置图

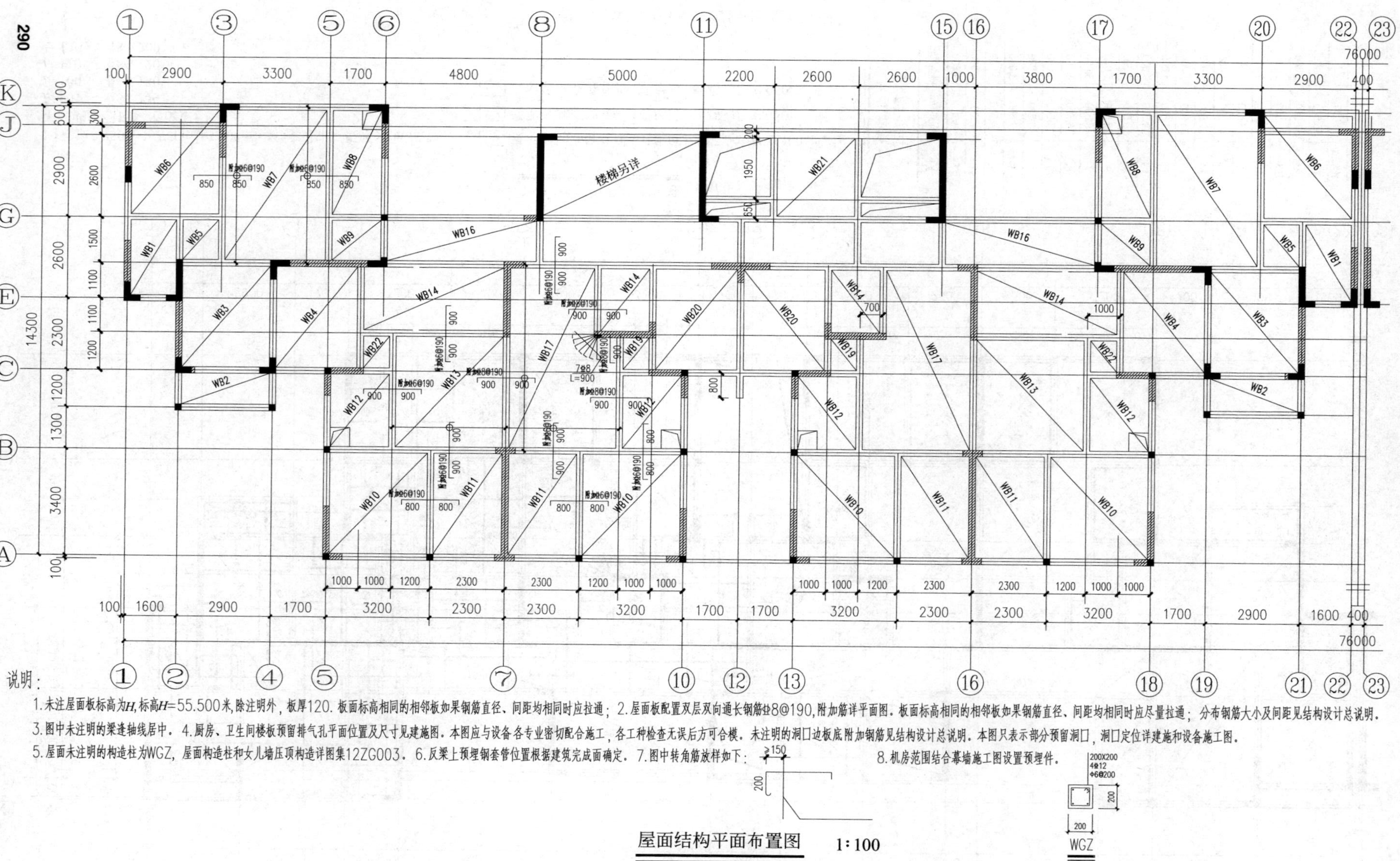

说明：

1.未注屋面板标高为H,标高H=55.500米,除注明外，板厚120．板面标高相同的相邻板如果钢筋直径、间距均相同时应拉通；2.屋面板配置双层双向通长钢筋Φ8@190,附加筋详平面图。板面标高相同的相邻板如果钢筋直径、间距均相同时应尽量拉通；分布钢筋大小及间距见结构设计总说明。

3.图中未注明的梁逢轴线居中．4.厨房、卫生间楼板预留排气孔平面位置及尺寸见建施图。本图应与设备各专业密切配合施工，各工种检查无误后方可合模。未注明的洞口边板底附加钢筋见结构设计总说明。本图只表示部分预留洞口，洞口定位详建施和设备施工图。

5.屋面未注明的构造柱为WGZ，屋面构造柱和女儿墙压顶构造详图集12ZG003．6.反梁上预埋钢套管位置根据建筑完成面确定．7.图中转角筋放样如下：

8.机房范围结合幕墙施工图设置预埋件。

屋面结构平面布置图　1∶100

图 11-17　屋面结构平面布置图

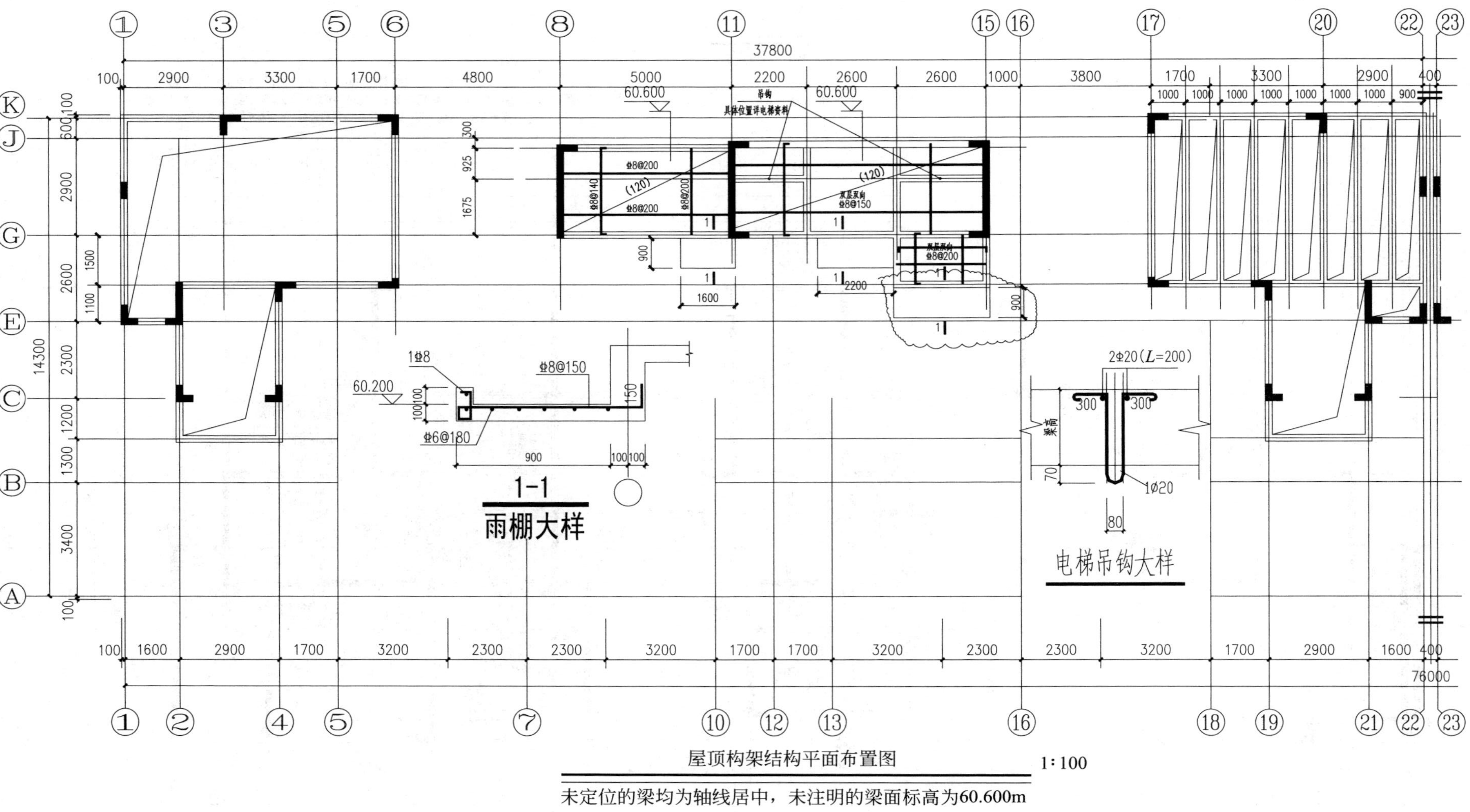

图 11-18 屋顶构架结构平面布置图

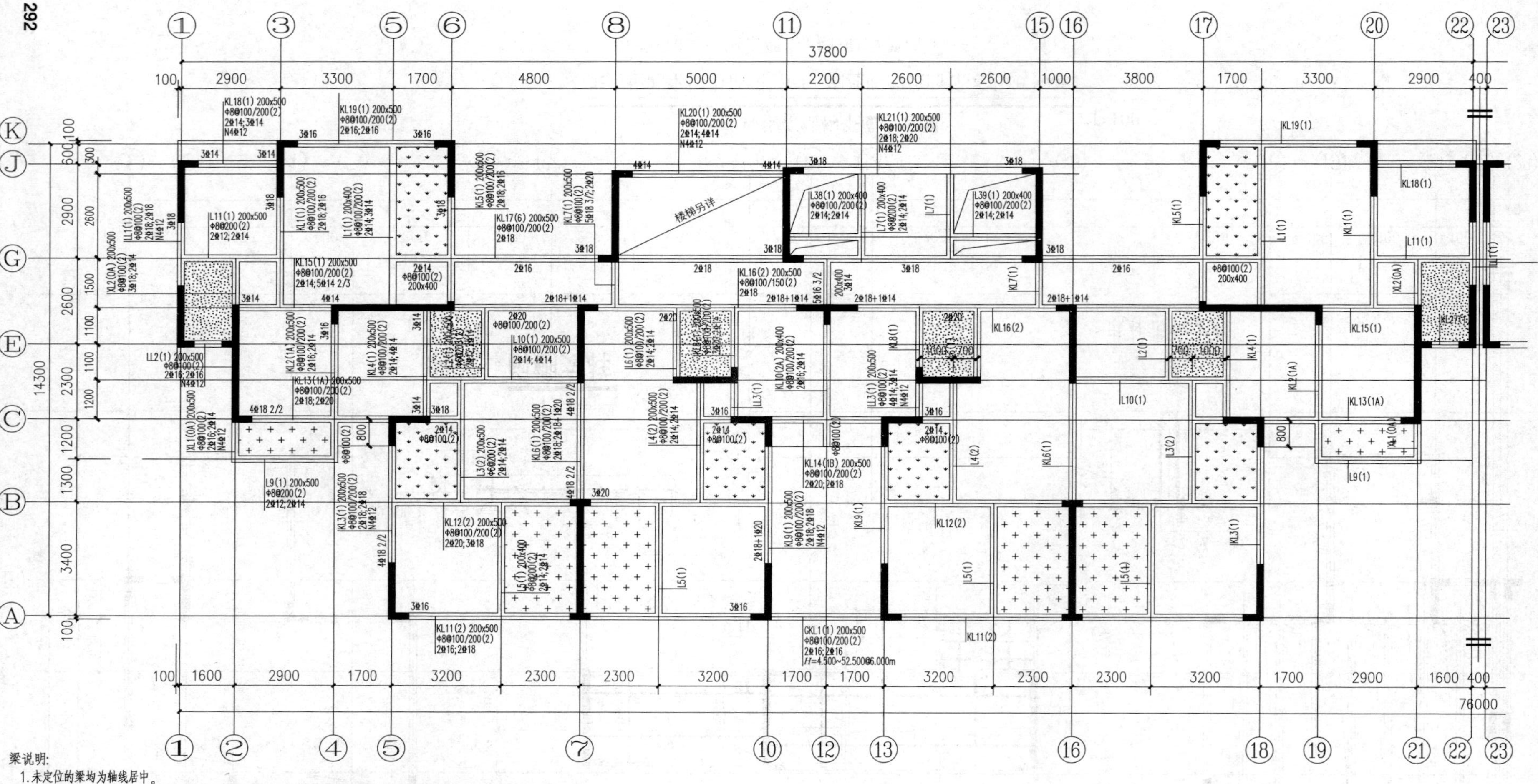

梁说明:

1.未定位的梁均为轴线居中。

2.图中次梁与主梁相交处，在主梁相应位置每侧附加箍筋3ϕd@50（d为主梁箍筋直径），肢数同主梁箍筋。

3.当框架梁(KLxxx)或连梁(LLxxx)一端以墙柱为支座，一端以梁为支座时，箍筋仅在以墙柱为支座端加密，以梁为支座端不设加密区.加密区长度不小于1.5倍梁高且不小于500。

4.梁相邻跨平面定位尺寸或梁宽有变化时，其支座负筋应尽可能直通，不能直通时各自锚入支座内。

2～5层梁平法配筋图 1:100

图 11-19　2～5 层梁平法配筋图

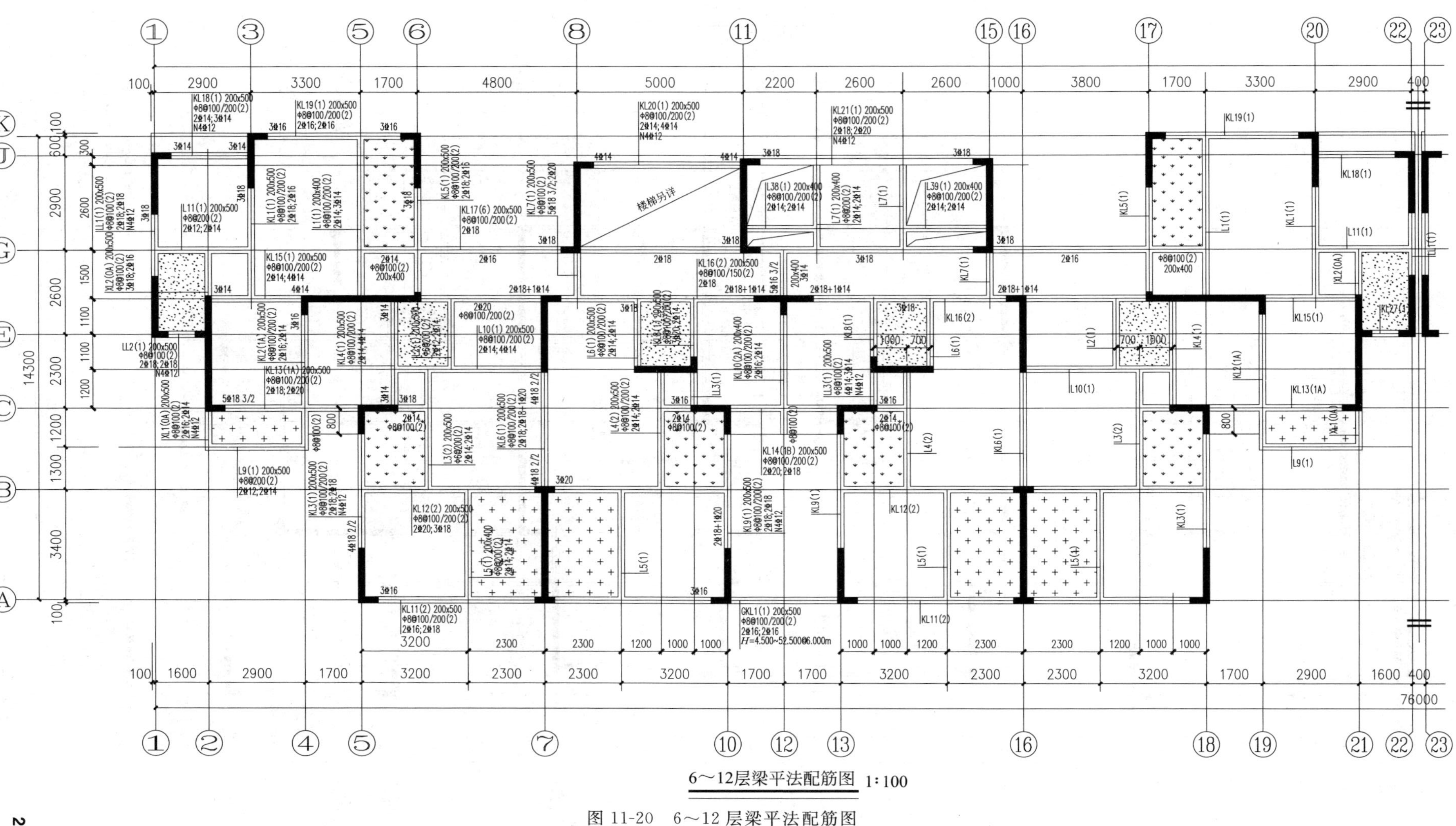

6～12层梁平法配筋图 1:100

图 11-20 6～12层梁平法配筋图

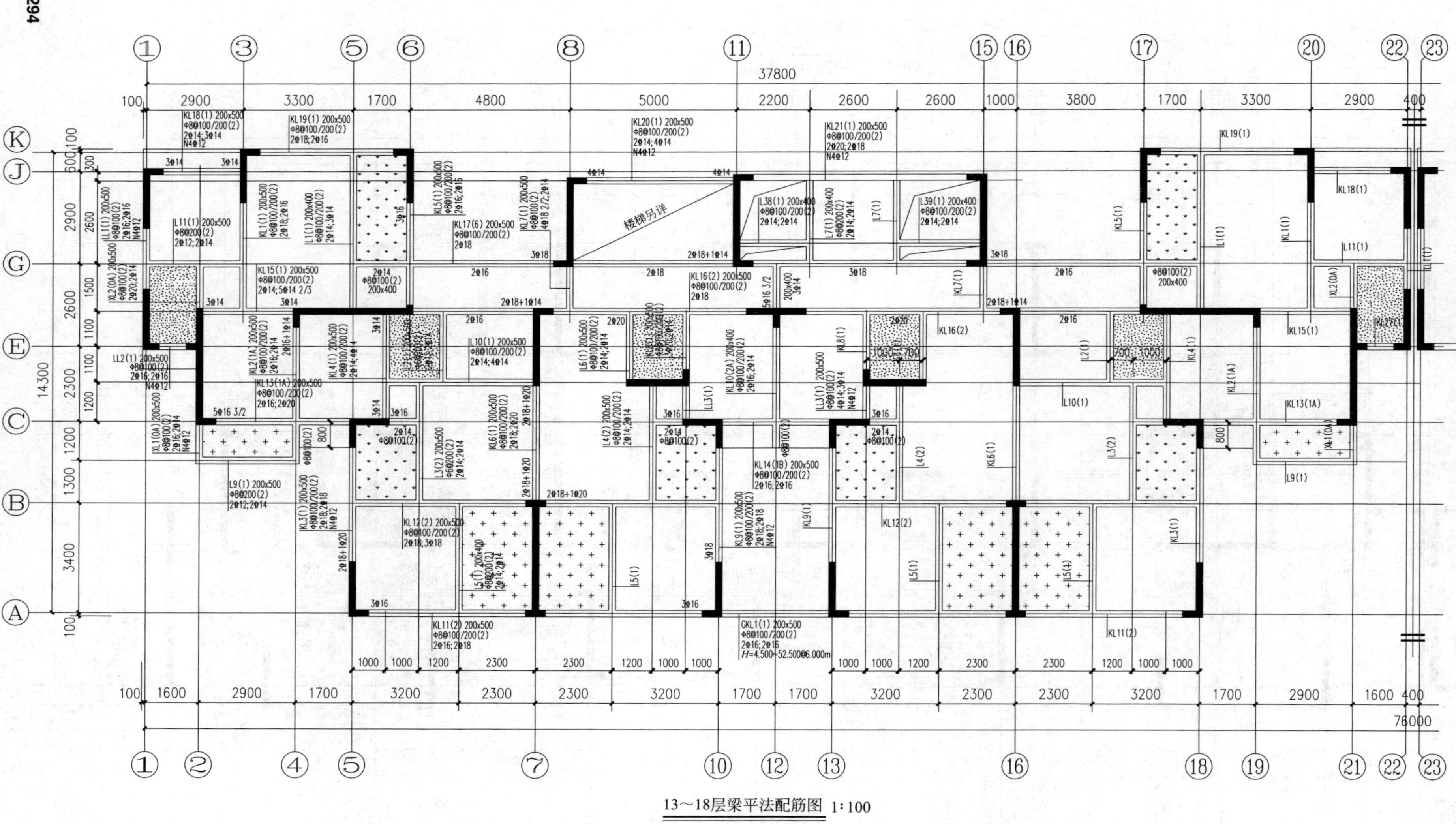

图 11-21　13～18 层梁平法配筋图

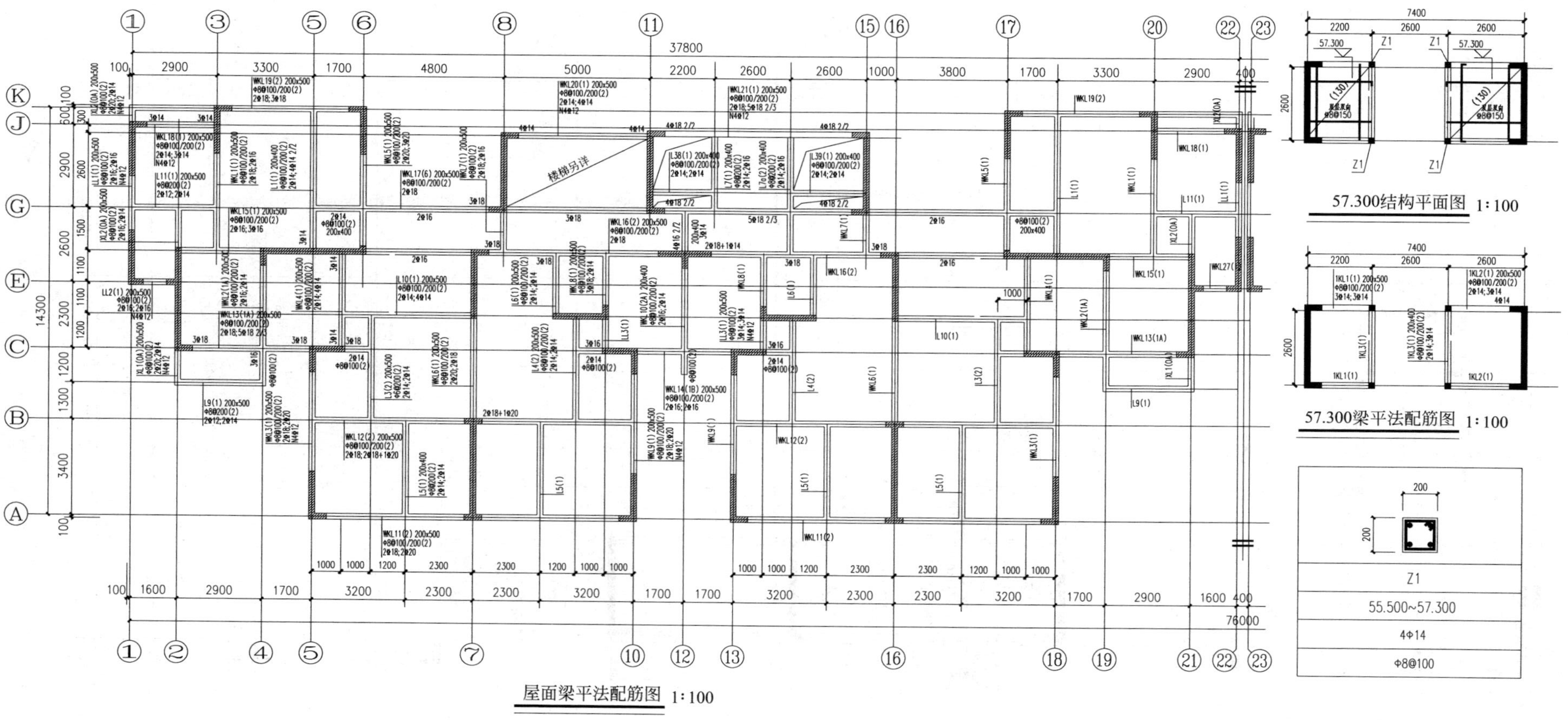

图 11-22 屋面梁平法配筋图

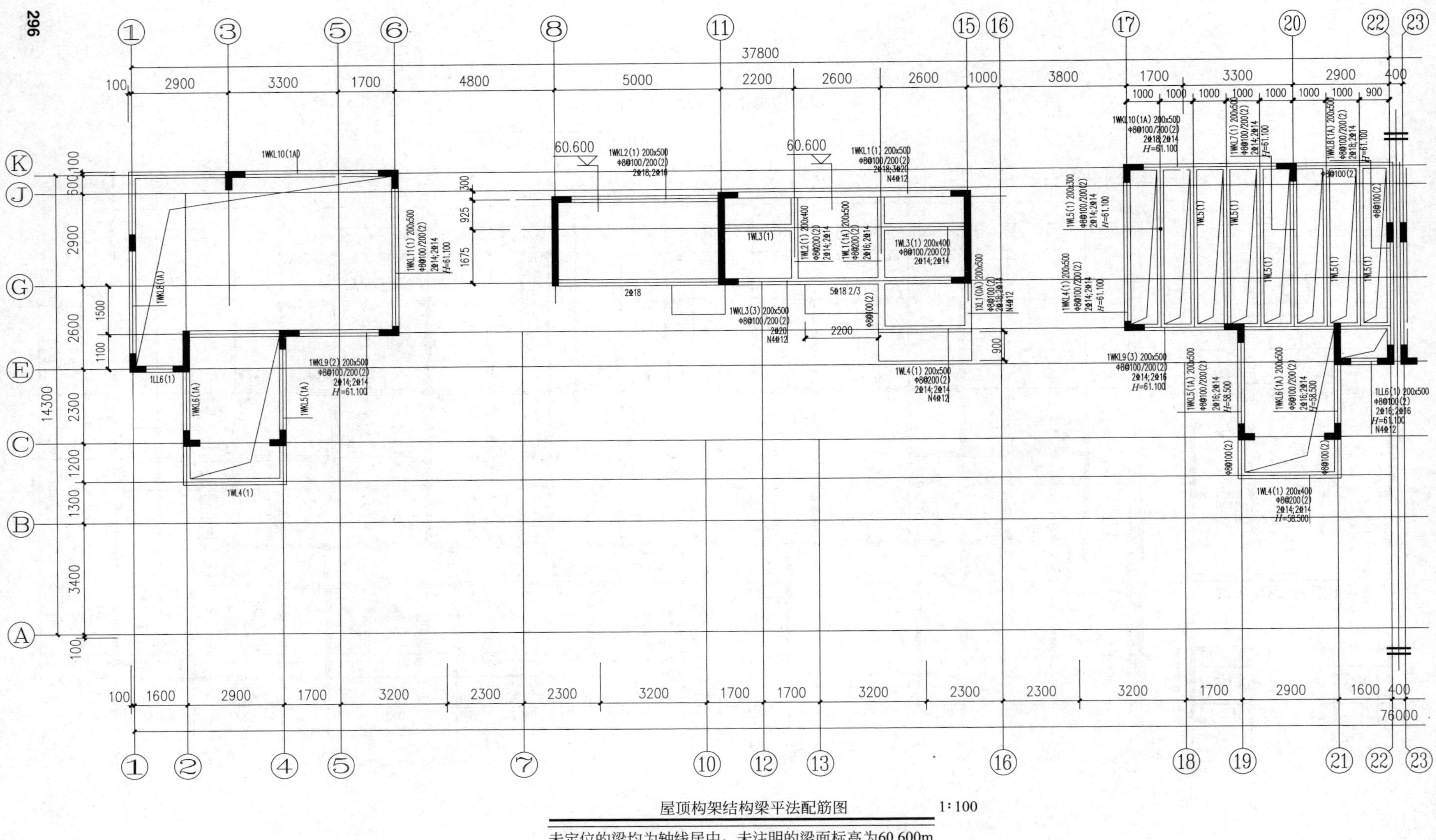

图 11-23　屋顶构架结构梁平法配筋图

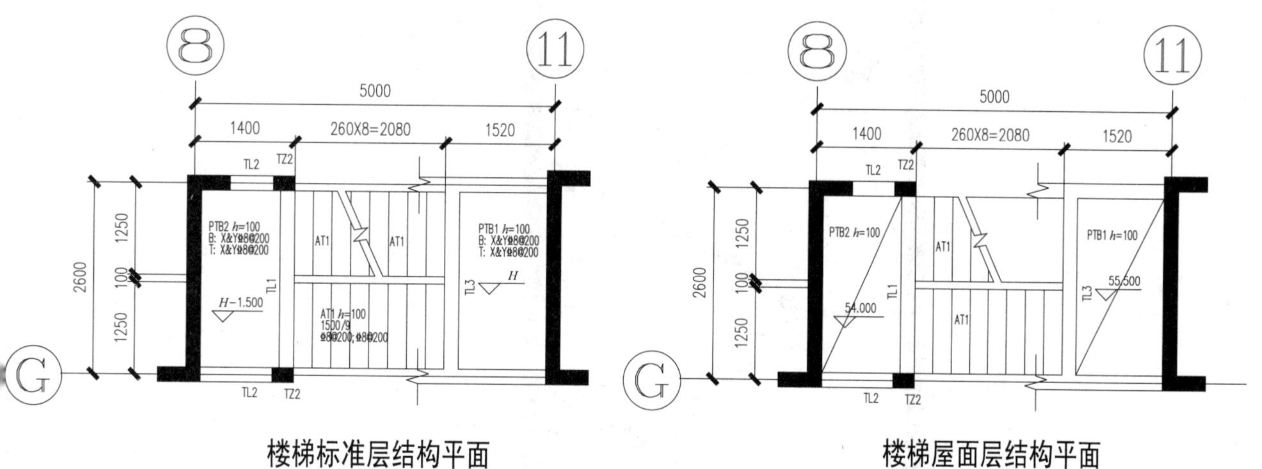

楼梯标准层结构平面

楼梯屋面层结构平面

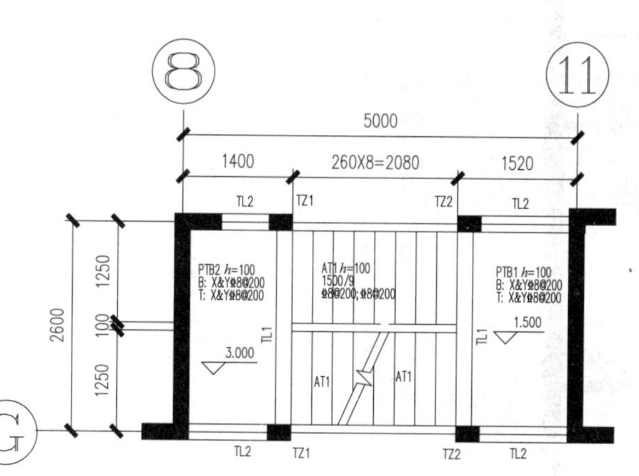

楼梯1.500～3.000m结构平面

楼梯-1.500～0.000m结构平面

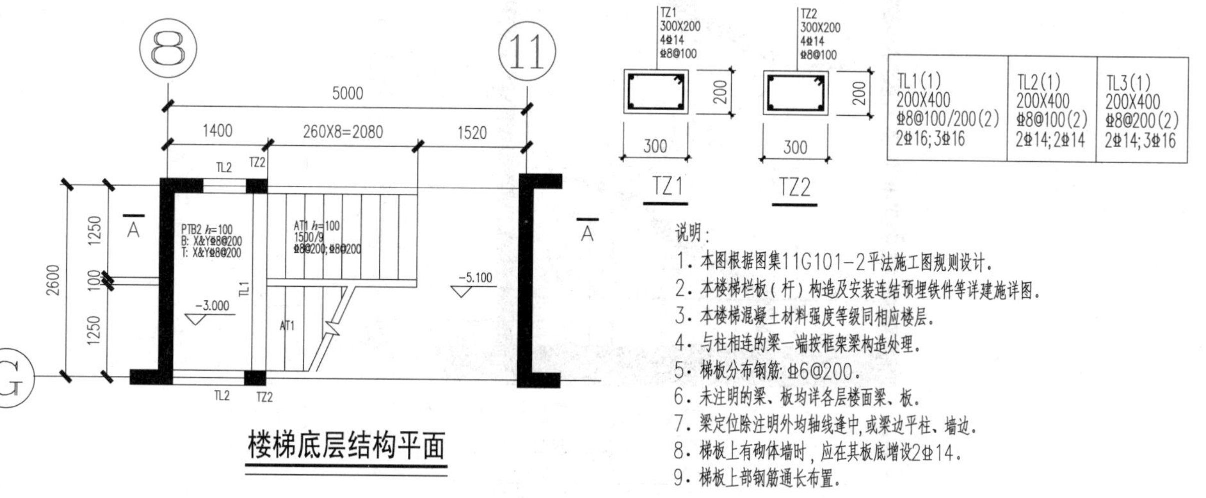

楼梯底层结构平面

TL1(1)	TL2(1)	TL3(1)
200X400	200X400	200X400
Φ8@100/200(2)	Φ8@100(2)	Φ8@200(2)
2Φ16;3Φ16	2Φ14;2Φ14	2Φ14;3Φ16

说明：

1. 本图根据图集11G101-2平法施工图规则设计.
2. 本楼梯栏板（杆）构造及安装连结预埋铁件等详建施详图.
3. 本楼梯混凝土材料强度等级同相应楼层.
4. 与柱相连的梁一端按框架梁构造处理.
5. 梯板分布钢筋：Φ6@200.
6. 未注明的梁、板均详各层楼面梁、板.
7. 梁定位除注明外均轴线逢中，或梁边平柱、墙边.
8. 梯板上有砌体墙时，应在其板底增设2Φ14.
9. 梯板上部钢筋通长布置.

(a) 楼梯结构平面布置图

图 11-24

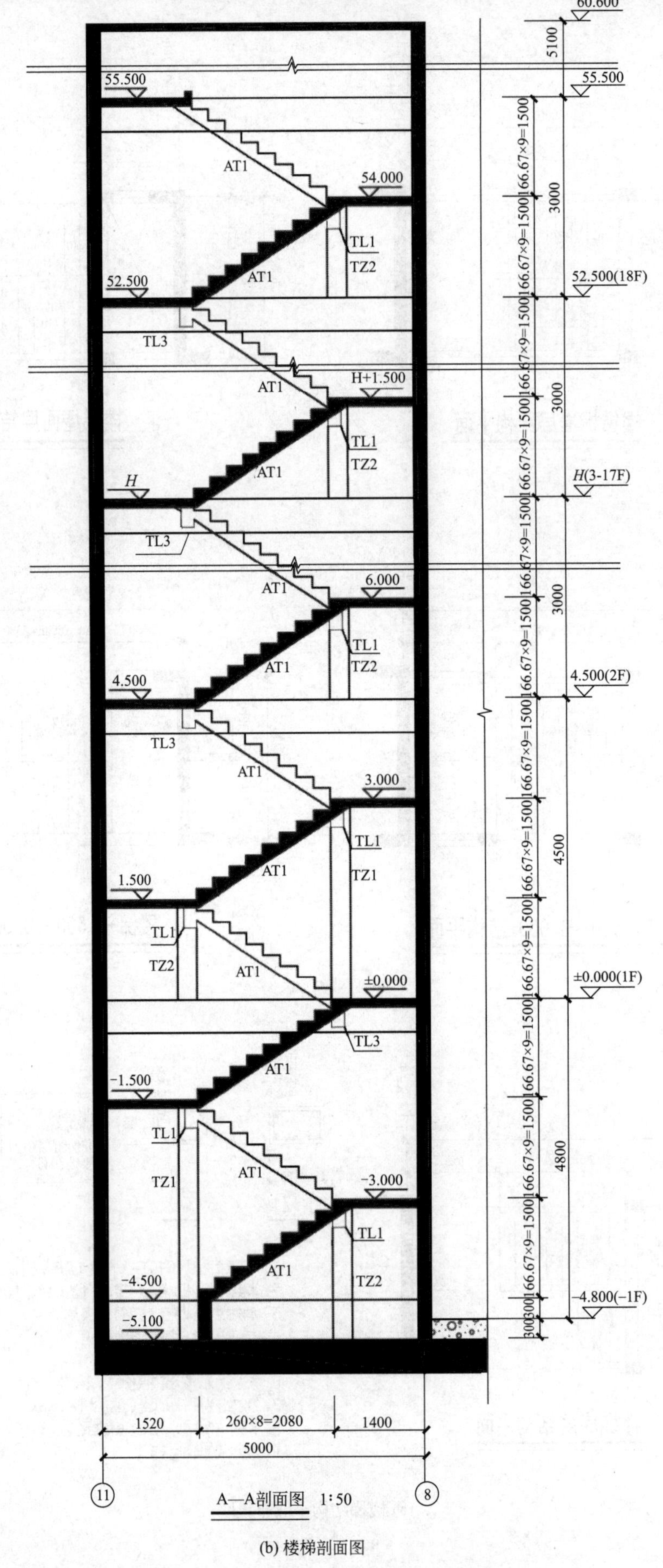

(b) 楼梯剖面图

图 11-24 楼梯详图

第四节　基础图概述

基础是建筑物上部承重结构向下的延伸和扩大，它承受建筑物的全部荷载，并把这些荷载连同本身的重力一起传到地基上。地基不是建筑物的组成部分，它只是承受由基础传来荷载的土层。基础的形式取决于上部承重结构的形式和地基情况。在民用建筑中，常见基础的形式有条形基础（即墙基础）、独立基础（即柱基础）、筏板基础、箱形基础和桩基础等，如图 11-25 所示。

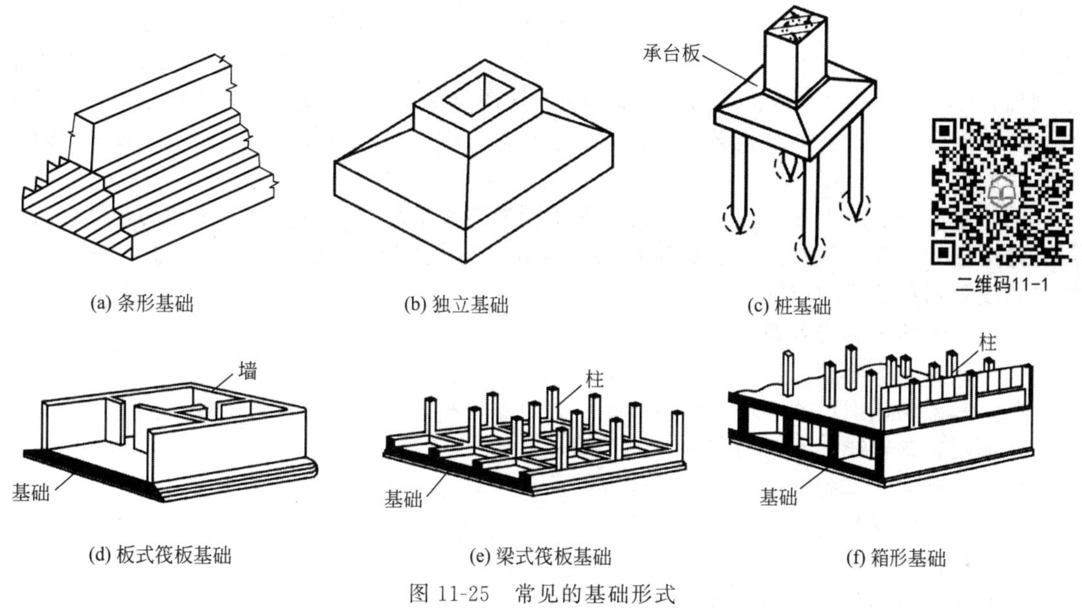

图 11-25　常见的基础形式

一、基础图

基础图主要是建筑物地面以下基础部分的平面布置和详细构造的图样，主要用来表示基础、地沟等的平面布置及做法，用于施工放灰线、挖基槽、基础施工等，是结构施工图的重要组成部分之一。基础图包括基础设计说明、基础平面图和基础详图三部分。

（一）基础设计说明

基础设计说明主要有场地土的质量、基础材料的强度等级、质量要求、基槽开挖深度的要求以及基础各部位的施工要求。

（二）基础平面图

基础平面图是一个剖面图，假想用一水平剖切面沿建筑物的地面与基础之间把整幢房屋剖开后，移去截面以上的建筑物和基础回填土后作水平投影，就得到基础平面图。

基础平面图主要表示基础的平面位置、形式及其种类、所属轴线，以及基础内留洞、构件、管沟、地基变化的台阶、基底标高等平面布置情况。

基础平面图的主要内容如下：

（1）图名和比例，比例应与建筑平面图相同。常用比例为 1：100、1：200。

（2）纵横定位轴线及其编号，基础大小尺寸和定位尺寸；基础平面图应标出与建筑平面图相一致的定位轴线及其编号和轴线之间的尺寸。

(3) 基础的平面布置，结构构件的种类、位置、代号。基础墙、构造柱、承重柱以及基础底面的形状、大小及其与轴线之间的关系。

(4) 基础的编号、基础断面的剖切位置和编号。

(5) 当基础底面标高有变化时，应在基础平面图对应部位的附近画出一段基础的垂直剖面图来表示基底标高的变化，并标注相应基底的标高。

(6) 联合设备施工图，绘制设备管线穿越基础的准确位置，洞口的形状、大小以及洞口上方的过梁要求。

(三) 基础详图

基础平面图只表明了基础的平面布置，而基础各部分的断面形状、大小、材料、构造以及基础的埋置深度等均未表达出来，这就需要画出各部分的基础详图。在基础的某一处用铅垂剖切平面切开基础所得到的断面图称为基础详图。常用 1∶10、1∶20、1∶50 的比例绘制。基础详图表示了基础的断面形状、大小、材料、构造、埋深及主要部位的标高等，是基础施工的重要依据。

同一幢房屋，由于各处有不同的荷载和不同的地基承载力，下面就有不同的基础。对于每一种不同的基础，都要画出它的断面图，并在基础平面图上用 1—1、2—2、3—3……剖切位置线表明该断面的位置。

基础详图的主要内容如下：

(1) 图名（或基础代号）、比例；

(2) 基础的详细尺寸，基础断面形状、大小、材料、配筋以及定位轴线及其编号（若为通用断面图，则轴线圆圈内为空白，不予编号）；

(3) 基础梁和基础圈梁的截面尺寸及配筋；

(4) 基础圈梁与构造柱的连接做法；

(5) 基础断面的细部尺寸和室内、外地面、基础垫层底面的标高等；

(6) 基础及垫层的材料、强度等级、配筋规格及布置；

(7) 防潮层的位置和做法；

(8) 施工说明等；

(9) 管线穿越洞口的详细做法。

二、基础图读图实例

如图 11-26～图 11-29 所示为某工程的桩基设计说明、桩基础平面施工图及详图，本工程基础采用冲孔灌注桩，为 2$^{\#}$ 楼桩基。

(1) 由图 11-26 可了解桩位布置情况、定位轴线与编号及各桩具体定位尺寸。

(2) 由图 11-27 可知工程桩、抗拔桩、试桩、抗拔桩试桩中纵筋、螺旋箍筋、焊接加劲箍、桩径数值、桩顶标高，桩长 L 需根据施工勘察结果来确定，设计桩长仅供参考。

(3) 图 11-28 和图 11-29 为承台与基础梁的平面布置图与详图。可知各承台与基础梁编号平面形状、配筋、材料及标高等细部尺寸。如基础梁 DJL1，梁截面尺寸为 450mm×700mm；ϕ10@200 为箍筋，四肢箍；上部、下部纵筋均为等级为 HRB400、4 根直径为 25mm 的钢筋；梁中部构造筋等级为 HRB400、4 根直径为 14mm 的钢筋，两边对称布置，2 根 HRB300、直径为 14mm 拉结筋，间距为 400；梁顶标高－5.100m，梁底为 C10 素混凝土垫层，厚 100mm，每边宽出基础 100mm。图中所有基础梁在支座处，其底部原位注写的纵筋根数，均已包含了梁底部贯通筋的根数。

钻（冲）孔灌注桩桩基设计说明

(1) ±0.000 标高相当于绝对标高详建施。本工程地基基础设计等级为：甲级；建筑桩基设计等级为：乙级。

(2) 地下水对混凝土结构和钢筋混凝土中的钢筋具有微腐蚀性；抗浮设计水位高程为平室外地面。

(3) 在工程桩施工前，应先进行试桩施工和检测，以确定基桩的承载力特征值和相关施工技术参数。

① 本工程基础采用冲孔灌注桩，桩端持力层为(7)-2中风化泥质砂岩、砂质泥岩，(8)灰岩、白云岩，(9)石英砂岩。要求单桩竖向抗压承载力特征值不少于2400kN。

抗拔桩要求单桩竖向抗压承载力特征值不少于2400kN；单桩竖向抗拔承载力特征值不少于450kN。

② 当桩基施工前必须进行施工勘察（一桩一孔），以进一步查明各基础下溶洞发育情况。通过施工勘察及施工措施保证桩端置于稳定基岩之上，以确保桩端及其以下为稳定岩层。确保地基的稳定性。

③ 桩长L需根据施工勘察结果来确定，设计桩长仅供参考。

1# 楼桩基以(8)灰岩、白云岩为桩端持力层时，进入持力层不少于1m，桩长约为9~23m。

2# 楼桩基以(8)灰岩、白云岩为桩端持力层时，进入持力层不少于1m，桩长约为10~14m。

2# 楼桩基以(9)石英砂岩为桩端持力层时，进入持力层不少于0.7m且桩长不小于3.5m，桩长约为3.5~11m。

3# 楼桩基以(7)-2中风化泥质砂岩、砂质泥岩为桩端持力层时，进入持力层不少于13m。

3# 楼桩基以(8)灰岩、白云岩为桩端持力层时，进入持力层不少于1m且桩长不小于3.5m。

3# 楼桩基以(9)石英砂岩为桩端持力层时，进入持力层不少于0.7m且桩长不小于3.5m。

④ 场地各土层分布及设计参数如下：

土层名称	状态及密度	地基土承载力特征值 f_{ak}/kPa	压缩模量 Es_{1-2}/Mpa	钻孔灌注桩		
				桩端极限端阻力标准值 q_{pa}/kPa	侧阻力特征值 q_{sia}/kPa	岩石天然单轴抗压强度标准值 /MPa
(1)-1素填土	松散					
(1)-2素填土	松散					
(2)-1粉质黏土	软塑	100	6.0		26	
(2)-2粉质黏土	可塑	160	8.0		34	
(3)黏土	硬塑	380	14.0		40	
(4)黏土夹碎石	硬塑	400	16.0		45	
(5)黏土（残积土）	硬塑	200	12(20)		32	
(6)红黏土	硬可塑	260	15		30	
(7)-1强风化泥质砂岩、砂质泥岩	强风化，密实	400	18		40	
(7)-2中风化泥质砂岩、砂质泥岩	中风化，致密	1000	不可压缩	1500	60	
(8)灰岩，白云岩	致密	5000	不可压缩	6000	200	
(8)a 溶洞（充填物）	硬可塑					
(8)b 煤层	微风化	800	不可压缩		60	
(9) 石英砂岩	致密	6000	不可压缩	8000	180	
(9)a 泥岩		400	18(44)		40	

(4) 施工要求

① 桩身混凝土强度等级为C30，试桩桩身混凝土强度等级为C35，钢筋HPB300级(Φ)，钢筋HRB400级(Φ)。

② 纵筋在同一截面上的接头数量不得超过50%；每隔一根在两个截面上接头，两接头间隔为35d，且不小于600mm；采用单面搭接焊接头，搭接焊缝长度>10d，d为主筋直径。接头应抽样检测。

③ 主筋保护层厚度为50mm。

④ 混凝土骨料粒径不得大于40mm；混凝土塌落度180~220mm。要求采用混凝土水下浇注工艺施工。

⑤ 承台坑开挖距桩顶标高300~500mm时，不得使用机械开挖，以免造成断桩。

⑥ 混凝土充盈系数（由桩身高度分段控制）不得小于1.05。水下混凝土必须连续施工，每根桩的浇筑时间按初盘混凝土的初凝时间控制。导管埋深宜为2~6m，严禁导管提出混凝土面。

⑦ 施工时注意控制最后一次灌注量，实际超灌高度不应小于800mm。

(5) 工程桩施工单位应有符合国家相关要求的施工资质和丰富的钻孔灌注桩的施工经验，且试桩与工程桩必须是同一单位并采用同一工艺施工。

(6) 成桩时如发现地质条件与勘察报告提供的情况有出入，应及时会同勘察，设计单位研究处理。

(7) 桩基验收

① 桩径容许偏差±50mm。② 桩位容许偏差不大于100mm。③ 垂直度容许偏差1%。

④ 钢筋笼制作偏差应符合下列规定：主筋间距 ±10mm；箍筋间距 ±20mm；钢筋笼直径 ±10mm；钢筋笼长度 ±50mm。

⑤ 桩成孔后沉渣厚度不大于50mm。

(8) 试桩检测

① 试桩应根据桩基检测单位要求对桩头进行加固。试桩的位置根据地质勘查报告及现场开挖情况，会同相关各方协商确定。

② 在做静载试验检测以前，先检测桩身完整性。

③ 单桩竖向抗压静载试验按照《建筑地基基础设计规范》(GB 50007—2011)附录Q “单桩竖向静载荷试验要点”进行。

④ 试桩检测单位应在桩施工前提出试桩检测方案，检测方案应经当地有关管理部门（如质检部门）认可。试桩施工时应配合检测单位预埋有关设备及管线。

⑤ 试桩完工且经检测后，应向设计单位提供施工纪录，测试报告等资料，以作为工程桩的设计及施工依据。

⑥ 试桩施工应待地质勘察报告审查通过后，方可进行。

(9) 工程桩验收检测

① 桩身完整性验收检测：均做低应变检测。

② 承载力验收检测：采用静载荷试验检测，数量不少于总桩数1%，且不少于3根。

③ 桩身完整性及承载力验收检测应按照《建筑基桩检测技术规范》(JGJ 106-2003)执行。

④ 桩检测单位应在桩施工前提出桩检测方案，检测方案应经当地有关管理部门（如质检部门）认可。桩施工时应配合检测单位预埋有关设备及管线。

(10) 工程桩全部完工后，应向设计单位提供工程桩的竣工平面图、施工纪录和测试报告等必要的资料，经复查认可、验收合格后，还须凿除桩顶疏松混凝土，并调直伸入承台的锚拉纵筋后方能进行下道工序的施工。

(11) 工程桩施工前应先进行试桩，试桩结果满足设计要求且经设计单位确认以后，方可进行工程桩施工；若试桩结果不满足设计要求，应待设计单位根据试桩结果修改设计后，再依据桩基修改图进行施工。

(12) 未尽事宜按照现行国家、湖北省桩基技术规范、验收规范（规程）执行。

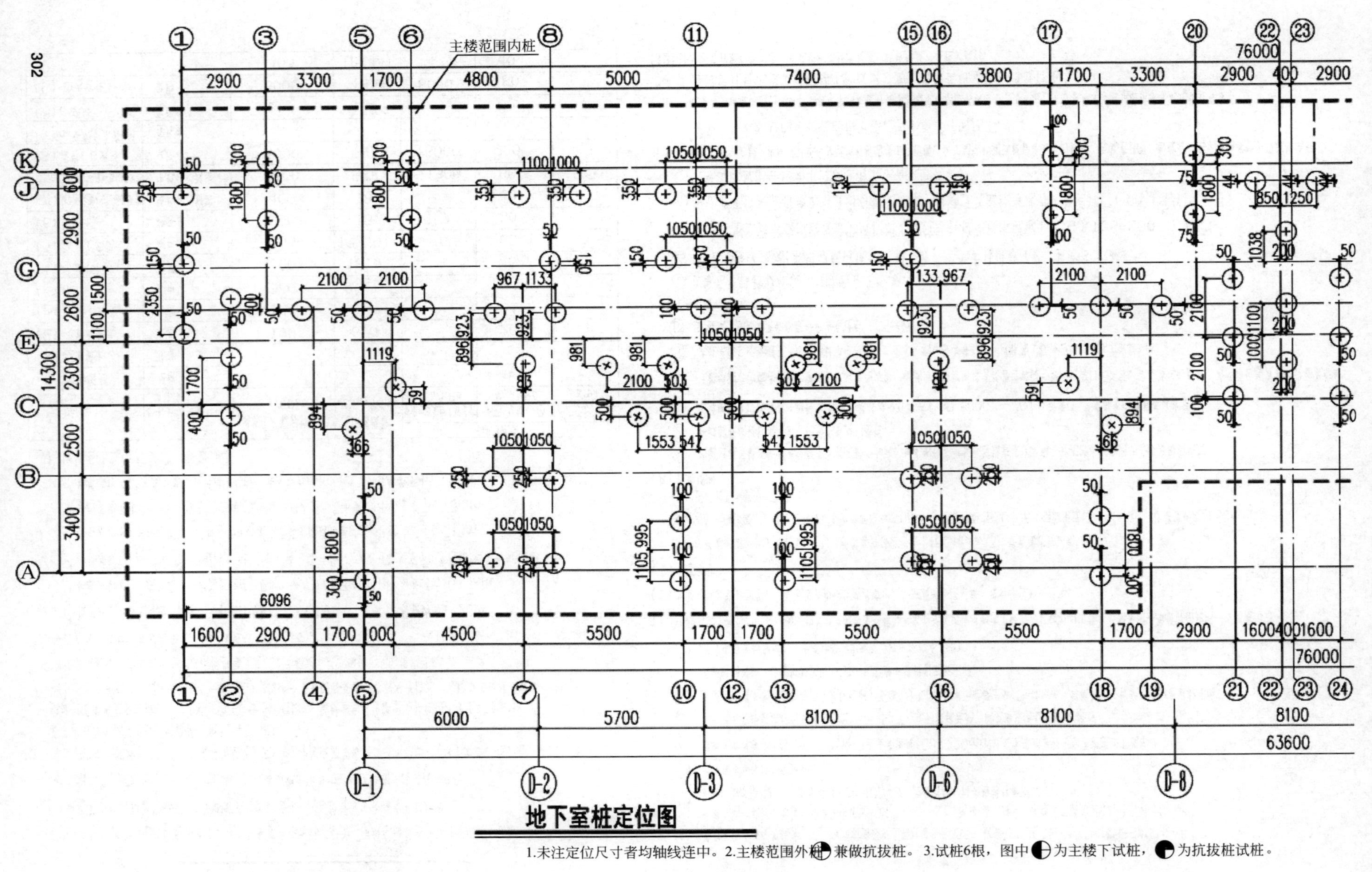

图 11-26　地下室桩定位图

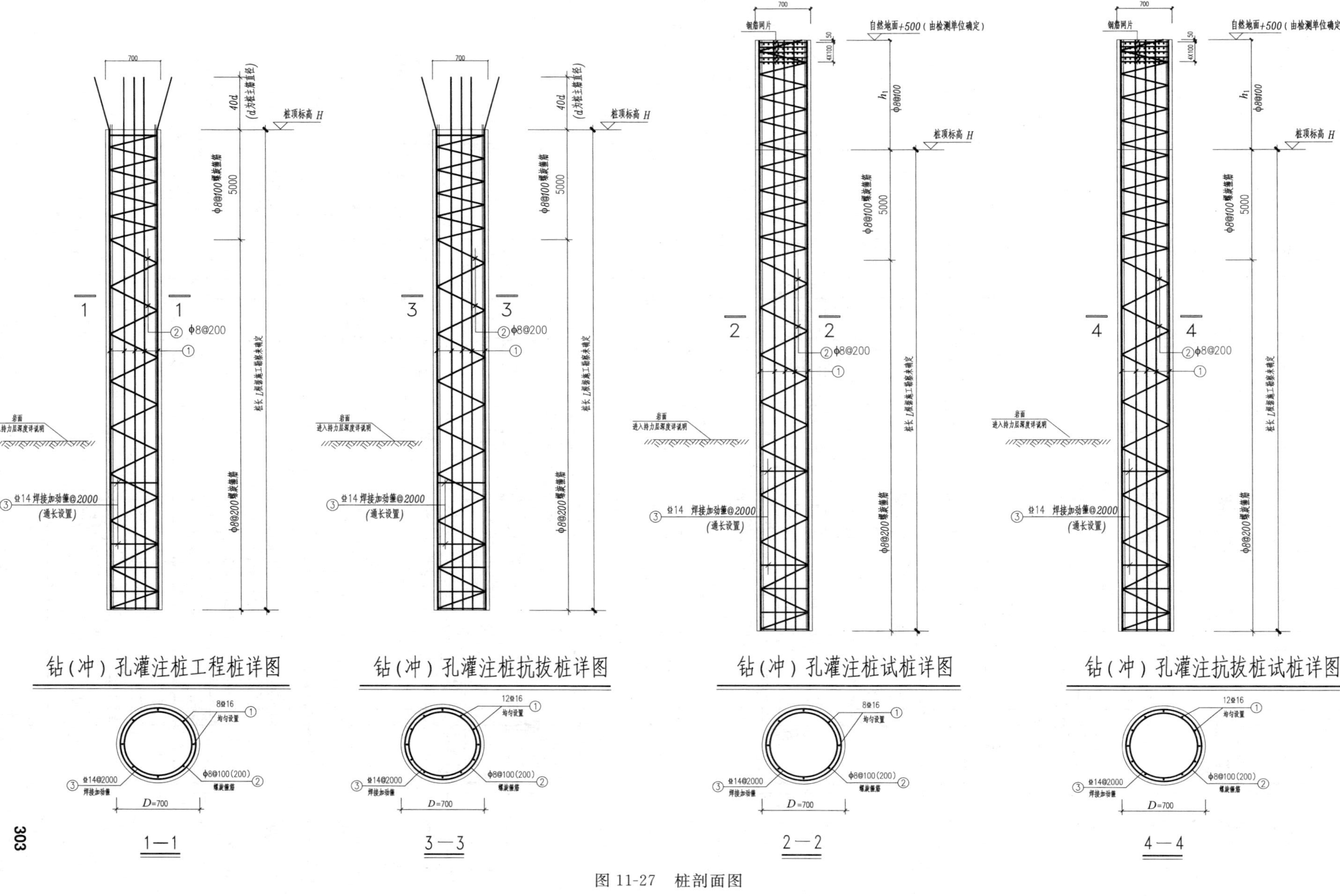
钻(冲)孔灌注桩工程桩详图
钻(冲)孔灌注桩抗拔桩详图
钻(冲)孔灌注桩试桩详图
钻(冲)孔灌注抗拔桩试桩详图
桩顶标高 H
40d
(d为桩主筋直径)
自然地面+500(由检测单位确定)
钢筋网片
700
5000
h_1
φ8@100
φ8@100螺旋箍筋
φ8@200螺旋箍筋
②φ8@200
桩长 L原客施工图要求确定
岩面
进入持力层深度详说明
③ ⊈14 焊接加劲箍@2000
(通长设置)
8⊈16
12⊈16
均匀设置
φ8@100(200)
螺旋箍筋
⊈14@2000
焊接加劲箍
D=700
1—1
3—3
2—2
4—4
图 11-27　桩剖面图

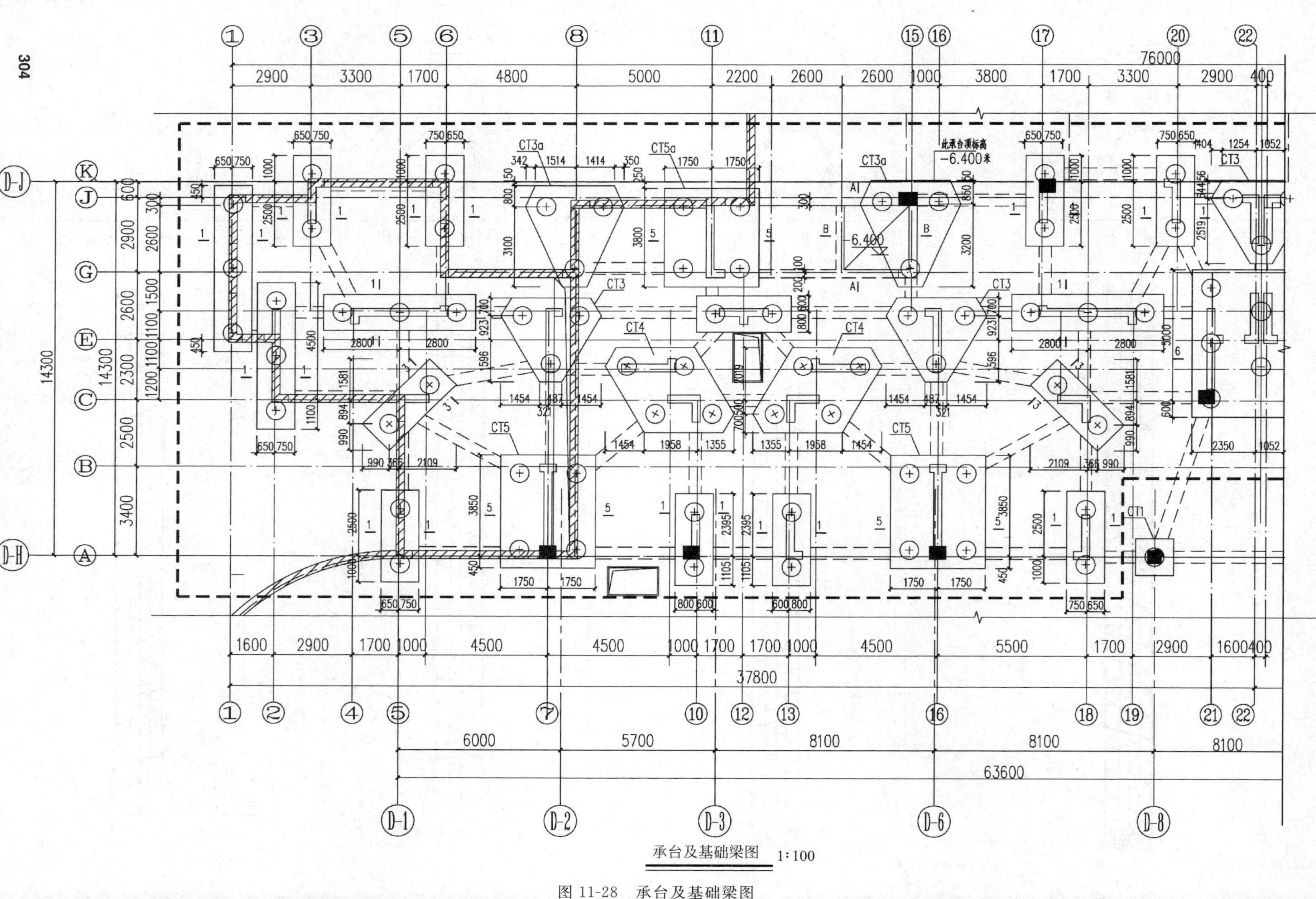

图 11-28 承台及基础梁图

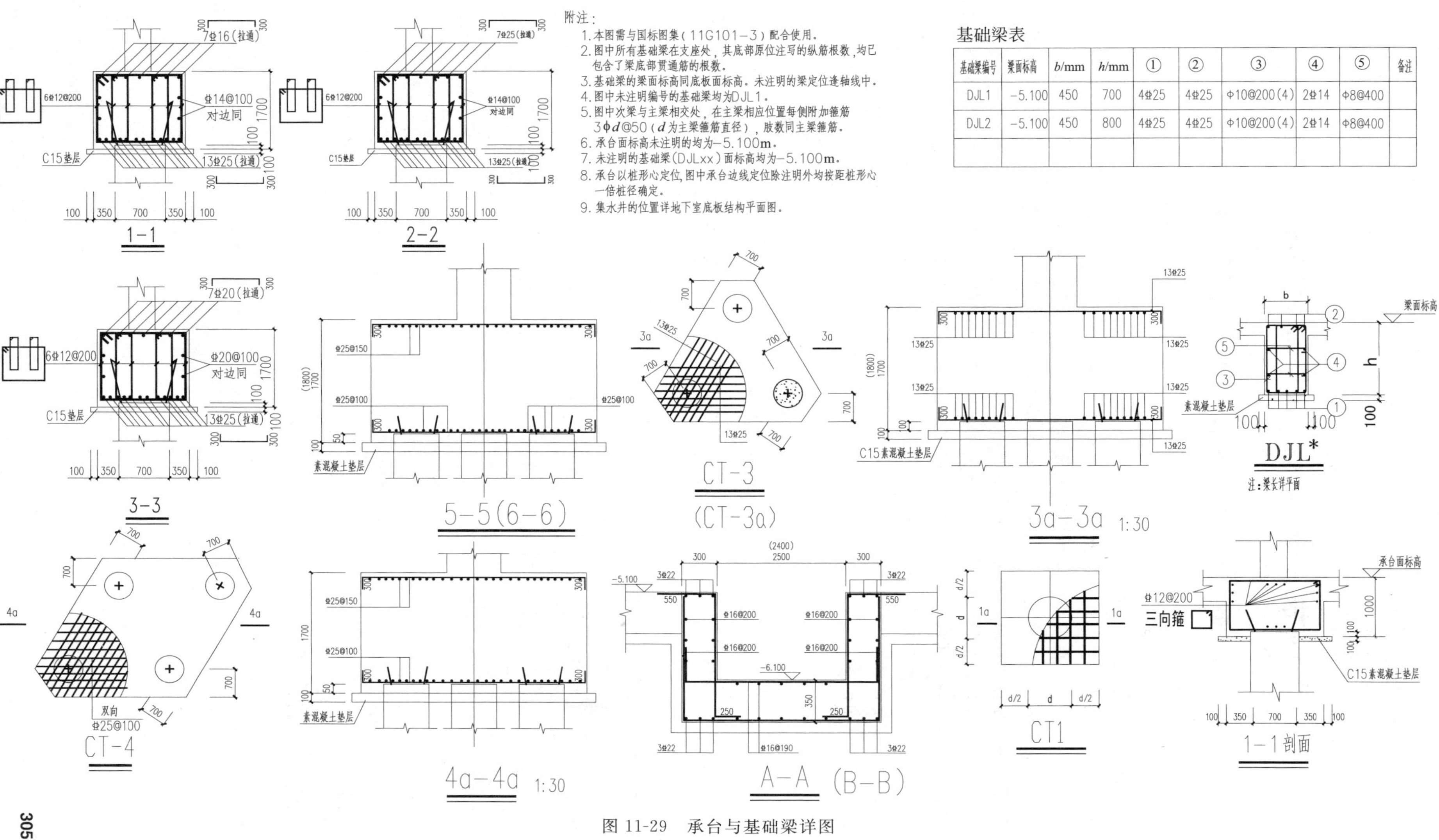

基础梁表

基础梁编号	梁面标高	b/mm	h/mm	①	②	③	④	⑤	备注
DJL1	-5.100	450	700	4Φ25	4Φ25	Φ10@200(4)	2Φ14	Φ8@400	
DJL2	-5.100	450	800	4Φ25	4Φ25	Φ10@200(4)	2Φ14	Φ8@400	

图 11-29 承台与基础梁详图

第五节　用 AutoCAD 绘制结构施工图

【例 11-1】 如图 11-16 所示，绘制 2～8 层（标准层）结构平面布置图。

解　绘图步骤

(1) 设置绘图环境。

(2) 绘制轴线。

(3) 绘制各结构构件（剪力墙、柱、梁等）的平面布置情况。

(4) 现浇板要绘制出钢筋布置图及其编号、规格、直径、间距等，并进行配筋标注。

绘制钢筋符号时可利用“多线段”命令（pline），通过其中“宽度”选项设置多线段的线宽（粗线线宽 *b*）后，直接完成绘制。

(5) 尺寸标注和轴线符号标注。平面图上标注的尺寸较简单，仅标注与建筑平面图相同的轴线编号和轴线间尺寸、总尺寸、一些次要构件的定位尺寸。

(6) 结构层楼面标高、结构层高标注。

(7) 绘制图幅线、图框线、标题栏。

(8) 打印出图。

Chapter 12

第十二章

设备施工图

教学提示

本章主要介绍了设备施工图的内容及给水排水施工图、电气工程施工图识读和绘制方法。

教学要求

要求学生会识读给水排水施工图和电气工程施工图，掌握利用Auto CAD绘制给水排水施工图和电气工程施工图的方法和技巧。

第一节 概 述

设备施工图是根据已有的建筑施工图来绘制，设备施工图包括给水排水施工图、建筑电气施工图、建筑燃气施工图和建筑空调采暖通风施工图。设备施工图一般由基本图和详图两部分组成。

(1) 基本图包括管线（管路）平面图、系统轴测图、原理图和设计说明。

(2) 详图包括各局部或部分的加工和施工安装的详细尺寸及要求。

识读和绘制设备施工图时应注意：

(1) 各设备系统采用国家标准和行业标准的图例符号表示。

(2) 识图时，按一定顺序去阅读，例如在识读电气系统和给水系统时，一般应按下面的顺序进行。

电气系统：进户线→配电盘→干线→分配电板→支线→用电设备。

给水系统：引入管→水表井→干管→立管→支管→用水设备。

(3) 各设备系统常常纵横交错敷设，在平面图上难于看懂，一般需配备辅助图形——轴测投影图来表达各系统的空间关系。因此，两种图形应对照阅读。

(4) 各设备系统的施工安装、管线敷设需要与土建施工相互配合。在看图时，应注意不同设备系统的特点及其对土建施工的不同要求（如管沟、留洞、埋件等），注意查阅相关的土建图样，掌握各工种图样间的相互关系。

第二节　给水排水工程施工图

给排水系统是为了系统地供给生活、生产、消防用水以及排除生活或生产废水而建设的一整套工程设施的总称。

给排水施工图则是表示该系统施工的图样，是给水排水工程施工的依据。一般将其分为室内给排水系统和室外给排水系统两部分。本书重点介绍室内给排水施工图。

给水排水专业制图常用的比例与建筑施工图一致。线型与线宽如表12-1所示。

表12-1　建筑给水排水专业制图常用线型

名称	线型	线宽	用途
粗实线	————————	b	新设计的各种排水和其他重力流管线
粗虚线	--------------------	b	新设计的各种排水和其他重力流管线的不可见轮廓线
中粗实线	————————	$0.7b$	新设计的各种给水和其他压力流管线；原有的各种排水和其他重力流管线
中粗虚线	--------------------	$0.7b$	新设计的各种给水和其他压力流管线及原有的各种排水和其他重力流管线的不可见轮廓线
中实线	————————	$0.5b$	给水排水设备、零(附)件的可见轮廓线；总图中新建的建筑物和构筑物的可见轮廓线；原有的各种给水和其他压力流管线
中虚线	--------------------	$0.5b$	给水排水设备、零(附)件的不可见轮廓线；总图中新建的建筑物和构筑物的不可见轮廓线；原有的各种给水和其他压力流管线的不可见轮廓线

一、图示内容及方法

给水排水施工图由设计说明、给水排水平面图、系统图、必要的详图和设备及材料明细表组成。在给排水工程施工图中，一般都采用国标规定的图例符号来表示，如表12-2所示。

1. 设计说明

设计说明用于反映设计人员的设计思路、对施工的具体要求及施工图无法表达清楚的部分。主要包括设计范围、工程概况、管材的选用、管道的连接方式、卫生洁具的安装、标准图集的代号等。主要内容如下：

（1）系统型式、水量及所需水压；

（2）采用管材及接口方式；

（3）所采用标准图号及名称；

（4）管道防腐、防冻、防结露的方法；

（5）卫生器具的类型及安装方法；

表 12-2　常用图例

序号	名称	图例	序号	名称	图例
1	生活给水管	—— J ——	8	污水池	
2	热水给水管	—— RJ ——	9	水表	
3	废水管	—— F ——	10	水表井	
4	污水管	—— W ——	11	阀门井 检查井	
5	清扫口	平面　系统	12	浮球阀	平面　系统
6	圆形地漏		13	立管检查井	
7	放水龙头	平面　系统	14	水泵	平面　系统

（6）施工注意事及施工验收达到的质量要求；

（7）系统的管道水压试验要求以及有关图例等。

2. 给水排水平面图

给排水平面图表示建筑物内给排水管道及卫生设备的平面布置情况。室内给排水平面图包括：用水设备的类型、位置及安装方式与尺寸；各管线的平面位置、管线尺寸及编号；各零部件的平面位置及数量；进出管与室外水管网间的关系等。

给排水平面图的主要内容如下：

（1）比例。采用与其建筑平面图相同的比例，即用 1∶100 比例尺；如果图型比较复杂，则可采用 1∶50 比例。

（2）图例。室内给排水系统所使用的器材、配件、附件等品种规格多，体积小，大多是市场现购的标准化产品，不必现场制作，所以在施工图中多采用图例符号表示。如表 12-2 所示。

（3）房间的名称，编号、用水设备（如盥洗槽、大便器、拖布池、小便器等）的类型及位置。

（4）各立管、水平干管、横支管的各层平面位置、管径尺寸、立管编号以及管道的安装方式。

（5）用水器材和设备、管道的位置、型号及安装方式等。各管道零件如阀门、清扫口的平面位置。

（6）给排水管道的主要位置、编号、管径，支管的平面走向、管件及有关平面尺寸等。

（7）给水引入管和污水排出管的管径、走向、平面位置以及室外给排水管网连接方式。

（8）室外水源接口位置、底层引入管位置以及管道直径等。

(9) 标注。

① 尺寸标注　标注建筑平面图的轴线编号和轴线间的尺寸；标注与用水设施有关的建筑尺寸；标注引入管与排出管的定位尺寸，通常注其与相邻轴线的距离。

② 标高标注　底层给排水平面图中标注室内外地面标高；标准层给排水平面图中应标注适用楼层标高。

平面图中，管道标高应按图 12-1 所示的方式标注。

③ 符号标注　对于建筑物的给水排水进口、出口，宜标注管道类别代号，通常采用管道类别的第一个汉语拼音字母，如 J 为给水，P 为排水。当建筑物的给水排水进、出口多于一个时，应用阿拉伯数字编号。编号宜按图 12-2 所示的方法表示。

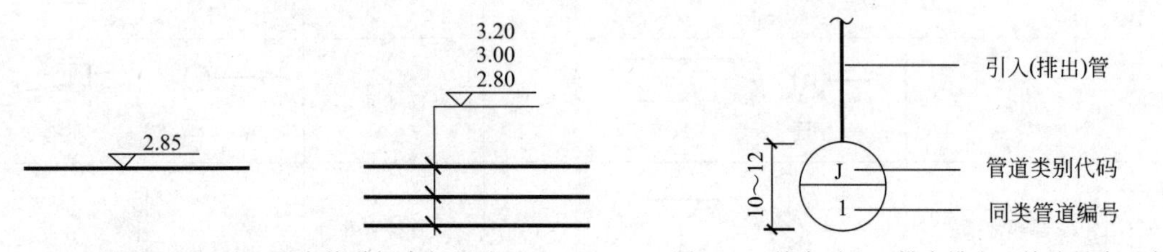

图 12-1　平面图中管道标高标注法　　　图 12-2　给水引入（排水排出）管编号表示方法

建筑物内穿过楼层的立管，应标注代号，如 JL 为给水立管，PL 为排水立管。其数量超过一根时，应进行编号，编号宜按图 12-3 所示的方法表示。

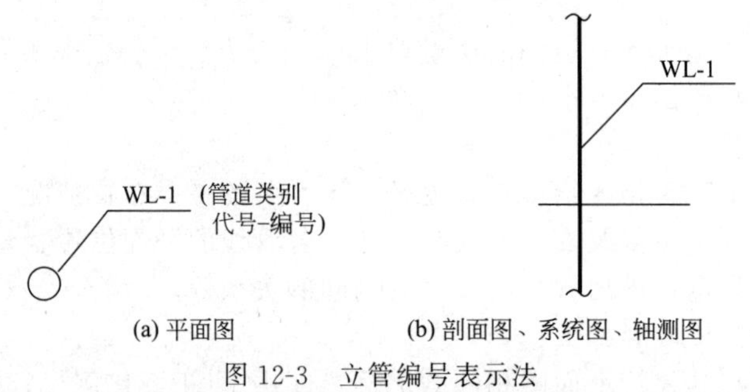

图 12-3　立管编号表示法

④ 文字注写　注写相应平面的功能及必要的文字说明。

3. 系统图

系统图又称轴测图，是用轴测投影的方法，根据各层平面图中卫生设备、管道及竖向标高绘制而成的，分为给水和排水系统图。给排水平面图由于管道交错、读图时较难，而轴测图能够清楚、直观地表示出给排水管的空间布置情况，立体感强，易于识别。给排水系统图与建筑给排水平面图一起表达了建筑给排水工程的空间布置情况，反映给水排水管道系统的上下层之间、前后左右间的空间关系。在系统图中除注有各管径尺寸及立管编号外，还标注出管道的空间走向，各管段的坡度、标高，用水设备及其型号、位置等。

识读系统图时，给水系统按照树状由干到支的顺序、排水系统按照由支到干的顺序逐层分析，也就是按照水流方向读图，再与平面图紧密结合，就可以清楚地了解到各层的给排水情况，才能了解整个室内给排水系统的全貌。

给排水系统图主要内容如下：

(1) 比例　与建筑给排水平面图相同。

(2) 图例　建筑给排水系统的部分图例，如表 12-2 所示。

(3) 布图方向　与相应的建筑给排水平面图一致。

(4) 轴向选择　系统图的轴测轴 OZ 轴总是竖直的；OX 轴与相应的给排水平面图的水平方向一致；OY 轴与水平方向的夹角取 45°，也可取 30°和 60°，但相应的给水和排水系统图须用相同角度绘出。

(5) 给水排水管道　给水管道系统图按各条给水引入管分组；排水管道系统图按各条排水排出管分组。引入管和排出管及立管的编号与平面图一致。给水系统图表明给水阀门、水龙头等，排水系统图表明存水弯、地漏、清扫口、检查口等管道附件位置。

系统图中给排水管道沿 X、Y 方向的长度直接从平面图上量取，管道高度根据建筑物层高、门窗高、梁的位置、卫生器具、配水龙头、阀门的安装高度等确定。

空间交叉的管道，应判断其可见性，在交叉处，可见管道连续画出，不可见管道应断开。

(6) 与建筑物位置关系的表示　为反映管道与相应建筑物的位置关系，系统图中要用细实线画出管道穿过的地面、楼面、屋面及墙身等构件的示意位置。

(7) 标注

① 管径标注　管径的单位应为 mm；如 $DN75$，管径为 75mm；单根管道时，管径应按图 12-4 所示的方式标注；多根管道时，管径应按图 12-5 所示的方式标注。

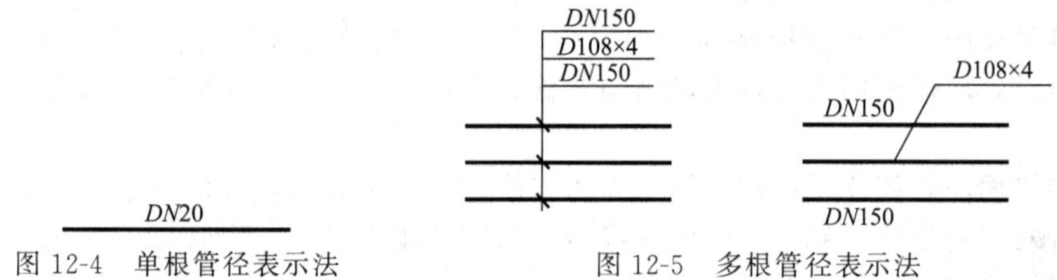

图 12-4　单根管径表示法　　图 12-5　多根管径表示法

② 标高标注　轴测图中管道标高标注应按图 12-6 所示的方式标注。底层和各楼层地面相对标高，给、排水系统图应分别绘制。

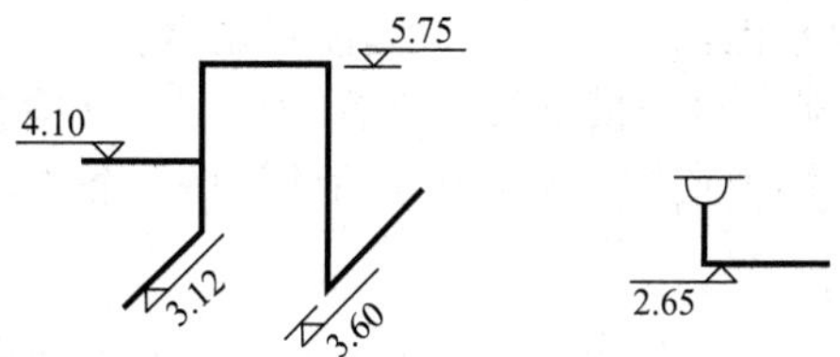

图 12-6　轴测图中管道标高标注法

4. 详图

详图又称大样图，它表明某些给排水设备或管道节点的详细构造与安装要求。详图包括节点图、大样图、标准图，主要是管道节点、水表、消火栓、水加热器、开水炉、卫生器具、过墙套管、排水设备、管道支架等的安装图。常用的比例 (1∶10)～(1∶50)。有些详图可直接查阅有关标准图集或室内给排水设计手册，如水表安装详图、卫生设备安装详图等。

5. 设备及材料明细表

除了上述图之外，对重要工程，为了使施工准备的材料和设备符合要求，还应编制一个设备及材料表，如表 12-3 所示。包括编号、名称、型号规格、单位、数量、重量及备注等项目。施工图中涉及的设备、附件、管材、阀门、仪表等均列入表中，以便施工备料。不影响施工进度和质量的零星材料，允许施工单位自行决定的可不列入表中。施工图中选定的设备对生产厂家有明确要求时，应将生产厂家的厂名写在明细表中的备注中。简单工程可不编制明细表，小型施工图可省略此表。

表 12-3 主要设备器材表

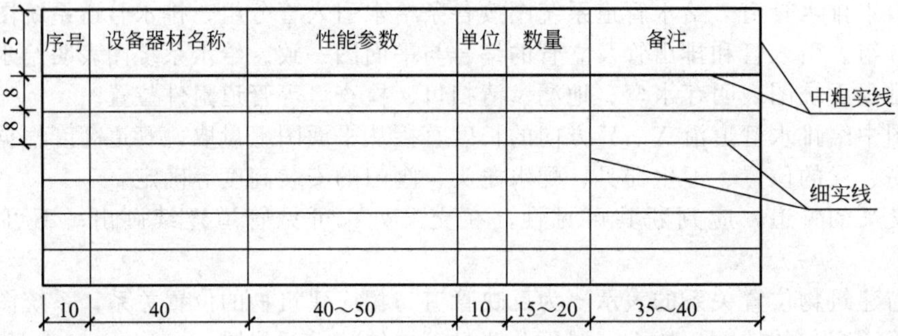

序号	设备器材名称	性能参数	单位	数量	备注
10	40	40～50	10	15～20	35～40

15 8 8

中粗实线

细实线

二、阅读图例

（一）读图步骤

（1）应先看图标、图例以及文字说明，然后看图。

（2）浏览平面图。先看底层平面，再看楼层平面；先看给水引入管、排水排出管的数量、位置；再看每层需要用水和排水的房间名称、位置、数量、地楼面标高以及房间内平面布置情况。

（3）对照平面图，阅读系统图。以管道为主线，循流水方向，弄清各条给水引入管、排水排出管服务对象的位置、规格，进而明确给水系统和排水系统各组管道的空间位置及其走向，系统各组管道的空间位置及其走向。

① 先找平面图和系统图相同编号的给水引入管、排水排出管，然后找相同编号的立管。

② 顺流水方向，读给水平面图和系统图，其读图顺序：

引入管→水平干管→立管→支管→配水器具

③ 按排水方向，读排水平面图和系统图，其读图顺序：

卫生器具、地漏、其他泄水口→横支管→立管→排出管→检查井

（4）阅读详图。识读详图时重点掌握其所包括的设备、各部分的起止范围。

（二）读图实例

如图 12-7～图 12-14 所示，阅读某工程的给排水平面图和系统图。在阅读时需要将平面图与系统图结合起来。

（1）图 12-9 为 3～18 层给水排水消火栓平面布置图，绘图比例为 1∶100。其主要表示供水、排水管线的平面走向以及各用水房间所配备的卫生设备和给水用具。

（2）在⑪～⑯轴、Ⓖ～Ⓚ轴之间与㉚～㉞轴、Ⓖ～Ⓚ轴之间水井处，布置有消火栓给水立管 XL、给水立管 JL、自动喷水灭火给水管立管 ZPL，在给水管道上设置阀门和水表进入到每户供水，采用水表每单元分层集中设置方式，每户设 LXS-20E 旋翼式水表计量。各层水表井内水表安装高度分别为 400mm、600mm、800mm、1000mm、1200mm、1400mm。

（3）由水平支管供水到每户厨房、卫生间和阳台；每户卫生间布置有洗脸盆、大便器、地漏及污水立管 WL 和通气立管 TL；每户阳台上布置有洗衣机和污水立管 WL，每户厨房布置有洗涤盆和污水立管 WL。室内消火栓安装高度 1.10m。

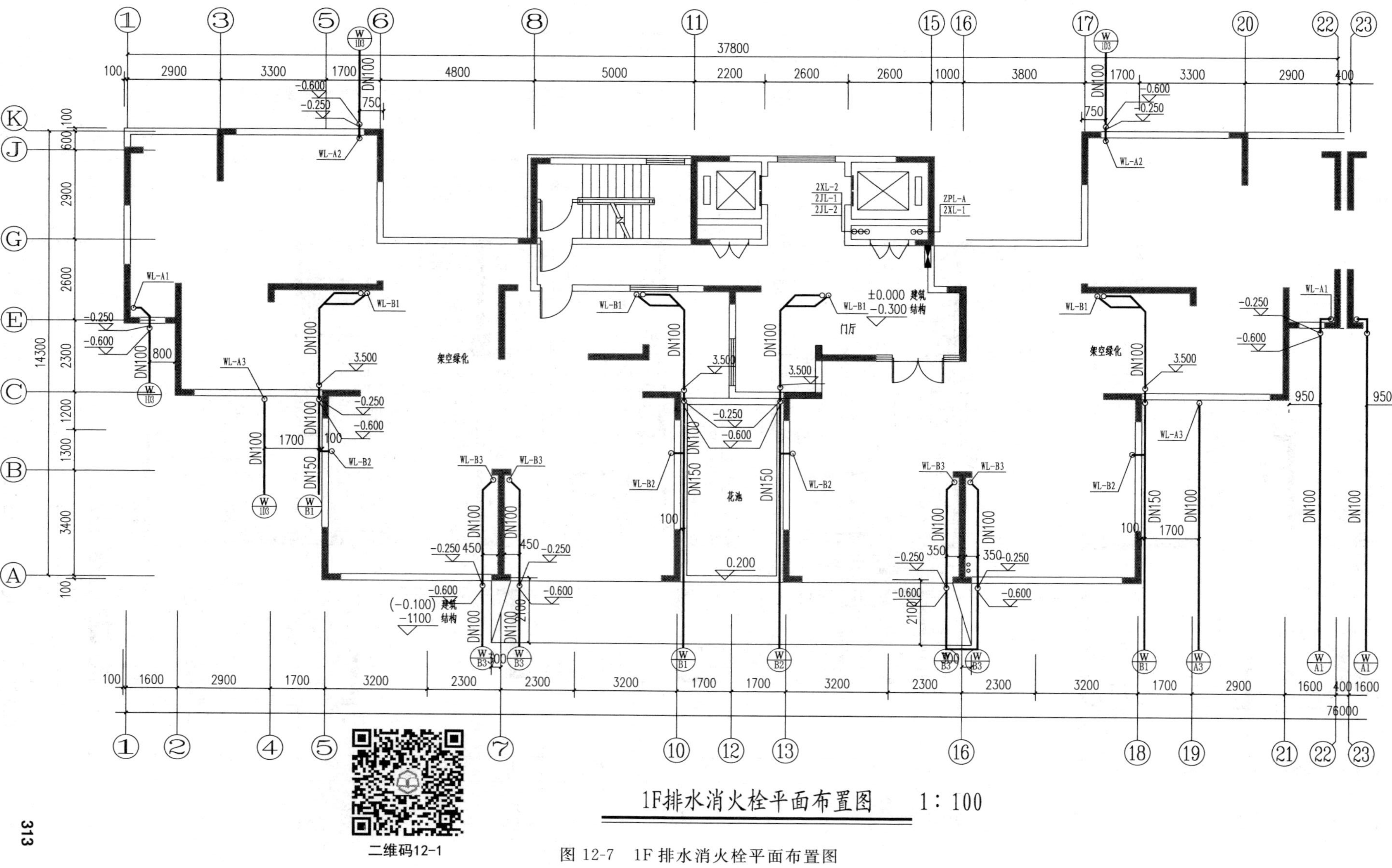

图 12-7　1F 排水消火栓平面布置图

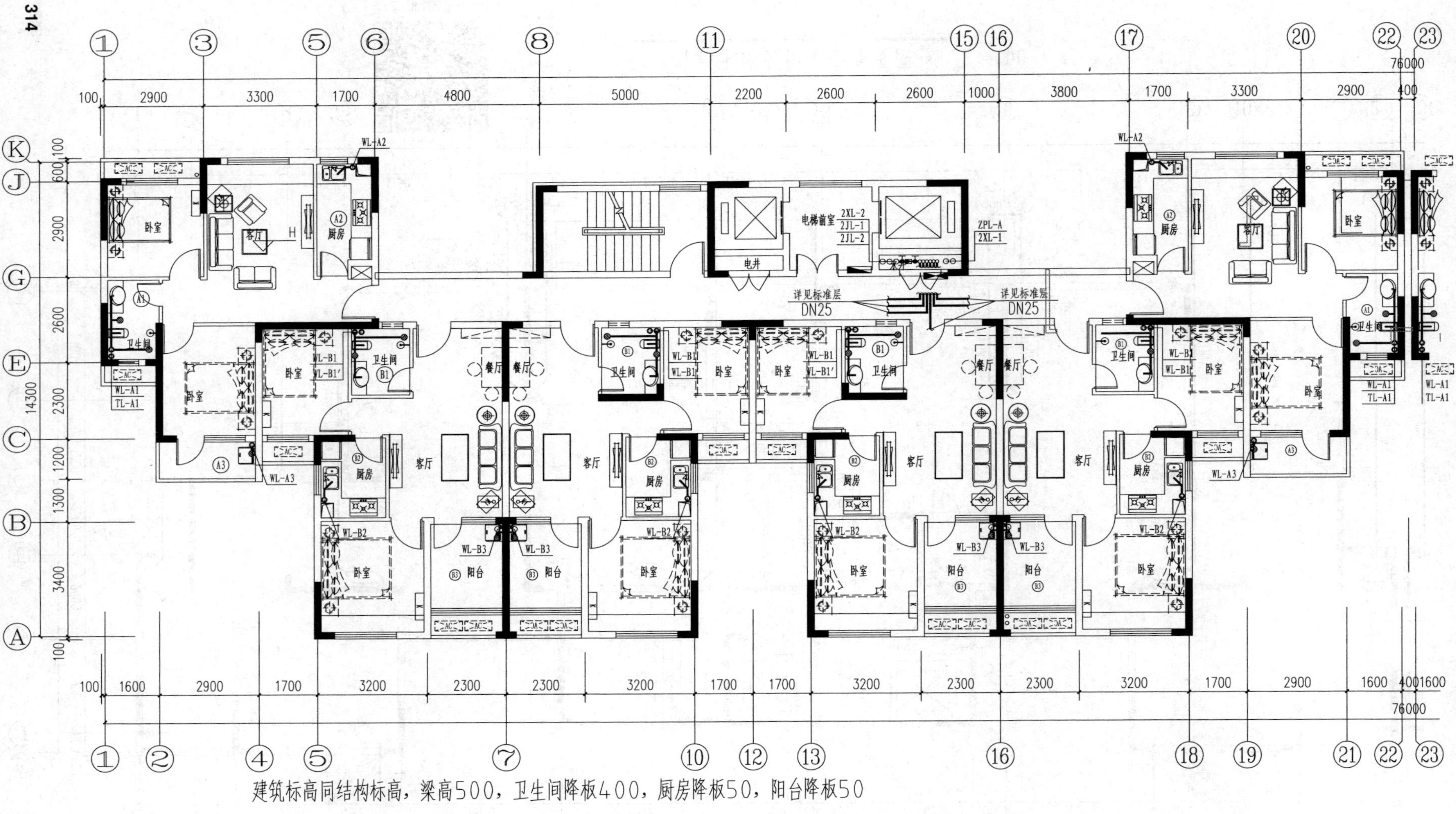

图 12-8　2F 给排水消火栓平面布置图

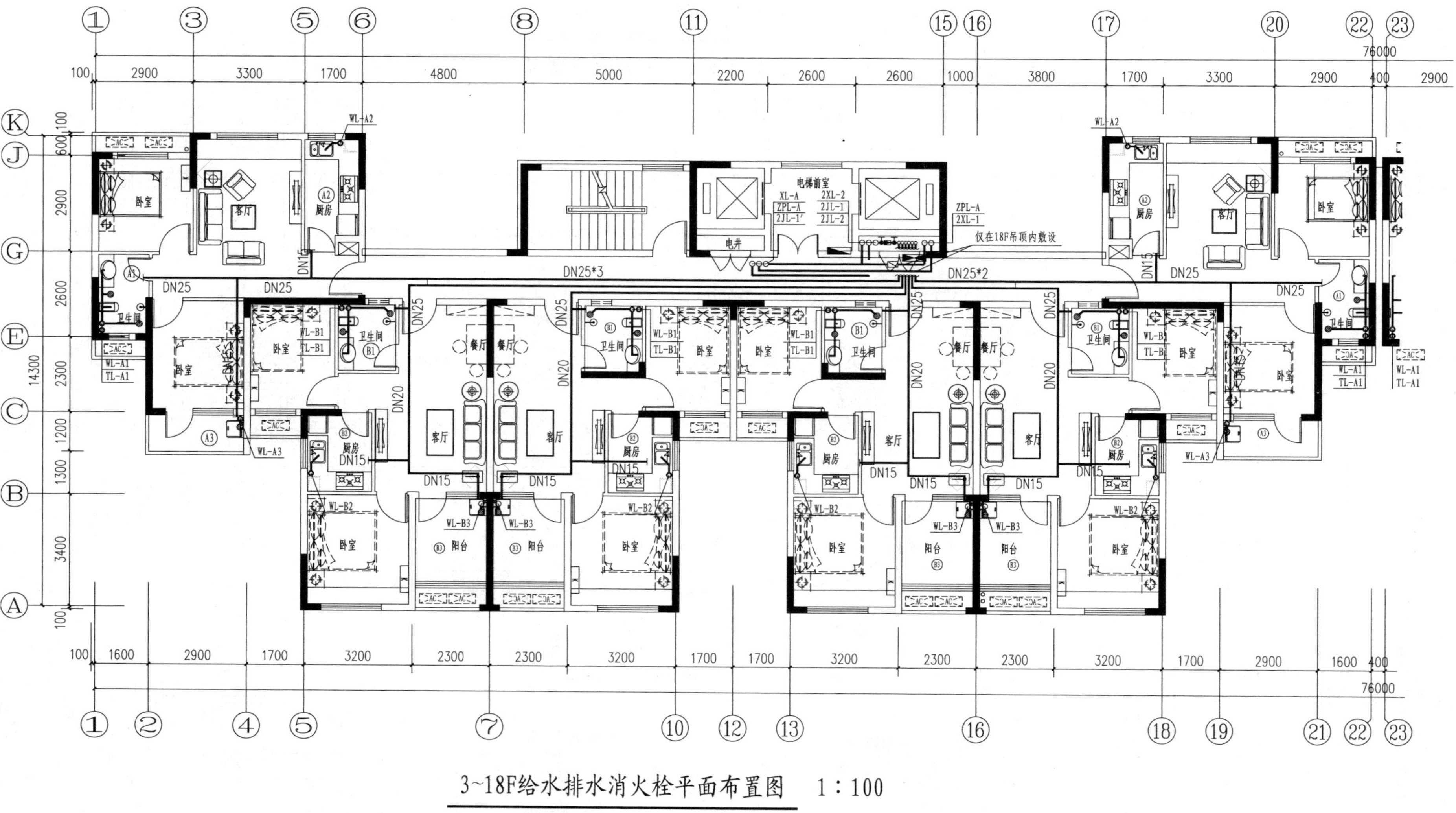

图 12-9　3～18F 给排水消火栓平面布置图

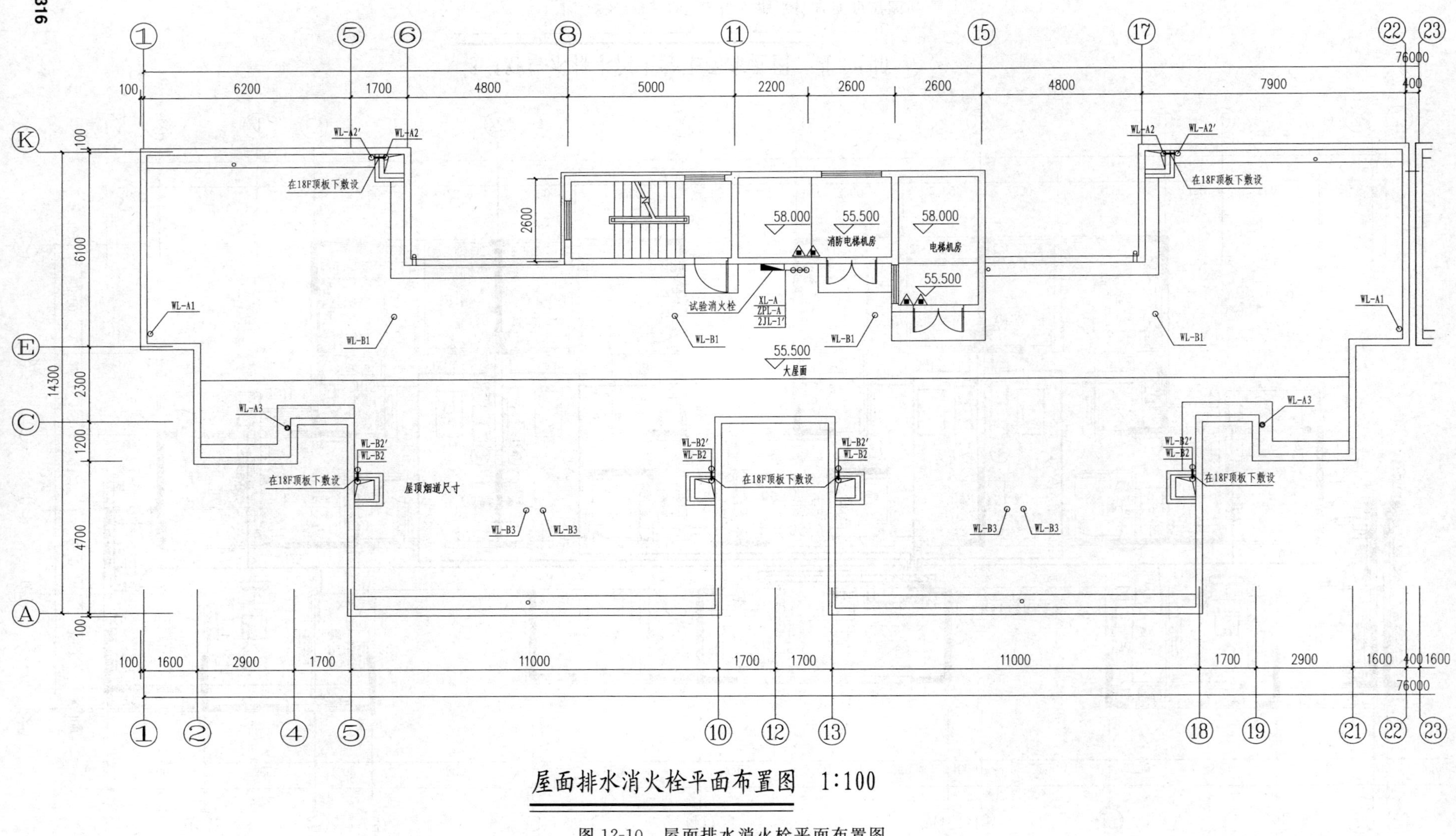

图 12-10　屋面排水消火栓平面布置图

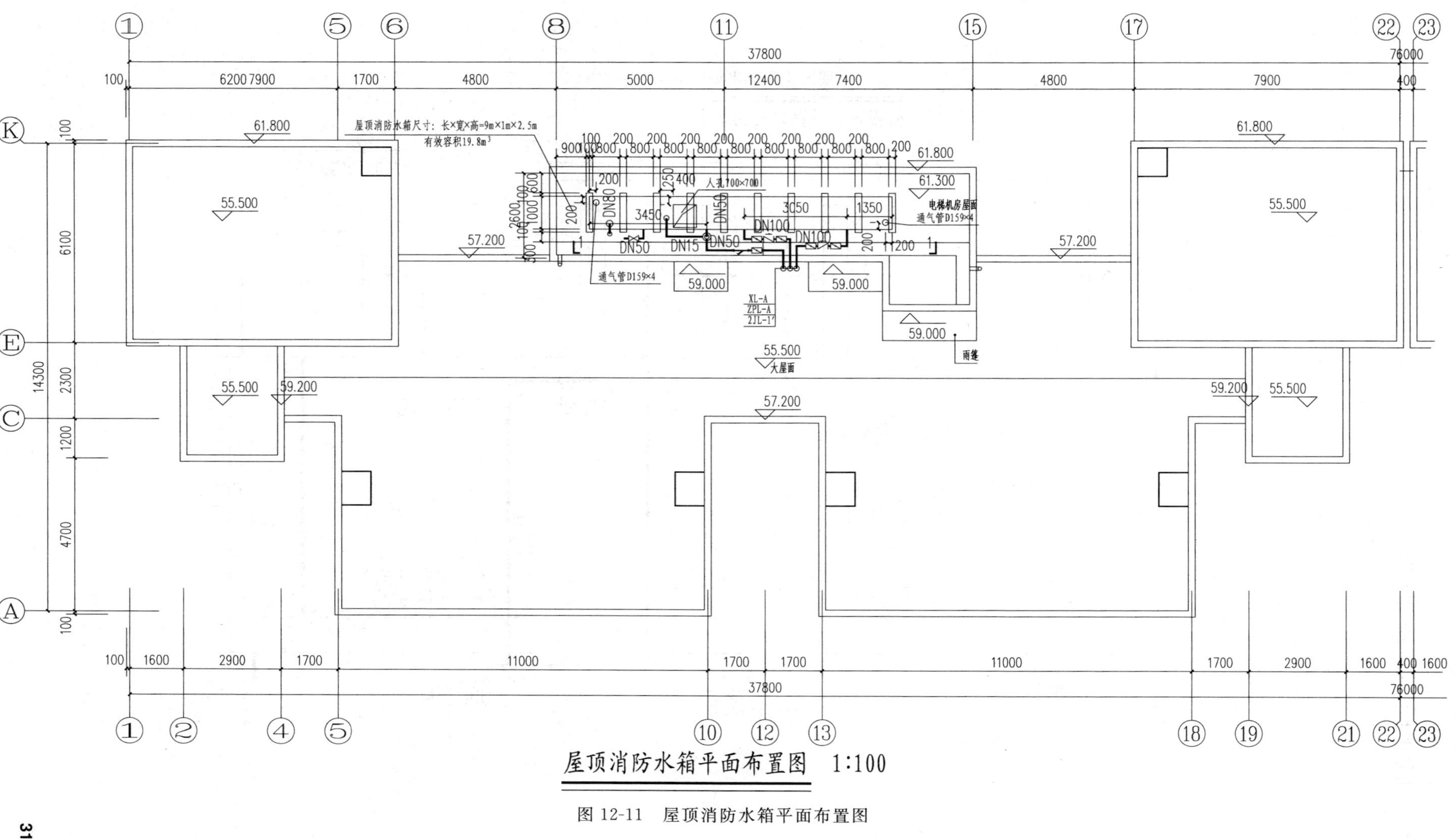

图 12-11 屋顶消防水箱平面布置图

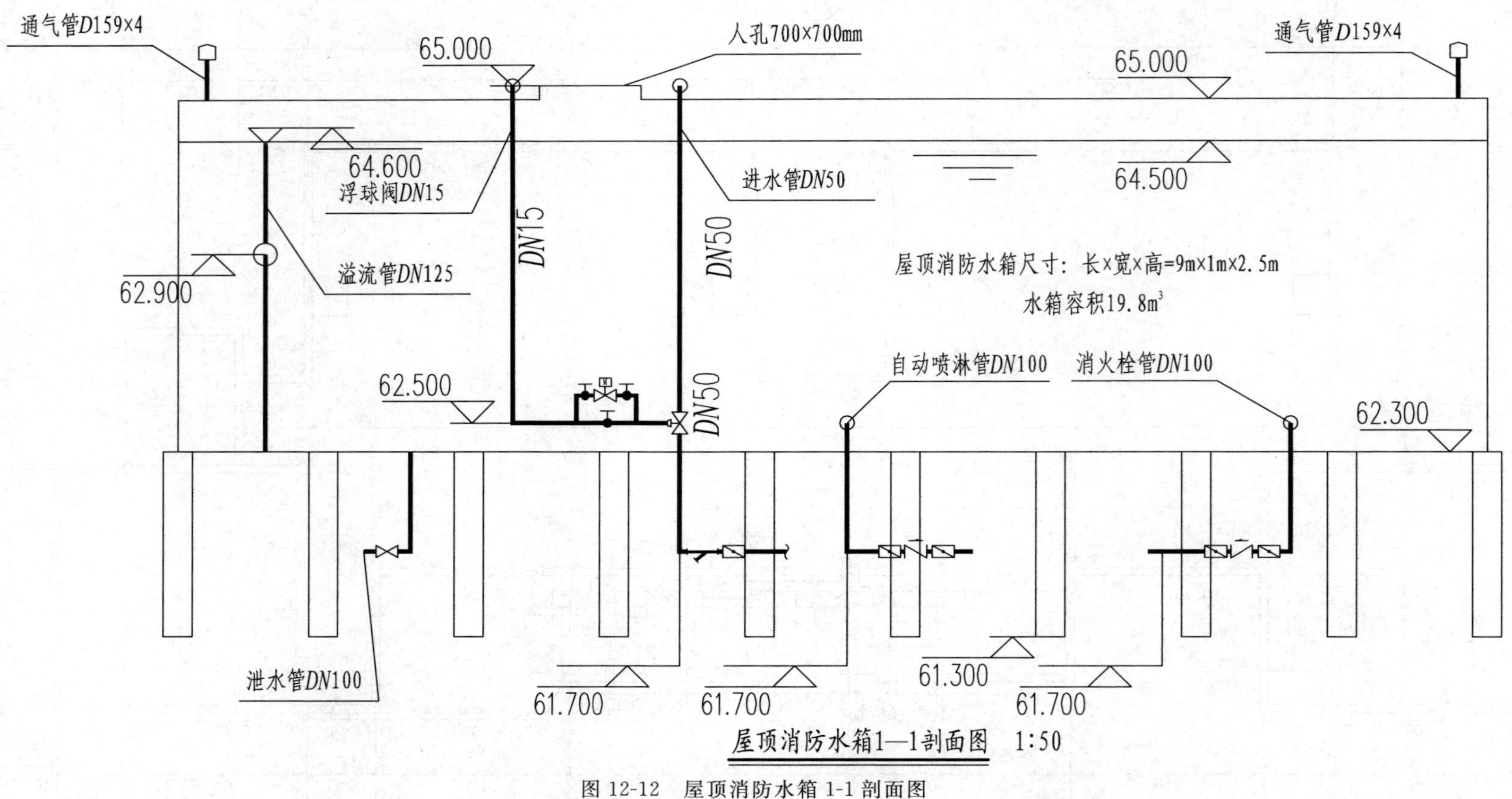

图 12-12　屋顶消防水箱 1-1 剖面图

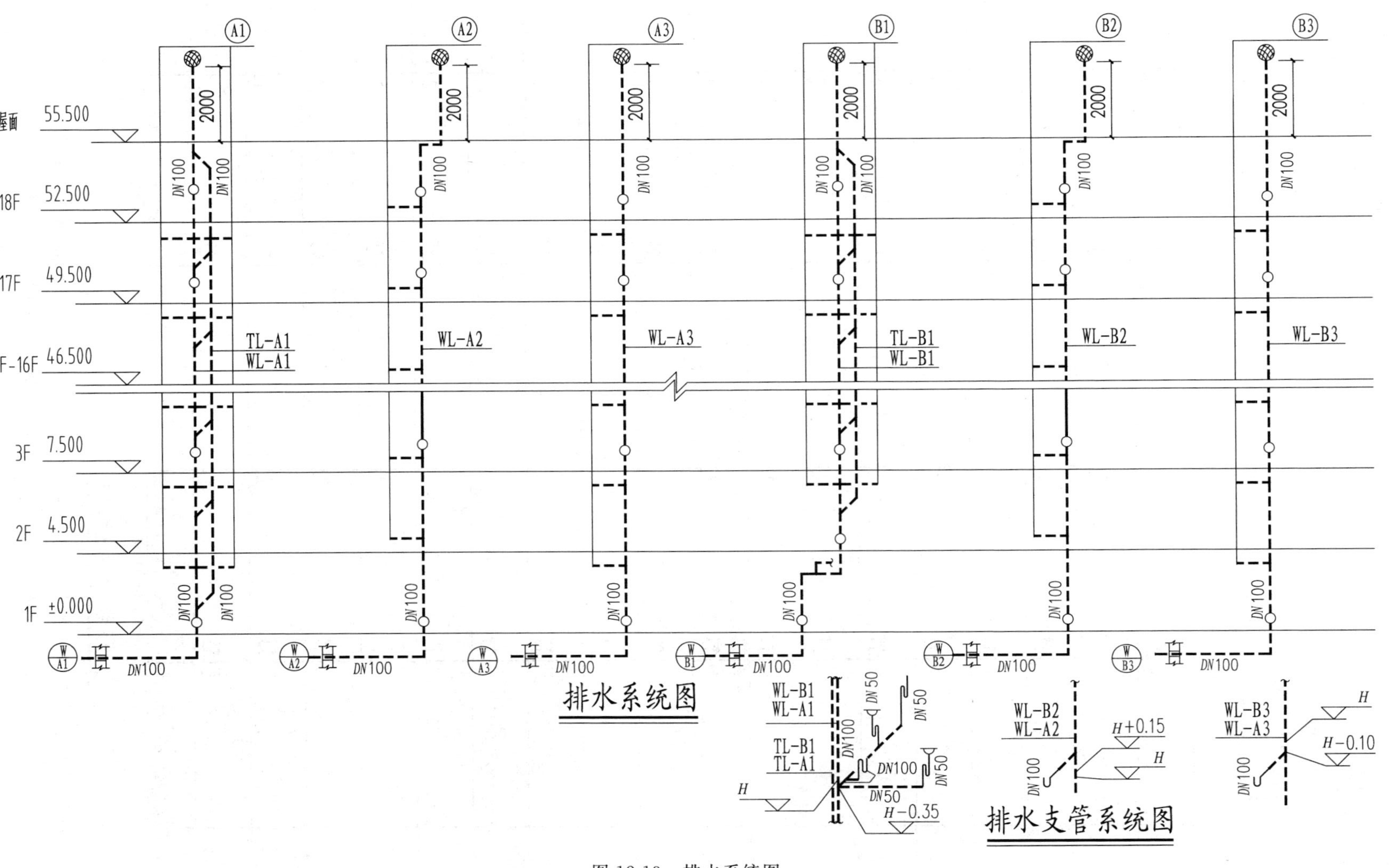
屋面
55.500
18F
52.500
17F
49.500
4F-16F
46.500
3F
7.500
2F
4.500
1F
±0.000
A1
A2
A3
B1
B2
B3
2000
DN100
TL-A1
WL-A1
WL-A2
WL-A3
TL-B1
WL-B1
WL-B2
WL-B3
排水系统图
WL-B1
WL-A1
TL-B1
TL-A1
DN50
DN100
H
H-0.35
WL-B2
WL-A2
H+0.15
WL-B3
WL-A3
H-0.10
排水支管系统图

图 12-13　排水系统图

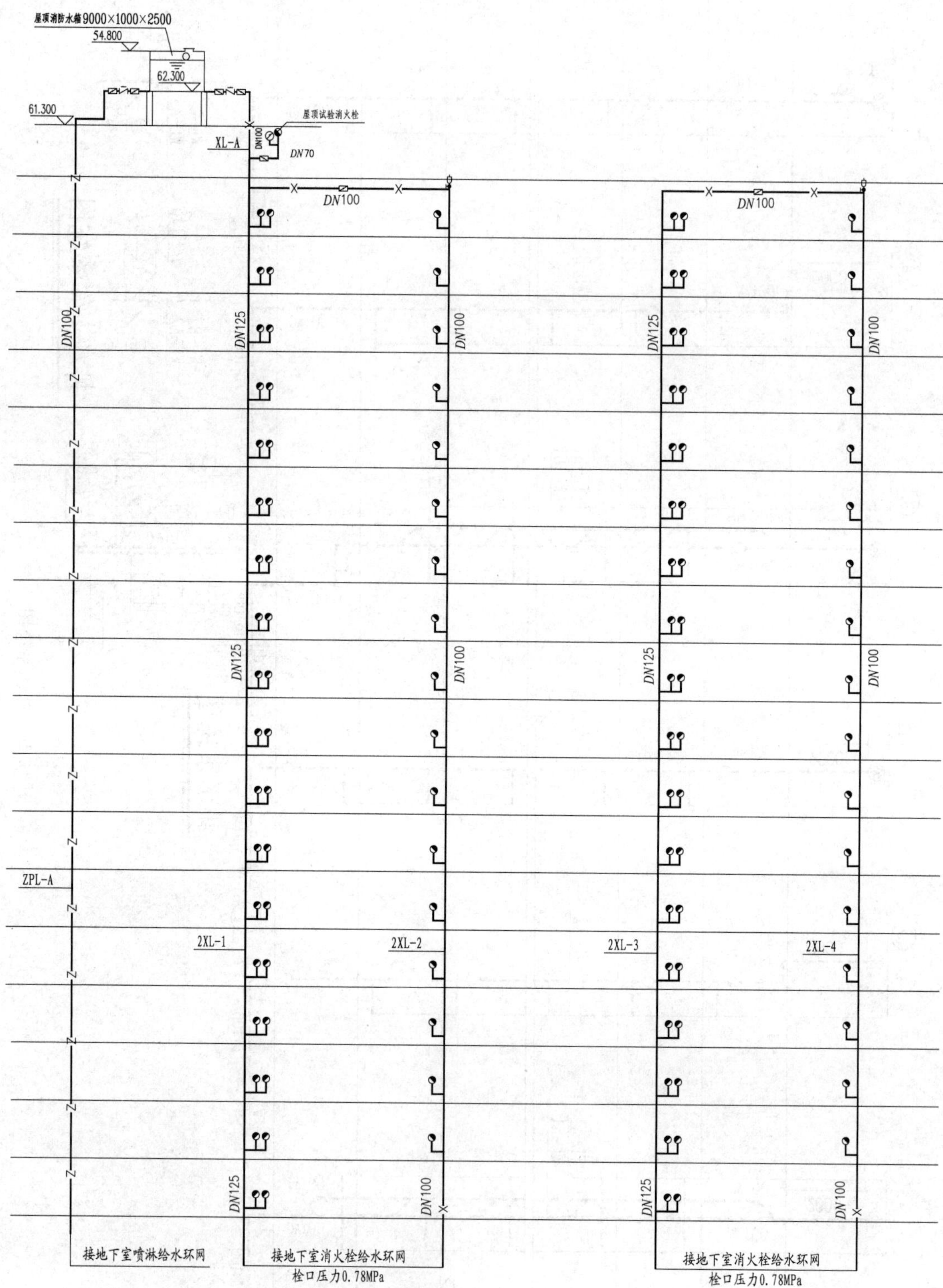

消火栓给水系统原理图

注：一层到十三层设减压稳压消火栓，栓口压力设定为0.25MPa

（a）生活给水、消防给水系统图

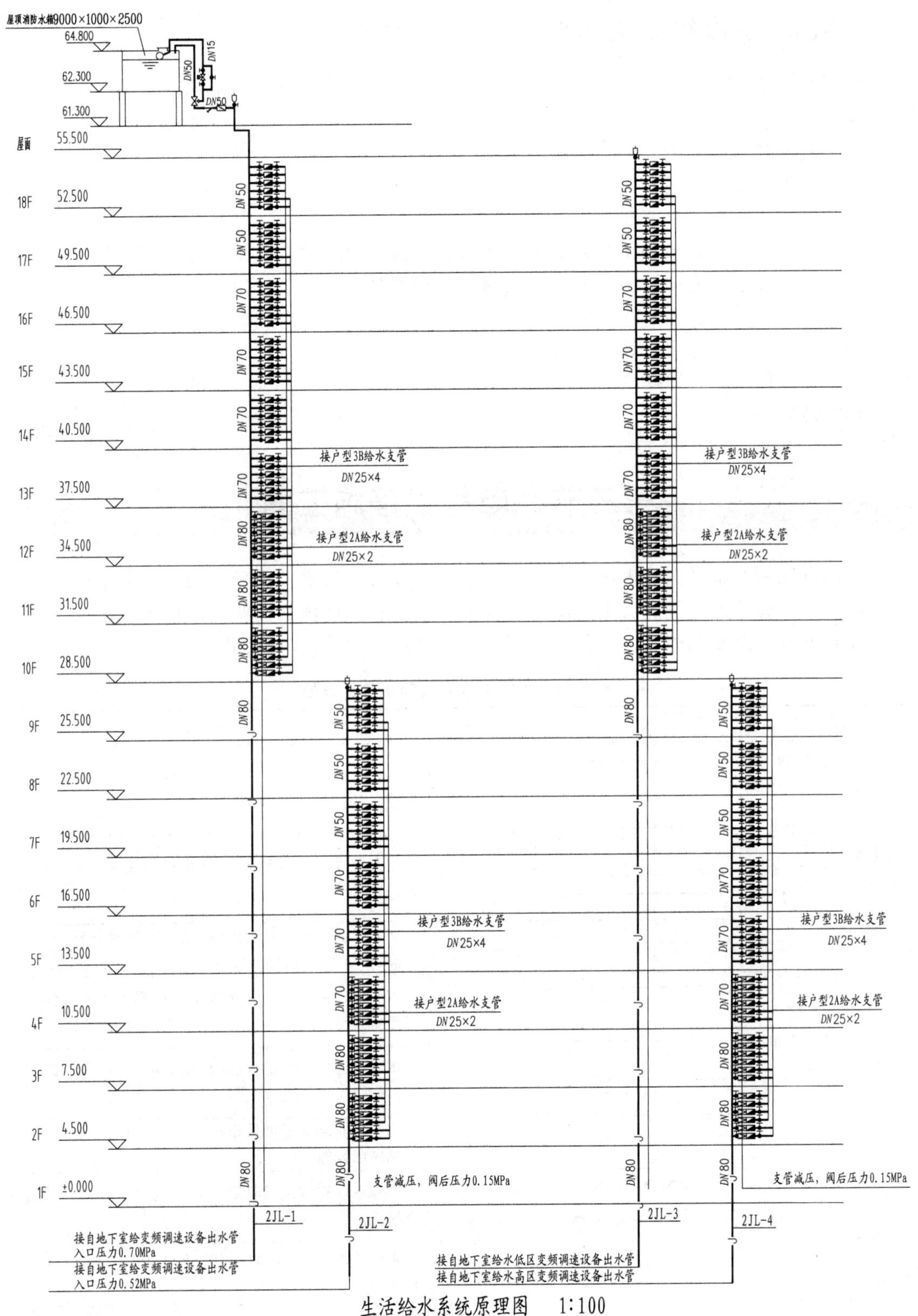

生活给水系统原理图　1:100

(b) 生活给水、消防给水系统图

图 12-14

三、AutoCAD 绘制给水排水工程施工图

【例 12-1】 如图 12-9 所示，绘制本工程 3～18 层给水排水消火栓平面布置图。

解 绘图步骤

(1) 复制建筑平面图。

(2) 画卫生器具平面布置。

(3) 画给排水管道平面布置。

(4) 沿墙用直线连接各用水点或卫生器具。一般先画主管，然后画给水引入管和排水排出管，最后按照水流方向画出各主管、支管及管道附件。

(5) 画非标准图例。

(6) 标注尺寸、标高、编号和必要的文字。

(7) 插入图框和标题图块。

(8) 打印出图。

第三节 电气工程施工图

室内电气照明施工图是表示房屋内部电气照明设备的位置、型号规格、线路走向及施工要求的图样，通常由电气照明平面图、系统图、详图及设计施工说明等部分组成。

建筑电气专业制图图线、线型及线宽，宜符合表 12-4 所示的规定。

表 12-4 建筑电气专业制图常用线型

图线名称		线型	线宽	一般用途
实线	粗		b	本专业设备之间电气通路连接线、本专业设备可见轮廓线、图形符号轮廓线
	中粗		$0.7b$	
			$0.7b$	本专业设备可见轮廓线、图形符号轮廓线、方框线、建筑物可见轮廓
	中		$0.5b$	
	细		$0.25b$	非本专业设备可见轮廓线、建筑物可见轮廓；尺寸、标高、角度等标注线及引出线
虚线	粗		b	本专业设备之间电气通路不可见连接线；线路改造中原有线路
	中粗		$0.7b$	
			$0.7b$	本专业设备不可见轮廓线、地下电缆沟、排管区、隧道、屏蔽线、连锁线
	中		$0.5b$	
	细		$0.25b$	非本专业设备不可见轮廓线及地下管沟、建筑物不可见轮廓线等
波浪线	粗		b	本专业软管、软护套保护的电气通路连接线、蛇形敷设线缆
	中粗		$0.7b$	
单点长画线			$0.25b$	定位轴线、中心线、对称线；结构、功能、单元相同围框线
双点长画线			$0.25b$	辅助围框线、假想或工艺设备轮廓线
折断线			$0.25b$	断开界线

电气总平面图、电气平面图的制图比例，宜符合表12-5所示的规定。电气详图一般采用（1∶20）～（1∶50）的比例绘制。

表12-5　建筑电气专业制图比例

序号	图名	常用比例	可用比例
1	电气总平面图、规划图	1∶500，1∶1000，1∶2000	1∶300，1∶5000
2	电气平面图	1∶50，1∶100，1∶150	1∶200
3	电气竖井、设备间、电信间、变配电室等平、剖面图	1∶20，1∶50，1∶100	1∶25，1∶150
4	电气详图、电气大样图	10∶1，5∶1，2∶1，1∶1，1∶2，1∶5，1∶10，1∶20	4∶1，1∶25，1∶50

一、图示内容及方法

（一）图例和符号简介

电气系统在房屋内部的顺序为：进户线→配电盘→干线→分配电板→支线→电气设备。电气系统施工图中的各电气元件和电气线路一般都采用图例来表示，如表12-6所示。

（二）电气照明平面图

电气照明平面图是表达电源进户线、配电箱、配电线路及电气设备平面位置、型号规格和安装要求的图样。电气平面图是电气安装的重要依据，它是将同一层内不同高度的电气设备及线路都投影到同一平面上来表示的，主要用来表明电源引入线的位置、安装高度、电源方向；其他电气元件的位置、规格、安装方式；线路敷设方式、根数等。

电气照明平面图的主要内容如下：

（1）电源进户线具体的平面位置，导线型号规格和敷设方式；

（2）配电箱的编号、型号规格、平面布置、安装方式及位置要求、标高及配电箱的电气系统等；

（3）线路的配电方式、敷设位置、线路的走向，导线的型号、规格、根数以及导线的连接方法等；

（4）各种用电器具设备的型号、规格、数量、安装位置及要求，开关、插座等控制设备的型号、规格、安装位置及要求。

（三）电气照明系统图

电气照明系统图是表明照明供电方式，配电回路的分布和相互联系情况的示意图，标有整个建筑物内部的配电系统和容量分配情况、配电装置、导线型号、穿线管径等。电气照明系统图不是立体图形，它主要是采用各种图例、符号以及线路组成的一种表格形式的图形，但无比例。电气照明系统图对电气施工图的作用，相当于一篇文章的提纲要领，看了就能了解建筑物内配电系统的全貌，便于施工时统筹安排。照明系统图虽然不具体标明灯具设备的具体位置、规格和数量，但是简明扼要地表达了整个建筑的配电系统概括，对于识读电气照明平面图具有指导作用。

表 12-6　常用电气图例

序号	名称	图例	序号	名称	图例
1	单根导线	1	9	导线由下引来并引上	
2	2 根导线	2	10	球形吸顶灯	
3	3 根导线	3	11	荧光灯	
4	4 根导线	4	12	半圆球形吸顶灯	
5	*n* 根导线	*n*	13	一般灯	
6	导线引上，引下		14	壁灯	
7	导线引上并引下		15	防水防尘灯	
8	导线由上引来并引下		16	单相插座	
17	单联单控跷板开关(圆圈涂黑表示暗装，有几横表示几联)		21	闸开关	
18	配电箱		22	接线盒	
19	电表	A　kW·h	23	接地线	
20	熔断器				

电气照明系统图的主要内容如下：

(1) 电源类型，引入线的导线类型、敷设方式；

(2) 总配电箱、分配电箱的类型编号，配电箱内设备元件，各配电箱之间的连接方式；

(3) 房屋楼层数；

(4) 房屋各层供电回路编号、导线型号、装接容量等；

(5) 整栋建筑的总装接容量，需要系数，计算容量和计算电流等。

（四）电气照明详图

电气照明详图是电气安装工程的局部大样图，表示电气照明安装工程某一局部或某一配件详细尺寸、构造和做法的图样。按照详图的使用性质可分为标准详图和非标准详图两类。

（五）设计施工说明

设计施工说明主要说明电源的来路、线路的敷设方法、电气设备的规格及安装要求等。主要包括电源、内外线、强弱电以及负荷等级；导线材料和敷设方式；接地方式和接地电阻；避雷要求；需检验的隐蔽工程；施工注意事项；电气设备的规格、安装方法等。

二、阅读图例

（一）读图步骤

（1）熟悉各种电气工程图例与符号。

（2）了解建筑物的土建概况，结合土建施工图识读电气系统施工图。

（3）按照设计说明→电气外线总平面图→配电系统图→各层电气平面图→施工详图的顺序，先对工程有一个总体概念，再对照着系统图，对每个部分、每个局部进行细致的理解，深刻地领会设计意图和安装要求。

（4）按照各种电气分项工程（照明、动力、电热、微电、防雷等，进行分类），仔细阅读电气平面图，弄清各电气的位置、配电方式及走向，安装电气的位置、高度，导线的敷设方式、穿管勺及导线的规格等。

（二）读图实例

如图 12-15～图 12-18 所示为某工程的电气照明平面图和配电干线、系统图。以图 12-16 为例：

（1）图 12-16 为二～十八层照明平面图，比例 1∶100。

（2）电源进线采用 YJV 电缆，埋地敷设至配电总箱，住宅用电从一层总电表箱引出支线采用 ZRBV-3×16（10）导线，沿金属线槽穿管敷设。

（3）在⑪～⑯轴、Ⓖ～Ⓚ轴之间与㉚～㉞轴、Ⓖ～Ⓚ轴之间电井处，电度表箱底距地 1.5m 墙上明装。双电源切换箱底距地 1.5m 墙上明装。水泵控制箱箱底距地 1.5m 墙上明装。落地式配电柜抬高 30cm 安装。每户设置普通照明配电箱，住户照明配电箱底距地 1.8m 嵌墙暗装。跷板式开关墙上暗装，$H=1.4$m。

（4）公共走道的开关均选用节能自熄型。卫生间 LEB 板墙上暗装，$H=0.3$m。线路敷设方式代号：FC——沿底板暗敷设，CC——沿顶板暗敷设，WC——沿墙暗敷设，CE——沿顶板明敷设，SR——沿金属线槽敷设。

三、AutoCAD 绘制电气工程施工图

【例 12-2】 如图 12-16 所示，绘制本工程二～十八层照明平面图。

解　绘图步骤

(1) 设置绘图环境。

(2) 绘制轴线。

(3) 绘制建筑构件。

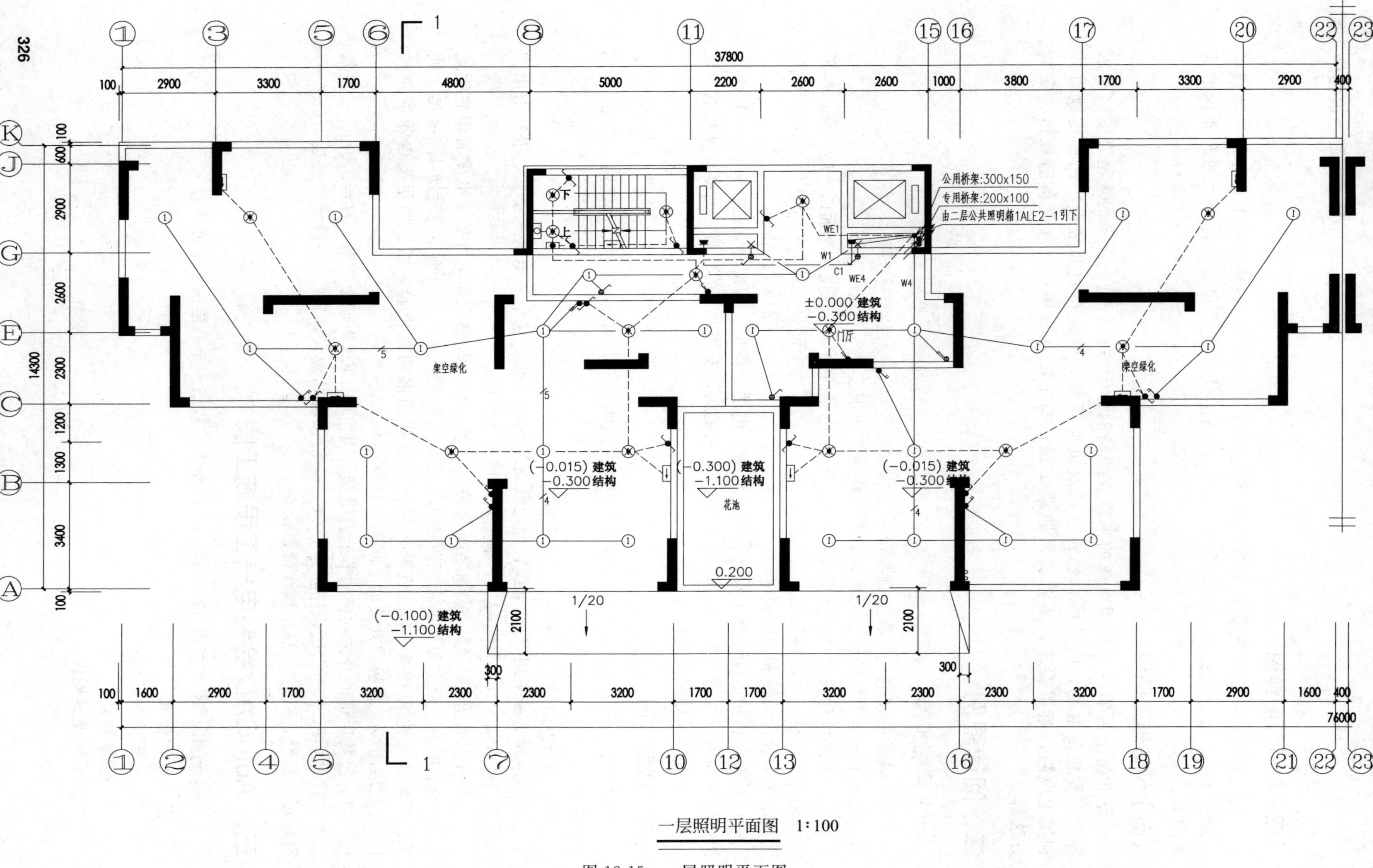

图 12-15 一层照明平面图

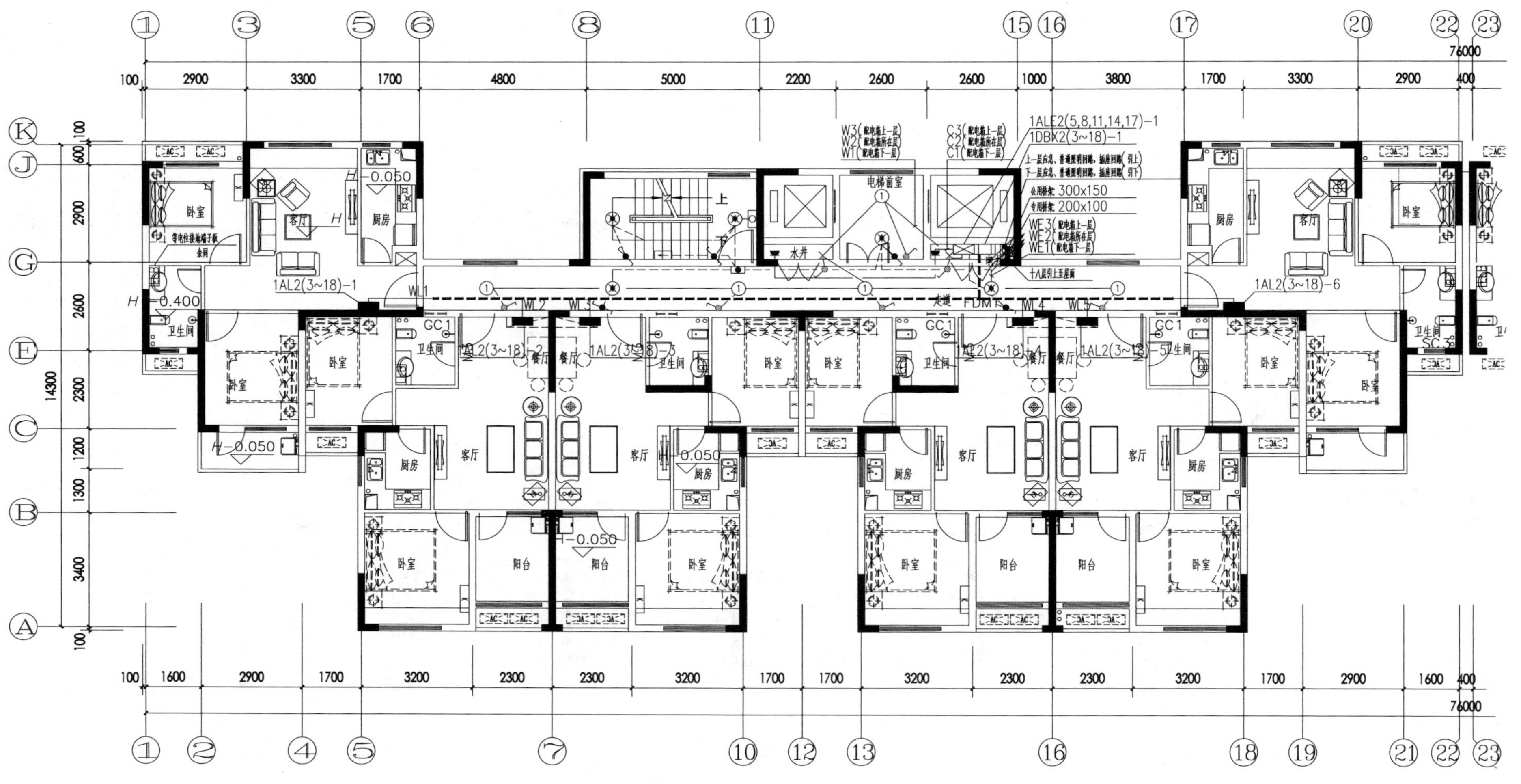

二~十八层照明平面图 1:100

图 12-16 二~十八层照明平面图

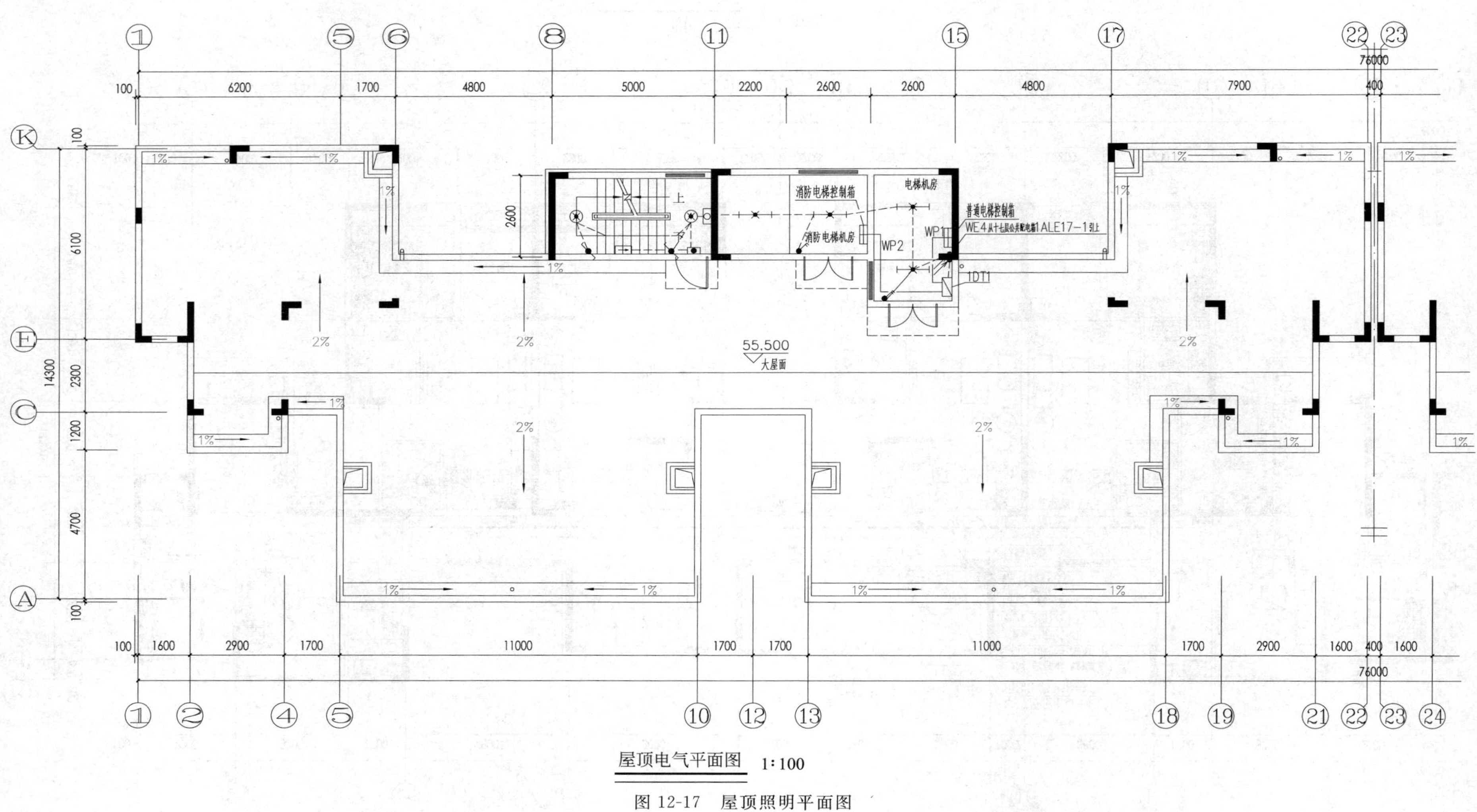

屋顶电气平面图　1∶100

图 12-17　屋顶照明平面图

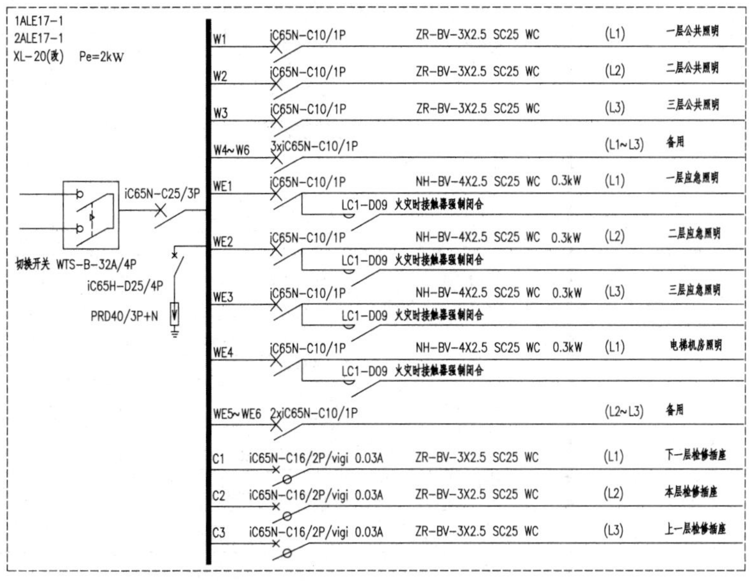

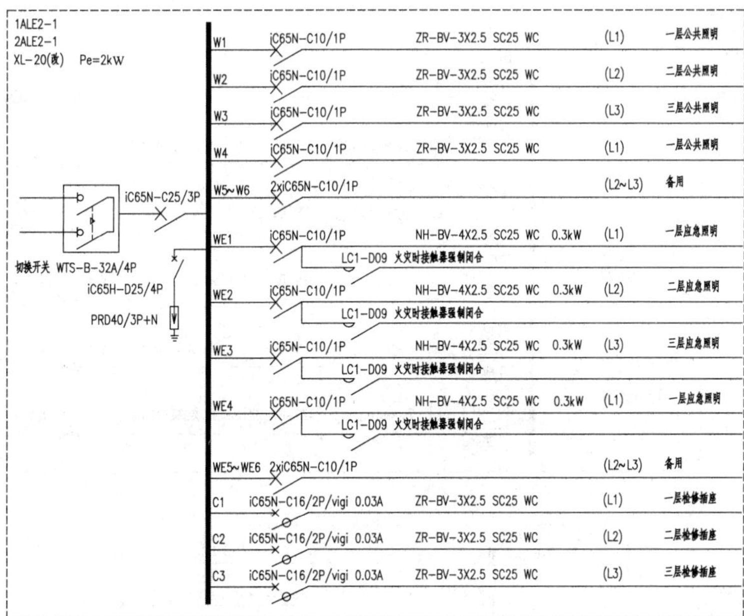

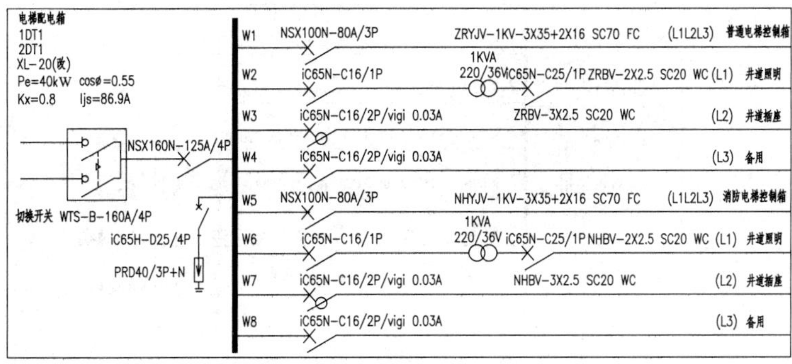

图 12-18（a）　配电干线、系统图

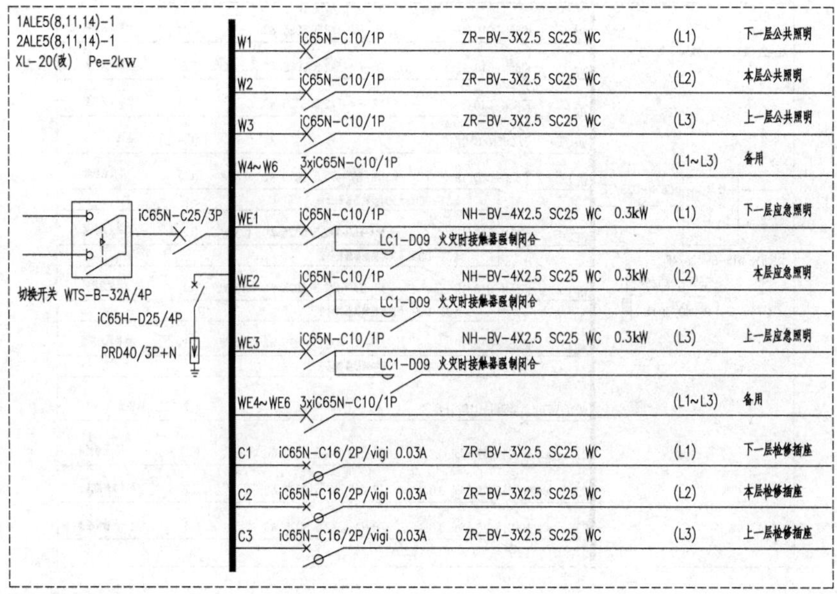

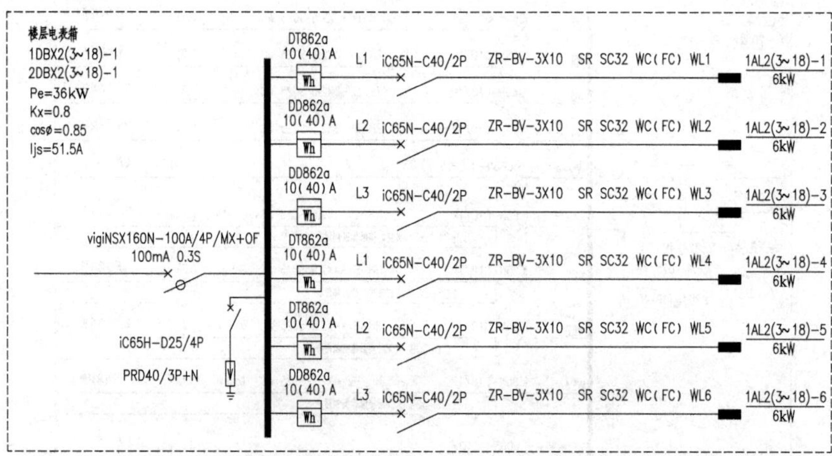

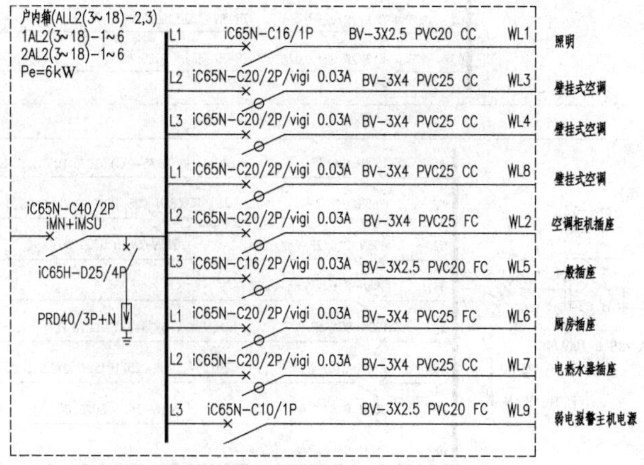

图 12-18（b） 配电干线、系统图

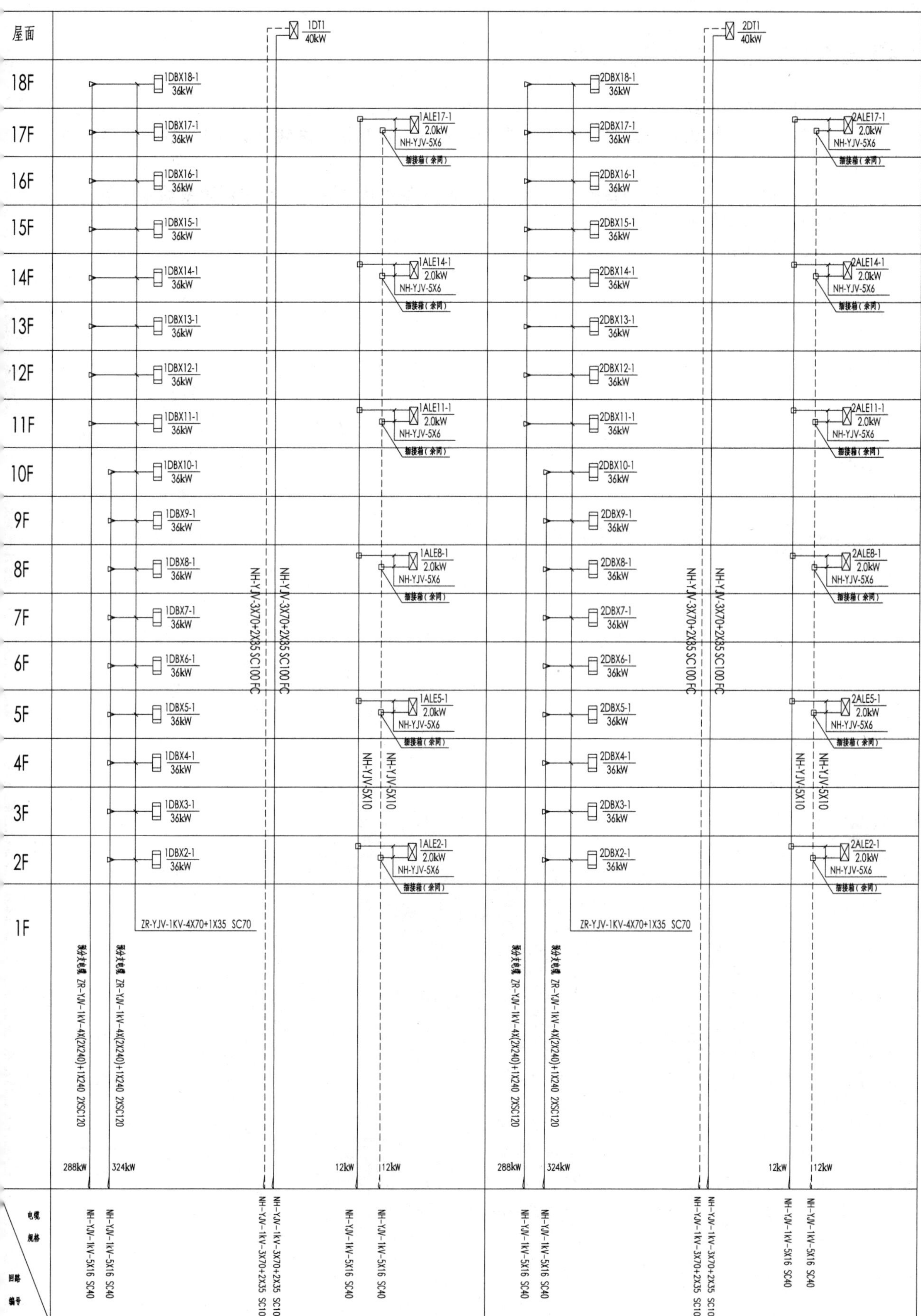

图 12-18（c） 配电干线、系统图

(4) 各种细部绘制。

(5) 绘制照明设备（灯具、开关、线路、插座、照明箱、进线标识等），各种线路布置以经济、美观、需要为基准。

(6) 相关标注，注意设置样式，开关、插座的距地高度则参考相关规范或验收规范。

(7) 插入图框和标题图块。

(8) 打印输出。

第十三章 装饰施工图

Chapter 13

教学提示

本章主要介绍了装饰施工图的内容及装饰平面图、装饰立面图、装饰详图、家具图的识读和绘制方法。

教学要求

要求学生掌握识读装饰施工图的方法，掌握用计算机绘制装饰施工图的方法和技巧。

第一节 概 述

建筑装饰是以创造优美的室内外环境为宗旨，以美化建筑及其空间为目的的行为。建筑装饰设计是在建筑师给定的建筑空间形态中进行的再创造。是对建筑所提供的内部空间进行处理，对建筑所界定的内部空间进行二次处理，并以现有的空间尺度为基础重新进行划定。因此，学习建筑装饰施工图，也是学习建筑制图的重要内容。

一、建筑装饰施工图的形成和作用

建筑装饰施工图是设计人员按照投影原理，用线条、数字、文字、符号及图例在图纸上画出的图样。它用来表达建筑物内部空间的基本规划、功能设计和艺术装饰，被称为“是表述设计构思的建筑语言”。它是工程技术人员对建筑物内部空间的处理，平面的布置，材料的选用，家具的设计，灯具、电器的合理安排及编制工程预算和工程验收的重要依据。

二、建筑装饰施工图的特点

建筑设计是建筑装饰设计的基础，建筑装饰设计是建筑设计的继续深化和发展。建筑装饰设计和建筑设计是一个有机的整体，所以，建筑装饰施工图与建筑施工图的图示方法、尺寸标注、图例、符号等有着共同之处。

建筑装饰施工图中常用的图例如表 13-1～表 13-5 所示。

表 13-1　家具、陈设及绿化图例

序号	名称	图　例 （平面图）	图　例 （立面图）	说　明 尺寸（长×宽×高）/mm
1	双人床 单人床			2000×1500×450 2000×1800×450 2000×2000×450 2000×900×450
2	地　毯			圆形、矩形、异形
3	床头柜 书柜等			床柜：(400～600)×(360～420)×650 书柜：(1200～1500)×(450～500)×墙高(单个)
4	吊柜			总长(依房而定)×350×600
5	衣柜			(800～1200)×(550～600)×墙高；总长依房而定
6	沙发			单个沙发(坐高)(600～1000)×900×400
7	西餐桌			长×宽：1500×1000 长×宽：1800×1000 高度：(700～780)
8	中餐桌			直径：600，900，1100，1300，1500，1800 高度：(700～780)
9	卧式 钢琴			钢琴：1900×1900×1900 琴凳：750×350×500
10	立式 钢琴			钢琴：1500×600×1250 琴凳：750×350×500
11	椅子			长：380～520 宽：350～580 坐高：400

续表

序号	名称	图　例 (平面图)	图　例 (立面图)	说　明 尺寸(长×宽×高)/mm
12	煤气炉	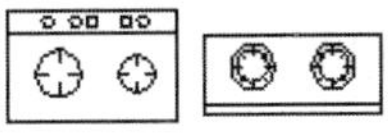		长:700～800 宽:350～400
13	窗　帘	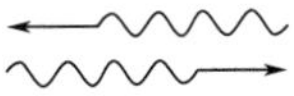	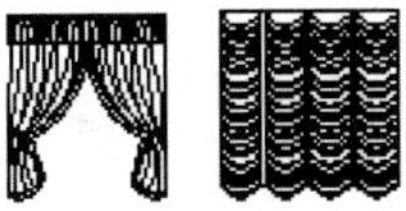	根据需要定尺寸
14	植物	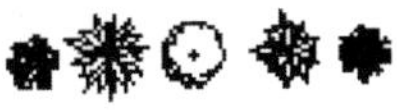		依照实际行状,按照比例绘制
15	内视符号	 A B D C		表示投影方向 圆的直径 8～12

表 13-2　卫生洁具图例

序号	名称	图　例 (平面图)	图　例 (立面图)	说　明 尺寸:长×宽×高/mm
1	异型浴盆	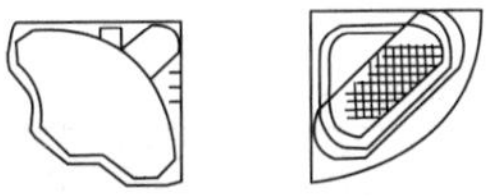		依照实际形状,按照比例绘制
2	浴盆	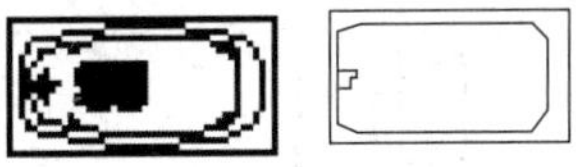	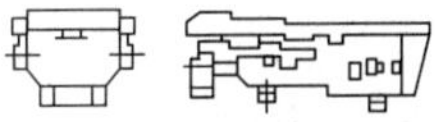	长:1680(1220～2000) 宽:720(660～850) 高:450(380～550)
3	浴房	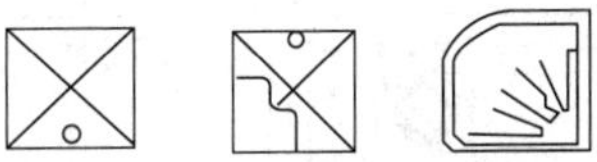		长:大于 900 宽:大于 900 高:大于 1850
4	淋浴喷头			依照实际形状,按照比例绘制
5	坐式大便器		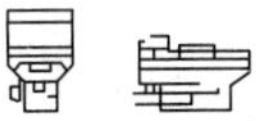	750×350 依照实际尺寸,按照比例绘制
6	蹲式大便器	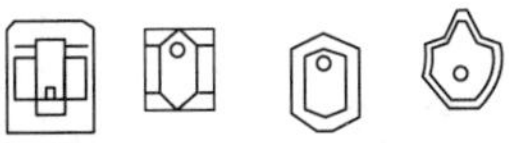		500×400 依照实际尺寸,按照比例绘制
7	立式小便器			依照实际形状,按照比例绘制
8	挂式小便器			依照实际形状,按照比例绘制

续表

序号	名称	图例（平面图）	图例（立面图）	说明 尺寸:长×宽×高/mm
9	小便槽	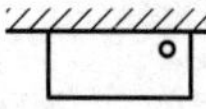		依照实际形状,按照比例绘制
10	洗面盆			550×410 依照实际尺寸,按照比例绘制
11	洗涤槽	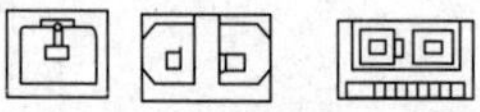		长:400～800 宽:400～450 高:150～250
12	污水池	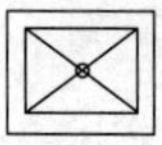		依照实际形状,按照比例绘制
13	地漏	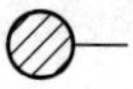	系统	直径:80～120
14	其他设备			依照实际形状,按照比例绘制

表 13-3　电器灯具图例

序号	名称	图例（平面图）	图例（立面图）	说明 尺寸:长×宽×高/mm
1	电冰箱	 REF	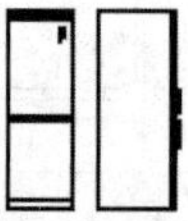	长:500～600 宽:500～600 高:1200～1800
2	洗衣机	 W M	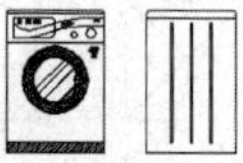	500×500×850 按实际尺寸绘制
3	空调	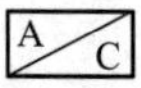 A C	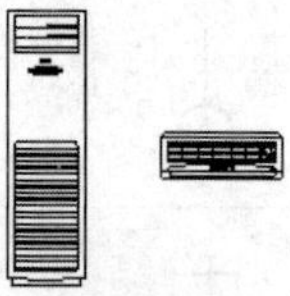	柜机 长:500～600 宽:250～400 高:1600～1850
4	电视	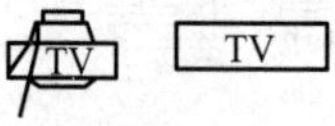 TV TV	 TV	900×600×680 按实际尺寸绘制
5	电风扇			按实际尺寸绘制
6	电话	 TEL		按实际尺寸绘制
7	浴霸			嵌顶暗装
8	排气扇			嵌顶暗装
9	荧光灯	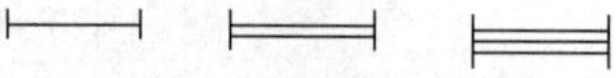		底部高于 2.5m

续表

序号	名称	图　例 （平面图）	图　例 （立面图）	说　明 尺寸:长×宽×高/mm
10	艺术吊灯			底部高于 2.5m
11	装饰灯			嵌顶
12	吸顶灯			嵌顶
13	筒灯			嵌顶暗装
14	壁灯			下边距地 1.7m
15	射灯			暗装
16	双联射灯			嵌顶暗装
17	三联射灯			嵌顶暗装
18	落地灯			
19	轨道灯			嵌顶
20	台灯			

表 13-4　开关、插座图例

序号	名　称	图　例	说　明
1	开关	（单联）　（双联）	下边距离地面 1.3m 暗装
2	开关	（三联）　（四联）	下边距离地面 1.3m 暗装
3	插座		下边距离地面 0.3m 暗装
4	音响出线盒	M	下边距离地面 0.3m 暗装
5	空调插座	KT	下边距离地面 0.3m 暗装
6	网络插座	C	下边距离地面 0.3m 暗装
7	电视插座	TV	下边距离地面 0.3m 暗装

续表

序号	名　称	图　例	说　　明
8	电话插座		下边距离地面0.3m暗装
9	配电箱	AP	下边距离地面1.7m暗装

表13-5　装饰材料图例

序号	图　例	名　称	序号	图　例	名　称
1		木材	9		饰面砖
2		石材（注明厚度）	10		拼花木地板（正方格形）
3		普通砖（实心砖）（空心砖）（砌块）	11		拼花木地板（人字形）
4		毛石、文化石、鹅卵石	12		石膏板
5		玻化砖、陶瓷锦砖（齐缝贴）	13		块状或板状的多孔材料（注明材料）
6		防滑地砖	14		玻化砖 饰面砖 陶瓷锦砖（错缝贴）
7		镜面（立面）	15		实木地板
8		玻璃（立面）	16		粉刷（注明材料）

三、建筑装饰施工图的分类

一套完整的建筑装饰施工图包括如下内容。

（1）装饰平面图

① 原始平面图。

② 平面布置图。

③ 地面材料示意图。

④ 顶棚平面图。

（2）装饰立面图

（3）装饰详图

（4）家具图

第二节　装饰平面图

装饰平面图是设计师向人们展示设计方案的重要图纸。它包括原始平面图、平面布置图、地面材料示意图和顶棚平面图。其常用比例为1∶50、1∶100。

在平面图中剖切到的墙体、柱子等用粗实线表示，未被剖切到的但能看到的物体用细实线表示，未被剖切到的墙体立面的洞、龛等用细虚线表明其位置。在原始平面图、平面布置图、地面材料示意图中房门的开启线用细实线表示。在顶棚平面图中只画门洞的位置，不用画房门的开启线。

一、原始平面图

1. 原始平面图图示方法图13-1

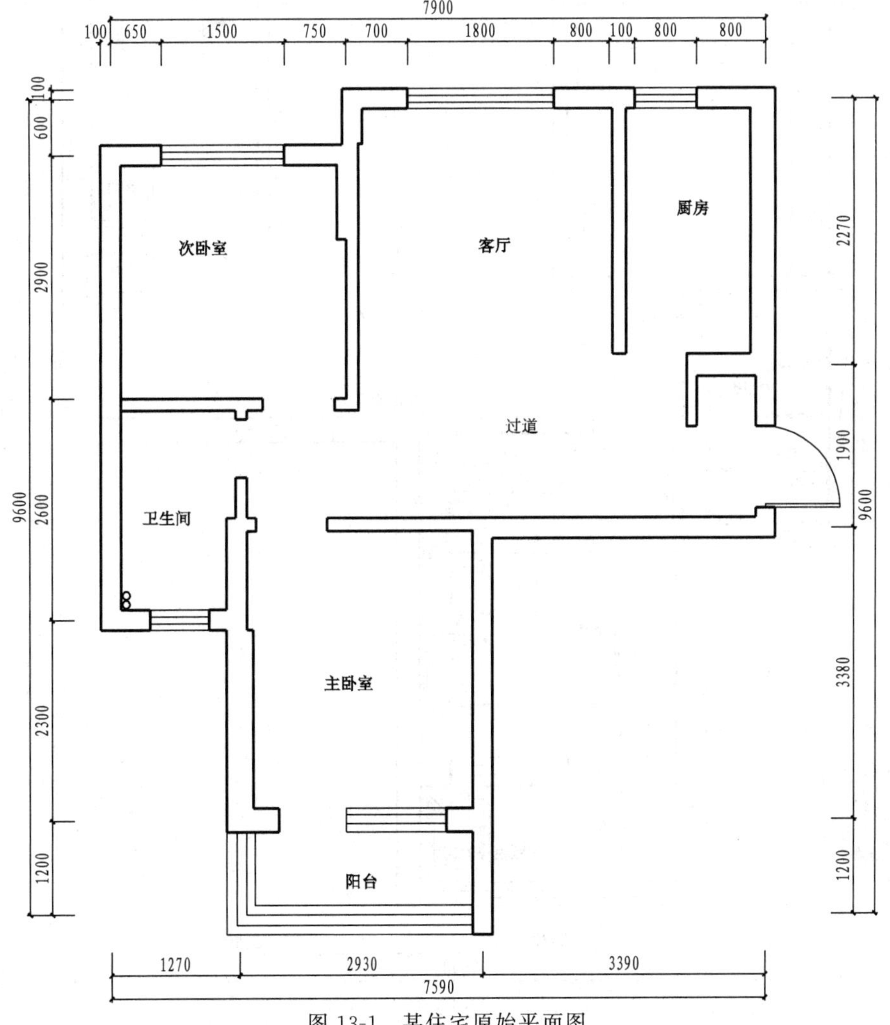

图13-1　某住宅原始平面图

2. 原始平面图图示内容

(1) 了解建筑平面布局、空间尺寸及建筑结构；

(2) 了解房间的使用功能及地面标高；

(3) 通过定位轴线及编号，了解各房间的平面尺寸，门、窗的位置、大小及开启方式；

(4) 了解各房间的通风采光环境及房屋不尽如人意的地方，为房屋装修时对其不够合理的平面布置进行适当的调整有一个指导思想；

(5) 考察水暖管线、烟道、通风道等位置，为以后的设计改动提供依据。

二、平面布置图

1. 平面布置图图示方法图 13-2

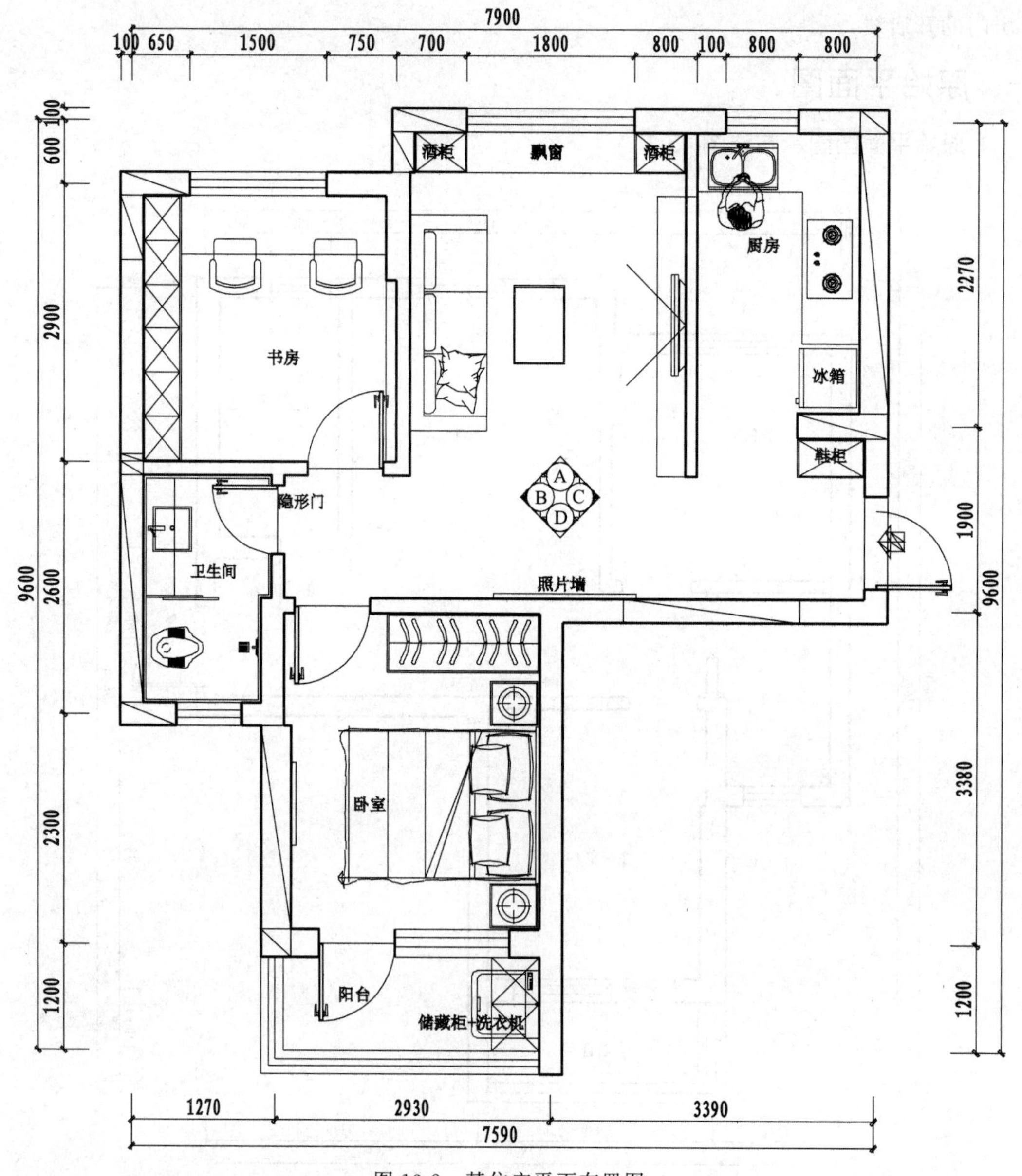

图 13-2 某住宅平面布置图

2. 平面布置图图示内容

（1）功能区域的划分及变化；

（2）房间的使用功能及平面尺寸、地面标高；

（3）门、窗的位置、形式、大小及开启方式；

（4）室内家具、陈设、家用电器、绿化等的平面布置及图例符号；

（5）图名、索引符号及必要的说明。

三、地面材料示意图

1. 地面材料示意图图示方法（图 13-3）

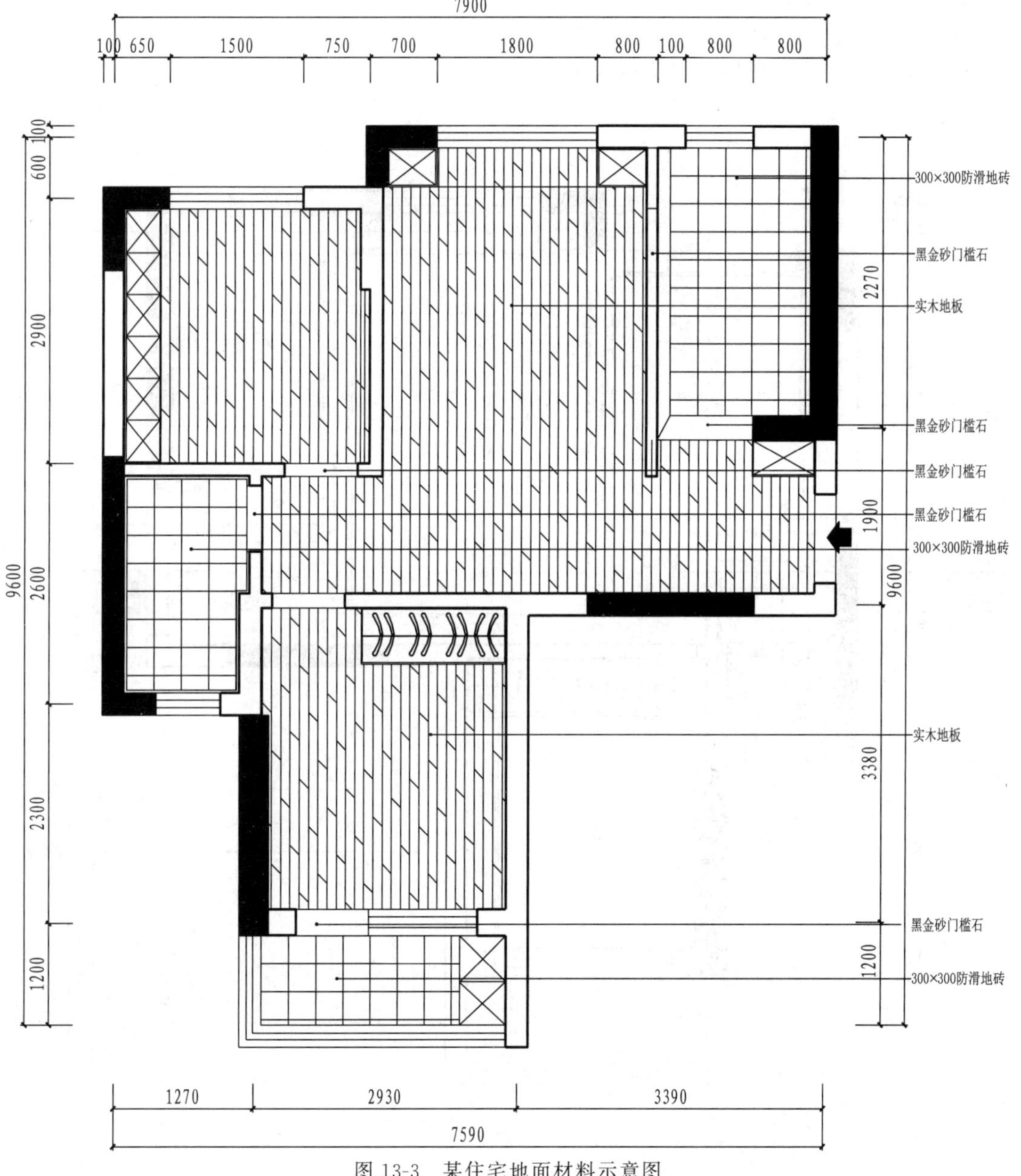

图 13-3 某住宅地面材料示意图

2. 地面材料示意图图示内容

（1）反映房间地面材料的选用及尺寸；

（2）反映房间地面的铺砌形式、形状范围；

（3）反映各房间之间地面的衔接方式；

（4）反映房间地面的装饰风格、色彩、图案等；

（5）反映房间的地面标高及变化。

四、顶棚平面图

1. 顶棚平面图图示方法

采用镜像投影法绘制，如图 13-4 所示。

2. 顶棚平面图图示内容

（1）表明顶棚的装饰平面造型形式和尺寸大小；

（2）表明房间顶棚所用的装饰材料及标高；

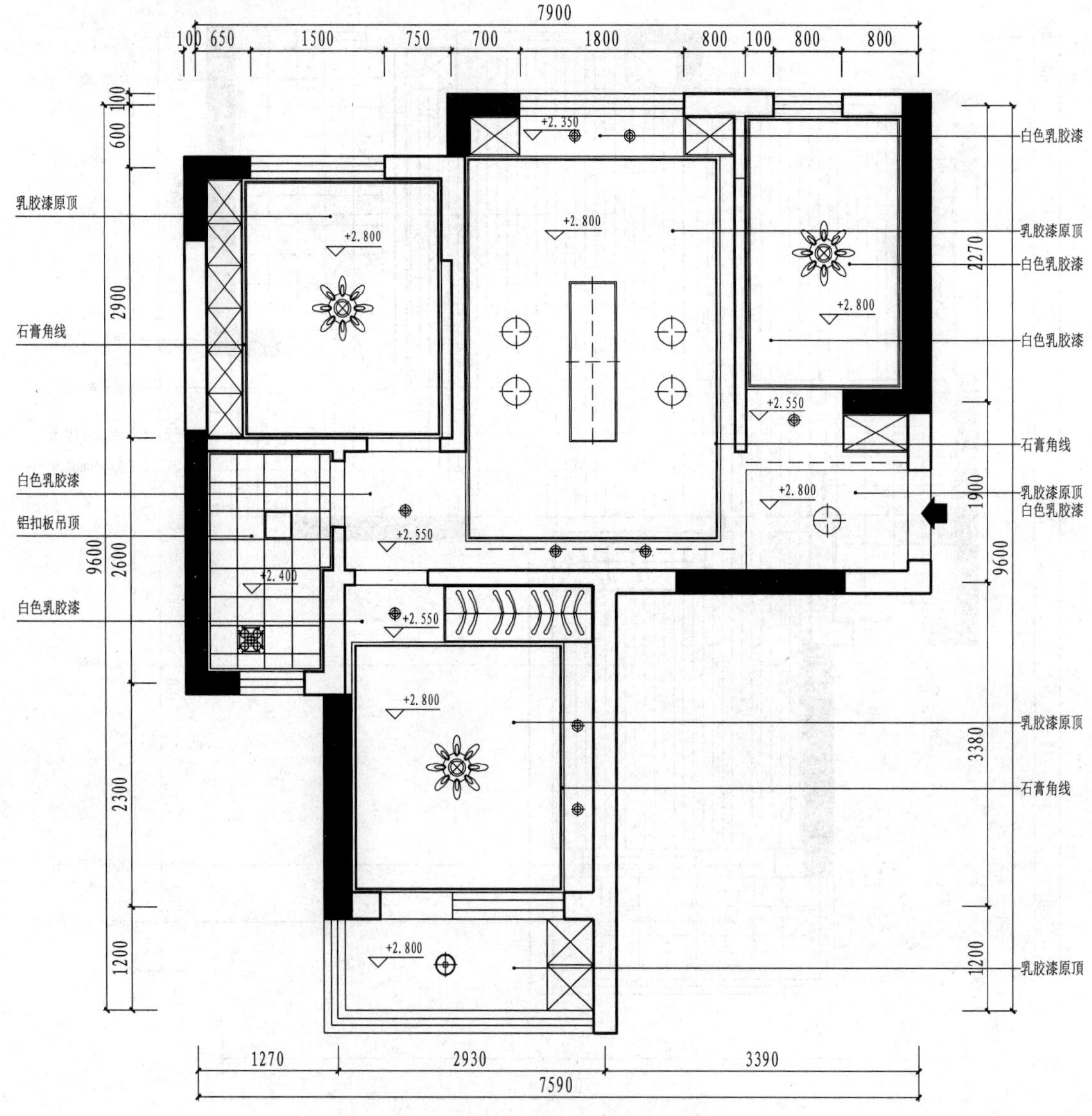

图 13-4　某住宅顶棚平面图（镜像）

（3）表明灯具的种类、规格、安装位置及布置方式；

（4）表明中央空调通风口、烟感器、自动喷淋器及与顶棚有关的设备的平面布置形式及安装位置；

（5）对需要另画剖面详图的顶棚平面图，应注明剖切符号或索引符号。

五、识读装饰平面图的要点

（1）看标题栏，分清是何种平面图；

（2）通过原始平面图和平面布置图，了解房屋装修前后功能区域的划分及变化；

（3）通过平面布置图了解房间的使用功能及建筑面积、使用面积；

（4）通过平面布置图了解室内家具、陈设、电器、厨房用品、卫生洁具、绿化等的平面布置及装饰风格；

（5）通过地面材料示意图和顶棚平面图了解各界面所用的装饰材料种类、规格、形状及界面标高。

六、用 AutoCAD 绘制平面图

【例 13-1】 绘制某住宅平面布置图（图 13-2）

解 绘图步骤

(1) 设置绘图环境

① 【格式】→【图形界限】 以总体尺寸为参考，设置图形界限为 25000×20000。

② 设置图层及线型 注意：在图层设置时，将打印颜色统一设置为黑色。

③ 设置绘图比例 绘制建筑平面图时，采用 1∶1 的比例直接绘制图形，出图时选择 1∶100 的比例打印。

④ 设置字体和字样

⑤ 图框和标题栏 按 A4 幅面（297×210）绘制图框和标题栏，制作成外部块存盘。以“图框、标题栏”为文件名存盘。

(2) 绘制轴线及定位线 将轴线层置为当前，打开正交，使用直线命令，绘制一条超过总长的水平线和一条超过总宽的垂直线，然后使用偏移命令得到其他轴线和定位线。

利用剪切或打断等命令编辑轴线，使轴线长度合适。

(3) 绘制墙体 将墙体层置为当前，在定位轴线的基础上用多线命令绘制墙体，使用多线编辑、修剪等命令，完成门洞、窗洞的绘制。

(4) 绘制门、窗 将门、窗层置为当前，创建不同尺寸的门、窗图块，利用旋转、镜像等命令，将图块分别插入门、窗所在的位置。

(5) 绘制家具、陈设、电器、绿化等 将家具层置为当前，利用基本绘图命令（如直线、圆、矩形等）和基本编辑命令（如复制、剪切、倒角等）绘制出平面布置图中的各种家具、陈设、电器、绿化等。

(6) 标注尺寸，注写文字 将标注层置为当前，设置正确的标注样式，利用线性标注及连续标注等命令对平面布置图进行尺寸标注。

注写文字时，选择字体和高度，利用文字编辑命令注写文字内容。

(7) 输出图样

① 出图前，认真检查，做到无错误，布图合理。

② 将外部块（图框、标题栏）放大 100 倍插入，填写标题栏，存盘。

③ 在打印设置中，将打印纸设置 A4（横幅），按 1∶100 的输出比例打印图形，打印区域最好采用窗选。

第三节 装饰立面图

装饰立面图是对建筑物的各个立面及表面上所有的构件，如门、窗等的形式，比例关系和表面的装饰进行的正投影。它主要反映室内空间垂直方向的装饰设计形式，尺寸与做法，材料与色彩的选用等内容，是确定墙面施工的主要依据。其常用比例为 1∶30、1∶50。

室内装饰立面图的外轮廓线用粗实线表示，墙面的装饰造型及门窗用中实线表示，其他图示内容、尺寸标注和引出线用细实线表示。

一、装饰立面图图示方法

如图 13-5～图 13-8 所示。

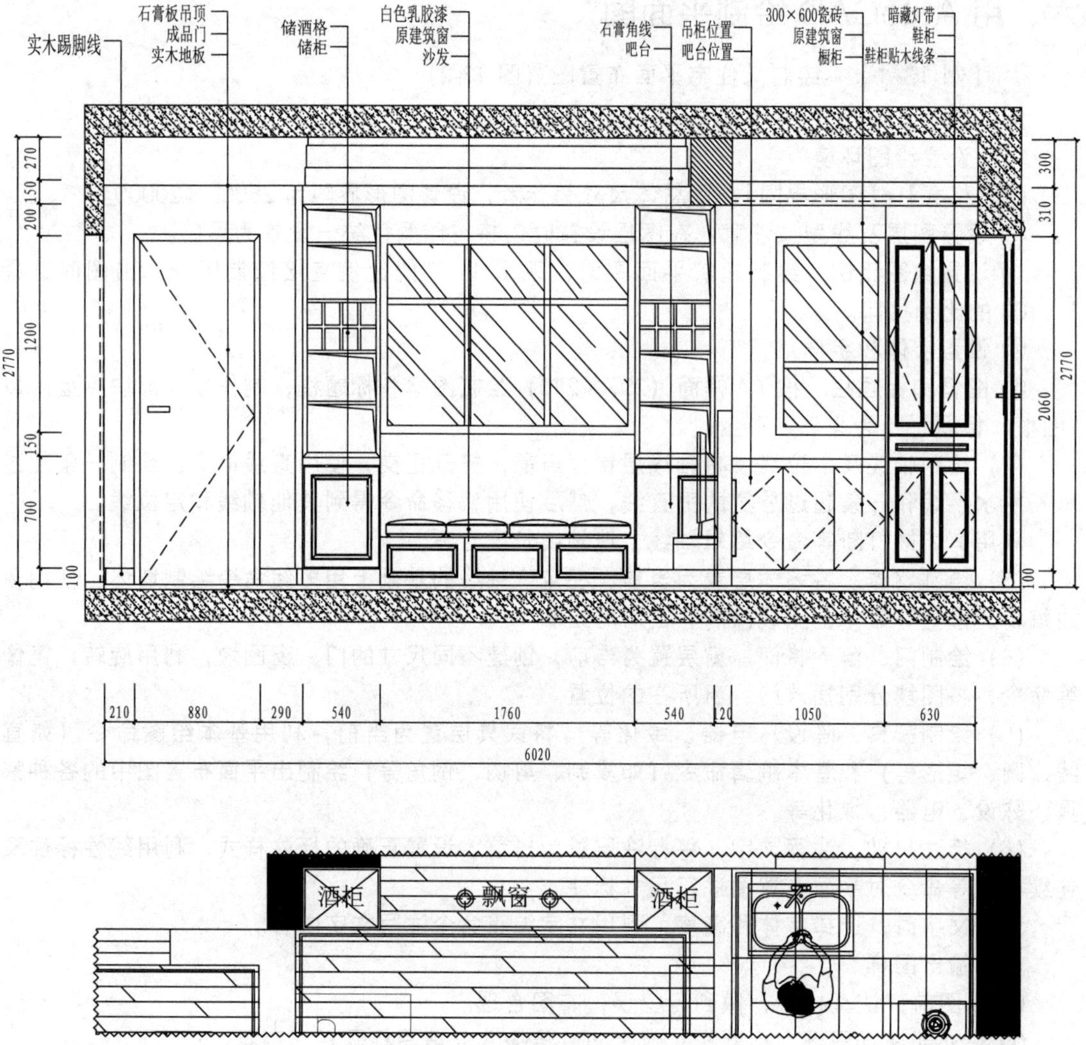

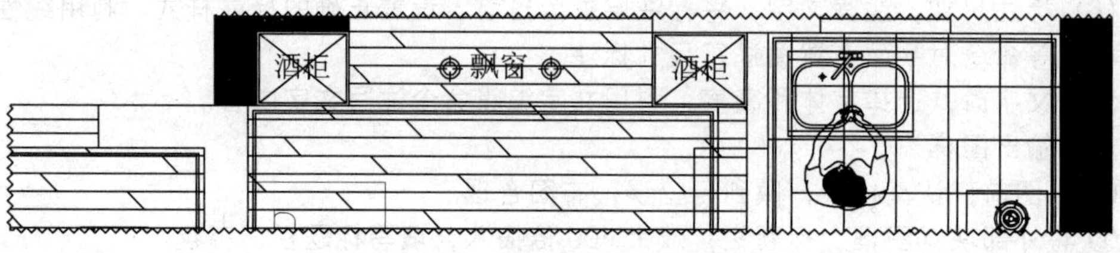

图 13-5 客厅、餐厅 A 立面图

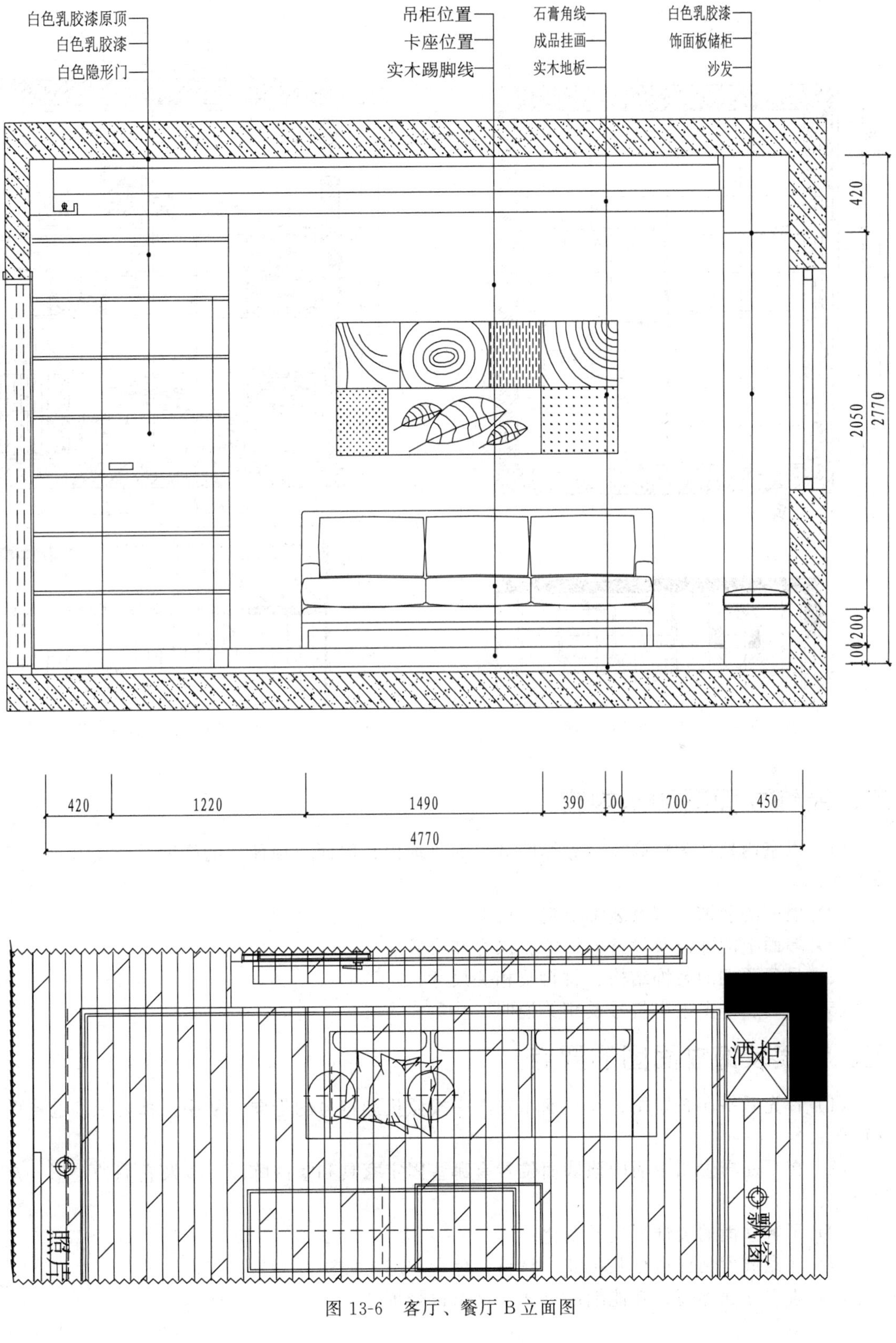

白色乳胶漆原顶
白色乳胶漆
白色隐形门

吊柜位置
卡座位置
实木踢脚线

石膏角线
成品挂画
实木地板

白色乳胶漆
饰面板储柜
沙发

420
2050
2770
200
100

420　1220　1490　390　100　700　450
4770

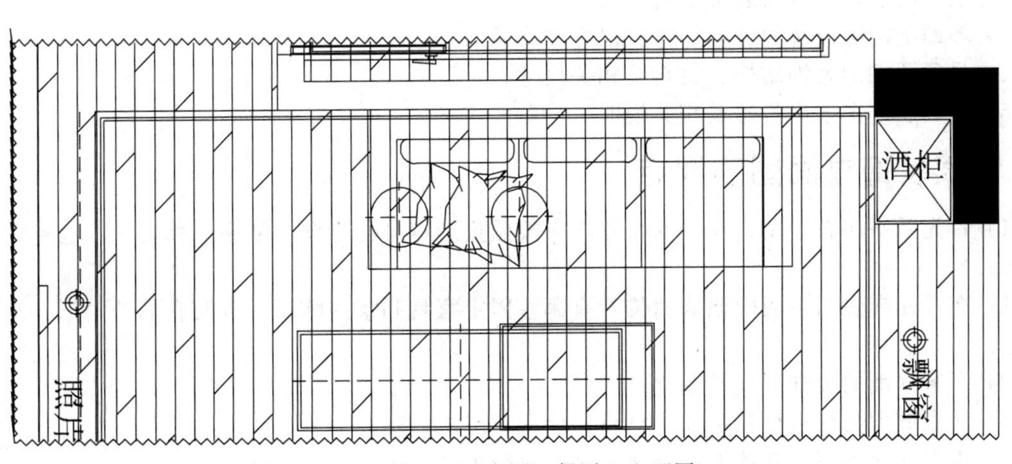

图 13-6　客厅、餐厅 B 立面图

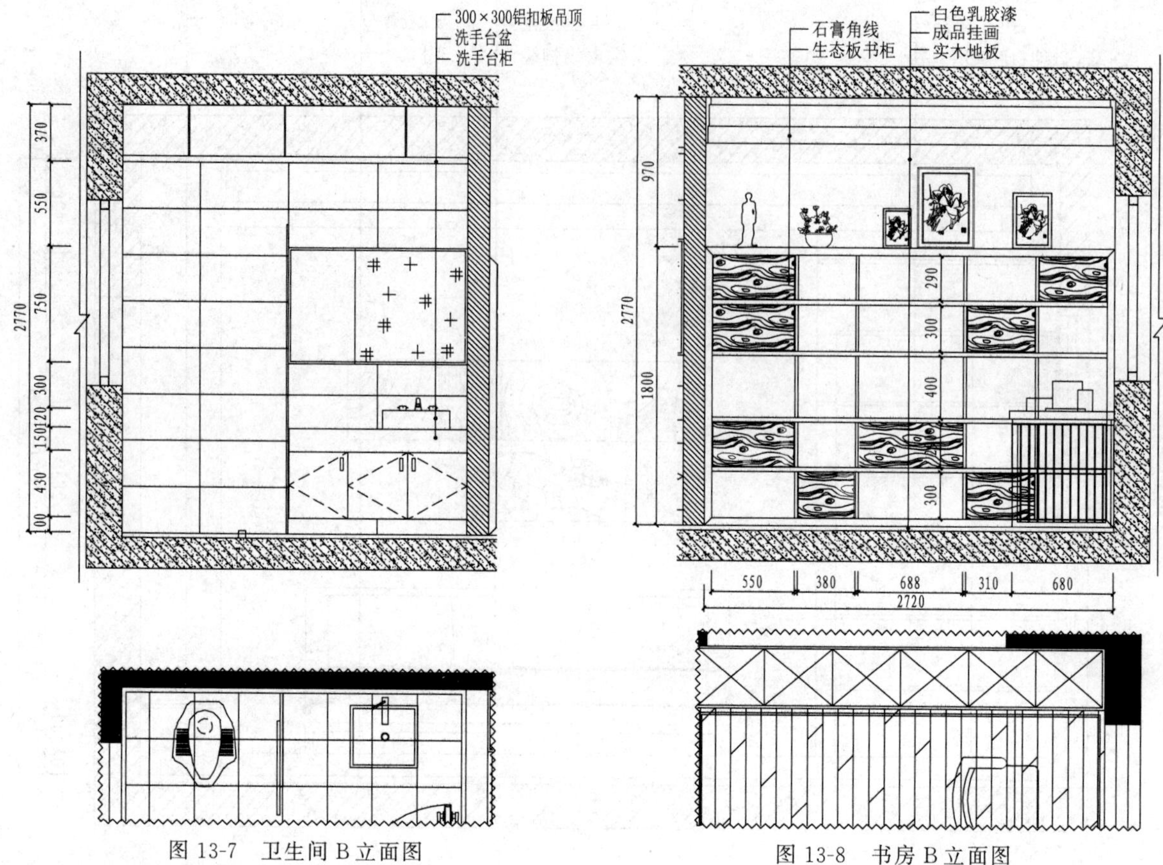

图 13-7　卫生间 B 立面图

图 13-8　书房 B 立面图

二、装饰立面图图示内容

(1) 以室内地坪为标高零点，标明各界面（地面、墙面、顶面）的高度及衔接方式和相关尺寸；

(2) 墙面的装饰造型及装饰材料的说明；

(3) 墙面上的陈设及设备的形状、尺寸和安装尺寸；

(4) 吊顶顶棚的装饰结构、材料及相关尺寸；

(5) 图名、详图索引符号及相关说明。

三、识读装饰立面图的要点

(1) 首先看平面布置图，在平面布置图中按照投影符号的指向，从中选择要识读的室内立面图；

(2) 在平面布置图中明确该墙面位置有哪些固定家具和室内陈设，以及它们的定形、定位尺寸；

(3) 了解立面的装饰形式及变化；

(4) 注意墙面装饰造型及尺寸、材料、色彩和施工方法；

(5) 查看立面标高、其他细部尺寸、索引符号等。

四、用 AutoCAD 绘制立面图

【例 13-2】 绘制某住宅餐厅、客厅 A 立面图（图 13-5）

解　绘图步骤

(1) 设置绘图环境

① 设置图形界限为 15000×10000。

② 设置图层及线型。

(2) 绘制立面索引图　在平面布置图上复制一份餐厅、客厅 A 立面的平面布置图，用来表达观察方向。

(3) 绘制辅助线　结合餐厅、客厅 A 立面的平面布置，定位立面尺寸，绘制定位辅助线。

(4) 绘制立面形状　在辅助线的基础上使用绘图及编辑工具，绘制立面造型并删除不必要的线段。

(5) 图案填充　利用填充命令对可见材料的部分进行填充。

(6) 标注尺寸、注写文字　利用尺寸标注工具给立面图标注尺寸。利用文字编辑命令为立面图添加文字说明。

(7) 标注详图索引　对立面图的构造及施工方法，需表达清楚时，要标注索引符号。

(8) 检查图形，存盘。

第四节　装饰详图

由于装饰平面图常用的比例为 1∶50、1∶100，装饰立面图常用的比例为 1∶30、1∶50，画出的图形都较小，其细部尺寸及施工方法反映不清晰，满足不了装饰施工和细部施工的需要，所以需放大比例（采用 1∶1、1∶10 的比例）绘制出细部图样，形成装饰详图。

装饰详图与装饰构造、施工工艺有着密切的联系，是对装饰平面图、装饰立面图的深化和补充，是装饰施工以及细部施工的依据。

装饰详图包括剖面详图和节点大样图。在装饰详图中剖切到的物体轮廓线用粗实线表示，未被剖切到的但能看到的物体用细实线表示。

一、装饰详图图示方法

如图 13-9～图 13-12 所示。

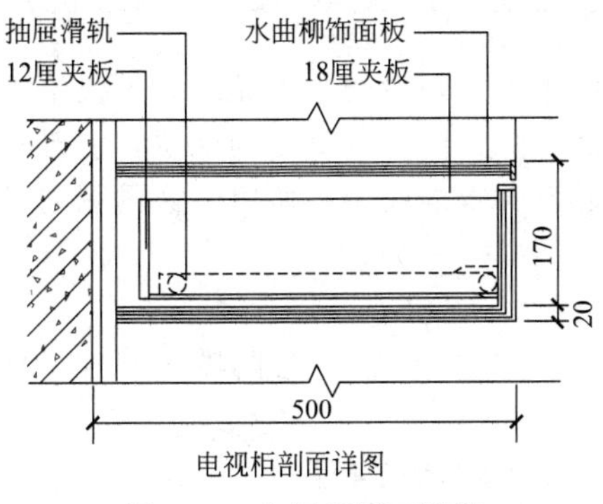

图 13-9　电视柜剖面详图

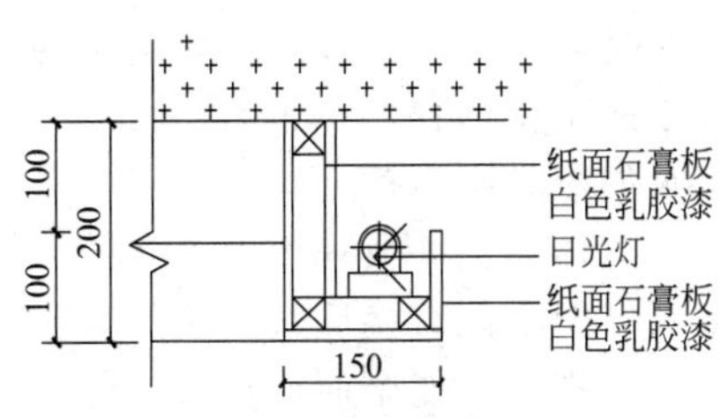

图 13-10　吊顶节点大样图

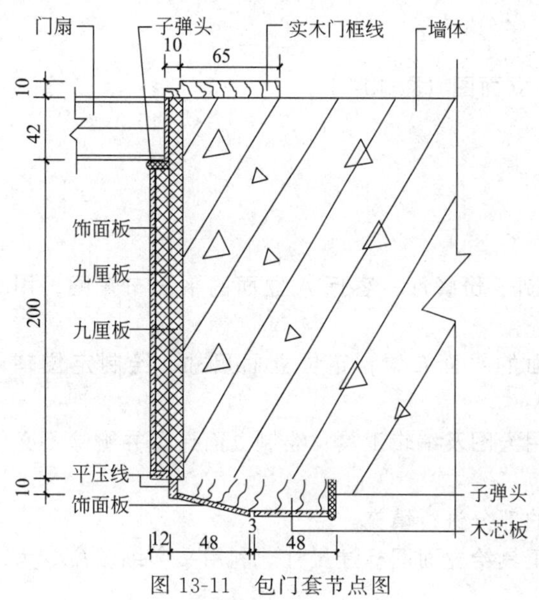

图 13-11　包门套节点图

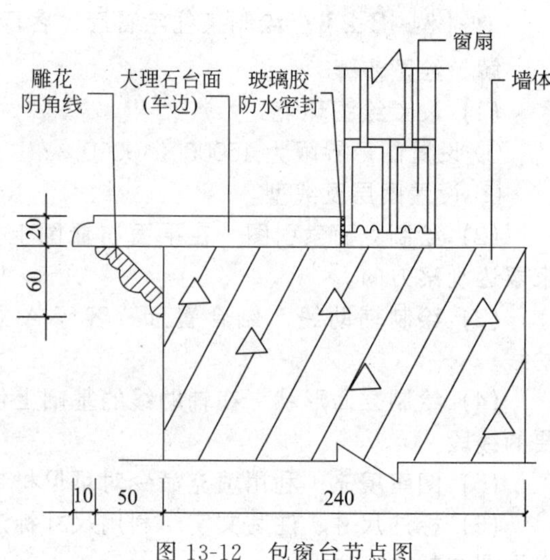

图 13-12　包窗台节点图

二、装饰详图图示内容

(1) 装饰造型样式，材料选用及详细尺寸；

(2) 装饰结构与建筑结构之间的连接方式及衔接尺寸；

(3) 装饰配件的规格、尺寸和安装方法；

(4) 色彩及施工方法说明；

(5) 索引符号、图名、比例等。

三、识读装饰详图的要点

(1) 通过图名、索引符号找出与其他图纸的关系；

(2) 结合装饰平面图和装饰立面图，确定装饰详图的位置；

(3) 读懂装饰详图，了解装饰结构与建筑结构的关系；

(4) 认真查阅图纸，了解剖面详图和节点大样图中的各种材料的组合方式和施工要求。

第五节　家具图

家具是人类文化的重要组成部分，也是人们生活中不可缺少的必需品。它不仅给生活增添方便和舒适，而且也为工作创造了条件。家具在居室陈设中有着重要的地位，它既有实用功能，又是居室中的装饰品，对居室的风格和美化起着关键的作用。所以，家具图同样为装饰设计中的重要内容。

常见的家具图包括立体图、三视图、节点图。

(1) 立体图　一般采用正等测图（轴测图），有很强的立体感，能直观地表达家具的形状和样式，但不能直接反映家具的真实形状和大小。

(2) 三视图　能全面反映家具的造型及尺寸，但图形缺乏立体感。

(3) 节点图　表达家具的细部尺寸及连接方式。

一、家具图图示方法

如图 13-13 所示。

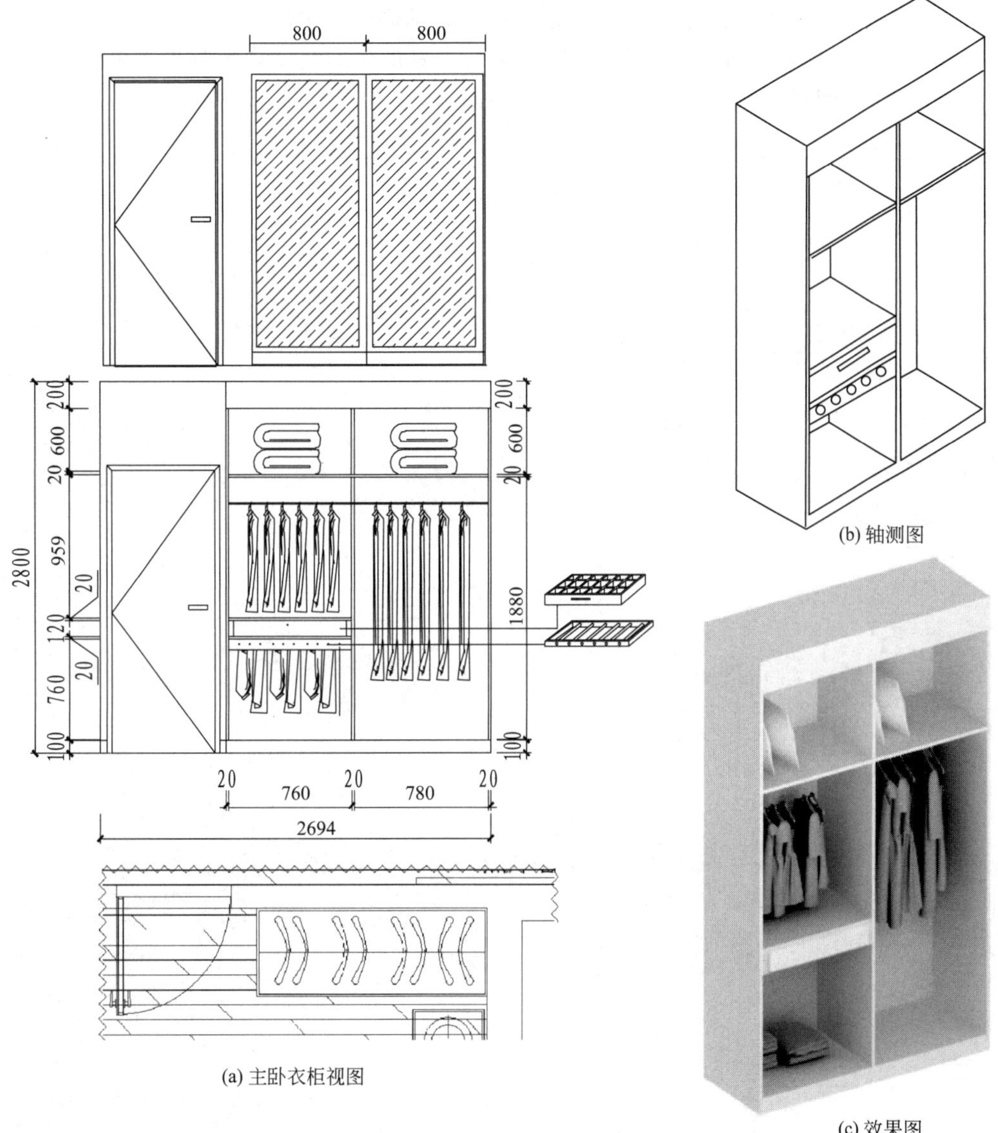

(a) 主卧衣柜视图

(b) 轴测图

(c) 效果图

图 13-13　主卧衣柜视图、轴测图、效果图

二、家具图图示内容

（1）家具的图名及安装说明；

（2）家具的设计风格、造型及尺寸；

（3）家具的材料、制作要求、加工方法；

（4）家具的装饰要求和色彩要求；

（5）家具的内部结构、接合方式。

三、识读家具图的要点

（1）通过图名，了解家具的用途；

（2）结合平面布置图，了解家具的放置位置；

（3）结合平面布置图、顶棚平面图，分析家具的风格与居室风格是否一致；

（4）结合地面材料示意图、顶棚平面图，分析家具的色彩与室内色彩是否协调；

（5）结合立面图，了解家具与地面、顶面的关系。

Chapter 14

第十四章 BIM技术入门与三维建模

教学提示

本章主要介绍了BIM技术的概念及特点，阐述了BIM技术的应用范围和优势，以Revit为例详细介绍了建模的过程。

教学要求

要求学生了解BIM的概念、基本特点及应用范围；了解BIM与传统CAD之间的联系和区别；掌握Revit基本绘图流程，完成建筑的基本建模。

第一节　概　　述

一、基本概念

BIM（building information modeling）——建筑信息模型，是由 Autodesk 公司在 2002 年首次提出，并在全世界范围内得到认可，现已在建筑领域中得到广泛应用。当今社会，BIM 越来越多地应用于建设工程的全寿命周期，并发挥巨大价值，被誉为工程建设行业实现可持续设计的里程碑。对于 BIM 的定义目前有多种解释，美国国家 BIM 标准 NBMIS 规定："BIM 是工程项目物理和功能特性的数字化表达，是工程项目信息分享的知识资源，为其全生命期的各种决策构成可靠的基础"。目前较认可的描述为"BIM 即通过数字信息仿真模拟建筑物所具有的真实信息，在这里信息不仅是三维几何形状信息，还包含大量的非几何形状信息，如建筑构件的材料、重量、价格和进度等。"

二维码 14-1

二、 BIM 的基本特点

1. 可视化

二维的视图需要多张图纸对比才能在脑海中建立建筑物的立体模型，

BIM 模型是一种三维可视化模型，将二维线条模式的构件以一种真实的三维立体实物图的方式直接表现出来，构件的表示更为清楚，方便各施工方更好地沟通、协作。BIM 模型的可视化效果如图 14-1 所示。

图 14-1　BIM 模型的可视化效果

2. 协同性

在建设工程项目的全生命周期中，各个行业经常会出现“不兼容”的现象，如预留洞口尺寸不对、结构与管道冲突等问题，需要各参与方的相互交流和沟通。可利用 BIM 进行协调综合，减少不必要的变更。BIM 模型成为了各方协同工作的桥梁，提高了沟通的效率和质量，保证工程项目的顺利进行，如图 14-2 所示。

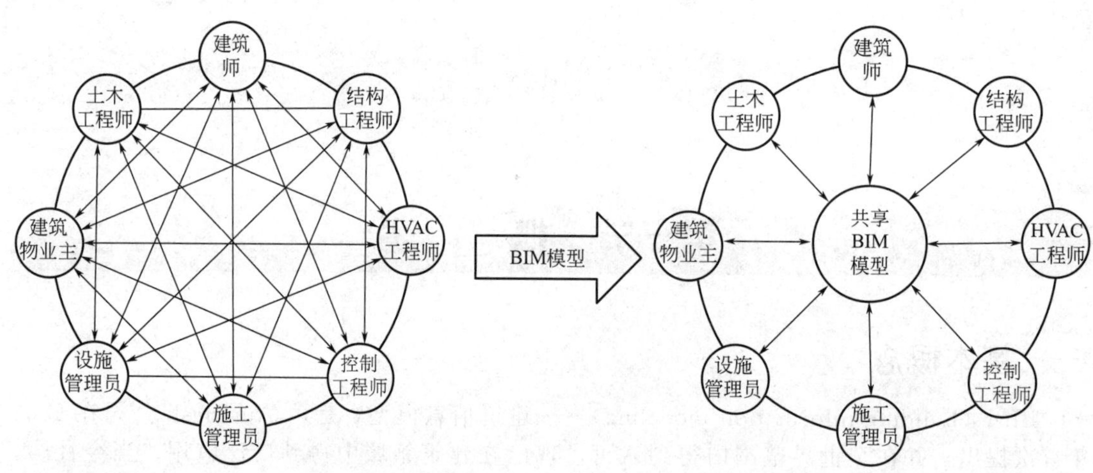

图 14-2　传统模式向 BIM 协同模式转化

3. 模拟性

BIM 的优势之一在于虚拟现实，即用计算机模拟出真实的建筑物。包括 3D 画面的模拟、4D（发展时间）的模拟、5D（造价控制）的模拟。也可用于地震人员逃生和消防人员疏散的模拟，如图 14-3 所示。

4. 优化性

BIM 模型提供了建筑物真实存在的信息，包括尺寸信息、材料信息、构造信息等，BIM 可以利用模型提供的各种信息来优化，这些信息包括几何信息、物理信息、建筑物变化后的各种信息等。如图 14-4 所示为 BIM 模型优化后的效果图。

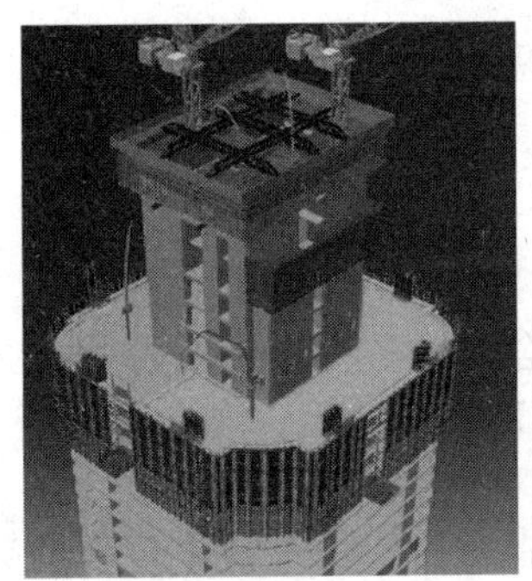

图 14-3 BIM 模拟性效果图

(a) 优化前(图纸版)

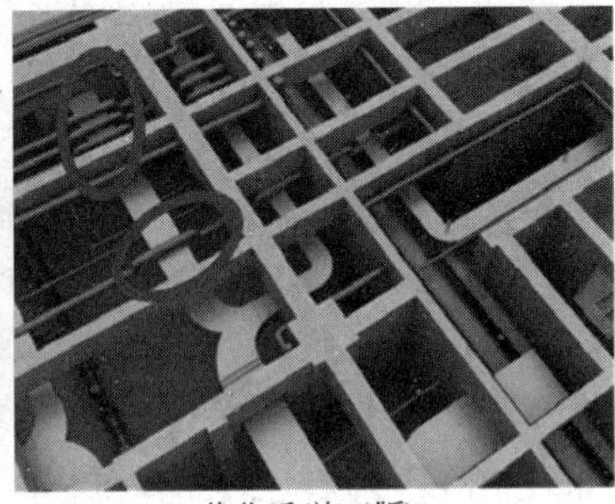

(b) 优化后(施工版)

图 14-4 BIM 优化性效果图

5. 可出图性

BIM 建立的虽然是三维模型，但在经过可视化展示、协调各方工作、模拟现实、优化设计后，还可以自动生成传统的二维施工图纸，其中包括建筑施工图、结构施工图和设备施工图，按这种方式生成的施工图纸规范准确，可直接作为施工图纸使用，生成的二维图纸如图 14-5 所示。

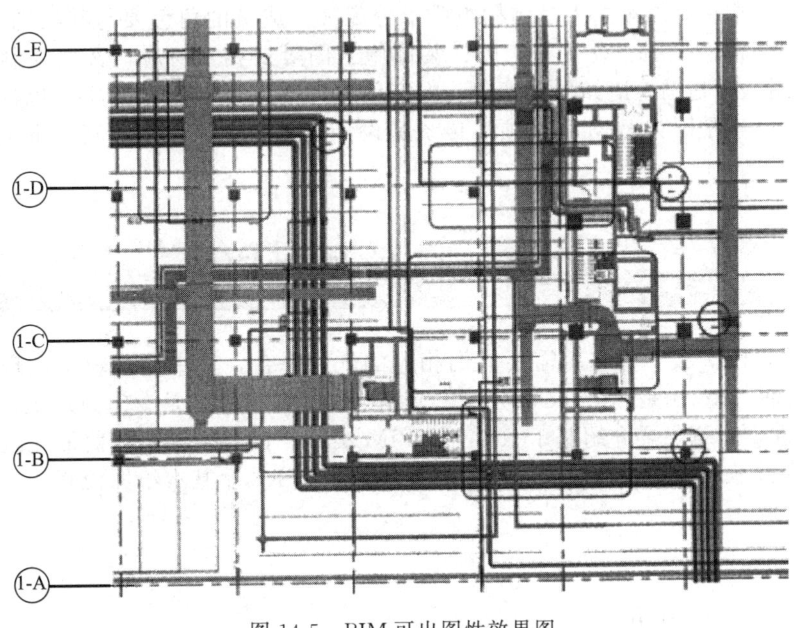

图 14-5 BIM 可出图性效果图

三、BIM与传统CAD

（一）传统CAD的发展

20世纪80年代，CAD软件进入建筑师的工作，这种用计算机绘图取代手工绘图的方式在建筑行业应用了几十年。CAD的核心是一种集合，将各种图形文件集合成为建筑所需的各类图纸，文件中所包含的信息主要是建筑物的外形、尺寸等。如有大型项目，只能通过人工来协调不同的文件和设计数据，任务十分复杂和艰巨。

随着计算机计算能力的提高，CAD软件应用功能增加，建筑物中包含的数据对象在包含图形数据的同时，也储存了一些非图形数据。同时也支持三维的建筑几何模型，并生成二维图纸。最终软件强调的仍然是建筑的图形，而没有全部包含管理建筑的所有信息。

（二） CAD软件绘制的图形可直接导入BIM类软件

CAD绘制的文件可直接导入Revit软件，这样既可以节约时间避免重复劳动，也可以体现同行业不同软件间的兼容性。在Revit软件中导入CAD软件命令有两个，分别是“插入”选项下的“链接cad”和“导入cad”两个指令，其中这两个指令的区别是前者导入的文件还保持着构件之间的联系，例如被链接文件做了修改，能同时反映在Revit文件中。后者导入的文件仅作为Revit里的一个构件，修改之后无上述联系。

（三） BIM模型的参数化与相关性

模型中的所有内容都是参数化和相互关联的，这种技术产生“协调的、内部一致并且可运算的”建筑信息，是BIM的核心特征。与CAD不同的，数据库下的视图可轻易地随意更改，例如图纸中的墙移动了，则相应的窗户、门以及所有相关联的尺寸也会作出更正。提高了设计的效率和准确性。

BIM能够跨越这种零碎参数脱节的状况，取代以任务为基础的应用软件，通过统一的数字模型技术将建筑各阶层关联起来。

（四） BIM团队人员工作任务

传统方式完成整套图纸的人员结构组成十分庞大，成员的角色要与其绘图的类型相符。建筑施工图、结构施工图、设备施工图、装饰施工图等要相互对应，文档编制的工作量巨大。而BIM团队则是围绕诸如项目管理、内容创立等活动开展工作。团队规模缩小、预算开支相应减少，这是因为BIM团队须从传统的设计组织中脱离出来，其基本组织流程必将发生变化。

第二节 BIM三维建模

如前所述，BIM技术的应用需要借助相应的软件平台，其中起步较早，现在应用较广的是Revit软件。Revit是Autodesk公司一套系列软件的名称，是专门为建筑信息模型而开发的BIM软件。本章主要介绍基于Revit的BIM实践，让大家认识目前最先进的三维建筑设计软件，提升三维设计的技能和工作效率，迅速掌握Revit基本绘图流程，完成建筑的基本建模。

一、标高

标高的编辑及绘制步骤如下：

（1）编辑样板中已有标高值　点击标高数值，打开标高图元属性修改标高值，直接移动标高，如图 14-6 所示。

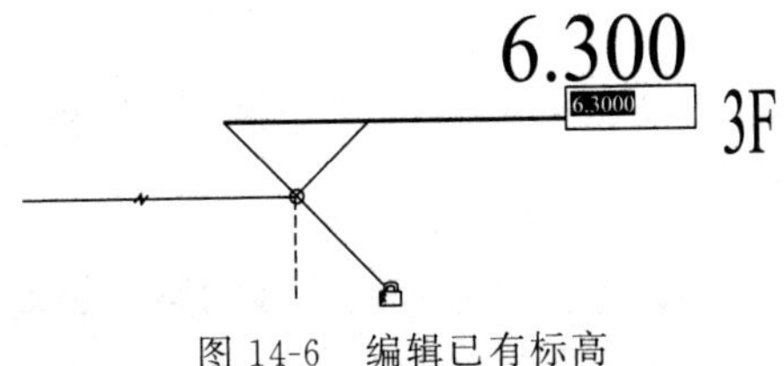

图 14-6　编辑已有标高

（2）绘制标高　单击【常用】选项卡中的【标高】命令，默认选择“绘制”模式，确认勾选“创建平面视图”。移动光标到现有标高的一侧端点正上方，出现一条蓝色虚线表示端点对齐，水平绘制标高至另一侧原有标高端点正上方，当出现蓝色对齐虚线时表示终点对齐。绘制标高同时在项目浏览器中新建了一个楼层平面。

（3）调整各视图标高标头位置　3D/2D 切换：3D 状态下，调整标头位置，平面视图中将执行相同操作；2D 则只控制当前视图临时尺寸标准可驱动标高位置，如图 14-7 所示。

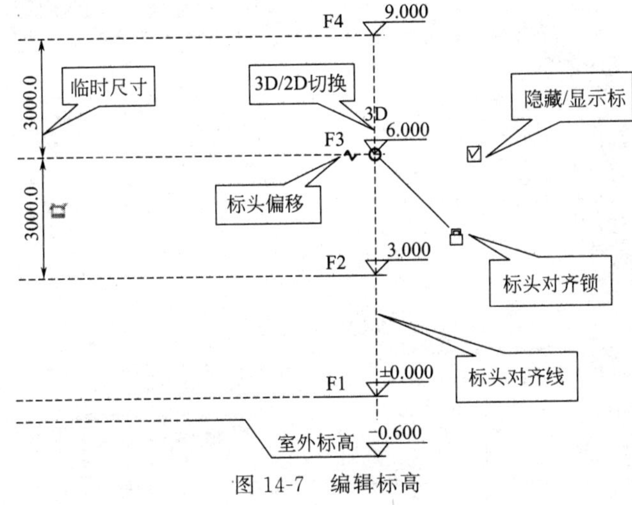

图 14-7　编辑标高

【例 14-1】　如图 10-69 所示，学校教师公租房地上共 18 层，其中地下一层。地下一层标高为 −4.800m，首层标高为 ±0.000m，首层层高为 4.5m，第二层至第十八层层高均为 3m，按要求创建地下一层至四层的标高，并为每个标高创建对应楼层平面视图。

解　按要求创建标高，对应楼层的立面视图如图 14-8 所示。

图 14-8　绘制标高

二、轴网

（一）从 CAD 中导入文件

（1）点击“插入”选项，选择该选项下的“链接 cad”和“导入 cad”两个指令均可。如图 14-9 所示。

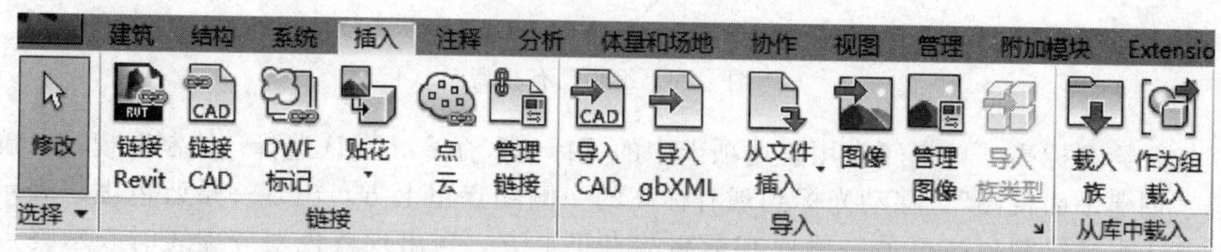

图 14-9 导入 CAD 文件

（2）选择要导入的文件，并设置导入格式，如图 14-10 所示。

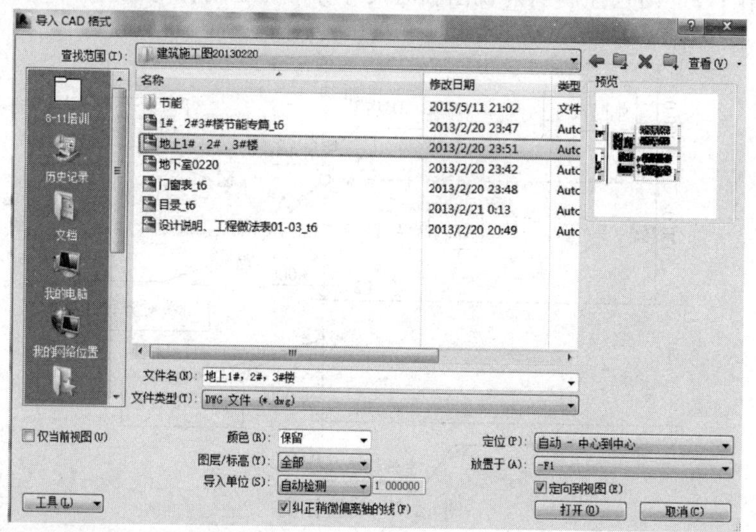

图 14-10 选择导入的 CAD 文件

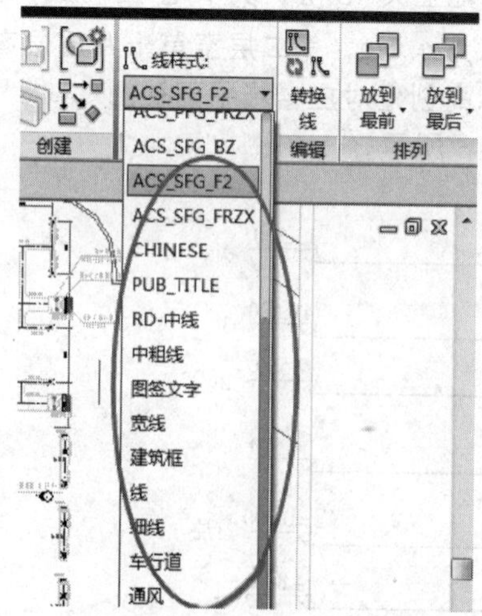

图 14-11 设置导入 CAD 文件的样式

（3）选择字体、线型等样式，如图 14-11 所示。

（二）绘制轴线

若无 CAD 文件，也可在 Revit 中自行绘制轴网。轴网可在任意平面视图绘制。

（1）单击【常用】选项卡中的【轴网】命令，单击起点、终点位置，绘制一根轴线。

（2）绘制的第一根轴网编号默认为 1，后续轴网编号按 1、2、3…自动排序；绘制第一根横轴时需激活改为“A”，后续编号将按照 A、B、C…自动排序。

注意：软件不能自动排除“I”和“O”字母作为轴网编号，需手动排除。

（三）编辑轴网

（1）标头位置调整　拖拽标头与轴线交点处空心圆调整位置。

（2）截断符号　标头干涉处理。编辑轴网如图 14-12 所示。

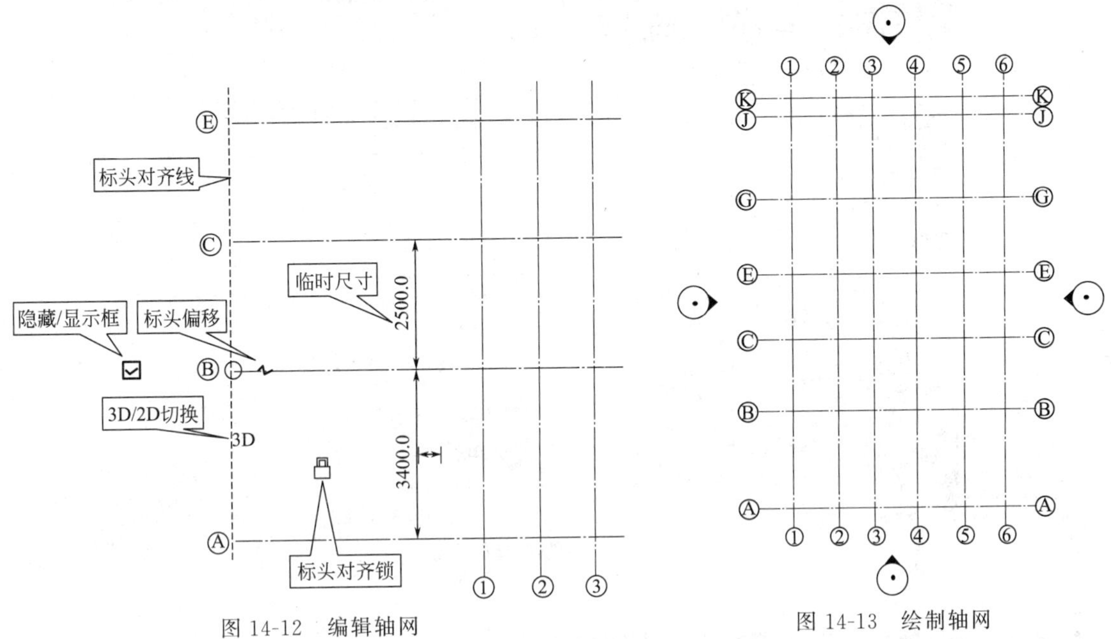

图 14-12　编辑轴网

图 14-13　绘制轴网

【例 14-2】　根据图 10-34 所示，创建轴网，两侧轴号均显示，将轴网颜色设置为红色，纵向轴线的间距分别为：1600、1300、1600、1700、1700；横向轴线的间距分别为：3400、2500、2300、2600、2900、600。

解　所生成的轴网如图 14-13 所示。

三、墙体建模

（一）绘制墙体

（1）单击【常用】→【构建】→【墙】下拉按钮。可以看到，有墙、结构墙、面墙、墙饰条、分隔缝等五种类型选择。

（2）设置墙高度、定位线、偏移值、墙链，选择直线、矩形、多边形、弧形墙体等绘制方法进行墙体的绘制。

（3）如果有导入的 CAD 二维“.dwg”平面图作为底图，可以先选择“拾取线/边”命令，鼠标拾取。绘制过程如图 14-14、图 14-15 所示。

（二）编辑墙体

（1）选择墙体　单击【编辑类型】，打开墙体类型属性对话框，进行对墙体的编辑。

（2）修改墙的实例参数　墙的实例参数可以设置所选择墙体的定位线、高度、基面和顶面的位置及偏移、结构用途等特性。如图 14-16 所示，为墙类型编辑页面。

（3）设置墙的类型参数　墙的类型参数可以设置不同类型墙的粗略比例填充样式、墙的结构、材质等。单击“构造”栏处的【结构编辑】，进入墙体构造编辑对话框。墙体构造层厚度及位置关系（对话框“向上”“向下”按钮）可以由用户自行定义。

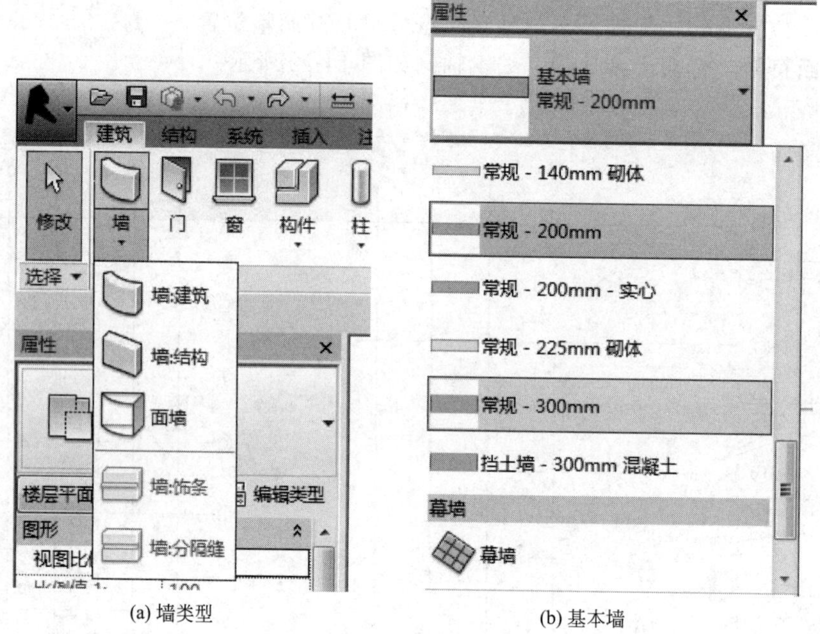

(a) 墙类型　　(b) 基本墙

图 14-14　墙的类型及参数

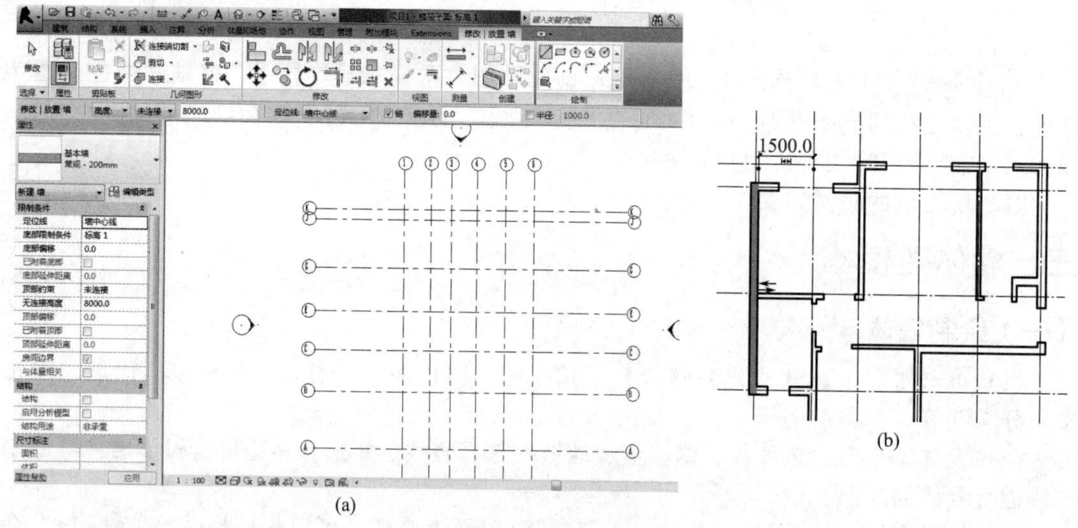

(a)　　(b)

图 14-15　绘制墙体

(4) 创建新的墙类型　在“类型属性”对话框中。单击【复制】按钮，在弹出的“名称”对话框中输入新的名称，单击【确定】按钮完成命名。单击对话框底部的【预览】按钮，将预览视图中的“视图”项改变为“剖面：修改类型属性”，可以预览墙在剖面视图中的显示样式。墙体预览如图 14-17 所示。

(5) 编辑墙体　选择墙体，单击查看“修改墙”选项卡“修改”面板下【移动】、【复制】、【旋转】、【阵列】、【镜像】、【对齐】、【拆分】、【修剪】、【偏移】等编辑命令，可对墙体进行相应编辑。如图 14-18 所示。

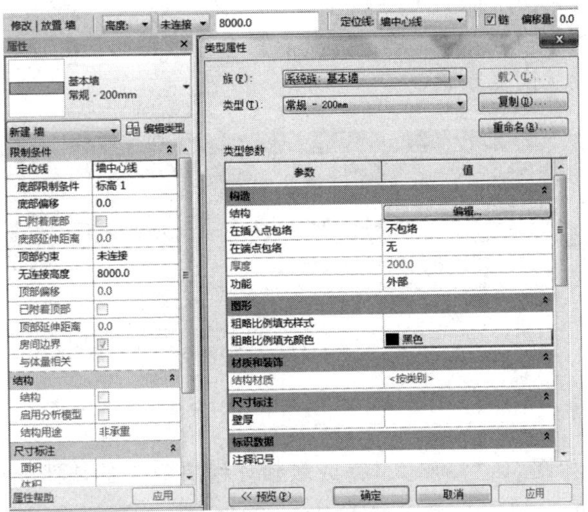

图 14-16　墙类型编辑

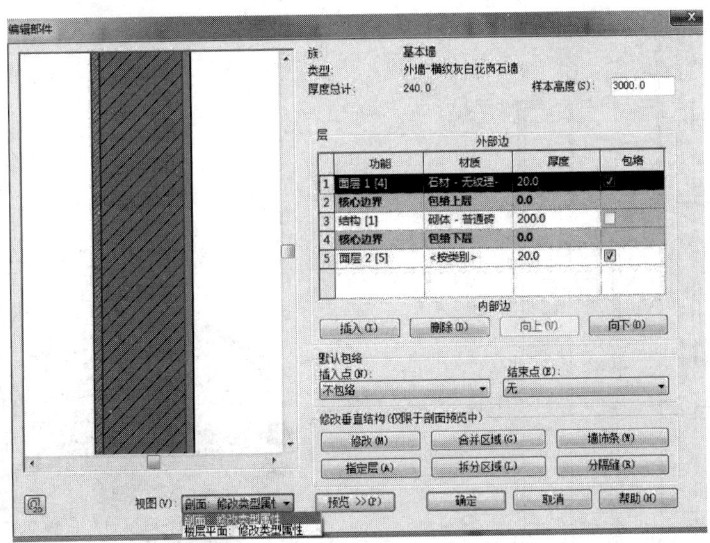

图 14-17　墙体预览

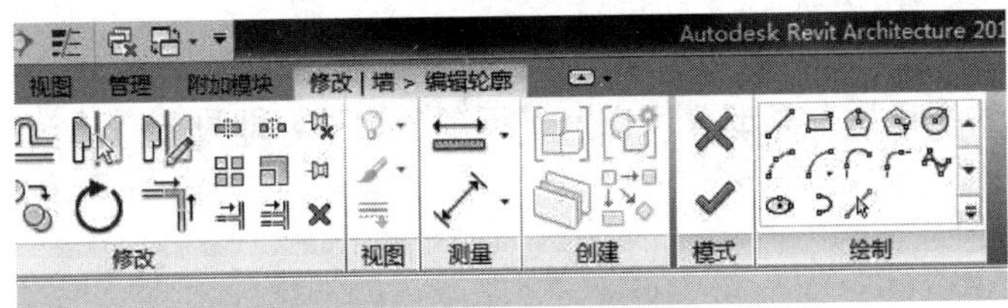

图 14-18　墙体常用修改命令

（三）附着/分离

墙体的附着和分离是墙体建模的常用命令，它可以精确建立墙体高度，减少建模工作量。选择墙体，自动激活“修改墙”选项卡，单击“修改墙”面板下的【附着】命令，拾取屋顶、楼板、天花板或参照平面，可将墙连接到屋顶、楼板、天花板、参照平面上，墙体形状自动发生变化，如图 14-19 所示。单击【分离】命令可将墙从屋顶、楼板、天花板、参照平面上分离开，墙体形状恢复原状。

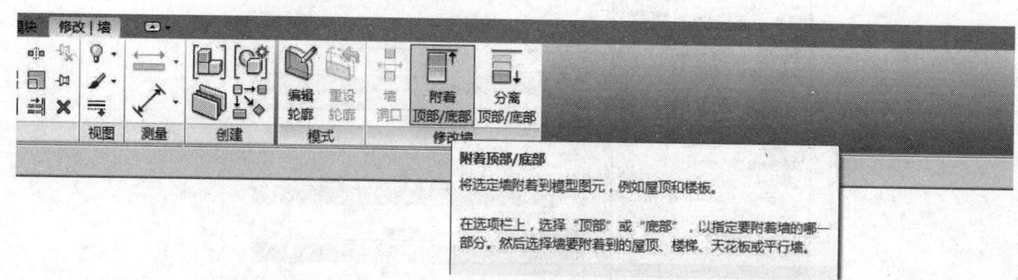

图 14-19　墙体附着与分离

【例 14-3】　如图 10-34 所示，完成教师公租房型 A 的墙体建模。

解　将 CAD 绘制的户型 A 平面图导入 Revit 软件，将导入的 CAD 二维“. dwg”平面图作为底图，选择“拾取线/边”命令，再鼠标拾取，生成的墙体如图 14-20 所示。

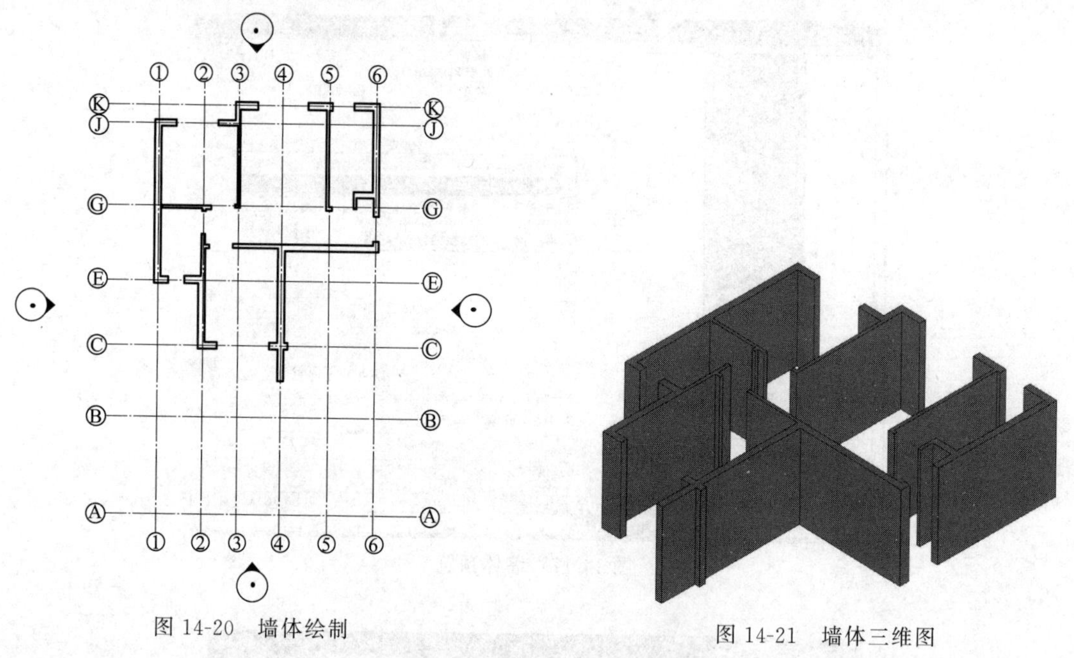

图 14-20　墙体绘制

图 14-21　墙体三维图

墙体平面图绘制完成后，点击菜单栏中“三维”选项，即可查看建筑物的三维效果。本例题中的三维效果如图 14-21 所示。

四、门窗建模

门窗是基于墙体绘制的，绘制门窗的步骤如下：

（1）单击“常用”选项卡、“构件”面板下的【门】、【窗】命令。

（2）在类型选择器下，选择所需的门、窗类型，如果需要更多的门、窗类型，可以从库中载入。

（3）在选项栏中选择“放置标记”自动标记门窗，选择“引线”可设置引线长度。在墙主体上移动光标，当门位于正确的位置时单击鼠标确定。如图 14-22 所示。

图 14-22　门窗绘制

【例 14-4】　在墙体中绘制窗户，窗户型号为 C0915，尺寸分别为 900mm × 1500mm，顶高度为 2415mm。

解　绘制的窗户 C0915 如图 14-23 所示。

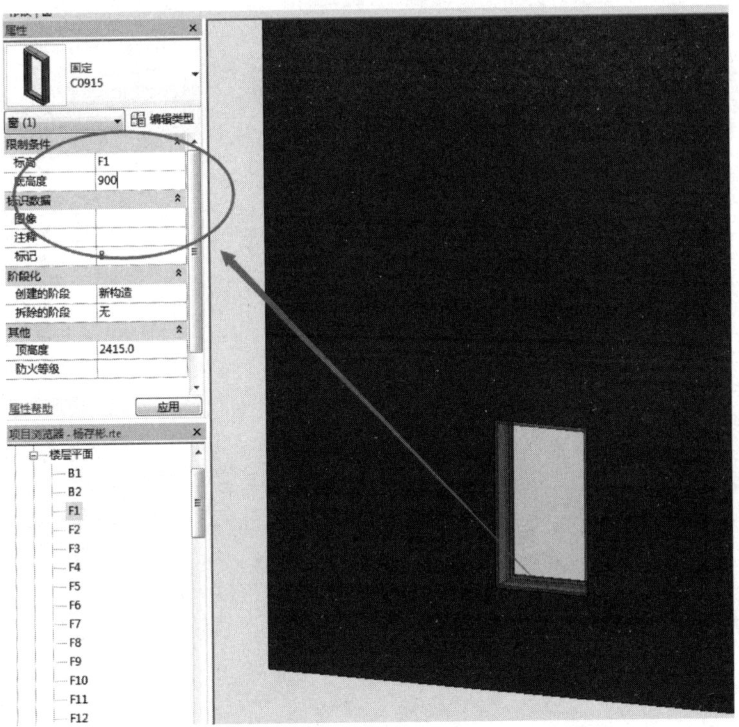

图 14-23　门窗绘制

参 考 文 献

［1］ 丁宇明、黄水生．土建工程制图．北京：高等教育出版社，2013.
［2］ 吴慕辉．建筑制图与 CAD．第 2 版．北京：化学工业出版社，2014.
［3］ 何关培．BIM 总论．北京：中国建筑工业出版社，2011.
［4］ GB/T 50001—2010 房屋建筑制图统一标准.
［5］ GB/T 50103—2010 总图制图标准.
［6］ GB/T 50104—2010 建筑制图标准.
［7］ GB/T 50105—2010 建筑结构制图标准.
［8］ GB/T 50106—2010 建筑给水排水制图标准.
［9］ GB/T 50114—2010 暖通空调制图标准.
［10］ 16 G101-1 混凝土结构施工图平面整体表示方法制图规则和构造详图（现浇混凝土框架、剪力墙、梁、板）.
［11］ GB/T 50786—2012 建筑电气制图标准.
［12］ GB 50010—2010 混凝土结构设计规范.
［13］ JGJ/T 244—2011 房屋建筑室内装饰装修制图标准.